计 算 机 科 学 丛 书

原书第2版

数据结构与算法分析

C语言描述

[美] 马克·艾伦·维斯（Mark Allen Weiss）著

冯舜玺 译

Data Structures and Algorithm Analysis in C

Second Edition

机械工业出版社
CHINA MACHINE PRESS

图书在版编目（CIP）数据

数据结构与算法分析——C 语言描述（原书第 2 版）（典藏版）/（美）马克·艾伦·维斯（Mark Allen Weiss）著；冯舜玺译．—北京：机械工业出版社，2019.3（2024.11 重印）
（计算机科学丛书）
书名原文：Data Structures and Algorithm Analysis in C, Second Edition

ISBN 978-7-111-62195-9

I. 数… II. ①马… ②冯… III. ①数据结构 – 研究生 – 教材 ②算法分析 – 研究生 – 教材 ③ C 语言 – 程序设计 – 研究生 – 教材 IV. ① TP311.12 ② TP312.8

中国版本图书馆 CIP 数据核字（2019）第 043641 号

北京市版权局著作权合同登记 图字：01-2018-8479 号。

本书是国外数据结构与算法分析方面的经典教材，介绍了数据结构（大量数据的组织方法）以及算法分析（算法运行时间的估算）。本书的编写目标是同时讲授好的程序设计和算法分析技巧，使读者可以开发出高效的程序。

本书可作为高级数据结构课程或研究生一年级算法分析课程的教材，使用本书需要一些中级程序设计知识，还需要离散数学的一些背景知识。

出版发行：机械工业出版社（北京市西城区百万庄大街 22 号 邮政编码：100037）

责任编辑：唐晓琳	责任校对：李秋荣
印　刷：天津嘉恒印务有限公司	版　次：2024 年 11 月第 1 版第 13 次印刷
开　本：185mm × 260mm 1/16	印　张：25.75
书　号：ISBN 978-7-111-62195-9	定　价：79.00 元

客服电话：（010）88361066 68326294

THE TRANSLATOR'S WORDS 译者序

随着速度的不断提高和存储容量的持续增长，计算机的功能日益强大，从而处理数据和解决问题的规模和复杂程度与日俱增。这不仅带来了需要认真研究的新课题，而且突出了原有数据结构和算法效率低下的缺点。程序的效率问题并没有由于计算机功能的强大而受到冷落，相反，被人们提到前所未有的重要地位，因为大型问题的解决所涉及的大容量存储和高速度运算容不得我们对效率有丝毫的忽视。本书正是在阐述数据结构基本概念的同时深入地分析了算法的效率。书中详细介绍了当前流行的论题和新的变化，讨论了算法设计技巧，并在研究算法的性能、效率以及分析运行时间的基础上考察了一些高级数据结构，从历史的角度和近年的进展对数据结构的活跃领域进行了简要的概括。由于本书原版选材新颖，方法实用，题例丰富，取舍得当，因此，自出版以来受到广泛欢迎，已被世界许多知名大学用作教材。

本书的目的是培养学生良好的程序设计技巧和熟练的算法分析能力，使得他们能够开发出高效率的程序。从服务于实践和锻炼学生实际能力出发，书中提供了大部分算法的C语言和伪代码例程，一些程序可从互联网上获得。

承蒙卢开澄教授、温莉芳女士的鼓励，译者有幸将国外几部优秀原著介绍给我国的读者，在此表示衷心的感谢。译者还想借此机会感谢挚友孙华先生，他对本书的翻译工作自始至终给予热心的关怀和无私的帮助。

由于时间及水平所限，书中译文不当之处，统祈学术界同仁及广大读者赐正。

译　者

PREFACE 前言

目的

本书讨论数据结构和算法分析。数据结构主要研究组织大量数据的方法，而算法分析则是对算法运行时间的评估。随着计算机的速度越来越快，对于能够处理大量输入数据的程序的需求变得日益急切。可是，由于在输入量很大的时候程序的低效率现象变得非常明显，因此这又要求对效率问题给予更仔细的关注。通过在实际编程前对算法进行分析，学生可以决定一个特定的解法是否可行。例如，学生在本书中将读到一些特定的问题并看到精心的实现方法是如何把处理大量数据的时间限制从 16 年减至不到 1 秒的。因此，若无运行时间的阐释，就不会有算法和数据结构的提出。在某些情况下，对于影响算法实现的运行时间的一些微小细节都需要认真探究。

一旦确定解法，还必须编写程序。随着计算机的日益强大，它们必须解决的问题也变得更加巨大和复杂，这就要求开发更加复杂的程序。本书的目的是教授学生良好的程序设计技巧和提高学生的算法分析能力，使得他们能够开发出具有最高效率的程序。

本书适合作为高级数据结构(CS7)课程或研究生第一年算法分析课程的教材。学生应该具有中等程度的程序设计知识，包括像指针和递归这样一些内容，还应该具有离散数学的某些知识。

方法

我相信，对于学生来说，重要的是学习如何自己动手编写程序，而不是从书上拷贝程序。但另一方面，讨论现实程序设计问题而不套用样本程序实际上是不可能的。由于这个原因，本书通常提供实现方法的大约一半到四分之三的内容并鼓励学生补足其余的部分。第 12 章是这一版新加的，讨论主要侧重于实现细节的一些附加的数据结构。

本书中的算法均以 ANSI C 表示，尽管有些欠缺，但它仍然是最流行的系统程序设计语言。使用 C 代替 Pascal，使得动态分配数组成为可能(见第 5 章中的“再散列”)。它还在几处地方将代码简化，这通常是与(&&)操作走捷径的缘故。

对 C 的大多数批评集中在用它写出的程序代码可读性差的事实上。仅仅少击几次键，却牺牲了程序的清晰性，而程序的速度又没有增加。因此，诸如同时赋值以及通过

```
if(x=y)
```

测试是否为 0 等技巧一般不在本书中使用。本书将证明只要细心练习是可以避免那些难以读懂的代码的。

内容提要

第 1 章包含离散数学和递归的一些复习材料。我相信对递归做到泰然处之的唯一办法是反复不断地看一些好的用法。因此，除第 5 章外，递归遍及本书每一章的例子之中。

第 2 章处理算法分析。该章阐述渐近分析和它的主要弱点。这里提供了许多例子，包括对对数运行时间的深入解释。通过直观地把一些简单递归程序转变成迭代程序而对它们进行分析。介绍了更为复杂的分治程序，不过有些分析(求解递归关系)要推迟到第 7 章再详细讨论。

第 3 章包括表、栈和队列。重点聚焦于使用 ADT 对这些数据结构编程，这些数据结构的快速实现，以及介绍它们的某些用途。文中几乎没有什么程序(只有些例程)，而程序设计作业的许多思想基本上体现在练习之中。

第 4 章讨论树，重点在于查找树，包括外部查找树(B 树)。UNIX 文件系统和表达式树是作为例子来介绍的。AVL 树和伸展树只进行了介绍而没有分析。程序写出 75%，其余部分留给学生完成。查找树的实现细节见第 12 章。树的另外一些内容，如文件压缩和博弈树，延迟到第 10 章讨论。外部媒体上的数据结构在这几章的最后讨论。

第 5 章是相对较短的一章，主要讨论散列表。这里进行了某些分析，该章末尾讨论了可扩散列。

第 6 章讨论优先队列。二叉堆也在该章讲授，还有些附加的材料论述优先队列某些理论上有趣的实现方法。斐波那契堆在第 11 章讨论，配对堆在第 12 章讨论。

第 7 章讨论排序。它特别关注编程细节和分析，讨论并比较所有通用的排序算法。对以下四种算法进行了详细的分析：插入排序、希尔排序、堆排序以及快速排序。堆排序平均情形运行时间的分析对于这一版来说是新的内容。该章末尾讨论了外部排序。

第 8 章讨论不相交集算法并证明其运行时间。该章短而专，如果不讨论 Kruskal 算法则可跳过。

第 9 章讲授图论算法。图论算法很重要，不仅因为在实践中经常用到它们，而且还因为它们的运行时间强烈地依赖于数据结构的恰当使用。实际上，所有标准算法都是和相应的数据结构、伪代码以及运行时间的分析一起介绍的。为把这些问题放进一本适当的教材中，我们对复杂性理论(包括 NP-完全性和不可判定性)进行了简短的讨论。

第 10 章通过考察一般的问题求解技巧讨论算法设计。该章添加了大量的实例。这里及后面各章使用的伪代码使得学生能更好地理解例子，从而避免被实现的细节干扰。

第 11 章处理摊还分析。对来自第 4 章到第 6 章的三种数据结构以及该章介绍的斐波那契堆进行了分析。

第 12 章是这一版新加的，讨论查找树算法、k 维(k-d)树和配对堆。不同于其他各章，该章给出了查找树和配对堆完整详细的实现。教师可以把一些内容纳入其他各章的讨论之中。例如，第 12 章中的自顶向下红黑树可以在第 4 章的 AVL 树下讨论。

第 1 章到第 9 章为大多数的一学期数据结构课程提供了足够的材料。如果时间允许，那么第 10 章也可以包括进来。研究生的算法分析课程可以使用第 7 章到第 11 章的内容。第 11 章所分析的高级数据结构可以容易地在前面各章中查到。第 9 章中对 NP-完全性的讨论对于这门课来说太过简要，Garey 和 Johnson 的论 NP-完全性的书可以补充本书的不足。

练习

每章末尾提供的练习与书中讲授的内容顺序相匹配。最后的一些练习针对整个一章而不是特定的某一节。难做的练习以一个星号标记，更难的练习标有两个星号。

教师可从 Addison-Wesley 出版公司得到包含几乎所有练习答案的解题指南[⊖]。

参考文献

参考文献位于每章的最后。一般说来，这些参考文献或者是历史性的，代表着书中材料的原始来源，或者阐述对书中给出的结果的扩展和改进。有些文献论述了一些练习的解法。

代码的获得

本书中的程序代码可通过匿名 ftp 在 aw.com 网站得到。这个网站也可以通过 World Wide Web 来访问，其 URL 为 http://www.aw.com/cseng/(从此处继续链接)。该资料的

⊖ 关于教辅资源，仅提供给采用本书作为教材的教师用作课堂教学、布置作业、发布考试等。如有需要的教师，请直接联系 Pearson 北京办公室查询并填表申请。联系邮箱：Copub.Hed@pearson.com。——编辑注

准确位置可能变化。

致谢

在几部著作的准备过程中，本人得到许多朋友的帮助。有些人在本书的其他版本中提到过，谢谢诸位。

对于这一版，我要感谢 Addison-Wesley 的编辑 Carter Shanklin 和 Susan Hartman。Teri Hyde 完善了本书的出版工作，而 Matthew Harris 和他在出版服务中心的同事出色地完成了本书最后的定稿任务。

M. A. W.

Miami，Florida

1996 年 7 月

CONTENTS 目录

第 11 章 摊还分析 333

第 12 章 高级数据结构及其实现 355

索引 391

C H A P T E R 1

第1章

引 论

在这一章，我们阐述本书的目的，并简要复习离散数学以及程序设计的一些概念。我们将：

- 看到程序在较大输入情况下的运行性能与在适量输入情况下的运行性能具有同等重要性。
- 总结本书其余部分所需要的数学基础。
- 简要复习递归。

1.1 本书讨论的内容

设有一组 N 个数而要确定其中第 k 个最大者。我们称之为选择问题(selection problem)。大多数学习过一两门程序设计课程的学生写一个解决这种问题的程序不会有什么困难。“显而易见的”解决方法有很多。

该问题的一种解法就是将这 N 个数读进一个数组中，再通过某种简单的算法，比如冒泡排序法，以递减顺序将数组排序，然后返回位置 k 上的元素。

稍微好一点的算法可以先把前 k 个元素读入数组并(以递减的顺序)对其排序。接着，将剩下的元素再逐个读入。当读取新元素时，如果它小于数组中的第 k 个元素则忽略，否则就将其放到数组中正确的位置上，同时将数组中的一个元素挤出数组。当算法终止时，位于第 k 个位置上的元素作为答案返回。

这两种算法的编码都很简单，建议读者试一试。此时我们自然要问：哪个算法更好？哪个算法更重要？还是两个算法都足够好？使用含有 100 万个元素的随机文件，在 $k=$ 500 000 的条件下进行模拟发现，两个算法在合理的时间内均不能结束，每种算法都需要计算机处理若干天才能算完(虽然最后还是给出了正确的答案)。在第 7 章将讨论另一种算法，该算法将在 1 秒左右给出问题的解。因此，虽然我们提出的两个算法都能算出结果，但是不能认为它们是好的算法，因为对于第三种算法在合理的时间内能够处理的输入数据量而言，这两种算法是完全不切实际的。

1

第二个问题是解决一个流行的字谜。输入由一些含字母的二维数组和一个单词列表组成。目标是要找出字谜中的单词，这些单词可能是水平、垂直或沿对角线以任何方向放置的。作为例子，图 1-1 所示的字谜由单词 this、two、fat 和 that 组成。单词 this 从第一行第一列的位置即(1，1)处开始并延伸至(1，4)；单词 two 从(1，1)到(3，1)；fat 从(4，1)到(2，3)；而 that 则从(4，4)到(1，1)。

	1	2	3	4
1	t	h	i	s
2	w	a	t	s
3	o	a	h	g
4	f	g	d	t

图 1-1 字谜示例

现在至少有两种直观的算法来求解这个问题。对单词表中的每个单词，我们检查每一个有序三元组(行，列，方向)，验证是否有单词存在。这需要大量嵌套的 `for` 循环，但它基本上是直观的算法。

或者，对于每一个尚未进行到字谜最后的有序四元组(行，列，方向，字符数)我们可以测试所指的单词是否在单词表中。这也导致使用大量嵌套的 `for` 循环。如果在任意单词中的最大字符数已知，那么该算法有可能节省一些时间。

上述两种方法相对来说都不难编码，并可求解通常发表于杂志上的许多现实的字谜游戏。这些字谜通常有16行16列以及40个左右的单词。然而，假设我们把字谜变为只给出谜板(puzzle board)而单词表基本上是一本英语词典，则上面提出的两种解法需要相当可观的时间来解决这个问题，故这两种方法都是不可接受的。不过，这样的问题还是有可能在数秒内解决的，即使单词表很大也可以。

在许多问题当中，一个重要的观念是：写出一个可以工作的程序并不够。如果这个程序在巨大的数据集上运行，那么运行时间就变成了重要的问题。我们将在本书中看到对于大量的输入如何估计程序的运行时间，尤其是如何在尚未具体编码的情况下比较两个程序的运行时间。我们还将看到彻底改进程序速度以及确定程序瓶颈的方法。这些方法将使我们能够找到需要大力优化的那些代码段。 2

1.2　数学知识复习

本节列出一些需要记住或是能够推导出的基本公式，复习基本的证明方法。

1.2.1　指数

$$X^A X^B = X^{A+B}$$

$$\frac{X^A}{X^B} = X^{A-B}$$

$$(X^A)^B = X^{AB}$$

$$X^N + X^N = 2X^N \neq X^{2N}$$

$$2^N + 2^N = 2^{N+1}$$

1.2.2　对数

在计算机科学中，除非有特别的声明，所有的对数都是以2为底的。

定义： 当且仅当 $\log_X B = A$，$X^A = B$。

由该定义可以得到几个方便的等式。

定理 1.1

$$\log_A B = \frac{\log_C B}{\log_C A};\ C>0$$

证明： 令 $X=\log_C B$，$Y=\log_C A$，以及 $Z=\log_A B$。此时由对数的定义得：$C^X=B$，$C^Y=A$ 以及 $A^Z=B$。联合这三个等式则产生 $(C^Y)^Z=C^X=B$。因此，$X=YZ$，这意味着 $Z=X/Y$，定理得证。

定理 1.2

$$\log AB = \log A + \log B$$

证明： 令 $X=\log A$，$Y=\log B$，以及 $Z=\log AB$。此时由于假设默认的底为2，$2^X=A$，$2^Y=B$ 及 $2^Z=AB$。联合最后的三个等式则有 $2^X 2^Y=2^Z=AB$。因此 $X+Y=Z$，这就证

明了该定理。

3

其他一些有用的公式如下，它们都能够用类似的方法推导。

$\log A/B=\log A-\log B$

$\log(A^B)=B\log A$

$\log X<X$（对所有的 $X>0$ 成立）

$\log 1=0$，$\log 2=1$，$\log 1024=10$，$\log 1\,048\,576=20$

1.2.3 级数

最容易记忆的公式是

$$\sum_{i=0}^{N}2^i=2^{N+1}-1$$

和

$$\sum_{i=0}^{N}A^i=\frac{A^{N+1}-1}{A-1}$$

在第二个公式中，如果 $0<A<1$，则

$$\sum_{i=0}^{N}A^i\leqslant\frac{1}{1-A}$$

当 N 趋于∞时该和趋向于 $1/(1-A)$，这些公式是“几何级数”公式。

可以用下面的方法推导关于 $\sum_{i=0}^{\infty}A^i(0<A<1)$ 的公式。令 S 表示和，此时

$$S=1+A+A^2+A^3+A^4+A^5+\cdots$$

于是

$$AS=A+A^2+A^3+A^4+A^5+\cdots$$

如果将这两个等式相减（这种运算只能对收敛级数进行），等号右边所有的项相消，只留下 1：

$$S-AS=1$$

这就是说

$$S=\frac{1}{1-A}$$

可以用相同的方法计算 $\sum_{i=1}^{\infty}i/2^i$，它是一个经常出现的和。我们写成

$$S=\frac{1}{2}+\frac{2}{2^2}+\frac{3}{2^3}+\frac{4}{2^4}+\frac{5}{2^5}+\cdots$$

用 2 乘之得到

4

$$2S=1+\frac{2}{2}+\frac{3}{2^2}+\frac{4}{2^3}+\frac{5}{2^4}+\frac{6}{2^5}+\cdots$$

将这两个方程相减得到

$$S=1+\frac{1}{2}+\frac{1}{2^2}+\frac{1}{2^3}+\frac{1}{2^4}+\frac{1}{2^5}+\cdots$$

因此，$S=2$。

分析中另一种常用类型的级数是算术级数。任何这样的级数都可以通过基本公式计算其值。

$$\sum_{i=1}^{N} i = \frac{N(N+1)}{2} \approx \frac{N^2}{2}$$

例如，为求出和 $2+5+8+\cdots+(3k-1)$，将其改写为 $3(1+2+3+\cdots+k)-(1+1+1+\cdots+1)$，显然，它就是 $3k(k+1)/2-k$。另一种记忆的方法则是将第一项与最后一项相加(和为 $3k+1$)，第二项与倒数第二项相加(和也是 $3k+1$)，等等。由于有 $k/2$ 个这样的数对，因此总和就是 $k(3k+1)/2$，这与前面的答案相同。

现在介绍下面两个公式，它们就没有那么常见了。

$$\sum_{i=1}^{N} i^2 = \frac{N(N+1)(2N+1)}{6} \approx \frac{N^3}{3}$$

$$\sum_{i=1}^{N} i^k \approx \frac{N^{k+1}}{|k+1|}; \quad k \neq -1$$

当 $k=-1$ 时，后一个公式不成立。此时我们需要下面的公式，这个公式在计算机科学中的使用要远比在其他数学科目中的使用多。数 H_N 叫作调和数，其和叫作调和和。下面近似式中的误差趋向于 $\gamma \approx 0.577\,215\,66$，这个值称为欧拉常数(Euler's constant)。

$$H_N = \sum_{i=1}^{N} \frac{1}{i} \approx \log_e N$$

以下两个公式只不过是一般的代数运算。

$$\sum_{i=1}^{N} f(N) = Nf(N)$$

$$\sum_{i=n_0}^{N} f(i) = \sum_{i=1}^{N} f(i) - \sum_{i=1}^{n_0-1} f(i)$$

1.2.4　模运算

如果 N 整除 $A-B$，那么我们就说 A 与 B 模 N 同余(congruent)，记为 $A \equiv B(\bmod N)$。直观地看，这意味着无论 A 还是 B 除以 N，所得余数都是相同的。于是，$81 \equiv 61 \equiv 1(\bmod 10)$。如同等号的情形一样，若 $A \equiv B(\bmod N)$，则 $A+C \equiv B+C(\bmod N)$ 以及 $AD \equiv BD(\bmod N)$。

有许多定理适用于模运算，其中有一些特别要用到数论来证明。我们将谨慎地使用模运算，这样，前面的一些定理也就足够了。

5

1.2.5　证明方法

证明数据结构分析中的结论的两个最常用的方法是归纳法和反证法(偶尔也被迫用到只有教授们才使用的证明方法)。证明一个定理不成立的最好方法是举出一个反例。

归纳法证明

由归纳法进行的证明有两个标准的部分。第一步是证明基准情形(base case)，就是确定定理对于某个(某些)小的(通常是退化的)值的正确性，这一步几乎总是很简单的。接着，进行归纳假设(inductive hypothesis)。一般说来，这意味着假设定理对直到某个有限数 k 的所有情况都是成立的。然后使用这个假设证明定理对下一个值(通常是 $k+1$)也是成立的。至此定理得证(在 k 有限的情形下)。

作为一个例子，我们证明斐波那契数 $F_0=1$，$F_1=1$，$F_2=2$，$F_3=3$，$F_4=5$，…，$F_i=F_{i-1}+F_{i-2}$，对 $i\geqslant 1$ 满足 $F_i<(5/3)^i$。(有些定义规定 $F_0=0$，这只不过将该级数做了一次平移。)为了证明这个不等式，我们首先验证定理对基准情形成立。容易验证 $F_1=1<5/3$ 及 $F_2=2<25/9$，这就证明了基准情形。假设定理对于 $i=1, 2, \cdots, k$ 成立，这就是归纳假设。为了证明定理，我们需要证明 $F_{k+1}<(5/3)^{k+1}$。根据定义我们有

$$F_{k+1}=F_k+F_{k-1}$$

将归纳假设用于等号右边，我们得到

$$\begin{aligned}F_{k+1}&<(5/3)^k+(5/3)^{k-1}<(3/5)(5/3)^{k+1}+(3/5)^2(5/3)^{k+1}\\&<(3/5)(5/3)^{k+1}+(9/25)(5/3)^{k+1}\end{aligned}$$

化简后为

$$F_{k+1}<(3/5+9/25)(5/3)^{k+1}<(24/25)(5/3)^{k+1}<(5/3)^{k+1}$$

这就证明了这个定理。

在第二个例子中，我们证明下面的定理。

定理 1.3　如果 $N\geqslant 1$，则 $\sum_{i=1}^{N} i^2=\frac{N(N+1)(2N+1)}{6}$。

6

证明：用数学归纳法证明。对于基准情形，容易看到，当 $N=1$ 的时候定理成立。对于归纳假设，我们设定理对 $1\leqslant k\leqslant N$ 成立。我们将在该假设下证明定理对于 $N+1$ 也是成立的。我们有

$$\sum_{i=1}^{N+1} i^2=\sum_{i=1}^{N} i^2+(N+1)^2$$

应用归纳假设，我们得到

$$\begin{aligned}\sum_{i=1}^{N+1} i^2&=\frac{N(N+1)(2N+1)}{6}+(N+1)^2\\&=(N+1)\left[\frac{N(2N+1)}{6}+(N+1)\right]\\&=(N+1)\frac{2N^2+7N+6}{6}=\frac{(N+1)(N+2)(2N+3)}{6}\end{aligned}$$

因此

$$\sum_{i=1}^{N+1} i^2=\frac{(N+1)[(N+1)+1][2(N+1)+1]}{6}$$

定理得证。

通过反例证明

公式 $F_k\leqslant k^2$ 不成立。证明这个结论最容易的方法就是计算 $F_{11}=144>11^2$。

反证法证明

反证法证明是通过假设定理不成立，然后证明该假设导致某个已知的性质不成立，从

而说明原假设是错误的。一个经典的例子是证明存在无穷多个素数。为了证明这个结论，我们假设定理不成立。于是，存在某个最大的素数 P_k。令 P_1，P_2，…，P_k 是依序排列的所有素数并考虑

$$N = P_1 P_2 P_3 \cdots P_k + 1$$

显然，N 是比 P_k 大的数，根据假设 N 不是素数。可是，P_1，P_2，…，P_k 都不能整除 N，因为除得的结果总有余数 1。这就产生一个矛盾，因为每一个整数或者是素数，或者是素数的乘积。因此，P_k 是最大素数的原假设是不成立的，这正意味着定理成立。

7

1.3　递归简论

我们熟悉的大多数数学函数是由一个简单公式描述的。例如，我们可以利用公式

$$C = 5(F - 32)/9$$

把华氏温度转换成摄氏温度。有了这个公式，写一个 C 函数就太简单了。除去程序中的说明和大括号外，将一行公式翻译成一行 C 程序。

有时候数学函数以不太标准的形式来定义。作为一个例子，我们可以在非负整数集上定义一个函数 F，它满足 $F(0)=0$ 且 $F(X)=2F(X-1)+X^2$。从这个定义我们看到 $F(1)=1$，$F(2)=6$，$F(3)=21$，以及 $F(4)=58$。当一个函数用它自己来定义时就称为是递归的(recursive)。C 允许函数是递归的。[㊀]但重要的是要记住，C 提供的仅仅是遵循递归思想的一种企图。不是所有的数学递归函数都能有效地(或正确地)由 C 的递归模拟来实现。上面例子说的是递归函数 F 应该只用几行就能表示出来，正如非递归函数一样。图 1-2 给出了函数 F 的递归实现。

```
        int
        F( int X )
        {
/* 1*/      if( X == 0 )
/* 2*/          return 0;
            else
/* 3*/          return 2 * F( X - 1 ) + X * X;
        }
```

图 1-2　一个递归函数

第一行和第二行处理基准情形，即此时函数的值可以直接算出而不用求助递归。正如若没有“$F(0)=0$”这个条件“$F(X)=2F(X-1)+X^2$”在数学上没有意义一样，C 的递归函数若无基准情形，也是毫无意义的。第三行执行的是递归调用。

关于递归，有几个重要并且可能会被搞混的地方。一个常见的问题是：它是否就是循环逻辑(circular logic)？答案是：虽然我们定义一个函数用的是这个函数本身，但是我们并没有用函数本身定义该函数的一个特定的实例。换句话说，通过使用 $F(5)$来得到 $F(5)$的值才是循环的。通过使用 $F(4)$得到 $F(5)$的值不是循环的，除非 $F(4)$的求值又要用到对 $F(5)$的计算。两个最重要的问题恐怕就是“如何”和“为什么”的问题了。这将在第 3 章正式解决。这里，我们将给出一个不完全的描述。

8

实际上，递归调用在处理上与其他的调用没有什么不同。如果以参数 4 的值调用函数 F，那么程序的第三行要求计算 $2F(3)+4*4$。这样，就要执行一个计算 $F(3)$的调用，而

㊀ 对于数值计算使用递归通常不是个好主意。我们只在解释基本论点时这么做。

这又导致计算 $2F(2)+3*3$。因此，又要执行另一个计算 $F(2)$的调用，而这意味着必须求出 $2F(1)+2*2$ 的值。为此，通过计算 $2F(0)+1*1$ 而得到 $F(1)$。此时，$F(0)$必须被赋值。由于这属于基准情形，因此我们事先知道 $F(0)=0$。从而 $F(1)$的计算得以完成，其结果为 1。然后，$F(2)$、$F(3)$以及最后 $F(4)$的值都能够计算出来。跟踪挂起的函数调用(这些调用已经开始但是正等待着递归调用来完成)以及它们中变量的记录工作都是由计算机自动完成的。然而，重要的问题在于，递归调用将反复进行直到基准情形出现。例如，计算 $F(-1)$的值将导致调用 $F(-2)$、$F(-3)$等等。由于这将不可能出现基准情形，因此程序也就不可能算出答案。偶尔还可能发生更加微妙的错误，我们将其展示在图 1-3 中。图 1-3 中程序的错误是将第三行上的 Bad(1)定义为 Bad(1)。显然，实际上 Bad(1)究竟是多少，这个定义给不出任何线索。因此，计算机将会反复调用 Bad(1)以期解出它的值。最后，计算机簿记系统将占满空间，程序崩溃。一般说来，我们会说该函数对一个特殊情形无效，而在其他情形下是正确的。但此处这么说则不正确，因为 Bad(2)调用 Bad(1)。因此，Bad(2)也不能求出值来。不仅如此，Bad(3)、Bad(4)和 Bad(5)都要调用 Bad(2)，Bad(2)的值算不出来，它们的值也就不能求出。事实上，除了 0 之外，这个程序对任何的 N 都不能一步算出结果。对于递归函数，不存在像“特殊情形”这样的情况。

```
        int
        Bad( unsigned int N )
        {
/* 1*/      if( N == 0 )
/* 2*/          return 0;
            else
/* 3*/          return Bad( N / 3 + 1 ) + N - 1;
        }
```

图 1-3 无终止递归程序

上面的讨论导致递归的前两个基本法则：

1. 基准情形(base case)。必须有某些基准的情形，它们不用递归就能求解。

2. 不断推进(making progress)。对于那些需要递归求解的情形，递归调用必须能够朝着产生基准情形的方向推进。

9

在本书中我们将用递归解决一些问题。作为非数学应用的一个例子，考虑一本大词典。词典中的词都是用其他的词定义的。当我们查一个单词的时候，我们不理解对该词的解释，于是不得不再查出现在解释中的一些词。而对这些词解释中的某些词我们又不理解，因此还要继续这种搜索。因为词典是有限的，所以实际上，要么我们最终查到一处，明白此处解释中所有的单词(从而理解这里的解释，并按照查找的路径回头理解其余的解释)，要么我们发现这些解释形成一个循环，无法明白其中的意思，或者在解释中需要我们理解的某个单词不在这本词典里。

理解这些单词的递归策略如下：如果我们知道一个单词的含义，那么就算我们成功；否则，我们就在词典里查找这个单词。如果我们理解该词解释中的所有单词，那么又算我们成功；否则，递归地查找一些我们不认识的单词来“算出”对该单词解释的含义。如果词典编纂得完美无瑕，那么这个过程就能够终止；如果其中一个单词没有查到或是形成循环定义(解释)，那么这个过程则循环不定。

打印输出数

设我们有一个正整数 N 并希望把它打印出来。我们的例程的名字为 PrintOut(N)。假设仅有的现成 I/O 例程将只处理单个数字并将其输出到终端。我们将这个例程命名为 PrintDigit，例如，PrintDigit(4)将输出一个“4”到终端。

递归对该问题提供了一个非常简洁的解。为打印“76234”，需要首先打印出“7623”，然后再打印出“4”。第二步用语句 PrintDigit(N%10)很容易完成，但是第一步却不比原问题简单多少。它们实际上是同一个问题，因此我们可以用语句 PrintOut(N/10)递归地解决它。

这告诉我们如何去解决一般的问题，不过我们仍然需要确认程序不是循环不定的。由于我们尚未定义一个基准情形，因此很显然，我们仍然还有些事情要做。如果 $0 \leqslant N < 10$，那么我们的基准情形就是 PrintDigit(N)。现在，PrintOut(N)已对每一个从 0 到 9 的正整数做出定义，而更大的正整数则通过较小的正整数定义。因此，不存在循环定义。整个过程[㊀]如图 1-4 所示。

```
void
PrintOut( unsigned int N )  /* Print nonnegative N */
{
    if( N >= 10 )
        PrintOut( N / 10 );
    PrintDigit( N % 10 );
}
```

图 1-4 打印整数的递归例程

我们没有努力去高效地编写这个程序。我们本可以避免使用 mod 操作(它的耗费是很大的)，因为 $N\%10 = N - \lfloor N/10 \rfloor * 10$。[㊁]

递归和归纳

我们将使用归纳法对上述数字递归打印程序给予更严格的证明。

定理 1.4 对于 $N \geqslant 0$，数字递归打印算法是正确的。

证明 (根据 N 所含数字的位数，利用归纳法证明)：

首先，如果 N 只有一位数字，那么程序显然是正确的，因为它只调用一次 PrintDigit。然后，设 PrintOut 对所有 k 位或位数更少的数均能正常工作。$k+1$ 位的数字可以通过其前 k 位数字后跟一位最低位数字来表示。前 k 位数字形成的数恰好是 $\lfloor N/10 \rfloor$，归纳假设它能够被正确地打印出来，而最后一位数字是 $N \bmod 10$，因此该程序能够正确打印出任意 $k+1$ 位数。于是，根据归纳法，所有的数都能被正确地打印出来。

这个证明看起来可能有些奇怪，实际上相当于算法的描述。它阐述的是在设计递归程序时，同一问题的所有较小实例均可以假设运行正确，递归程序只需要把这些较小问题的解(它们通过递归奇迹般地得到)结合起来而形成现行问题的解。其数学根据则是归纳法。

㊀ 过程(procedure)即返回值为 void 型的函数。

㊁ $\lfloor X \rfloor$ 意为小于或等于 X 的最大整数。

我们给出递归的第三个法则：

3. 设计法则(design rule)。假设所有的递归调用都能运行。这是一条重要的法则，因为它意味着，当设计递归程序时一般没有必要知道簿记管理的细节，不必试图追踪大量的递归调用。追踪实际的递归调用序列常常是非常困难的。当然，在许多情况下，这正体现了使用递归的好处，因为计算机能够算出复杂的细节。

递归的主要问题是隐含的簿记开销。虽然这些开销几乎总是合理的(因为递归程序不仅简化了算法设计，而且也有助于给出更加简洁的代码)，但是递归绝不应该作为简单 for 循环的代替物。我们将在 3.3 节更仔细地讨论递归涉及的系统开销。

10 ~ 11

当编写递归例程的时候，关键是要牢记递归的四条基本法则：

1. 基准情形。必须有某些基准的情形，它们不用递归就能求解。

2. 不断推进。对于那些需要递归求解的情形，递归调用必须能够朝着产生基准情形的方向推进。

3. 设计法则。假设所有的递归调用都能运行。

4. 合成效益法则(compound interest rule)。在求解一个问题的同一实例时，切勿在不同的递归调用中做重复性的工作。

第四条法则的正确性将在后面的章节给予证明。使用递归来计算诸如斐波那契数之类简单数学函数的值的想法一般来说不是一个好主意，其根据正是第四条法则。只要在头脑中记住这些法则，递归程序设计就应该是简单明了的。

总结

这一章为本书其余部分奠定了基础。对于面临大量输入的算法，它所花费的时间是判别其好坏的重要标准。(当然正确性是最重要的。)速度是相对的。对于一个问题在一台机器上是快速的算法有可能对另一个问题或在不同的机器上就变成了慢的。我们将在下一章讲述这些问题，并将用这里讨论的数学概念建立一个正式的模型。

练习

1.1 编写一个程序解决选择问题。令 $k=N/2$。画出表格显示你的程序对于 N 为不同值的运行时间。

1.2 编写一个程序求解字谜游戏问题。

1.3 只使用处理 I/O 的 `PrintDigit` 函数，编写一个程序以输出任意实数(可以是负的)。

1.4 C 提供形如

```
# include filename
```

的语句，它读入文件 filename 并将其插到 `include` 语句处。`include` 语句可以嵌套，换句话说，文件 `filename` 本身还可以包含 `include` 语句，但是显然一个文件在任何链接中都不能包含它自己。编写一个程序，使它读入被 `include` 语句修饰的一个文件并且输出这个文件。

1.5 证明下列公式：

a. $\log X < X$ 对所有的 $X > 0$ 成立

b. $\log(A^B) = B \log A$

1.6 求下列各和：

a. $\sum_{i=0}^{\infty} \frac{1}{4^i}$

b. $\sum_{i=0}^{\infty} \frac{i}{4^i}$

12

*c. $\sum_{i=0}^{\infty} \frac{i^2}{4^i}$

**d. $\sum_{i=0}^{\infty} \frac{i^N}{4^i}$

1.7 估计

$$\sum_{i=\lfloor N/2 \rfloor}^{N} \frac{1}{i}$$

*1.8 $2^{100} \pmod 5$ 是多少？

1.9 令 F_i 是 1.2 节中定义的斐波那契数。证明下列各式：

a. $\sum_{i=1}^{N-2} F_i = F_N - 2$

b. $F_N < \phi^N$，其中 $\phi = (1+\sqrt{5})/2$

**c. 给出 F_N 封闭形式的准确表达式。

1.10 证明下列公式：

a. $\sum_{i=1}^{N} (2i-1) = N^2$

b. $\sum_{i=1}^{N} i^3 = \left(\sum_{i=1}^{N} i\right)^2$

参考文献

有许多好的教科书涵盖了本章所复习的数学内容，其中的一小部分为文献[1-3，9-11]。文献[9]是专门针对算法分析的教材，它是本丛书的第一卷，并在本书中有多处引用了它。更深入的材料包含于文献[5]中。

本书假设读者具备 C 的知识[8]。偶尔我们也加入一些为使叙述更清晰而必备的材料。我们还假设读者熟悉指针和递归(本章中关于递归的总结是对递归的快速回顾)，在书中适当的地方我们将提供使用它们的一些提示。不熟悉这些内容的读者应该参考文献[12]或任何一本好的中等水平的程序设计教材。

常见的程序设计风格在多本书中均有所讨论，如一些经典的文献[4，6-7]。

1. M. O. Albertson and J. P. Hutchinson, *Discrete Mathematics with Algorithms,* John Wiley & Sons, New York, 1988.
2. Z. Bavel, *Math Companion for Computer Science,* Reston Publishing Co., Reston, Va., 1982.
3. R. A. Brualdi, *Introductory Combinatorics*, North-Holland, New York, 1977.(原书第3版中译本名为《组合数学》，冯舜玺等译，机械工业出版社，2002，北京——译者注)
4. E. W. Dijkstra, *A Discipline of Programming,* Prentice Hall, Englewood Cliffs, N.J., 1976.
5. R. L. Graham, D. E. Knuth, and O. Patashnik, *Concrete Mathematics,* Addison-Wesley, Reading, Mass., 1989.
6. D. Gries, *The Science of Programming,* Springer-Verlag, New York, 1981.
7. B. W. Kernighan and P. J. Plauger, *The Elements of Programming Style,* 2d ed., McGraw-Hill, New York, 1978.
8. B. W. Kernighan and D. M. Ritchie, *The C Programming Language,* 2d ed., Prentice Hall, Englewood Cliffs, N.J., 1988.
9. D. E. Knuth, *The Art of Computer Programming, Vol. 1: Fundamental Algorithms,* 2d ed., Addison-Wesley, Reading, Mass., 1973.
10. F. S. Roberts, *Applied Combinatorics,* Prentice Hall, Englewood Cliffs, N.J., 1984.
11. A. Tucker, *Applied Combinatorics,* 2d ed., John Wiley & Sons, New York, 1984.
12. M. A. Weiss, *Efficient C Programming: A Practical Approach,* Prentice Hall, Englewood Cliffs, N.J., 1995.

13

14

C H A P T E R 2

第2章

算 法 分 析

算法(algorithm)是为求解一个问题需要遵循的、被清楚地指定的简单指令的集合。对于一个问题，一旦给定某种算法并且(以某种方式)确定其是正确的，那么重要的一步就是确定该算法将需要多少诸如时间或空间等资源量的问题。如果一个问题的求解算法需要长达一年的时间，那么这种算法就很难有什么用处。同样，一个需要 1GB 内存的算法在当前的大多数机器上也是无法使用的。

在这一章，我们将讨论：

- 如何估计一个程序所需要的时间。
- 如何将一个程序的运行时间从天或年降低到秒。
- 粗心地使用递归的后果。
- 将一个数自乘得到其幂以及计算两个数的最大公因数的非常有效的算法。

2.1　数学基础

估计算法资源消耗所需的分析一般说来是一个理论问题，因此需要一套正式的系统框架。我们先从某些数学定义开始。

全书将使用下列四个定义：

定义：如果存在正常数 c 和 n_0 使得当 $N \geqslant n_0$ 时 $T(N) \leqslant cf(N)$，则记为 $T(N)=O(f(N))$。

定义：如果存在正常数 c 和 n_0 使得当 $N \geqslant n_0$ 时 $T(N) \geqslant cg(N)$，则记为 $T(N)=\Omega(g(N))$。

15

定义：当且仅当 $T(N)=O(h(N))$ 且 $T(N)=\Omega(h(N))$ 时，$T(N)=\Theta(h(N))$。

定义：如果 $T(N)=O(p(N))$ 且 $T(N) \neq \Theta(p(N))$，则 $T(N)=o(p(N))$。

这些定义的目的是在函数间建立一种相对的级别。给定两个函数，通常存在一些点，在这些点上一个函数的值小于另一个函数的值，因此，像 $f(N)<g(N)$ 这样的声明是没有什么意义的。于是，我们比较它们的相对增长率(relative rate of growth)。当将相对增长率应用到算法分析的时候，我们将会明白为什么它是重要的度量。

虽然 N 较小时 $1\,000N$ 要比 N^2 大，但 N^2 以更快的速度增长，因此 N^2 最终将更大。在这种情况下，$N=1\,000$ 是转折点。第一个定义是说，最后总会存在某个点 n_0，从它以后 $cf(N)$ 总是至少与 $T(N)$ 一样大，从而若忽略常数因子，则 $f(N)$ 至少与 $T(N)$ 一样大。在我们的例子中，$T(N)=1\,000N$，$f(N)=N^2$，$n_0=1\,000$ 而 $c=1$。我们也可以令 $n_0=10$ 而 $c=100$。因此，可以说 $1\,000N=O(N^2)$(N 平方级)。这种记法称为大 O 记法。人们常常不说“……级的”，而是说“大 O……”。

如果我们用传统的不等式来计算增长率，那么第一个定义是说 $T(N)$ 的增长率小于等于($\leqslant$)$f(N)$ 的增长率。第二个定义 $T(N)=\Omega(g(N))$(念成“omega”)是说 $T(N)$ 的增长率大于等于($\geqslant$)$g(N)$ 的增长率。第三个定义 $T(N)=\Theta(h(N))$(念成“theta”)是说 $T(N)$ 的增长率等于($=$)$h(N)$ 的增长率。最后一个定义 $T(N)=o(p(N))$(念成“小 o……”)说的则是 $T(N)$ 的增长率小于($<$)$p(N)$ 的增长率。它不同于大 O，因为大 O 包含增长率相同这种可能性。

为了证明某个函数 $T(N)=O(f(N))$，我们通常不是形式地使用这些定义，而是使用一些已知的结果。一般说来，这就意味着证明(或确定假设不成立)是非常简单的计算并且不涉及微积分，除非遇到特殊的情况(不可能发生在算法分析中)。

当我们说 $T(N)=O(f(N))$时，是在保证函数 $T(N)$以不快于 $f(N)$的速度增长，因此 $f(N)$是 $T(N)$的上界(upper bound)。与此同时，$f(N)=\Omega(T(N))$意味着$T(N)$是 $f(N)$的下界(lower bound)。

举例来说，N^3 增长得比 N^2 快，因此我们可以说 $N^2=O(N^3)$或 $N^3=\Omega(N^2)$。$f(N)=N^2$ 和 $g(N)=2N^2$ 以相同的速率增长，从而 $f(N)=O(g(N))$和 $f(N)=\Omega(g(N))$都是正确的。当两个函数以相同的速率增长时，是否需要使用记号“$\Theta()$”表示可能依赖于具体的上下文。直观地说，如果 $g(N)=2N^2$，那么 $g(N)=O(N^4)$、$g(N)=O(N^3)$和 $g(N)=O(N^2)$从技术上看都是成立的，但最后一个选择是最好的答案。写法 $g(N)=\Theta(N^2)$不仅表示 $g(N)=O(N^2)$而且还表示结果会尽可能好(严密)。

我们需要掌握的重要结论为：

法则 1： 如果 $T_1(N)=O(f(N))$且 $T_2(N)=O(g(N))$，那么

(a) $T_1(N)+T_2(N)=\max(O(f(N)), O(g(N)))$。

(b) $T_1(N)*T_2(N)=O(f(N)*g(N))$。

16

法则 2： 如果 $T(N)$是一个 k 次多项式，则 $T(N)=\Theta(N^k)$。

法则 3： 对任意常数 k，$\log^k N=O(N)$。它告诉我们对数增长得非常缓慢。

这些信息足以按照增长率对大部分常见的函数进行分类(见图 2-1)。

函数	名称
c	常数
$\log N$	对数级
$\log^2 N$	对数平方根
N	线性级
$N\log N$	
N^2	平方级
N^3	立方级
2^N	指数级

图 2-1　典型的增长率

有几点需要注意。首先，将常数或低阶项放入大 O 是非常坏的习惯。不要写成 $T(N)=O(2N^2)$或 $T(N)=O(N^2+N)$。在这两种情形下，正确的形式是 $T(N)=O(N^2)$。这就是说，在需要大 O 表示的任何分析中，可以进行各种简化。低阶项一般可以被忽略，而常数也可以弃掉。此时，要求的精度是很低的。

其次，我们总能通过计算极限$\lim_{n\to\infty} f(N)/g(N)$来确定两个函数 $f(N)$和 $g(N)$的相对增长率，必要的时候可以使用洛必达法则。[⊖] 该极限可以有四种可能的值：

- 极限是 0：这意味着 $f(N)=o(g(N))$。
- 极限是 $c\neq 0$：这意味着 $f(N)=\Theta(g(N))$。
- 极限是∞：这意味着 $g(N)=o(f(N))$。
- 极限摆动：二者无关(在本书中将不会发生这种情形)。

使用这种方法几乎总能算出相对增长率。通常，两个函数 $f(N)$和 $g(N)$间的关系可以用简单的代数方法得到。例如，如果 $f(N)=N\log N$ 且 $g(N)=N^{1.5}$，那么确定 $f(N)$和 $g(N)$哪个增长得更快，实际上就是确定 $\log N$ 和 $N^{0.5}$哪个增长得更快。这与确定 $\log^2 N$ 和 N 哪个增长得更快是一样的，而后者是个简单的问题，因为我们已经知道，N 的增长要快于 $\log N$ 的任意次幂。因此，$g(N)$的增长快于 $f(N)$的增长。

17

另外，在风格上还应注意：不要说成 $f(N)\leqslant O(g(N))$，因为定义已经隐含不等式了。

⊖ 洛必达法则(L'Hôpital's rule)说的是，若 $\lim_{n\to\infty} f(N)=\infty$且 $\lim_{n\to\infty} g(N)=\infty$，则 $\lim_{n\to\infty} f(N)/g(N)=\lim_{n\to\infty} f'(N)/g'(N)$，其中 $f'(N)$和 $g'(N)$分别是 $f(N)$和 $g(N)$的导数。

写成 $f(N) \geqslant O(g(N))$是错误的，它没有意义。

2.2　模型

为了在正式的框架中分析算法，我们需要一个计算模型。我们的模型基本上是一台标准的计算机，在机器中顺序地执行指令。该模型有一个标准的简单指令系统，如加法、乘法、比较和赋值等。但不同于实际计算机情况的是，模型机做任意一件简单的工作都恰好花费一个时间单元。为了合理起见，我们将假设该模型像一台现代计算机那样有固定范围的整数(比如32位)并且不存在诸如矩阵求逆或排序等运算，它们显然不能在一个时间单元内完成。我们还假设模型机有无限的内存。

显然，这个模型有些缺点。很明显，在现实生活中不是所有的运算都恰好花费相同的时间。特别是在该模型中，一次磁盘读入计时同一次加法，虽然加法一般要快几个数量级。还有，由于假设有无限的内存，我们再也不用担心缺页中断，它可能是个实际问题，特别是对高效的算法。

2.3　要分析的问题

要分析的最重要的资源一般就是运行时间。有几个因素影响着程序的运行时间。有些因素(如所使用的编译器和计算机)显然超出了任何理论模型的范畴，因此，虽然它们是重要的，但是我们在这里还不能处理它们。剩下的主要因素则是所使用的算法以及对该算法的输入。

通常，输入的大小是主要的考虑方面。我们定义两个函数 $T_{avg}(N)$和$T_{worst}(N)$，分别是输入为 N 时算法所花费的平均运行时间和最坏情况下的运行时间。显然，$T_{avg}(N) \leqslant T_{worst}(N)$。如果存在更多的输入，那么这些函数可以有更多的变量。

一般说来，若无另外的指定，则所需要的量是最坏情况下的运行时间。其原因之一是它对所有的输入提供了一个界限，包括特别坏的输入，而平均情况分析不提供这样的界。另一个原因是平均情况的界计算起来通常要困难得多。在某些情况下，“平均”的定义可能影响分析的结果。(例如，什么是下述问题的平均输入?)

18

例如，我们将在下一节考虑下述问题：

最大的子序列和问题：

给定整数 A_1，A_2，…，A_N(可能有负数)，求 $\sum_{k=i}^{j} A_k$ 的最大值(为方便起见，如果所有整数均为负数，则最大子序列和为0)。

例如：输入−2，11，−4，13，−5，−2时，答案为20(从 A_2 到 A_4)。

这个问题之所以有吸引力，主要是因为存在求解它的很多算法，而这些算法的性能又相差很大。我们将讨论求解该问题的四种算法。这四种算法在某台计算机上(究竟是哪台具体的计算机并不重要)的运行时间如图2-2所示。

图中有几个重要的情况值得注意。对于少量的输入，算法眨眼之间完成，因此如果只是少量输入的情形，那么花费大量的努力去设计聪明的算法恐怕就太不值得了。另一方面，近来重写那些在五年之前编写的但现在不再合理的基于小输入量假设的程序确实存在着巨大的市场。现在看来，这些程序太慢了，因为它们用的算法不是好算法。对于大量的输入，算法 4 显然是最好的选择(虽然算法 3 也是可用的)。

算法		1	2	3	4
时间		$O(N^3)$	$O(N^2)$	$O(N\log N)$	$O(N)$
输入大小	$N=10$	0.001 03	0.000 45	0.000 66	0.000 34
	$N=100$	0.470 15	0.011 12	0.004 86	0.000 63
	$N=1\,000$	448.77	1.123 3	0.058 43	0.003 33
	$N=10\,000$	NA	111.13	0.686 31	0.030 42
	$N=100\,000$	NA	NA	8.011 3	0.298 32

图 2-2 计算最大子序列和的几种算法的运行时间(秒)

其次，图中所给出的时间不包括读入数据所需要的时间。对于算法 4，仅仅从磁盘读入数据所用的时间很可能在数量级上比求解上述问题所需要的时间还要多。这是许多有效算法中的典型特点。数据的读入一般是个瓶颈，一旦读入数据，问题就会迅速解决。但是，对于低效率的算法情况就不同了，它必然要耗费大量的计算机资源。因此只要可能，使得算法足够有效而不致成为问题的瓶颈是非常重要的。

图 2-3 指出这四种算法运行时间的增长率。尽管该图只包含 N 从 10 到 100 的值，但是相对增长率还是很明显的。虽然算法 3 的图看起来是线性的，但是用一把直尺(或是一张纸)容易验证它并不是直线。图 2-4 显示对于更大值的算法性能。该图戏剧性地描述出，即

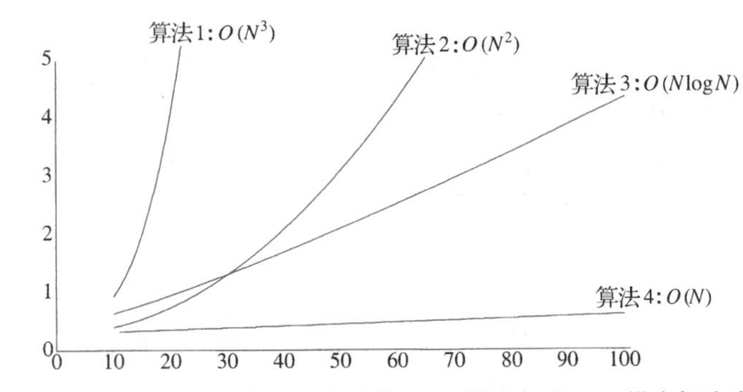

图 2-3 各种计算最大子序列和的算法图(横坐标为 N，纵坐标为毫秒)

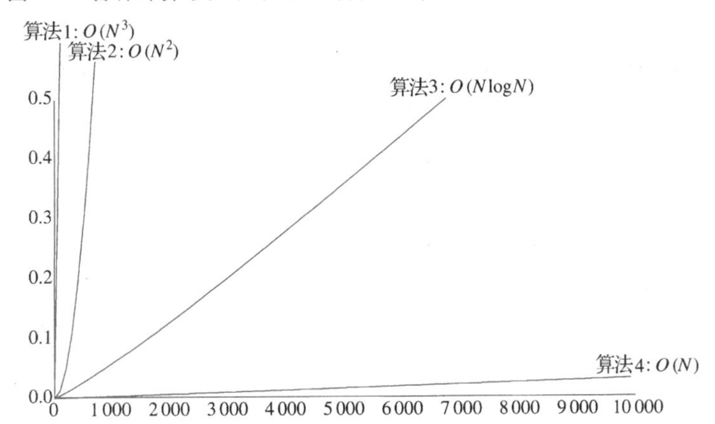

图 2-4 各种计算最大子序列和的算法图(横坐标为 N，纵坐标单位为秒)

使输入量的大小是适度的，低效算法依旧无用。

2.4 运行时间计算

19
~
20

有几种方法可以估计一个程序的运行时间。前面的图表是凭经验得到的。如果两个程序花费的时间大致相同，要确定哪个程序更快的最好方法很可能就是将它们编码并运行！

一般来说，存在几种算法思想，而我们总愿意尽早去除那些不好的算法思想，因此，通常需要对算法进行分析。不仅如此，进行分析的能力还有助于洞察到如何设计有效的算法。一般说来，分析还能准确确定需要仔细编码的瓶颈。

为了简化分析，我们将采纳如下的约定：不存在特定的时间单元。因此，我们抛弃前导常数。我们还将抛弃低阶项，从而要做的就是计算大 O 运行时间。由于大 O 是一个上界，因此我们必须仔细，绝不要低估程序的运行时间。实际上，分析的结果为程序在一定的时间范围内能够终止运行提供了保障。程序可能提前结束，但绝不可能延后。

2.4.1 一个简单的例子

这里是计算 $\sum_{i=1}^{N} i^3$ 的一个简单的程序片段：

```
            int
            Sum( int N )
            {
                int i, PartialSum;

/* 1*/          PartialSum = 0;
/* 2*/          for( i = 1; i <= N; i++ )
/* 3*/              PartialSum += i * i * i;
/* 4*/          return PartialSum;
            }
```

对这个程序的分析很简单。声明不计时间。第 1 行和第 4 行各占一个时间单元。第 3 行每执行一次占用 4 个时间单元(两次乘法、一次加法和一次赋值)，而执行 N 次共占用 $4N$ 个时间单元。第 2 行在初始化 i、测试 $i \leqslant N$ 和对 i 的自增运算中隐含着开销。第 2 行的总开销是：初始化占 1 个时间单元，所有的测试占 $N+1$ 个时间单元，以及所有的自增运算占 N 个时间单元，共$2N+2$个时间单元。我们忽略调用函数和返回值的开销，得到的总量是 $6N+4$。因此，我们说该函数是 $O(N)$的。

如果我们每次分析一个程序都要演示所有这些工作，那么这项任务很快就会变成不可行的工作。幸运的是，由于我们有了大 O 的结果，因此就存在许多可以采取的简化并且不影响最后的结果。例如，第 3 行(每次执行时)显然是 $O(1)$语句，因此精确计算它究竟是 2、3 还是 4 个时间单元是愚蠢的，这无关紧要。第 1 行与 for 循环相比显然是不重要的，所以在这里花费时间也是不明智的。这使得我们得到若干一般法则。

2.4.2 一般法则

法则1——for循环：

一次for循环的运行时间至多是该for循环内语句(包括测试)的运行时间乘以迭代的次数。

21

法则2——嵌套的for循环：

从里向外分析这些循环。在一组嵌套循环内部的一条语句总的运行时间为该语句的运行时间乘以该组所有的for循环的大小的乘积。

作为一个例子，下列程序片段的运行时间为$O(N^2)$：

```
for( i = 0; i < N; i++ )
    for( j = 0; j < N; j++ )
        k++;
```

法则3——顺序语句：

将各个语句的运行时间求和即可(这意味着，其中的最大值就是所得的运行时间，见2.1节的法则1(a))。

举一个例子，下面的程序片段先用去$O(N)$，再花费$O(N^2)$，总的开销也是$O(N^2)$：

```
for( i = 0; i < N; i++ )
    A[ i ] = 0;
for( i = 0; i < N; i++ )
    for( j = 0; j < N; j++ )
        A[ i ] += A[ j ] + i + j;
```

法则4——if/else语句：

对于程序片段

```
if( Condition )
    S1
else
    S2
```

一个if/else语句的运行时间从不超过判断的时间加上S1和S2中运行时间较长者的总的运行时间。

显然，在某些情形下这么估计有些过高，但绝不会估计过低。

其他的法则都是显而易见的，但是，分析的基本策略是从内部(或最深层部分)向外展开的。如果有函数调用，那么这些调用要首先分析。如果有递归过程，那么存在几种选择。若递归实际上只是稍加掩饰的for循环，则分析通常是很简单的。例如，下面的函数实际上就是一个简单的循环，从而其运行时间为$O(N)$：

```
long int
Factorial( int N )
{
    if( N <= 1 )
        return 1;
    else
        return N * Factorial( N - 1 );
}
```

22

这个例子中对递归的使用实际上并不好。当递归使用得当时，将其转换成一个简单的循环结构是相当困难的。在这种情况下，分析将涉及求解一个递推关系。为了观察到这种可能发生的情形，考虑下列程序，实际上它对递归使用的效率低得令人诧异。

```
            long int
            Fib( int N )
            {
/* 1*/          if( N <= 1 )
/* 2*/              return 1;
                else
/* 3*/              return Fib( N - 1 ) + Fib( N - 2 );
            }
```

初看起来，该程序似乎对递归的使用非常聪明。可是，如果将程序编码，且赋予 N 大约 30 的值并运行，那么这个程序的效率低得吓人。分析十分简单。令 $T(N)$ 为函数 Fib(N)的运行时间。如果 $N=0$ 或 $N=1$，则运行时间是某个常数值，即第 1 行上做判断以及返回所用的时间。因为常数并不重要，所以我们可以说 $T(0)=T(1)=1$。对于 N 为其他值的运行时间则需要相对于基准情形的运行时间来度量。若 $N>2$，则执行该函数的时间是第 1 行上的常数工作加上第 3 行上的工作。第 3 行由一次加法和两次函数调用组成。由于函数调用不是简单的运算，必须通过它们本身来分析。第一次函数调用是 Fib($N-1$)，从而按照 T 的定义，它需要 $T(N-1)$个时间单元。类似的论证指出，第二次函数调用需要 $T(N-2)$个时间单元。此时总的时间需求为 $T(N-1)+T(N-2)+2$，其中“2”指的是第 1 行上的工作加上第 3 行上的加法。于是对于 $N\geqslant 2$ 我们有下列关于 Fib(N)的运行时间公式：

$$T(N)=T(N-1)+T(N-2)+2$$

但是 Fib(N)=Fib($N-1$)+Fib($N-2$)，因此由归纳法容易证明 $T(N)\geqslant$Fib(N)。在 1.2.5 节我们证明过 Fib(N)$<(5/3)^N$，类似的计算可以证明(对于 $N>4$)Fib(N)$\geqslant(3/2)^N$，可见，这个程序的运行时间以指数的速度增长。这大致是最坏的情况。通过保留一个简单的数组并使用一个 for 循环，运行时间可以被实质性地减少下来。

这个程序之所以缓慢，是因为存在大量多余的工作要做，违反了在 1.3 节中叙述的递归的第四条基本法则(合成效益法则)。注意，在第 3 行上的第一次调用即 Fib($N-1$)实际上计算了 Fib($N-2$)。随后这个信息被抛弃而在第 3 行上的第二次调用时又重新计算了一遍。抛弃的信息量递归地合成起来并导致巨大的运行时间。这或许是格言“计算任何事情不要超过一次”的最好示例，但你不能因此害怕使用递归。本书中我们将随处看到递归的出色用例。

23

2.4.3 最大子序列和

现在我们将要叙述四个算法来求解早先提出的最大子序列和问题。第一个算法在图 2-5 中表述，它只是穷举式地尝试所有的可能。for 循环中的循环变量反映 C 中的数组从 0 开始而不是从 1 开始这样一个事实。再有，本算法并不计算实际的子序列，实际的计算还要添加一些额外的代码。

该算法肯定会正确运行(这不应该花太多的时间去证明)。运行时间为 $O(N^3)$，这完全取决于第 5 行和第 6 行，第 6 行由一个含于三重嵌套 for 循环中的 $O(1)$语句组成。第 2 行

上的循环大小为 N。

第2个循环大小为 $N-i$，它可能很小，但也可能是 N。我们必须假设最坏的情况，而这可能会使得最终的界有些大。第3个循环的大小为 $j-i+1$，我们也要假设它的大小为 N。因此总数为 $O(1\cdot N\cdot N\cdot N)=O(N^3)$。语句1总共的开销只是 $O(1)$，而语句7和8的总共开销也只不过是 $O(N^2)$，因为它们只是两层循环内部的简单表达式。

```
        int
        MaxSubsequenceSum( const int A[ ], int N )
        {
            int ThisSum, MaxSum, i, j, k;

/* 1*/      MaxSum = 0;
/* 2*/      for( i = 0; i < N; i++ )
/* 3*/          for( j = i; j < N; j++ )
                {
/* 4*/              ThisSum = 0;
/* 5*/              for( k = i; k <= j; k++ )
/* 6*/                  ThisSum += A[ k ];

/* 7*/              if( ThisSum > MaxSum )
/* 8*/                  MaxSum = ThisSum;
                }
/* 9*/      return MaxSum;
        }
```

图 2-5 算法 1

事实上，考虑到这些循环的实际大小，更精确的分析指出答案是 $\Theta(N^3)$，而我们上面的估计高出一个因子6（不过这并无大碍，因为常数不影响数量级）。一般说来，在这类问题中上述结论是正确的。精确的分析由和 $\sum_{i=0}^{N-1}\sum_{j=i}^{N-1}\sum_{k=i}^{j}1$ 得到，该和指出程序的第6行被执行的次数。使用1.2.3节中的公式可以对该和从内到外求值。尤其是我们将用到前 N 个整数求和以及前 N 个平方数求和的公式。首先，有

$$\sum_{k=i}^{j}1=j-i+1$$

接着，我们得到

$$\sum_{j=i}^{N-1}(j-i+1)=\frac{(N-i+1)(N-i)}{2}$$

这个和数是对前 $N-i$ 个整数求和而算得的。为完成全部计算，我们有

$$\begin{aligned}
&\sum_{i=0}^{N-1}\frac{(N-i+1)(N-i)}{2}\\
&=\sum_{i=1}^{N}\frac{(N-i+1)(N-i+2)}{2}\\
&=\frac{1}{2}\sum_{i=1}^{N}i^2-\left(N+\frac{3}{2}\right)\sum_{i=1}^{N}i+\frac{1}{2}(N^2+3N+2)\sum_{i=1}^{N}1\\
&=\frac{1}{2}\ \frac{N(N+1)(2N+1)}{6}-\left(N+\frac{3}{2}\right)\frac{N(N+1)}{2}+\frac{N^2+3N+2}{2}N\\
&=\frac{N^3+3N^2+2N}{6}
\end{aligned}$$

我们可以通过撤除一个 for 循环来避免立方运行时间。不过这不总是可能的，在这种情况下算法中出现大量不必要的计算。为了改进这种低效率的算法，可以通过观察 $\sum_{k=i}^{j}A_k=A_j+\sum_{k=i}^{j-1}A_k$ 而看出算法1中第5行和第6行上的计算过分地耗时了。图2-6指出一种改进的

算法。算法 2 显然是 $O(N^2)$的，对它的分析甚至比前面的分析还简单。

对这个问题有一个递归且相对复杂的 $O(N \log N)$解法，我们现在就来描述它。要是真的没出现 $O(N)$(线性的)解法，这个算法就会是体现递归威力的极好范例了。该方法采用一种“分治”(divide-and-conquer)策略。其想法是把问题分成两个大致相等的子问题，然后递归地对它们求解，这是“分”部分。“治”阶段将两个子问题的解合并到一起并可能再做些少量的附加工作，最后得到整个问题的解。

```
        int
        MaxSubSequenceSum( const int A[ ], int N )
        {
            int ThisSum, MaxSum, i, j;

/* 1*/      MaxSum = 0
/* 2*/      for( i = 0; i < N; i++ )
            {
/* 3*/          ThisSum = 0;
/* 4*/          for( j = i; j < N; j++ )
                {
/* 5*/              ThisSum += A[ j ];

/* 6*/              if( ThisSum > MaxSum )
/* 7*/                  MaxSum = ThisSum;
                }
            }
/* 8*/      return MaxSum;
        }
```

图 2-6 算法 2

在我们的例子中，最大子序列和可能在三处出现。或者整个出现在输入数据的左半部，或者整个出现在右半部，或者跨越输入数据的中部从而占据左右两半部分。前两种情况可以递归求解。第三种情况的最大和可以通过求出前半部分的最大和(包含前半部分的最后一个元素)以及后半部分的最大和(包含后半部分的第一个元素)而得到。然后将这两个和加在一起。作为一个例子，考虑下列输入：

前半部分				后半部分			
4	−3	5	−2	−1	2	6	−2

其中前半部分的最大子序列和为 6(从元素 A_1 到 A_3)，而后半部分的最大子序列和为 8(从元素 A_6 到 A_7)。

前半部分包含其最后一个元素的最大和是 4(从元素 A_1 到 A_4)，而后半部分包含其第一个元素的最大和是 7(从元素 A_5 到 A_7)。因此，横跨这两部分且通过中间的最大和为 $4+7=11$(从元素 A_1 到 A_7)。

我们看到，在生成本例中最大子序列和的三种方法中，最好的方法是包含两部分的元素。于是，答案为 11。图 2-7 提出了这种策略的一种实现手段。

有必要对算法 3 的程序进行一些说明。递归过程调用的一般形式是传递输入的数组以及左(`Left`)边界和右(`Right`)边界，它们界定了数组待处理的部分。单行驱动程序通过传递数组以及边界 0 和 $N-1$ 而启动该过程。

第 1～4 行处理基准情形。如果 `Left==Right`，那么只有一个元素，并且当该元素非负时它就是最大和子序列。`Left>Right` 的情况是不可能出现的，除非 N 是负数(不过，程序中的小扰动有可能致使这种混乱产生)。第 6 行和第 7 行执行两次递归调用。我们可以看到，总是对小于原问题的问题进行递归调用，但程序中的小扰动有可能破坏这个特性。第 8～12 行以及第 13～17 行计算到达中间分界处的两个最大和的和数。这两个最大和的和为跨越左右两边的最大和。伪例程(pseudoroutine)Max3 返回这三个可能的最大和中的最大者。

```
        static int
        MaxSubSum( const int A[ ], int Left, int Right )
        {
            int MaxLeftSum, MaxRightSum;
            int MaxLeftBorderSum, MaxRightBorderSum;
            int LeftBorderSum, RightBorderSum;
            int Center, i;

/* 1*/      if( Left == Right )  /* Base Case */
/* 2*/          if( A[ Left ] > 0 )
/* 3*/              return A[ Left ];
                else
/* 4*/              return 0;

/* 5*/      Center = ( Left + Right ) / 2;
/* 6*/      MaxLeftSum = MaxSubSum( A, Left, Center );
/* 7*/      MaxRightSum = MaxSubSum( A, Center + 1, Right );

/* 8*/      MaxLeftBorderSum = 0; LeftBorderSum = 0
/* 9*/      for( i = Center; i >= Left; i-- )
            {
/*10*/          LeftBorderSum += A[ i ];
/*11*/          if( LeftBorderSum > MaxLeftBorderSum )
/*12*/              MaxLeftBorderSum = LeftBorderSum;
            }

/*13*/      MaxRightBorderSum = 0; RightBorderSum = 0;
/*14*/      for( i = Center + 1; i <= Right; i++ )
            {
/*15*/          RightBorderSum += A[ i ];
/*16*/          if( RightBorderSum > MaxRightBorderSum )
/*17*/              MaxRightBorderSum = RightBorderSum;
            }

/*18*/      return Max3( MaxLeftSum, MaxRightSum,
/*19*/              MaxLeftBorderSum + MaxRightBorderSum );
        }

        int
        MaxSubsequenceSum( const int A[ ], int N )
        {
            return MaxSubSum( A, 0, N - 1 );
        }
```

图 2-7 算法 3

显然，编程时，算法 3 比前面两种算法需要更多的精力。然而，程序短并不总意味着程序好。正如我们在前面显示算法运行时间的图中所看到的，除最小的输入外，该算法比前两个算法明显要快。

24 ~ 27

对运行时间的分析方法与分析计算斐波那契数程序时的方法类似。令 $T(N)$是求解大小为 N 的最大子序列和问题所花费的时间。如果 $N=1$，则算法 3 花费某个时间常量执行程序的第 1～4 行，我们称之为一个时间单元。于是，$T(1)=1$。否则，程序必须运行两次递归调用，即在第 9～17 行之间的两个 for 循环，还需某个小的簿记量，如在第 5 行和第 18 行。这两个 for 循环接触到从 A_0 到 A_{N-1}的每一个元素，而在循环内部的工作量是常量，因此，在第 9～17 行花费的时间为 $O(N)$。第 1～5 行以及第 8、13 和 18 行上的程序的工作量都是常量，从而与 $O(N)$相比可以忽略。其余就是第 6 和 7 行上运行的工作。这两行

求解大小为 $N/2$ 的子序列问题(假设 N 是偶数)。因此，这两行每行花费 $T(N/2)$个时间单元，共花费 $2T(N/2)$个时间单元。算法 3 花费的总时间为 $2T(N/2)+O(N)$。我们得到方程组

$$T(1)=1$$
$$T(N)=2T(N/2)+O(N)$$

为了简化计算，可以用 N 代替上面方程中的 $O(N)$项。由于 $T(N)$最终还是要用大 O 来表示，因此这么做并不影响答案。在第 7 章，我们将会看到如何严格地求解这个方程。至于现在，如果 $T(N)=2T(N/2)+N$，且 $T(1)=1$，那么 $T(2)=4=2*2$，$T(4)=12=4*3$，$T(8)=32=8*4$，以及 $T(16)=80=16*5$。其形式是显然的并且可以推导出来，即若 $N=2^k$，则 $T(N)=N*(k+1)=N\log N+N=O(N\log N)$。

这个分析假设 N 是偶数，不然 $N/2$ 就不确定了。通过该分析的递归性质可知，实际上只有当 N 是 2 的幂时，结果才是合理的，否则我们最终要遇到大小不是偶数的子问题，方程就无效了。当 N 不是 2 的幂的时候，我们多少需要更加复杂一些的分析，但是大 O 的结果是不变的。

在后面的章节中，我们将看到递归的几个漂亮的应用。这里，我们还是介绍求解最大子序列和的第四种方法，该算法实现起来要比递归算法简单而且更为有效，如图 2-8 所示。

```
        int
        MaxSubsequenceSum( const int A[ ], int N )
        {
            int ThisSum, MaxSum, j;

/* 1*/      ThisSum = MaxSum = 0;
/* 2*/      for( j = 0; j < N; j++ )
            {
/* 3*/          ThisSum += A[ j ];

/* 4*/          if( ThisSum > MaxSum )
/* 5*/              MaxSum = ThisSum;
/* 6*/          else if( ThisSum < 0 )
/* 7*/              ThisSum = 0;
            }
/* 8*/      return MaxSum;
        }
```

图 2-8　算法 4

不难理解为什么时间的界是正确的，但是要明白为什么算法是正确可行的会费些思考，我们把它留给读者去完成。该算法的一个附带优点是，它只对数据进行一次扫描，一旦完成对 $A[i]$的读入和处理，就不再需要记忆它了。因此，如果数组在磁盘或磁带上，它就可以被顺序读入，在主存中不必存储数组的任何部分。不仅如此，在任意时刻，算法都能对它已经读入的数据给出子序列问题的正确答案(其他算法不具有这个特性)。具有这种特性的算法叫作联机算法(on-line algorithm)。仅需要常量空间并以线性时间运行的联机算法几乎是完美的算法。

2.4.4　运行时间中的对数

分析算法最混乱的方面大概集中在对数上面。我们已经看到，某些分治算法将以 $O(N\log N)$时间运行。除分治算法外，可将对数最常出现的规律概括为下列一般法则：如果一个算法用常数时间($O(1)$)将问题的大小削减为其一部分(通常是 1/2)，那么该算法就是 $O(\log N)$的。另一方面，如果使用常数时间只是把问题减少一个常数(如将问题减少 1)，那么这种算法就是 $O(N)$的。

显然，只有一些特殊种类的问题才能够呈现出 $O(\log N)$型。例如，若输入 N 个数，则一个算法只是把这些数读入就必须耗费 $\Omega(N)$的时间。因此，当我们谈到这类问题的$O(\log N)$算法时，通常都是假设输入数据已经提前读入。下面提供具有对数特点的三个例子。

对分查找

第一个例子通常叫作对分查找(binary search，也叫作二分查找、折半查找)。

对分查找：给定一个整数 X 和整数 A_0，A_1，…，A_{N-1}，后者已经预先排序并在内存中，求使得$A_i=X$的下标 i，如果 X 不在数据中，则返回 $i=-1$。

明显的解法是从左到右扫描数据，其运行花费线性时间。然而，这个算法没有用到数据已经排序的事实，这就使得算法很可能不是最好的。一个好的策略是验证 X 是否是居中的元素。如果是，则答案就找到了。如果 X 小于居中元素，那么我们可以应用同样的策略于居中元素左边已排序的子序列；同理，如果 X 大于居中元素，那么我们检查数据的右半部分。(也存在可能会终止的情况。)图 2-9 列出了对分查找的程序(其答案为 Mid)。图中的程序反映了 C 语言数组下标从 0 开始的惯例。

28
≀
29

```
        int
        BinarySearch( const ElementType A[ ], ElementType X, int N )
        {
            int Low, Mid, High;

/* 1*/      Low = 0; High = N - 1;
/* 2*/      while( Low <= High )
            {
/* 3*/          Mid = ( Low + High ) / 2;
/* 4*/          if( A[ Mid ] < X )
/* 5*/              Low = Mid + 1;
                else
/* 6*/          if( A[ Mid ] > X )
/* 7*/              High = Mid - 1;
                else
/* 8*/              return Mid;  /* Found */
            }
/* 9*/      return NotFound;     /* NotFound is defined as -1 */
        }
```

图 2-9　对分查找

显然，每次迭代在循环内的所有工作花费为 $O(1)$，因此分析时需要确定循环的次数。循环从 High－Low$=N-1$ 开始并在 High－Low$\geqslant -1$ 结束。每次循环后 High－Low 的值至少将该次循环前的值折半，于是，循环的次数最多为$\lceil \log(N-1)\rceil+2$。(例如，若 High－Low$=128$，则在各次迭代后 High－Low 的最大值是 64，32，16，8，4，2，1，0，−1。)因此，运行时间是 $O(\log N)$。等价地，我们也可以写出运行时间的递推公式，不过，当我们理解实际在做什么以及为什么这样做时，这种强行写公式的做法通常没有必要。

对分查找可以看作我们的第一个数据结构实现方法，它提供了在 $O(\log N)$时间内的 Find(查找)操作，但是所有其他操作(特别是 Insert(插入)操作)均需要 $O(N)$时间。在数据稳定(即不允许插入操作和删除操作)的应用中，这可能是非常有用的。此时输入数据需要一次排序，但是此后的访问会很快。例如，有一个程序需要保留(产生于化学和物理中的)元素周期表的信息。这个表是相对稳定的，因为很少添加新的元素。元素名可以始终是排序的。由于只有大约110种元素，因此找到一个元素最多需要访问8次。要是执行顺序查找就会需要多得多的访问次数。

30

欧几里得算法

第二个例子是计算最大公因数的欧几里得算法。两个整数的最大公因数(Gcd)是同时整除二者的最大整数。于是，Gcd(50，15)=5。图2-10中的算法计算Gcd(M，N)，假设$M \geqslant N$。(如果$N>M$，则循环的第一次迭代将它们互相交换。)

```
        unsigned int
        Gcd( unsigned int M, unsigned int N )
        {
            unsigned int Rem;

/* 1*/      while( N > 0 )
            {
/* 2*/          Rem = M % N;
/* 3*/          M = N;
/* 4*/          N = Rem;
            }
/* 5*/      return M;
        }
```

图2-10　欧几里得算法

算法连续计算余数直到余数是0为止，最后的非零余数就是最大公因数。因此，如果$M=1\,989$和$N=1\,590$，则余数序列是399，393，6，3，0。从而，Gcd(1 989，1 590)=3。正如例子所表明的，这是一个快速算法。

如前所述，估计算法的整个运行时间依赖于确定余数序列究竟有多长。虽然$\log N$看似是理想中的答案，但是根本看不出余数的值按照常数因子递减的必然性，因为我们看到，例中的余数从399仅仅降到393。事实上，在一次迭代中余数并不按照一个常数因子递减。然而，我们可以证明，在两次迭代以后，余数最多是原始值的一半。这就证明了迭代次数至多是$2\log N=O(\log N)$，从而得到运行时间。这个证明并不难，因此我们将它放在这里，它可根据下列定理直接推出。

定理2.1　如果$M>N$，则$M \bmod N<M/2$。

证明： 存在两种情形。如果$N \leqslant M/2$，则由于余数小于N，故定理在这种情形下成立。另一种情形是$N>M/2$。但是此时M仅含有一个N，从而余数为$M-N<M/2$，定理得证。

从上面的例子来看，$2\log N$大约为20，而我们仅进行了7次运算，因此有人会怀疑这是否是可能的最好界限。事实上，这个常数在最坏的情况下(如M和N是两个相邻的斐波那契数时就是这种情况)还可以稍微改进成$1.44\log N$。欧几里得算法在平均情况下的性能需要大量篇幅的高度复杂的数学分析，其迭代的平均次数约为$(12\ln 2\ln N)/\pi^2+1.47$。

幂运算

本节的最后一个例子是处理一个整数的幂(它还是一个整数)。由取幂运算得到的数一般都是相当大的，因此，我们只能在假设有一台机器能够存储这样一些大整数(或有一个编译程序能够模拟它)的情况下进行分析。我们将用乘法的次数作为运行时间的度量。

计算X^N的常见算法是使用$N-1$次乘法自乘。图2-11中的递归算法更好。第1～4行处理基准情形。如果N是偶数，则$X^N=X^{N/2}\cdot X^{N/2}$；如果N是奇数，则$X^N=X^{(N-1)/2}\cdot$

$X^{(N-1)/2} \cdot X$。

例如，为了计算 X^{62}，算法将如下进行，它只用到9次乘法：

$$X^3=(X^2)X, X^7=(X^3)^2X,$$
$$X^{15}=(X^7)^2X, X^{31}=(X^{15})^2X,$$
$$X^{62}=(X^{31})^2$$

显然，所需要的乘法次数最多是 $2\log N$，因为把问题对分最多需要两次乘法（如果 N 是奇数）。同样，这里可以使用递归公式来求解该问题。简单的直觉避免了盲目的强行处理。

```
        long int
        Pow( long int X, unsigned in N )
        {
/* 1*/      if( N == 0 )
/* 2*/          return 1;
/* 3*/      if( N == 1 )
/* 4*/          return X;
/* 5*/      if( IsEven( N ) )
/* 6*/          return Pow( X * X, N / 2 );
            else
/* 7*/          return Pow( X * X, N / 2 ) * X;
        }
```

图 2-11 高效率的取幂运算

有时候看一看程序能够进行多大的调整而不影响其正确性是很有意思的。在图2-11中，第3和4行实际上不是必需的，因为如果 N 是1，那么第7行将做同样的事情。第7行还可以写成

```
/* 7 */     return Pow(X,N-1)* X;
```

而不影响程序的正确性。事实上，程序仍将以 $O(\log N)$ 运行，因为乘法的序列同以前一样。不过，下面所有对第6行的修改都是不可取的，虽然它们看起来似乎都正确：

```
/* 6a */     return Pow( Pow( X,2),N/2);
/* 6b */     return Pow( Pow(X,N/2),2);
/* 6C */     return Pow(X,N/2 )* Pow(X,N/2);
```

6a和6b两行都是不正确的，因为当 N 是2的时候 `Pow` 中有一个递归调用以2作为第二个参数。这样，程序产生一个无限循环，将不能往下进行（最终导致程序崩溃）。

使用6c行会影响程序的效率，因为此时有两个大小为 $N/2$ 的递归调用而不是一个。分析指出，其运行时间不再是 $O(\log N)$。我们把确定新的运行时间作为练习留给读者。

2.4.5 检验你的分析

一旦完成分析，则需要看一看答案是否正确，是否是最优的。一种实现方法是编程并比较实际观察到的运行时间与通过分析所描述的运行时间是否相匹配。当 N 扩大一倍时，线性程序的运行时间乘以因子2，二次程序的运行时间乘以因子4，而三次程序的运行时间则乘以因子8。以对数时间运行的程序当 N 增加一倍时其运行时间只是多加一个常数，而以 $O(N\log N)$ 运行的程序则花费比相同环境下运行时间的两倍稍多一些的时间。如果低阶项的系数相对较大，但 N 又不够大，那么运行时间的变化量很难观察清楚。例如，对于最大子序列和问题，当从 $N=10$ 增到 $N=100$ 时，运行时间的变化就是一个例子。单纯凭实践区分线性程序和 $O(N\log N)$ 程序是非常困难的。

验证一个程序是否是$O(f(N))$的另一个常用技巧是对N的某个范围(通常用2的倍数隔开)计算比值$T(N)/f(N)$，其中$T(N)$是凭经验观察到的运行时间。如果$f(N)$是运行时间的理想近似，那么所算出的值收敛于一个正常数。如果$f(N)$估计过大，则算出的值收敛于0。如果$f(N)$估计过低从而程序不是$O(f(N))$的，那么算出的值发散。

举例来说，图2-12中的程序段计算两个随机选取并小于或等于N的互异正整数互素的概率。(当N增大时，结果将趋于$6/\pi^2$。)

```
Rel = 0; Tot = 0;
for( i = 1; i <= N; i++ )
    for( j = i + 1; j <= N; j++ )
    {
        Tot++;
        if( Gcd( i, j ) == 1 )
            Rel++;
    }
printf( "Percentage of relatively prime pairs is %f\n",
            ( double ) Rel / Tot );
```

图2-12　估计两个随机数互素的概率

读者应该能够立即对这个程序做出分析。图2-13显示实际观察到的该例程在一台具体的计算机上的运行时间。如图所示，最后一列是最有可能的，因此所得出的这个分析很可能正确。注意，在$O(N^2)$和$O(N^2 \log N)$之间没有多大差别，因为对数增长得很慢。

N	CPU时间(T)	T/N^2	T/N^3	$T/N^2 \log N$
100	022	0.002 200	0.000 022 000	0.0 004 777
200	056	0.001 400	0.000 007 000	0.0 002 642
300	118	0.001 311	0.000 004 370	0.0 002 299
400	207	0.001 294	0.000 003 234	0.0 002 159
500	318	0.001 272	0.000 002 544	0.0 002 047
600	466	0.001 294	0.000 002 157	0.0 002 024
700	644	0.001 314	0.000 001 877	0.0 002 006
800	846	0.001 322	0.000 001 652	0.0 001 977
900	1 086	0.001 341	0.000 001 490	0.0 001 971
1 000	1 362	0.001 362	0.000 001 362	0.0 001 972
1 500	3 240	0.001 440	0.000 000 960	0.0 001 969
2 000	5 949	0.001 482	0.000 000 740	0.0 001 947
4 000	25 720	0.001 608	0.000 000 402	0.0 001 938

图2-13　对上述例程的经验运行时间

2.4.6　分析结果的准确性

经验指出，有时分析会估计过大。如果这种情况发生，那么或者需要分析得更细(一般通过机敏的观察)，或者可能是平均运行时间显著小于最坏情形的运行时间而又不可能对所得的界再加以改进。对于许多复杂的算法，最坏的界通过某个不良输入是可以达到的，但在实践中它通常是估计过大的。遗憾的是，对于大多数这种问题，平均情形的分析是极其复杂的(在许多情形下还是未解决的)，而最坏情形的界尽管有些过分悲观但却是最好的已知解析结果。

总结

31~34

本章对如何分析程序的复杂性给出一些提示。遗憾的是，它并不是完善的分析指南。简单的程序通常给出简单的分析，但是情况也并不总是如此。例如，在本书稍后我们将看到一个排序算法(希尔排序，第7章)和一个保持不相交集的算法(第8章)，它们大约都需要20行程序代码。希尔排序(Shellsort)的分析仍然不完善，而不相交集算法的分析非常困难，需要许多错综复杂的计算。不过，我们在这里遇到的大部分分析都是简单的，它们涉及对循环的计数。

一类有趣的分析是下界分析，我们尚未接触到。在第7章我们将看到这方面的一个例子：证明任何仅通过比较来进行排序的算法在最坏情形下只需要$\Omega(N\log N)$次比较。下界的证明一般是最困难的，因为它们不只适用于求解某个问题的一个算法，而是适用于求解该问题的一类算法。

在本章结束前，我们指出此处描述的某些算法在实际生活中的应用。Gcd算法和求幂算法应用在密码学中。特别是，200位的数字自乘至一个大的幂次(通常为另一个200位的数)。而在每乘一次后只有低于200位左右的数字保留下来。由于这种计算需要处理200位的数字，因此效率显然是非常重要的。求幂运算的直接相乘会需要大约10^{200}次乘法，而上面描述的算法只需要大约1 200次乘法。

练习

2.1　按增长率排列下列函数：N，$\sqrt{N}$，$N^{1.5}$，N^2，$N\log N$，$N\log\log N$，$N\log^2 N$，$N\log(N^2)$，$2/N$，2^N，$2^{N/2}$，37，$N^2\log N$，N^3。指出哪些函数以相同的增长率增长。

2.2　设$T_1(N)=O(f(N))$和$T_2(N)=O(f(N))$。下列等式哪些成立？

a. $T_1(N)+T_2(N)=O(f(N))$

b. $T_1(N)-T_2(N)=o(f(N))$

c. $\dfrac{T_1(N)}{T_2(N)}=O(1)$

d. $T_1(N)=O(T_2(N))$

2.3　哪个函数增长得更快？$N\log N$，$N^{1+\varepsilon/\sqrt{\log N}}(\varepsilon>0)$。

2.4　证明对任意常数k，$\log^k N=o(N)$。

2.5　求两个函数$f(N)$和$g(N)$，使得$f(N)\neq O(g(N))$且$g(N)\neq O(f(N))$。

2.6　对于下列6个程序片段中的每一个：

a. 给出运行时间分析(使用大O)。

b. 用你选择的程序语言编程，并对N的若干具体值给出运行时间。

c. 用实际的运行时间与你所做的分析进行比较。

35

```
(1) Sum = 0;
    for( i = 0; i < N; i++ )
            Sum++;

(2) Sum = 0;
    for( i = 0; i < N; i++ )
        for( j = 0; j < N; j++ )
            Sum++;

(3) Sum = 0;
    for( i = 0; i < N; i++ )
        for( j = 0; j < N * N; j++ )
            Sum++;
```

```
(4) Sum = 0;
    for( i = 0; i < N; i++ )
        for( j = 0; j < i; j++ )
            Sum++;

(5) Sum = 0;
    for( i = 0; i < N; i++ )
        for( j = 0; j < i * i; j++ )
            for( k = 0; k < j; k++ )
                Sum++;

(6) Sum = 0;
    for( i = 1; i < N; i++ )
        for( j = 1; j < i * i; j++ )
            if( j % i == 0 )
                for( k = 0; k < j; k++ )
                    Sum++;
```

2.7 假设需要生成前 N 个自然数的一个随机置换。例如，{4，3，1，5，2}和{3，1，4，2，5}就是合法的置换，但{5，4，1，2，1}却不是，因为数1出现两次却没有数3。这个程序常常用于模拟一些算法。我们假设存在一个随机数生成器 RandInt(i，j)，它以相同的概率生成 i 和 j 之间的一个整数。下面是三个算法。

1. 如下填入从 $A[0]$ 到 $A[N-1]$ 的数组 A：为了填入 $A[i]$，生成随机数直到它不同于已经生成的 $A[0]$，$A[1]$，…，$A[i-1]$ 时，再将其填入 $A[i]$。
2. 同算法1，但是要保存一个附加的数组，称之为 Used(用过的)数组。当一个随机数 Ran 最初被放入数组 A 的时候，置 Used[Ran]＝1。这就是说，当用一个随机数填入 $A[i]$ 时，可以用一步来测试是否该随机数已经被使用，而不是像第一个算法那样(可能)进行 i 步测试。

36

3. 填写该数组使得 $A[i]=i+1$。然后：

```
for(i= 1;i<N;i++)
    Swap(&A[i],&A[RandInt(0,i )]);
```

a. 证明这三个算法都生成合法的置换，并且所有的置换都是等可能的。

b. 对每一个算法给出你能够得到的尽可能准确的期望的运行时间分析(用大 O)。

c. 分别写出程序来执行每个算法10次，得出一个好的平均值。对 N＝250，500，1000，2000运行程序1；对 N＝2 500，5 000，10 000，20 000，40 000，80 000运行程序2；对 N＝10 000，20 000，40 000，80 000，160 000，320 000，640 000运行程序3。

d. 将实际的运行时间与你的分析进行比较。

e. 每个算法在最坏情形下的运行时间是什么？

2.8 用运行时间的估计值完成图2-2中的表，当时这些估计值太长无法模拟。加入这些算法的运行时间并估计计算100万个数的最大子序列和所需要的时间。你得出哪些假设？

2.9 计算 $F(X)=\sum_{i=0}^{N}A_iX^i$ 需要多少时间？

a. 用简单的程序执行取幂运算。

b. 使用 2.4.4 节的例程计算。

2.10 考虑下述算法(称为 Horner 法则)。计算 $F(X)=\sum_{i=0}^{N}A_iX^i$ 的值:

```
Poly = 0;
for( i = N; i >= 0; i-- )
    Poly = X * Poly + A[i];
```

a. 对 $X=3$, $F(X)=4X^4+8X^3+X+2$ 指出该算法的各步是如何进行的。

b. 解释该算法为什么能够解决这个问题。

c. 该算法的运行时间是多少?

2.11 给出一个有效的算法来确定在整数 $A_1<A_2<A_3<\cdots<A_N$ 的数组中是否存在整数 i 使得 $A_i=i$。你的算法的运行时间是多少?

2.12 给出有效的算法(及其运行时间分析):

a. 求最小子序列和。

*b. 求最小的正子序列和。

*c. 求最大子序列乘积。

2.13 a. 编写一个程序来确定正整数 N 是否是素数。

b. 你的程序在最坏情形下的运行时间是多少(用 N 表示)?(你应该能够写出 $O(\sqrt{N})$ 的算法程序。)

37

c. 令 B 等于 N 的二进制表示法中的位数。B 的值是多少?

d. 你的程序在最坏情形下的运行时间是什么(用 B 表示)?

e. 比较确定一个 20(二进制)位的数是否是素数和确定一个 40(二进制)位的数是否是素数的运行时间。

f. 用 N 或 B 给出运行时间更合理吗?为什么?

*2.14 Erastothenes 筛是一种用于计算小于 N 的所有素数的方法。我们从制作整数 2 到 N 的表开始。我们找出最小的未被删除的整数 i,打印 i,然后删除 i,$2i$,$3i$,…。当 $i>\sqrt{N}$时,算法终止。该算法的运行时间是多少?

2.15 证明 X^{62} 可以只用 8 次乘法算出。

2.16 不用递归,写出快速求幂的程序。

2.17 给出用于快速取幂运算中的乘法次数的精确计数。(**提示**:考虑 N 的二进制表示。)

2.18 经分析发现程序 A 和 B 的最坏情形运行时间分别不大于 $150N\log_2 N$ 和 N^2。如果可能,请回答下列问题:

a. N 值很大时($N>10\,000$),哪一个程序的运行时间有更好的保障?

b. N 值很小时($N<100$),哪一个程序的运行时间更少?

c. 对于 $N=1\,000$,哪一个程序平均运行得更快?

d. 对于所有可能的输入,程序 B 是否总能比程序 A 运行得更快?

2.19 大小为 N 的数组 A,其主要元素是一个出现次数超过 $N/2$ 的元素(从而这样的元素最多有一个)。例如,数组

3，3，4，2，4，4，2，4，4
有一个主要元素4，而数组
3，3，4，2，4，4，2，4
没有主要元素。如果没有主要元素，那么你的程序应该指出来。下面是求解该问题的一个算法的概要：

首先，找出主要元素的一个候选元(这是难点)。这个候选元是唯一有可能是主要元素的元素。第二步确定该候选元实际上是否就是主要元素。这正好是对数组的顺序搜索。为找出数组 A 的一个候选元，构造第二个数组 B。比较 A_1 和 A_2。如果它们相等，则取其中之一加到数组 B 中；否则什么也不做。然后比较 A_3 和 A_4，同样，如果它们相等，则取其中之一加到 B 中；否则什么也不做。以该方式继续下去直到读完整个数组。然后，递归地寻找数组 B 中的候选元，它也是 A 的候选元。(为什么?)

38

a. 递归如何终止？
*b. 当 N 是奇数时，如何处理？
*c. 该算法的运行时间是多少？
d. 如何避免使用附加数组 B？
*e. 编写一个程序求解主要元素。

*2.20 为什么在我们的计算机模型中假设整数具有固定长度是重要的？

2.21 考虑第1章中描述的字谜游戏问题。假设我们将最长单词的大小固定为10个字母。
a. 设 R、C 和 W 分别表示字谜游戏中的行数、列数和单词个数，那么在第1章所描述的算法用 R、C 和 W 表示的运行时间是多少？
b. 设单词表是预先排序过的。指出如何使用对分查找得到一个运行时间少得多的算法。

2.22 假设在对分查找程序的第5行的语句是 `Low= Mid` 而不是 `Low= Mid+ 1`。这个程序还能正确运行吗？

2.23 实现对分查找使得在每次迭代中只有一个二路比较。

2.24 设算法3(图2-7)的第6行和第7行由

```
/* 6*/    MaxLeftSum  = MaxSubSum( A, Left, Center - 1 );
/* 7*/    MaxRightSum = MaxSubSum( A, Center, Right );
```

代替，这个程序还能正确运行吗？

*2.25 立方最大子序列和算法的内循环执行 $N(N+1)(N+2)/6$ 次最内层代码的迭代。相应的二次算法执行 $N(N+1)/2$ 次迭代。而线性算法执行 N 次迭代。哪种模式是一目了然的？你能给出这种现象的组合学解释吗？

参考文献

算法的运行时间分析最初因 Knuth 在其三卷本丛书[5-7]中使用而流行。Gcd 算法的分析出现在文献[6]中。这方面的另一本早期著作见于文献[1]。

大 O、大 Ω、大 Θ 以及小 o 记号是 Knuth 在文献[8]中提倡的。但是对于这些记号尚无统一的规定，特别是在使用 $\Theta()$时。许多人更愿意使用 $O()$，虽然它表达的准确度要差得多。此外，当需要用到 $\Omega()$时，迫不得已还用 $O()$表示下界。

最大子序列和问题出自文献[3]。文献[2-4]指出如何优化程序以求得运行速度的提高。　39

1. A. V. Aho, J. E. Hopcroft, and J. D. Ullman, *The Design and Analysis of Computer Algorithms,* Addison-Wesley, Reading, Mass., 1974.
2. J. L. Bentley, *Writing Efficient Programs,* Prentice Hall, Englewood Cliffs, N.J., 1982.
3. J. L. Bentley, *Programming Pearls,* Addison-Wesley, Reading, Mass., 1986.
4. J. L. Bentley, *More Programming Pearls,* Addison-Wesley, Reading, Mass., 1988.
5. D. E. Knuth, *The Art of Computer Programming, Vol 1: Fundamental Algorithms,* 2d ed., Addison-Wesley, Reading, Mass., 1973.
6. D. E. Knuth, *The Art of Computer Programming, Vol 2: Seminumerical Algorithms,* 2d ed., Addison-Wesley, Reading, Mass., 1981.
7. D. E. Knuth, *The Art of Computer Programming, Vol 3: Sorting and Searching,* Addison-Wesley, Reading, Mass., 1973.
8. D. E. Knuth, "Big Omicron and Big Omega and Big Theta," *ACM SIGACT News,* 8 (1976), 18–23.

40

C H A P T E R 3

第 3 章

表、栈和队列

本章讨论最简单和最基本的三种数据结构。实际上，每一个有意义的程序都将至少明确使用一种这样的数据结构，而栈则在程序中总是隐含使用，不管你在程序中是否做了声明。

在这一章，我们将：

- 介绍抽象数据类型(ADT)的概念。
- 阐述如何对表进行有效的操作。
- 介绍栈 ADT 及其在实现递归方面的应用。
- 介绍队列 ADT 及其在操作系统和算法设计中的应用。

因为这些数据结构非常重要，所以有人可能会以为它们很难实现。事实上，它们极容易编程，主要的困难是要做足够的训练，以便写出一般只有几行大小的好的通用例程。

3.1 抽象数据类型

程序设计的基本法则之一是例程不应超过一页。这可以通过把程序分割为一些模块(module)来实现。每个模块是一个逻辑单位并执行某个特定的任务，它通过调用其他模块而使本身保持很小。模块化有几个优点。第一，调试小程序比调试大程序要容易得多。第二，多个人同时对一个模块化程序编程要更容易。第三，一个写得好的模块化程序把某些依赖关系只局限在一个例程中，这样使得修改起来更容易。例如，需要以某种格式编写输出，那么重要的当然是让一个例程去实现它。如果打印语句分散在程序各处，那么修改所费的时间就会明显地拖长。全局变量和副作用是有害的观念也正是出于模块化是有益的想法。

41

抽象数据类型(Abstract Data Type，ADT)是一些操作的集合。抽象数据类型是数学的抽象，在 ADT 的定义中根本没涉及如何实现这些操作。这可以看作模块化设计的扩充。

例如表、集合、图以及它们的操作，它们都可以看作抽象数据类型，就像整数、实数和布尔量是数据类型一样。整数、实数及布尔量有与它们相关的操作，而抽象数据类型也有与之相关的操作。对于集合 ADT，我们可以有并(union)、交(intersection)、求大小(size)以及取余(complement)等操作。或者，我们也可以只要两种操作——并和查找(find)，这两种操作又在该集合上定义了一种不同的 ADT。

我们的基本的想法是，这些操作的实现只在程序中编写一次，而程序中任何其他部分需要在该 ADT 上运行其中的一种操作，都可以通过调用适当的函数来进行。如果由于某种原因需要改变操作的细节，通过只修改运行这些 ADT 操作的例程应该可以很容易实现。在理想的情况下，这种改变对于程序的其余部分通常是完全透明的。

对于每种 ADT 并不存在什么法则来告诉我们必须要有哪些操作，这是一个设计决策。错误处理和关系的重组(在适当的地方)一般也取决于程序设计者。我们在本章中将要讨论的这三种数据结构是 ADT 的最基本的例子。我们将会看到它们中的每一种是如何以多种方法实现的，不过，使用它们的程序却没有必要知道它们是如何正确实现的。

3.2 表 ADT

我们将处理形如 $A_1, A_2, A_3, \cdots, A_N$ 的普通表。这个表的大小是 N。我们称大小为 0 的表为空表(empty list)。

对于除空表外的任何表，我们说 A_{i+1} 后继 A_i（或继 A_i 之后）并称 A_{i-1}（$i<N$）前驱 A_i（$i>1$）。表中的第一个元素是 A_1，而最后一个元素是 A_N。我们将不定义 A_1 的前驱元，也不定义 A_N 的后继元。元素 A_i 在表中的位置为 i。为了简单起见，我们在讨论中将假设表中的元素是整数，但一般说来任意的复元素也是允许的。

与这些“定义”相关的是我们要在表 ADT 上进行的操作的集合。`PrintList` 和 `MakeEmpty` 是常用的操作，其功能显而易见；`Find` 返回关键字首次出现的位置；`Insert` 和 `Delete` 一般是从表的某个位置插入和删除某个关键字；而 `FindKth` 则返回某个位置上(作为参数指定)的元素。如果 34，12，52，16，12 是一个表，则 `Find(52)` 会返回 3；`Insert(X, 3)` 可能把表变成 34，12，52，X，16，12(如果在给定位置的后面插入的话)；而 `Delete(52)` 则将该表变为 34，12，X，16，12。

当然，一个函数的功能怎样才算恰当，完全要由程序设计员来确定，就像对特殊情况的处理那样。(例如，上述 `Find(1)` 返回什么?)我们还可以添加一些运算，比如 `Next` 和 `Previous`，它们会取一个位置作为参数并分别返回其后继元和前驱元的位置。

42

3.2.1 表的简单数组实现

对表的所有操作都可以使用数组来实现。虽然数组是动态指定的，但还是需要对表的大小的最大值进行估计。通常需要估计得大一些，而这会浪费大量的空间。这是严重的局限，特别是在存在许多未知大小的表的情况下。

数组实现使得 `PrintList` 和 `Find` 正如所预期的那样以线性时间执行，而 `FindKth` 则花费常数时间。然而，插入和删除的花费是昂贵的。例如，在位置 0 的插入(这实际上是插入一个新的第一元素)首先需要将整个数组后移一个位置以空出空间来，而删除第一个元素则需要将表中的所有元素前移一个位置，因此这两种操作的最坏情况为 $O(N)$。平均来看，这两种运算都需要移动表中一半的元素，因此仍然需要线性时间。只通过 N 次相继插入来建立一个表将需要二次时间。

因为插入和删除的运行时间非常慢并且表的大小还必须事先已知，所以简单数组一般不用来实现表这种结构。

3.2.2 链表

为了避免插入和删除的线性开销，我们允许表可以不连续存储，否则表的部分或全部需要整体移动。图 3-1 表达了链表(linked list)的一般想法。

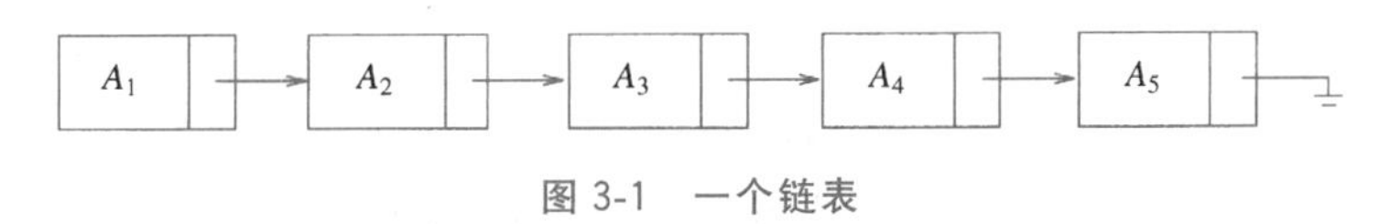

图 3-1　一个链表

链表由一系列不必在内存中相连的结构组成。每一个结构均含有表元素和指向包含该元素后继元的结构的指针。我们称之为 `Next` 指针。最后一个单元的 `Next` 指针指向 `NULL`；该值由 C 定义并且不能与其他指针混淆。ANSI C 规定 `NULL` 为零。

我们回忆一下，指针变量就是包含存储另外某个数据的地址的变量。因此，如果 P 被声明为指向一个结构的指针，那么存储在 P 中的值就被解释为主存中的一个位置，在该位置能够找到一个结构。该结构的一个域可以通过 P->FieldName 访问，其中 FieldName 是我们想要考察的域的名字。图 3-2 指出图 3-1 中表的具体表示。这个表含有五个结构，恰好在内存中分配给它们的位置分别是 1 000、800、712、992 和 692。第一个结构的指针含有值 800，它提供了第二个结构所在的位置。其余每个结构也都有一个指针用于类似的目的。当然，为了访问该表，我们需要知道在哪里能够找到第一个单元。指针变量就用于这个目的。重要的是要记住，一个指针就是一个数。本章其余部分将用箭头画出指针以便直观表述。

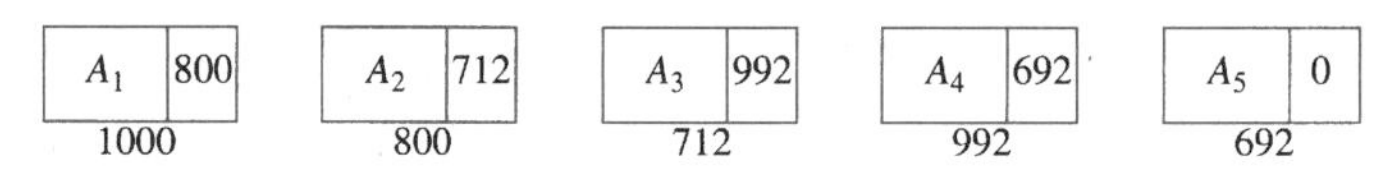

图 3-2 带有指针具体值的链表

为了执行 PrintList(L)或 Find(L，Key)，我们只要将一个指针传递到该表的第一个元素，然后用一些 Next 指针遍历该表即可。这种操作显然是线性时间的，虽然这个常数可能会比用数组实现时大。FindKth 操作不如数组实现的效率高，FindKth(L，i)操作花费 $O(i)$时间以显性方式遍历链表。在实践中这个界是保守的，因为调用 FindKth 常常是以(按 i)排序的方式进行。例如，FindKth(L，2)、FindKth(L，3)、FindKth(L，4)以及 FindKth(L，6)可通过对表的一次扫描同时实现。

删除命令可以通过修改一个指针来实现。图 3-3 给出在原表中删除第三个元素的结果。

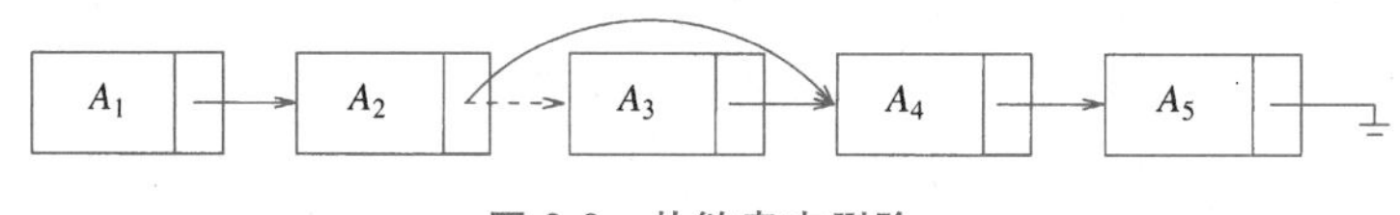

图 3-3 从链表中删除

插入命令需要使用一次 malloc 调用从系统中得到一个新单元(后面将详细论述)并在此后执行两次指针调整。其一般想法在图 3-4 中给出，其中的虚线表示原来的指针。

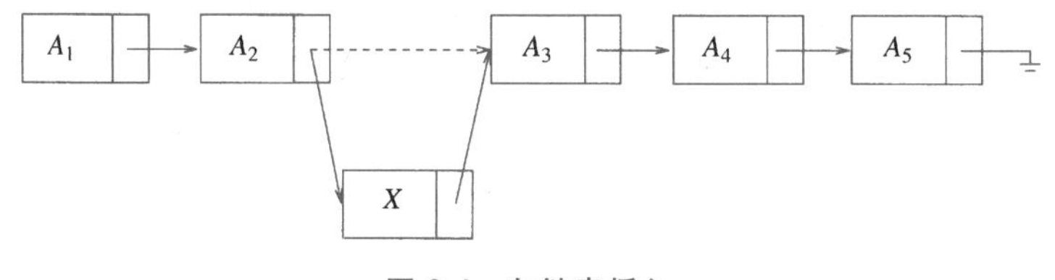

图 3-4 向链表插入

3.2.3 程序设计细节

上面的描述实际上足以使每一部分都能正常工作，但还是有几处地方可能会出问题。第一，并不存在从所给定义出发在表的起始端插入元素的真正显性的方法。第二，从表的起始端实行删除是一个特殊情况，因为它改变了表的起始端，编程中的疏忽将会造成表的丢失。第三个问题涉及一般的删除。虽然上述指针的移动很简单，但是删除算法要求我们记住被删除元素前面的表元。

43 ~ 44

事实上，稍做一个简单的变化就能够解决上述三个问题。我们将留出一个标志节点，有时候称之为表头(header)或哑节点(dummy node)。这是一种惯例，在后面将会多次使用。我们约定，表头在位置 0 处。图 3-5 表示一个带有表头的链表，它表示表 A_1，A_2，…，A_5。

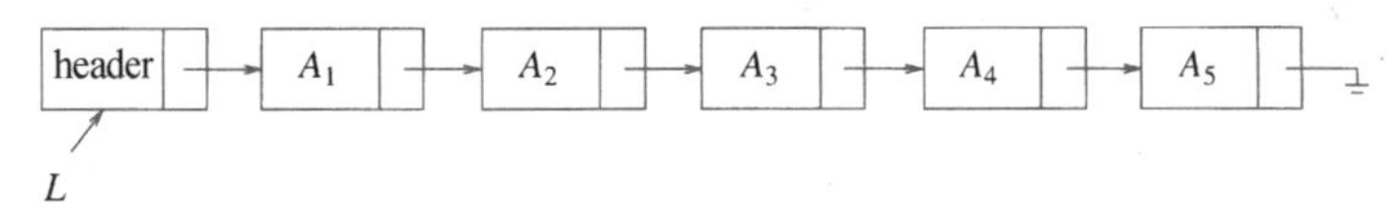

图 3-5　具有表头的链表

为避免删除操作相关的一些问题，我们需要编写例程 FindPrevious，它将返回我们要删除的表元的前驱元的位置。如果我们使用表头，那么当我们删除表的第一个元素时，FindPrevious 将返回表头的位置。表头节点的使用多少是有些争议的。一些人认为，添加假想的单元只是为了避免特殊情形，这样的理由不够充足，他们把表头节点的使用看成与老式的随意删改没有多大区别。不过即使这样，我们还是在这里使用它，这完全因为它使我们能够表达基本的指针操作且又不致使特殊情形的代码含混不清。除此之外，要不要使用表头则是属于个人兴趣的问题。

例如，我们将把这些表 ADT 的半数例程编写出来。首先，在图 3-6 中给出我们需要的声明。按照 C 的约定，作为类型的 List(表)和 Position(位置)以及函数的原型都列在所谓的 .h 头文件中。具体的 Node(节点)声明则在 .c 文件中。

```
#ifndef _List_H

struct Node;
typedef struct Node *PtrToNode;
typedef PtrToNode List;
typedef PtrToNode Position;

List MakeEmpty( List L );
int IsEmpty( List L );
int IsLast( Position P, List L );
Position Find( ElementType X, List L );
void Delete( ElementType X, List L );
Position FindPrevious( ElementType X, List L );
void Insert( ElementType X, List L, Position P );
void DeleteList( List L );
Position Header( List L );
Position First( List L );
Position Advance( Position P );
ElementType Retrieve( Position P );

#endif    /* _List_H */


/* Place in the implementation file */
struct Node
{
    ElementType Element;
    Position    Next;
};
```

图 3-6　链表的类型声明

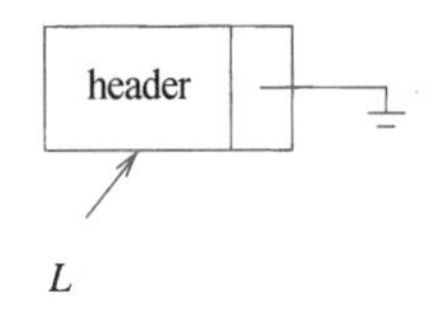

图 3-7　带表头的空表

我们将编写的第一个函数用于测试空表。当我们编写涉及指针的任意数据结构的代码时，最好是先画出一张图。图 3-7 就表示一个空表，按照这个图，很容易写出图 3-8 中的函数。

```
/* Return true if L is empty */

int
IsEmpty( List L )
{
    return L->Next == NULL;
}
```

图 3-8　测试一个链表是否是空表的函数

下一个函数如图 3-9 所示，它测试当前的元素是否是表的最后一个元素，假设这个元素是存在的。

```
/* Return true if P is the last position in list L */
/* Parameter L is unused in this implementation */

int
IsLast( Position P, List L )
{
    return P->Next == NULL;
}
```

图 3-9　测试当前位置是否是链表的末尾的函数

我们要写的下一个例程是 Find。Find 在图 3-10 中示出，它返回某个元素在表中的位置。第 2 行用到与(&&)操作走了捷径，即如果与运算的前半部分为假，那么结果就自动为假，而后半部分则不再执行。

```
        /* Return Position of X in L; NULL if not found */

        Position
        Find( ElementType X, List L )
        {
            Position P;

/* 1*/      P = L->Next;
/* 2*/      while( P != NULL && P->Element != X )
/* 3*/          P = P->Next;

/* 4*/      return P;
        }
```

图 3-10　**Find** 例程

有些编程人员发现递归地编写 Find 例程颇有吸引力，大概是因为这样可能避免冗长的终止条件。后面将看到，这是一个非常糟糕的想法，我们要不惜一切代价避免它。

第四个例程是删除表 L 中的某个元素 X。我们需要决定：如果 X 出现不止一次或者根本就没有，那么该做些什么？我们的例程将删除第一次出现的 X，如果 X 不在表中我们就什么也不做。为此，我们通过调用 FindPrevious 函数找出含有 X 的表元的前驱元 P。实现删除(Delete)例程的程序如图 3-11 中所示。FindPrevious 例程类似于 Find，它在图 3-12 中列出。

```
/* Delete first occurrence of X from a list */
/* Assume use of a header node *

void
Delete( ElementType X, List L )
{
    Position P, TmpCell;

    P = FindPrevious( X, L );

    if( !IsLast( P, L ) )  /* Assumption of header use */
    {                      /* X is found; delete it */
        TmpCell = P->Next;
        P->Next = TmpCell->Next;  /* Bypass deleted cell */
        free( TmpCell );
    }
}
```

图 3-11　链表的删除例程

我们要写的最后一个例程是插入(Insert)例程。将要插入的元素与表 L 和位置 P 一起传入。这个 Insert 例程将一个元素插到由 P 所指示的位置之后。这个决定有随意性，它意味着插入操作如何实现并没有完全确定的规则。很有可能将新元素插入位置 P 处(即在位置 P 处当时的元素的前面)，但是这么做则需要知道位置 P 前面的元素。它可以通过调用 FindPrevious 而得到。因此重要的是要说明你要干什么。图 3-13 完成这些任务。

45
~
48

```
        /* If X is not found, then Next field of returned */
        /* Position is NULL */
        /* Assumes a header */

        Position
        FindPrevious( ElementType X, List L )
        {
            Position P;

/* 1*/      P = L;
/* 2*/      while( P->Next != NULL && P->Next->Element != X )
/* 3*/          P = P->Next;

/* 4*/      return P;
        }
```

图 3-12　FindPrevious——与 Delete 一起使用的 Find 例程

```
        /* Insert (after legal position P) */
        /* Header implementation assumed */
        /* Parameter L is unused in this implementation */

        void
        Insert( ElementType X, List L, Position P )
        {
            Position TmpCell;

/* 1*/      TmpCell = malloc( sizeof( struct Node ) );
/* 2*/      if( TmpCell == NULL )
/* 3*/          FatalError( "Out of space!!!" );

/* 4*/      TmpCell->Element = X;
/* 5*/      TmpCell->Next = P->Next;
/* 6*/      P->Next = TmpCell;
        }
```

图 3-13　链表的插入例程

注意，我们已经把表 L 传递给 Insert 例程和 IsLast 例程，尽管它从未被使用过。之所以这么做，是因为别的实现方法可能会需要这些信息，因此，若不传递表 L 有可能使得使用 ADT 的想法失败。[⊖]

除 Find 和 FindPrevious 例程外(还有例程 Delete，它调用 FindPrevious)，已经编码的所有操作均需 $O(1)$时间。这是因为在所有的情况下，不管表有多大，都只执行固定数目的指令。对于例程 Find 和 FindPrevious，在最坏的情形下运行时间是 $O(N)$，因为此时若元素未找到或位于表的末尾则可能遍历整个表。平均来看，运行时间是 $O(N)$，因为必须平均扫描半个表。

⊖　这是合法的，不过有些编译器会发出警告。

在图 3-6 中列出的其他例程相当简单。我们也可以编写一个例程来实现 Previous。所有这些将留作练习。

3.2.4 常见的错误

最常遇到的错误是你的程序因来自系统的棘手的错误信息而崩溃，比如“memory access violation”或“segmentation violation”，这种信息通常意味着有指针变量包含了伪地址。一个通常的原因是初始化变量失败。例如，如果图 3-14 中的第一行遗漏，那么 P 就是未定义的，当然也就不可能指向内存的有效部分。另一个典型的错误是关于图 3-13 的第 6 行。如果 P 是 NULL，则指向是非法的。这个函数知道 P 不是 NULL，所以例程没有问题。当然，你应该仔细考虑，使得调用 Insert 的例程能保证这一点。无论何时只要确定一个指向，那么就必须保证该指针不是 NULL。有些 C 编译器隐式地为你做这种检查，不过这并不是C标准的一部分。当你将一个程序从一个编译器移至另一个编译器时，可能发现它不再正常运行。这就是这种错误常见的原因之一。

49

```
        /* Incorrect DeleteList algorithm */

        void
        DeleteList( List L )
        {
            Position P;

/* 1*/      P = L->Next;  /* Header assumed */
/* 2*/      L->Next = NULL;
/* 3*/      while( P != NULL )
            {
/* 4*/          free( P );
/* 5*/          P = P->Next;
            }
        }
```

图 3-14 删除一个表的不正确的方法

第二种错误涉及何时使用或何时不使用 malloc 来获取一个新的单元。必须记住，声明指向一个结构的指针并不创建该结构，而只是给出足够的空间容纳结构可能会使用的地址。创建尚未被声明过的记录的唯一方法是使用 malloc 库函数。malloc(HowManyBytes)奇迹般地使系统创建一个新的结构并返回指向该结构的指针。另一方面，如果你想使用一个指针变量沿着一个表行进，那就没有必要创建新的结构，此时不宜使用 malloc 命令。非常老的编译器需要一个类型转换(type cast)使得赋值操作符两边相符。C 库提供了 malloc 的其他形式，如 calloc。这两个例程都要求包含 stdlib.h 头文件。

当有些空间不再需要时，你可以用 free 命令通知系统来回收它。free(P)的结果是：P 正在指向的地址没变，但在该地址处的数据此时已无定义了。

如果你从未对一个链表进行过删除操作，那么调用 malloc 的次数应该等于表的大小，若有表头则再加 1。少一点儿你就不可能得到一个正常运行的程序；多一点儿你就会浪费空间并可能要浪费时间。偶尔会出现下列情况：当你的程序使用大量空间时，系统可能不能满足你对新单元的要求。此时返回的是 NULL 指针。

在链表中进行一次删除之后，再将该单元释放通常是一个好的想法，特别是当许多的插入和删除操作掺杂在一起而内存会出现问题的时候。对于要被释放的单元，应该需要一个临时的变量，因为在撤除指针的工作结束后，你将不能再引用它。例如，图 3-14 的代码就不是删除整个表的正确的方法(虽然在有些系统上它能够运行)。

50

图 3-15 显示了删除表的正确方法。处理闲置空间的工作未必很快完成，因此你可能要检

查看看是否处理的例程会引起性能下降，如果是则要考虑周密。本书作者写了一个程序(见练习)，通过对处理空间(10 000 个节点)的周密考虑，该程序加快了 25 倍。事实上，单元以相当特殊的顺序释放，这显然会引起另一个线性程序花费 $O(N \log N)$时间去处理 N 个单元。

警告：`malloc(sizeof(PtrToNode))`是合法的，但是它并不给结构体分配足够的空间。它只给指针分配空间。

```
        /* Correct DeleteList algorithm */

        void
        DeleteList( List L )
        {
            Position P, Tmp;

/* 1*/      P = L->Next;  /* Header assumed */
/* 2*/      L->Next = NULL;
/* 3*/      while( P != NULL )
            {
/* 4*/          Tmp = P->Next;
/* 5*/          free( P );
/* 6*/          P = Tmp;
            }
        }
```

图 3-15　删除表的正确方法

3.2.5　双链表

有时候以倒序扫描链表很方便。标准实现方法此时无能为力，然而解决方法却很简单。只要在数据结构上附加一个域，使它包含指向前一个单元的指针即可。其开销是一个附加的链，它增加了空间的需求，同时也使得插入和删除的开销增加一倍，因为有更多的指针需要定位。另外，它简化了删除操作，因为你不再被迫使用一个指向前驱元的指针来访问一个关键字，这个信息是现成的。图 3-16 表示一个双链表(doubly linked list)。

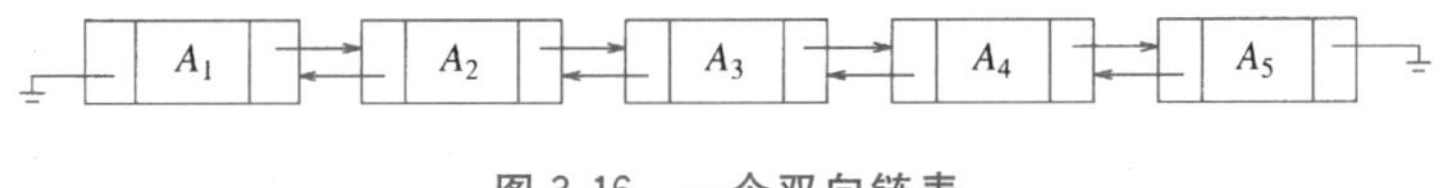

图 3-16　一个双向链表

51

3.2.6　循环链表

让最后的单元反过来直指第一个单元是一种流行的做法。它可以有表头，也可以没有表头(若有表头，则最后的单元就指向它)，并且还可以是双向链表(第一个单元的前驱元指针指向最后的单元)。这无疑会影响某些测试，不过这种结构在某些应用程序中却很流行。图 3-17 显示了一个无表头的双向循环链表。

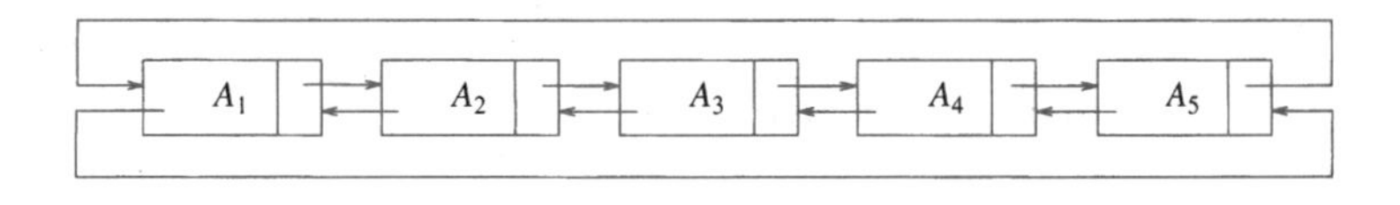

图 3-17　一个双向循环链表

3.2.7　例子

我们提供三个使用链表的例子。第一例是表示一元多项式的简单方法。第二例是在某些特殊情况下以线性时间进行排序的一种方法。最后，我们介绍一个复杂的例子，它说明了链表如何用于大学的课程注册。

多项式 ADT

我们可以用表来定义一种关于一元(具有非负幂)多项式的抽象数据类型。令 $F(X) =$

$\sum_{i=0}^{N} A_i X^i$。如果大部分系数非零，那么我们可以用一个简单数组来存储这些系数。然后，可以编写一些对多项式进行加、减、乘、微分及其他操作的例程。此时，我们可以使用在图 3-18 中给出的类型声明。这时，我们就可编写进行各种不同操作的例程了，例如加法和乘法，它们在图 3-19 到图 3-21 中列出。忽略将输出多项式初始化为零的时间，则乘法例程的运行时间与两个输入多项式的次数的乘积成正比。它适合大部分项都有的稠密多项式，但如果 $P_1(X)=10X^{1000}+5X^{14}+1$ 且 $P_2(X)=3X^{1990}-2X^{1492}+11X+5$，那么运行时间就可能不可接受了。可以看出，大部分的时间都花在了乘以 0 和单步调试两个输入多项式中大量不存在的部分上。这是我们不愿看到的。

```
typedef struct
{
    int CoeffArray[ MaxDegree + 1 ];
    int HighPower;
} * Polynomial;
```

图 3-18　多项式 ADT 的数组实现的类型声明

```
void
ZeroPolynomial( Polynomial Poly )
{
    int i;

    for( i = 0; i <= MaxDegree; i++ )
        Poly->CoeffArray[ i ] = 0;
    Poly->HighPower = 0;
}
```

图 3-19　将多项式初始化为零的过程

另一种方法是使用单链表(singly linked list)。多项式的每一项含在一个单元中，并且这些单元以次数递减的顺序排序。例如，图 3-22 中的链表表示 $P_1(X)$和 $P_2(X)$。此时我们可以使用图 3-23 的声明。

```
void
AddPolynomial( const Polynomial Poly1,
            const Polynomial Poly2, Polynomial PolySum )
{
    int i;

    ZeroPolynomial( PolySum );
    PolySum->HighPower = Max( Poly1->HighPower,
                              Poly2->HighPower );

    for( i = PolySum->HighPower; i >= 0; i-- )
        PolySum->CoeffArray[ i ] = Poly1->CoeffArray[ i ]
                                 + Poly2->CoeffArray[ i ];
}
```

图 3-20　两个多项式相加的过程

```
void
MultPolynomial( const Polynomial Poly1,
            const Polynomial Poly2, Polynomial PolyProd )
{
    int i, j;

    ZeroPolynomial( PolyProd );
    PolyProd->HighPower = Poly1->HighPower + Poly2->HighPower;

    if( PolyProd->HighPower > MaxDegree )
        Error( "Exceeded array size" );
    else
        for( i = 0; i <= Poly1->HighPower; i++ )
            for( j = 0; j <= Poly2->HighPower; j++ )
                PolyProd->CoeffArray[ i + j ] +=
                        Poly1->CoeffArray[ i ] *
                        Poly2->CoeffArray[ j ];
}
```

图 3-21　两个多项式相乘的过程

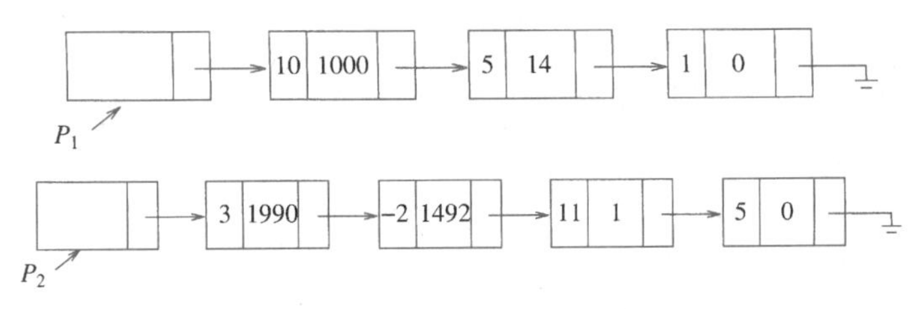

图 3-22　两个多项式的链表表示

```
typedef struct Node *PtrToNode;

struct Node
{
    int Coefficient;
    int Exponent;
    PtrToNode Next;
};

typedef PtrToNode Polynomial;  /* Nodes sorted by exponent */
```

图 3-23　多项式 ADT 链表实现的类型声明

上述操作将很容易实现。唯一的潜在困难在于，当两个多项式相乘的时候所得到的多项式必须合并同类项。这可以有多种方法实现，我们把它留作练习。

基数排序

使用链表的第二个例子叫作*基数排序*(radix sort)。基数排序有时也称为*卡式排序*(card sort)，因为直到现代计算机出现之前，它一直用于对老式穿孔卡的排序。

52～54

如果我们有 N 个整数，范围从 1 到 M(或从 0 到 $M-1$)，我们可以利用这个信息得到一种快速的排序，叫作*桶式排序*(bucket sort)。我们留置一个数组，称之为 Count，大小为 M，并初始化为零。于是，Count 有 M 个单元(或桶)，开始时它们都是空的。当 A_i 被读入时 Count[A_i]增 1。在读入所有的输入以后，扫描数组 Count，打印输出排好序的表。该算法花费 $O(M+N)$，其证明留作练习。如果 $M=\Theta(N)$，则桶式排序为 $O(N)$。

基数排序是这种方法的推广。要了解方法的含义，最容易的方式就是举例说明。设我们有 10 个数，范围在 0 到 999 之间，我们将其排序。一般说来，这是 0 到 N^p-1 间的 N 个数，p 是某个常数。显然，我们不能使用桶式排序，那样桶就太多了。我们的策略是使用多趟桶式排序。自然的算法就是通过最高(有效)“位”(对基数 N 所取的位)进行桶式排序，然后是对次最高(有效)位进行桶式排序，等等。这种算法不能得出正确结果，但是，如果我们用最低(有效)“位”优先的方式进行桶式排序，那么算法将得到正确结果。当然，有可能多于一个数落入相同的桶中，但有别于原始的桶式排序，这些数可能不同，因此我们把它们放到一个表中。注意，所有的数可能都有某位数字，因此如果使用简单数组表示表，那么每个数组必然大小为 N，总的空间需求是 $\Theta(N^2)$。

下面的例子说明 10 个数的桶式排序的具体做法。本例的输入是 64，8，216，512，27，729，0，1，343，125(10 个三位数，随机排列)。第一步按照最低位优先进行桶式排序。为使问题简化，此时操作按基是 10 进行，不过一般并不做这样的假设。图 3-24 显示出这些桶的位置，因此按最低位优先排序得到的表是0，1，512，343，64，125，216，27，8，729。现在再按照次最低位(即十位上的数字)优先进行第二趟排序(见图3-25)。第二趟排序输出0，1，8，512，216，125，27，729，343，64。现在这个表是按两个最小的位排序得到的表。最后一趟桶式排序是按最高位进行，其结果如图3-26所示。最后得到的表是0，1，8，27，64，125，216，343，512，729。

0	1	512	343	64	125	216	27	8	729
0	1	2	3	4	5	6	7	8	9

图3-24　第一趟基数排序后的桶

8 1 0	216 512	729 27 125		343		64			
0	1	2	3	4	5	6	7	8	9

图3-25　第二趟基数排序后的桶

64 27 8 1 0	125	216	343		512		729		
0	1	2	3	4	5	6	7	8	9

图3-26　最后一趟基数排序后的桶

55

为使算法能够得出正确的结果，要注意唯一出错的可能是如果两个数出自同一个桶但顺序却是错误的。不过，前面各趟排序保证了当几个数进入一个桶的时候，它们是以排序的顺序进入的。该排序的运行时间是$O(P(N+B))$，其中P是排序的趟数，N是要被排序的元素的个数，而B是桶数。本例中，$B=N$。

举一个例子，我们可以把能够在(32位)计算机上表示的所有整数按基数排序方法排序，假设我们在大小为2^{11}的桶的条件下分三趟进行。在这台计算机上，该算法将总是$O(N)$的，但是，因为包含大的常数，有可能仍然不如我们将在第7章看到的某些算法有效。(注意，$\log N$的因子并非都这么大，而该算法总有维持链表的附加开销。)

多重表

最后一个例子阐述链表的更复杂的应用。一所有40 000个学生和2 500门课程的大学需要生成两种类型的报告。第一个报告列出每个班的注册者，第二个报告列出每个学生注册的班级。

常用的实现方法是使用二维数组。这样一个数组将有1亿项。平均大约一个学生注册三门课程，因此实际上有意义的数据只有120 000项，约占0.1%。

现在需要的是列出每个班及每个班所包含的学生的表。我们也需要每个学生及其所注册的班级的表。图3-27显示实现的方法。

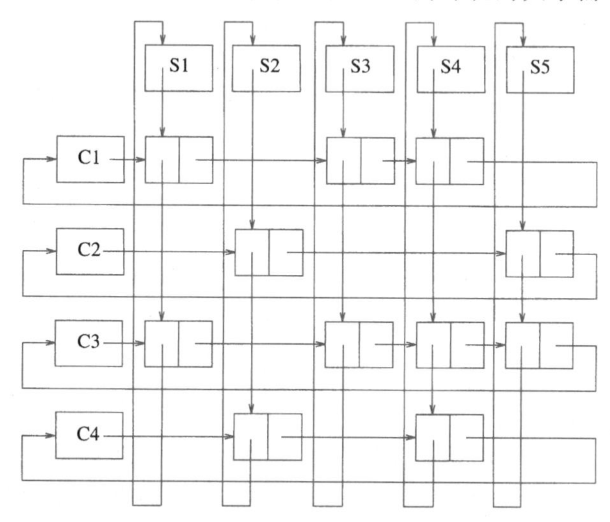

图3-27　注册问题的多表实现

正如该图所显示的，我们已经把两个表合成为一个表。所有的表都各有一个表头并且都是循环的。比如，为了列出 C3 班的所有学生，我们从 C3 开始通过向右行进而遍历其表。第一个单元属于学生 S1。虽然不存在明显的信息，但是可以通过跟踪 S1 链表直到该表表头而确定该生的信息。一旦找到该生信息，我们就转回到 C3 的表(在遍历该生的表之前，存储了我们在课程表中的位置)并找到可以确定属于 S3 的另外一个单元，我们继续并发现 S4 和 S5 也在该班上。对任意一名学生，我们也可以用类似的方法确定该生注册的所有课程。

使用循环表节省空间但是要花费时间。在最坏的情况下，如果第一个学生注册了每一门课程，那么表中的每一项都要检测以确定该生的所有课程名。因为在本例中每个学生注册的课程相对很少并且每门课程的注册学生也很少，最坏的情况是不可能发生的。如果怀疑会产生问题，那么每一个(非表头)单元就要有直接指向学生和班级的表头的指针。这将使空间的需求加倍，但是却简化和加速实现的过程。

3.2.8　链表的游标实现

诸如 BASIC 和 FORTRAN 等许多语言都不支持指针。如果需要链表而又不能使用指针，那么就必须使用另外的实现方法。我们将描述这种方法并称之为游标(cursor)实现法。

在链表的指针实现中有两条重要的特性：

1. 数据存储在一组结构体中。每一个结构体包含数据以及指向下一个结构体的指针。

2. 一个新的结构体可以通过调用 `malloc` 而从系统全局内存(global memory)中得到，并可通过调用 `free` 而释放。

游标法必须能够模仿实现这两条特性。满足条件 1 的逻辑方法是要有一个全局的结构体数组。对于该数组中的任何单元，其数组下标可以用来代表一个地址。图 3-28 给出链表游标实现的声明。

```
#ifndef _Cursor_H

typedef int PtrToNode;
typedef PtrToNode List;
typedef PtrToNode Position;

void InitializeCursorSpace( void );

List MakeEmpty( List L );
int IsEmpty( const List L );
int IsLast( const Position P, const List L );
Position Find( ElementType X, const List L );
void Delete( ElementType X, List L );
Position FindPrevious( ElementType X, const List L );
void Insert( ElementType X, List L, Position P );
void DeleteList( List L );
Position Header( const List L );
Position First( const List L );
Position Advance( const Position P );
ElementType Retrieve( const Position P );

#endif     /* _Cursor_H */


/* Place in the implementation file */
struct Node
{
    ElementType Element;
    Position    Next;
};

struct Node CursorSpace[ SpaceSize ];
```

图 3-28　链表游标实现的声明

现在我们必须模拟条件 2，让 `CursorSpace` 数组中的单元代行 `malloc` 和 `free` 的职能。为此，我们将保留一个表(即 `freelist`)，这个表由不在任何表中的单元构成。该表将用单元 0 作为表头。其初始配置如图 3-29 所示。

Slot	Element	Next
0		1
1		2
2		3
3		4
4		5
5		6
6		7
7		8
8		9
9		10
10		0

图 3-29 一个初始化的 CursorSpace

对于 Next，0 的值等价于 NULL 指针。CursorSpace 的初始化是一个简单的循环结构，我们将它留作练习。为执行 malloc 功能，将（在表头后面的）第一个元素从 freelist 中删除。为了执行 free 功能，我们将该单元放在 freelist 的前端。图 3-30 展示了 malloc 和 free 的游标实现。注意，如果没有可用空间，那么我们的例程可以通过置 $P=0$ 正确地实现。它表明再没有空间可用，并且也可以使 CursorAlloc 的第二行成为空操作(no-op)。

```
static Position
CursorAlloc( void )
{
    Position P;

    P = CursorSpace[ 0 ].Next;
    CursorSpace[ 0 ].Next = CursorSpace[ P ].Next;

    return P;
}

static void
CursorFree( Position P )
{
    CursorSpace[ P ].Next = CursorSpace[ 0 ].Next;
    CursorSpace[ 0 ].Next = P;
}
```

图 3-30 例程：CursorAlloc 和 CursorFree

有了这些，链表的游标实现就简单了。为了前后一致，我们的链表实现将包含一个表头节点。例如，在图 3-31 中，如果 L 的值是 5 而 M 的值为 3，则 L 表示链表 a、b、e，而 M 表示链表 c、d、f。

Slot	Element	Next
0	-	6
1	b	9
2	f	0
3	header	7
4	-	0
5	header	10
6	-	4
7	c	8
8	d	2
9	e	0
10	a	1

图 3-31 链表游标实现的例子

为了写出用游标实现链表的这些函数，我们必须传递和返回与指针实现相同的参数。这些例程很简单。图 3-32 是一个测试表是否为空表的函数。图 3-33 实现对当前位置是否是表的末尾的测试。图 3-34 中的函数 Find 返回表 L 中 X 的位置。实现删除的程序在图 3-35 中给出。再有，游标实现的接口和指针实现是一样的。最后，图 3-36 表示 Insert 的游标实现。

```
/* Return true if L is empty */

int
IsEmpty( List L )
{
    return CursorSpace[ L ].Next == 0;
}
```

图 3-32　测试一个链表是否为空的函数——游标实现

```
/* Return true if P is the last position in list L */
/* Parameter L is unused in this implementation */

int
IsLast( Position P, List L )
{
    return CursorSpace[ P ].Next == 0;
}
```

图 3-33　测试 P 是否是链表的末尾的函数——游标实现

```
        /* Return Position of X in L; 0 if not found */
        /* Uses a header node */

        Position
        Find( ElementType X, List L )
        {
            Position P;

/* 1*/      P = CursorSpace[ L ].Next;
/* 2*/      while( P && CursorSpace[ P ].Element != X )
/* 3*/          P = CursorSpace[ P ].Next;

/* 4*/      return P;
        }
```

图 3-34　例程 Find——游标实现

```
/* Delete first occurrence of X from a list */
/* Assume use of a header node */

void
Delete( ElementType X, List L )
{
    Position P, TmpCell;

    P = FindPrevious( X, L );

    if( !IsLast( P, L ) )   /* Assumption of header use */
    {                       /* X is found; delete it */
        TmpCell = CursorSpace[ P ].Next;
        CursorSpace[ P ].Next = CursorSpace[ TmpCell ].Next;
        CursorFree( TmpCell );
    }
}
```

图 3-35　对链表进行删除操作的例程 Delete——游标实现

```
        /* Insert (after legal position P) */
        /* Header implementation assumed */
        /* Parameter L is unused in this implementation */

        void
        Insert( ElementType X, List L, Position P )
        {
            Position TmpCell;

/* 1*/      TmpCell = CursorAlloc( );
/* 2*/      if( TmpCell == 0 )
/* 3*/          FatalError( "Out of space!!!" );

/* 4*/      CursorSpace[ TmpCell ].Element = X;
/* 5*/      CursorSpace[ TmpCell ].Next = CursorSpace[ P ].Next;
/* 6*/      CursorSpace[ P ].Next = TmpCell;
        }
```

图 3-36　对链表进行插入操作的例程 Insert——游标实现

其余例程的编码类似。关键的一点是，这些例程遵循 ADT 的规范。它们采用特定的变量并执行特定的操作。实现对用户是透明的。游标实现可以用来代替链表实现，实际上在程序的其余部分不需要变化。由于缺少内存管理例程，因此，如果运行的 Find 函数相对很少，则游标实现的速度会显著加快。

freelist 从字面上看表示一种有趣的数据结构。从 freelist 中删除的单元是刚刚由 free 放入那里的单元。因此，最后放入 freelist 中的单元最先拿走。有一种数据结构也具有这种性质，叫作栈(stack)，它是下一节要讨论的课题。

3.3　栈 ADT

3.3.1　栈模型

栈是限制插入和删除只能在一个位置上进行的表，该位置是表的末端，叫作栈的顶(top)。对栈的基本操作有 Push(进栈)和 Pop(出栈)，前者相当于插入，后者则是删除最后插入的元素。最后插入的元素可以通过使用 Top 例程在执行 Pop 之前进行检查。对空栈进行的 Pop 或 Top 一般被认为是栈 ADT 的错误。另一方面，当运行 Push 时空间用尽是一个实现错误，但不是 ADT 错误。

栈有时又叫作 LIFO(后进先出)表。在图 3-37 中描述的模型只象征着 Push 是输入操作而 Pop 和 Top 是输出操作。普通的清空栈的操作和判断是否空栈的测试都是栈的操作指令系统的一部分，但是，对栈所能够做的基本上也就是 Push 和 Pop 操作。

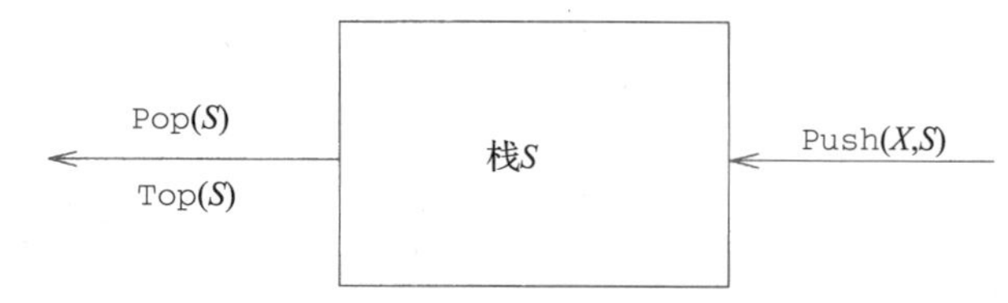

图 3-37　栈模型：通过 Push 向栈输入，通过 Pop 从栈输出

图 3-38 表示在进行若干操作后的一个抽象的栈。一般的模型是，存在某个元素位于栈

顶，而该元素是唯一的可见元素。

3.3.2　栈的实现

由于栈是一个表，因此任何实现表的方法都能实现栈。我们将给出两种流行的实现方法，一种方法使用指针，而另一种方法则使用数组。但是，正如我们在前一节看到的，如果使用好的编程原则，那么调用例程不必知道使用的是哪种方法。

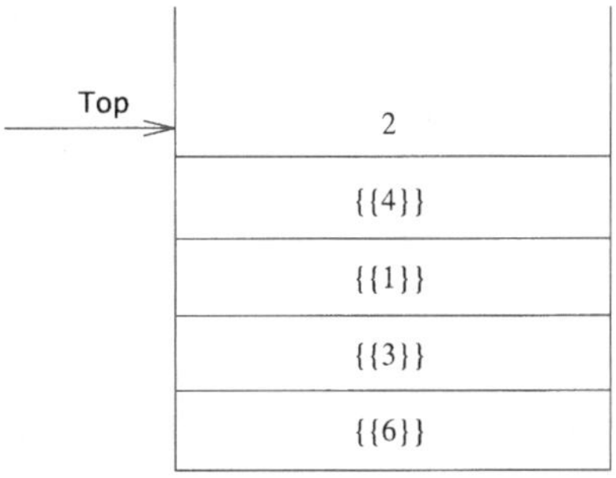

Top → 2 | {{4}} | {{1}} | {{3}} | {{6}}

图 3-38　栈模型：只有栈顶元素是可访问的

栈的链表实现

栈的第一种实现方法是使用单链表。我们通过在表前端插入来实现 Push，通过删除表前端元素实现 Pop。Top 操作只是检查表前端元素并返回它的值。有时 Pop 操作和 Top 操作合二为一。我们本可以使用前一节的链表例程，但为了清楚起见我们还是从头开始重写栈的例程。

首先，我们在图 3-39 中给出一些定义。实现栈要用到一个表头。图 3-40 表明测试空栈与测试空表的方式相同。

56 ~ 63

```
#ifndef _Stack_h

struct Node;
typedef struct Node *PtrToNode;
typedef PtrToNode Stack;

int IsEmpty( Stack S );
Stack CreateStack( void );
void DisposeStack( Stack S );
void MakeEmpty( Stack S );
void Push( ElementType X, Stack S );
ElementType Top( Stack S );
void Pop( Stack S );

#endif  /* _Stack_h */


/* Place in implementation file */
/* Stack implementation is a linked list with a header */
struct Node
{
    ElementType Element;
    PtrToNode   Next;
};
```

图 3-39　栈 ADT 链表实现的类型声明

创建一个空栈也很简单，我们只要创建一个头节点，MakeEmpty 设置 Next 指针指向 NULL（见图 3-41）。Push 是通过向链表前端进行插入而实现的，其中，表的前端作为栈顶（见图 3-42）。Top 的实现是通过检查表在第一个位置上的元素而完成的（见图 3-43）。最后，Pop 是通过删除表的前端的元素而实现的（见图 3-44）。

```
int
IsEmpty( Stack S )
{
    return S->Next == NULL;
}
```

图 3-40　测试栈是否是空栈的例程——链表实现

```
Stack
CreateStack( void )
{
    Stack S;

    S = malloc( sizeof( struct Node ) );
    if( S == NULL )
        FatalError( "Out of space!!!" );
    S->Next == NULL;
    MakeEmpty( S );
    return S;
}

void
MakeEmpty( Stack S )
{
    if( S == NULL )
        Error( "Must use CreateStack first" );
    else
        while( !IsEmpty( S ) )
            Pop( S );
}
```

图 3-41　创建一个空栈的例程——链表实现

```
void
Push( ElementType X, Stack S )
{
    PtrToNode TmpCell;

    TmpCell = malloc( sizeof( struct Node ) );
    if( TmpCell == NULL )
        FatalError( "Out of space!!!" );
    else
    {
        TmpCell->Element = X;
        TmpCell->Next = S->Next;
        S->Next = TmpCell;
    }
}
```

图 3-42　元素进栈的例程——链表实现

```
ElementType
Top( Stack S )
{
    if( !IsEmpty( S ) )
        return S->Next->Element;
    Error( "Empty stack" );
    return 0;  /* Return value used to avoid warning */
}
```

图 3-43　返回栈顶元素的例程——链表实现

很清楚，所有的操作均花费常数时间，因为这些例程没有任何地方涉及栈的大小(空栈除外)，更不用说依赖于栈大小的循环了。这种实现方法的缺点在于对 malloc 和 free 的调用的开销是昂贵的，特别是与指针操作的例程相比。有的缺点通过使用第二个栈可以避免，第二个栈初始时为空栈。当一个单元从第一个栈弹出时，它只是被放到了第二个栈中。此后，当第一个栈需要新的单元时，它首先去检查第二个栈。

栈的数组实现

另一种实现方法避免了指针并且可能是更流行的解决方案。这种策略的唯一潜在危害是我们需要提前声明一个数组的大小。一般说来，这并不是问题，因为在典型的应用程序中，即使有相当多的栈操作，在任意时刻栈元素的实际个数从不会太大。声明一个数组足够大而不至于浪费太多的空间通常并没有什么困难。如果不能做到这一点，那么节省的做法是使用链表来实现。

```
void
Pop( Stack S )
{
    PtrToNode FirstCell;

    if( IsEmpty( S ) )
        Error( "Empty stack" );
    else
    {
        FirstCell = S->Next;
        S->Next = S->Next->Next;
        free( FirstCell );
    }
}
```

图 3-44　从栈弹出元素的例程——链表实现

64
~
66

用一个数组实现栈是很简单的。每一个栈有一个 TopOfStack，对于空栈它是−1(这就是空栈的初始化)。为了将某个元素 X 压入该栈，我们将 TopOfStack 加 1，然后置 Stack[TopOfStack]$=X$，其中 Stack 是代表具体栈的数组。为了弹出栈元素，我们置返回值为 Stack[TopOfStack]然后 TopOfStack 减 1。当然，由于潜在地存在多个栈，因此 Stack 数组和 TopOfStack 只代表一个栈结构的一部分。使用全局变量和固定名字来表示这种(或任意)数据结构非常不好，因为在大多数实际情况下总是存在多个栈。当编写实际程序的时候，你应该尽可能严格地遵循模型，这样，除一些栈例程外，你的程序的任何部分都没有存取被每个栈蕴含的数组或栈顶(top-of-stack)变量的可能。这对所有的 ADT 操作都是成立的。像 Ada 和 C++ 这样的现代程序设计语言实际上都能够实施这个法则。

注意，这些操作不仅以常数时间运行，而且是以非常快的常数时间运行。在某些机器上，若在带有自增和自减寻址功能的寄存器上操作，则(整数的)Push 和 Pop 都可以写成一条机器指令。最现代化的计算机将栈操作作为它的指令系统的一部分，这个事实强化了这样一种观念，即栈很可能是计算机科学中仅次于数组的最基本的数据结构。

一个影响栈的执行效率的问题是错误检测。链表实现仔细地检查错误。正如上面所描述的，对空栈的 Pop 或者对满栈的 Push 都将超出数组的界限并引起程序崩溃。显然，我们不愿意出现这种情况。但是，如果把对这些条件的检测放到数组实现过程中，那就很可能要花费像实际栈操作那样多的时间。由于这个原因，除非在错误处理极其重要的场合(如在操作系统中)，一般在栈例程中省去错误检测就成了惯用手法。虽然在多数情况下可能通过声明一个栈大到不至于使得操作溢出，并保证使用 Pop 操作的例程绝不对一个空栈执行 Pop 而侥幸避免对错误的检测，但是，这充其量只不过是使得程序得以正常运行而已，特别是当程序很大并且是由不止一个人编写或分若干次写成的时候。因为栈操作花费如此快的常数时间，所以一个程序的主要运行时间很少会花在这些例程上面。这就意味着，忽略错误检测一般是不妥的。你应该随时编写错误检测的代码；如果它们冗长，那么当它们确实耗费太多时间时你总可以将它们去掉。在进行上面的评述以后，我们现在就可以编写用数组实现一般的栈的例程了。

在图3-45中Stack(栈)定义为指向一个结构体的指针。该结构体包含TopOfStack域和Capacity域。一旦知道最大容量，则该栈即可被动态地确定。图3-46创建了一个具有给定的最大值的栈。第3～5行指定该栈的结构，而第6～8行则指定栈的数组。第9行和第10行初始化域TopOfStack和域Capacity。栈的数组不需要初始化。第11行返回栈。

```
#ifndef _Stack_h

struct StackRecord;
typedef struct StackRecord *Stack;

int IsEmpty( Stack S );
int IsFull( Stack S );
Stack CreateStack( int MaxElements );
void DisposeStack( Stack S );
void MakeEmpty( Stack S );
void Push( ElementType X, Stack S );
ElementType Top( Stack S );
void Pop( Stack S );
ElementType TopAndPop( Stack S );

#endif  /* _Stack_h */


/* Place in implementatioin file */
/* Stack implementation is a dynamically allocated array */
#define EmptyTOS ( -1 )
#define MinStackSize ( 5 )

struct StackRecord
{
    int Capacity;
    int TopOfStack;
    ElementType *Array;
};
```

图3-45 栈的声明——数组实现

```
        Stack
        CreateStack( int MaxElements )
        {
            Stack S;

/* 1*/      if( MaxElements < MinStackSize )
/* 2*/          Error( "Stack size is too small" );

/* 3*/      S = malloc( sizeof( struct StackRecord ) );
/* 4*/      if( S == NULL )
/* 5*/          FatalError( "Out of space!!!" );

/* 6*/      S->Array = malloc( sizeof( ElementType ) * MaxElements );
/* 7*/      if( S->Array == NULL )
/* 8*/          FatalError( "Out of space!!!" );
/* 9*/      S->Capacity = MaxElements;
/*10*/      MakeEmpty( S );

/*11*/      return S;
        }
```

图3-46 栈的创建——数组实现

为了释放栈结构体应该编写例程DisposeStack。这个例程首先释放栈数组，然后释放栈结构体(见图3-47)。由于CreateStack在栈的数组实现中需要一个参数，而在链表

67

实现中不需要参数，因此若在后者的实现中不添加哑元的话，那么这个使用栈的例程就需要知道正在使用的是哪种实现方法。不幸的是，效率和软件理想主义常常发生冲突。

```
void
DisposeStack( Stack S )
{
    if( S != NULL )
    {
        free( S->Array );
        free( S );
    }
}
```

图 3-47　释放栈的例程——数组实现

我们已经假设所有的栈均处理相同类型的元素。在许多编程语言中，如果存在不同类型的栈，那么我们就需要为每种不同类型的栈重新编写一套栈的新例程，同时给每套例程赋予不同的名字。在 C++ 中提供了更彻底的方法，它允许我们编写一套一般的栈例程，对任何类型的栈都能正常运行。C++ 还允许几种不同类型的栈保留相同的过程和函数名(如 Push 和 Pop)，通过检验主调例程的类型，编译程序可决定使用哪些例程。

```
int
IsEmpty( Stack S )
{
    return S->TopOfStack == EmptyTOS;
}
```

图 3-48　检测栈是否是空栈的例程——数组实现

在进行了上面的阐述以后，现在我们就来重写五个栈例程。我们将以纯 ADT 风格使函数和过程的标题等同于链表实现。这些例程本身是非常简单的，并且严格遵循图中的描述(见图 3-48 到图 3-52)。

```
void
MakeEmpty( Stack S )
{
    S->TopOfStack = EmptyTOS;
}
```

图 3-49　创建一个空栈的例程——数组实现

68
~
69

```
void
Push( ElementType X, Stack S )
{
    if( IsFull( S ) )
        Error( "Full stack" );
    else
        S->Array[ ++S->TopOfStack ] = X;
}
```

图 3-50　元素进栈的例程——数组实现

```
ElementType
Top( Stack S )
{
    if( !IsEmpty( S ) )
        return S->Array[ S->TopOfStack ];
    Error( "Empty stack" );
    return 0;  /* Return value used to avoid warning */
}
```

图 3-51　返回栈顶元素的例程——数组实现

```
void
Pop( Stack S )
{
    if( IsEmpty( S ) )
        Error( "Empty stack" );
    else
        S->TopOfStack--;
}
```

图 3-52 从栈弹出元素的例程——数组实现

70

Pop偶尔写成返回弹出的元素(并使栈改变)的函数。虽然当前的想法是函数不应该改变其输入参数，但是图 3-53 表明这在 C 中是最方便的方法。

```
ElementType
TopAndPop( Stack S )
{
    if( !IsEmpty( S ) )
        return S->Array[ S->TopOfStack-- ];
    Error( "Empty stack" );
    return 0;  /* Return value used to avoid warning */
}
```

图 3-53 给出栈顶元素并从栈弹出的例程——数组实现

3.3.3 应用

毫不奇怪，如果我们把操作限制于一个表，那么这些操作会执行得很快。然而，令人惊奇的是，这些少量的操作非常强大和重要。在栈的许多应用中，我们给出三个例子，第三个实例深刻说明程序是如何组织的。

平衡符号

编译器检查程序的语法错误，但是常常由于缺少一个符号(如遗漏一个花括号或注释起始符)引起编译器列出上百行的诊断，而真正的错误并没有找出。

在这种情况下，可以使用一个程序来检验是否每个符号都成对出现。于是，每一个右花括号、右方括号及右圆括号必然对应其相应的左括号。序列“[()]”是合法的，但“[( ])”是错误的。显然，不值得为此编写一个大型程序，事实上检验这些事情是很容易的。为简单起见，我们仅就圆括号、方括号和花括号进行检验并忽略出现的任何其他字符。

这个简单的算法用到一个栈，叙述如下：

> 做一个空栈。读入字符直到文件尾。如果字符是一个开放符号，则将其推入栈中。如果字符是一个封闭符号，则当栈空时报错；否则，将栈元素弹出。如果弹出的符号不是对应的开放符号，则报错。在文件尾，如果栈非空则报错。

你应该能够确信这个算法是会正确运行的。很清楚，它是线性的，事实上它只需对输入进行一趟检验。因此，它是在线(on-line)的，是相当快的。当报错时，决定如何处理需要做一些附加的工作——例如判断可能的原因。

71

后缀表达式

假设我们有一个便携计算器并想要计算一趟外出购物的花费。为此，我们将一列数据相加并将结果乘以 1.06——它们是所购物品的价格以及附加的地方税。如果购物各项花销为 4.99、5.99 和 6.99，那么输入这些数据的自然的方式将是

4.99+5.99+6.99 * 1.06=

随着计算器的不同，这个结果或者是所要的答案 19.05，或者是科学答案 18.39。最简单的四功能计算器将给出第一个答案，但是许多先进的计算器是知道乘法的优先级是高于加法的。

另一方面，有些项是需要上税的而有些项则不需要，因此，如果只有第一项和最后一项是要上税的，那么

4.99 * 1.06+5.99+6.99 * 1.06=

将在科学计算器上给出正确的答案(18.69)而在简单计算器上给出错误的答案(19.37)。科学计算器一般包含括号，因此我们总可以通过加括号的方法得到正确的答案，但是使用简单计算器则需要记住中间结果。

该例的典型计算顺序可以是将 4.99 和 1.06 相乘并存为 A_1，然后将 5.99 和 A_1 相加，再将结果存入 A_1。我们再将 6.99 和 1.06 相乘并将答案存为 A_2，最后将 A_1 和 A_2 相加并将最后结果放入 A_1。我们可以将这种操作顺序书写如下：

4.99 1.06 * 5.99+6.99 1.06 * +

这个记法叫作*后缀*(postfix)或*逆波兰*(reverse Polish)记法，其求值过程恰好就是我们上面所描述的过程。计算这个问题最容易的方法是使用一个栈。当见到一个数时就把它推入栈中；在遇到一个运算符时该算符就作用于从该栈弹出的两个数(符号)上，将所得结果推入栈中。例如，后缀表达式

6 5 2 3+8 * +3+ *

计算如下：前四个字符放入栈中，此时栈变成

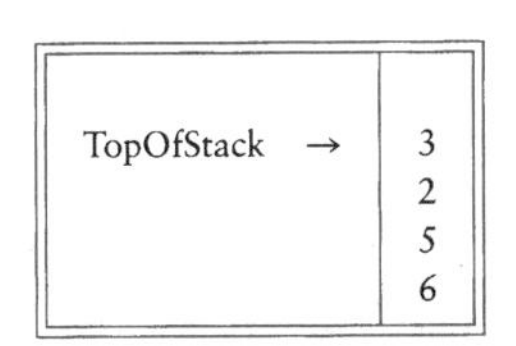

下面读到一个“+”号，所以 3 和 2 从栈中弹出，并将它们的和 5 压入栈中。 72

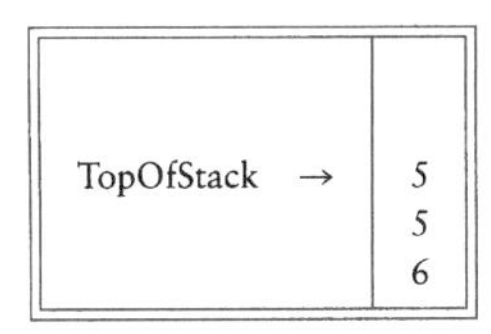

接着，8 进栈。

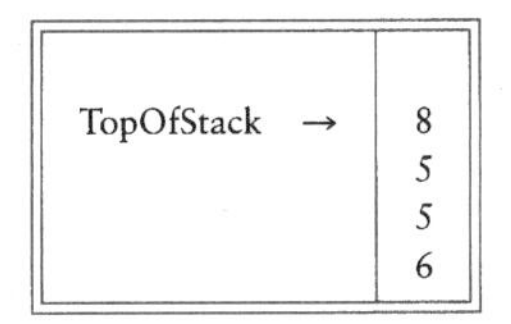

现在见到一个“*”号，因此 8 和 5 弹出，并且 5 * 8=40 进栈。

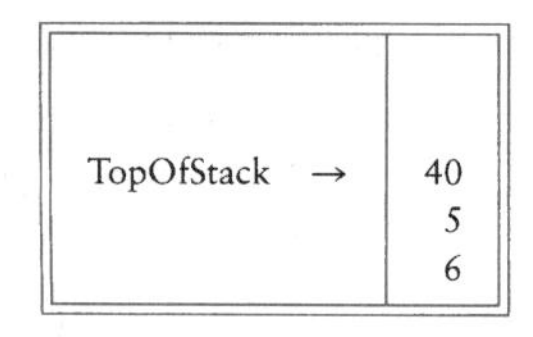

接着又见到一个“+”号，因此 40 和 5 被弹出，并且 5+40=45 进栈。

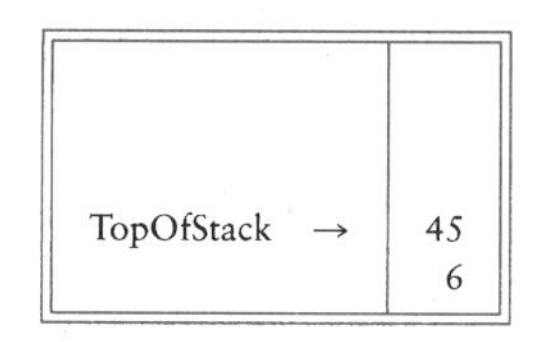

现在将 3 压入栈中。

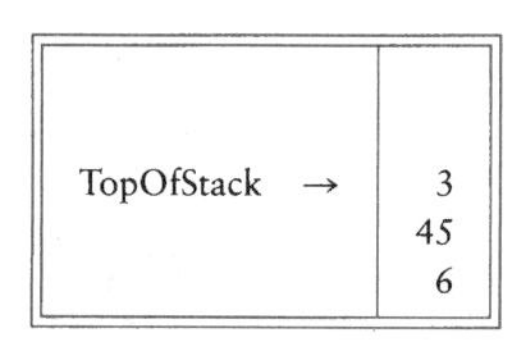

73

然后“+”使得 3 和 45 从栈中弹出，并将 45+3=48 压入栈中。

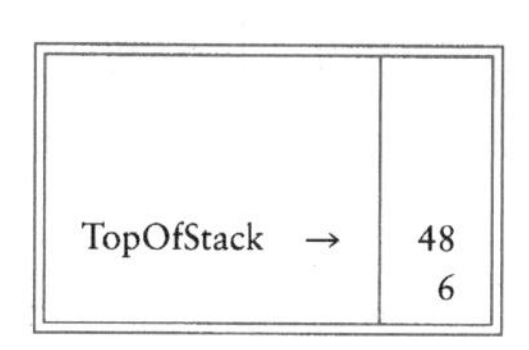

最后，遇到一个“*”号，从栈中弹出 48 和 6，将结果 6 * 48=288 压入栈中。

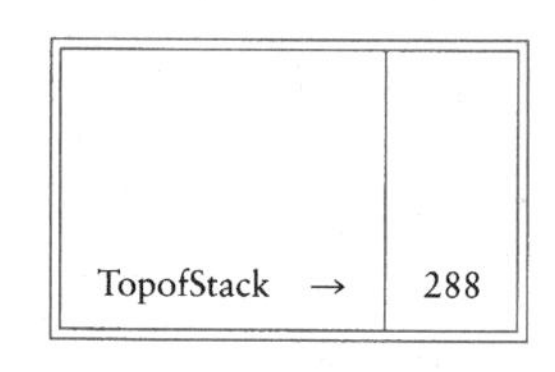

计算一个后缀表达式花费的时间是 $O(N)$，因为对输入中的每个元素的处理都是由一些栈操作组成从而花费常数时间。该算法的计算是非常简单的。注意，当一个表达式以后缀记号给出时，没有必要知道任何优先规则。这是一个明显的优点。

中缀到后缀的转换

栈不仅可以用来计算后缀表达式的值，而且我们还可以用栈将一个标准形式的表达式(或叫作中缀式(infix))转换成后缀式。我们通过只允许操作+、*、(、)，并坚持普通的优先级法则而将一般的问题浓缩成小规模的问题。我们还要进一步假设表达式是合法的。假设我们欲将中缀表达式

a+b * c+(d * e+f) * g

转换成后缀表达式。正确的答案是

a b c * + d e * f + g * +

当读到一个操作数的时候，立即把它放到输出中。操作符不立即输出，所以必须先存在某个地方。正确的做法是将已经见到过的操作符放进栈中而不是放到输出中。当遇到左圆括号时我们也要将其推入栈中。我们从一个空栈开始计算。

如果见到一个右括号，那么就将栈元素弹出，将弹出的符号写出直到我们遇到一个(对应的)左括号，但是这个左括号只被弹出，并不输出。

如果见到任何其他的符号(“+”“*”“(”)，那么我们从栈中弹出栈元素直到发现优先级更低的元素为止。有一个例外：除非是在处理一个“)”的时候，否则我们绝不从栈中移走“(”。对于这种操作，“+”的优先级最低，而“(”的优先级最高。当从栈弹出元素的工作完成后，我们再将操作符压入栈中。

74

最后，如果读到输入的末尾，我们将栈元素弹出直到该栈变成空栈，将符号写到输出中。

为了理解这种算法的运行机制，我们将把上面的中缀表达式转换成后缀形式。首先，读入 a，于是将它输出。然后，读入“+”并放入栈中。接着是读入 b 并输出。这一时刻的状态如下：

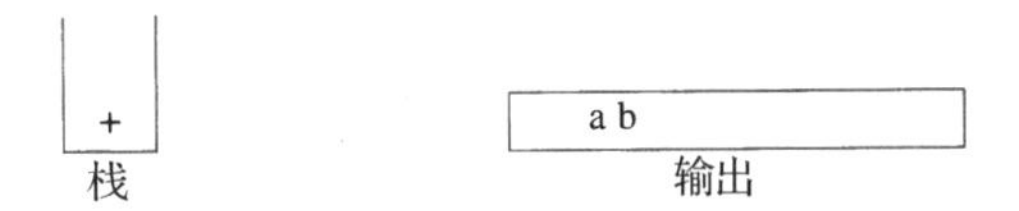

这时读入“*”。操作符栈的栈顶元素比“*”的优先级低，故没有输出，“*”进栈。接着，将 c 读入并输出。至此，我们有

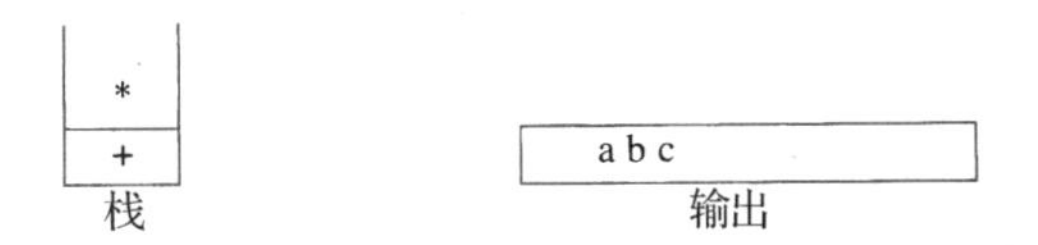

后面的符号是一个“+”。检查一下栈，我们发现，需要将“*”从栈弹出并放到输出中；弹出栈中剩下的“+”，该操作符不比刚刚遇到的符号“+”优先级低，而是有相同的优先级；然后，将刚刚遇到的“+”压入栈中。

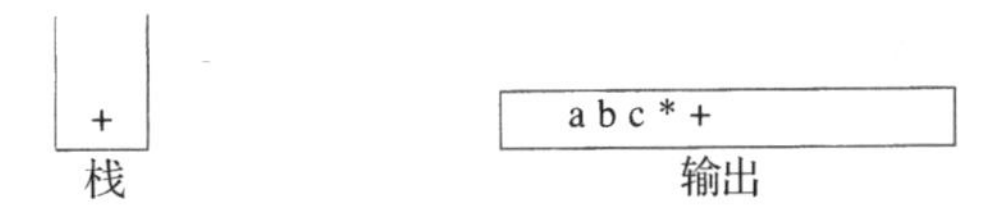

下一个读入的符号是一个“(”，由于有最高的优先级，因此将它放进栈中。然后，将 d 读入并输出。

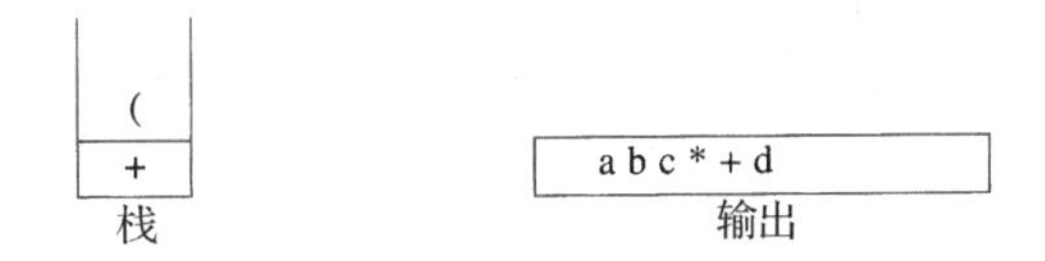

75

继续进行，我们又读到一个“*”。除非正在处理闭括号，否则开括号不会从栈中弹出，因

此没有输出。下一个是 e，将它读入并输出。

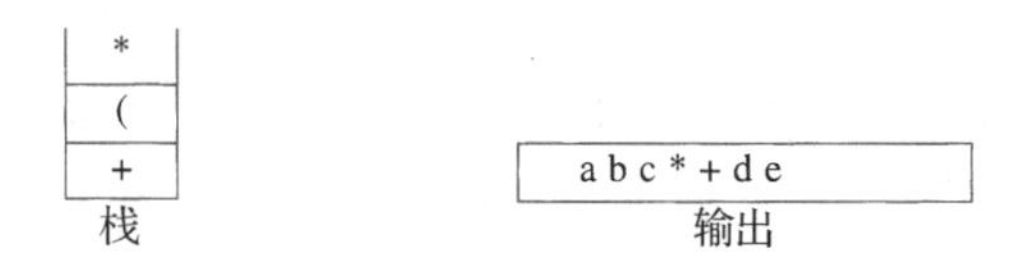

再往后读到的符号是“+”。我们将“*”弹出并输出，然后将“+”压入栈中。之后，我们读到 f 并输出。

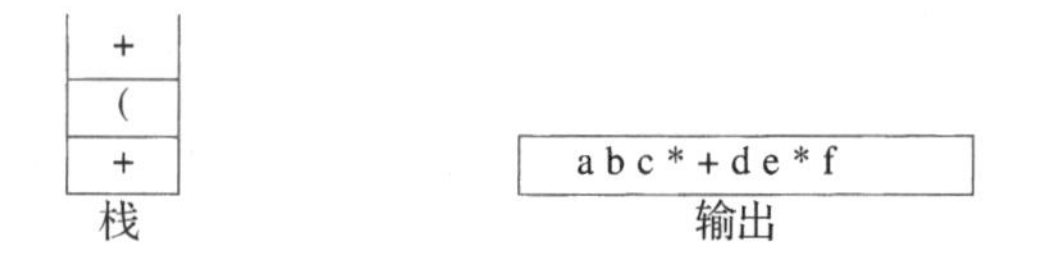

现在，我们读到一个“)”，因此将在“(”之上的栈元素弹出，这里将一个“+”号输出。

+
栈
abc*+de*f+
输出

下面又读到一个“*”，将该算符压入栈中。然后，将 g 读入并输出。

*
+
栈
abc*+de*f+g
输出

现在输入为空，因此我们将栈中的符号全部弹出并输出，直到栈变成空栈。

栈
abc*+de*f+g*+
输出

76

与前面相同，这种转换只需要 $O(N)$ 时间并经过一趟输入后运算即可完成。我们可以通过指定减法和加法有相同的优先级以及乘法和除法有相同的优先级而将减法和除法添加到指令集中。一种巧妙的想法是将表达式“a－b－c”转换成“ab－c－”而不是转换成“abc－－”。我们的算法做了正确的工作，因为这些操作符是从左到右结合的。一般情况未必如此，比如下面的表达式就是从右到左结合的：$2^{2^3}=2^8=256$，而不是 $4^3=64$。我们将把取幂运算添加到指令集中的问题留作练习。

函数调用

检测平衡符号的算法提供一种实现函数调用的方法。这里的问题是，当调用一个新函数时，主调例程的所有局部变量需要由系统存储起来，否则被调用的新函数将会覆盖调用例程的变量。不仅如此，该主调例程的当前位置必须要存储，以便在新函数运行完后知道向哪里转移。这些变量一般由编译器指派给机器的寄存器，但存在某些冲突(通常所有的过程都将某些变量指派给 1 号寄存器)，特别是涉及递归的时候。该问题类似于平衡符号的原因在于，函数调用和函数返回基本上类似于开括号和闭括号，二者想法是一样的。

当存在函数调用的时候，需要存储的所有重要信息，诸如寄存器的值(对应变量的名字)和返回地址(它可从程序计数器得到，典型情况下计数器就是一个寄存器)等，都要以抽象的方式存在“一张纸上”并被置于一个堆(pile)的顶部。然后控制转移到新函数，该函数自由地用它的一些值代替这些寄存器。如果它又进行其他的函数调用，那么它也遵循相同的过程。当该函数要返回时，它查看堆顶部的那张“纸”并复原所有的寄存器。然后它进行返回转移。

显然，所有工作均可由一个栈来完成，而这正是在实现递归的每一种程序设计语言中实际发生的事实。所存储的信息或称为*活动记录*(activation record)，或叫作*栈帧*(stack frame)。在典型情况下，需要做些微调：当前环境是由栈顶描述的。因此，一条返回语句就可给出前面的环境(不用复制)。在实际计算机中的栈常常是从内存分区的高端向下增长，而在许多的系统中是不检测溢出的。由于有太多同时在运行着的函数，用尽栈空间的情况总是可能发生的。显而易见，用尽栈空间通常是致命的错误。

在不进行栈溢出检测的语言和系统中，程序将会崩溃而没有明显的说明。在这些系统中，当你的栈太大时会发生一些奇怪的事情，因为它可能波及部分程序。这部分也许是主程序，也许是数据部分，特别是当使用大的数组的时候。如果主程序发生栈溢出，那么程序就会出现讹误，产生一些无意义的指令并在这些指令被执行时程序崩溃。如果数据部分发生栈溢出，很可能发生的是：当你将一些信息写入你的数据时，这些信息将冲毁栈的信息(很可能是返回地址)，那么你的程序将返回到某个奇怪的地址上去，从而程序崩溃。

77

在正常情况下不应该越出栈空间，发生这种情况通常是由失控递归(忘记基准情形)的指向引起的。另一方面，某些完全合法并且表面上无害的程序也可以使你越出栈空间。图 3-54 中的例程打印一个链表，该例程完全合法，实际上是正确的。它正常地处理空表的基准情形，并且递归也没问题。可以证明这个程序是正确的。但是不幸的是，如果这个链表含有20 000个元素，那么就有表示第 3 行嵌套调用20 000个活动记录的一个栈。典型的情况是这些活动记录由于它们包含全部信息而特别庞大，因此这个程序很可能要越出栈空间。(如果20 000个元素还不足以使程序崩溃，那么可用更大的个数代替它。)

```
        /* Bad use of recursion: Printing a linked list */
        /* No header */

        void
        PrintList( List L )
        {
/* 1*/      if( L != NULL )
            {
/* 2*/          PrintElement( L->Element );
/* 3*/          PrintList( L->Next);
            }
        }
```

图 3-54　递归的不当使用：打印一个链表

这个程序称为*尾递归*(tail recursion)，是使用递归极端不当的例子。尾递归指的是在最后一行的递归调用。尾递归可以通过将递归调用变成 goto 语句并在其前加上对函数每个参数的赋值语句而手工消除。它模拟了递归调用，因为没有什么需要存储，在递归调用结束之后，实际上没有必要知道存储的值。因此，我们就可以带着在一次递归调用中已经用过的那些值跳转到函数的顶部。图 3-55 显示改进图 3-54 后的程序。记住，你应该使用更自然的 while 循环结构。此处使用 goto 是为了说明编译器如何自动地去除递归。

尾递归的去除是如此简单，以致某些编译器能够自动地完成。但是即使如此，最好还是你的程序中别这样用。

递归总能被彻底除去(编译器是在转变成汇编语言时完成的)，但是这么做是相当冗长乏味的。一般方法是要求使用一个栈，而且仅当你能够把栈的大小限制在最低限度时，这个方法才值得一用。我们将不对此做进一步的详细讨论，只是指出，虽然非递归程序一般说来确实比等价的递归程序要快，但是速度优势的代价却是由于去除递归而使得程序清晰性变得不足。

```
/* Printing a linked list non-recursively */
/* Uses a mechanical translation */
/* No header */

void
PrintList( List L )
{
  top:
    if( L != NULL )
    {
        PrintElement( L->Element );
        L = L->Next;
        goto top;
    }
}
```

图 3-55 不用递归打印一个表，编译器可以完成这项工作(你不要去做)

3.4 队列 ADT

像栈一样，队列(queue)也是表。然而，使用队列时插入在一端进行而删除则在另一端进行。

3.4.1 队列模型

队列的基本操作是 Enqueue(入队)——它是在表的末端(叫作队尾(rear))插入一个元素，还有 Dequeue(出队)——它是删除(或返回)在表的开头(叫作队头(front))的元素。图 3-56 显示一个队列的抽象模型。

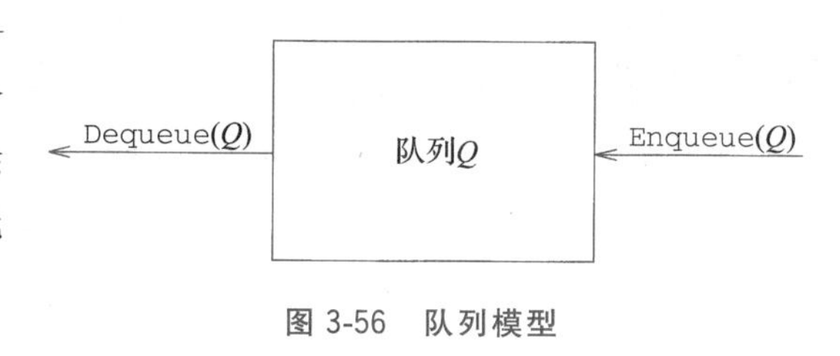

图 3-56 队列模型

3.4.2 队列的数组实现

如同栈的情形一样，对于队列而言，任何表的实现都是合法的。像栈一样，对于每一种操作，链表实现和数组实现都给出快速的 $O(1)$ 运行时间。队列的链表实现简单明了，留作练习。现在我们讨论队列的数组实现。

78~79

对于每一个队列数据结构，我们保留一个数组 Queue[] 以及位置 Front 和 Rear，它们代表队列的两端。我们还要记录实际存在于队列中的元素的个数 Size。所有这些信息是作为一个结构的一部分，除队列例程本身外通常不会有例程直接访问它们。下图表示处于某个中间状态的一个队列。顺便指出，图中那些空白单元有着不确定的值。尤其是前三个单元含有曾经属于该队列的元素。

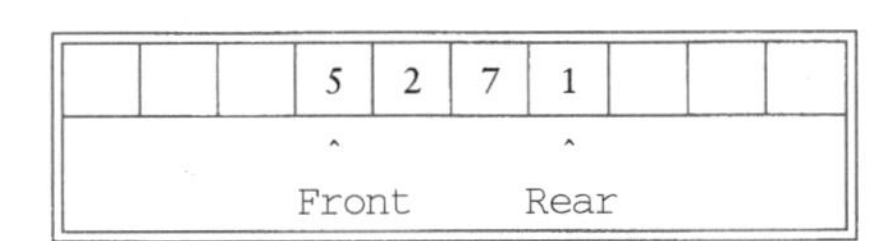

操作应该是很清楚的。为了使一个元素 X 入队，我们让 Size 和 Rear 增 1，然后置 Queue[Rear]$=X$。若使一个元素出队，我们置返回值为 Queue[Front]，Size 减 1，然后使 Front 增 1。也可能有其他的策略(将在后面讨论)。现在论述错误的检测。

这种实现存在一个潜在的问题。经过 10 次入队后队列似乎是满了，因为 Rear 现在是 10，而下一次再入队就会是一个不存在的位置。然而，队列中也许只存在几个元素，因为若干元素可能已经出队了。像栈一样，即使在有许多操作的情况下队列也常常不是很大。

简单的解决方法是，只要 Front 或 Rear 到达数组的尾端，它就又绕回到开头。下图显示在某些操作期间的队列情况。这叫作循环数组(circular array)实现。

实现回绕所需要的附加代码是极小的(虽然它可能使得运行时间加倍)。如果 Front 或 Rear 增 1 后超越了数组规定的大小，那么其值就要重置为数组的第一个位置。

80

经过 Dequeue 并返回 3 后同时使队列为空

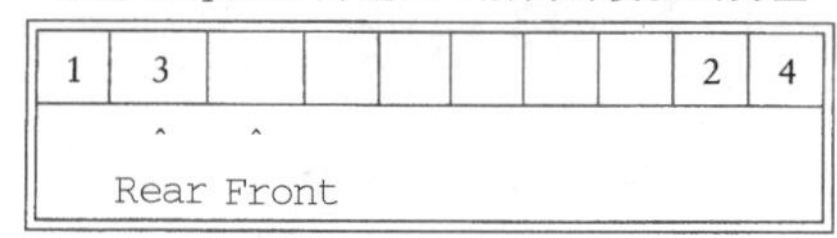

关于队列的循环实现，有两件事情要警惕。第一，检测队列是否为空是很重要的，因为当队列为空时，一次 Dequeue 操作将不知不觉地返回一个不确定的值。第二，某些程序设计人员使用不同的方法来表示队列的队头和队尾。例如，有些人并不用一个单元来表示队列的大小，因为他们依靠的是基准情形，即当队列为空时 Rear＝Front－1。队列的大小是通过比较 Rear 和 Front 隐式算出的。这是一种非常隐秘的方法，因为存在某些特殊的情形，因此，如果你需要修改用这种方式编写的代码，那么就要特别仔细。如果队列的大小不是结构的一部分，那么若数组的大小为 ASize，则当存在 ASize－1 个元素时队列就满了，因为只有 ASize 个不同的大小值可区分，而 0 是其中的一个。采用任意一种你喜欢的风格，但要确保你的所有例程都是一致的。由于队列的实现方法有多种选择，因此如果你不使用 size 字段，那就有必要在代码中插入一些注释。

81

在 Enqueue 的次数肯定不会大于队列的大小的应用中，使用回绕是没有必要的。像栈一样，除非主调例程肯定队列非空，否则 Dequeue 很少执行。因此对这种操作，只要不是关键的代码，错误的调用常常被跳过。一般说来这并不是无可非议的，因为你可能得到的时间节省量是极小的。

我们通过编写某些队列的例程来结束本节，其余例程留作练习。首先，在图 3-57 中给出队列的声明。正如对于栈的数组实现所做的那样，我们添加一个最大大小的域。还需要

```
#ifndef _Queue_h

struct QueueRecord;
typedef struct QueueRecord *Queue;

int IsEmpty( Queue Q );
int IsFull( Queue Q );
Queue CreateQueue( int MaxElements );
void DisposeQueue( Queue Q );
void MakeEmpty( Queue Q );
void Enqueue( ElementType X, Queue Q );
ElementType Front( Queue Q );
void Dequeue( Queue Q );
ElementType FrontAndDequeue( Queue Q );

#endif  /* _Queue_h */


/* Place in implementation file */
/* Queue implementation is a dynamically allocated array */
#define MinQueueSize ( 5 )

struct QueueRecord
{
    int Capacity;
    int Front;
    int Rear;
    int Size;
    ElementType *Array;
};
```

图 3-57　队列的类型声明

提供例程 CreateQueue 和 DisposeQueue。此外，我们还要提供测试一个队列是否为空的例程以及构造一个空队列的例程(见图 3-58 和图 3-59)。读者可以编写函数 IsFull，用于实现判断队列是否满了的功能。注意，Rear 在 Front 之前预初始化为 1。我们将要编写的最后的操作是 Enqueue 例程。严格遵循上面的描述，图 3-60 展示了队列的数组实现。

```
int
IsEmpty( Queue Q )
{
    return Q->Size == 0;
}
```

图 3-58 测试队列是否为空的例程——数组实现

```
void
MakeEmpty( Queue Q )
{
    Q->Size = 0;
    Q->Front = 1;
    Q->Rear = 0;
}
```

图 3-59 构造空队列的例程——数组实现

```
static int
Succ( int Value, Queue Q )
{
    if( ++Value == Q->Capacity )
        Value = 0;
    return Value;
}

void
Enqueue( ElementType X, Queue Q )
{
    if( IsFull( Q ) )
        Error( "Full queue" );
    else
    {
        Q->Size++;
        Q->Rear = Succ( Q->Rear, Q );
        Q->Array[ Q->Rear ] = X;
    }
}
```

图 3-60 入队的例程——数组实现

82
≀
83

3.4.3 队列的应用

有几种使用队列来提高运行效率的算法。它们当中有些可以在图论中找到，我们将在第 9 章讨论它们。这里，先给出某些应用队列的例子。

当作业送交给一台行式打印机，它们就按照到达的顺序排列起来。因此，送往行式打印机的作业基本上被放到一个队列中。[⊖]

实际生活中的每次排队都(应该)是一个队列。例如，在一些售票口排列的队都是队列，因为服务的顺序是先到的先买票。

另一个例子是关于计算机网络的。有许多种 PC 网络设置，其中磁盘是放在一台叫作文件服务器的机器上的。使用其他计算机的用户是按照先到先使用的原则访问文件的，因此其数据结构是一个队列。

进一步的例子如下：

- 当所有的接线员忙得不可开交的时候，对大公司的传呼一般都被放到一个队列中。
- 在大学里，如果所有的终端都被占用，由于资源有限，学生们必须在一个等待表上签字。在终端上登录时间最长的学生将首先被强制离开，而等待时间最长的学生则将是下一个被允许使用终端的用户。

处理用概率的方法计算用户排队预计等待时间、等待服务的队列能够排多长，以及其他一些诸如此类的问题将用到被称为排队论(queueing theory)的完整数学分支。问题的答案依赖于用户加入队列的频率以及一旦用户得到服务时处理服务花费的时间。这两个参数作为概率分布函数给出。在一些简单的情况下，答案可以解析算出。一种简单的例子是一条电话线有一个接线员。如果接线员忙，打来的电话就被放到一个等待队列中(这还与某个

⊖ 我们说基本上是因为作业可以被除去。这等于从队列的中间执行一次删除，它违反了队列的严格定义。

容许的最大限度有关)。这个问题在商业上很重要，因为研究表明，人们会很快挂上电话。

如果我们有 k 个接线员，那么这个问题解决起来要困难得多。解析求解困难的问题往往使用模拟的方法求解。此时，我们需要使用一个队列来进行模拟。如果 k 很大，那么我们还需要其他一些数据结构来使得模拟更有效地进行。在第 6 章将会看到模拟是如何进行的。那时我们将对 k 的若干值进行模拟并选择能够给出合理等待时间的最小的 k。

正如栈一样，队列还有其他丰富的用途，这样一种简单的数据结构竟然能够如此重要，实在令人惊奇。

84

总结

本章描述了一些 ADT 的概念，并且利用三种最常见的抽象数据类型阐述了这个概念。主要目的就是将抽象数据类型的具体实现与它们的功能分开。程序必须知道操作都做些什么，但是如果不知道操作是如何实现的实际上更好。

表、栈和队列或许在全部计算机科学中是三个基本的数据结构，大量的例子证明了它们广泛的用途。特别地，我们看到栈是如何用来记录过程和函数调用的，以及递归实际上是如何实现的。理解这些过程是非常重要的，不只因为它使得过程语言成为可能，而且还因为知道递归的实现从而消除了围绕其使用的大量谜团。虽然递归非常强大，但是它并不是完全随意的操作；递归的误用和乱用可能导致程序崩溃。

练习

3.1 编写打印一个单链表的所有元素的程序。

3.2 给你一个链表 L 和另一个链表 P，它们包含以升序排列的整数。操作 `PrintLots(L, P)` 将打印 L 中那些由 P 所指定的位置上的元素。例如，如果 $P=1, 3, 4, 6$，那么，L 中的第 1、第 3、第 4 和第 6 个元素被打印出来。写出程序 `PrintLots(L, P)`。你应该只使用基本的表操作。该程序的运行时间是多少？

3.3 通过只调整指针(而不是数据)来交换两个相邻的元素，使用

a. 单链表。

b. 双链表。

3.4 给定两个已排序的表 L_1 和 L_2，只使用基本的表操作编写计算 $L_1 \cap L_2$ 的过程。

3.5 给定两个已排序的表 L_1 和 L_2，只使用基本的表操作编写计算 $L_1 \cup L_2$ 的过程。

3.6 编写将两个多项式相加的函数。不要毁坏输入数据。用一个链表实现。如果这两个多项式分别有 M 项和 N 项，那么你的程序的时间复杂度是多少？

3.7 编写一个函数将两个多项式相乘，用一个链表实现。你必须保证输出的多项式按幂次排列并且最多有一项为任意幂。

a. 给出以 $O(M^2N^2)$ 时间求解该问题的算法。

*b. 编写一个以 $O(M^2N)$ 时间执行乘法的程序，其中 M 是具有较少项数的多项式的项数。

85

*c. 编写一个以 $O(MN\log(MN))$ 时间执行乘法的程序。

d. 上面哪个算法的时间界最好？

3.8 编写一个程序，输入一个多项式 $F(X)$，计算出 $(F(X))^P$。你的程序的时间复杂度是多少？至少再提出一种对 $F(X)$ 和 P 的某些可能的选择具有竞争性的解法。

3.9 编写任意精度整数运算包。要使用类似于多项式运算的方法。计算在 $2^{4\,000}$ 内数字 0 到 9 的分布。

3.10 Josephus 问题是下面的游戏：N 个人从 1 到 N 编号，围坐成一个圆圈。从 1 号开始传递一个热土豆。经过 M 次传递后拿着热土豆的人被清除离座，围坐的圆圈缩紧，由坐在被清除的人后面的人拿起热土豆继续进行游戏。最后剩下的人取胜。因此，如果 $M=0$ 和 $N=5$，则依次清除后，5 号获胜。如果 $M=1$ 和 $N=5$，那么被清除的人的顺序是 2，4，1，5。

a. 编写一个程序解决 M 和 N 在一般值下的 Josephus 问题，应使你的程序尽可能提高高效，要确保能够清除单元。

b. 你的程序的运行时间是多少？

c. 如果 $M=1$，你的程序的运行时间是多少？对于大的 $N(N>10\,000)$，其 `free` 例程是如何影响实际速度的？

3.11 编写查找一个单链表中特定元素的程序。分别用递归和非递归方法实现，并比较它们的运行时间。链表必须达到多大才能使得使用递归的程序崩溃？

3.12 a. 编写一个非递归程序以 $O(N)$ 时间反转单链表。

*b. 使用常数附加空间编写一个程序以 $O(N)$ 时间反转单链表。

3.13 利用社会安全号码对学生记录构成的数组排序。编写一个程序进行这项工作，使用具有 1000 个桶的基数排序并分三趟进行。

3.14 编写一个程序将一个图读入邻接表，使用

a. 链表

b. 游标

3.15 a. 写出自调整(self-adjusting)表的数组实现。自调整表如同一个规则的表，但是所有的插入都在表头进行，当一个元素被 `Find` 访问时，它就被移到表头而不改变其余的项的相对顺序。

b. 写出自调整表的链表实现。

*c. 设每个元素都有其被访问的固定概率 p_i。证明那些具有最高访问概率的元素都靠近表头。

3.16 假设我们有一个基于数组的表 $A[0..N-1]$，并且我们想要删除所有相同的元素。`LastPosition` 初始值为 $N-1$，但该值随着相同元素被删除而变得越来越小。考虑图 3-61 中的伪代码程序段。`Delete` 删除位置 j 上的元素并使表缩小。

86

a. 解释该程序是如何进行工作的。

b. 利用一般的表操作重写这个过程。

*c. 如用标准的数组实现，则这个程序的运行时间是多少？

```
/* 1*/    for( i = 0; i < LastPosition; i++ )
          {
/* 2*/        j = i + 1;
/* 3*/        while( j < LastPosition )
/* 4*/            if( A[ i ] == A[ j ] )
/* 5*/                Delete( j );
                  else
/* 6*/                j++;
          }
```

图 3-61 从表中删除重复元素的例程——数组实现

d. 使用链表实现的运行时间是多少?

*e. 给出一个算法以 $O(N \log N)$时间解决该问题。

**f. 证明:如果只使用比较,那么解决该问题的任何算法都需要 $\Omega(N \log N)$次比较。(提示:见第 7 章。)

*g. 证明:如果允许除比较之外的其他操作,并且这些关键字都是实数,那么我们不用元素间的比较就可以解决该问题。

3.17 不同于我们已经给出的删除方法,另一种是使用懒惰删除(lazy deletion)的方法。为了删除一个元素,我们只标记上该元素被删除(使用一个附加的位域)。表中被删除和非被删除元素的个数作为数据结构的一部分被保留。如果被删除元素和非被删除元素一样多,我们遍历整个表,对所有被标记的节点执行标准的删除算法。

a. 列出懒惰删除的优点和缺点。

b. 编写实现使用懒惰删除的标准链表操作的例程。

3.18 用下列语言编写检测平衡符号的程序:

a. Pascal (begin/end, ( ), [ ], {})。

b. C (/* */, ( ), [ ], {}) 。

*c. 解释如何打印出错信息。

87

3.19 编写一个程序计算后缀表达式的值。

3.20 a. 编写一个程序将中缀表达式转换成后缀表达式,该中缀表达式包含“(”“)”“+”“-”“*”和“/”。

b. 把幂操作符添加到你的指令系统中。

c. 编写一个程序将后缀表达式转换成中缀表达式。

3.21 编写仅用一个数组实现两个栈的例程。除非数组的每一个单元都被使用,否则你的栈例程不能有溢出声明。

3.22 *a. 提出支持栈的 Push 和 Pop 操作以及第三种操作 FindMin 的数据结构,其中 FindMin 返回该数据结构的最小元素,所有操作在最坏的情况下的运行时间都是 $O(1)$。

*b. 证明,如果我们加入第四种操作 DeleteMin,那么至少有一种操作必须花费 $\Omega(\log N)$时间,其中,DeleteMin 找出并删除最小的元素。(本题需要阅读第 7 章)

*3.23 说明如何用一个数组实现三个栈。

3.24　在 2.4 节中用于计算斐波那契数的递归例程如果在 $N=50$ 下运行，栈空间有可能用完吗？为什么？

3.25　编写实现队列的例程，使用

a. 链表

b. 数组

3.26　双端队列(deque)是由一些项的表组成的数据结构，对该数据结构可以进行下列操作：

`Push`(X, D)：将项 X 插入到双端队列 D 的前端。

`Pop`(D)：从双端队列 D 中删除前端项并将其返回。

`Inject`(X, D)：将项 X 插入到双端队列 D 的尾端。

`Eject`(D)：从双端队列 D 中删除尾端项并将其返回。

编写支持双端队列的例程，每种操作均花费 $O(1)$时间。

88

C H A P T E R 4

第4章

树

对于大量的输入数据，链表的线性访问时间太慢，不宜使用。本章介绍一种简单的数据结构，其大部分操作的运行时间平均为 $O(\log N)$。我们还会简述对这种数据结构在概念上的简单修改，它保证了在最坏情形下的上述时间界。此外，还讨论了第二种修改，对于长的指令序列它对每种操作的运行时间基本上是 $O(\log N)$。

本章涉及的这种数据结构叫作二叉查找树(binary search tree)。在计算机科学中树(tree)是非常有用的抽象概念，因此，我们将讨论树在其他更一般的应用中的使用。

在这一章，我们将：

- 了解树是如何用于实现几个流行的操作系统中的文件系统的。
- 看到树如何能够用来计算算术表达式的值。
- 指出如何利用树支持以 $O(\log N)$平均时间进行的各种搜索操作，以及如何细化以得到最坏情况时间界 $O(\log N)$。我们还将讨论当数据存储在磁盘上时如何来实现这些操作。

4.1 预备知识

树(tree)可以用几种方式定义。定义树的一种自然的方式是递归方法。一棵树是一些节点的集合。这个集合可以是空集；若非空，则一棵树由称作根(root)的节点 r 以及 0 个或多个非空的(子)树 T_1，T_2，…，T_k 组成，这些子树中每一棵的根都被来自根 r 的一条有向的边(edge)所连接。

每一棵子树的根叫作根 r 的儿子(child)，而 r 是每一棵子树的根的父亲(parent)。图 4-1 显示用递归定义的典型的树。

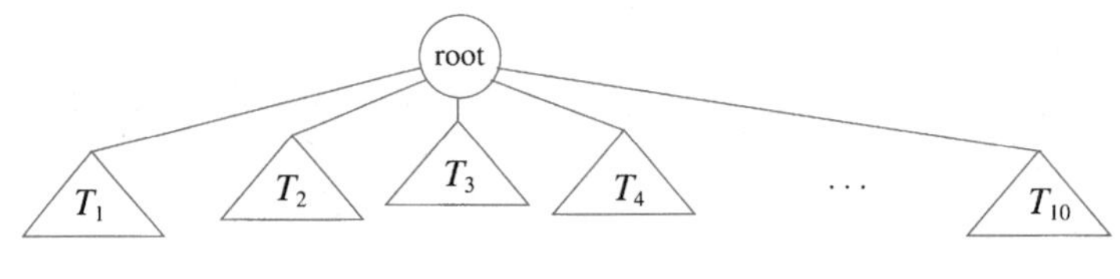

图 4-1　一般的树

从递归定义中我们发现，一棵树是 N 个节点和 $N-1$ 条边的集合，其中的一个节点叫作根。存在 $N-1$ 条边的结论是由下面的事实得出的，每条边都将某个节点连接到它的父亲，而除去根节点外每一个节点都有一个父亲(见图 4-2)。

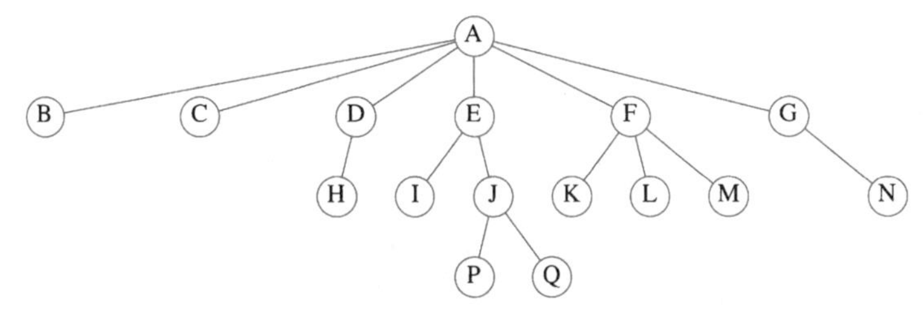

图 4-2　一棵具体的树

在图 4-2 的树中，节点 A 是根。节点 F 有一个父亲 A 并且有儿子 K、L 和 M。每一个节点可以有任意多个儿子，也可能是零个儿子。没有儿子的节点称为**树叶**(leaf)；上图中的树叶是 B、C、H、I、P、Q、K、L、M 和 N。具有相同父亲的节点为**兄弟**(sibling)；因此，K、L 和 M 都是兄弟。用类似的方法可以定义**祖父**(grandparent)和**孙子**(grandchild)关系。

从节点 n_1 到 n_k 的路径(path)定义为节点 n_1，n_2，…，n_k 的一个序列，使得对于 $1 \leqslant i < k$，节点 n_i 是 n_{i+1} 的父亲。这个路径的长(length)为该路径上边的条数，即 $k-1$。从每一个节点到它自己有一条长为 0 的路径。注意，在一棵树中从根到每个节点恰好存在一条路径。

对任意节点 n_i，n_i 的深度(depth)为从根到 n_i 的唯一路径的长。因此，根的深度为 0。n_i 的高(height)是从 n_i 到一片树叶的最长路径的长。因此所有的树叶的高都是 0。一棵树的高等于它的根的高。对于图 4-2 中的树，E 的深度为 1 而高为 2；F 的深度为 1 而高也是 1；该树的高为 3。一棵树的深度等于它的最深的树叶的深度；该深度总是等于这棵树的高。

如果存在从 n_1 到 n_2 的一条路径，那么 n_1 是 n_2 的一位**祖先**(ancestor)而 n_2 是 n_1 的一个**后裔**(descendant)。如果 $n_1 \neq n_2$，那么 n_1 是 n_2 的一位**真祖先**(proper ancestor)而 n_2 是 n_1 的一个**真后裔**(proper descendant)。

4.1.1　树的实现

实现树的一种方法可以是在每一个节点除数据外还要有一些指针，使得该节点的每一个儿子都有一个指针指向它。然而，由于每个节点的儿子数可以变化很大并且事先不知道，因此在数据结构中建立到各儿子节点的直接链接是不可行的，因为这样会浪费太多的空间。实际上解法很简单：将每个节点的所有儿子都放在树节点的链表中。图 4-3 中的声明就是典型的声明。

```
typedef struct TreeNode *PtrToNode;

struct TreeNode
{
    ElementType Element;
    PtrToNode   FirstChild;
    PtrToNode   NextSibling;
}
```

图 4-3　树的节点声明

89
~
90

图 4-4 显示一棵树可以用这种实现方法表示出来。图中向下的箭头是指向 `FirstChild`(第一儿子)的指针。从左到右的箭头是指向 `NextSibling`(下一兄弟)的指针。因为空指针太多，所以没有画出它们。

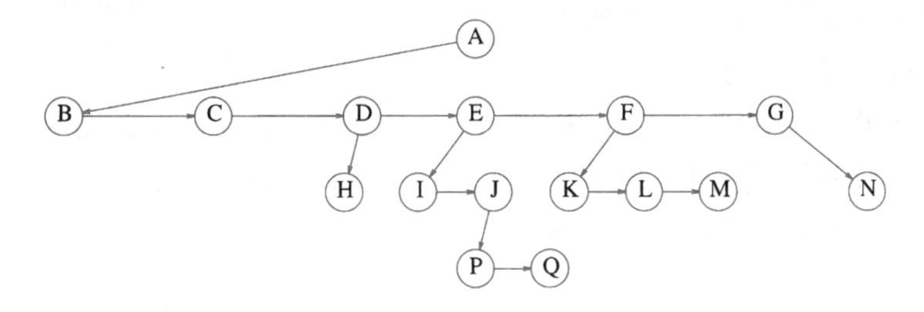

图 4-4　在图 4-2 中所表示的树的第一儿子/下一兄弟的表示法

在图 4-4 的树中，节点 E 有一个指针指向兄弟(F)，另一指针指向儿子(I)，而有的节点这两种指针都没有。

4.1.2 树的遍历及应用

树有很多应用。流行的用法之一是包括UNIX、VAX/VMS和DOS在内的许多常用操作系统中的目录结构。图4-5是UNIX文件系统中一个典型的目录。

这个目录的根是/usr。(名字后面的星号指出/usr本身就是一个目录。)/usr有三个儿子：mark、alex和bill，它们自己也都是目录。因此，/usr包含三个目录而且没有正规的文件。文件名/usr/mark/book/ch1.r先后三次通过最左边的儿子节点而得到。在第一个"/"后的每个"/"都表示一条边；结果为一全路径名。这个分级文件系统非常流行，因为它能够使得用户逻辑地组织数据。不仅如此，在不同目录下的两个文件还可以享有相同的名字，因为它们必然有从根开始的不同的路径从而具有不同的路径名。在UNIX文件系统中的目录就是含有它的所有儿子的一个文件，因此，这些目录几乎是完全按照上述的类型声明构造的[⊖]。事实上，如果将打印一个文件的标准命令应用到一个目录上，那么在该目录中的这些文件名能够在(与其他非ASCII信息一起的)输出中看到。

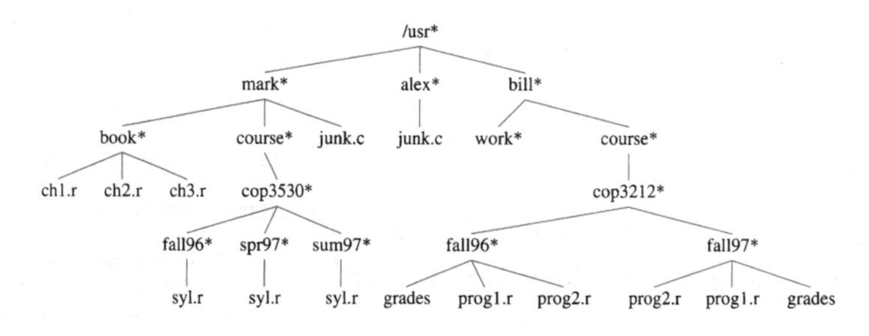

图4-5 UNIX目录

假设我们想要列出目录中所有文件的名字。我们的输出格式将是：深度为 d_i 的文件的名字将被 d_i 次跳格(tab)缩进后打印出来。该算法在图4-6中给出。

91 ≀ 92

算法的核心为递归程序ListDir。为了显示根时不进行缩进，该例程需要从目录名和深度0开始。这里的深度是一个内部簿记变量，而不是主调例程能够期望知道的那种参数。因此，驱动例程ListDirectory用于将递归例程和外界连接起来。

```
        static void
        ListDir( DirectoryOrFile D, int Depth )
        {
/* 1*/      if( D is a legitimate entry )
            {
/* 2*/          PrintName( D, Depth );
/* 3*/          if( D is a directory )
/* 4*/              for each child, C, of D
/* 5*/                  ListDir( C, Depth + 1 );
            }
        }

        void
        ListDirectory( DirectoryOrFile D )
        {
            ListDir( D, 0 );
        }
```

图4-6 列出分级文件系统中目录的例程

算法逻辑简单易懂。ListDir的参数是到树中的某种引用。只要引用合理，则引用涉及的名字在进行适当次数的跳格缩进后

⊖ 在UNIX文件系统中每个目录还有一项指向该目录本身以及另一项指向该目录的父目录。因此，严格说来，UNIX文件系统不是树，而是类树(treelike)。

被打印出来。如果是一个目录，那么我们递归地一个一个地处理它所有的儿子。这些儿子处在一个深度上，因此需要缩进一段附加的空格。整个输出如图 4-7 所示。

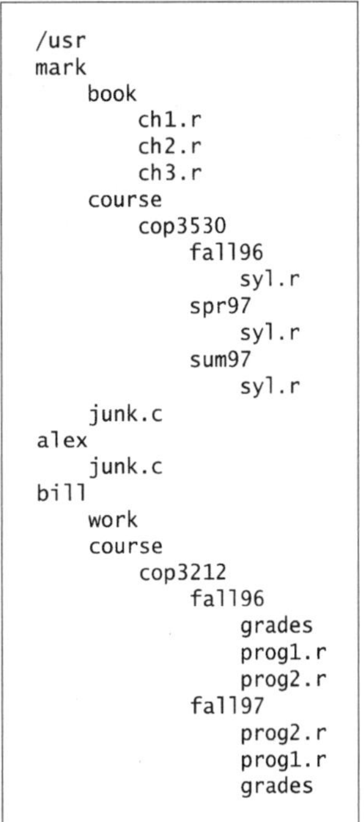

图 4-7 目录(先序)列表

93

这种遍历的策略叫作*先序遍历*(preorder traversal)。在先序遍历中，对节点的处理工作是在它的诸儿子节点被处理之前进行的。当该程序运行时，显然如图 4-6 所示，第 2 行对每个节点恰好执行一次，因为每个名字只输出一次。由于第 2 行对每个节点最多执行一次，因此第 3 行也必须对每个节点执行一次。不仅如此，对于每个节点的每一个儿子节点第 5 行最多只能执行一次。不过，儿子的个数恰好比节点的个数少 1。最后，第 5 行每执行一次，`for` 循环就迭代一次，每当循环结束时再执行一次。每个 `for` 循环终止在 `NULL` 指针上，但每个节点最多有一个这样的指针。因此，每个节点总的工作量是常数。如果有 N 个文件名需要输出，则运行时间就是 $O(N)$。

另一种遍历树的方法是*后序遍历*(postorder traversal)。在后序遍历中，在一个节点处的工作是在它的诸儿子节点被计算后进行的。例如，图 4-8 表示的是与前面相同的目录结构，其中圆括号内的数代表每个文件占用的磁盘区块(disk block)的个数。

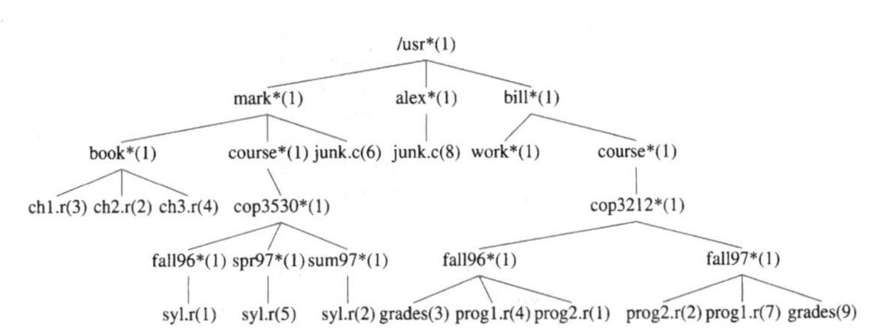

图 4-8 经由后序遍历得到的具有文件大小的 UNIX 目录

由于目录本身也是文件，因此它们也有大小。设我们想要计算被该树所有文件占用的磁盘区块的总数。最自然的做法是找出含于子目录“`/usr/mark(30)`”“`/usr/alex(9)`”和“`/usr/bill(32)`”中的块的个数。于是，磁盘块的总数就是子目录中的块的总数(71)加上“`/usr`”使用的一个块，共 72 个块。图 4-9 中的函数 `SizeDirectory` 实现这种遍历策略。

94

如果 D 不是一个目录，那么 `SizeDirectory` 只返回 D 所占用的块数。否则，将被 D 占用的块数与其所有子节点(递归地)发现的块数相加。为了区别后序遍历策略和先序遍历策略之间的不同，图 4-10 显示每个目录或文件的大小是如何由该算法产生的。

```
        static void
        SizeDirectory( DirectoryOrFile D )
        {
            int TotalSize;

/* 1*/      TotalSize = 0;
/* 2*/      if( D is a legitimate entry )
            {
/* 3*/          TotalSize = FileSize( D );
/* 4*/          if( D is a directory )
/* 5*/              for each child, C, of D
/* 6*/                  TotalSize += SizeDirectory( C );
            }
/* 7*/      return TotalSize;
        }
```

图 4-9 计算一个目录大小的例程

```
            ch1.r             3
            ch2.r             2
            ch3.r             4
        book                 10
                    syl.r     1
                fall96        2
                    syl.r     5
                spr97         6
                    syl.r     2
                sum97         3
            cop3530          12
        course               13
        junk.c                6
    mark                     30
        junk.c                8
    alex                      9
        work                  1
                    grades    3
                    prog1.r   4
                    prog2.r   1
                fall96        9
                    prog2.r   2
                    prog1.r   7
                    grades    9
                fall97       19
            cop3212          29
        course               30
    bill                     32
    /usr                     72
```

图 4-10 函数 `SizeDirectory` 的轨迹

4.2 二叉树

二叉树(binary tree)是一棵树，其中每个节点的儿子都不能多于两个。

图 4-11 显示一棵由一个根和两棵子树组成的二叉树，T_L 和 T_R 均可能为空。

二叉树的一个性质是平均二叉树的深度要比 N 小得多，这个性质有时很重要。分析表明，这个平均深度为 $O(\sqrt{N})$，而对于特殊类型的二叉树，即**二叉查找树**(binary search tree)，其深度的平均值是 $O(\log N)$。不幸的是，如图 4-12 所示，这个深度是可以大到 $N-1$ 的。

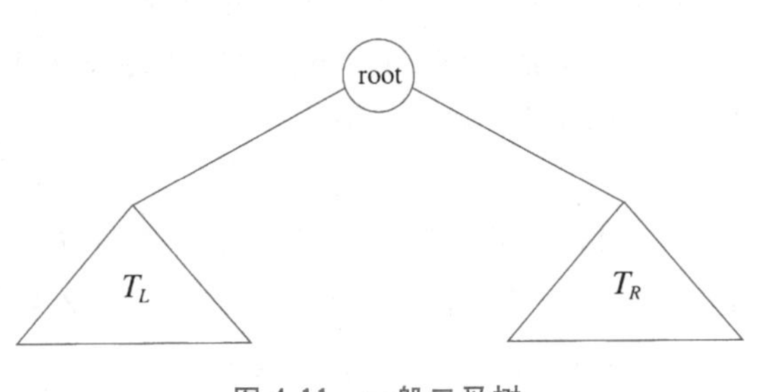

图 4-11　一般二叉树

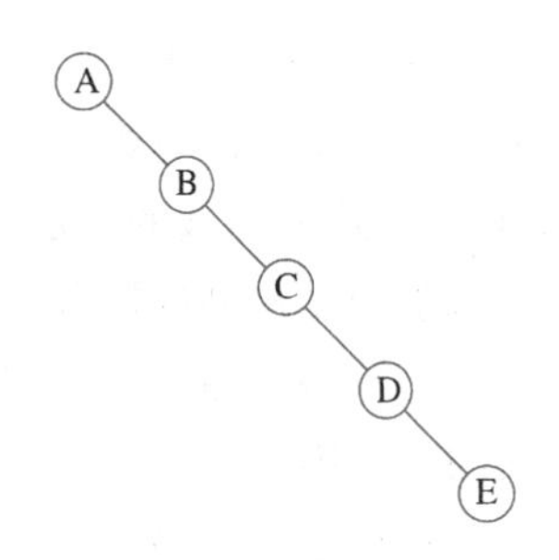

图 4-12　最坏情况的二叉树

4.2.1　实现

因为一棵二叉树最多有两个儿子，所以我们可以用指针直接指向它们。树节点的声明在结构上类似于双链表的声明，在声明中，一个节点就是由 Key(关键字)信息加上两个指向其他节点的指针(Left 和 Right)组成的结构(见图 4-13)。

```
typedef struct TreeNode *PtrToNode;
typedef struct PtrToNode Tree;

struct TreeNode
{
    ElementType Element;
    Tree        Left;
    Tree        Right;
};
```

图 4-13　二叉树节点声明

应用于链表上的许多法则也可以应用到树上。特别地，当进行一次插入时，必须调用 malloc 创建一个节点。节点可以在调用 free 删除后释放。

我们可以用在画链表时常用的矩形框画出二叉树，但是，树一般画成圆圈并用一些直线连接起来，因为二叉树实际上就是图(graph)。当涉及树时，我们也不显式地画出 NULL 指针，因为具有 N 个节点的每一棵二叉树都将需要 $N+1$ 个 NULL 指针。

95
~
96

二叉树有许多与搜索无关的重要应用。二叉树的主要用处之一是在编译器的设计领域，我们现在就来探索这个问题。

4.2.2　表达式树

图 4-14 表示一个表达式树(expression tree)的例子。表达式树的树叶是操作数(operand)，比如常数或变量，而其他的节点为操作符(operator)。由于这里所有的操作都是二元的，因此这棵特定的树正好是二叉树，虽然这是最简单的情况，但是节点含有的儿子还是有可能多于两个的。一个节点也有可能只有一个儿子，如具有一目减算符(unary minus operator)的情形。可以将通过递归计算左子树和右子树所得到的值应用在根处的算符操作中而算出表达式树 T 的值。在我们的例中，左子树的值是“a+(b * c)”，右子树的值是“((d * e)+f) * g”，因此整棵树表示“(a+(b * c))+(((d * e)+f) * g)”。

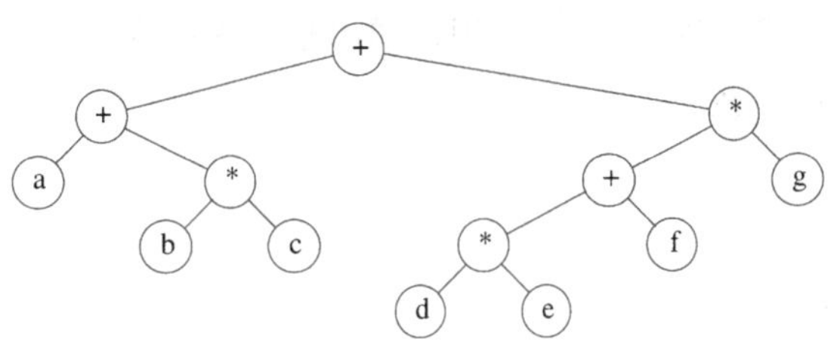

图 4-14　“(a+b * c)+((d * e+f) * g)”的表达式树

我们可以通过递归产生一个带括号的左表达式，然后打印出在根处的运算符，最后再递归地产生一个带括号的右表达式而得到一个(对两个括号整体进行运算的)中缀表达式(infix expression)。这种一般的方法(左，节点，右)称为*中序遍历*(inorder traversal)；由于其产生的表达式类型，这种遍历很容易记忆。

另一个遍历策略是递归打印出左子树、右子树，然后打印运算符。如果我们应用这种策略于上面的树，则输出将是“a b c * + d e * f + g * +”，容易看出，它就是3.3.3节中的后缀表达式。这种遍历策略一般称为*后序遍历*(postorder traversal)。我们稍早已在4.1节中见过这种排序策略。

第三种遍历策略是先打印出运算符，然后递归地打印出右子树和左子树。其结果“+ + a * bc * + * defg”是不太常用的前缀(prefix)记法，这种遍历策略为*先序遍历*(preorder traversal)，稍早我们也在4.1节中见过它。以后，我们还要在本章讨论这些遍历策略。

构造一棵表达式树

我们现在给出一种算法来把后缀表达式转变成表达式树。由于我们已经有了将中缀表达式转变成后缀表达式的算法，因此我们能够从这两种常用类型的输入生成表达式树。所描述的方法酷似3.2.3节的后缀求值算法。一次一个符号地读入表达式。如果符号是操作数，那么我们就建立一个单节点树并将一个指向它的指针推入栈中。如果符号是操作符，那么我们就从栈中弹出指向两棵树 T_1 和 T_2 的那两个指针(T_1 的先弹出)并形成一棵新的树，该树的根就是操作符，它的左、右儿子分别指向 T_2 和 T_1。然后将指向这棵新树的指针压入栈中。

来看一个例子。设输入为：

a b + c d e + * *

前两个符号是操作数，因此我们创建两棵单节点树并将指向它们的指针压入栈中。[⊖]

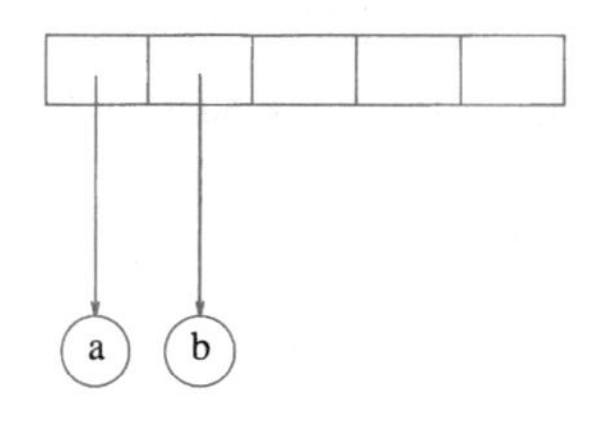

97~98

接着，读入“+”，因此弹出指向这两棵树的指针，一棵新的树形成，而将指向该树的指针压入栈中。

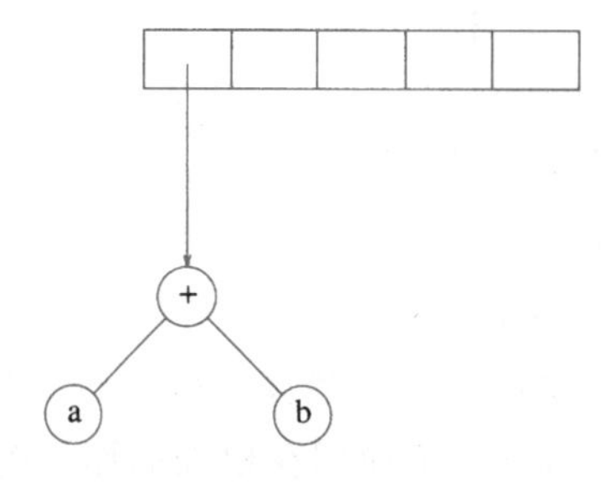

⊖ 为了方便起见，我们将让图中的栈从左到右增长。

然后，读入 c、d 和 e，在每棵单节点树创建后，将指向对应的树的指针压入栈中。

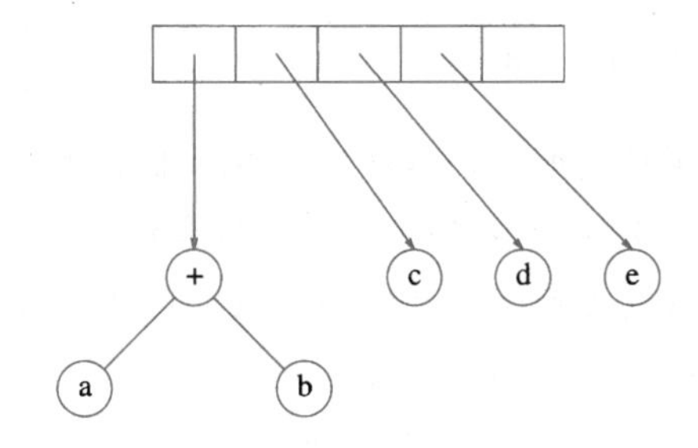

接下来读入“+”，因此两棵树合并。

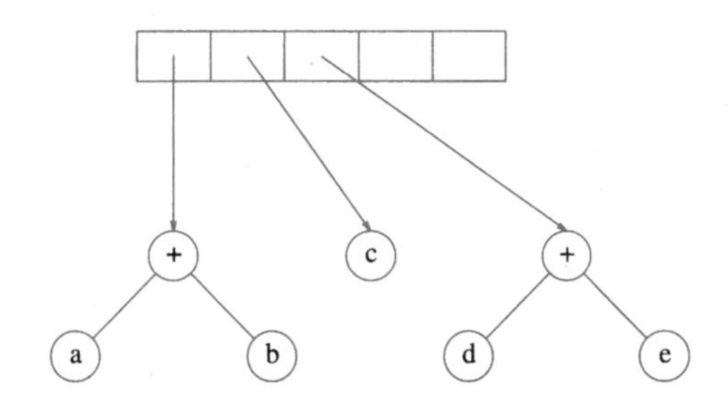

继续进行，读入“*”，因此，弹出两个树指针并形成一棵新的树，“*”是它的根。

99

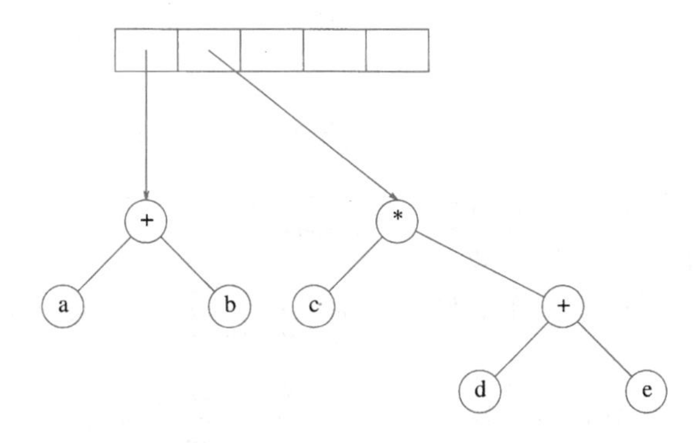

最后，读入最后一个符号，两棵树合并，而指向最后的树的指针留在栈中。

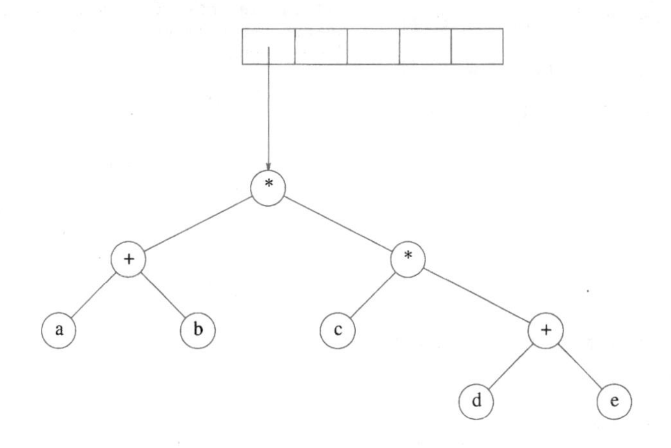

4.3 查找树 ADT——二叉查找树

二叉树的一个重要的应用是它们在查找中的使用。假设给树中的每个节点指定一个关键字值。在我们的例子中，虽然任意复杂的关键字都是允许的，但为简单起见，假设它们都是整数。我们还将假设所有的关键字是互异的，以后再处理有重复的情况。

100

使二叉树成为二叉查找树的性质是，对于树中的每个节点 X，它的左子树中所有关键字值小于 X 的关键字值，而它的右子树中所有关键字值大于 X 的关键字值。注意，这意味着，该树所有的元素可以用某种统一的方式排序。在图 4-15 中，左边的树是二叉查找树，但右边的树则不是。右边的树在其关键字值是 6 的节点(该节点正好是根节点)的左子树中，有一个节点的关键字值是 7。

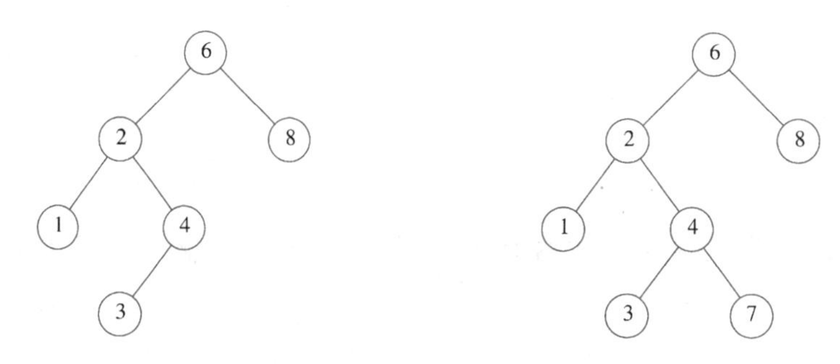

图 4-15 两棵二叉树(只有左边的树是查找树)

现在给出通常对二叉查找树进行的操作的简要描述。注意，由于树的递归定义，通常是递归地编写这些操作的例程。因为二叉查找树的平均深度是 $O(\log N)$，所以我们一般不必担心栈空间被用尽。在图 4-16 中我们重复类型定义并列出函数的一些性质。由于所有的元素都是有序的，因此，虽然对某些类型也许会出现语法错误，但我们还是要假设运算符“<”“>”和“=”可以用于这些元素。

```
#ifndef _Tree_H

struct TreeNode;
typedef struct TreeNode *Position;
typedef struct TreeNode *SearchTree;

SearchTree MakeEmpty( SearchTree T );
Position Find( ElementType X, SearchTree T );
Position FindMin( SearchTree T );
Position FindMax( SearchTree T );
SearchTree Insert( ElementType X, SearchTree T );
SearchTree Delete( ElementType X, SearchTree T );
ElementType Retrieve( Position P );

#endif /* _Tree_H */


/* Place in the implementation file */
struct TreeNode
{
    ElementType Element;
    SearchTree  Left;
    SearchTree  Right;
};
```

图 4-16 二叉查找树声明

4.3.1 MakeEmpty

这个操作主要用于初始化。有些程序设计人员更愿意将第一个元素初始化为单节点树，但是，我们的实现方法更紧密地遵循树的递归定义。正如图 4-17 中显示的，它是一个简单的例程。

4.3.2 Find

这个操作一般需要返回指向树 T 中具有关键字 X 的节点的指针，如果这样的节点不存在则返回 NULL。树的结构使得这种操作很简单。如果 T 是 NULL，那么我们可以就返回 NULL。否则，如果存储在 T 中的关键字是 X，那么我们可以返回 T。否则，我们对树 T 的左子树或右子树进行一次递归调用，这依赖于 X 与存储在 T 中的关键字的关系。图 4-18 中的代码就是对这种策略的一种体现。

```
SearchTree
MakeEmpty( SearchTree T )
{
    if( T != NULL )
    {
        MakeEmpty( T->Left );
        MakeEmpty( T->Right );
        free( T );
    }
    return NULL;
}
```

图 4-17 建立一棵空树的例程

注意测试的顺序。关键的问题是首先要对是否为空树进行测试，否则就可能在 NULL 指针上兜圈子。其余的测试应该使得最不可能的情况安排在最后进行。还要注意，这里的两个递归调用事实上都是尾递归并且可以很容易地用一次赋值和一个 goto 语句代替。尾递归的使用在这里是合理的，因为算法表达式的简明性是以速度的降低为代价的，而这里所使用的栈空间也只不过是 $O(\log N)$ 而已。

```
Position
Find( ElementType X, SearchTree T )
{
    if( T == NULL )
        return NULL;
    if( X < T->Element )
        return Find( X, T->Left );
    else
    if( X > T->Element )
        return Find( X, T->Right );
    else
        return T;
}
```

图 4-18 二叉查找树的 Find 操作

4.3.3 FindMin 和 FindMax

这些例程分别返回树中最小元和最大元的位置。虽然返回这些元素的准确值似乎更合理，但是这将与 Find 操作不相容。重要的是，看起来类似的操作做的工作也是类似的。为执行 FindMin，从根开始并且只要有左儿子就向左进行。终止点是最小的元素。FindMax 例程除分支朝向右儿子外其余过程相同。

这种递归是如此容易以至于许多程序设计员不厌其烦地使用它。我们用两种方法编写这两个例程，用递归编写 FindMin，而用非递归编写 FindMax（见图 4-19 和图 4-20）。

```
Position
FindMin( SearchTree T )
{
    if( T == NULL )
        return NULL;
    else
    if( T->Left == NULL )
        return T;
    else
        return FindMin( T->Left );
}
```

图 4-19 对二叉查找树的 FindMin 的递归实现

注意我们是如何小心地处理空树这种退化情况的。虽然小心总是重要的，但在递归程序中它尤其重要。此外，还要注意，在 FindMax 中对 T 的改变是安全的，因为我们只用拷贝来进行工作。不管怎么说，还是应该随时特别小心，因为诸如“T->Right= T->Right->Right”这样的语句将会产生一些变化。

4.3.4 Insert

进行插入操作的例程在概念上是简单的。为了将 X 插入到树 T 中，你可以像用 Find

那样沿着树查找。如果找到 X，则什么也不用做(或做一些“更新”)。否则，将 X 插入到遍历的路径上的最后一点上。图 4-21 显示实际的插入情况。为了插入 5，我们遍历该树就像在运行 Find 一样。在具有关键字 4 的节点处，我们需要向右行进，但右边不存在子树，因此 5 不在这棵树上，从而这个位置就是所要插入的位置。

```
Position
FindMax( SearchTree T )
{
    if( T != NULL )
        while( T->Right != NULL )
            T = T->Right;

    return T;
}
```

图 4-20 对二叉查找树的 FindMax 的非递归实现

重复元的插入可以通过在节点记录中保留一个附加域以指示发生的频率来处理。这使整棵树增加了某些附加空间，但是，却比将重复信息放到树中要好(它将使树的深度变得很大)。当然，如果关键字只是一个更大结构的一部分，那么这种方法行不通，此时我们可以把具有相同关键字的所有结构保留在一个辅助数据结构中，如表或是另一棵查找树中。

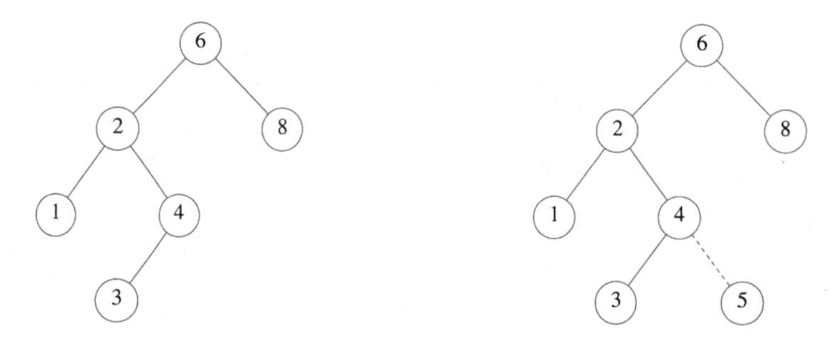

图 4-21 在插入 5 以前和以后的二叉查找树

图 4-22 显示插入例程的代码。由于 T 指向该树的根，而根又在第一次插入时变化，因

```
        SearchTree
        Insert( ElementType X, SearchTree T )
        {
/* 1*/      if( T == NULL )
            {
                /* Create and return a one-node tree */
/* 2*/          T = malloc( sizeof( struct TreeNode ) );
/* 3*/          if( T == NULL )
/* 4*/              FatalError( "Out of space!!!" );
                else
                {
/* 5*/              T->Element = X;
/* 6*/              T->Left = T->Right = NULL;
                }
            }
            else
/* 7*/      if( X < T->Element )
/* 8*/          T->Left = Insert( X, T->Left );
            else
/* 9*/      if( X > T->Element )
/*10*/          T->Right = Insert( X, T->Right );
            /* Else X is in the tree already; we'll do nothing */

/*11*/      return T;  /* Do not forget this line!! */
        }
```

图 4-22 插入元素到二叉查找树的例程

此将 Insert 写成一个返回指向新树根的指针的函数。第 8 行和第 10 行递归地插入 X 到适当的子树中。

4.3.5 Delete

正如许多数据结构一样，最困难的操作是删除。一旦发现要删除的节点，我们就需要考虑几种可能的情况。

如果节点是一片树叶，那么可以立即删除。如果节点有一个儿子，则该节点可以在其父节点调整指针绕过该节点后删除(为了清楚起见，我们将明确地画出指针的指向)，见图 4-23。注意，所删除的节点现在已不再引用，而该节点只有在指向它的指针已被省去的情况下才能删除。

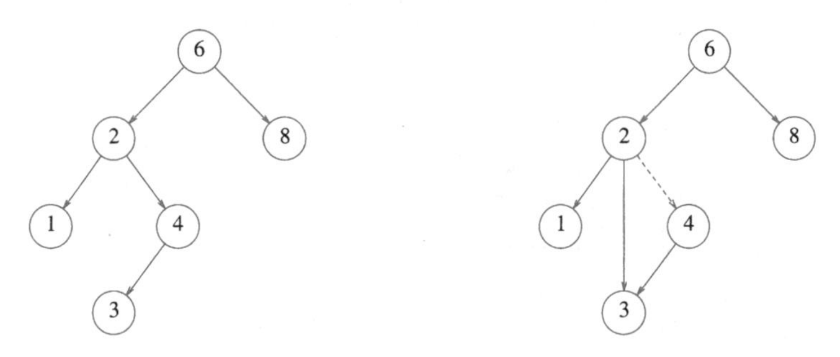

图 4-23　具有一个儿子的节点(4)删除前后的情况

复杂的情况是处理具有两个儿子的节点。一般的删除策略是用其右子树中最小的数据(很容易找到)代替该节点的数据并递归地删除那个节点(现在它是空的)。因为右子树中最小的节点不可能有左儿子，所以第二次 Delete(删除)更容易。图 4-24 显示一棵初始的树及其中一个节点被删除后的结果。要删除的节点是根的左儿子；其关键字是 2。它被右子树中的最小数据(3)所代替，然后关键字是 3 的原节点如前例那样删除。

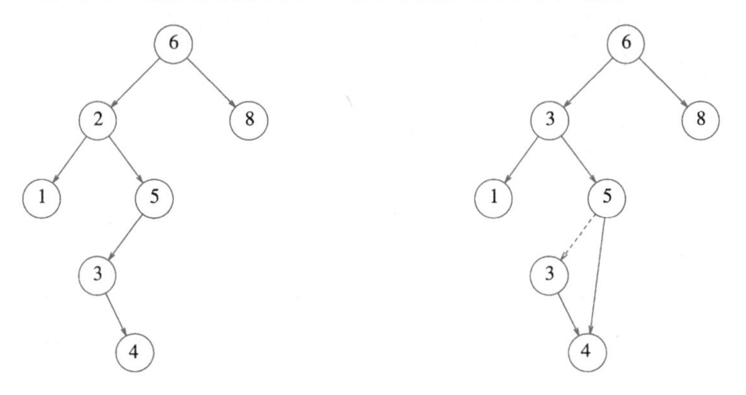

图 4-24　具有两个儿子的节点(2)删除前后的情况

图 4-25 中的程序完成删除的工作，但它的效率并不高，因为它沿该树进行两趟搜索以查找和删除右子树中最小的节点。写一个特殊的 DeleteMin 函数可以容易地改变效率不高的缺点，我们将它略去只是为了简明紧凑。

```
SearchTree
Delete( ElementType X, SearchTree T )
{
    Position TmpCell;

    if( T == NULL )
        Error( "Element not found" );
    else
    if( X < T->Element )  /* Go left */
        T->Left = Delete( X, T->Left );
    else
    if( X > T->Element )  /* Go right */
        T->Right = Delete( X, T->Left );
    else  /* Found element to be deleted */
    if( T->Left && T->Right )  /* Two children */
    {
        /* Replace with smallest in right subtree */
        TmpCell = FindMin( T->Right );
        T->Element = TmpCell->Element;
        T->Right = Delete( T->Element, T->Right );
    }
    else  /* One or zero children */
    {
        TmpCell = T;
        if( T->Left == NULL ) /* Also handles 0 children */
            T = T->Right;
        else if( T->Right == NULL )
            T = T->Left;
        free( TmpCell );
    }

    return T;
}
```

图 4-25　二叉查找树的删除例程

如果删除的次数不多，则通常使用的策略是懒惰删除(lazy deletion)：当一个元素要被删除时，它仍留在树中，只是做了个被删除的记号。这种做法特别是在有重复关键字时很流行，因为此时记录出现频率数的域可以减 1。如果树中的实际节点数和“被删除”的节点数相同，那么树的深度预计只上升一个小的常数。(请读者思考原因。)因此，存在一个与懒惰删除相关的非常小的时间损耗。再有，如果被删除的关键字是重新插入的，那么分配一个新单元的开销就避免了。

4.3.6 平均情形分析

直观上，除 MakeEmpty 外，我们期望前一节所有的操作都花费 $O(\log N)$时间，因为我们用常数时间在树中降低了一层，这样一来，对树的操作大致减少一半左右。因此，除 MakeEmpty 外，所有的操作都是 $O(d)$的，其中 d 是包含所访问的关键字的节点的深度。

我们在本节要证明，假设所有的树出现的机会均等，则树的所有节点的平均深度为$O(\log N)$。

一棵树的所有节点的深度的和称为内部路径长(internal path length)。我们现在将要计算二叉查找树平均内部路径长，其中平均是相对于二叉查找树的所有可能的插入序列而言的。

令 $D(N)$是具有 N 个节点的某棵树 T 的内部路径长，$D(1)=0$。一棵 N 节点树是由一棵 i 节点左子树和一棵$(N-i-1)$节点右子树以及深度为 0 的一个根节点组成，其中 $0 \leqslant i <$

N，$D(i)$为根的左子树的内部路径长。但是在原树中，所有这些节点都要加深一度。同样的结论对于右子树也是成立的。因此我们得到递归关系：

$$D(N)=D(i)+D(N-i-1)+N-1$$

如果所有子树的大小都等可能地出现，这对于二叉查找树是成立的(因为子树的大小只依赖于第一个插入到树中的元素的相对的秩)，但对于二叉树则不成立，那么 $D(i)$ 和 $D(N-i-1)$ 的平均值都是$(1/N)\sum_{j=0}^{N-1}D(j)$。于是

$$D(N)=\frac{2}{N}\left[\sum_{j=0}^{N-1}D(j)\right]+N-1$$

在第 7 章将遇到并求解这个递归关系，得到的平均值为 $D(N)=O(N\log N)$。因此任意节点的期望深度为 $O(\log N)$。举一个例子，图 4-26 展示了随机生成 500 个节点的树的节点平均深度为 9.98。

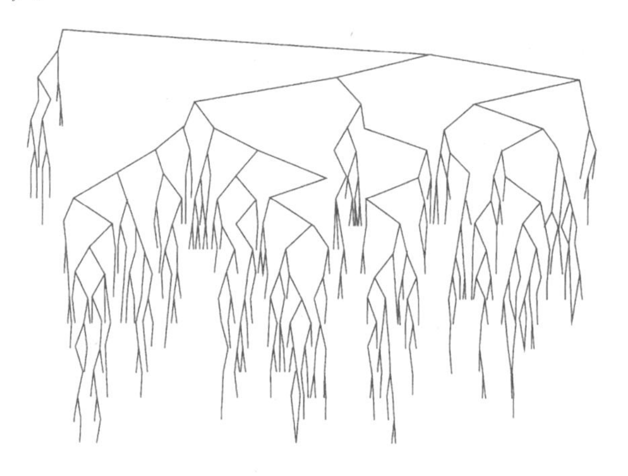

图 4-26　一棵随机生成的二叉查找树

但是，上来就断言这个结果意味着上一节讨论的所有操作的平均运行时间是 $O(\log N)$并不完全正确。原因在于删除操作，我们并不清楚是否所有的二叉查找树都是等可能出现的。特别是上面描述的删除算法有助于使得左子树比右子树深度深，因为我们总是用右子树的一个节点来代替删除的节点。这种策略的准确效果仍然是未知的，但它似乎只是理论上的谜团。已经证明，如果我们交替插入和删除 $\Theta(N^2)$次，那么树的期望深度将是$\Theta(\sqrt{N})$。在 25 万次随机 `Insert/Delete` 后，图 4-26 中右沉的树看起来明显不平衡(平均深度=12.51)，见图 4-27。

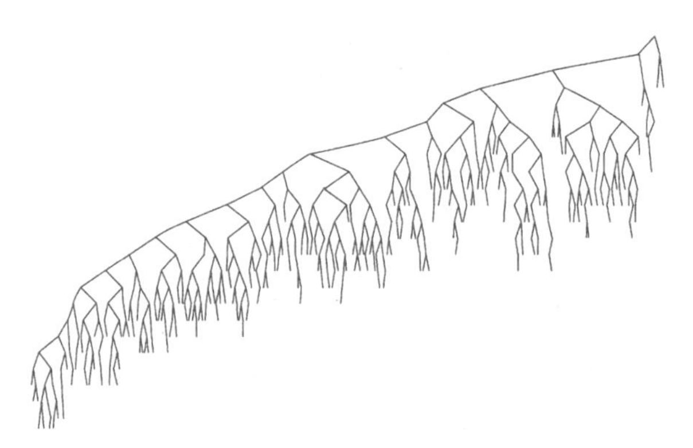

图 4-27　在 $\Theta(N^2)$次 `Insert/Delete` 后的二叉查找树

101
~
108

在删除操作中，我们可以通过随机选取右子树的最小元素或左子树的最大元素来代替被删除的元素以消除这种不平衡问题。这种做法明显地消除了上述偏向并使树保持平衡，但是，没有人实际上证明过这一点。这种现象似乎主要是理论上的问题，因为对于小的树上述效果根本显示不出来，甚至更奇怪，如果使用 $o(N^2)$对 `Insert/Delete`，那么树似乎可以得到平衡！

上面的讨论主要是说明，明确“平均”意味着什么一般是极其困难的，可能需要一些假设，这些假设可能合理，也可能不合理。不过，在没有删除或是使用懒惰删除的情况下，

可以证明所有二叉查找树都是等可能出现的，而且我们可以断言：上述那些操作的平均运行时间都是 $O(\log N)$。除像上面讨论的一些个别情形外，这个结果与实际观察到的情形是非常吻合的。

如果向一棵树输入预先排序的数据，那么一连串 `Insert` 操作将花费二次时间，而用链表实现 `Insert` 的代价会非常巨大，因为此时的树将只由那些没有左儿子的节点组成。一种解决办法就是要有一个称为平衡(balance)的附加的结构条件：任何节点的深度均不得过深。

109

有许多一般的算法可以实现平衡树。但是，大部分算法都要比标准的二叉查找树复杂得多，而且更新要平均花费更长的时间。不过，它们确实防止了处理起来非常麻烦的一些简单情形。下面，我们将介绍最老的一种平衡查找树，即 AVL 树。

另外，较新的方法是放弃平衡条件，允许树有任意的深度，但是在每次操作之后要使用一个调整规则进行调整，使得后面的操作效率更高。这种类型的数据结构一般属于自调整(self-adjusting)类结构。在二叉查找树的情况下，对于任意单个运算我们不再保证 $O(\log N)$ 的时间界，但是可以证明任意连续 M 次操作在最坏的情形下花费的时间为 $O(M \log N)$。一般这足以防止令人棘手的最坏情形。我们将要讨论的这种数据结构叫作伸展树(splay tree)，它的分析相当复杂，我们将在第 11 章讨论。

4.4 AVL 树

AVL(Adelson-Velskii 和 Landis)树是带有平衡条件的二叉查找树。这个平衡条件必须要容易保持，而且必须保证树的深度是 $O(\log N)$。最简单的想法是要求左右子树具有相同的高度。如图 4-28 所示，这种想法并不强求树的深度要浅。

另一种平衡条件是要求每个节点都必须要有相同高度的左子树和右子树。如果空子树的高度定义为 -1(通常就是这么定义的)，那么只有具有 2^k-1 个节点的理想平衡树(perfectly balanced tree)满足这个条件。因此，虽然这种平衡条件保证了树的深度小，但是它太严格，难以使用，需要放宽条件。

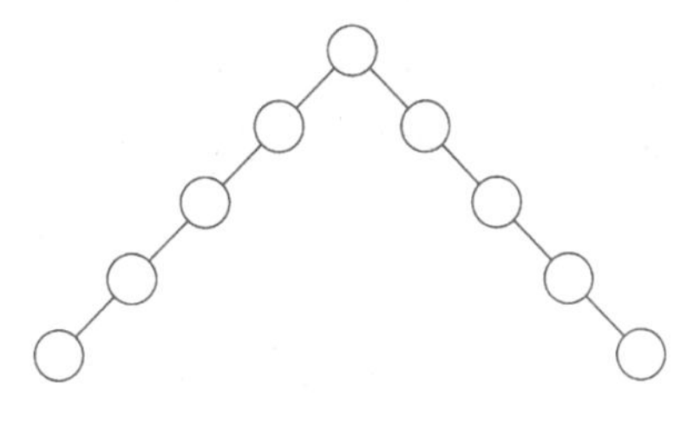

图 4-28　一棵不好的二叉树。要求在根节点平衡是不够的

一棵 AVL 树是其每个节点的左子树和右子树的高度最多差 1 的二叉查找树。(空树的高度定义为 -1。)在图 4-29 中，左边的树是 AVL 树，但是右边的树不是。每一个节点(在其节点结构中)保留高度信息。可以证明，大致上讲，一个 AVL 树的高度最多为 $1.44\log(N+2)-1.328$，但是实际上的高度只比 $\log N$ 稍微多一些。例如，图 4-30 显示一棵具有最少节点(143)高度为 9 的 AVL 树。这棵树的左子树是高度为 7 且节点数最少的 AVL 树，右子树是高度为 8 的节点数最少的 AVL 树。它告诉我们，在高度为 h 的 AVL 树中，最少节点数 $S(h)$ 由 $S(h)=S(h-1)+S(h-2)+1$ 给出。对于 $h=0$，$S(h)=1$；$h=1$，$S(h)=2$。函数 $S(h)$ 与斐波那契数密切相关，由此推出上面提到的关于 AVL 树的高度的界。

110

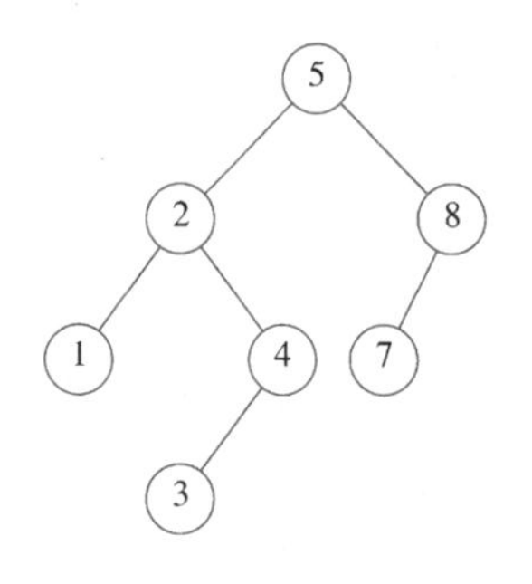

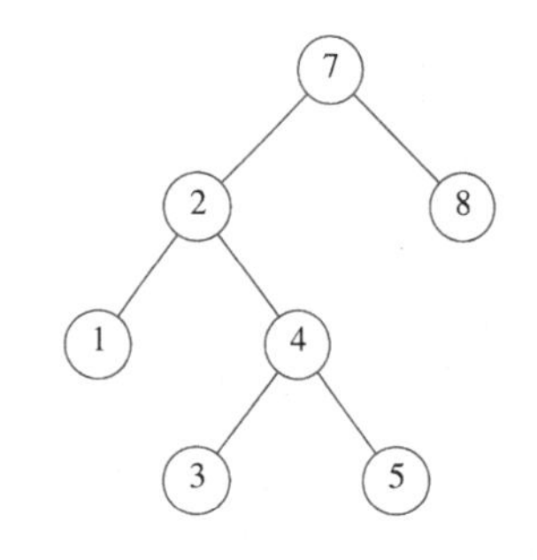

图 4-29 两棵二叉查找树，只有左边的树是 AVL 树

因此，除去可能的插入外(我们将假设懒惰删除)，所有的树操作都可以以时间$O(\log N)$执行。当进行插入操作时，我们需要更新通向根节点路径上那些节点的所有平衡信息，而插入操作隐含着困难的原因在于，插入一个节点可能破坏 AVL 树的特性。(例如，将 6 插入到图 4-29 的 AVL 树中将会破坏关键字为 8 的节点的平衡条件。)如果发生这种情况，那么就要把性质恢复以后才认为这一步插入完成。事实上，这总可以通过对树进行简单的修正来做到，我们称其为*旋转*(rotation)。

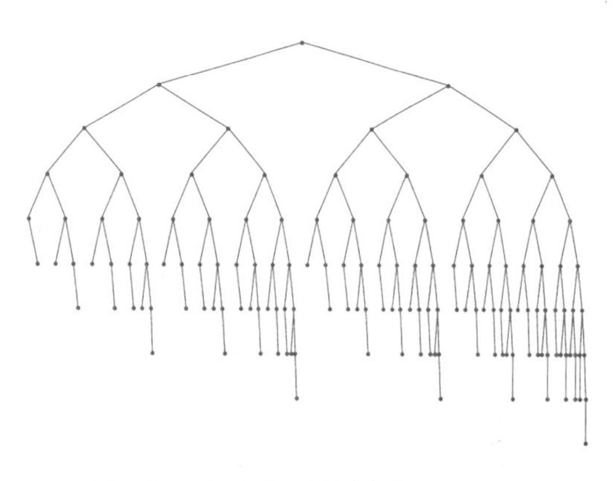

图 4-30 高度为 9 的最小的 AVL 树

在插入以后，只有那些从插入点到根节点的路径上的节点的平衡可能被改变，因为只有这些节点的子树可能发生变化。当我们沿着这条路径上行到根并更新平衡信息时，我们可以找到一个节点，它的新平衡破坏了 AVL 条件。我们将指出如何在第一个这样的节点(即最深的节点)重新平衡这棵树，并证明，这一重新平衡保证整棵树满足 AVL 特性。

让我们把必须重新平衡的节点叫作 α。由于任意节点最多有两个儿子，因此高度不平衡时，α 点的两棵子树的高度差 2。容易看出，这种不平衡可能出现在下面四种情况中：

1. 对 α 的左儿子的左子树进行一次插入。
2. 对 α 的左儿子的右子树进行一次插入。
3. 对 α 的右儿子的左子树进行一次插入。
4. 对 α 的右儿子的右子树进行一次插入。

情形 1 和 4 是关于 α 点的镜像对称，而情形 2 和 3 是关于 α 点的镜像对称。因此，理论上只有两种情况，当然从编程的角度来看还是四种情形。

第一种情形是插入发生在“外边”的情形(即左－左的情形或右－右的情形)，该情形通过对树的一次*单旋转*(single rotation)而完成调整。第二种情形是插入发生在“内部”的情形(即左-右的情形或右-左的情形)，该情形通过稍微复杂些的*双旋转*(double rotation)来处理。我们将会看到，这些都是对树的基本操作，它们多次用于平衡树的一些算法中。本节其余部分将描述这些旋转，证明它们足以保持树的平衡，并顺便给出 AVL 树的一种非正式实现方法。第12章描述其他的平衡树方法，这些方法着眼于AVL树的更仔细的实现。

4.4.1 单旋转

图4-31显示单旋转如何调整情形1。旋转前的图在左边，而旋转后的图在右边。让我们来分析具体的做法。节点 k_2 不满足AVL平衡特性，因为它的左子树比右子树深2层(图中间的几条虚线标示树的各层)。该图所描述的情况只是情形1的一种可能情况，在插入之前 k_2 满足AVL特性，但在插入之后这种特性被破坏了。子树 X 已经长出一层，这使得它比子树 Z 深出2层。Y 不可能与新 X 在同一层上，因为那样 k_2 在插入以前就已经失去平衡了；Y 也不可能与 Z 在同一层上，因为那样 k_1 就会是在通向根的路径上破坏AVL平衡条件的第一个节点。

111 ~ 112

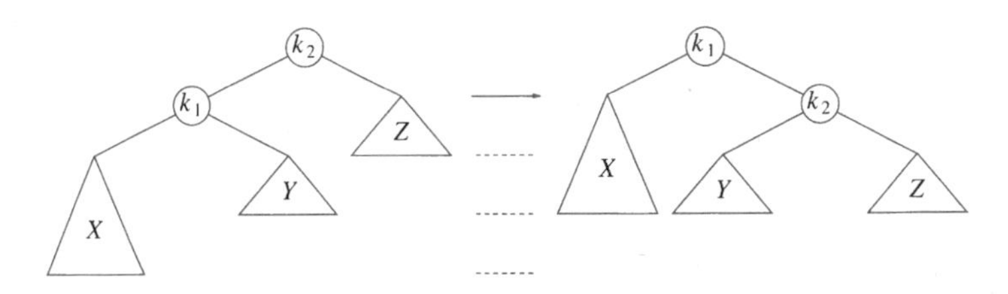

图4-31 调整情形1的单旋转

为使树恢复平衡，我们把 X 上移一层，并把 Z 下移一层。注意，此时实际上超出了AVL特性的要求。为此，我们重新安排节点以形成一棵等价的树，如图4-31的右半部分所示。抽象地形容就是：把树形象地看成柔软灵活的，抓住节点 k_1，闭上你的双眼，使劲摇动它，在重力作用下，k_1 就变成了新的根。二叉查找树的性质告诉我们，在原树中 $k_2>k_1$，于是在新树中 k_2 变成了 k_1 的右儿子，X 和 Z 仍然分别是 k_1 的左儿子和 k_2 的右儿子。子树 Y 包含原树中介于 k_1 和 k_2 之间的那些节点，可以将它放在新树中 k_2 的左儿子的位置上，这样，所有对顺序的要求都得到满足。

这样的操作只需要一部分指针改变，结果我们得到另外一棵二叉查找树，它是一棵AVL树，因为 X 向上移动了一层，Y 停在原来的层上，而 Z 下移一层。k_2 和 k_1 不仅满足AVL要求，而且它们的子树都恰好处在同一高度上。不仅如此，整棵树的新高度恰恰与插入前原树的高度相同，而插入操作却使得子树 X 长高了。因此，通向根节点的路径的高度不需要进一步的修正，因而也不需要进一步的旋转。图4-32显示在将6插入左边原始的AVL树后节点8便不再平衡。于是，我们在7和8之间做一次单旋转，结果得到右边的树。

正如我们较早提到的，情形4代表一种对称的情形。图4-33指出单旋转如何使用。让我们演示一个稍微长一些的例子。假设从初始的空AVL树开始插入关键字3、2和1，然后依序插入4到7。在插入关键字1时第一个问题出现了，AVL特性在根处被破坏。我们在根与其左儿子之间施行单旋转修正这个问题。下面是旋转之前和之后的两棵树：

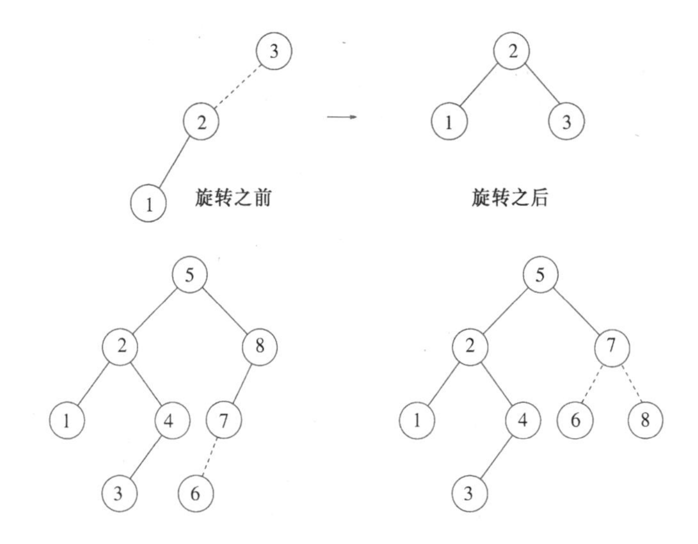

图 4-32　插入 6 破坏了 AVL 特性，而后经过单旋转又将特性恢复

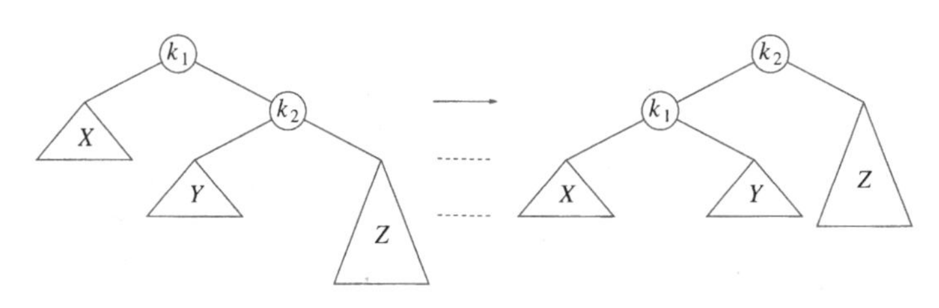

图 4-33　单旋转修复情形 4

图中虚线连接两个节点，它们是旋转的主体。下面我们插入关键字为 4 的节点，这没有问题，但插入 5 破坏了在节点 3 处的 AVL 特性，而通过单旋转又将其修正。除旋转引起的局部变化外，编程人员必须记住：树的其余部分必须知晓该变化。如本例中节点 2 的右儿子必须重新设置以指向 4 来代替 3。这一点很容易忘记，从而导致树被破坏(4 就会是不可访问的)。

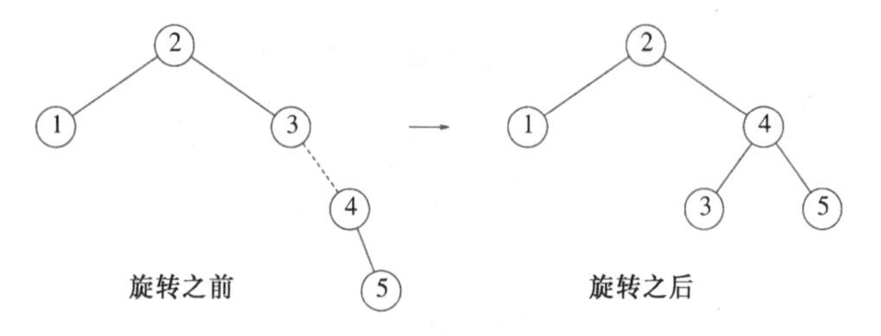

113～114

下面我们插入 6。这在根节点产生一个平衡问题，因为它的左子树高度是 0 而右子树高度为 2。因此我们在根处在 2 和 4 之间实施一次单旋转。

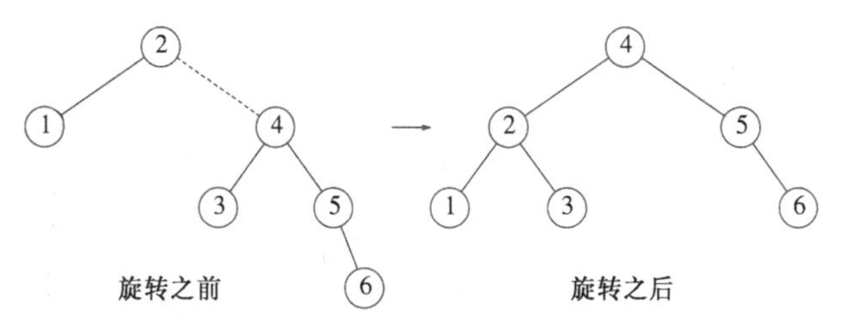

旋转的结果使得 2 是 4 的一个儿子而 4 原来的左子树变成节点 2 的新的右子树。在该子树上的每一个关键字均在 2 和 4 之间，因此这个变换是成立的。我们插入的下一个关键字是 7，它导致另外的旋转：

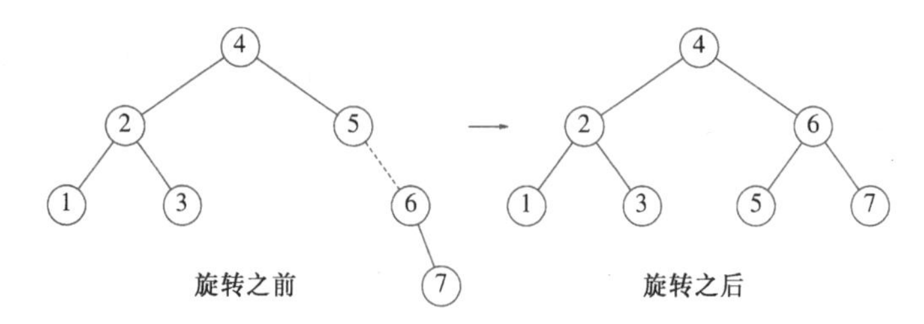

4.4.2 双旋转

上面描述的算法有一个问题：如图 4-34 所示，对于情形 2 和 3 上面的做法无效。问题在于子树 Y 太深，单旋转没有减低它的深度。解决这个问题的双旋转在图 4-35 中示出。

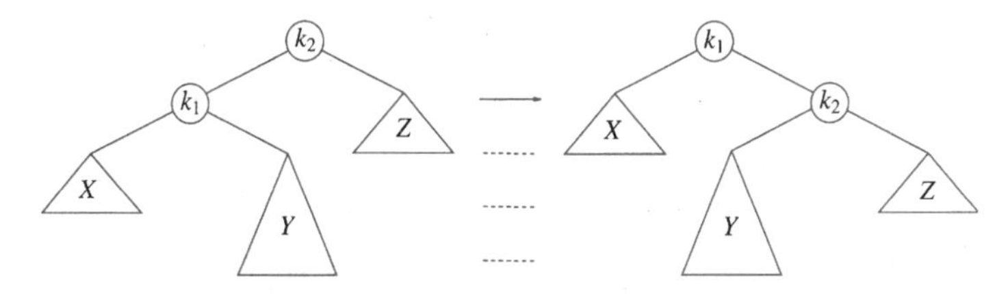

图 4-34 单旋转不能修复情形 2

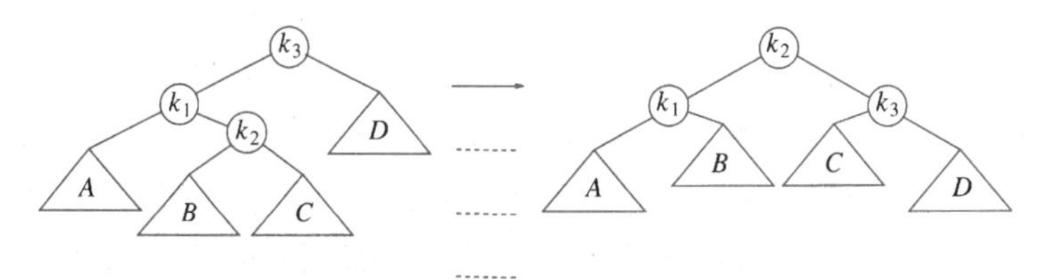

图 4-35 左-右双旋转修复情形 2

在图 4-34 中的子树 Y 已经有一项插入其中，这个事实保证它是非空的。因此，我们可以假设它有一个根和两棵子树。于是，我们可以把整棵树看作四棵子树由 3 个节点连接。如图所示，恰好树 B 或树 C 中有一棵比 D 深两层(除非它们都是空的)，但是我们不能肯定是哪一棵。事实上这并不要紧，在图 4-35 中 B 和 C 都被画成比 D 低 $1\frac{1}{2}$层。

为了重新平衡，我们看到，不能再让 k_3 作为根了，而图 4-34 所示的在 k_3 和 k_1 之间的旋转又解决不了问题，唯一的选择就是把 k_2 用作新的根。这迫使 k_1 是 k_2 的左儿子，k_3 是它的右儿子，从而完全确定了这四棵树的最终位置。容易看出，最后得到的树满足 AVL 树的特性，与单旋转的情形一样，我们也把树的高度恢复到插入以前的水平，这就保证所有的重新平衡和高度更新是完善的。图 4-36 指出，对称情形 3 也可以通过双旋转得以修正。在这两种情形下，其效果与先在 α 的儿子和孙子之间旋转而后再在 α 和它的新儿子之间旋转的效果是相同的。

115 ~ 116

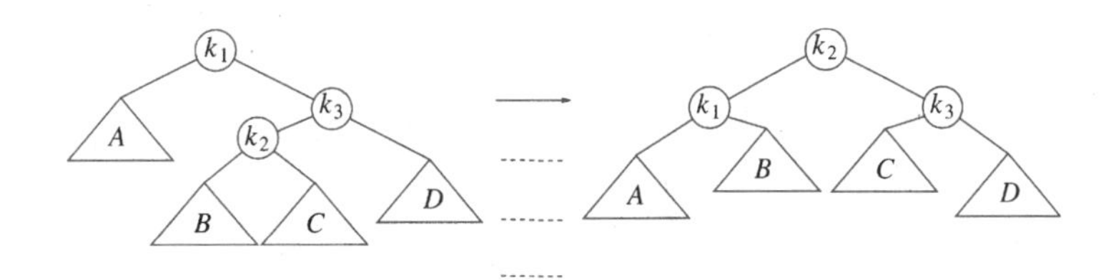

图 4-36　右-左双旋转修复情形 3

我们继续在前面例子的基础上以倒序插入关键字 10 到 16，接着插入 8，然后再插入 9。插入 16 容易，因为它并不破坏平衡特性，但是插入 15 就会引起在节点 7 处的高度不平衡。这属于情形 3，需要通过一次右-左双旋转来解决。在我们的例子中，这个右-左双旋转将涉及 7、16 和 15。此时，k_1 是具有关键字 7 的节点，k_3 是具有关键字 16 的节点，而 k_2 是具有关键字 15 的节点。子树 A、B、C 和 D 都是空树。

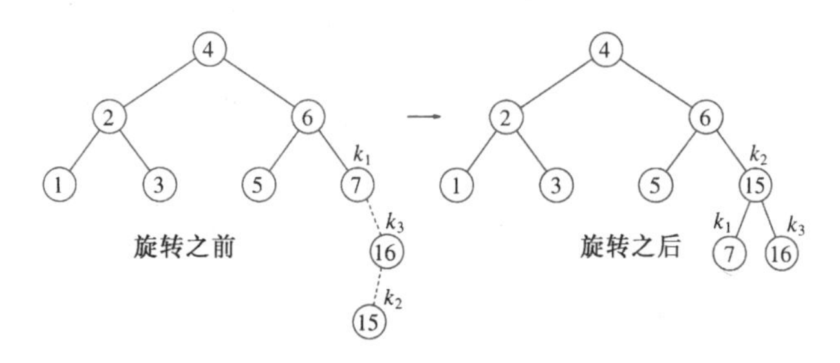

下面我们插入 14，它也需要一次双旋转。此时修复该树的双旋转还是右-左双旋转，它将涉及 6、15 和 7。在这种情况下，k_1 是具有关键字 6 的节点，k_2 是具有关键字 7 的节点，而 k_3 是具有关键字 15 的节点。子树 A 的根在关键字为 5 的节点上，子树 B 是空子树，它是关键字 7 的节点原先的左儿子，子树 C 置根于关键字 14 的节点上，最后，子树 D 的根在关键字为 16 的节点上。

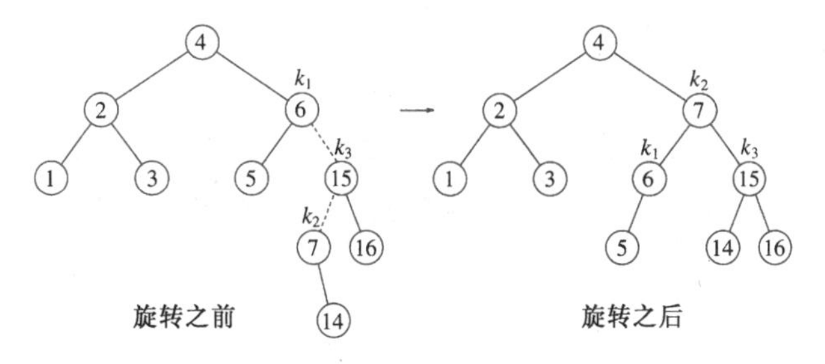

如果现在插入 13，那么在根处就会产生不平衡。由于 13 不在 4 和 7 之间，因此我们知道一次单旋转就能完成修正的工作。

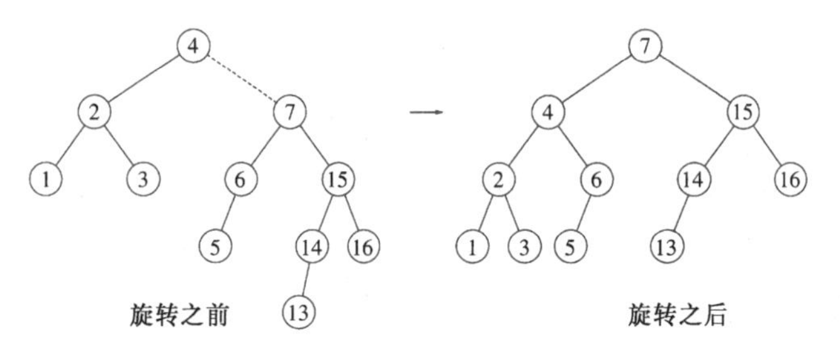

117 12的插入也需要一次单旋转：

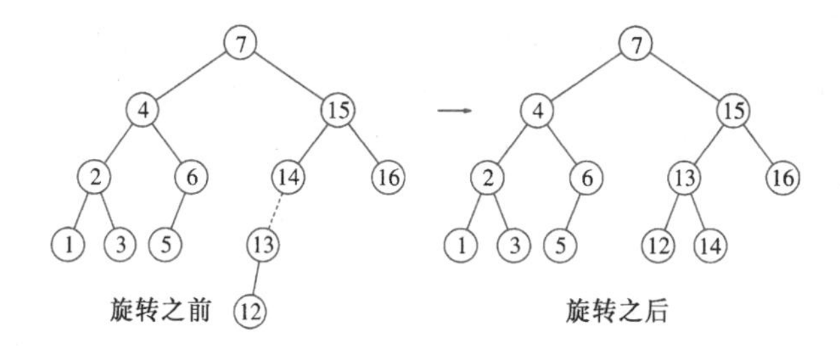

为了插入11，还需要进行一次单旋转，对于其后10的插入也需要这样的旋转。我们插入8不进行旋转，这样就建立了一棵近乎理想的平衡树。

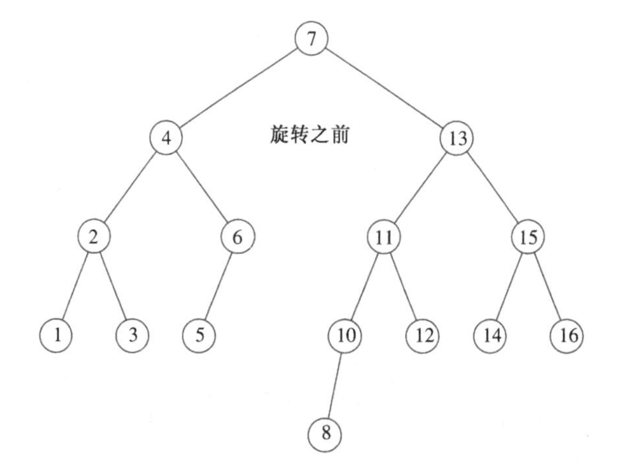

最后，我们插入9以演示双旋转的对称情形。注意，插入9使得含有关键字10的节点产生不平衡。由于9在10和8之间(8是通向9的路径上的节点10的儿子)，因此需要进行 118 一次双旋转，我们得到下面的树：

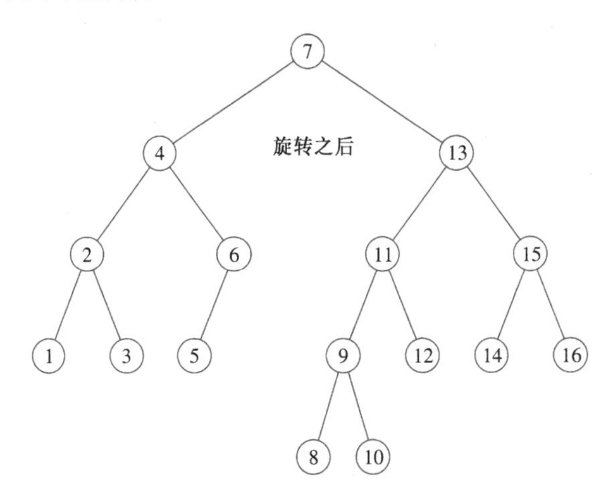

现在让我们对上面的讨论作个总结。除几种情形外，编程的细节是相当简单的。为将关键字是 X 的一个新节点插入到一棵AVL树 T 中，我们递归地将 X 插入到 T 的相应的子树(称为 T_{LR})中。如果 T_{LR} 的高度不变，那么插入完成。否则，如果在 T 中出

现高度不平衡，那么我们根据 X 以及 T 和 T_{LR} 中的关键字做适当的单旋转或双旋转，更新这些高度(并解决好与树的其余部分的连接)，从而完成插入。由于一次旋转足以解决问题，因此仔细地编写非递归的程序一般说来要比编写递归程序快很多。然而，要想把非递归程序编写正确是相当困难的，因此许多编程人员还是用递归的方法实现 AVL 树。

另一种效率问题涉及高度信息的存储。由于真正需要的实际上就是子树高度的差，应该保证它很小。如果我们真的尝试这种方法，则可用两个二进制位(代表+1、0、-1)表示这个差。这么做将避免平衡因子的重复计算，但是却丧失某些简明性。最后的程序多多少少要比在每一个节点存储高度时复杂。如果编写递归程序，那么速度恐怕不是主要考虑的问题。此时，通过存储平衡因子所得到的些微的速度优势很难抵消清晰度和相对简明性的损失。不仅如此，由于大部分机器存储的最小单位是 8 个二进制位，因此所用的空间量不可能有任何差别。8 位使我们能存储高达 255 的绝对高度。既然树是平衡的，当然也就不可想象这会不够用(见练习)。

```
#ifndef _AvlTree_H

struct AvlNode;
typedef struct AvlNode *Position;
typedef struct AvlNode *AvlTree;

AvlTree MakeEmpty( AvlTree T );
Position Find( ElementType X, AvlTree T );
Position FindMin( AvlTree T );
Position FindMax( AvlTree T );
AvlTree Insert( ElementType X, AvlTree T );
AvlTree Delete( ElementType X, AvlTree T );
ElementType Retrieve( Position P );

#endif  /* _AvlTree_H */


/* Place in the implementation file */
struct AvlNode
{
    ElementType Element;
    AvlTree  Left;
    AvlTree  Right;
    int      Height;
};
```

图 4-37 AVL 树的节点声明

有了上面的讨论，现在准备编写 AVL 树的一些例程。不过，我们只写出一部分代码，其余的留作练习。首先，我们需要些声明。这些声明在图 4-37 中给出。我们还需要一个快速的函数来返回节点的高度。这个函数必须处理 NULL 指针的情形。该程序在图 4-38 中给出。基本的插入例程写起来很容易，因为它主要由一些函数调用组成(见图 4-39)。

119

对于图 4-40 中的那些树，SingleRotateWithLeft 把左边的树变成右边的树，并返回指向新根的指针。SingleRotateWithRight 做的工作恰好相反。程序在图 4-41 中示出。

120 ~ 121

我们要写的最后一个函数完成图 4-42 所描述的双旋转，其程序由图 4-43 示出。

```
static int
Height( Position P )
{
    if( P == NULL )
        return -1;
    else
        return P->Height;
}
```

图 4-38 计算 AVL 节点的高度的函数

```
AvlTree
Insert( ElementType X, AvlTree T )
{
    if( T == NULL )
    {
        /* Create and return a one-node tree */
        T = malloc( sizeof( struct AvlNode ) );
        if( T == NULL )
            FatalError( "Out of space!!!" );
        else
        {
            T->Element = X; T->Height = 0;
            T->Left = T->Right = NULL;
        }
    }
    else
    if( X < T->Element )
    {
        T->Left = Insert( X, T->Left );
        if( Height( T->Left ) - Height( T->Right ) == 2 )
            if( X < T->Left->Element )
                T = SingleRotateWithLeft( T );
            else
                T = DoubleRotateWithLeft( T );
    }
    else
    if( X > T->Element )
    {
        T->Right = Insert( X, T->Right );
        if( Height( T->Right ) - Height( T->Left ) == 2 )
            if( X > T->Right->Element )
                T = SingleRotateWithRight( T );
            else
                T = DoubleRotateWithRight( T );
    }
    /* Else X is in the tree already; we'll do nothing */

    T->Height = Max( Height( T->Left ), Height( T->Right ) ) + 1;
    return T;
}
```

图 4-39 向 AVL 树插入节点的函数

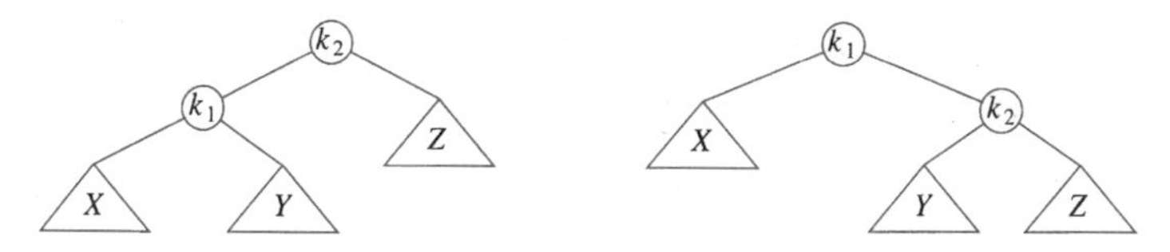

图 4-40 单旋转

```
/* This function can be called only if K2 has a left child */
/* Perform a rotate between a node (K2) and its left child */
/* Update heights, then return new root */

static Position
SingleRotateWithLeft( Position K2 )
{
    Position K1;

    K1 = K2->Left;
    K2->Left = K1->Right;
    K1->Right = K2;

    K2->Height = Max( Height( K2->Left ),
                            Height( K2->Right ) ) + 1;
    K1->Height = Max( Height( K1->Left ), K2->Height ) + 1;

    return K1;  /* New root */
}
```

图 4-41 执行单旋转的例程

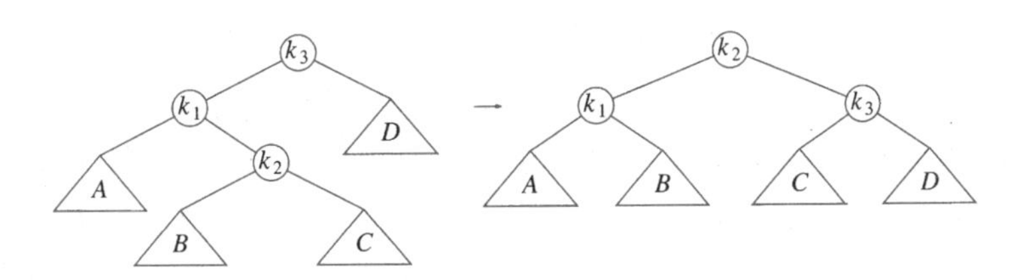

图 4-42　双旋转

```
/* This function can be called only if K3 has a left */
/* child and K3's left child has a right child */
/* Do the left-right double rotation */
/* Update heights, then return new root */

static Position
DoubleRotateWithLeft( Position K3 )
{
    /* Rotate between K1 and K2 */
    K3->Left = SingleRotateWithRight( K3->Left );

    /* Rotate between K3 and K2 */
    return SingleRotateWithLeft( K3 );
}
```

图 4-43　执行双旋转的例程

对 AVL 树的删除多少要比插入复杂。如果删除操作相对较少，那么懒惰删除恐怕是最好的策略。 122

4.5　伸展树

现在我们描述一种相对简单的数据结构，叫作伸展树(splay tree)，它保证从空树开始任意连续 M 次对树的操作最多花费 $O(M \log N)$ 时间。虽然这种保证并不排除任意一次操作花费 $O(N)$ 时间的可能，而且这样的界也不如每次操作最坏情形的界 $O(\log N)$ 那么短，但是实际效果是一样的——不存在坏的输入序列。一般说来，当 M 次操作的序列总的最坏情形运行时间为 $O(MF(N))$ 时，我们就说它的摊还(amortized)运行时间为 $O(F(N))$。因此，一棵伸展树每次操作的摊还代价是 $O(\log N)$。经过一系列的操作之后，有的可能花费时间多一些，有的可能要少一些。

伸展树是基于这样的事实：对于二叉查找树来说，每次操作最坏情形时间 $O(N)$ 并不坏，只要它相对不常发生就行。任何一次访问即使花费 $O(N)$，仍然可能非常快。二叉查找树的问题在于，虽然一系列访问整体都有可能发生不良操作，但是很罕见。此时，累积的运行时间很重要。具有最坏情形运行时间 $O(N)$ 但保证对任意 M 次连续操作最多花费 $O(M \log N)$ 运行时间的查找树数据结构确实令人满意，因为不存在坏的操作序列。

如果任意特定操作可以有最坏时间界 $O(N)$，而我们仍然要求一个 $O(\log N)$ 的摊还时间界，那么很清楚，只要一个节点被访问，它就必须被移动。否则，一旦我们发现一个深层的节点，我们就有可能不断对它进行 `Find` 操作。如果这个节点不改变位置，而每次访问又花费 $O(N)$，那么 M 次访问将花费 $O(M \cdot N)$ 的时间。

伸展树的基本想法是，当一个节点被访问后，它就要经过一系列AVL树的旋转后放到根上。注意，如果一个节点很深，那么在其路径上就存在许多的节点也相对较深，通过重新构造可以使对所有这些节点的进一步访问所花费的时间变少。因此，如果节点过深，那么我们还要求重新构造应具有平衡这棵树(到某种程度)的作用。除在理论上给出好的时间界外，这种方法还可能有实际的效用，因为在许多应用中当一个节点被访问时，它就很可能不久再被访问到。研究表明，这种情况的发生比人们预料的要频繁得多。另外，伸展树还不要求保留高度或平衡信息，因此它在某种程度上节省空间并简化代码(特别是当实现例程经过审慎考虑而被写出的时候)。

123

4.5.1 一个简单的想法

实施上面描述的重新构造的一种方法是执行单旋转，从下向上进行。这意味着我们将在访问路径上的每一个节点和它们的父节点间实施旋转。作为例子，考虑在下面的树中对 k_1 进行一次访问(一次 Find)之后所发生的情况。

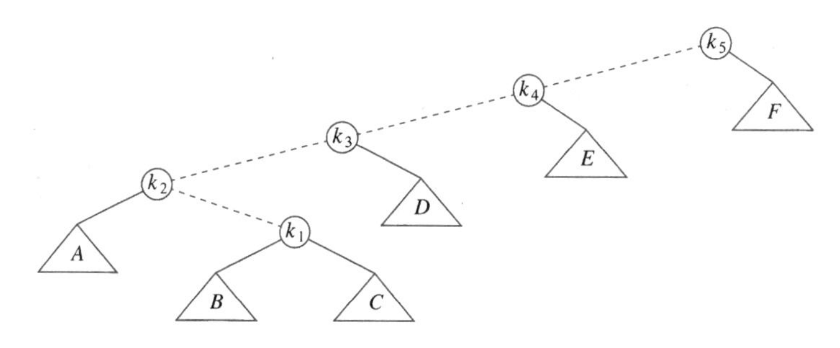

虚线是访问的路径。首先，我们在 k_1 和它的父节点之间实施一次单旋转，得到下面的树

124

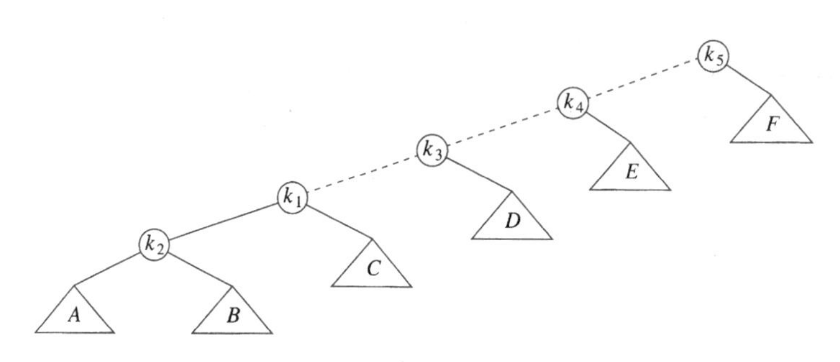

然后，我们在 k_1 和 k_3 之间旋转，得到下一棵树。

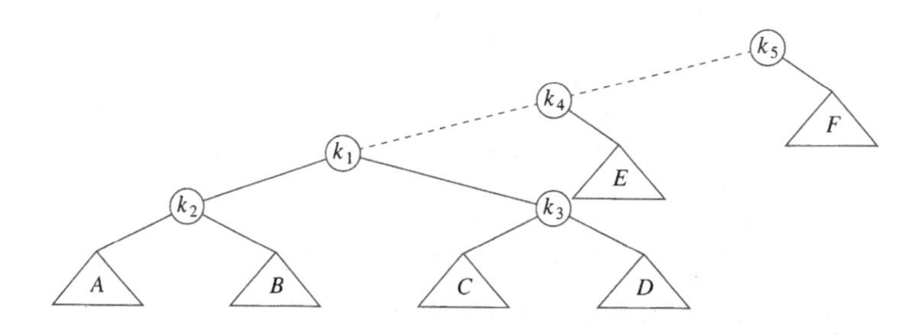

再实行两次旋转直到 k_1 到达树根。

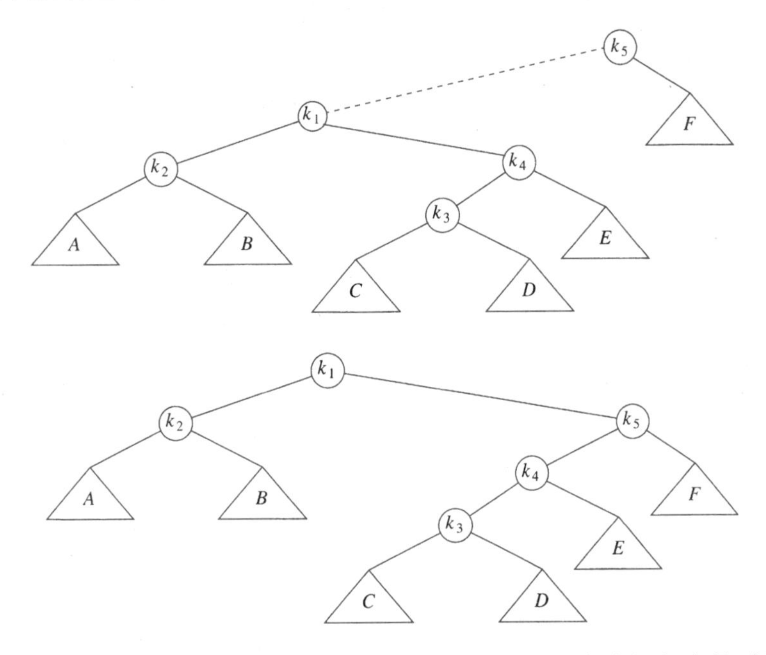

这些旋转的效果是将 k_1 一直推向树根，使得对 k_1 的进一步访问很容易(暂时的)。不足的是它把另外一个节点(k_3)几乎推向和 k_1 以前同样的深度。而对那个节点的访问又将把另外的节点向深处推进，如此等等。虽然这个策略使得对 k_1 的访问花费时间减少，但是它并没有明显地改变(原先)访问路径上其他节点的状况。事实上可以证明，对于这种策略将会存在一系列 M 个操作共需要 $\Omega(M \cdot N)$的时间，因此这个想法还不够好。证明这件事最简单的方法是考虑向初始的空树插入关键字 1，2，3，…，N 所形成的树(请将这个例子算出)。由此得到一棵树，这棵树只由一些左儿子构成。由于建立这棵树总共花费的时间为 $O(N)$，因此这未必就有多坏。问题在于访问关键字为 1 的节点花费 $N-1$ 个时间单元。在这些旋转完成以后，对关键字为 2 的节点的一次访问花费 $N-2$ 个时间单元。依序访问所有关键字的总时间是 $\sum_{i=1}^{N-1} i = \Omega(N^2)$。在它们都被访问以后，该树转变回原始状态，且我们可能重复这个访问顺序。

125

4.5.2　展开

展开(splaying)的思路类似于前面介绍的旋转的想法，不过在旋转如何实施上我们稍微有些选择的余地。我们仍然从底部向上沿着访问路径旋转。令 X 是在访问路径上的一个(非根)节点，我们将在这个路径上实施旋转操作。如果 X 的父节点是树根，那么我们只要旋转 X 和树根。这就是沿着访问路径上的最后的旋转。否则，X 就有父亲(P)和祖父(G)，存在两种情形以及对称的情形要考虑。第一种情形是之字形(zig-zag)情形(见图 4-44)。这里，X 是右儿子，P 是左儿子(反之亦然)。如果是这种情形，那么我们就执行一次像 AVL 那样的双旋转。否则，出现另一种一字形(zig-zig)情形：X 和 P 或者都是左儿子，或者都是右儿子。在这种情形下，我们把图 4-45 左边的树变换成右边的树。

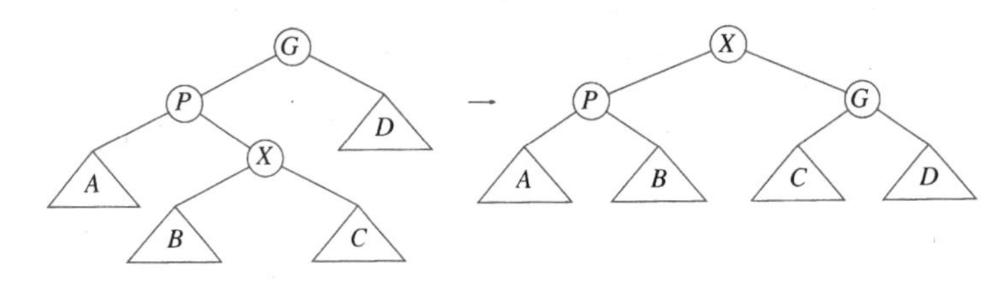

图 4-44 之字形情形

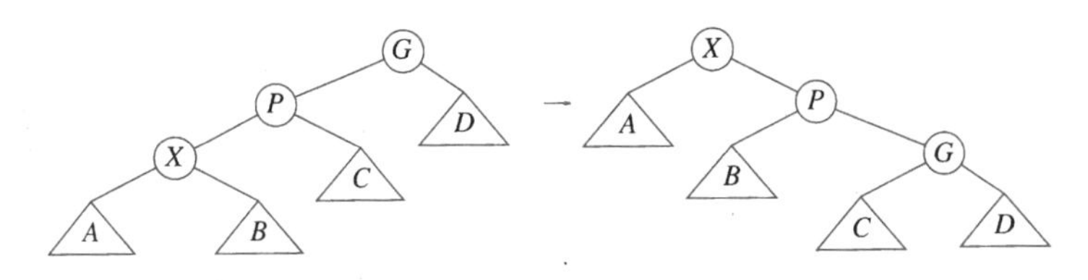

图 4-45 一字形情形

126

举个例子，考虑来自最后的例子中的树，对 k_1 执行一次 Find：

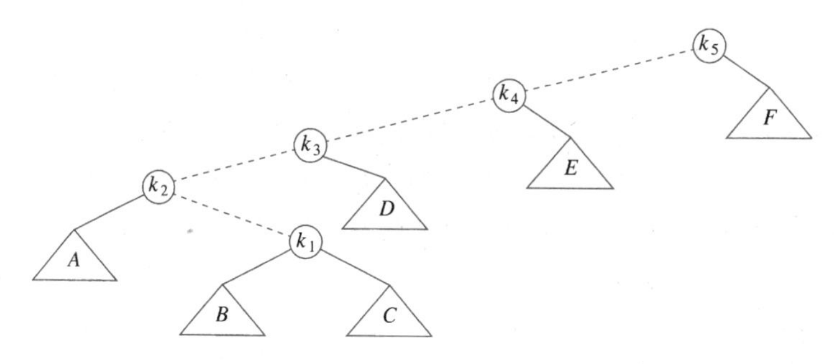

展开的第一步是在 k_1，显然是一个之字形，因此我们用 k_1、k_2 和 k_3 执行一次标准的 AVL 双旋转。得到如下的树。

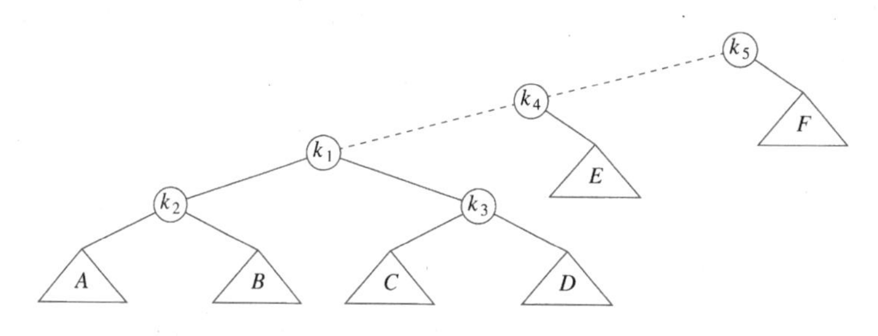

在 k_1 展开的下一步是一个一字形，因此我们用 k_1、k_4 和 k_5 做一字形旋转，得到最后的树。

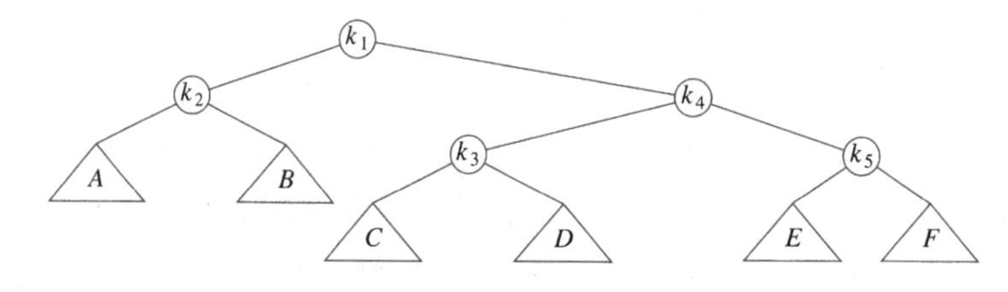

虽然从一些小例子很难看出来，但是展开操作不仅将访问的节点移动到根处，而且还有把访问路径上的大部分节点的深度大致减少一半的效果(某些浅的节点最多向下推后两个层次)。

再来考虑将关键字为 1，2，3，…，N 的节点插入到初始空树中的效果。如前所述可知共花费 $O(N)$时间并产生与一些简单旋转结果相同的树。图 4-46 指出在关键字为 1 的节点展开的结果。区别在于，在对关键字为 1 的节点访问(花费 $N-1$ 个时间单元)之后，对关键字为 2 的节点的访问只花费 $N/2$ 个时间单元而不是 $N-2$ 个时间单元；不存在像以前那么深的节点。

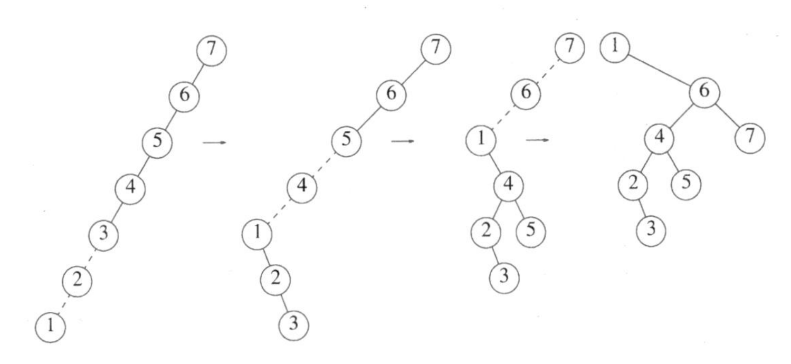

图 4-46　在节点 1 展开的结果

对关键字为 2 的节点的访问将把这些节点带到距根 $N/4$ 的深度范围之内，并且如此进行下去直到深度大约为 $\log N$($N=7$ 的例子太小，不能很好地看清这种效果)。图 4-47 到图 4-55 显示在 32 个节点的树中访问关键字 1 到 9 的结果，这棵树最初只含有左儿子。使用伸展树不会出现在简单旋转策略中常见的那种低效率的坏现象。(实际上，这个例子只是一种非常好的情况。有一个相当复杂的证明指出，对于这个例子，N 次访问共耗费 $O(N)$的时间。)

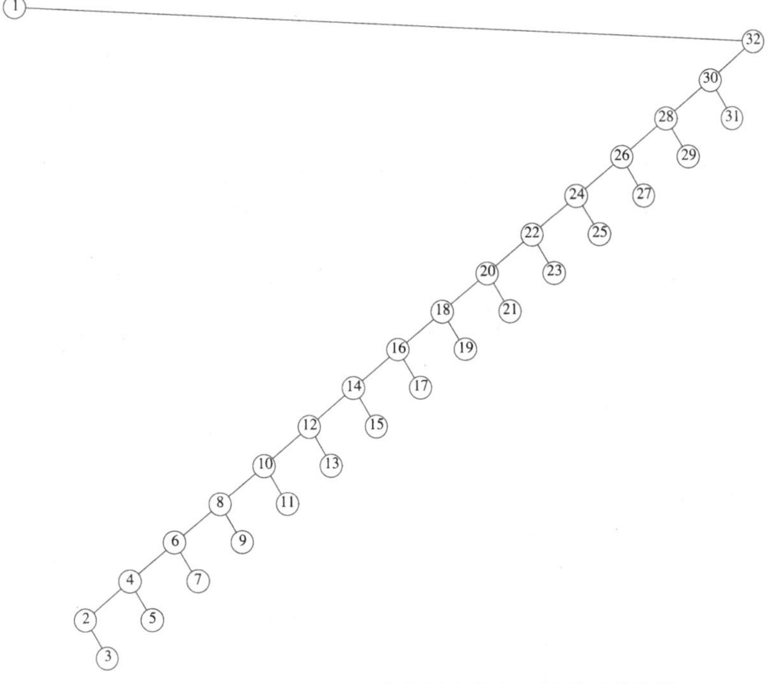

图 4-47　将全部由左儿子构成的树在节点 1 处展开的结果

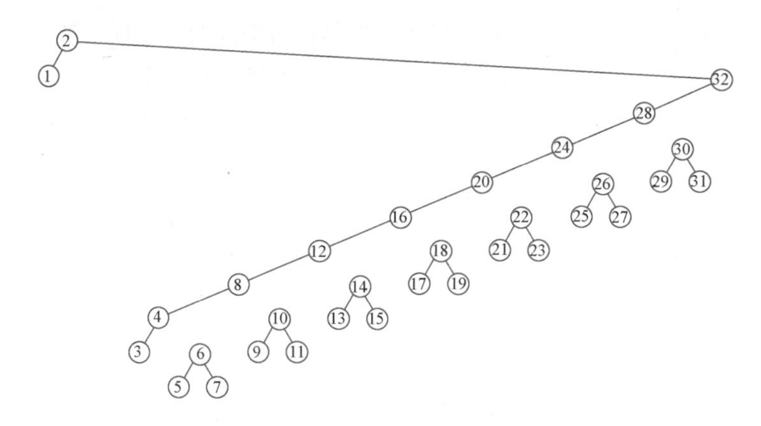

图 4-48 将前面的树在节点 2 处展开的结果

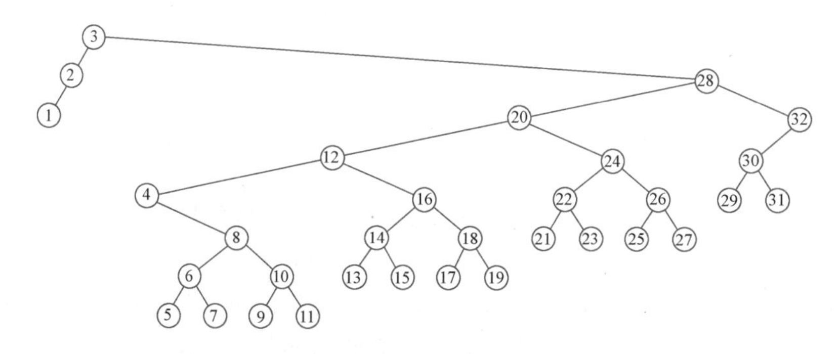

图 4-49 将前面的树在节点 3 处展开

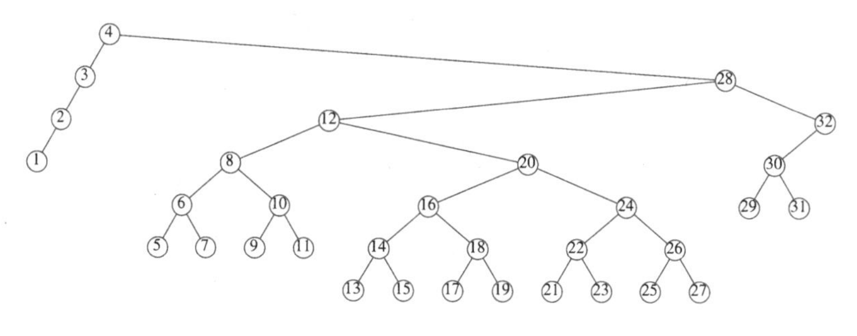

图 4-50 将前面的树在节点 4 处展开

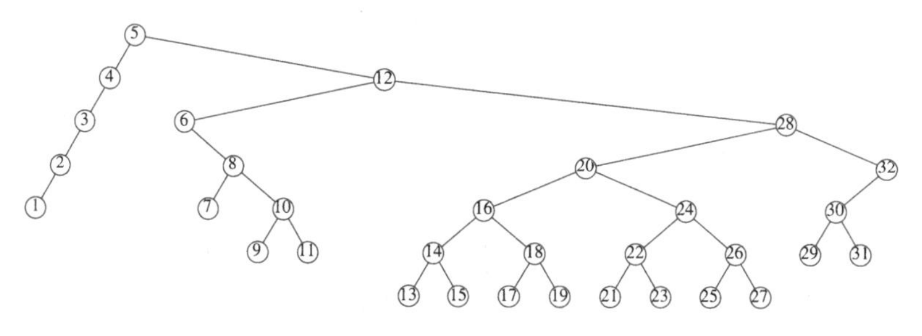

图 4-51 将前面的树在节点 5 处展开

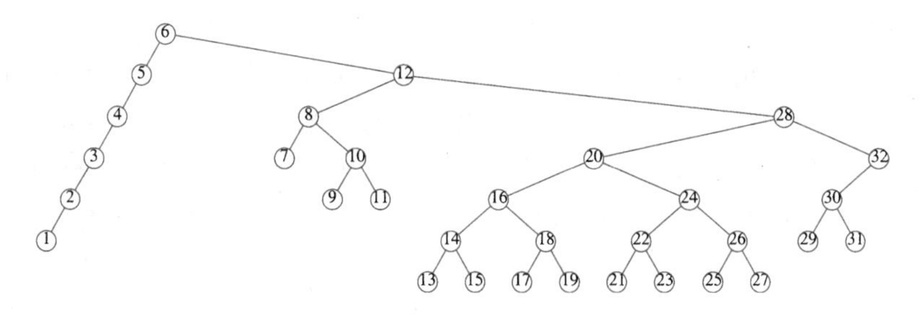

图 4-52　将前面的树在节点 6 处展开

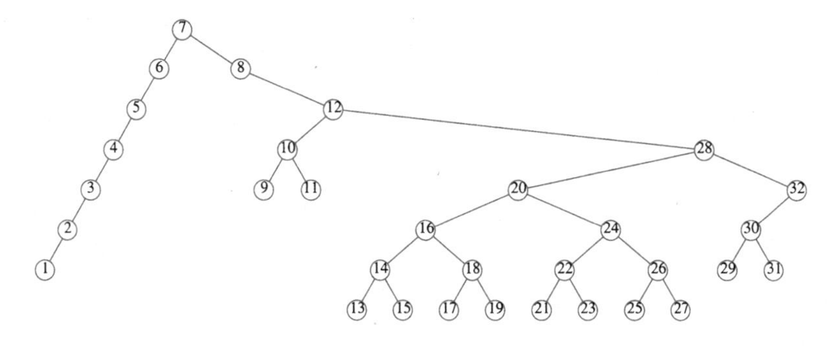

图 4-53　将前面的树在节点 7 处展开

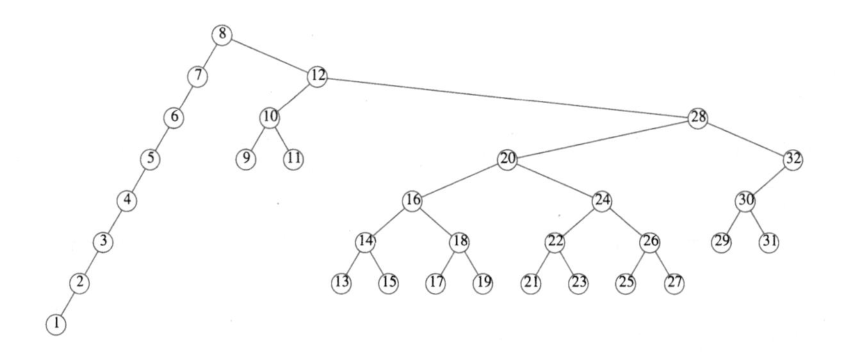

图 4-54　将前面的树在节点 8 处展开

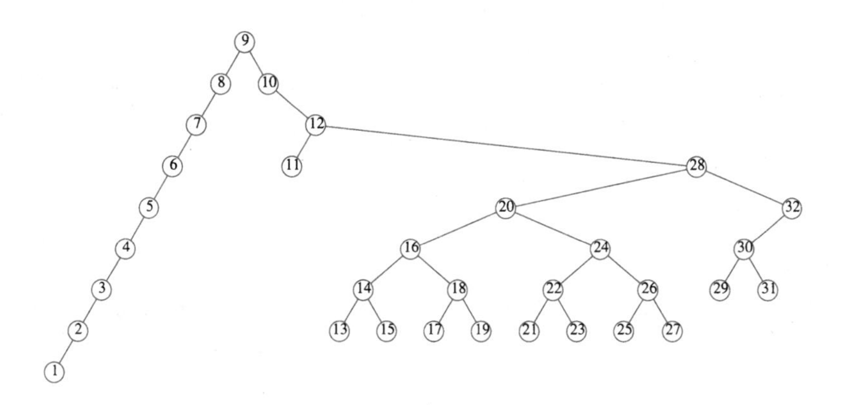

图 4-55　将前面的树在节点 9 处展开

这些图着重强调了伸展树基本的和关键的特性。当访问路径太长而导致超出正常查找时间的时候，这些旋转将对未来的操作有益。当访问耗时很少的时候，这些旋转则不那么有益甚至有害。极端的情形是经过若干插入而形成的初始树。所有的插入都是花费常数时间的操作，会导致坏的初始树。此时，我们会得到一棵很差的树，但是运行却比预计的快，从而总的较少运行时间补偿了损失。这样，少数真正麻烦的访问却留给我们一棵几乎平衡的树，其代价是我们必须返还某些已经省下的时间。我们将在第 11 章证明的主要定理指出，每个操作绝不会落后 $O(\log N)$这个时间——我们总是遵守这个时间，即使偶尔有些不良操作。

我们可以通过访问要删除的节点实行删除操作。这种操作将节点上推到根处。如果删除该节点，则得到两棵子树 T_L 和 T_R(左子树和右子树)。如果我们找到 T_L 中最大的元素(这很容易)，那么就将这个元素旋转到 T_L 的根下，而此时 T_L 将有一个没有右儿子的根。我们可以使 T_R 成为右儿子从而结束删除。

对伸展树的分析很困难，因为树的结构经常变化。另一方面，伸展树的编程要比 AVL 树简单得多，这是因为要考虑的情形少并且没有平衡信息需要存储。实际经验指出，在实践中它可以转化成更快的程序代码，不过这种状况还远非完美。最后，我们指出，伸展树有几种变化，它们在实践中甚至运行得更好。有一种变化将在第 12 章中完全编程实现。

4.6　树的遍历

由于二叉查找树中对信息进行了排序，因而按顺序列出所有的关键字会很简单，递归过程如图 4-56 所示。

```
void
PrintTree( SearchTree T )
{
    if( T != NULL )
    {
        PrintTree( T->Left );
        PrintElement( T->Element );
        PrintTree( T->Right );
    }
}
```

图 4-56　按顺序打印二叉查找树的例程

毫无疑问，该过程能够解决将关键字排序列出的问题。正如我们前面看到的，这类例程当用到树上的时候则称为*中序遍历*(由于它依序列出了关键字，因此是有意义的)。中序遍历的一般策略是首先遍历左子树，然后是当前的节点，最后遍历右子树。这个算法的有趣部分除它简单的特性外，还在于其总的运行时间是 $O(N)$。这是因为在树的每一个节点处进行的工作都是常数时间的。每一个节点访问一次，而在每一个节点进行的工作是检测是否为 `NULL`、建立两个过程调用并执行 `PrintElement`。由于在每个节点的工作花费常数时间以及总共有 N 个节点，因此运行时间为 $O(N)$。

有时我们需要先处理两棵子树然后才能处理当前节点。例如，为了计算一个节点的高度，我们需要知道它的两棵子树的高度。图 4-57 中的程序就是计算高度的。由于检查一些特殊的情况总是有益的(当涉及递归时尤其重要)，因此要注意这个例程声明树叶的高度为零，这是正确的。这种一般的遍历顺序叫作*后序遍历*，我们在前面也见到过。因为在每个节点的工作花费常数时间，所以总的运行时间也是 $O(N)$。

```
int
Height( Tree T )
{
    if( T == NULL )
        return -1;
    else
        return 1 + Max( Height( T->Left ),
                        Height( T->Right ) );
}
```

图 4-57　使用后序遍历计算树的高度的例程

我们见过的第三种常用的遍历方案为*先序遍历*(preorder traversal)。这里，当前节点在其儿子节点之前处理。这种遍历可以利用节点深度标志每一个节点。

所有这些例程有一个共有的想法，那就是首先处理 NULL 的情形，然后才是其余的工作。注意，此处缺少一些额外的变量。这些例程仅仅传递了树，并没有声明或是传递任何额外的变量。程序越紧凑，一些愚蠢的错误出现的可能就越小。第四种遍历用得很少，叫作*层序遍历*(level-order traversal)，我们以前尚未见到过。在层序遍历中，所有深度为 D 的节点要在深度 $D+1$ 的节点之前处理。层序遍历与其他类型的遍历不同的地方在于它不是递归实施的；它用到队列，而不使用递归所默示的栈。

4.7　B 树

虽然迄今为止我们所看到的查找树都是二叉树，但是还有一种常用的查找树不是二叉树。这种树叫作 B 树(B-tree)。

阶为 M 的 B 树是一棵具有下列结构特性的树：

- 树的根或者是一片树叶，或者其儿子数在 2 和 M 之间。
- 除根外，所有非树叶节点的儿子数在 $\lceil M/2 \rceil$ 和 M 之间。
- 所有的树叶都在相同的深度上。

所有的数据都存储在树叶上。在每一个内部节点上皆含有指向该节点各儿子的指针 P_1，P_2，…，P_M 和分别代表在子树 P_2，P_3，…，P_M 中发现的最小关键字的值 k_1，k_2，…，k_{M-1}。当然，可能有些指针是 NULL，而其对应的 k_i 则是未定义的。对于每一个节点，其子树 P_1 中所有的关键字都小于子树 P_2 的关键字，等等。树叶包含所有实际数据，这些数据或者是关键字本身，或者是指向含有这些关键字的记录的指针。为使例子简单，我们将假设为前者。B 树有多种定义，这些定义在一些次要的细节上不同于我们定义的结构，不过，我们定义的 B 树是一种流行的结构。(另一种流行的结构允许实际数据存储在树叶上，也可以存储在内部节点上，正如我们在二叉查找树中所做的那样。)我们还要求(暂时)在(非根)树叶中关键字的个数也在 $\lceil M/2 \rceil$ 和 M 之间。

图 4-58 中的树是 4 阶 B 树的一个例子。

4 阶 B 树更流行的称呼是 2-3-4 树，而 3 阶 B 树叫作 2-3 树。我们将通过 2-3 树的特殊情形来描述 B 树的操作。现在从下面的 2-3 树开始。

127～133

图 4-58　4 阶 B 树

我们用椭圆画出内部节点(非树叶)，每个节点含有两个数据。椭圆中的短横线表示内部节点的第二个信息，它表明该节点只有两个儿子。树叶用方框画出，框内含有关键字。树叶中的关键字是有序的。为了执行一次 `Find`，我们从根开始并根据要查找的关键字与存储在节点上的两个(很可能是一个)值之间的关系确定(最多)三个方向中的一个方向。

为了对尚未见过的关键字 X 执行一次 `Insert`，我们首先按照执行 `Find` 的步骤进行。当到达一片树叶时，我们就找到了插入 X 的正确的位置。例如，为了插入关键字为 18 的节点，我们可以就把它加到一片树叶上而不破坏 2-3 树的性质。插入结果表示在下列图中。

134

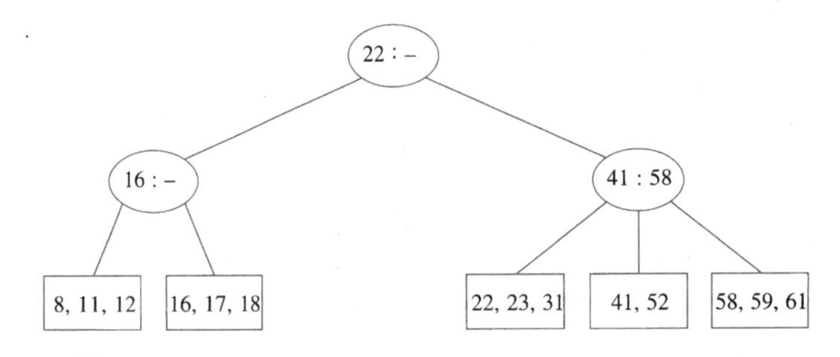

不过，由于一片树叶只能容纳两个或三个关键字，因此上面的做法不总是可行的。如果我们现在试图把 1 插入到树中，那么就会发现 1 所属于的节点已经满了。将这个新的关键字放入该节点使得它有了四个关键字，这是不允许的。解决的办法是，构造两个节点，每个节点有两个关键字，同时调整它们父节点的信息，如下图所示。

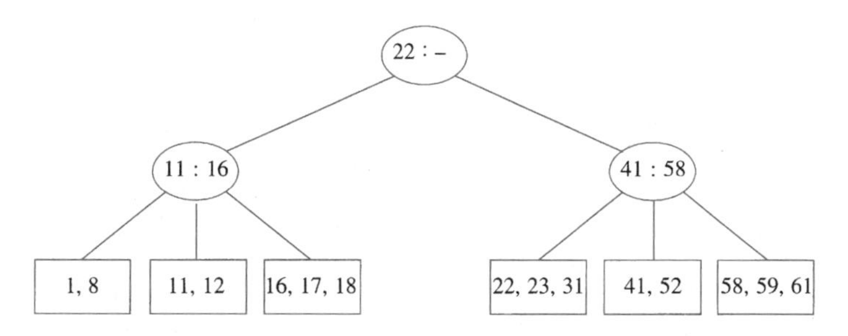

然而，这个想法也不总能行得通，当尝试将19插入到当前的树中时就会看出问题。如果构造两个节点，每个节点有两个关键字，那么我们得到下列的树。

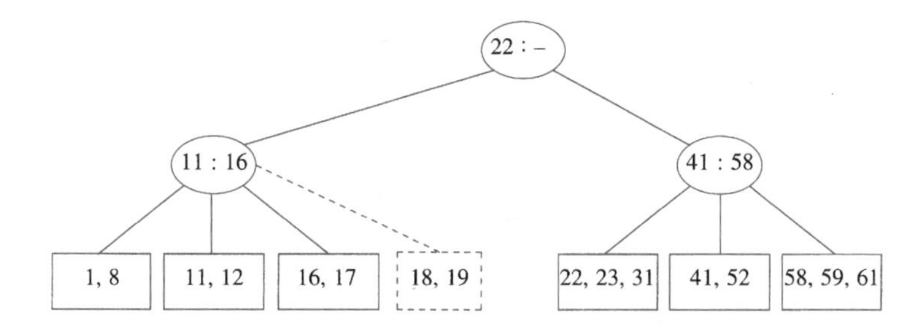

这棵树的一个内部节点有了四个儿子，可是我们只允许每个节点有三个儿子。解决方法很简单。我们只要将这个节点分成两个节点，每个节点两个儿子即可。当然，这个节点本身可能就是三个儿子节点之一，而这样分裂该节点将给它的父节点带来一个新问题(该父节点就会有四个儿子)，但是我们可以在通向根的路径上一直这么分下去，直到或者到达根节点，或者找到一个只有两个儿子的节点。在我们的例子中，通过分裂节点的方法我们只能到达所见到的第一个内部节点，得到如下的树。

135

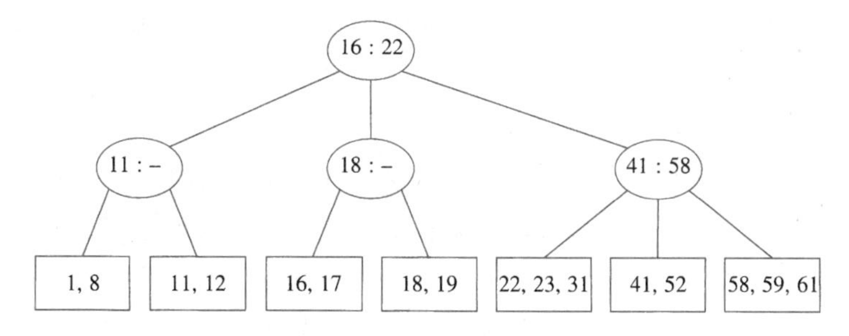

如果现在插入关键字为28的一个元素，那么就会出现一片具有四个儿子的树叶，它可以分成两片树叶，每叶两个儿子：

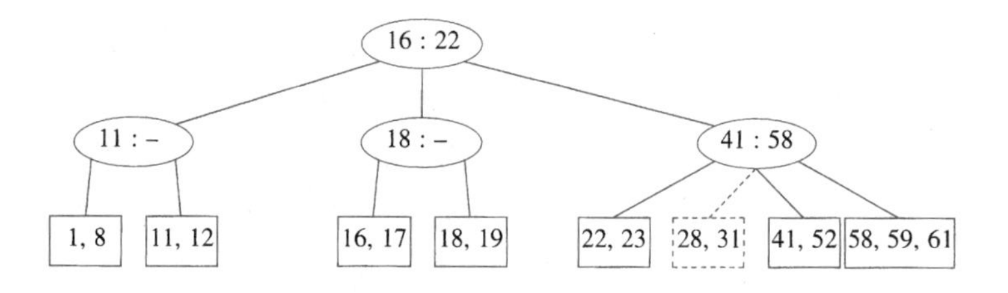

这样，又产生一个具有四个儿子的内部节点，此时将它分成两个儿子节点。我们这里做的就是把根节点分成两个节点。这个时候，我们得到一个特殊情况，通过创建一个新的根节点我们可以结束对 28 的插入。这是 2-3 树增加高度的(唯一)方法。

136

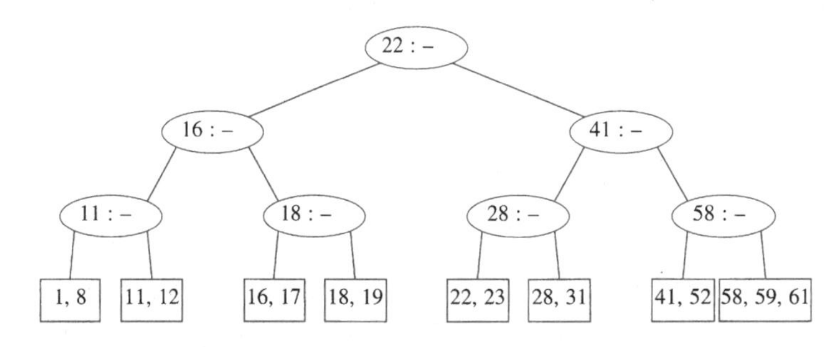

还要注意，当插入一个关键字的时候，只有在访问路径上的那些内部节点才有可能发生变化。这些变化与这条路径的长度成比例；但是要注意，由于需要处理的情况相当多，因此很容易发生错误。

对于一个节点的儿子太多的情况还有一些其他处理方法，而我们刚才描述的方法恐怕是最简单的情况。当试图将第四个关键字添加到一片树叶上的时候，我们可以首先查找只有两个关键字的兄弟，而不是把这个节点分裂成两个。例如，为把 70 添加到上面的树中，我们可以把 58 挪到含有 41 和 52 的树叶中，再把 70 与 59 和 61 放到一起，并调整一些内部节点中的各项。这个策略也可以用到内部节点上并尽量使更多的节点具有足够的关键字。这种方法使得例程的编制稍微有些复杂，但是浪费的空间较少。

我们可以通过查找要删除的关键字并将其除去而完成删除操作。如果这个关键字是一个节点仅有的两个关键字中的一个，那么将它除去后就只剩一个关键字了。此时我们可以通过把这个节点与它的一个兄弟合并来进行调整。如果这个兄弟已有 3 个关键字，那么我们可以从中取出一个使得两个节点各有两个关键字。如果这个兄弟只有两个关键字，那么我们就将这两个节点合并成一个具有 3 个关键字的节点。现在这个节点的父亲则失去一个儿子，因此我们还须向上检查直到顶部。如果根节点失去了它的第二个儿子，那么这个根也要删除，而树则减少了一层。当合并节点的时候，我们必须记住要更新保存在这些内部节点上的信息。

对于一般的 M 阶 B 树，当插入一个关键字时，唯一的困难发生在接收该关键字的节点已经具有 M 个关键字的时候。插入这个关键字使得该节点具有 $M+1$ 个关键字，我们可以把它分裂成两个节点，它们分别具有 $\lceil (M+1)/2 \rceil$ 个和 $\lfloor (M+1)/2 \rfloor$ 个关键字。由于这使得父节点多出一个儿子，因此我们必须检查这个节点是否可被父节点接受，如果父节点已经具有 M 个儿子，那么这个父节点就要被分裂成两个节点。我们重复这个过程直到找到一个具有少于 M

个儿子的父节点。如果分裂根节点，那么我们就要创建一个新的根，这个根有两个儿子。

B树的深度最多是$\lceil \log_{\lceil M/2 \rceil} N \rceil$。在路径上的每个节点，我们执行$O(\log M)$的工作量以确定选择哪个分支(使用折半查找)，但是 Insert 和 Delete 可能需要$O(M)$的工作量来调整该节点上的所有信息。因此，对于每个 Insert 和 Delete 运算，最坏情形的运行时间为$O(M \log_M N)=O((M/\log M)\log N)$，不过一次 Find 只花费$O(\log N)$时间。经验指出，从运行时间考虑，$M$的最好(合法的)选择是$M=3$或$M=4$；这与上面的界一致，它指出，当$M$再增大时插入和删除的时间就会增加。如果我们只关心主存的速度，则更高阶的B树(如5-9树)就没有什么优势了。

137

B树实际用于数据库系统，在那里树被存储在物理的磁盘上而不是主存中。一般说来，对磁盘的访问要比任何的主存操作慢几个数量级。如果我们使用M阶B树，那么磁盘访问次数是$O(\log_M N)$。虽然每次磁盘访问花费$O(\log M)$来确定分支的方向，但是执行该操作的时间一般要比读存储器的区块(block)所花费的时间少得多，因此可以视为无足轻重的(只要M选择得合理)。即使在每个节点执行更新要花费$O(M)$操作时间，这些花费一般还是不大。此时M的值选择为使得一个内部节点仍然能够装入一个磁盘区块的最大值，那么一般说来$32 \leqslant M \leqslant 256$。选择存储在一片树叶上的元素的最大个数时，要使得如果树叶是满的那么它就装满一个区块。这意味着，一个记录总可以在很少的磁盘访问中找到，因为典型的B树的深度只有2或3，而根(很可能还有第一层)可以放在主存中。

分析指出，一棵B树将被占满$\ln 2=69\%$。当一棵树得到它的第$(M+1)$项时，例程不是总去分裂节点，而是搜索能够接纳新儿子的兄弟，此时我们就能够更好地利用空间。具体的细节可以在参考文献中找到。

总结

我们已经看到树在操作系统、编译器设计以及查找中的应用。表达式树是更一般结构即所谓的**分析树**(parse tree)的一个小例子，分析树是编译器设计中的核心数据结构。分析树不是二叉树，而是表达式树相对简单的扩充(不过，建立分析树的算法却不是那么简单)。

查找树在算法设计中是非常重要的。它们几乎支持所有有用的操作，而其对数平均开销很小。查找树的非递归实现多少要快一些，但是递归实现更讲究、更精彩，而且易于理解和除错。查找树的问题在于，其性能严重地依赖于输入，而输入则是随机的。如果情况不是这样，则运行时间会显著增加，查找树会成为昂贵的链表。

我们见到了处理这个问题的几个方法。AVL树要求所有节点的左子树与右子树的高度相差最多是1。这就保证了树不至于太深。不改变树的操作都可以使用标准二叉查找树的程序。改变树的操作必须将树恢复。这多少有些复杂，特别是在删除时。我们叙述了在以$O(\log N)$的时间插入后如何将树恢复。

138

我们还考察了伸展树。在伸展树中的节点可以达到任意深度，但是在每次访问之后树又以有些神秘的方式调整。实际效果是，任意连续M次操作花费$O(M \log N)$时间，它与平衡树花费的时间相同。

与2-路树或二叉树不同，B树是平衡M-路树，它能很好地匹配磁盘；其特殊情形是2-

3树，它是实现平衡查找树的另一种常用方法。

在实践中，所有平衡树方案的运行时间都不如简单二叉查找树省时(差一个常数因子)，但这一般说来是可以接受的，它防止轻易得到最坏情形的输入。第12章讨论另外一些查找树数据结构并给出详细的实现方法。

最后注意：通过将一些元素插入到查找树然后执行一次中序遍历，我们得到的是排过序的元素。这给出排序的一种$O(N \log N)$算法，如果使用任何成熟的查找树则它就是最坏情形的界。我们将在第7章看到一些更好的方法，不过，这些方法的时间界都不可能更低。

练习

问题4.1到4.3参考图4-59中的树。

4.1 对于图4-59中的树：

a. 哪个节点是根？

b. 哪些节点是树叶？

4.2 对于图4-59中树上的每一个节点：

a. 指出它的父节点。

b. 列出它的子节点。

c. 列出它的兄弟节点。

d. 计算它的深度。

e. 计算它的高度。

4.3 图4-59中树的深度是多少？

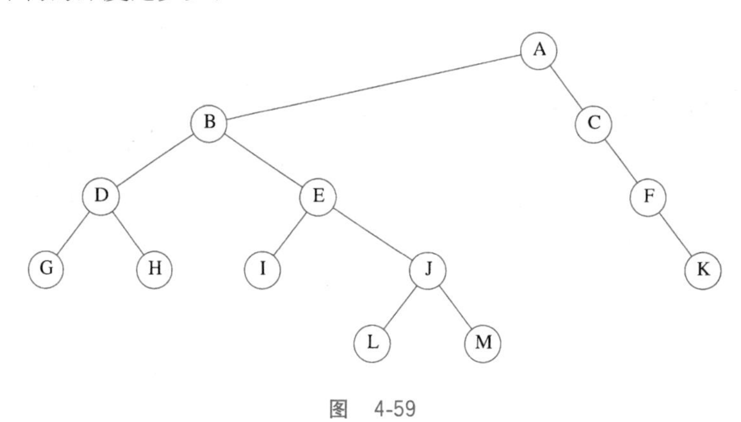

图 4-59

4.4 证明在N个节点的二叉树中，存在$N+1$个NULL指针代表$N+1$个儿子。

4.5 证明在高度为H的二叉树中，节点的最大个数是$2^{H+1}-1$。

4.6 **满节点**(full node)是具有两个儿子的节点。证明满节点的个数加1等于非空二叉树中树叶的个数。

4.7 设二叉树有树叶$l_1,l_2,\cdots,l_M$，各树叶的深度分别是$d_1,d_2,\cdots,d_M$。证明，$\sum_{i=1}^{M} 2^{-d_i} \leqslant 1$并确定何时等号成立。

4.8　给出对应图 4-60 中的树的前缀表达式、中缀表达式以及后缀表达式。

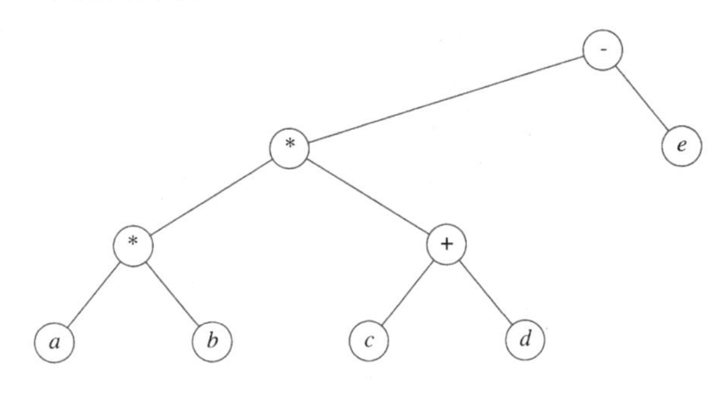

图 4-60　练习 4.8 中的树

4.9　a. 指出将 3，1，4，6，9，2，5，7 插入到初始为空的二叉查找树中的结果。

b. 指出删除根后的结果。

4.10　写出实现基本二叉查找树操作的例程。

4.11　使用类似于指针链表实现法的策略，可以用指针实现二叉查找树。使用指针实现方法写出基本的二叉查找树例程。

4.12　设欲做一个实验来验证由随机 `Insert/Delete` 操作对可能引起的问题。这里有一个策略，它不是完全随机的，但却是足够封闭的。通过插入从 1 到 $M=\alpha N$ 之间随机选出的 N 个元素来建立一棵具有 N 个元素的树。然后执行 N^2 对先插入后删除的操作。假设存在例程 `RandomInteger`(A，B)，它返回一个在 A 和 B 之间(包括 A、B)的均匀随机整数。

139 ≀ 140

a. 解释如何生成在 1 和 M 之间的一个随机整数，该整数不在这棵树上(从而可以进行随机插入)。用 N 和 α 来表示这个操作的运行时间。

b. 解释如何生成在 1 和 M 之间的一个随机整数，该整数已经存在于这棵树上(从而可以进行随机删除)。这个操作的运行时间是多少？

c. α 的最佳选择值是多少？为什么？

4.13　编写一个程序，凭经验估计删除具有两个子节点的下列各方法：

a. 用 T_L 中最大节点 X 来代替，递归地删除 X。

b. 交替地用 T_L 中最大的节点以及 T_R 中最小的节点来代替，并递归地删除适当的节点。

c. 随机地选用 T_L 中最大的节点或 T_R 中最小的节点来代替(递归地删除适当的节点)。

哪种方法给出最好的平衡？哪种在处理整个操作序列过程中花费最少的 CPU 时间？

**4.14　证明，随机二叉查找树的深度(最深的节点的深度)平均为 $O(\log N)$。

*4.15　a. 给出高度为 H 的 AVL 树中节点的最少个数的精确表达式。

b. 高度为 15 的 AVL 树中节点的最少个数是多少？

4.16　指出将 2，1，4，5，9，3，6，7 插入到初始为空的 AVL 树后的结果。

*4.17　依次将关键字 1，2，…，2^k-1 插入到一棵初始为空的 AVL 树中。证明所得到的树是完全平衡的。

4.18　写出实现 AVL 单旋转和双旋转的其余的过程。

4.19 写出向 AVL 树进行插入的非递归函数。

*4.20 如何能够在 AVL 树中实现(非懒惰)删除?

4.21 a. 为了存储一棵 N 节点的 AVL 树中一个节点的高度，每个节点需要多少位?

b. 使 8 位高度计数器溢出的最小 AVL 树是什么?

4.22 写出执行双旋转的函数，其效率要超过执行两个单旋转。

4.23 指出依序访问图 4-61 的伸展树中的关键字 3，9，1，5 后的结果。

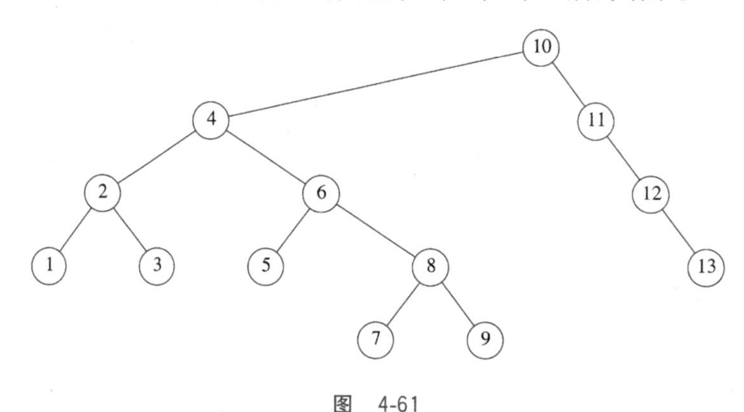

图 4-61

4.24 指出在前一道练习所得到的伸展树中删除具有关键字 6 的元素后的结果。

4.25 由节点 1 直到 $N=1024$ 形成一棵只有左儿子的伸展树。

a. 该树的内部路径的长准确地说是多少?

*b. 在执行 `Find(1)`，`Find(2)`，`Find(3)`，`Find(4)`，`Find(5)`，`Find(6)`之后计算内部路径长。

*c. 如果相继执行的 `Find` 是连续的，那么什么时候内部路径长达到最小?

4.26 a. 证明，如果在一棵伸展树中按顺序访问所有的节点，那么所得到的结果是由一连串左儿子组成的树。

**b. 证明，如果在一棵伸展树中按顺序访问所有的节点，那么若不考虑初始树，则总的访问时间是 $O(N)$。

4.27 编写一个程序对伸展树执行随机操作。计算对序列执行的总的旋转次数。与 AVL 树和非平衡二叉查找树相比，其运行时间如何?

4.28 编写一些高效率的函数，只使用指向二叉树的根的一个指针 T，并计算:

a. T 中节点的个数。

b. T 中树叶的片数。

c. T 中满节点的个数。

4.29 写出生成一棵 N 节点随机二叉查找树的函数，该树具有从 1 到 N 的不同的关键字。你所编写的例程的运行时间是多少?

4.30 写出生成具有最少节点、高度为 H 的 AVL 树的程序，该函数的运行时间是多少?

4.31 编写一个函数，使它生成一棵具有关键字从 1 到 $2^{H+1}-1$ 且高为 H 的理想平衡二叉查找树。该函数的运行时间是多少?

141 ~ 142

4.32　编写一个函数以二叉查找树 T 和两个有序的关键字 k_1 和 $k_2(k_1 \leqslant k_2)$ 作为输入，打印树中所有满足 $k_1 \leqslant \text{Key}(X) \leqslant k_2$ 的元素 X。除了可以排序外，不对关键字的类型做任何假设。所写的程序应该以平均时间 $O(K+\log N)$ 运行，其中 K 是所打印的关键字的个数。确定你的算法的运行时间界。

4.33　本章中一些更大的二叉树是由一个程序自动生成的。这可以通过给树的每一个节点指定坐标(x，y)，围绕每个坐标画一个圆圈(在某些图片中这可能很难看清)，并将每个节点连到它的父节点上。假设在存储器中存有一棵二叉查找树(或许是由上面的一个例程生成的)并设每个节点都有两个附加的域存放坐标。

a. 坐标 x 可以通过指定中序遍历数来计算。对于树中的每个节点写出一个这样的例程。

b. 坐标 y 可以通过使用节点深度的相反数算出。对于树中的每一个节点写出这样的例程。

c. 若使用某个虚拟的单位表示，则所画图形的具体尺寸是多少？如何调整单位使得所画的树总是高大约为宽的三分之二？

d. 证明，使用这个系统没有交叉线出现，同时，对于任意节点 X，X 的左子树的所有元素都出现在 X 的左边，X 的右子树的所有元素都出现在 X 的右边。

4.34　编写一个一般的画树程序，该程序将把一棵树转变成下列的图-组装指令：

a. `Circle`(X，Y)

b. `DrawLine`(i，j)

第一个指令在(X，Y)处画一个圆，而第二个指令则连接第 i 个圆和第 j 个圆(圆以所画的顺序编号)。你或者把它写成一个程序并定义某种输入语言，或者把它写成一个函数，该函数可以被任何程序调用。你的程序的运行时间是多少？

4.35　编写一个例程以层序(level-order)列出二叉树的节点。先列出根，然后列出深度为 1 的节点，再列出深度为 2 的节点，等等。必须要在线性时间内完成这个工作。证明你的时间界。

4.36　a. 指出将下列关键字插入到初始为空的 2-3 树后的结果：3，1，4，5，9，2，6，8，7，0。

b. 指出在(a)建立的 2-3 树中删除 0，然后再删除 9 所得到的结果。

4.37　*a. 写出向一棵 B 树进行插入的例程。

*b. 写出从一棵 B 树执行删除的例程。当一个关键字被删除时，是否要更新内部节点的信息？

143

*c. 修改你的插入例程使得如果想要向一个已经有 M 项的节点添加元素，则在分裂该节点以前要执行搜索具有少于 M 个儿子的兄弟的工作。

4.38　M 阶 B^* 树是其每个内部节点的儿子数在 $2M/3$ 和 M 之间的 B 树。描述一种向 B^* 树进行插入的方法。

4.39　指出如何用儿子/兄弟指针实现方法表示图 4-62 中的树。

4.40　编写一个过程使该过程遍历一棵用儿子/兄弟链存储的树。

4.41　如果两棵二叉树或者都是空树，或者非空且具有相似的左子树和右子树，则这两棵二叉树是相似的。编写一个函数以确定两棵二叉树是否是相似的。

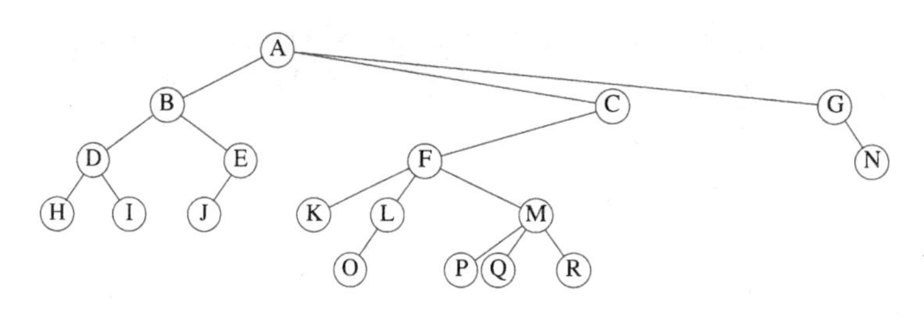

图 4-62　练习 4.39 中的树

4.42　如果树 T_1 通过交换其(某些)节点的左右儿子变换成树 T_2，则称树 T_1 和 T_2 是**同构的**(isomorphic)。例如，图 4-63 中的两棵树是同构的，因为交换 A、B、G 的儿子而不交换其他节点的儿子后这两棵树是相同的。

a. 给出一个多项式时间算法以决定是否两棵树是同构的。

*b. 你的程序的运行时间是多少(存在一个线性的解决方案吗)？

144

图 4-63　两棵同构的树

4.43 *a. 证明，经过一些 AVL 单旋转，任意二叉查找树 T_1 可以变换成另一棵(具有相同关键字的)查找树 T_2。

*b. 给出一个算法平均用 $O(N \log N)$次旋转完成这种变换。

**c. 证明该变换在最坏的情形下可以用 $O(N)$次旋转完成。

4.44　设我们想要把运算 `FindKth` 添加到指令集中。该运算 `FindKth`(T, i)返回树 T 中具有第 i 个最小关键字的元素。假设所有的元素具有互异的关键字。解释如何修改二叉树以平均 $O(\log N)$时间支持这种运算，而又不影响任何其他操作的时间界。

4.45　由于具有 N 个节点的二叉查找树有 $N+1$ 个 `NULL` 指针，因此在二叉查找树中指定给指针信息的空间的一半被浪费了。设若一个节点有一个 `NULL` 左儿子，我们使它的左儿子指向它的中缀前驱(inorder predecessor)，若一个节点有一个 `NULL` 右儿子，我们让它的右儿子指向它的中缀后继(inorder successor)。这就叫作**线索树**(threaded tree)，而附加的指针就叫作**线索**(thread)。

a. 我们如何能够从实际的儿子指针中区分出线索？

b. 编写对由上面描述的方式形成的线索树进行插入和删除的例程。

c. 使用线索树的优点是什么？

4.46　二叉查找树预先假设搜索是基于每个记录只有一个关键字。设我们想要能够执行或者基于关键字 Key_1 或者基于关键字 Key_2 的查找。

a. 一种方法是建立两棵分离的二叉树。这需要多少额外的指针？

b. 另一种方法是使用 2-d 树。2-d 树类似于二叉树，其不同之处在于，在偶数层用 $\texttt{Key}_1$ 来分叉，而在奇数层用 $\texttt{Key}_2$ 来分叉。图 4-64 显示一棵 2-d 树，以名(first name)和姓(last name) 作为关键字对第二次世界大战后的美国总统进行查找。总统的姓名是按照年代顺序插入的(Truman，Eisenhower，Kennedy，Johnson，Nixon，Ford，Carter，Reagan，Bush，Clinton)。编写一个向一棵 2-d 树进行插入的例程。

c. 编写一个高效的过程，该过程打印同时满足约束 $\texttt{Low}_1 \leqslant \texttt{Key}_1 \leqslant \texttt{High}_1$ 和 $\texttt{Low}_2 \leqslant \texttt{Key}_2 \leqslant \texttt{High}_2$ 的树的所有记录。

d. 指出如何扩充 2-d 树以处理多于两个的搜索关键字。所得到的树叫作 k-d 树。

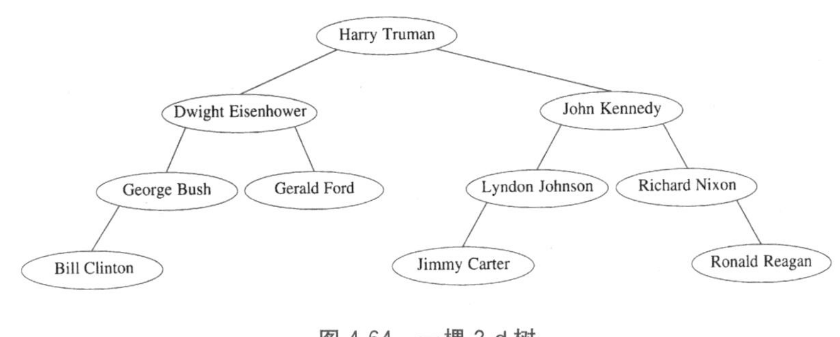

图 4-64 一棵 2-d 树

145

参考文献

关于二叉树的更多信息(特别是树的数学性质)可以在 Knuth[23, 24]中找到。

有几篇论文谈及由二叉查找树中的有偏删除(biased deletion)算法引起的平衡不足问题。Hibbard[20]提出原始删除算法并确立了一次删除保持树的随机性。文献[21]和[5]分别对只有三个节点的树和四个节点的树进行了全面的分析。Eppinger[15]提供了非随机性的早期经验性的证据，而 Culberson 和 Munro[11, 12]则提供了某些解析论证(但不是对混杂插入和删除的一般情形的完整证明)。

AVL 树由 Adelson-Velskii 和 Landis[1]提出。AVL 树的模拟结果以及当 AVL 树的高度不平衡允许最多到 k 时的各种变化在文献[22]中讨论。AVL 树的删除算法可以在文献[24]中找到。在 AVL 树中平均搜索开销的分析是不完全的，但是，文献[25]中得出某些结果。

文献[3, 9]考虑了类似本书 4.5.1 节类型的自调整树。伸展树在文献[29]中做了描述。

B 树首先出现在文献[6]中。原始论文中所描述的实现方法允许数据存储在内部节点或者树叶上。我们描述过的数据结构有时叫作 B^+ 树。文献[10]对不同类型的 B 树进行了综合分析。文献[18]报告了各种方案的经验性结果。2-3 树和 B 树的分析可以在文献[4, 14, 33]中找到。

练习 4.14 使人误以为很难。一种解法可以在文献[16]中找到。练习 4.26 取自文献[32]。在练习 4.38 中描述的 B^* 树的信息可以在文献[13]中找到。练习 4.42 取自文献[2]。

练习 4.43 要使用 $2N-6$ 次旋转，解法在文献[30]中给出。练习 4.45 中使用的线索首先在文献[28]中提出。k-d 树的最早提出是在文献[7]中，其主要缺点在于删除和平衡都有困难。文献[8]讨论了 k-d 树以及其他一些用于多维搜索的方法；本书第 12 章也进行了简要的讨论。

另外一些流行的平衡查找树是红黑树[19]和赋权平衡树[27]。在第 12 章可以找到更多的平衡树方案，此外也可以在文献[17, 26, 31]中找到。

1. G. M. Adelson-Velskii and E. M. Landis, "An Algorithm for the Organization of Information," *Soviet. Mat. Doklady,* 3 (1962), 1259–1263.
2. A. V. Aho, J. E. Hopcroft, and J. D. Ullman, *The Design and Analysis of Computer Algorithms,* Addison-Wesley, Reading, Mass., 1974.
3. B. Allen and J. I. Munro, "Self Organizing Search Trees," *Journal of the ACM,* 25 (1978), 526–535.
4. R. A. Baeza-Yates, "Expected Behaviour of B^+-trees under Random Insertions," *Acta Informatica,* 26 (1989), 439–471.
5. R. A. Baeza-Yates, "A Trivial Algorithm Whose Analysis Isn't: A Continuation," *BIT,* 29 (1989), 88–113.
6. R. Bayer and E. M. McCreight, "Organization and Maintenance of Large Ordered Indices," *Acta Informatica,* 1 (1972), 173–189.
7. J. L. Bentley, "Multidimensional Binary Search Trees Used for Associative Searching," *Communications of the ACM,* 18 (1975), 509–517.
8. J. L. Bentley and J. H. Friedman, "Data Structures for Range Searching," *Computing Surveys,* 11 (1979), 397–409.
9. J. R. Bitner, "Heuristics that Dynamically Organize Data Structures," *SIAM Journal on Computing,* 8 (1979), 82–110.
10. D. Comer, "The Ubiquitous B-tree," *Computing Surveys,* 11 (1979), 121–137.
11. J. Culberson and J. I. Munro, "Explaining the Behavior of Binary Search Trees under Prolonged Updates: A Model and Simulations," *Computer Journal,* 32 (1989), 68–75.
12. J. Culberson and J. I. Munro, "Analysis of the Standard Deletion Algorithms in Exact Fit Domain Binary Search Trees," *Algorithmica,* 5 (1990) 295–311.
13. K. Culik, T. Ottman, and D. Wood, "Dense Multiway Trees," *ACM Transactions on Database Systems,* 6 (1981), 486–512.
14. B. Eisenbath, N. Ziviana, G. H. Gonnet, K. Melhorn, and D. Wood, "The Theory of Fringe Analysis and its Application to 2–3 Trees and B-trees," *Information and Control,* 55 (1982), 125–174.
15. J. L. Eppinger, "An Empirical Study of Insertion and Deletion in Binary Search Trees," *Communications of the ACM,* 26 (1983), 663–669.
16. P. Flajolet and A. Odlyzko, "The Average Height of Binary Trees and Other Simple Trees," *Journal of Computer and System Sciences,* 25 (1982), 171–213.
17. G. H. Gonnet and R. Baeza-Yates, *Handbook of Algorithms and Data Structures,* 2d ed., Addison-Wesley, Reading, Mass., 1991.
18. E. Gudes and S. Tsur, "Experiments with B-tree Reorganization," *Proceedings of ACM SIGMOD Symposium on Management of Data* (1980), 200–206.
19. L. J. Guibas and R. Sedgewick, "A Dichromatic Framework for Balanced Trees," *Proceedings of the Nineteenth Annual IEEE Symposium on Foundations of Computer Science* (1978), 8–21.
20. T. H. Hibbard, "Some Combinatorial Properties of Certain Trees with Applications to Searching and Sorting," *Journal of the ACM,* 9 (1962), 13–28.
21. A. T. Jonassen and D. E. Knuth, "A Trivial Algorithm Whose Analysis Isn't," *Journal of Computer and System Sciences,* 16 (1978), 301–322.
22. P. L. Karlton, S. H. Fuller, R. E. Scroggs, and E. B. Kaehler, "Performance of Height Balanced Trees," *Communications of the ACM,* 19 (1976), 23–28.

146

23. D. E. Knuth, *The Art of Computer Programming: Vol. 1: Fundamental Algorithms*, 2d ed., Addison-Wesley, Reading, Mass., 1973.
24. D. E. Knuth, *The Art of Computer Programming: Vol. 3: Sorting and Searching*, Addison-Wesley, Reading, Mass., 1973.
25. K. Melhorn, "A Partial Analysis of Height-Balanced Trees under Random Insertions and Deletions," *SIAM Journal of Computing*, 11 (1982), 748–760.
26. K. Melhorn, *Data Structures and Algorithms 1: Sorting and Searching*, Springer-Verlag, Berlin, 1984.
27. J. Nievergelt and E. M. Reingold, "Binary Search Trees of Bounded Balance," *SIAM Journal on Computing*, 2 (1973), 33–43.
28. A. J. Perlis and C. Thornton, "Symbol Manipulation in Threaded Lists," *Communications of the ACM*, 3 (1960), 195–204.
29. D. D. Sleator and R. E. Tarjan, "Self-adjusting Binary Search Trees," *Journal of ACM*, 32 (1985), 652–686.
30. D. D. Sleator, R. E. Tarjan, and W. P. Thurston, "Rotation Distance, Triangulations, and Hyperbolic Geometry," *Journal of AMS* (1988), 647–682.
31. H. F. Smith, *Data Structures—Form and Function*, Harcourt Brace Jovanovich, Orlando, Fla., 1987.
32. R. E. Tarjan, "Sequential Access in Splay Trees Takes Linear Time," *Combinatorica*, 5 (1985), 367–378.
33. A. C. Yao, "On Random 2–3 Trees," *Acta Informatica*, 9 (1978), 159–170.

147 ~ 148

C H A P T E R 5

第5章

散 列

我们在第 4 章讨论了查找树 ADT，它允许对一组元素进行各种操作。本章讨论散列表(hash table)ADT，不过它只支持二叉查找树所允许的一部分操作。

散列表的实现常常叫作散列(hashing)。散列是一种以常数平均时间执行插入、删除和查找的技术。但是，那些需要元素间任何排序信息的操作将不会得到有效的支持。因此，诸如 `FindMin`、`FindMax` 以及以线性时间将排过序的整个表进行打印的操作都是散列所不支持的。

这章的中心数据结构是散列表，我们将：

- 看到实现散列表的几种方法。
- 分析比较这些方法。
- 介绍散列的多种应用。
- 将散列表和二叉查找树进行比较。

5.1 一般想法

理想的散列表数据结构只不过是一个含有关键字的具有固定大小的数组。典型情况下，一个关键字就是一个带有相关值(例如工资信息)的字符串。我们把表的大小记作 `TableSize`，并将其理解为散列数据结构的一部分而不仅仅是浮动于全局的某个变量。通常的习惯是让表从 0 到 `TableSize`－1 变化，稍后我们就会明白为什么要这样。

将每个关键字映射到从 0 到 `TableSize`－1 这个范围中的某个数，并且放到适当的单元中。这个映射就叫作散列函数(hash function)，理想情况下它应该运算简单并且应该保证任何两个不同的关键字映射到不同的单元。不过，这是不可能的，因为单元的数目是有限的，而关键字实际上是无穷无尽的。因此，我们寻找一个散列函数，该函数要在单元之间均匀地分配关键字。图 5-1 是一个典型的理想情况。在这个例子中，john 散列到 3，phil 散列到 4，dave 散列到 6，mary 散列到 7。

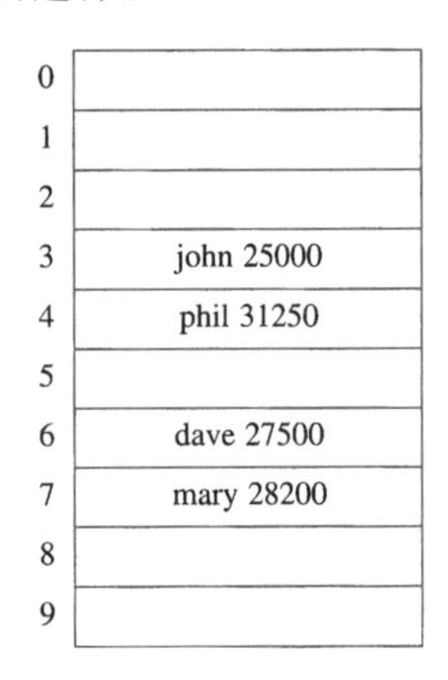

图 5-1 一个理想的散列表

这就是散列的基本想法。剩下的问题则是要选择一个函数，决定当两个关键字散列到同一个值的时候(称为冲突(collision))应该做什么以及如何确定散列表的大小。

5.2 散列函数

如果输入的关键字是整数，则一般合理的方法就是直接返回“`Key mod TableSize`”的结果，除非 `Key` 碰巧具有某些不理想的性质。在这种情况下，散列函数的选择需要仔细考虑。例如，若表的大小是 10 而关键字都以 0 为个位，则此时上述标准的散列函数就是一个不好的选择。其原因我们将在后面看到，而为了避免上面那样的情况，好的办法通常是保证表的大小是素数。当输入的关键字是随机整数时，散列函数不仅算起来简单而且关键字的分配也很均匀。

通常，关键字是字符串；在这种情形下，散列函数需要仔细地选择。

一种选择方法是把字符串中字符的 ASCII 码值加起来。在图 5-2 中，我们声明类型Index，它是散列函数的返回值类型。图 5-3 实现该想法并用典型的 C 方式通过将字符逐个相加来处理整个字符串。

```
typedef unsigned int Index;
```

图 5-2　由散列函数返回的类型

图 5-3 中描述的散列函数实现起来简单而且能够很快地算出答案。不过，如果表很大，则函数将不会很好地分配关键字。例如，设 TableSize＝10 007(10 007 是素数)，并设所有的关键字至多 8 个字符长。由于 char 型量的值最多是 127，因此散列函数只能假设值在 0 和1016之间，其中 1016＝127×8。显然这不是一种均匀的分配。

149 ~ 150

另一个散列函数由图 5-4 表示。这个散列函数假设 Key 至少有两个字符外加 NULL 结束符。值 27 表示英文字母表的字母个数外加一个空格，而 $729=27^2$。该函数只考察前三个字符，但是，假如它们是随机的，而表的大小像前面那样还是 10 007，那么我们就会得到一个合理的均衡分配。可不巧的是，英文不是随机的。虽然 3 个字符(忽略空格)有 $26^3=17\,576$ 种可能的组合，但查验词汇量足够大的联机词典却揭示：3 个字母的不同组合数实际只有2851种。即使这些组合没有冲突，也不过只有表的 28%被真正散列到。因此，虽然很容易计算，但是当散列表足够大的时候这个函数还是不合适的。

```
        Index
        Hash( const char *Key, int TableSize )
        {
            unsigned int HashVal = 0;

/* 1*/      while( *Key != '\0' )
/* 2*/          HashVal += *Key++;

/* 3*/      return HashVal % TableSize;
        }
```

图 5-3　一个简单的散列函数

```
Index
Hash( const char *Key, int TableSize )
{
    return ( Key[ 0 ] + 27 * Key[ 1 ] + 729 * Key[ 2 ] )
                % TableSize;
}
```

图 5-4　另一种可能的散列函数——不太好

151

图 5-5 列出了散列函数的第 3 种尝试。这个散列函数涉及关键字中的所有字符，并且一般可以分布得很好(它计算 $\sum_{i=0}^{\text{KeySize}-1} \text{Key}[\text{KeySize}-i-1]\cdot 32^i$，并将结果限制在适当的范

```
        Index
        Hash( const char *Key, int TableSize )
        {
            unsigned int HashVal = 0;

/* 1*/      while( *Key != '\0' )
/* 2*/          HashVal = ( HashVal << 5 ) + *Key++;

/* 3*/      return HashVal % TableSize;
        }
```

图 5-5　一个好的散列函数

围内)。程序根据 Horner 法则计算一个(32 的)多项式函数。例如,计算 $h_k = k_1 + 27k_2 + 27^2 k_3$ 的另一种方式是借助于公式 $h_k = ((k_3) \times 27 + k_2) \times 27 + k_1$ 进行。Horner 法则将其扩展到用于 n 次多项式。

我们之所以用 32 代替 27,是因为用 32 作乘法不是真的去乘,而是移动二进制的 5 位。为了加速,在程序第 2 行的加法可以用按位异或来代替。

图 5-5 所描述的散列函数就表的分布而言未必是最好的,但是确实具有极其简单的优点(如果允许溢出,那么速度也很快)。如果关键字特别长,那么该散列函数计算起来将会花费过多的时间,不仅如此,前面的字符还会左移出最终的结果。在这种情况下,通常的做法是不使用所有的字符。此时关键字的长度和性质将影响选择。例如,关键字可能是完整的街道地址,散列函数可以包括街道地址的几个字符,也许是城市名和邮政区码的几个字符。有些程序设计人员通过只使用奇数位置上的字符来实现他们的散列函数,这里有这么一层想法:用计算散列函数节省下的时间来补偿由此产生的对均匀分布的函数的轻微干扰。

剩下的主要编程细节是解决冲突的消除问题。如果当一个元素被插入处另一个元素已经存在(散列值相同),那么就产生一个冲突,这个冲突需要消除。解决这种冲突的方法有几种,我们将讨论其中最简单的两种:分离链接法和开放定址法。

5.3 分离链接法

解决冲突的第一种方法通常叫作**分离链接法**(separate chaining),其做法是将散列到同一个值的所有元素保留在一个表中。为方便起见,这些表都有表头,因此,表的实现与第 3 章中的实现方法相同。如果空间很紧,则更可取的方法是避免使用这些表头。本节假设关键字是前 10 个完全平方数并设散列函数就是 Hash(X) = X mod 10。(表的大小不是素数,用在这里是为了简单起见。)图 5-6 做出更清晰的解释。

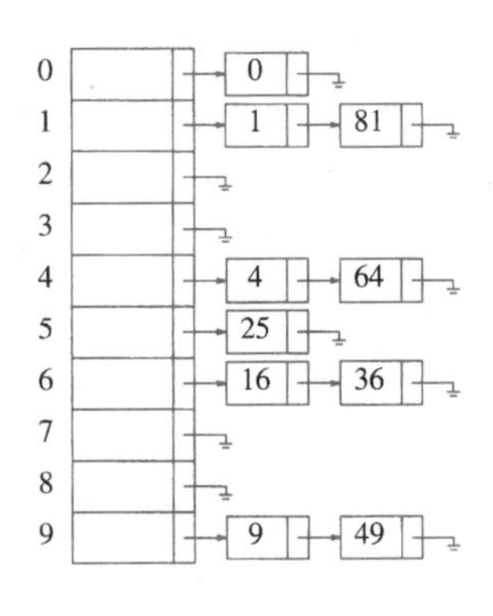

图 5-6 分离链接散列表

为执行 `Find`,我们使用散列函数来确定究竟考察哪个表。此时我们以通常的方式遍历该表并返回所找到的被查找项所在位置。为执行 `Insert`,我们遍历一个相应的表以检查该元素是否已经处在适当的位置(如果要插入重复元,那么通常要留出一个额外的域,这个域当重复元出现时增 1)。如果这个元素是个新的元素,那么或者插入到表的前端,或者插入到表的末尾,哪个容易就执行哪个。当编写程序的时候这是最容易寻址的一种。有时将新元素插入到表的前端不仅因为方便,而且还因为新近插入的元素最有可能最先被访问。

实现分离链接法所需要的类型声明在图 5-7 中示出。图中的 `ListNode` 结构与第 3 章中的链表声明相同。图中的散列表结构包括一个链表数组(以及数组中的链表的个数),它们在散列表结构初始化时动态分配空间。此处的 `HashTable` 类型就是指向该结构的指针类型。

注意,`TheList` 域实际上是一个指向指向 `ListNode` 结构的指针的指针。如果不使用这些 `typedef`,那可能会相当混乱。

```
#ifndef _HashSep_H

struct ListNode;
typedef struct ListNode *Position;
struct HashTbl;
typedef struct HashTbl *HashTable;

HashTable InitializeTable( int TableSize );
void DestroyTable( HashTable H );
Position Find( ElementType Key, HashTable H );
void Insert( ElementType Key, HashTable H );
ElementType Retrieve( Position P );
/* Routines such as Delete and MakeEmpty are omitted */

#endif  /* _HashSep_H */



/* Place in the implementation file */
struct ListNode
{
    ElementType Element;
    Position    Next;
};

typedef Position List;

/* List *TheList will be an array of lists, allocated later */
/* The lists use headers (for simplicity), */
/* though this wastes space */
struct HashTbl
{
    int TableSize;
    List *TheLists;
};
```

图 5-7 分离链接散列表的类型声明

图 5-8 列出初始化函数，它用到与栈的数组实现中相同的想法。第 4～6 行给一个散列表结构分配空间。如果空间允许，则 H 将指向一个结构，该结构包含一个整数和指向一个表的指针。第 7 行设置表的大小为一素数，而第 8～10 行则试图指定 `List` 的一个数组。由于 `List` 被定义为一个指针，因此结果为指针的数组。

假如 `List` 的实现不用表头，那么我们就可以到此为止了。但是我们使用了表头，因此必须给每个表分配一个表头并设置它的 `Next` 域为 `NULL`。这由第 11～15 行实现。当然，第 12～15 行可以用语句

```
H->TheLists[i]=MakeEmpty();
```

代替。虽然我们没有选择使用这条语句，但是因为该例中它胜过使程序尽可能自包含，所以它当然值得考虑。这个程序的一个低效之处在于第 12 行上的 `malloc` 执行了 `H->TableSize` 次。这可以通过在循环出现之前调用一次 `malloc` 操作

```
H->TheLists=malloc(H->TableSize*sizeof(struct ListNode));
```

代替第 12 行来避免。第 16 行返回 H。

对 `Find(Key, H)` 的调用将返回一个指针，该指针指向包含 `Key` 的那个单元。实现它的程序在图 5-9 中示出。注意，第 2～5 行等同于第 3 章中给出的执行 `Find` 的程序。因此，

第 3 章中表示 ADT 的实现方法可以用到这里。记住，如果 ElementType 是一个字符串，那么比较和赋值必须相应地使用 strcmp 和 strcpy 来进行。

```
        HashTable
        InitializeTable( int TableSize )
        {
            HashTable H;
            int i;

/* 1*/      if( TableSize < MinTableSize )
            {
/* 2*/          Error( "Table size too small" );
/* 3*/          return NULL;
            }

            /* Allocate table */
/* 4*/      H = malloc( sizeof( struct HashTbl ) );
/* 5*/      if( H == NULL )
/* 6*/          FatalError( "Out of space!!!" );

/* 7*/      H->TableSize = NextPrime( TableSize );

            /* Allocate array of lists */
/* 8*/      H->TheLists = malloc( sizeof( List ) * H->TableSize );
/* 9*/      if( H->TheLists == NULL )
/*10*/          FatalError( "Out of space!!!" );

            /* Allocate list headers */
/*11*/      for( i = 0; i < H->TableSize; i++ )
            {
/*12*/          H->TheLists[ i ] = malloc( sizeof( struct ListNode ) );
/*13*/          if( H->TheLists[ i ] == NULL )
/*14*/              FatalError( "Out of space!!!" );
                else
/*15*/              H->TheLists[ i ]->Next = NULL;
            }

/*16*/      return H;
        }
```

图 5-8 分离链接散列表的初始化例程

```
        Position
        Find( ElementType Key, HashTable H )
        {
            Position P;
            List L;

/* 1*/      L = H->TheLists[ Hash( Key, H->TableSize ) ];
/* 2*/      P = L->Next;
/* 3*/      while( P != NULL && P->Element != Key )
                                /* Probably need strcmp!! */
/* 4*/          P = P->Next;
/* 5*/      return P;
        }
```

图 5-9 分离链接散列表的 Find 例程

下一个是插入例程。如果要插入的项已经存在，那么我们就什么也不做；否则我们把它放到表的前端(见图 5-10)。[⊖]该元素可以放在表的任何地方，此处这样做是最方便的。注

⊖ 由于图 5-6 中的表是通过插入到表的末端建立的，因此图 5-10 中的程序将产生一个将图 5-6 中的表倒转过来的表。

意，插入到表的前端的程序基本上等同于第 3 章中使用链表实现 Push 的程序。如果第 3 章中的那些 ADT 都已经仔细地实现了，那么它们就可以用到这里。

图 5-10 中的插入例程写得多少有些不好，因为它计算了两次散列函数。多余的计算总是不好的，因此，如果这些散列例程真的构成程序运行时间的重要部分，那么这个程序就应该重写。

152
~
156

删除例程是链表中的删除操作的直接实现，因此我们不在这里赘述。如果在散列的诸例程中不包括删除操作，那么最好不要使用表头，因为使用表头不仅不能简化问题而且还要浪费大量的空间。我们也把它作为一道练习留给读者。

```
        void
        Insert( ElementType Key, HashTable H )
        {
            Position Pos, NewCell;
            List L;

/* 1*/      Pos = Find( Key, H );
/* 2*/      if( Pos == NULL )   /* Key is not found */
            {
/* 3*/          NewCell = malloc( sizeof( struct ListNode ) );
/* 4*/          if( NewCell == NULL )
/* 5*/              FatalError( "Out of space!!!" );
                else
                {
/* 6*/              L = H->TheLists[ Hash( Key, H->TableSize ) ];
/* 7*/              NewCell->Next = L->Next;
/* 8*/              NewCell->Element = Key;  /* Probably need strcpy! */
/* 9*/              L->Next = NewCell;
                }
            }
        }
```

图 5-10　分离链接散列表的 Insert 例程

除链表外，任何的方案都有可能用来解决冲突现象——一棵二叉查找树甚至另外一个散列表均可胜任，但是我们期望如果表大，同时散列函数好，那么所有的表就应该短，这样就不至于进行任何复杂的尝试了。

我们定义散列表的装填因子(load factor)λ 为散列表中的元素个数与散列表大小的比值。在上面的例子中，$\lambda=1.0$。表的平均长度为 λ。执行一次查找所需要的工作是计算散列函数值所需要的常数时间加上遍历表所用的时间。在一次不成功的查找中，遍历的链接数平均为 λ(不包括最后的 NULL 链接)。成功的查找则需要遍历大约 $1+(\lambda/2)$ 个链接；它保证必然会遍历一个链接(因为查找是成功的)，而我们也期望沿着一个表中途就能找到匹配的元素。这就指出，表的大小实际上并不重要，而装填因子才是重要的。分离链接散列的一般法则是使得表的大小尽量与预料的元素个数差不多(换句话说，让 $\lambda\approx1$)。正如前面提到的，使表的大小是素数以保证一个好的分布，这也是一个好的想法。

5.4　开放定址法

分离链接散列算法的缺点是需要指针，由于给新单元分配地址需要时间，因此这就导致算法的速度多少有些减慢，同时算法实际上还要求实现另一种数据结构。除使用链表解决冲突外，开放定址散列法(open addressing hashing)是另外一种用链表解决冲突的方法。在开放定址散列算法系统中，如果有冲突发生，那么就要尝试选择另外的单元，直到找出空的单元为止。更一般地，单元 $h_0(X)$，$h_1(X)$，$h_2(X)$，…，相继试选，其中 $h_i(X)=(\text{Hash}(X)+F(i))$ mod TableSize，且 $F(0)=0$。函数 F 是冲突解决方法。因为所有的数据都要置入表内，所以开放定址散列法所需要的表要比分离链接散列用的表大。一般说来，对开放定址散列算法来说，装填因子应该低于 $\lambda=0.5$。现在我们就来考察三个通常的冲突解决方法。

5.4.1 线性探测法

在线性探测法中，函数 F 是 i 的线性函数，典型情形是 $F(i)=i$。这相当于逐个探测每个单元(必要时可以绕回)以查找出一个空单元。图 5-11 显示使用与前面相同的散列函数将诸关键字{89，18，49，58，69}插入一个散列表的情况，而此时的冲突解决方法就是$F(i)=i$。

	空表	插入89	插入18	插入49	插入58	插入69
0				49	49	49
1					58	58
2						69
3						
4						
5						
6						
7						
8			18	18	18	18
9		89	89	89	89	89

图 5-11 每次插入后使用线性探测得到的开放定址散列表

第一个冲突在插入关键字 49 时产生——它被放入下一个空闲地址，即地址 0，该地址是开放的。关键字 58 依次和 18、89、49 发生冲突，试选三次之后才找到一个空单元。对 69 的冲突用类似的方法处理。只要表足够大，总能够找到一个自由单元，但是如此花费的时间是相当多的。更糟的是，即使表相对较空，这样占据的单元也会开始形成一些区块，其结果称为一次聚集(primary clustering)，于是，散列到区块中的任何关键字都需要多次试选单元才能解决冲突，然后该关键字被添加到相应的区块中。

虽然我们不在这里进行具体计算，但是可以证明，使用线性探测的预期探测次数对于插入和不成功的查找来说大约为 $\frac{1}{2}(1+1/(1-\lambda)^2)$，而对于成功的查找来说则是 $\frac{1}{2}(1+1/(1-\lambda))$。一些相关的计算多少有些复杂。从程序中容易看出，插入和不成功查找需要相同次数的探测。略加思考不难得出，成功查找应该比不成功查找平均花费较少的时间。

如果聚集不算是问题，那么对应的公式就不难得到。我们假设有一个很大的表，并设每次探测都与前面的探测无关。对于随机冲突解决方法而言，这些假设是成立的，并且当 λ 不是非常接近于 1 时也是合理的。首先，我们导出在一次不成功查找中探测的期望次数，而这正是直到我们找到一个空单元的探测的期望次数。由于空单元所占的份额为 $1-\lambda$，因此我们预计要探测的单元数是 $1/(1-\lambda)$。一次成功查找的探测次数等于该特定元素插入时所需要的探测次数。当一个元素被插入时，可以看成是一次不成功查找的结果。因此，我们可以使用一次不成功查找的开销来计算一次成功查找的平均开销。

157~158

需要指出，λ 在 0 到当前值之间变化，因此早期的插入操作开销较少，从而降低平均开销。例如，在上面的表中，$\lambda=0.5$，访问 18 的开销是在 18 被插入时确定的，此时 $\lambda=0.2$。由于 18 是插入到一个相对空的表中，因此对它的访问应该比新近插入的元素(比如 69)的访问更容易。我们可以通过使用积分计算插入时间平均值的方法来估计平均值，如此得到

$$I(\lambda)=\frac{1}{\lambda}\int_0^{\lambda}\frac{1}{1-x}\mathrm{d}x=\frac{1}{\lambda}\ln\frac{1}{1-\lambda}$$

这些公式显然优于线性探测相应的公式。聚集不仅是理论上的问题，而且实际上也发生在具体的实现中。图 5-12 把线性探测的性能(虚线)与对更随机冲突解决方法中期望的性能作了比较。成功的查找用 S 标示，不成功查找和插入分别用 U 和 I 标记。

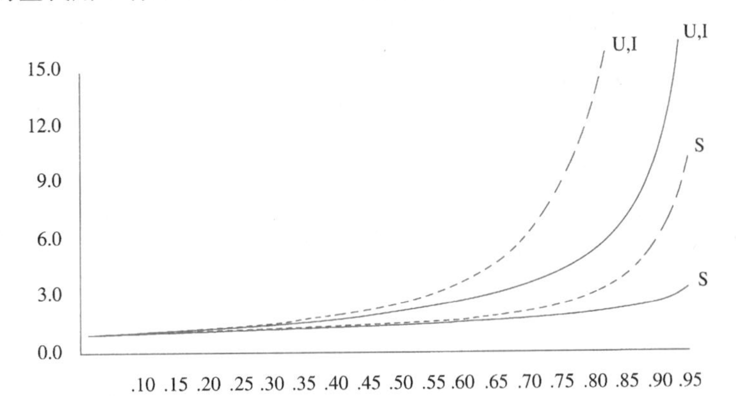

图 5-12 对线性探测(虚线)和随机方法的装填因子画出的探测次数(S 为成功查找；U 为不成功查找；而 I 为插入)

如果 $\lambda=0.75$，那么上面的公式指出在线性探测中一次插入预计探测 8.5 次。如果 $\lambda=0.9$，则预计探测 50 次，这是不合理的。假如聚集不是问题，那么这可与相应装填因子的 4 次和 10 次探测相比。从这些公式看到，如果超过一半的表被填满的话，那么线性探测就不是个好办法。然而，如果 $\lambda=0.5$，那么插入操作平均只需要探测 2.5 次，并且对于成功的查找平均只需要探测 1.5 次。

159

5.4.2 平方探测法

平方探测是消除线性探测中一次聚集问题的冲突解决方法。平方探测就是冲突函数为二次函数的探测方法。流行的选择是 $F(i)=i^2$，图 5-13 显示了使用该冲突函数所得到的与前面线性探测例子相同的开放定址散列表。

	空表	插入89	插入18	插入49	插入58	插入69
0				49	49	49
1						
2					58	58
3						69
4						
5						
6						
7						
8			18	18	18	18
9		89	89	89	89	89

图 5-13　在每次插入后，利用平方探测得到的开放定址散列表

当 49 与 89 冲突时，其下一个位置为下一个单元，该单元是空的，因此 49 就被放在那里。此后，58 在位置 8 处产生冲突，其后相邻的单元经探测得知发生了另外的冲突。下一个探测的单元在距位置 8 为 $2^2=4$ 远处，这个单元是个空单元。因此，关键字 58 就放在单元 2 处。对于关键字 69，处理的过程也一样。

对于线性探测，让元素几乎填满散列表并不是个好主意，因为此时表的性能会降低。对于平方探测情况甚至更糟：一旦表被填满超过一半，当表的大小不是素数时甚至在表被填满一半之前，就不能保证一次找到一个空单元了。这是因为最多有一半的表可以用作解决冲突的备选位置。

我们现在就来证明，如果表有一半是空的，并且表的大小是素数，那么我们保证总能够插入一个新的元素。

定理 5.1　*如果使用平方探测，且表的大小是素数，那么当表至少有一半是空的时候，总能够插入一个新的元素。*

证明： 令表的大小 TableSize 是一个大于 3 的(奇)素数。我们证明，前 $\lfloor \text{TableSize}/2 \rfloor$ 个备选位置是互异的。$h(X)+i^2 \pmod{\text{TableSize}}$ 和 $h(X)+j^2 \pmod{\text{TableSize}}$ 是这些位置中的两个，其中 $0<i, j\leqslant\lfloor \text{TableSize}/2 \rfloor$。为推出矛盾，假设这两个位置相同，但 $i\neq j$，于是

$$
\begin{aligned}
h(X)+i^2 &= h(X)+j^2 && \pmod{\text{TableSize}}\\
i^2 &= j^2 && \pmod{\text{TableSize}}\\
i^2-j^2 &= 0 && \pmod{\text{TableSize}}\\
(i-j)(i+j) &= 0 && \pmod{\text{TableSize}}
\end{aligned}
$$

由于 TableSize 是素数，因此，要么 $(i-j)$ 等于 $0 \pmod{\text{TableSize}}$，要么 $(i+j)$ 等于 $0 \pmod{\text{TableSize}}$。既然 i 和 j 是互异的，那么第一个选择是不可能的。但 $0<i, j<\lfloor \text{TableSize}/2 \rfloor$，因此第二个选择也是不可能的。从而，前 $\lfloor \text{TableSize}/2 \rfloor$ 个备选位置是互异的。由于要插入的元素(若无任何冲突发生)也可以放到经散列得到的单元，因此任何元

素都有⌈TableSize/2⌉个可能的位置。如果最多有⌊TableSize/2⌋个位置可以使用，那么空单元总能够找到。

哪怕表有比一半多一个的位置被填满，那么插入都有可能失败(虽然这是非常难以见到的)。把它记住很重要。另外，表的大小是素数也非常重要[⊖]。如果表的大小不是素数，则备选单元的个数可能会锐减。例如，若表的大小是 16，那么备选单元只能在距散列值 1、4 或 9 距离处。

在开放定址散列表中，标准的删除操作不能施行，因为相应的单元可能已经引起过冲突，元素绕过它存在了别处。例如，如果我们删除 89，那么实际上所有其他的 Find 例程都将不能正确运行。因此，开放定址散列表需要懒惰删除，虽然在这种情况下并不存在真正意义上的懒惰。

实现开放定址散列方法所需要的类型声明在图 5-14 中表示。这里，我们不用链表数组，而是使用散列表项单元的数组，与在分离链接散列中一样，这些单元也是动态分配地址的。该表的初始化(图 5-15)由分配空间(第 1～10 行)及其后将每个单元的 Info 域设置为 Empty 组成。

```
#ifndef _HashQuad_H

typedef unsigned int Index;
typedef Index Position;

struct HashTbl;
typedef struct HashTbl *HashTable;

HashTable InitializeTable( int TableSize );
void DestroyTable( HashTable H );
Position Find( ElementType Key, HashTable H );
void Insert( ElementType Key, HashTable H );
ElementType Retrieve( Position P, HashTable H );
HashTable Rehash( HashTable H );
/* Routines such as Delete and MakeEmpty are omitted */

#endif  /* _HashQuad_H */


/* Place in the implementation file */
enum KindOfEntry { Legitimate, Empty, Deleted };

struct HashEntry
{
    ElementType      Element;
    enum KindOfEntry Info;
};

typedef struct HashEntry Cell;

/* Cell *TheCells will be an array of */
/* HashEntry cells, allocated later */
struct HashTbl
{
    int TableSize;
    Cell *TheCells;
};
```

图 5-14　开放定址散列表的类型声明

⊖ 如果表的大小是形如 $4k+3$ 的素数，且使用的平方冲突解决方法为 $F(i)=\pm i^2$，那么整个表均可被探测到。其代价则是例程要略微复杂。

```
        HashTable
        InitializeTable( int TableSize )
        {
            HashTable H;
            int i;

/* 1*/      if( TableSize < MinTableSize )
            {
/* 2*/          Error( "Table size too small" );
/* 3*/          return NULL;
            }

            /* Allocate table */
/* 4*/      H = malloc( sizeof( struct HashTbl ) );
/* 5*/      if( H == NULL )
/* 6*/          FatalError( "Out of space!!!" );

/* 7*/      H->TableSize = NextPrime( TableSize );

            /* Allocate array of Cells */
/* 8*/      H->TheCells = malloc( sizeof( Cell ) * H->TableSize );
/* 9*/      if( H->TheCells == NULL )
/*10*/          FatalError( "Out of space!!!" );

/*11*/      for( i = 0; i < H->TableSize; i++ )
/*12*/          H->TheCells[ i ].Info = Empty;

/*13*/      return H;
        }
```

图 5-15 初始化开放定址散列表的例程

如同分离链接散列法一样，Find(Key，H)将返回 Key 在散列表中的位置。如果 Key 不出现，那么 Find 将返回最后的单元。该单元就是当需要时，Key 将被插入的地方。此外，因为被标记了 Empty，所以表达 Find 失败很容易。为了方便起见，我们假设散列表的大小至少为表中元素个数的两倍，因此平方探测方法总能够实现。否则，我们就要在第 4 行前测试 i(CollisionNum)。在图 5-16 的实现中，标记为删除的那些元素被认为还在表内。这可能引起一些问题，因为该表可能提前过满。我们现在就来讨论它。

```
        Position
        Find( ElementType Key, HashTable H )
        {
            Position CurrentPos;
            int CollisionNum;

/* 1*/      CollisionNum = 0;
/* 2*/      CurrentPos = Hash( Key, H->TableSize );
/* 3*/      while( H->TheCells[ CurrentPos ].Info != Empty &&
                   H->TheCells[ CurrentPos ].Element != Key )
                            /* Probably need strcmp!! */
            {
/* 4*/          CurrentPos += 2 * ++CollisionNum - 1;
/* 5*/          if( CurrentPos >= H->TableSize )
/* 6*/              CurrentPos -= H->TableSize;
            }
/* 7*/      return CurrentPos;
        }
```

图 5-16 使用平方探测散列法的 Find 例程

第 4～6 行为进行平方探测的快速方法。由平方解决函数的定义可知，$F(i)=$

$F(i-1)+2i-1$，因此，下一个要探测的单元可以用乘以2(实际上就是进行一位二进制移位)并减1来确定。如果新的定位越过数组，那么可以通过减去 TableSize 把它拉回到数组范围内。这比通常的方法要快，因为它避免了看似需要的乘法和除法。注意一条重要的警告：第3行的测试顺序很重要，切勿改变它！

最后的例程是插入。正如分离链接散列方法那样，若 Key 已经存在，则我们就什么也不做。其他工作只是简单的修改。否则，我们就把要插入的元素放在 Find 例程指出的地方，如图5-17所示。

```
void
Insert( ElementType Key, HashTable H )
{
    Position Pos;

    Pos = Find( Key, H );
    if( H->TheCells[ Pos ].Info != Legitimate )
    {
            /* OK to insert here */
        H->TheCells[ Pos ].Info = Legitimate;
        H->TheCells[ Pos ].Element = Key;
                /* Probably need strcpy! */
    }
}
```

图5-17 使用平方探测散列表的插入例程

虽然平方探测排除了一次聚集，但是散列到同一位置上的那些元素将探测相同的备选单元。这叫作二次聚集(secondary clustering)。二次聚集是理论上的一个小缺憾。模拟结果指出，对每次查找，它一般要引起另外的少于一半的探测。下面的技术将会排除这个缺憾，不过这要花费另外的一些乘法和除法形销。

5.4.3 双散列

我们将要考察的最后一个冲突解决方法是双散列(double hashing)。对于双散列，一种流行的选择是 $F(i)=i\cdot hash_2(X)$。这个公式是说，我们将第二个散列函数应用到 X 并在距离 $hash_2(X)$，$2hash_2(X)$等处探测。$hash_2(X)$选择得不好将会是灾难性的。例如，若把99插入到前面例子的输入中，则通常的选择 $hash_2(X)=X \bmod 9$ 将不起作用。因此，函数一定不要算得0值。另外，保证所有的单元都能被探测到(在下面的例子中这是不可能的，因为表的大小不是素数)也是很重要的。诸如 $hash_2(X)=R-(X \bmod R)$这样的函数将起到良好的作用，其中 R 为小于 TableSize 的素数。如果我们选择 $R=7$，图5-18则显示插入与前面相同的关键字的结果。

160 ~ 164

第一个冲突发生在插入49的时候。$hash_2(49)=7-0=7$，故49被插入到位置6。$hash_2(58)=7-2=5$，于是58被插入到位置3。最后，69产生冲突，从而被插入到距离为 $hash_2(69)=7-6=1$ 的地方。如果我们试图将60插入到位置0处，那么就会产生一个冲突。由于 $hash_2(60)=7-4=3$，因此我们尝试位置3、6、9，然后是2，直到找出一个空的单元。一般是有可能发现某个坏情形的，不过这里没有太多这样的情形。

前面已经提到，上面的散列表实例的大小不是素数。我们这么做是为了计算散列函数时方便，但是，有必要了解在使用双散列时为什么保证表的大小为素数是重要的。如果想要把23插入到表中，那么它就会与58发生冲突。由于 $hash_2(23)=7-2=5$，且该表大小是10，因此我们只有一个备选位置，而这个位置已经使用了。因此，如果表的大小不是素数，那么备选单元就有可能提前用完。然而，如果双散列正确实现，则模拟表明，预期的探测次数几乎和随机冲突解决方法的情形相同。这使得双散列理论上很有吸引力。不过，平方探测不需要使用第二个散列函数，从而在实践中可能更简单并且更快。

	空表	插入89	插入18	插入49	插入58	插入69
0						69
1						
2						
3					58	58
4						
5						
6				49	49	49
7						
8			18	18	18	18
9		89	89	89	89	89

图 5-18 使用双散列方法的开放定址散列表

5.5 再散列

对于使用平方探测的开放定址散列法，如果表的元素填得太满，那么操作的运行时间将开始消耗过长，且 Insert 操作可能失败。这可能发生在有太多的移动和插入混合的场合。此时，一种解决方法是建立另外一个大约两倍大的表(而且使用一个相关的新散列函数)，扫描整个原始散列表，计算每个(未删除的)元素的新散列值并将其插入到新表中。

165

例如，设将元素 13、15、24 和 6 插入到大小为 7 的开放定址散列表中。散列函数是 $h(X)=X \bmod 7$。假设使用线性探测方法解决冲突问题。插入结果得到的散列表如图 5-19 所示。

如果将 23 插入表中，那么图 5-20 中插入后的表将有超过 70%的单元是满的。因为表填得过满，所以我们建立一个新的表。该表大小之所以为 17，是因为 17 是原表大小两倍后的第一个素数。新的散列函数为 $h(X)=X \bmod 17$。扫描原来的表，并将元素 6、15、23、24 以及 13 插入到新表中。最后得到的表见图 5-21。

0	6
1	15
2	
3	24
4	
5	
6	13

图 5-19 使用线性探测插入 13，15，6，24 的开放定址散列表

0	6
1	15
2	23
3	24
4	
5	
6	13

图 5-20 使用线性探测插入 23 后的开放定址散列表

166

整个操作就叫作再散列(rehashing)。显然这是一种非常昂贵的操作，其运行时间为 $O(N)$，因为有 N 个元素要再散列而表的大小约为 $2N$，不过，由于不是经常发生，因此实际效果根本没有这么差。特别是，在最后的再散列之前必然已经存在 $N/2$ 次 `Insert`，当然添加到每个插入上的花费基本上是一个常数开销[⊖]。如果这种数据结构是程序的一部分，那么其效果是不显著的。另一方面，如果再散列作为交互系统的一部分运行，那么其插入引起再散列的不幸的用户将会感到速度减慢。

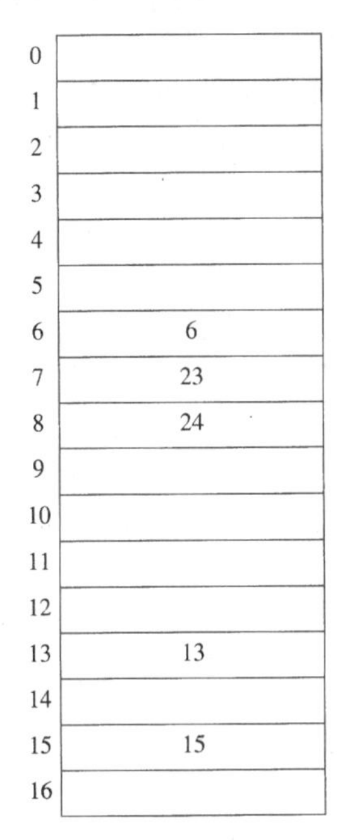

图 5-21 在再散列之后的开放定址散列表

再散列可以用平方探测以多种方法实现。一种做法是只要表填满一半就再散列。另一种极端的方法是只有当插入失败时才再散列。第三种方法是途中(middle-of-the-road)策略：当表到达某一个装填因子时进行再散列。由于随着装填因子的增加，表的性能的确有下降，因此，以好的截止手段实现的第三种策略，可能是最好的策略。

再散列使程序员再也不用担心表的大小，这一点很重要，因为在复杂的程序中散列表不能够做得任意大。后面的练习让你考察再散列与懒惰删除联合使用的情况。再散列还可以用在其他的数据结构中。例如，如果第 3 章队列数据结构变满时，那么我们可以声明一个双倍大小的数组，并将每一个成员拷贝过来，同时释放原来的队列。

如图 5-22 所示，再散列的实现很简单。

```
        HashTable
        Rehash( HashTable H )
        {
            int i, OldSize;
            Cell *OldCells;

/* 1*/      OldCells = H->TheCells;
/* 2*/      OldSize  = H->TableSize;

            /* Get a new, empty table */
/* 3*/      H = InitializeTable( 2 * OldSize );

            /* Scan through old table, reinserting into new */
/* 4*/      for( i = 0; i < OldSize; i++ )
/* 5*/          if( OldCells[ i ].Info == Legitimate )
/* 6*/              Insert( OldCells[ i ].Element, H );

/* 7*/      free( OldCells );

/* 8*/      return H;
        }
```

图 5-22 对开放定址散列表的再散列

⊖ 这就是为什么新表要做成老表两倍大的原因。

5.6　可扩散列

本章最后的论题处理数据量太大以至于装不进主存的情况。正如我们在第 4 章看到的，此时主要考虑的是检索数据所需的磁盘存取次数。

与前面一样，我们假设在任意时刻都有 N 个记录要存储，N 的值随时间而变化。此外，最多可把 M 个记录放入一个磁盘区块。本节将设 $M=4$。

如果使用开放定址散列法或分离链接散列法，那么主要的问题在于，在一次 Find 操作期间，冲突可能引起多个区块被考察，甚至对于理想分布的散列表也在所难免。不仅如此，当表变得过满的时候，必须执行代价巨大的再散列这一步，它需要 $O(N)$次磁盘访问。

一种聪明的选择叫作可扩散列(extendible hashing)，它允许用两次磁盘访问执行一次 Find。插入操作也需要很少的磁盘访问。

回忆第 4 章，B 树具有深度 $O(\log_{M/2} N)$。随着 M 的增加，B 树的深度降低。理论上我们可以选择使得 B 树的深度为 1 的 M。此时，在第一次以后的任何 Find 都将花费一次磁盘访问，因为据推测根节点可能存在主存中。这种方法的问题在于分支系数(branching factor)太高，以至于为了确定数据在哪片树叶上要进行大量的处理工作。如果运行这一步的时间可以减缩，那么我们就将有一个实际的方案。这正是可扩散列使用的策略。

167 ~ 168

现在假设我们的数据由几个 6 位整数组成。图 5-23 显示这些数据的可扩散列格式。“树”的根含有 4 个指针，它们由这些数据的前两位确定。每片树叶有最多 $M=4$ 个元素。碰巧这里每片树叶中数据的前两位都是相同的，这由圆括号内的数指出。为了更正式，用 D 代表根所使用的位数，有时称其为目录(directory)。于是，目录中的项数为 2^D。d_L 为树叶 L 所有元素共有的最高位的位数。d_L 将依赖于特定的树叶，因此 $d_L \leqslant D$。

设欲插入关键字 100100。它将进入第三片树叶，但是第三片树叶已经满了，没有空间存放它。因此我们将这片树叶分裂成两片树叶，它们由前三位确定。这需要将目录的大小增加到 3。这些变化如图 5-24 所示。

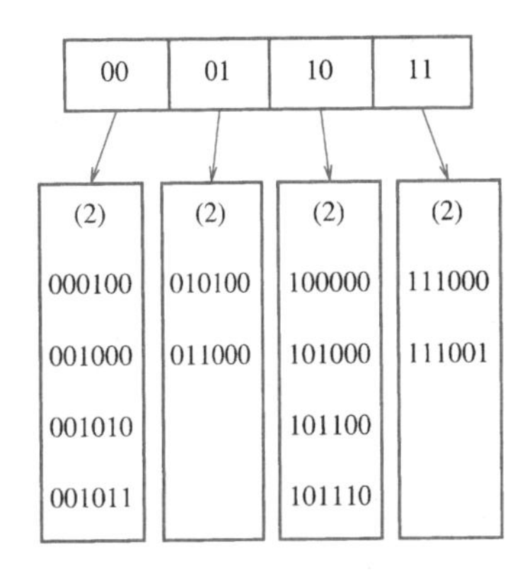

图 5-23　可扩散列：原始数据

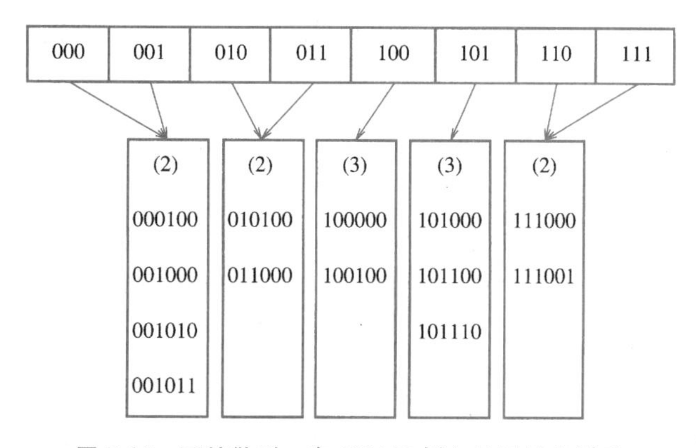

图 5-24　可扩散列：在 100100 插入及目录分裂后

注意，所有未被分裂的树叶现在各由两个相邻目录项所指。因此，虽然重写整个目录，但是其他树叶都没有被实际访问。

如果现在插入关键字 000000，那么第一片树叶就要被分裂，生成 $d_L=3$ 的两片树叶。由于 $D=3$，故在目录中所做的唯一变化是 000 和 001 指针的更新，见图 5-25。

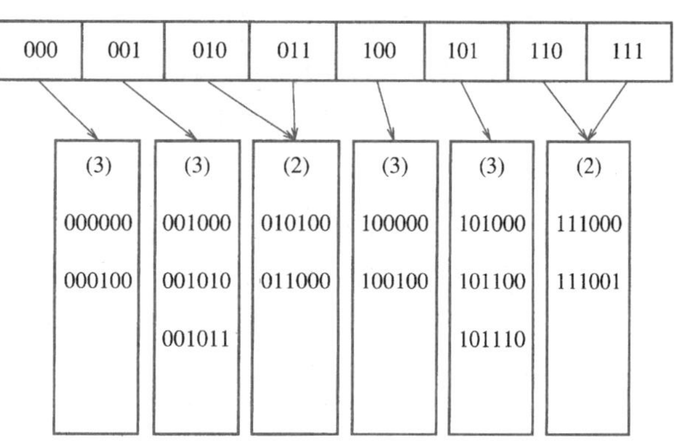

图 5-25 可扩散列：在 000000 插入及树叶分裂后

这个非常简单的方法提供了对大型数据库 Insert 操作和 Find 操作的快速存取时间。这里，还有一些重要细节我们尚未考虑。

首先，有可能当一片树叶的元素有多于 $D+1$ 个前导位相同时需要多个目录分裂。例如，从原先的例子开始，$D=2$，如果插入 111010、111011，并在最后插入 111100，那么目录大小必须增加到 4 以区分五个关键字。这是一个容易考虑到的细节，但是千万不要忘记它。其次，存在重复关键字(duplicate key)的可能性；若存在多于 M 个重复关键字，则该算法根本无效。此时，需要做出某些其他的安排。

这些可能性指出，这些位完全随机是相当重要的，这可以通过把关键字散列到合理长的整数(由此得名)来完成。

169~170

最后，我们介绍可扩散列的某些性能，这些性能是经过非常困难的分析后得到的。这些结果基于合理的假设：位模式(bit pattern)是均匀分布的。

树叶的期望个数为$(N/M)\log_2 e$。因此，平均树叶满的程度为 $\ln 2=0.69$。这和 B 树是一样的，其实这完全不奇怪，因为对于两种数据结构，当添加第$(M+1)$项时，一些新的节点就建立起来了。

更惊奇的结果是，目录的期望大小(换句话说即 2^D)为 $O(N^{1+1/M}/M)$。如果 M 很小，那么目录可能过大。在这种情况下，我们可以让树叶包含指向记录的指针而不是实际的记录，这样可以增加 M 的值。为了维持更小的目录，可以为每个 Find 操作添加第二个磁盘访问。如果目录太大装不进主存，那么第二个磁盘访问怎么说也还是需要的。

总结

散列表可以用来以常数平均时间实现 Insert 和 Find 操作。当使用散列表时，注意诸如装填因子这样的细节是特别重要的，否则时间界将不再有效。当关键字不是短串或整数时，仔细选择散列函数也是很重要的。

对于分离链接散列法，虽然装填因子不大时性能并不明显降低，但装填因子还是应该接近于 1。对于开放定址散列算法，除非完全不可避免，否则装填因子不应该超过 0.5。如果使用线性探测，那么随着装填因子接近于 1 性能将急速下降。再散列运算可以通过使表增长(或收缩)来实现，这样将会保持合理的装填因子。对于空间紧缺并且不可能声明巨大散列表的情况，这是很重要的。

二叉查找树也可以用来实现 Insert 和 Find 运算。虽然平均时间界为 $O(\log N)$，但是二叉查找树也支持那些需要排序的例程从而更强大。使用散列表不可能找出最小元素。除非准确知道一个字符串，否则散列表也不可能有效地查找它。二叉查找树可以迅速找到在一定范围内的所有项，散列表是做不到的。不仅如此，$O(\log N)$这个时间界也不比 $O(1)$大那么多，特别是因为使用查找树不需要乘法和除法。

另一方面，散列的最坏情况一般来自于实现的缺憾，而有序的输入却可能使二叉树运行得很差。平衡查找树实现的代价相当高，因此，如果不需要有序的信息以及对输入是否已排序有怀疑，那么就应该选择散列这种数据结构。

散列有着丰富的应用。编译器使用散列表跟踪源代码中声明的变量。这种数据结构叫作**符号表**(symbol table)。散列表是这种问题的理想应用，因为只有 `Insert` 和 `Find` 要运行。标识符一般都不长，因此其散列函数能够迅速算出。

171

散列表对于任何图论问题都是有用的，在图论问题中，节点都有实际的名字而不是数字。这里，当读取输入的时候，顶点则按照它们出现的顺序从 1 开始指定为一些整数。再有，输入很可能有一组依字母顺序排列的项。例如，顶点可以是计算机。此时，如果一个特定的计算中心把它的计算机列为 ibm1，ibm2，ibm3，等等，那么，若使用查找树则在效率方面可能会有戏剧性的效果。

散列表的第三种常见的用途是在为游戏编制的程序中。当程序搜索游戏中不同的行时，它跟踪通过计算基于位置的散列函数而看到的一些位置。如果同样的位置再出现，程序通常通过简单移动变换来避免昂贵的重复计算。游戏程序的这种一般特点叫作**变换表**(transposition table)。

散列的另一个用途是在线拼写检验程序。如果错拼检测(与正确性相比)更重要，那么整个目录可以被再散列，单词则可以在常数时间内完成检测。散列表很适合这项工作，因为以字母顺序排列单词并不重要，而以它们在文件中出现的顺序显示出错误拼写当然是可接受的。

我们回头再看一看第 1 章的字谜问题。如果使用第 1 章中描述的第二个算法，并且假设最大单词的大小是某个小常数，那么读入包含 W 个单词的词典并把它放入散列表的时间是 $O(W)$。这个时间很可能由磁盘 I/O 而不是由那些散列例程起支配作用。算法的其余部分将对每一个四元组(行，列，方向，字符数)测试一个单词是否出现。由于每次查询时间为 $O(1)$，而只存在常数个方向(8)和每个单词的字符，因此这一阶段的运行时间为 $O(R \cdot C)$。总的运行时间是 $O(R \cdot C+W)$，它是对原始 $O(R \cdot C \cdot W)$的明显改进。我们还可以做进一步的优化，它能够降低实际的运行时间。这些将在练习中描述。

练习

5.1 给定输入{4371，1323，6173，4199，4344，9679，1989}和散列函数 $h(X)=X(\bmod 10)$，指出结果：

a. 分离链接散列表。

b. 使用线性探测的开放定址散列表。

c. 使用平方探测的开放定址散列表。

d. 第二散列函数为 $h_2(X)=7-(X \bmod 7)$的开放定址散列表。

5.2　指出将练习 5.1 中的散列表再散列的结果。

5.3　编写一个程序，计算使用线性探测、平方探测以及双散列插入的长随机序列所需要的冲突次数。

172

5.4　在分离链接散列表中进行大量的删除可能造成表非常稀疏，浪费空间。在这种情况下，我们可以再散列一个表，大小为原表的一半。设当存在相当于表的大小的两倍那么多的元素的时候，我们再散列到一个更大的表。在再散列到一个更小的表之前，该表应该有多么稀疏？

5.5　另一种冲突解决策略是定义一个序列 $F(i)=r_i$，其中 $r_0=0$ 且 r_1，r_2，…，r_N 是前 N 个整数的随机排列(每个整数恰好出现一次)。

a. 证明，在这种策略下，如果表不满，那么冲突总能解决。

b. 能够期望这种策略会消除聚集吗？

c. 如果表的装填因子是 λ，执行一次插入的期望时间是多少？

d. 如果表的装填因子是 λ，执行一次成功查找的期望时间是多少？

e. 给出一个有效算法(理论上以及实际上)生成随机序列。解释为什么选择 P 的那些法则是重要的？

5.6　各种冲突解决方法的优点和缺点是什么？

5.7　编写一个程序，实现下面的方案，将大小分别为 M 和 N 的两个稀疏多项式(sparse polynomial)P_1 和 P_2 相乘。每个多项式代表一个链表，链表的各单元由系数、幂以及 `Next` 指针组成(练习 3.7)。我们用 P_2 的项乘以 P_1 的每一项，总的运算次数为 MN。一种方案是将这些项排序并合并同类项，但是，这需要排序 MN 个记录，代价可能很高，特别是在小内存环境下。另一种方案是在计算多项式的项时将它们合并，然后将结果排序。

a. 编写一个程序实现第二种方案。

b. 如果输出多项式大约有 $O(M+N)$项，两种方案的运行时间各是多少？

5.8　一个拼写检查程序读取一个输入文件并显示出所有在某个在线词典上查不出的单词。设该词典含有 30 000 个单词，而文件很大，以至于算法只能对该输入文件进行一趟检查。一种简单的方案是将该词典读入一个散列表，随着单词的读取而查找每一个单词。设一个平均单词有七个字符并且能够将长度为 L 的单词存入 $L+1$ 个字节中(因此空间的浪费不像考虑的那么多)，假设有一个开放定址表，这需要多少空间？

5.9　如果内存有限并且整个目录不能装进一个散列表中，那么我们仍然能够得到一个有效的算法，该算法几乎总能正常工作。我们声明一个位(bit)数组 `Table`(其元素初始化均为 0)，数组大小从 0 到 `TableSize`－1。当读入一个单词时，我们设置 `Table[Hash(Word)]`＝1。下列结论哪个正确？

173

a. 如果一个单词散列到一个值为 0 的位置，那么该单词不在词典中。

b. 如果一个单词散列到一个值为 1 的位置，那么该单词在词典中。

假设我们选择 `TableSize`＝300 007。

c. 它需要多少内存？

d. 在该算法中出现一个错误的概率是多少？

e. 典型的文档每页500个单词，可能每页有3个实际拼写错误。该算法是否可用？

*5.10 描述一个避免初始化散列表的过程(以内存消耗作为代价)。

5.11 设欲找出在长输入串 $A_1A_2\cdots A_N$ 中串 $P_1P_2\cdots P_k$ 的第一次出现。我们可以通过散列模式串(pattern string)得到一个散列值 H_p 并通过将该值与从 $A_1A_2\cdots A_k$，$A_2A_3\cdots A_{k+1}$，$A_3A_4\cdots A_{k+2}$，等等直到 $A_{N-k+1}A_{N-k+2}\cdots A_N$ 形成的散列值比较来解决这个问题。如果我们得到散列值的一个匹配，那么再逐个字符地对串进行比较以检验这个匹配。如果串实际上确实匹配，那么返回其(在 A 中的)位置，而在匹配失败这种不大可能的情况下继续进行。

*a. 证明如果 $A_iA_{i+1}\cdots A_{i+k-1}$ 的散列值已知，那么 $A_{i+1}A_{i+2}\cdots A_{i+k}$ 的散列值可以以常数时间算出。

b. 证明运行时间为 $O(k+N)$ 加上反驳假匹配所耗费的时间。

*c. 证明假匹配的期望次数是微不足道的。

d. 编写一个程序实现该算法。

**e. 描述一个算法，其最坏情形的运行时间为 $O(k+N)$。

**f. 描述一个算法，其平均运行时间为 $O(N/k)$。

5.12 一个BASIC程序由一系列按递增顺序编号的语句组成。控制是通过使用goto或gosub后加一个语句序号实现的。编写一个程序读取合法的BASIC程序并给语句重新编号，使得第一句在序号 F 处开始，并且每一个语句的序号比前一语句高 D。你可以假设 N 条语句的一个上限，但是在输入中，语句序号可以是大到32位长的整数。你的程序必须以线性时间运行。

5.13 a. 利用本章末尾描述的算法实现字谜程序。

b. 通过存储每一个单词 W 以及 W 的所有前缀，我们可以大大加快运行速度。(如果 W 的一个前缀刚好是词典中的一个单词，那么就把它作为实际的单词来储存。)虽然这看起来极大地增加了散列表的大小，但实际上并不是，因为许多单词有相同的前缀。当以某个特定的方向执行一次扫描的时候，如果被查找的单词作为前缀不在散列表中，那么在这个方向上的扫描可以及早终止。利用这种思想编写一个改进的程序来解决字谜游戏问题。

174

c. 如果我们愿意牺牲散列表ADT的严肃性，那么可以在(b)部分使程序加速：例如，如果我们刚刚计算出“excel”的散列函数，那么就不必再从头开始计算“excels”的散列函数。调整散列函数使得它能够利用前面的计算。

d. 在第2章我们建议使用对分查找。把使用前缀的想法结合到你的对分查找算法中。修改工作应该很简单。哪个算法更快？

5.14 指出将关键字10111101、00000010、10011011、10111110、01111111、01010001、10010110、00001011、11001111、10011110、11011011、00101011、01100001、11110000、01101111插入到一个初始为空的可扩散列数据结构中的结果，其中 $M=4$。

5.15　编写一个程序实现可扩散列。如果表小到足可装入内存，那么它的性能与分离链接和开放定址散列相比如何？

参考文献

尽管散列具有显而易见的简单特性，但是对它的很多分析还是相当困难的，而且仍然留有许多未解决的问题。也还存在诸多有趣的理论问题，以使得散列的最坏情形尽可能不出现。

散列的早期论文是文献[17]。关于这方面丰富的信息(包括对使用线性探测的散列的分析)可以在文献[11]中找到。文献[14]是对该课题极好的综述；文献[15]包含选择散列函数的一些建议以及一些要注意的陷阱。对于本章描述的所有方法的精确分析和模拟结果可以在文献[8]中找到。

对双散列的分析见于文献[9，13]。另外一种冲突解决方案是接合散列(coalesced hashing)，文献[18]对此作了描述。Yao[20]也已证明，关于成功查找的开销，一致散列(uniform hashing)是最优的，在这种散列中不存在聚集。

如果输入关键字事先已知，那么存在完美散列函数，它不产生冲突，见文献[2，7]。某些更复杂的散列方案出现在文献[3，4]中，对于这些方案，最坏的情形并不依赖于特定的输入，而是依赖于算法所选择的随机数。

可扩散列出自文献[5]，分析见于文献[6，19]。

实现练习 5.5 的一种方法在文献[16]中描述。练习 5.11a～5.11d 取自文献[10]。练习 5.11e 取自文献[12]，而练习 5.11f 取自文献[1]。

1. R. S. Boyer and J. S. Moore, "A Fast String Searching Algorithm," *Communications of the ACM*, 20 (1977), 762–772.
2. J. L. Carter and M. N. Wegman, "Universal Classes of Hash Functions," *Journal of Computer and System Sciences*, 18 (1979), 143–154.
3. M. Dietzfelbinger, A. R. Karlin, K. Melhorn, F. Meyer auf der Heide, H. Rohnert, and R. E. Tarjan, "Dynamic Perfect Hashing: Upper and Lower Bounds," *SIAM Journal on Computing*, 23 (1994), 738–761.
4. R. J. Enbody and H. C. Du, "Dynamic Hashing Schemes," *Computing Surveys*, 20 (1988), 85–113.
5. R. Fagin, J. Nievergelt, N. Pippenger, and H. R. Strong, "Extendible Hashing—A Fast Access Method for Dynamic Files," *ACM Transactions on Database Systems*, 4 (1979), 315–344.
6. P. Flajolet, "On the Performance Evaluation of Extendible Hashing and Trie Searching," *Acta Informatica*, 20 (1983), 345–369.
7. M. L. Fredman, J. Komlos, and E. Szemeredi, "Storing a Sparse Table with O(1) Worst Case Access Time," *Journal of the ACM*, 31 (1984), 538–544.
8. G. H. Gonnet and R. Baeza-Yates, *Handbook of Algorithms and Data Structures*, 2nd ed., Addison-Wesley, Reading, Mass., 1991.
9. L. J. Guibas and E. Szemeredi, "The Analysis of Double Hashing," *Journal of Computer and System Sciences*, 16 (1978), 226–274.
10. R. M. Karp and M. O. Rabin, "Efficient Randomized Pattern-Matching Algorithms," *Aiken Computer Laboratory Report TR-31-81*, Harvard University, Cambridge, Mass., 1981.

175

11. D. E. Knuth, *The Art of Computer Programming, Vol 3: Sorting and Searching,* Addison-Wesley, Reading, Mass., 1973.
12. D. E. Knuth, J. H. Morris, and V. R. Pratt, "Fast Pattern Matching in Strings," *SIAM Journal on Computing,* 6 (1977), 323–350.
13. G. Lueker and M. Molodowitch, "More Analysis of Double Hashing," *Proceedings of the Twentieth ACM Symposium on Theory of Computing* (1988), 354–359.
14. W. D. Maurer and T. G. Lewis, "Hash Table Methods," *Computing Surveys,* 7 (1975), 5–20.
15. B. J. McKenzie, R. Harries, and T. Bell, "Selecting a Hashing Algorithm," *Software—Practice and Experience,* 20 (1990), 209–224.
16. R. Morris, "Scatter Storage Techniques," *Communications of the ACM,* 11 (1968), 38–44.
17. W. W. Peterson, "Addressing for Random Access Storage," *IBM Journal of Research and Development,* 1 (1957), 130–146.
18. J. S. Vitter, "Implementations for Coalesced Hashing," *Communications of the ACM,* 25 (1982), 911–926.
19. A. C. Yao, "A Note on The Analysis of Extendible Hashing," *Information Processing Letters,* 11 (1980), 84–86.
20. A. C. Yao, "Uniform Hashing Is Optimal," *Journal of the ACM,* 32 (1985), 687–693.

176

C H A P T E R 6

第6章

优先队列（堆）

虽然发送到打印机的作业一般被放到队列中，但这未必总是最好的做法。例如，可能有一项作业特别重要，因此希望只要打印机一有空闲就来处理这项作业。反过来，若在打印机有空时正好有多项单页的作业及一项100页的作业等待打印，则更合理的做法也许是最后处理长的作业，尽管它不是最后提交上来的。（不幸的是，大多数系统并不这么做，有时可能特别令人烦恼。）

类似地，在多用户环境中，操作系统调度程序必须决定在若干进程中运行哪个进程。一般只能允许一个进程运行一个固定的时间片。一种算法是使用一个队列。开始时将作业放到队列的末尾。调度程序将反复提取队列中的第一个作业并运行它直到运行完毕，或者在该作业的时间片用完但未运行完毕时把它放到队列的末尾。这种策略一般并不太合适，因为一些很短的作业由于一味等待运行而要花费很长的时间去处理。一般说来，短的作业要尽可能快地结束，这一点很重要，因此在已运行过的作业当中这些短作业应该拥有优先权。此外，有些作业虽不短小但也很重要，也应该拥有优先权。

这种特殊的应用似乎需要一类特殊的队列，我们称之为*优先队列*（priority queue）。特别地，我们将讨论：

- 优先队列ADT的有效实现。
- 优先队列的使用。
- 优先队列的高级实现。

我们将看到的这类数据结构属于计算机科学中最讲究的一种。

6.1 模型

优先队列是允许至少下列两种操作的数据结构：Insert（插入），它的工作是显而易见的；以及DeleteMin（删除最小者），它的工作是找出、返回和删除优先队列中最小的元素。Insert操作等价于Enqueue（入队），而DeleteMin则是队列中Dequeue（出队）在优先队列中的等价操作。DeleteMin函数也变更它的输入。软件工程界当前的想法认为这不再是一个好的思路。不过，出于历史的原因我们将继续使用这个函数；许多程序设计员期望DeleteMin以这种方式运行。

177

如同大多数数据结构那样，有时可能要添加一些操作，但这些添加的操作属于扩展的操作，而不属于图6-1所描述的基本模型。

DeleteMin (H) ← 优先队列H ← Insert (H)

图6-1 优先队列的基本模型

除了操作系统外，优先队列还有许多应用。在第7章，我们将看到优先队列是如何用于外部排序的。在贪婪算法（greedy algorithm）的实现方面优先队列也很重要，该算法通过反复求出最小元来进行计算；在第9章和第10章，我们将看到一些特殊的例子。本章将介绍优先队列在离散事件模拟中的一个应用。

6.2　一些简单的实现

有几种明显的方法实现优先队列。我们可以使用一个简单链表在表头以 $O(1)$ 执行插入操作，并遍历该链表以删除最小元，这又需要 $O(N)$ 时间。另一种方法是，始终让表保持排序状态；这使得插入代价高昂($O(N)$)而 DeleteMin 花费低廉($O(1)$)。基于 DeleteMin 的操作次数从不多于删除操作次数的事实，因此前者恐怕是更好的想法。

还有一种实现优先队列的方法是使用二叉查找树，它对这两种操作的平均运行时间都是 $O(\log N)$。尽管插入是随机的，而删除则不是，但这个结论还是成立的。记住我们删除的唯一元素是最小元。反复除去左子树中的节点似乎损害树的平衡，使得右子树加重。然而，右子树是随机的。在最坏的情形(即 DeleteMin 将左子树删空的情形)下，右子树拥有的元素最多也就是它应具有的两倍。这只是在其期望的深度上加了一个小常数。注意，通过使用平衡树，可以把界变成最坏情形的界，这将防止出现坏的插入序列。

使用查找树可能有些过分，因为它支持许许多多并不需要的操作。我们将要使用的基本的数据结构不需要指针，它以最坏情形时间 $O(\log N)$ 支持上述两种操作。插入实际上将花费常数平均时间，若无删除干扰，该结构的实现将以线性时间建立一个具有 N 项的优先队列。然后，我们将讨论如何实现优先队列以支持有效的合并。这个附加的操作似乎有些复杂，它显然需要使用指针。

178

6.3　二叉堆

我们将要使用的这种工具叫作**二叉堆**(binary heap)，常用其实现优先队列，当不加修饰地使用堆(heap)这个词时一般都是指该数据结构的实现。在本节，我们把二叉堆只叫作堆。同二叉查找树一样，堆也有两个性质，即结构性和堆序性。正如 AVL 树一样，对堆的一次操作可能破坏这两个性质中的一个，因此，堆的操作必须要到堆的所有性质都被满足时才能终止。事实上这并不难做到。

6.3.1　结构性质

堆是一棵被完全填满的二叉树，有可能的例外是在底层，底层上的元素从左到右填入。这样的树称为**完全二叉树**(complete binary tree)。图 6-2 展示了这样一个例子。

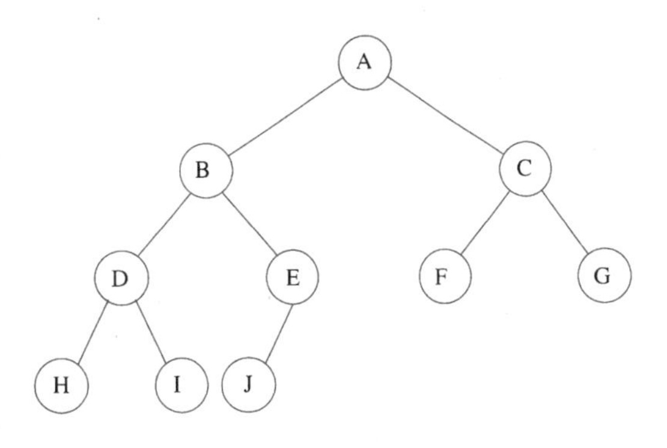

图 6-2　一棵完全二叉树

容易证明，一棵高为 h 的完全二叉树有 2^h 到 $2^{h+1}-1$ 个节点。这意味着，完全二叉树的高是 $\lfloor \log N \rfloor$，显然它是 $O(\log N)$ 的。

一项重要的观察发现，因为完全二叉树很有规律，所以它可以用一个数组表示而不需要指针。图 6-3 中的数组对应图 6-2 中的堆。

对于数组中任意位置 i 上的元素，其左儿子在位置 $2i$ 上，右儿子在左儿子后的单元 $(2i+1)$ 中，它的父亲则在位置 $\lfloor i/2 \rfloor$ 上。因此，不仅这里不需要指针，而且遍历该树所需要的操作也极其简单，在大部分计算机上运行得很可能非常快。这种实现方法的唯一问题在于，最大的堆大小需要事先估计，但对于典型的情况这并不成问题。在图 6-3 中，堆的大小界限是 13 个元素。该数组有一个位置 0，后面将详细叙述。

	A	B	C	D	E	F	G	H	I	J			
0	1	2	3	4	5	6	7	8	9	10	11	12	13

图 6-3　完全二叉树的数组实现

因此，一个堆数据结构将由一个数组(不管关键字是什么类型)、一个代表最大值的整数以及当前的堆大小组成。图 6-4 显示一个典型的优先队列声明。注意与图 3-47 中栈声明的相似性。图 6-4A 创建一个空堆。第 11 行将在后面解释。

本章将始终把堆画成树，这意味着，具体的实现将使用简单的数组。

6.3.2　堆序性质

使操作快速执行的性质是堆序(heap order)性。由于我们想要快速地找出最小元，因此最小元应该在根上。如果我们将任意子树也视为一个堆，那么任意节点就应该小于它的所有后裔。

应用这个逻辑，我们得到堆序性质。在一个堆中，对于每一个节点 X，X 的父亲中的关键字小于(或等于) X 中的关键字，根节点除外(它没有父亲)[⊖]。在图 6-5 中左边的树是一

```
#ifndef _BinHeap_H

struct HeapStruct;
typedef struct HeapStruct *PriorityQueue;

PriorityQueue Initialize( int MaxElements );
void Destroy( PriorityQueue H );
void MakeEmpty( PriorityQueue H );
void Insert( ElementType X, PriorityQueue H );
ElementType DeleteMin( PriorityQueue H );
ElementType FindMin( PriorityQueue H );
int IsEmpty( PriorityQueue H );
int IsFull( PriorityQueue H );

#endif


/* Place in implementation file */
struct HeapStruct
{
    int Capacity;
    int Size;
    ElementType *Elements;
};
```

图 6-4　优先队列的声明

⊖ 类似地，我们可以声明一个(max)堆，它使我们能够通过改变堆序性质有效地找出和删除最大元。因此，优先队列可以用来找出最大元或最小元，但这需要提前决定。

```
        PriorityQueue
        Initialize( int MaxElements )
        {
            PriorityQueue H;

/* 1*/      if( MaxElements < MinPQSize )
/* 2*/          Error( "Priority queue size is too small" );

/* 3*/      H = malloc( sizeof( struct HeapStruct ) );
/* 4*/      if( H == NULL )
/* 5*/          FatalError( "Out of space!!!" );

            /* Allocate the array plus one extra for sentinel */
/* 6*/      H->Elements = malloc( ( MaxElements + 1 )
                                  * sizeof( ElementType ) );
/* 7*/      if( H->Elements == NULL )
/* 8*/          FatalError( "Out of space!!!" );

/* 9*/      H->Capacity = MaxElements;
/*10*/      H->Size = 0;
/*11*/      H->Elements[ 0 ] = MinData;

/*12*/      return H;
        }
```

图 6-4A　优先队列的声明

个堆，但是，右边的树则不是(虚线表示堆有性质被破坏)。我们照惯例假设，关键字是整数，虽然它们可能任意复杂。

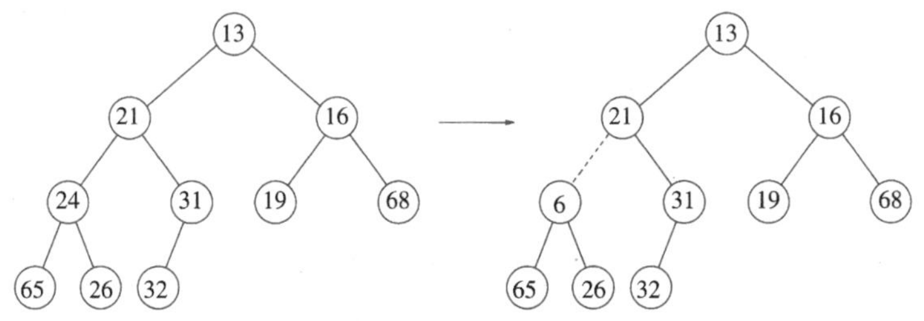

图 6-5　两棵完全树(只有左边的树是堆)

根据堆序性质，最小元总可以在根处找到。因此，我们以常数时间完成附加运算 FindMin。

179～181

6.3.3　基本的堆操作

无论从概念上还是实际上考虑，执行这两种所要求的操作都是容易的，只需要始终保持堆序性质。

Insert(插入)

为将一个元素 X 插入到堆中，我们在下一个空闲位置创建一个空穴，否则该堆将不是完全树。如果 X 可以放在该空穴中而并不破坏堆的序，那么插入完成。否则，我们把空穴的父节点上的元素移入该空穴中，这样，空穴就朝着根的方向上行一步。继续该过程直到 X 能被放入空穴中为止。如图 6-6 所示，为了插入 14，我们在堆的下一个可用位置建立一个空穴。由于将 14 插入空穴破坏了堆序性质，因此将 31 移入该空穴。在图 6-7 中继续这种策略，直到找出置入 14 的正确位置。

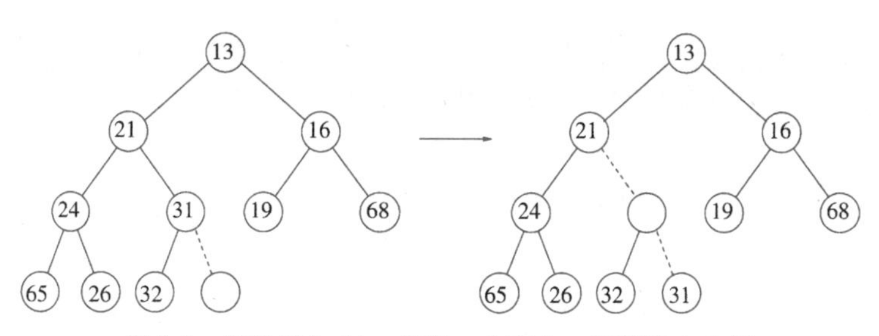

图 6-6　尝试插入 14：创建一个空穴，再将空穴上冒

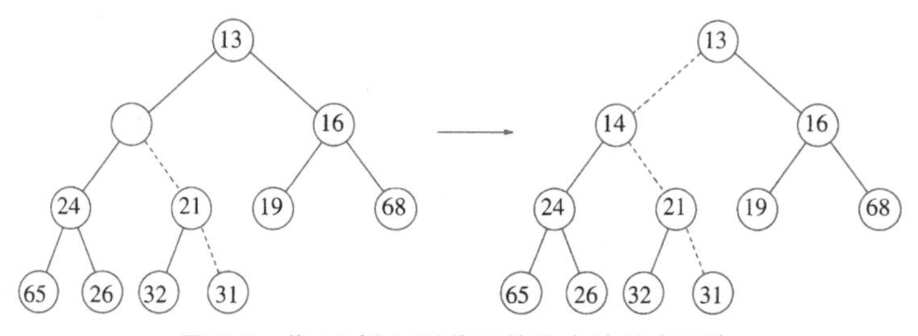

182

图 6-7　将 14 插入到前面的堆中的其余两步

这种一般的策略叫作上滤(percolate up)：新元素在堆中上滤直到找出正确的位置。使用图 6-8 所示的代码很容易实现插入。

```
/* H->Element[ 0 ] is a sentinel */

void
Insert( ElementType X, PriorityQueue H )
{
    int i;

    if( IsFull( H ) )
    {
        Error( "Priority queue is full" );
        return;
    }

    for( i = ++H->Size; H->Elements[ i / 2 ] > X; i /= 2 )
        H->Elements[ i ] = H->Elements[ i / 2 ];
    H->Elements[ i ] = X;
}
```

图 6-8　插入到一个二叉堆的过程

其实我们本可以使用 Insert 例程通过反复实施交换操作直至建立正确的序来实现上滤过程，可是一次交换需要 3 条赋值语句。如果一个元素上滤 d 层，那么由于交换而实施的赋值的次数就达到 $3d$，而这里的方法却只用 $d+1$ 次赋值。

如果要插入的元素是新的最小值，那么它将一直被推向顶端。这样在某一时刻，i 将是 1，我们就需要令程序跳出 while 循环。当然我们可以用明确的测试做到这一点，不过，我们采用的是把一个很小的值放到位置 0 处以使 while 循环得以终止。这个值必须保证小于(或等于)堆中的任何值，我们称之为标记(sentinel)。这种想法类似于链表中头节点的使用。通过添加一条哑信息(dummy piece of information)，我们避免了每个循环都要执行一次的测试，从而节省了一些时间。

如果欲插入的元素是新的最小元从而一直上滤到根处，那么这种插入的时间高达

$O(\log N)$。平均看来，这种上滤终止得要早；已证明，执行一次插入平均需要 2.607 次比较，因此 `Insert` 将元素平均上移 1.607 层。

`DeleteMin`(删除最小元)

`DeleteMin` 以类似于插入的方式处理。找出最小元是容易的，困难的部分是删除它。当删除一个最小元时，在根节点处产生了一个空穴。由于现在堆少了一个元素，因此堆中最后一个元素 X 必须移动到该堆的某个地方。如果 X 可以放到空穴中，那么 `DeleteMin` 完成。不过这一般不太可能，因此我们将空穴的两个儿子中较小者移入空穴，这样就把空穴向下推了一层。重复该步骤直到 X 可以放入空穴。因此，我们的作法是将 X 置入沿着从根开始包含最小儿子的一条路径上的一个正确的位置。

183

在图 6-9 中左边的图显示 `DeleteMin` 之前的堆。删除 13 后，我们必须要正确地将 31 放到堆中。31 不能放在空穴中，因为这将破坏堆序性质。于是，我们把较小的儿子 14 置入空穴，同时空穴下滑一层(见图 6-10)。重复该过程，把 19 置入空穴，在更下一层上建立一个新的空穴。然后，再把 26 置入空穴，在底层又建立一个新的空穴。最后，我们得以将 31 置入空穴(见图 6-11)。这种一般的策略叫作下滤(percolate down)。在其实现例程中我们使用类似于在 `Insert` 例程中用过的技巧来避免进行交换操作。

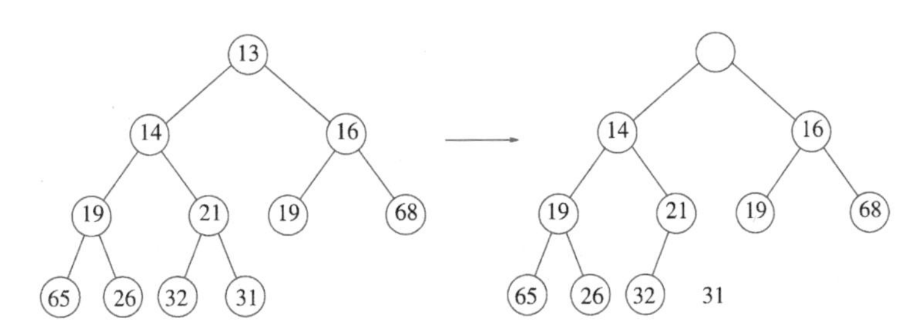

图 6-9　在根处建立空穴

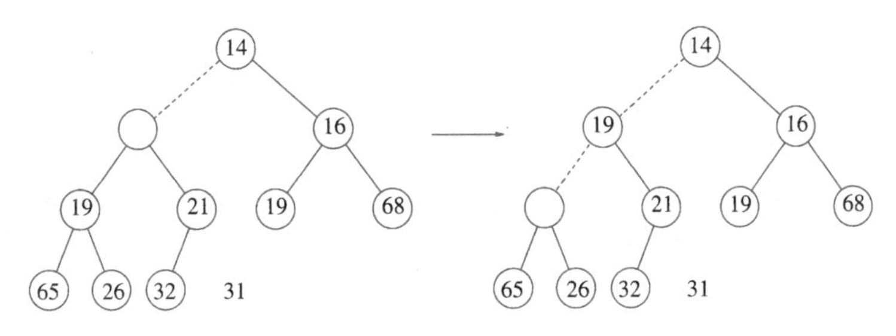

图 6-10　在 `DeleteMin` 中的接下来的两步

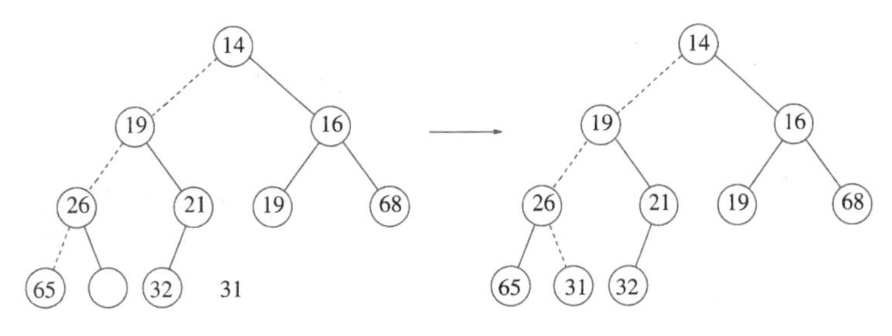

图 6-11　在 `DeleteMin` 中的最后两步

在堆的实现中经常发生的错误是当堆中存在偶数个元素的时候，此时将遇到一个节点只有一个儿子的情况。不要假设节点总有两个儿子，因此这就涉及一个附加的测试。在图 6-12 描述的程序中，我们已在第 8 行进行了这种测试。一种极其巧妙的解决方法是始终保证你的算法把每一个节点都看成有两个儿子。为了实施这种解法，当堆的大小为偶数时，在每个下滤开始时，可将其值大于堆中任何元素的标记放到堆的终端后面的位置上。你必须在深思熟虑以后再这么做，而且必须要判断你是否确实要使用这种技巧。虽然这不再需要测试右儿子的存在性，但是你还是需要测试何时到达底层，因为对每一片树叶算法将需要一个标记。

```
        ElementType
        DeleteMin( PriorityQueue H )
        {
            int i, Child;
            ElementType MinElement, LastElement;

/* 1*/      if( IsEmpty( H ) )
            {
/* 2*/          Error( "Priority queue is empty" );
/* 3*/          return H->Elements[ 0 ];
            }
/* 4*/      MinElement = H->Elements[ 1 ];
/* 5*/      LastElement = H->Elements[ H->Size-- ];

/* 6*/      for( i = 1; i * 2 <= H->Size; i = Child )
            {
                /* Find smaller child */
/* 7*/          Child = i * 2;
/* 8*/          if( Child != H->Size && H->Elements[ Child + 1 ]
/* 9*/                                 < H->Elements[ Child ] )
/*10*/              Child++;

                /* Percolate one level */
/*11*/          if( LastElement > H->Elements[ Child ] )
/*12*/              H->Elements[ i ] = H->Elements[ Child ];
                else
/*13*/              break;
            }
/*14*/      H->Elements[ i ] = LastElement;
/*15*/      return MinElement;
        }
```

图 6-12 在二叉堆中执行 DeleteMin 的函数

这种算法的最坏情形运行时间为 $O(\log N)$。平均而言，放在根处的元素几乎下滤到堆的底层(它所来自的那层)，因此平均运行时间为 $O(\log N)$。

6.3.4 其他的堆操作

注意，虽然求最小值操作可以在常数时间完成，但是，按照求最小元设计的堆(也称作最小值(min)堆)在求最大元方面却无任何帮助。事实上，一个堆所蕴含的关于序的信息很少，因此，若不对整个堆进行线性搜索，是没有办法找出任何特定的关键字的。为说明这一点，考虑图 6-13 所示的大型堆结构(具体元素没有标出)，我们看到，关于最大值的元素所知道的唯一信息是该元素在树叶上。但是，半数的元素位于树叶上，因此该信息是没什么用的。由于这个原因，如果重要的是要知道元素都在什么地方，那么除堆之外，还必须用到诸如散列表等某些其他的数据结构。(回忆：该模型并不允许查看堆内部。)

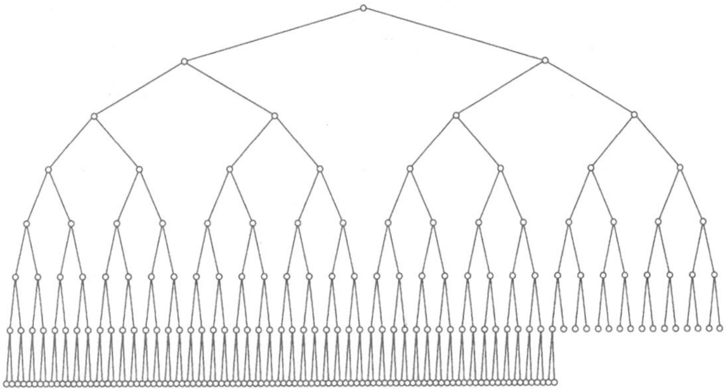

图 6-13　一棵巨大的完全二叉树

如果我们假设通过某种其他方法得知每一个元素的位置，那么有几种其他操作的开销将变小。下述三种这样的操作均以对数最坏情形时间运行。

184
~
186

DecreaseKey(降低关键字的值)

DecreaseKey(P，Δ，H)操作降低在位置 P 处的关键字的值，降值的幅度为正的量 Δ。由于这可能破坏堆的序，因此必须通过上滤对堆进行调整。该操作对系统管理程序是有用的：系统管理程序能够使它们的程序以最高的优先级运行。

IncreaseKey(增加关键字的值)

IncreaseKey(P，Δ，H)操作增加在位置 P 处的关键字的值，增值的幅度为正的量 Δ。这可以用下滤来完成。许多调度程序自动地降低正在过多地消耗 CPU 时间的进程的优先级。

Delete(删除)

Delete(P，H)操作删除堆中位置 P 上的节点。这通过首先执行 DecreaseKey(P，∞，H)，再执行 DeleteMin(H)来完成。当一个进程被用户中止(而不是正常终止)时，它必须从优先队列中除去。

BuildHeap(构建堆)

BuildHeap(H)操作把 N 个关键字作为输入并把它们放入空堆中。显然，这可以使用 N 个相继的 Insert(插入)操作来完成。由于每个 Insert 将花费 $O(1)$平均时间以及 $O(\log N)$的最坏情形时间，因此该算法的总运行时间则是 $O(N)$平均时间而不是 $O(N \log N)$最坏情形时间。由于这是一种特殊的指令，没有其他操作干扰，而且我们已经知道该指令能够以线性平均时间实施，因此，期望能够保证线性时间界的考虑是合乎情理的。

一般的算法是将 N 个关键字以任意顺序放入树中，保持结构特性。此时，如果percolateDown(i)从节点 i 下滤，那么执行图 6-14 中的该算法创建一棵具有堆序的树(heap-ordered tree)。

```
for( i = N / 2; i > 0; i-- )
    PercolateDown( i );
```

图 6-14　BuildHeap 的简要代码

图 6-15 中的第一棵树是无序树。从图 6-15 到图 6-18 中其余七棵树展示了七次 PercolateDown 的执行结果。每条虚线对应两次比较：一次是找出较小的儿子节点，另一次是将较小的儿子与该节点比较。注意，在整个算法中只有 10 条虚线(可能已经存在第 11 条——在哪里)，对应 20 次比较。

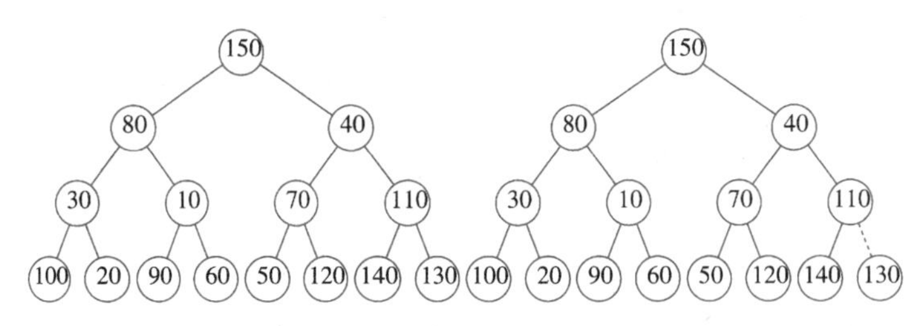

图 6-15　左：初始堆；右：PercolateDown(7)之后

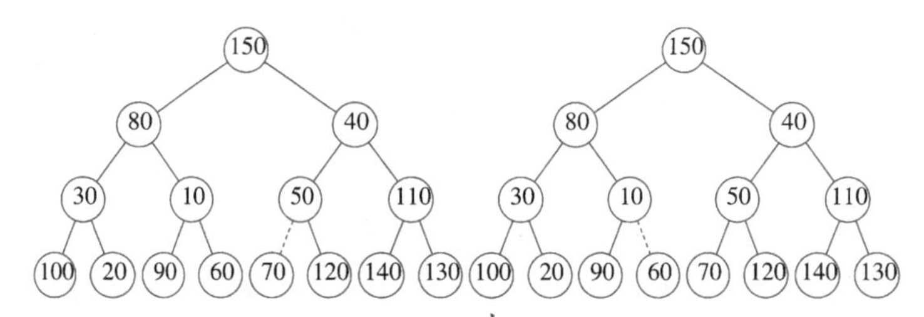

图 6-16　左：在 PercolateDown(6)之后；右：在 PercolateDown(5)之后

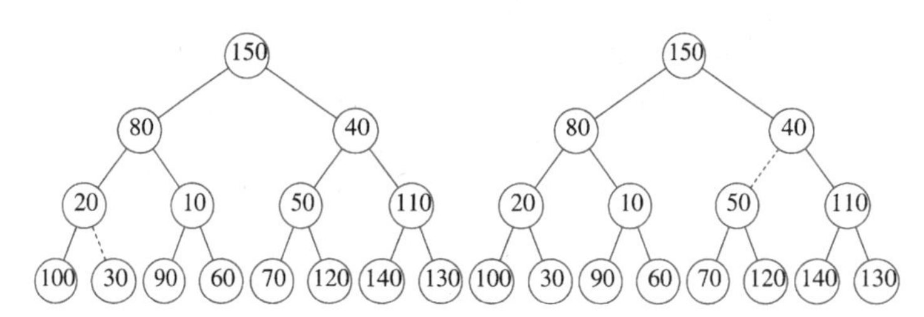

图 6-17　左：在 PercolateDown(4)之后；右：在 PercolateDown(3)之后

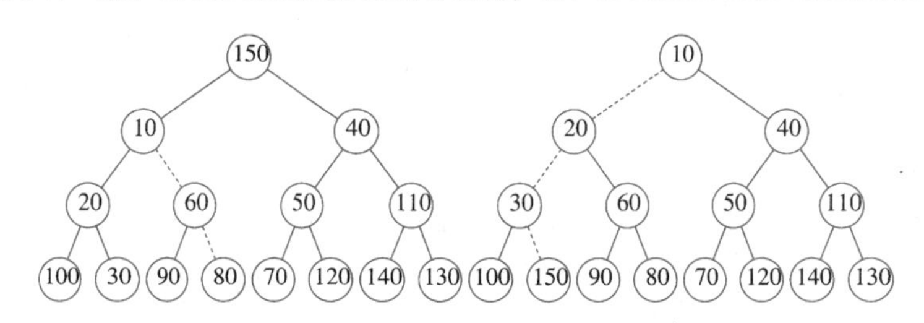

图 6-18　左：在 PercolateDown(2)之后；右：在 PercolateDown(1)之后

为了确定 BuildHeap 的运行时间的界，我们必须确定虚线的条数的界。这可以通过计算堆中所有节点的高度的和得到，它是虚线的最大条数。现在我们想要说明的是：该和为 $O(N)$。

定理 6.1　包含 $2^{h+1}-1$ 个节点、高为 h 的理想二叉树(perfect binary tree)的节点的高度的和为 $2^{h+1}-1-(h+1)$。

187
~
188

证明： 容易看出，该树由高度 h 上的 1 个节点、高度 $h-1$ 上的 2 个节点、高度 $h-2$ 上的 2^2 个节点以及一般地在高度 $h-i$ 上的 2^i 个节点组成。则所有节点的高度的和为

$$S = \sum_{i=0}^{h} 2^i (h-i)$$
$$= h + 2(h-1) + 4(h-2) + 8(h-3) + 16(h-4) + \cdots + 2^{h-1}(1) \qquad (6.1)$$

两边乘以 2 得到方程

$$2S = 2h + 4(h-1) + 8(h-2) + 16(h-3) + \cdots + 2^h(1) \qquad (6.2)$$

将这两个方程相减得到式(6.3)。我们发现，非常数项差不多都消去了，例如，$2h-2(h-1)=2$，$4(h-1)-4(h-2)=4$，等等。式(6.2)的最后一项 2^h 在式(6.1)中不出现，因此，它出现在式(6.3)中。式(6.1)中的第一项 h 在式(6.2)中不出现；因此，$-h$ 出现在式(6.3)中。我们得到

$$S = -h + 2 + 4 + 8 + \cdots + 2^{h-1} + 2^h = (2^{h+1}-1)-(h+1) \qquad (6.3)$$

这就证明了该定理。

完全树(complete tree)不是理想二叉树(perfectly binary tree)，但是我们得到的结果却是一棵完全树的节点高度的和的上界。由于一棵完全树节点数在 2^h 和 2^{h+1} 之间，因此该定理意味着这个和是 $O(N)$，其中 N 是节点的个数。

虽然我们得到的结果对证明 `BuildHeap` 是线性的而言是充分的，但是高度的和的界却并不固定。对于具有 $N=2^h$ 个节点的完全树，我们得到的界大致是 $2N$。由归纳法可以证明，高度的和是 $N-b(N)$，其中 $b(N)$ 是在 N 的二进制表示法中 1 的个数。

6.4　优先队列的应用

我们已经提到优先队列如何用于操作系统的设计中。在第 9 章，我们将看到优先队列如何有效地用于几个图论算法的实现中。此处，我们将介绍如何应用优先队列来得到两个问题的解。

6.4.1　选择问题

我们将要考察的第一个问题是来自第 1 章的选择问题。当时的输入是 N 个元素以及一个整数 k，这 N 个元素的集可以是全序的。该选择问题是要找出第 k 个最大的元素。

189

在第 1 章中给出了两个算法，但是它们都不是很高效的算法。第一个算法称为 1A，是把这些元素读入数组并将它们排序，返回适当的元素。假设使用的是简单的排序算法，则运行时间为 $O(N^2)$。另一个算法叫作 1B，是将 k 个元素读入一个数组并将其排序。这些元素中的最小者在第 k 个位置上。我们一个一个地处理其余的元素。当开始处理一个元素时，它先与数组中第 k 个元素比较，如果该元素大，那么将第 k 个元素除去，而这个新元素则被放在其余 $k-1$ 个元素间正确的位置上。当算法结束时，第 k 个位置上的元素就是问题的解。该方法的运行时间为 $O(N \cdot k)$。(为什么?)如果 $k=\lceil N/2 \rceil$，那么这两种算法都是 $O(N^2)$的。注意，对于任意的 k，我们可以求解对称的问题：找出第$(N-k+1)$个最小的元素，从而 $k=\lceil N/2 \rceil$实际上是这两个算法的最困难的情形。这刚好也是最有趣的情形，因为这个 k 值称为中位数(median)。

我们在这里给出两个算法，在 $k=\lceil N/2 \rceil$的极端情形下它们均以 $O(N \log N)$运行，这是明显的改进。

算法 6A

为了简单起见，假设我们只考虑找出第 k 个最小的元素。该算法很简单。我们将 N 个元素读入一个数组。然后对该数组应用 `BuildHeap` 算法。最后，执行 k 次 `DeleteMin` 操作。从该堆最后提取的元素就是我们的答案。显然，通过改变堆序性质，我们就可以求解原始的问题——找出第 k 个最大的元素。

这个算法的正确性应该是显然的。如果使用 `BuildHeap`，构造堆的最坏情形用时是 $O(N)$，而每次 `DeleteMin` 用时 $O(\log N)$。由于有 k 次 `DeleteMin`，因此我们得到总的运行时间为 $O(N+k\log N)$。如果 $k=O(N/\log N)$，那么运行时间取决于 `BuildHeap` 操作，即 $O(N)$。对于大的 k 值，运行时间为 $O(k\log N)$。如果 $k=\lceil N/2\rceil$，那么运行时间为 $\Theta(N\log N)$。

注意，如果我们对 $k=N$ 运行该程序并在元素离开堆时记录它们的值，那么我们实际上已经对输入文件以时间 $O(N\log N)$ 作了排序。在第 7 章，我们将细化该想法，得到一种快速的排序算法，叫作堆排序(heapsort)。

算法 6B

关于第 2 个算法，我们回到原始问题，找出第 k 个最大的元素。我们使用算法 1B 的思路。在任意时刻我们都将维持 k 个最大元素的集合 S。在前 k 个元素读入以后，当再读入一个新的元素时，该元素将与第 k 个最大元素进行比较，记这第 k 个最大的元素为 S_k。注意，S_k 是 S 中最小的元素。如果新的元素更大，那么用新元素代替 S 中的 S_k。此时，S 将有一个新的最小元素，它可能是新添加的元素，也可能不是。在输入终了时，我们找到 S 中最小的元素，将其返回，它就是答案。

这基本上与第 1 章中描述的算法相同。不过，这里我们使用一个堆来实现 S。前 k 个元素通过调用一次 `BuildHeap` 以总时间 $O(k)$ 被置入堆中。处理每个其余的元素的时间为 $O(1)$(检测元素是否进入 S)再加上时间 $O(\log k)$(在必要时删除 S_k 并插入新元素)。因此，总的时间是 $O(k+(N-k)\log k)=O(N\log k)$。该算法也给出找出中位数的时间界 $\Theta(N\log N)$。

190

在第 7 章，我们将看到如何以平均时间 $O(N)$ 解决这个问题。在第 10 章，我们将看到一个以 $O(N)$ 最坏情形时间求解该问题的算法，虽然不切实际但却很精致。

6.4.2 事件模拟

在 3.4.3 节我们描述了一个重要的排队问题。在那里我们有一个系统(比如银行)，顾客们到达并站队等待直到 k 个出纳员中有一个腾出手来。顾客的到达情况由概率分布函数控制，服务时间(一旦出纳员腾出时间后用于服务的时间量)也是如此。我们的兴趣在于一位顾客平均必须要等多久或所排的队伍可能有多长这类统计问题。

对于某些概率分布以及 k 的一些值，答案都可以精确地计算出来。然而随着 k 变大，分析明显变得困难，因此使用计算机模拟银行的运作很有吸引力。用这种方法，银行官员可以确定为保证合理、通畅的服务需要多少出纳员。

模拟由处理中的事件组成。这里的两个事件是：一位顾客的到达，以及一位顾客的离去从而腾出一名出纳员。

我们可以使用概率函数来生成一个输入流，它由每位顾客的到达时间和服务时间的序偶组成，并通过到达时间排序。我们不必使用一天中的准确时间，而是使用单位时间量，称之为一个滴答(tick)。

进行这种模拟的一个方法是启动在0滴答处的一台模拟钟表。我们让钟表一次走一个滴答，同时查看是否有一个事件发生。如果有，那么我们处理这个(些)事件，搜集统计资料。当没有顾客留在输入流中且所有的出纳员都闲着的时候，模拟结束。

这种模拟策略的问题是，它的运行时间不依赖顾客数或事件数(每位顾客有两个事件)，但是却依赖滴答数，而后者实际又不是输入的一部分。为了看清为什么问题在于此，假设将钟表的单位改成滴答的千分之一(millitick)并将输入中的所有时间乘以1000，则结果将是模拟用时长了1000倍!

避免这种问题的关键是在每一个阶段让钟表直接走到下一个事件时间。从概念上看这是容易做到的。在任意时刻，可能出现的下一事件或者是输入文件中下一顾客的到达，或者是在一名出纳员处一位顾客离开。由于可以得知将发生事件的所有时间，因此我们只需找出最近的要发生的事件并处理这个事件。

如果事件是离开，那么处理过程包括搜集离开的顾客的统计资料以及检验队伍(队列)看是否还有另外的顾客在等待。如果有，那么我们加上这位顾客，处理所需要的统计资料，计算该顾客将要离开的时间，并将离开事件加到等待发生的事件集中。

如果事件是到达，那么我们检查闲着的出纳员。如果没有，那么我们把该到达事件放到队伍(队列)中；否则，我们分配顾客一个出纳员，计算顾客的离开时间，并将离开事件加到等待发生的事件集中。

191

在等待的顾客队伍可以实现为一个队列。由于我们需要找到最近的将要发生的事件，合适的办法是将等待发生的离开的集合编入一个优先队列中。下一事件是下一个到达或下一个离开(哪个发生早就是哪个)，它们都容易达到。

为模拟编写例程很简单，但是可能很耗费时间。如果有C个顾客(因此有$2C$个事件)和k个出纳员，那么模拟的运行时间将会是$O(C\log(k+1))$[⊖]，因为计算和处理每个事件花费$O(\log H)$，其中$H=k+1$为堆的大小。

6.5　*d*-堆

二叉堆是如此简单，以至于它们几乎总是用在需要优先队列的时候。*d*-堆是二叉堆的简单推广，它恰像一个二叉堆，只是所有的节点都有d个儿子(因此，二叉堆是2-堆)。

图6-19表示的是一个3-堆。注意，*d*-堆要比二叉堆浅得多，它将`Insert`操作的运行时间改进为$O(\log_d N)$。然而，对于大的d，`DeleteMin`操作费时得多，因为虽然树浅了，但是d个儿子中的最小者是必须要找出的，如使用标准的算法，这会花费$d-1$次比较，于

⊖　我们用$O(C\log(k+1))$而不用$O(C\log k)$以避免$k=1$情形的混乱。

是将此操作的用时提高到 $O(d \log_d N)$。如果 d 是常数，那么当然两种操作的运行时间都是 $O(\log N)$。虽然仍然可以使用一个数组，但是，现在找出儿子和父亲的乘法和除法都有个因子 d，除非 d 是 2 的幂，否则将会大大地增加运行时间，因为我们再也不能通过二进制移位来实现除法了。d-堆在理论上很有趣，因为存在许多算法，其插入次数比 `DeleteMin` 的次数多很多(因此理论上的加速是可能的)。当优先队列太大不能完全装入主存的时候，d-堆也是很有用的。在这种情况下，d-堆能够以与 B 树大致相同的方式发挥作用。最后，有证据显示，在实践中 4-堆可以胜过二叉堆。

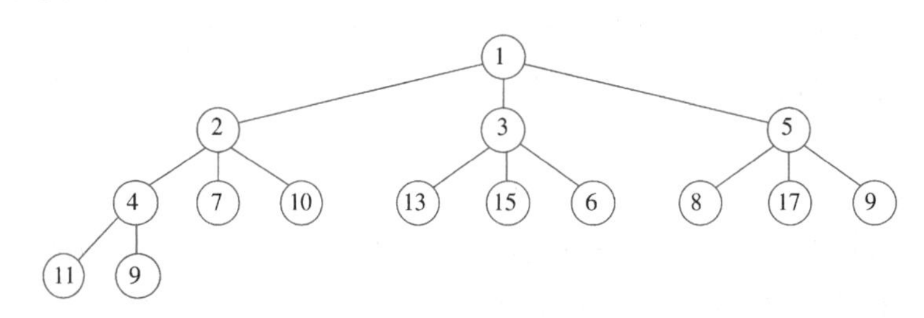

图 6-19 一个 d-堆

除不能执行 `Find` 外，堆的实现最明显的缺点是：将两个堆合并成一个堆是困难的操作。这种附加的操作叫作 `Merge`(合并)。存在许多实现堆的方法使得 `Merge` 操作的运行时间是$O(\log N)$。现在我们就来讨论三种复杂程度不一的数据结构，它们都有效地支持 `Merge` 操作。我们将把复杂的分析推迟到第 11 章讨论。

6.6 左式堆

设计一种堆结构像二叉堆那样高效地支持合并操作(即以 $O(N)$时间处理一次 `Merge`)而且只使用一个数组似乎很困难。原因在于，合并似乎需要把一个数组拷贝到另一个数组中，对于相同大小的堆这将花费 $\Theta(N)$时间。因此，所有支持高效合并的高级数据结构都需要使用指针。实践中，可能我们预计这将使得所有其他的操作变慢——处理指针一般比用 2 作乘法和除法更耗费时间。

像二叉堆那样，*左式堆*(leftist heap)也具有结构特性和有序性。事实上，和所有使用的堆一样，左式堆具有相同的堆序性质，该性质我们已经看到过。不仅如此，左式堆也是二叉树。左式堆和二叉树间唯一的区别是：左式堆不是理想平衡的(perfectly balanced)，而实际上是趋向于非常不平衡的。

6.6.1 左式堆的性质

我们把任意节点 X 的*零路径长*(Null Path Length，NPL)`Npl`(X)定义为从 X 到一个没有两个儿子的节点的最短路径的长。因此，具有 0 个或 1 个儿子的节点的 `Npl` 为 0，而 `Npl(NULL)`＝－1。在图 6-20 的树中，零路径长标记在树的节点内。

注意，任意节点的零路径长比它的诸儿子节点的零路径长的最小值多 1。这个结论也适用少于两个儿子的节点，因为 `NULL` 的零路径长是－1。

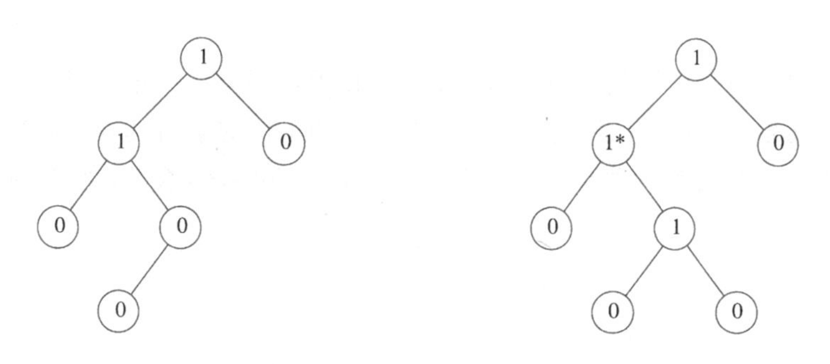

图 6-20　两棵树的零路径长，只有左边的树是左式树

左式堆的性质是：对于堆中的每一个节点 X，左儿子的零路径长至少与右儿子的零路径长一样大。图 6-20 中只有一棵树(即左边的那棵树)满足该性质。这个性质实际上超出了它确保树不平衡的要求，因为它显然更偏重于使树向左增加深度。确实有可能存在由左节点形成的长路径构成的树(而且实际上更便于合并操作)——因此，我们就有了*左式堆*(leftist heap)这个名称。

因为左式堆趋向于加深左路径，所以右路径应该短。事实上，沿左式堆的右路径确实是该堆中最短的路径。否则，就会存在一条路径通过某个节点 X 并取得左儿子。此时的 X 则破坏了左式堆的性质。

定理 6.2　*在右路径上有 r 个节点的左式树必然至少有 2^r-1 个节点。*

证明：数学归纳法证明。如果 $r=1$，则必然至少存在一个树节点。另外，设定理对 1，2，…，r 个节点成立。考虑在右路径上有 $r+1$ 个节点的左式树。此时，根具有在右路径上含 r 个节点的右子树，以及在右路径上至少含 r 个节点的左子树(否则它就不是左式树)。对这两棵子树应用归纳假设，得知在每棵子树上最少有 2^r-1 个节点，再加上根节点，于是在该树上至少有 $2^{r+1}-1$ 个节点，定理得证。

从这个定理立刻得到，N 个节点的左式树有一条右路径最多含有$\lfloor \log(N+1) \rfloor$个节点。对左式堆操作的一般思路是将所有的工作放到右路径上进行，它保证树深短。唯一的棘手部分在于，对右路径的 `Insert` 和 `Merge` 可能会破坏左式堆性质。事实上，恢复该性质是非常容易的。

6.6.2　左式堆的操作

对左式堆的基本操作是合并。注意，插入只是合并的特殊情形，因为我们可以把插入看成单节点堆与一个大的堆的 `Merge`。首先，我们给出一个简单的递归解法，然后介绍如何能够非递归地施行该解法。我们的输入是两个左式堆 H_1 和 H_2，见图 6-21。读者应该验证，这些堆确实是左式堆。注意，最小的元素在根处。除数据、左指针和右指针所用空间外，每个单元还要有一个指示零

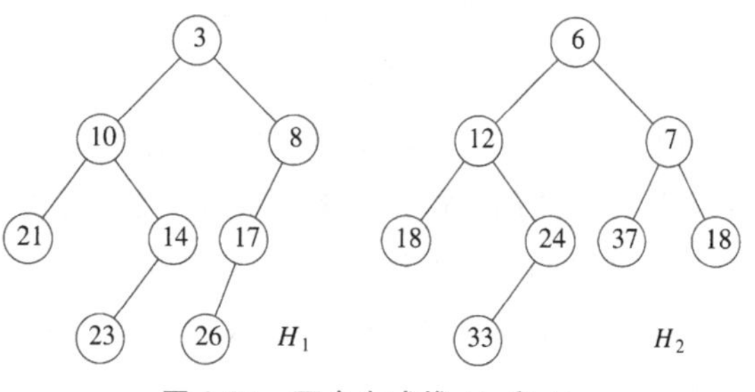

图 6-21　两个左式堆 H_1 和 H_2

路径长的项。

如果这两个堆中有一个堆是空的，那么我们可以返回另外一个堆。否则，为了合并这两个堆，我们需要比较它们的根。首先，我们将具有大的根值的堆与具有小的根值的堆的右子堆合并。在本例中，我们递归地将 H_2 与 H_1 中根在 8 处的右子堆合并，得到图 6-22 中的堆。

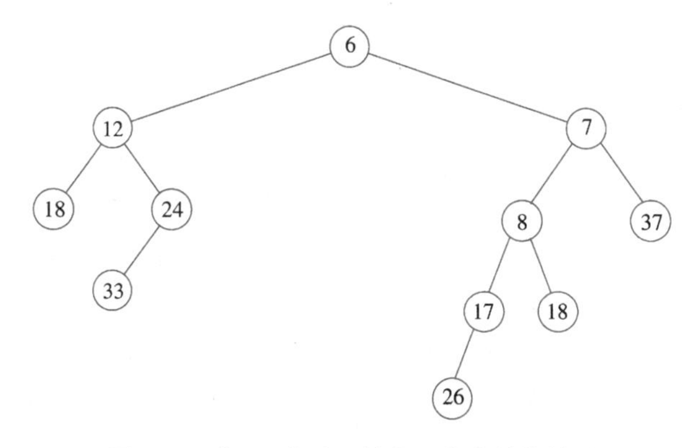

图 6-22　将 H_2 与 H_1 的右子堆合并的结果

由于这棵树是递归地形成的，而我们尚未对算法描述完毕，因此，我们现在还不能说明该堆是如何得到的。不过，有理由假设，最后的结果是一棵左式堆，因为它是通过递归的步骤得到的。这很像归纳法证明中的归纳假设。既然我们能够处理基准情形(发生在一棵树是空的时候)，当然可以假设，只要我们能够完成合并那么递归步骤就是成立的；这是递归法则 3，我们在第 1 章中讨论过它。现在，我们让这个新的堆成为 H_1 的根的右儿子(见图 6-23)。

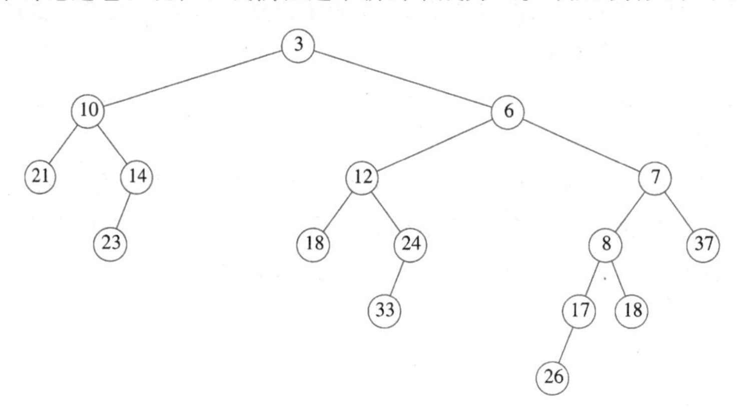

图 6-23　H_1 接上图 6-22 中的左式堆作为右儿子的结果

虽然最后得到的堆满足堆序性质，但是，它不是左式堆，因为根的左子树的零路径长为 1 而根的右子树的零路径长为 2。因此，左式的性质在根处被破坏。不过，容易看到，树的其余部分必然是左式的。由于递归步骤，根的右子树是左式的。根的左子树没有变化，当然它也必然还是左式的。这样一来，我们只要对根进行调整就可以了。使整个树是左式的做法如下：只要交换根的左儿子和右儿子(见图 6-24)并更新零路径长，就完成了 Merge，新的零路径长是新的右儿子的零路径长加 1。注意，如果零路径长不更新，那么所有的零路径长都将是 0，而堆将不是左式的，只是随机的。在这种情况下，算法仍然成立，但是，我们宣称的时间界将不再有效。

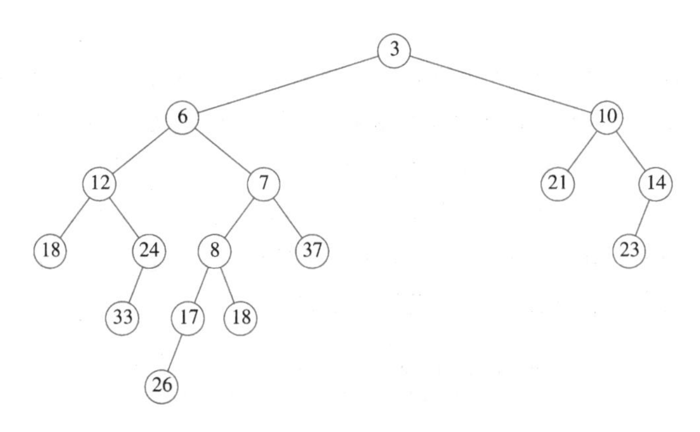

图 6-24 交换 H_1 的根的儿子得到的结果

将算法的描述直接翻译成代码。除了增加 Npl(零路径长)域外，算法中的类型定义(见图6-25)与二叉树是相同的。我们在第 4 章已经看到，当将一个元素插入到一棵空的二叉树时，需要改变指向根的指针。最容易的实现方法是让插入例程返回指向新树的指针。不幸的是，这将使得左式堆的 Insert 与二叉堆的 Insert 不兼容(后者什么也不返回)。图 6-25 的最后一行描述了摆脱这种窘境的一种方法。返回新树的左式堆插入例程将记为 Insert1；宏 Insert 将完成一次与二叉堆兼容的插入操作。这种使用宏的方法可能不是最好和最安全的

```
#ifndef _LeftHeap_H

struct TreeNode;
typedef struct TreeNode *PriorityQueue;

/* Minimal set of priority queue operations */
/* Note that nodes will be shared among several */
/* leftist heaps after a merge; the user must */
/* make sure to not use the old leftist heaps */

PriorityQueue Initialize( void );
ElementType FindMin( PriorityQueue H );
int IsEmpty( PriorityQueue H );
PriorityQueue Merge( PriorityQueue H1, PriorityQueue H2 );

#define Insert( X, H ) ( H = Insert1( ( X ), H ) )
/* DeleteMin macro is left as an exercise */

PriorityQueue Insert1( ElementType X, PriorityQueue H );
PriorityQueue DeleteMin1( PriorityQueue H );

#endif


/* Place in implementation file */
struct TreeNode
{
    ElementType   Element;
    PriorityQueue Left;
    PriorityQueue Right;
    int           Npl;
};
```

图 6-25 左式堆类型声明

做法，但另一种方法(即把 PriorityQueue 声明为指向 TreeNode 的指针)则使程序充满了额外的星号[⊖]。

因为 Insert 是一个宏并且将被预处理程序替换，所以任何调用 Insert 的例程必须能够见到宏定义。图 6-25 是一个典型的头文件，将宏声明放在那里是唯一合适的办法。后面将会看到，DeleteMin 也需要写成宏的形式。

合并操作的例程(见图 6-26)是一个被设计成除去一些特殊情形并保证 H_1 有较小根的驱动例程。实际的合并操作在 Merge1 中进行(见图 6-27)。注意，原始的两个左式堆绝不要再使用，它们本身的变化将影响合并操作的结果。

```
        PriorityQueue
        Merge( PriorityQueue H1, PriorityQueue H2 )
        {
/* 1*/      if( H1 == NULL )
/* 2*/          return H2;
/* 3*/      if( H2 == NULL )
/* 4*/          return H1;
/* 5*/      if( H1->Element < H2->Element )
/* 6*/          return Merge1( H1, H2 );
            else
/* 7*/          return Merge1( H2, H1 );
        }
```

图 6-26 合并左式堆的驱动例程

```
        static PriorityQueue
        Merge1( PriorityQueue H1, PriorityQueue H2 )
        {
/* 1*/      if( H1->Left == NULL )  /* Single node */
/* 2*/          H1->Left = H2;      /* H1->Right is already NULL,
                                       H1->Npl is already 0 */
            else
            {
/* 3*/          H1->Right = Merge( H1->Right, H2 );
/* 4*/          if( H1->Left->Npl < H1->Right->Npl )
/* 5*/              SwapChildren( H1 );

/* 6*/          H1->Npl = H1->Right->Npl + 1;
            }
/* 7*/      return H1;
        }
```

图 6-27 合并左式堆的实际例程

执行合并的时间与右路径的长的和成正比，因为在递归调用期间对每一个被访问的节点执行的是常数工作量。因此，我们得到合并两个左式堆的时间界为 $O(\log N)$。我们也可以分两趟来非递归地实施该操作。在第一趟，我们通过合并两个堆的右路径建立一棵新的树。为此，我们以排序的顺序安排 H_1 和 H_2 右路径上的节点，保持它们各自的左儿子不变。在我们的例子中，新的右路径是 3，6，7，8，18，而最后得到的树如图 6-28 所示。第二趟构成堆，儿子的交换工作在左式堆性质被破坏的那些节点上进行。在图 6-28 中，在节点 7 和 3 有一次交换，并得到与前面相同的树。非递归的做法更容易理解，但编程困难。我们留给读者去证明：递归过程和非递归过程的结果是相同的。

192
≀
197

⊖ 另一种可能是把这些不兼容的接口看作必然的弊端接受下来。

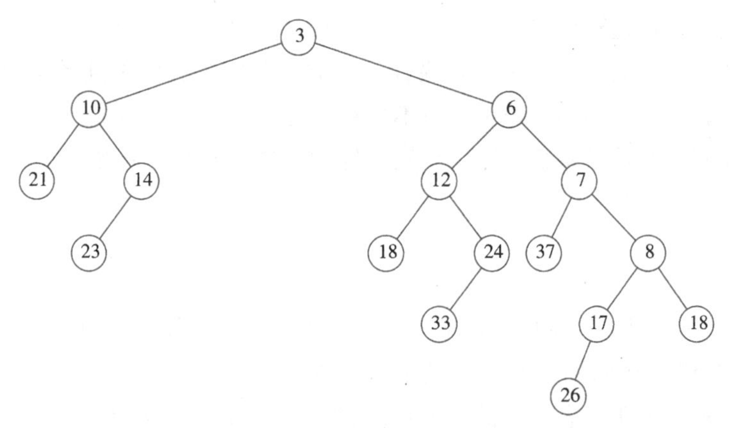

图 6-28 合并 H_1 和 H_2 的右路径的结果

上面提到，我们可以通过把待插入项看成单节点堆并执行一次 Merge 来完成插入。为了执行 DeleteMin，只要除掉根而得到两个堆，然后再将这两个堆合并。因此，执行一次 DeleteMin 的时间为 $O(\log N)$。这两个例程在图 6-29 和图 6-30 中给出。DeleteMin 可以写成宏，它调用 DeleteMin1 和 FindMin。我们把它留作读者的一道练习题。

```
        PriorityQueue
        Insert1( ElementType X, PriorityQueue H )
        {
            PriorityQueue SingleNode;

/* 1*/      SingleNode = malloc( sizeof( struct TreeNode ) );
/* 2*/      if( SingleNode == NULL )
/* 3*/          FatalError( "Out of space!!!" );
            else
            {
/* 4*/          SingleNode->Element = X; SingleNode->Npl = 0;
/* 5*/          SingleNode->Left = SingleNode->Right = NULL;
/* 6*/          H = Merge( SingleNode, H );
            }
/* 7*/      return H;
        }
```

图 6-29 左式堆的插入例程

```
        /* DeleteMin1 returns the new tree; */
        /* To get the minimum, use FindMin */
        /* This is for convenience */

        PriorityQueue
        DeleteMin1( PriorityQueue H )
        {
            PriorityQueue LeftHeap, RightHeap;

/* 1*/      if( IsEmpty( H ) )
            {
/* 2*/          Error( "Priority queue is empty" );
/* 3*/          return H;
            }

/* 4*/      LeftHeap = H->Left;
/* 5*/      RightHeap = H->Right;
/* 6*/      free( H );
/* 7*/      return Merge( LeftHeap, RightHeap );
        }
```

图 6-30 左式堆的 DeleteMin 例程

最后，我们可以通过建立一个二叉堆(显然用指针实现)以 $O(N)$ 时间建立一个左式堆。尽管二叉堆显然是左式的，但它未必是最佳解决方案，因为我们得到的堆可能是最差的左式堆。不仅如此，以相反的层序遍历树也不像用指针那么容易。`BuildHeap` 的效果可以通过递归地建立左右子树然后将根下滤而得到。练习中包含另外一个解决方案。

6.7　斜堆

斜堆(skew heap)是左式堆的自调节形式，实现起来极其简单。斜堆和左式堆间的关系类似于伸展树和 AVL 树间的关系。斜堆是具有堆序的二叉树，但是不存在对树的结构限制。不同于左式堆，关于任意节点的零路径长的任何信息都不保留。斜堆的右路径在任何时刻都可以任意长，因此，所有操作的最坏情形运行时间均为 $O(N)$。然而，正如伸展树一样，可以证明(见第 11 章)任意 M 次连续操作，总的最坏情形运行时间是 $O(M \log N)$。因此，斜堆每次操作的摊还时间(amortized cost)为 $O(\log N)$。

与左式堆相同，斜堆的基本操作也是合并操作。这个 `Merge` 例程还是递归的，我们执行与以前完全相同的操作，但有一个例外，即对于左式堆，我们查看是否左儿子和右儿子满足左式堆堆序性质并交换那些不满足该性质者；但对于斜堆，除了这些右路径上所有节点的最大者不交换它们的左右儿子外，交换是无条件的。这个例外就是在自然递归实现时所发生的现象，因此它实际上根本不是特殊情形。不仅如此，证明时间界也是不必要的，而且，由于该节点肯定没有右儿子，因此执行交换是愚蠢的。(在我们的例子中，该节点没有儿子，因此我们不必为此担心。)另外，仍设我们的输入是与前面相同的两个堆，见图 6-31。

198
~
200

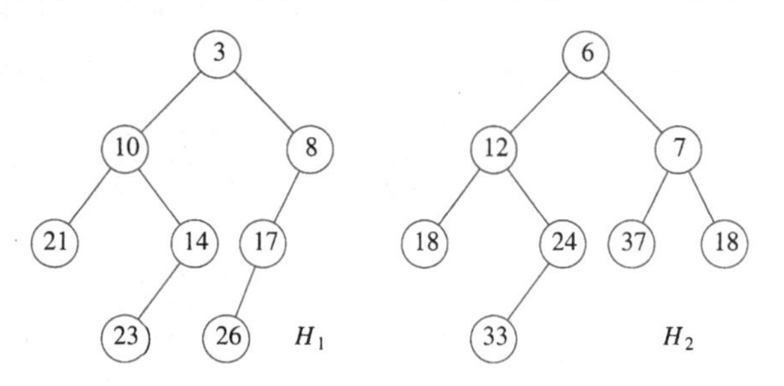

图 6-31　两个斜堆 H_1 和 H_2

如果我们递归地将 H_2 与 H_1 中根在 8 处的子堆合并，那么将得到图 6-32 中的堆。

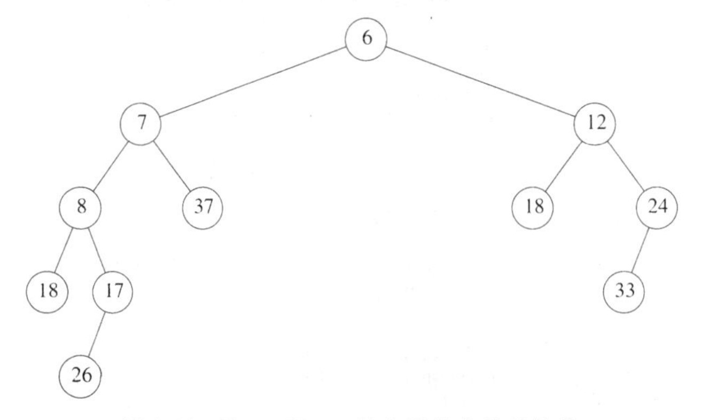

图 6-32　将 H_2 与 H_1 的右子堆合并的结果

这也是递归地完成的，因此，根据递归的第三个法则(见 1.3 节)我们不必担心它是如何得到的。这个堆碰巧是左式的，不过不能保证情况总是如此。我们使这个堆成为 H_1 的新的左儿子，而 H_1 的老的左儿子变成了新的右儿子(见图 6-33)。

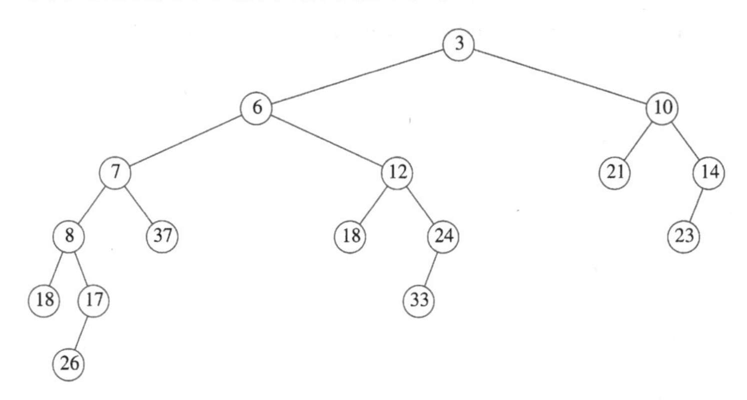

图 6-33　合并斜堆 H_1 和 H_2 的结果

整棵树是左式的，但是容易看到这并不总是成立的：将 15 插入到新堆中将破坏左式性质。

我们也可像左式堆那样非递归地进行所有的操作：合并右路径，除最后的节点外交换右路径上每个节点的左儿子和右儿子。经过几个例子之后，事情变得很清楚：由于除去右路径上最后的节点外的所有节点都将它们的儿子交换，因此最终效果是它变成了新的左路径(参见前面的例子)。这使得合并两个斜堆非常容易[⊖]。

201

斜堆的实现留作练习。注意，因为右路径可能很长，所以递归实现可能由于缺乏栈空间而失败，虽然在其他方面性能是可接受的。斜堆有一个优点，即不需要附加的空间来保留路径长以及不需要测试确定何时交换儿子。精确确定左式堆和斜堆的期望的右路径长是一个尚未解决的问题(后者无疑更为困难)。这样的比较将更容易确定平衡信息的轻微遗失是否可由缺少测试来补偿。

6.8　二项队列

虽然左式堆和斜堆每次操作花费 $O(\log N)$ 时间，这有效地支持了合并、插入和 DeleteMin，但还是有改进的余地，因为我们知道，二叉堆以每次操作花费常数平均时间支持插入。二项队列支持所有这三种操作，每次操作的最坏情形运行时间为 $O(\log N)$，而插入操作平均花费常数时间。

6.8.1　二项队列结构

二项队列(binomial queue)不同于我们已经看到的所有优先队列的实现之处在于，一个二项队列不是一棵堆序的树，而是堆序树的集合，称为森林(forest)。堆序树中的每一棵都是有

202

⊖　这与递归实现不完全一样(但服从相同的时间界)。如果一个堆的右路径用完而导致右路径合并终止，而我们只交换终止的那一点上面的右路径上的节点的儿子，那么将得到与递归做法相同的结果。

约束的形式，叫作二项树(binomial tree，后面将看到该名称的由来是显然的)。每一个高度上至多存在一棵二项树。高度为 0 的二项树是一棵单节点树；高度为 k 的二项树 B_k 通过将一棵二项树 B_{k-1} 附接到另一棵二项树 B_{k-1} 的根上而构成。图 6-34 显示二项树 B_0、B_1、B_2、B_3 以及 B_4。

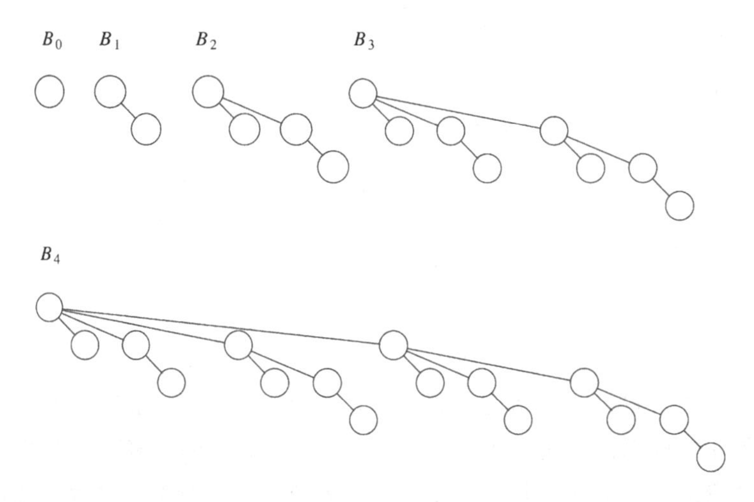

图 6-34 二项树 B_0、B_1、B_2、B_3 以及 B_4

从图中看到，二项树 B_k 由一个带有儿子 B_0，B_1，…，B_{k-1} 的根组成。高度为 k 的二项树恰好有 2^k 个节点，而在深度 d 处的节点数是二项系数 $\binom{k}{d}$。如果我们把堆序施加到二项树上并允许任意高度上最多有一棵二项树，那么我们能够用二项树的集合唯一地表示任意大小的优先队列。例如，大小为 13 的优先队列可以用森林 B_3，B_2，B_0 表示。我们可以把这种表示写成 1101，它不仅以二进制表示了 13，而且也表示这样的事实：在上述表示中，B_3，B_2，B_0 出现，而 B_1 则没有。

203

举一个例子，六个元素的优先队列可以表示为图 6-35 中的形状。

6.8.2 二项队列操作

此时，最小元可以通过搜索所有的树的根来找出。由于最多有 log N 棵不同的树，因此最小元可以在 $O(\log N)$ 时间内找到。另外，如果我们记得当最小元在其他操作期间变化时更新它，那么我们也可保留最小元的信息并以 $O(1)$时间执行该操作。

合并两个二项队列的操作在概念上是容易的操作，我们将通过例子描述。考虑两个二项队列 H_1 和 H_2，它们分别具有六个和七个元素，见图 6-36。

合并操作基本上是通过将两个队列加到一起来完成的。令 H_3 是新的二项队列。由于 H_1 没有高度为 0 的二

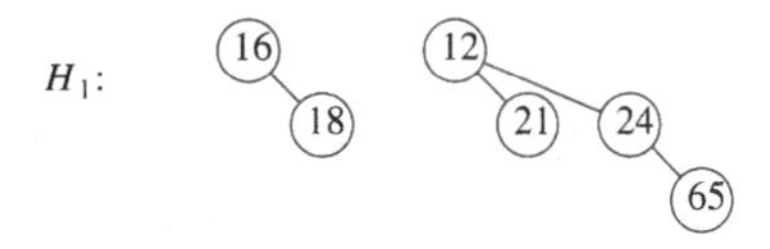

图 6-35 具有六个元素的二项树 H_1

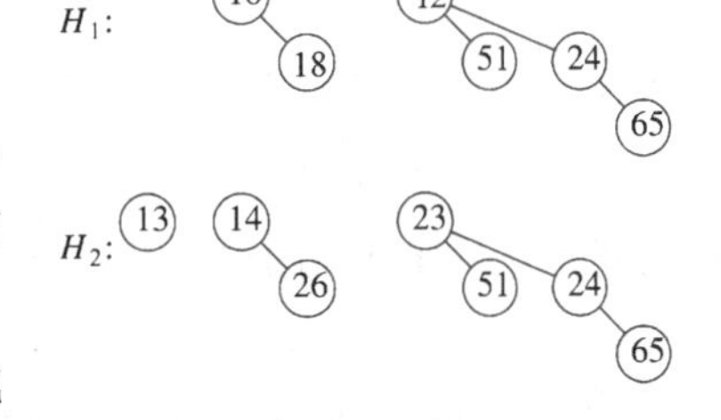

图 6-36 两个二项队列 H_1 和 H_2

项树而 H_2 有，因此我们就用 H_2 中高度为 0 的二项树作为 H_3 的一部分。然后，我们将两个高度为 1 的二项树相加。由于 H_1 和 H_2 都有高度为 1 的二项树，因此我们可以将它们合并，让大的根成为小的根的子树，从而建立高度为 2 的二项树，见图 6-37。这样，H_3 将没有高度为 1 的二项树。现在存在三棵高度为 2 的二项树，即 H_1 和 H_2 原有的两棵二项树以及由上一步形成的一棵二项树。我们将一棵高度为 2 的二项树放到 H_3 中，并合并其他两棵二项树，得到一棵高度为 3 的二项树。由于 H_1 和 H_2 都没有高度为 3 的二项树，因此该二项树就成为 H_3 的一部分，合并结束。最后得到的二项队列如图 6-38 所示。

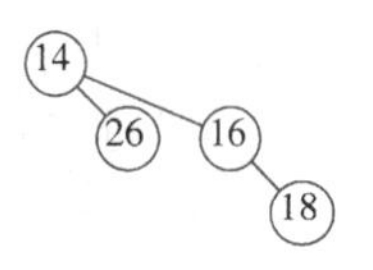

图 6-37 H_1 和 H_2 中两棵 B_1 树合并

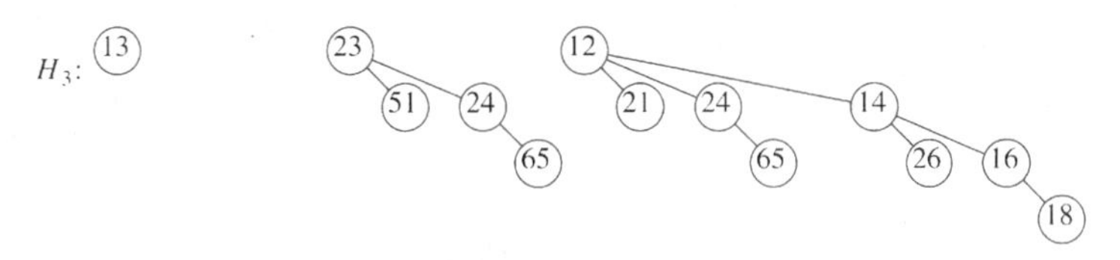

图 6-38 二项队列 H_3：合并 H_1 和 H_2 的结果

由于几乎使用任意合理的实现方法合并两棵二项树均花费常数时间，而总共存在 $O(\log N)$ 棵二项树，因此合并在最坏情形下花费 $O(\log N)$ 时间。为使该操作更高效，我们需要将这些树放到按照高度排序的二项队列中，当然这做起来是件简单的事情。

插入实际上就是特殊情形的合并，我们只要创建一棵单节点树并执行一次合并。这种操作的最坏情形运行时间也是 $O(\log N)$。更准确地说，如果元素将要插入的那个优先队列中不存在的最小的二项树是 B_i，那么运行时间与 $i+1$ 成正比。例如，H_3(见图 6-38)缺少高度为 1 的二项树，因此插入将进行两步后终止。由于二项队列中的每棵树出现的概率均为 1/2，于是我们期望插入在两步后终止，因此，平均时间是常数。不仅如此，分析将指出，对一个初始为空的二项队列进行 N 次 `Insert` 将花费的最坏情形时间为 $O(N)$。事实上，只用 $N-1$ 次比较就有可能进行该操作，我们把它留作练习。

举一个例子，我们用图 6-39 到图 6-45 演示通过依序插入 1 到 7 来构成一个二项队列。4 的插入展现一种坏的情形。我们把 4 与 B_0 合并，得到一棵新的高度为 1 的树。然后将该树与 B_1 合并，得到一棵高度为 2 的树，它是新的优先队列。我们把这些算作三步(两次树合并加上终止情形)。在插入 7 以后的下一次插入又是一个坏情形，需要三次树合并操作。

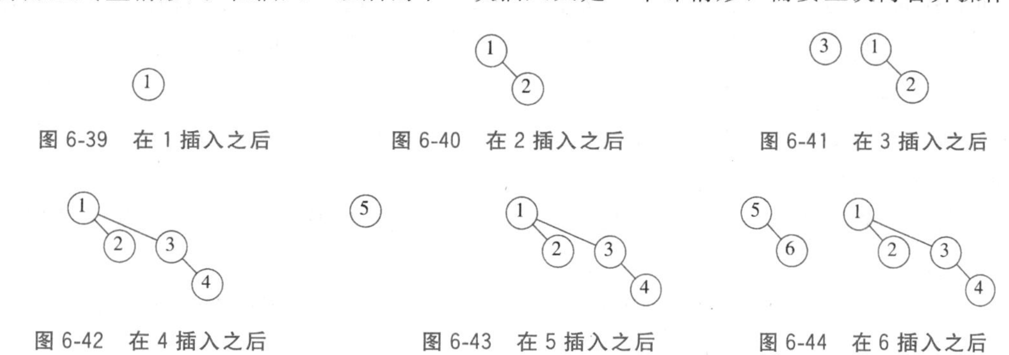

图 6-39 在 1 插入之后

图 6-40 在 2 插入之后

图 6-41 在 3 插入之后

图 6-42 在 4 插入之后

图 6-43 在 5 插入之后

图 6-44 在 6 插入之后

DeleteMin 可以通过首先找出一棵具有最小根的二项树来完成。令该树为 B_k，并令原始的优先队列为 H。我们从 H 的树的森林中除去二项树 B_k，形成新的二项树队列 H'。再除去 B_k 的根，得到一些二项树 B_0，B_1，…，B_{k-1}，它们共同形成优先队列 H''。合并 H' 和 H''，操作结束。

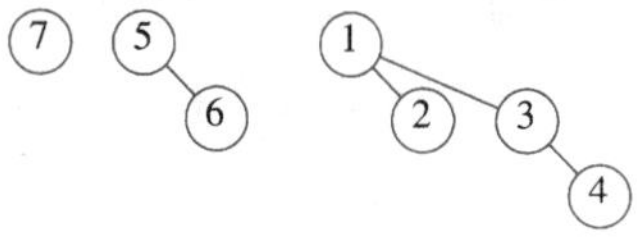

图 6-45　在 7 插入之后

例如，设对 H_3 执行一次 DeleteMin，如图 6-46 所示。最小的根是 12，因此我们得到图 6-47 和图 6-48 中的两个优先队列 H' 和 H''。合并 H' 和 H'' 得到的二项队列是最后的答案，见图 6-49。

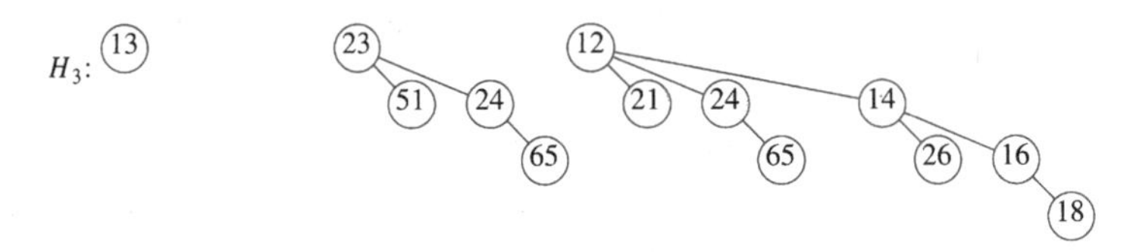

图 6-46　二项队列 H_3

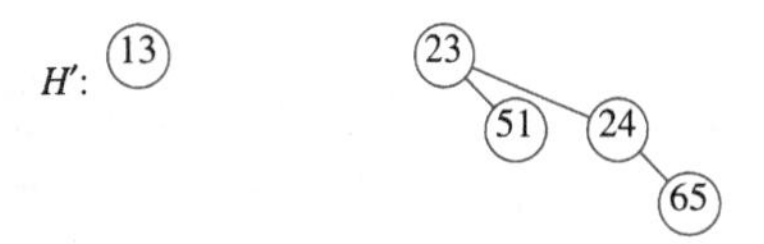

图 6-47　二项队列 H'，包含除 B_3 外 H_3 中所有的二项树

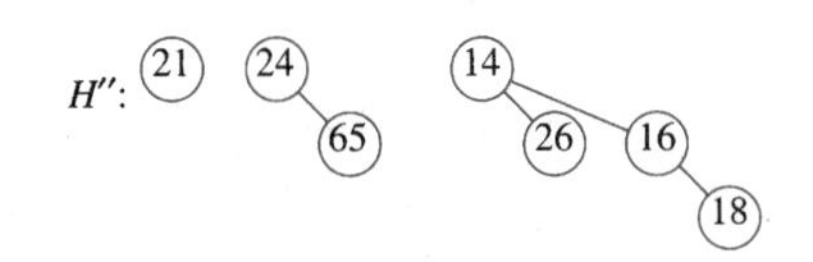

图 6-48　二项队列 H''：除去 12 后的 B_3

为了分析，首先注意 DeleteMin 操作将原二项队列一分为二。找出含有最小元素的树并创建队列 H' 和 H'' 花费 $O(\log N)$ 时间。合并这两个队列又花费 $O(\log N)$ 时间，因此，整个 DeleteMin 操作花费 $O(\log N)$ 时间。

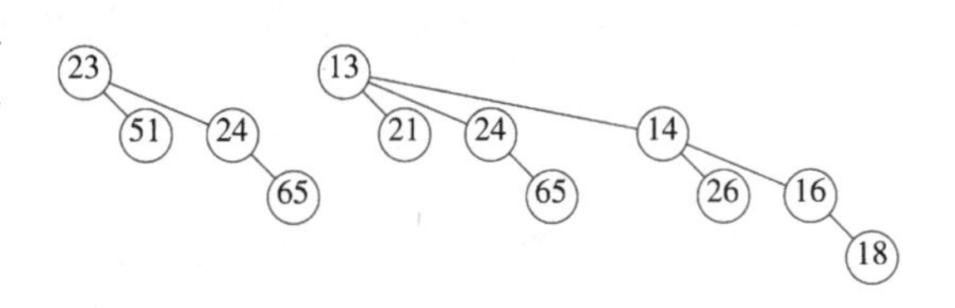

图 6-49　**DeleteMin**(H_3)的结果

6.8.3　二项队列的实现

DeleteMin 操作需要快速找出根的所有子树的能力，因此，需要一般树的标准表示方法——每个节点的儿子都存在一个链表中，而且每个节点都有一个指向它的第一个儿子(如果有的话)的指针。该操作还要求诸儿子按照它们的子树的大小排序。我们也需要保证能够很容易地合并两棵树。当合并两棵树时，其中的一棵树作为儿子加到另一棵树上。由于这棵新树将是最大的子树，因此，以大小递减的方式保持这些子树是有意义的。只有这时，我们才能够有效地合并两棵二项树从而合并两个二项队列。二项队列将是二项树的数组。

总之，二项树的每一个节点将包含数据、第一个儿子以及右兄弟。二项树中的诸儿子以递减次序排列。

图 6-51 解释如何表示图 6-50 中的二项队列。图 6-52 显示二项树中的节点的类型声明。

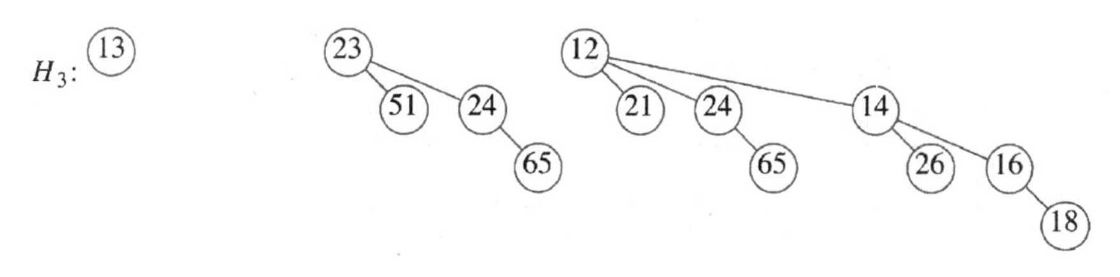

图 6-50　画作森林的二项队列 H_3

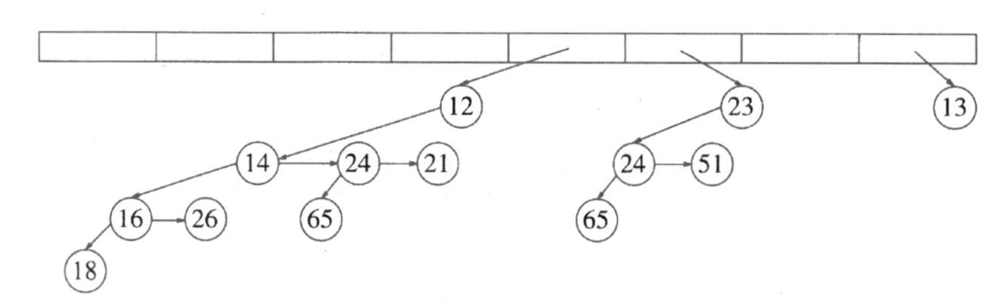

图 6-51　二项队列 H_3 的表示方式

为了合并两个二项队列，我们需要一个例程来合并两个同样大小的二项树。图 6-53 指出两个二项树合并时指针是如何变化的。合并二项树的程序很简单，见图 6-54。

```
typedef struct BinNode *Position;
typedef struct Collection *BinQueue;

struct BinNode
{
    ElementType Element;
    Position    LeftChild;
    Position    NextSibling;
};

struct Collection
{
    int CurrentSize;
    BinTree TheTrees[ MaxTrees ];
};
```

图 6-52　二项队列类型声明

现在我们介绍 Merge 例程的简单实现。该例程将 H_1 和 H_2 合并，把合并结果放入 H_1 中，并清空 H_2。在任意时刻我们在处理的是秩为 i 的那些树。T_1 和 T_2 分别是 H_1 和 H_2 中的树，而 Carry 是从上一步得来的树(可能是 NULL)。如果 T_1 存在，那么!! T_1 是 1，否则!! T_1 是 0，对其余的树也是如此。对于秩为 i 以及秩为 $i+1$ 的 Carry 树所得到的结果形成的树，其形成过程依赖于 8 种可能情形中的每一种。该过程从秩 0 开始到产生二项队列的最后的秩。程序见图 6-55。

二项队列的 DeleteMin 例程在图 6-56 中给出。

当受到影响的元素的位置已知时，我们可以将二项队列扩展到支持二叉堆所允许的某些非标准的操作，诸如 DecreaseKey 和 Delete。DecreaseKey 是一次 PercolateUp，如果我们将一个域加到每个节点上指向其父亲，那么 PercolateUp 可以在 $O(\log N)$时间内完成。一次任意的 Delete 可以通过结合使用 DecreaseKey 和 DeleteMin 以 $O(\log N)$时间完成。

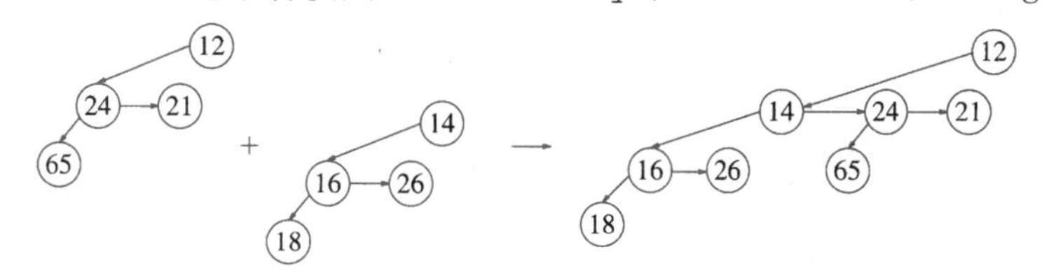

图 6-53　合并两棵二项树

204～210

```
/* Return the result of merging equal-sized T1 and T2 */

BinTree
CombineTrees( BinTree T1, BinTree T2 )
{
    if( T1->Element > T2->Element )
        return CombineTrees( T2, T1 );
    T2->NextSibling = T1->LeftChild;
    T1->LeftChild = T2;
    return T1;
}
```

图 6-54　合并同样大小的两棵二项树的例程

```
/* Merge two binomial queues */
/* Not optimized for early termination */
/* H1 contains merged result */

BinQueue
Merge( BinQueue H1, BinQueue H2 )
{
    BinTree T1, T2, Carry = NULL;
    int i, j;

    if( H1->CurrentSize + H2->CurrentSize > Capacity )
        Error( "Merge would exceed capacity" );

    H1->CurrentSize += H2->CurrentSize;
    for( i = 0, j = 1; j <= H1->CurrentSize; i++, j *= 2 )
    {
        T1 = H1->TheTrees[ i ]; T2 = H2->TheTrees[ i ];

        switch( !!T1 + 2 * !!T2 + 4 * !!Carry )
        {
            case 0: /* No trees */
            case 1: /* Only H1 */
                break;
            case 2: /* Only H2 */
                H1->TheTrees[ i ] = T2;
                H2->TheTrees[ i ] = NULL;
                break;
            case 4: /* Only Carry */
                H1->TheTrees[ i ] = Carry;
                Carry = NULL;
                break;
            case 3: /* H1 and H2 */
                Carry = CombineTrees( T1, T2 );
                H1->TheTrees[ i ] = H2->TheTrees[ i ] = NULL;
                break;
            case 5: /* H1 and Carry */
                Carry = CombineTrees( T1, Carry );
                H1->TheTrees[ i ] = NULL;
                break;
            case 6: /* H2 and Carry */
                Carry = CombineTrees( T2, Carry );
                H2->TheTrees[ i ] = NULL;
                break;
            case 7: /* All three */
                H1->TheTrees[ i ] = Carry;
                Carry = CombineTrees( T1, T2 );
                H2->TheTrees[ i ] = NULL;
                break;
        }
    }
    return H1;
}
```

图 6-55　合并两个优先队列的例程

```
ElementType
DeleteMin( BinQueue H )
{
    int i, j;
    int MinTree;    /* The tree with the minimum item */
    BinQueue DeletedQueue;
    Position DeletedTree, OldRoot;
    ElementType MinItem;

    if( IsEmpty( H ) )
    {
        Error( "Empty binomial queue" );
        return -Infinity;
    }

    MinItem = Infinity;
    for( i = 0; i < MaxTrees; i++ )
    {
        if( H->TheTrees[ i ] &&
            H->TheTrees[ i ]->Element < MinItem )
        {
            /* Update minimum */
            MinItem = H->TheTrees[ i ] ->Element;
            MinTree = i;
        }
    }

    DeletedTree = H->TheTrees[ MinTree ];
    OldRoot = DeletedTree;
    DeletedTree = DeletedTree->LeftChild;
    free( OldRoot );

    DeletedQueue = Initialize( );
    DeletedQueue->CurrentSize = ( 1 << MinTree ) - 1;
    for( j = MinTree - 1; j >= 0; j-- )
    {
        DeletedQueue->TheTrees[ j ] = DeletedTree;
        DeletedTree = DeletedTree->NextSibling;
        DeletedQueue->TheTrees[ j ]->NextSibling = NULL;
    }

    H->TheTrees[ MinTree ] = NULL;
    H->CurrentSize -= DeletedQueue->CurrentSize + 1;

    Merge( H, DeletedQueue );
    return MinItem;
}
```

图 6-56　二项队列的 DeleteMin

211

总结

在这一章，我们已经看到优先队列 ADT 的各种实现方法和用途。标准的二叉堆实现由于简单且速度快从而是精致的。它不需要指针，只需要常数的附加空间，且有效支持优先队列的操作。

我们考虑了另外的合并操作，发展了三种实现方法，每种都有其独到之处。左式堆是递归强大力量的完美实例。斜堆则是代表缺少平衡原则的一种重要的数据结构。它的分析是有趣的，我们将在第 11 章进行。二项队列表明了如何用一个简单的想法来达到好的时间界。

我们还看到优先队列的几个用途，从操作系统的工作调度到模拟。我们将在第 7、9 和

10 章再次看到它们的应用。

练习

6.1 设我们用 `FindMin` 替换 `DeleteMin` 函数。操作 `Insert` 和操作 `FindMin` 都能以常数时间实现吗?

6.2 a. 写出一次一个地将 10、12、1、14、6、5、8、15、3、9、7、4、11、13 和 2 插入到一个初始为空的二叉堆中的结果。

b. 写出使用相同的输入通过线性时间算法建立一个二叉堆的结果。

6.3 写出在练习 6.2 的堆中执行 3 次 `DeleteMin` 操作的结果。

6.4 编写在二叉堆中进行上滤的例程和进行下滤的例程。

6.5 写出并测试一个在二叉堆中执行 `Insert`、`DeleteMin`、`BuildHeap`、`FindMin`、`DecreaseKey`、`Delete` 和 `IncreaseKey` 等操作的程序。

6.6 在图 6-13 的堆中有多少节点?

6.7 a. 证明对于二叉堆，`BuildHeap` 至多在元素间进行 $2N-2$ 次比较。

b. 证明 8 个元素的堆可以通过堆元素间的 8 次比较构成。

**c. 给出一个算法，用 $\frac{13}{8}N+O(\log N)$ 次元素比较构建出一个二叉堆。

**6.8 证明，在一个大的完全堆(你可以假设 $N=2^k-1$)中第 k 个最小元的期望深度以 $\log k$ 为界。

6.9 *a. 给出一个算法以找出二叉堆中小于某个值 X 的所有节点。你的算法应该以 $O(K)$ 运行，其中，K 是输出的节点数。

212

b. 你的算法可以扩展到本章讨论过的任何其他堆结构吗?

*c. 给出一个算法，最多使用大约 $3N/4$ 次比较找出二叉堆中任意的项 X。

**6.10 提出一个算法，用 $O(M+\log N \log \log N)$ 时间将 M 个节点插入到 N 个元素的二叉堆中。证明你的时间界。

6.11 编写一个程序输入 N 个元素并执行以下操作:

a. 将它们一个一个地插入到一个堆中。

b. 以线性时间建立一个堆。

比较这两个算法对于已排序、反序以及随机输入的运行时间。

6.12 每个 `DeleteMin` 操作在最坏情形下使用 $2\log N$ 次比较。

*a. 提出一种方案使得 `DeleteMin` 操作只使用 $\log N+\log \log N+O(1)$ 次元素间的比较。这未必意味着较少的数据移动。

**b. 扩展你在(a)部分中的方案使得只执行 $\log N+\log \log \log N+O(1)$ 次比较。

**c. 你能够把这种想法推向多远?

d. 在比较中节省下来的开销能否补偿你的算法增加的复杂性?

6.13 如果一个 d-堆作为一个数组存储，那么对位于位置 i 的项，其父亲和儿子都在哪里?

6.14　设一个 d-堆初始时有 N 个元素，而我们需要对其执行 M 次 `PercolateUp` 和 N 次 `DeleteMin`。

a. 用 M、N 和 d 表示的所有操作的总的运行时间是多少？

b. 如果 $d=2$，所有的堆操作的运行时间是多少？

c. 如果 $d=\Theta(N)$，总的运行时间是多少？

*d. 对 d 作什么选择将最小化总的运行时间？

6.15　**最小-最大堆**(min-max heap)是支持两种操作 `DeleteMin` 和 `DeleteMax` 的数据结构，每个操作用时 $O(\log N)$。该结构与二叉堆相同，不过，其堆序性质为：对于在偶数深度上的任意节点 X，存储在 X 上的关键字小于它的父亲但是大于它的祖父(这是有意义的)；对于奇数深度上的任意节点 X，存储在 X 上的关键字大于它的父亲但是小于它的祖父，见图 6-57。

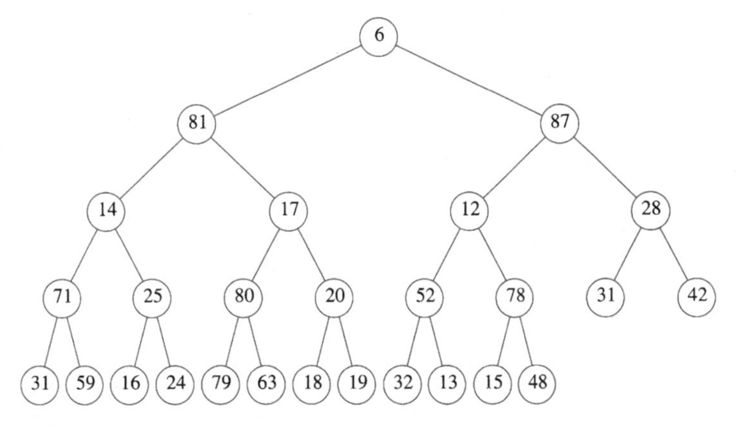

图 6-57　最小-最大堆

a. 我们如何找到最小元和最大元？

*b. 给出一个算法将一个新节点插入到该最小-最大堆中。

*c. 给出一个算法执行 `DeleteMin` 和 `DeleteMax`。

*d. 你能否以线性时间建立一个最小-最大堆？

**e. 设我们想要支持操作 `DeleteMin`、`DeleteMax` 以及 `Merge`。提出一种数据结构以 $O(\log N)$时间支持所有的操作。

6.16　合并图 6-58 中的两个左式堆。

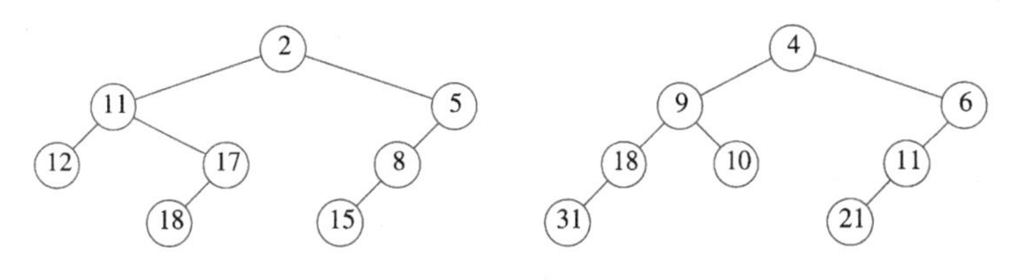

图　6-58

6.17　写出依序将关键字 1 到 15 插入一个初始为空的左式堆中的结果。

6.18　证明下述结论成立或不成立：如果将关键字 1 到 2^k-1 依序插入到一个初始为空的左式堆中，那么结果形成一棵理想平衡树(perfectly balanced tree)。

6.19　给出一个生成最佳左式堆的输入的例子。

6.20　a. 左式堆能否有效地支持 `DecreaseKey`？

b. 完成该功能需要哪些变化(如果可能的话)？

6.21　从左式堆中一个已知位置删除节点的一种方法是使用懒惰策略。要删除一个节点，只要将其标记为已删除即可。当执行一个 `FindMin` 或 `DeleteMin` 时，若标记根节点被删除则存在一个潜在的问题，因为此时节点必须被实际删除且需要找到实际的最小元，这可能涉及删除其他一些已做标记的节点。在该方法中，`Delete` 花费一个单位，但一次 `DeleteMin` 或 `FindMin` 的开销却依赖于作了已删除标记的节点的个数。设在一次 `DeleteMin` 或 `FindMin` 后做标记的节点比操作前少了 k 个。

213 ~ 214

**a. 说明如何以 $O(k \log N)$时间执行 `DeleteMin`。

**b. 提出一种实现方法，通过分析证明执行 `DeleteMin` 的时间为 $O(k \log(2N/k))$。

6.22　我们可以以线性时间对左式堆执行 `BuildHeap` 操作：把每个元素当作单节点左式堆，把所有这些堆放到一个队列中。之后，让两个堆出队，合并它们，再将合并结果入队，直到队列中只有一个堆为止。

a. 证明该算法在最坏情形下为 $O(N)$。

b. 为什么该算法优于课文中描述的算法？

6.23　合并图 6-58 中的两个斜堆。

6.24　写出将关键字 1 到 15 依序插入到一个斜堆内的结果。

6.25　证明下述结论成立或不成立：如果将关键字 1 到 2^k-1 依序插入到一个初始为空的斜堆中，那么结果形成一棵理想平衡树。

6.26　使用标准的二叉堆算法可以建立一个含有 N 个元素的斜堆。我们能否将练习 6.22 中描述的同样的合并方法用于斜堆而得到 $O(N)$运行时间？

6.27　证明二项树 B_k 以二项树 B_0，B_1，…，B_{k-1} 作为其根的儿子。

6.28　证明高度为 k 的二项树在深度 d 有 $\binom{k}{d}$ 个节点。

6.29　将图 6-59 中的两个二项队列合并。

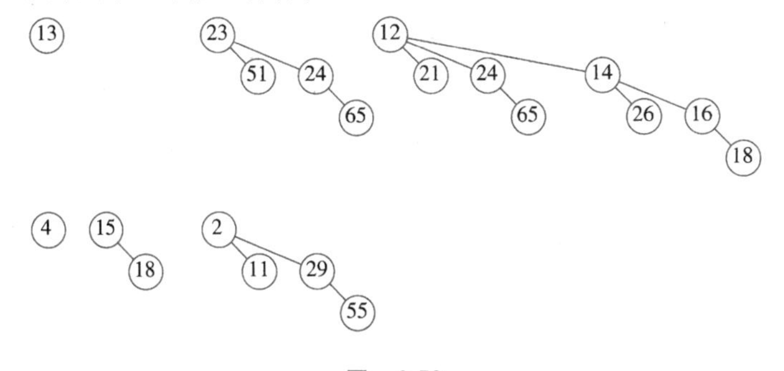

图　6-59

6.30　a. 证明：向初始为空的二项队列进行 N 次 `Insert` 最坏情形下的运行时间为$O(N)$。
　　b. 给出一个算法来建立有 N 个元素的二项队列，在元素间最多使用 $N-1$ 次比较。
　*c. 提出一个算法，以 $O(M+\log N)$最坏情形运行时间将 M 个节点插入到含有 N 个元素的二项队列中。证明你的界。

6.31　写出一个有效的例程使用二项队列来完成 `Insert` 操作。不要调用 `Merge`。

6.32　对于二项队列：
　　a. 当调用 `Merge(`H，H`)`时会发生什么情况？修改代码以修正该问题。
　　b. 如果在 H_2 中没有树留下且 `Carry` 树为 `NULL`，修改 `Merge` 例程以终止合并。
　　c. 修改 `Merge` 使得较小的树总被合并到较大的树中。

**6.33　假设我们将二项队列扩充为允许每个结构至多有两棵相同高度的树。我们能否在其他操作保留为 $O(\log N)$时实现最坏情形时间为 $O(1)$的插入？

6.34　设有许多盒子，每个盒子都能容纳总重量 C 和物品 i_1，i_2，i_3，…，i_N，它们分别重 w_1，w_2，w_3，…，w_N。现在想要把所有的物品包装起来，但任意盒子都不能放置超过其容量的重物，而且要使用尽量少的盒子。例如，若 $C=5$，物品分别重 2，2，3，3，则我们可用两个盒子解决该问题。

　　一般说来，这个问题很难，没有已知的有效的解决方法。编写一个程序，有效地实现下列各近似策略：
　*a. 将物品放入能够承受其重量的第一个盒子内(如果没有盒子拥有足够的容量就开辟一个新的盒子)。(该策略以及后面所有的策略都将得出 3 个盒子，这不是最优的结果。)
　　b. 把物品放入有最大容量的盒子内。
　**c. 把物品放入能够容纳下它而又不过载的装填得最满的盒子中。
　**d. 这些策略中有通过将物品按重量预先排序而功能得到增强的吗？

6.35　设我们想要将操作 `DecreaseAllKeys(Δ)`添加到堆的指令系统中去。该操作的结果是堆中所有的关键字都将它们的值减少 Δ。对于你所选择的堆的实现方法，解释所做的必要的修改，使得所有其他操作都保持它们的运行时间而 `DecreaseAllKeys` 以 $O(1)$运行。

6.36　这两个选择算法中哪个具有更好的时间界？

参考文献

二叉堆首先在文献[27]中描述。构造它的线性时间算法来自文献[14]。

d-堆最初的描述见于文献[19]。左式堆由 Crane[11]发明并在 Knuth[21]中描述。斜堆由 Sleator 和 Tarjan[23]开创。二项队列由 Vuillemin[26]发明；Brown[4]提供了详细的分析和经验性的研究，指出若能仔细地实现则它们在实践中性能更好。

练习 6.7b、c 取自文献[17]。练习 6.9c 取自文献[6]。平均使用大约 $1.52N$ 次比较构造二叉堆的方法在文献[22]中描述。左式堆中的懒惰删除(练习 6.21)来自文献[10]。练习 6.33 的一种解法可在文献[8]中找到。

215 ~ 216

最小-最大堆(练习 6.15)原始描述见于文献[1]。那些操作的更有效的实现在文献[18、24]中给出。双端优先队列(double-ended priority queue)的另外一些表示形式是 deap 和 diamond dequeue。细节可见于文献[5, 7, 9]。练习 6.15e 的解法在文献[12, 20]中给出。

理论上有趣的优先队列表示法是斐波那契堆(Fibonacci heap)[16]，我们将在第 11 章中描述它。斐波那契堆使得所有的操作都以 $O(1)$ 摊还时间执行，但删除操作却是 $O(\log N)$。松堆(relaxed heap)[13]得到最坏情形下完全相同的界(除合并操作外)。文献[3]的过程对所有操作均得到最佳的最坏情形界。另外一种有趣的实现方法是配对堆(pairing heap)[15]，它将在第 12 章描述。最后，当数据由一些小的整数组成时仍能正常工作的优先队列在文献[2, 25]中描述。

1. M. D. Atkinson, J. R. Sack, N. Santoro, and T. Strothotte, "Min-Max Heaps and Generalized Priority Queues," *Communications of the ACM*, 29 (1986), 996–1000.
2. J. D. Bright, "Range Restricted Mergeable Priority Queues," *Information Processing Letters*, 47 (1993), 159–164.
3. G. S. Brodal, "Worst-Case Efficient Priority Queues," *Proceedings of the Seventh Annual ACM-SIAM Symposium on Discrete Algorithms* (1996), 52–58.
4. M. R. Brown, "Implementation and Analysis of Binomial Queue Algorithms," *SIAM Journal on Computing*, 7 (1978), 298–319.
5. S. Carlsson, "The Deap—A Double-Ended Heap to Implement Double-Ended Priority Queues," *Information Processing Letters*, 26 (1987), 33–36.
6. S. Carlsson and J. Chen, "The Complexity of Heaps," *Proceedings of the Third Symposium on Discrete Algorithms* (1992), 393–402.
7. S. Carlsson, J. Chen, and T. Strothotte, "A Note on the Construction of the Data Structure 'Deap'," *Information Processing Letters*, 31 (1989), 315–317.
8. S. Carlsson, J. I. Munro, and P. V. Poblete, "An Implicit Binomial Queue with Constant Insertion Time," *Proceedings of First Scandinavian Workshop on Algorithm Theory* (1988), 1–13.
9. S. C. Chang and M. W. Due, "Diamond Deque: A Simple Data Structure for Priority Deques," *Information Processing Letters*, 46 (1993), 231–237.
10. D. Cheriton and R. E. Tarjan, "Finding Minimum Spanning Trees," *SIAM Journal on Computing*, 5 (1976), 724–742.
11. C. A. Crane, "Linear Lists and Priority Queues as Balanced Binary Trees," *Technical Report STAN-CS-72-259*, Computer Science Department, Stanford University, Stanford, Calif., 1972.
12. Y. Ding and M. A. Weiss, "The Relaxed Min-Max Heap: A Mergeable Double-Ended Priority Queue," *Acta Informatica*, 30 (1993), 215–231.
13. J. R. Driscoll, H. N. Gabow, R. Shrairman, and R. E. Tarjan, "Relaxed Heaps: An Alternative to Fibonacci Heaps with Applications to Parallel Computation," *Communications of the ACM*, 31 (1988), 1343–1354.
14. R. W. Floyd, "Algorithm 245: Treesort 3," *Communications of the ACM*, 7 (1964), 701.
15. M. L. Fredman, R. Sedgewick, D. D. Sleator, and R. E. Tarjan, "The Pairing Heap: A New Form of Self-adjusting Heap," *Algorithmica*, 1 (1986), 111–129.
16. M. L. Fredman and R. E. Tarjan, "Fibonacci Heaps and Their Uses in Improved Network Optimization Algorithms," *Journal of the ACM*, 34 (1987), 596–615.

217

17. G. H. Gonnet and J. I. Munro, "Heaps on Heaps," *SIAM Journal on Computing*, 15 (1986), 964–971.

18. A. Hasham and J. R. Sack, "Bounds for Min-max Heaps," *BIT,* 27 (1987), 315–323.
19. D. B. Johnson, "Priority Queues with Update and Finding Minimum Spanning Trees," *Information Processing Letters,* 4 (1975), 53–57.
20. C. M. Khoong and H. W. Leong, "Double-Ended Binomial Queues," *Proceedings of the Fourth Annual International Symposium on Algorithms and Computation* (1993).
21. D. E. Knuth, *The Art of Computer Programming, Vol 3: Sorting and Searching,* Addison-Wesley, Reading, Mass., 1973.
22. C. J. H. McDiarmid and B. A. Reed, "Building Heaps Fast," *Journal of Algorithms,* 10 (1989), 352–365.
23. D. D. Sleator and R. E. Tarjan, "Self-adjusting Heaps," *SIAM Journal on Computing,* 15 (1986), 52–69.
24. T. Strothotte, P. Eriksson, and S. Vallner, "A Note on Constructing Min-max Heaps," *BIT,* 29 (1989), 251–256.
25. P. van Emde Boas, R. Kaas, and E. Zijlstra, "Design and Implementation of an Efficient Priority Queue," *Mathematical Systems Theory,* 10 (1977), 99–127.
26. J. Vuillemin, "A Data Structure for Manipulating Priority Queues," *Communications of the ACM,* 21 (1978), 309–314.
27. J. W. J. Williams, "Algorithm 232: Heapsort," *Communications of the ACM,* 7 (1964), 347–348.

218

CHAPTER 7

第7章

排　序

在这一章，我们讨论数组元素的排序问题。为简单起见，假设在我们的例子中数组只包含整数，虽然更复杂的结构显然也是可能的。对于本章的大部分内容，我们还假设整个排序工作能够在主存中完成，因此，元素的个数相对来说比较小(小于 10^6)。当然，不能在主存中完成而必须在磁盘或磁带上完成的排序也相当重要。这种类型的排序叫作外部排序(external sorting)，将在本章末尾讨论外部排序。

我们对内部排序的考察将指出：

- 存在几种容易的算法以 $O(N^2)$排序，如插入排序。
- 有一种算法叫作希尔排序(Shellsort)，它的编程非常简单，以 $o(N^2)$运行，并在实践中很有效。
- 有一些稍微复杂的 $O(N \log N)$的排序算法。
- 任何通用的排序算法均需要 $\Omega(N \log N)$次比较。

本章的其余部分将描述和分析各种排序算法。这些算法包含一些有趣的、重要的代码优化和算法设计思想。可以对排序做出精确的分析。预先说明，在适当的时候，我们将尽可能地多做一些分析。

7.1 预备知识

我们描述的算法都将是可以互换的。每个算法都将接收一个含有元素的数组和一个包含元素个数的整数。

我们将假设 N 是传递到排序例程中的元素个数，它已经被检查过，是合法的。按照C的约定，对于所有的排序，数据都将在位置0处开始。

我们还假设“＜”和“＞”运算符存在，它们可以用于对输入进行一致的排序。除赋值运算符外，这两种运算是仅有的允许对输入数据进行的操作。在这些条件下的排序叫作基于比较的排序(comparison-based sorting)。

219

7.2 插入排序

7.2.1 算法

最简单的排序算法之一是插入排序(insertion sort)。插入排序由 $N-1$ 趟(pass)排序组成。对于 $P=1$ 趟到 $P=N-1$ 趟，插入排序保证从位置0到位置 P 上的元素为已排序状态。插入排序利用了这样的事实：位置0到位置 $P-1$ 上的元素是已排过序的。图7-1显示一个简单的数组在每一趟插入排序后的情况。

图7-1表达了一般的方法。在第 P 趟，我们将位置 P 上的元素向左移动到它在前 $P+1$ 个元素中的正确位置上。图7-2中的程序实现该想法。第2～5行实现数据移动而没有明显使用交换。将位置 P 上的元素存于 Tmp 中，而(在位置 P 之前)所有更大的元素都向右移动一个位置。然后将 Tmp 置于正确的位置上。这种方法与实现二叉堆时所用到的技巧相同。

初始	34	8	64	51	32	21	移动的位置
在p=1之后	8	34	64	51	32	21	1
在p=2之后	8	34	64	51	32	21	0
在p=3之后	8	34	51	64	32	21	1
在p=4之后	8	32	34	51	64	21	3
在p=5之后	8	21	32	34	51	64	4

图 7-1 每趟后的插入排序

220

```
        void
        InsertionSort( ElementType A[ ], int N )
        {
            int j, P;

            Element Type Tmp;
/* 1*/      for( P = 1; P < N; P++ )
            {
/* 2*/          Tmp = A[ P ];
/* 3*/          for( j = P; j > 0 && A[ j - 1 ] > Tmp; j-- )
/* 4*/              A[ j ] = A[ j - 1 ];
/* 5*/          A[ j ] = Tmp;
            }
        }
```

图 7-2 插入排序例程

7.2.2 插入排序的分析

由于嵌套循环每趟花费 N 次迭代，因此插入排序为 $O(N^2)$，而且这个界是精确的，因为以反序输入可以达到该界。精确计算指出对于 P 的每一个值，第 4 行的测试最多执行 $P+1$ 次。对所有的 P 求和，得到总数为

$$\sum_{i=2}^{N} i = 2+3+4+\cdots+N = \Theta(N^2)$$

另一方面，如果输入数据已预先排序，那么运行时间为 $O(N)$，因为内层 for 循环的检测总是立即判定不成立而终止。事实上，如果输入几乎已排序(该术语将在下一节更严格地定义)，那么插入排序将运行得很快。由于这种变化差别很大，因此值得我们去分析该算法平均情形的行为。实际上，和各种其他排序算法一样，插入排序的平均情形也是 $\Theta(N^2)$，详见下节的分析。

7.3 一些简单排序算法的下界

数字数组的一个逆序(inversion)是指数组中具有 $i<j$ 但 $A[i]>A[j]$的序偶($A[i]$，$A[j]$)。在上节的例子中，输入数据 34，8，64，51，32，21 有 9 个逆序，即(34，8)，(34，32)，(34，21)，(64，51)，(64，32)，(64，21)，(51，32)，(51，21)，(32，21)。注意，这正好是需要由插入排序(非直接)执行的交换次数。情况总是这样，因为交换两个不按原序排列的相邻元素恰好消除一个逆序，而一个排过序的数组没有逆序。由于算法中还有$O(N)$项其他的工作，因此插入排序的运行时间是 $O(I+N)$，其中 I 为原始数组中的逆序数。于是，若逆序数是 $O(N)$，则插入排序以线性时间运行。

我们可以通过计算排列中的平均逆序数而得出插入排序平均运行时间的精确的界。如往常一样，定义平均是一个困难的命题。我们将假设不存在重复元素(如果允许重复，那么我们甚至连重复的平均次数究竟是什么都不清楚)。利用该假设，我们可设输入数据是前 N 个整数的某个排列(因为只有相对顺序才是重要的)，并设所有的排列都是等可能的。在这些假设下，我们有如下定理：

定理 7.1　*N 个互异数的数组的平均逆序数是 $N(N-1)/4$。*

证明：对于含有任意的数的表 L，考虑其反序表 L_r。上例中的反序表是 21，32，51，221 64，8，34。考虑该表中任意两个数的序偶(x, y)，且 $y>x$。显然，恰是 L 和 L_r 之中的一个，该序偶表示一个逆序。在表 L 和它的反序表 L_r 中序偶的总个数为 $N(N-1)/2$。因此，平均表有该量的一半，即 $N(N-1)/4$ 个逆序。

这个定理意味着插入排序平均是二次的，同时也提供了只交换相邻元素的任何算法的一个很强的下界。

定理 7.2　*通过交换相邻元素进行排序的任何算法平均需要 $\Omega(N^2)$时间。*

证明：初始的平均逆序数是 $N(N-1)/4=\Omega(N^2)$，而每次交换只减少一个逆序，因此需要 $\Omega(N^2)$次交换。

这是证明下界的一个例子，它不仅对非显式地实施相邻元素的交换的插入排序有效，而且对诸如冒泡排序和选择排序等其他一些简单算法也是有效的，不过这些算法将不在这里描述。事实上，它对一整类只进行相邻元素的交换的排序算法(包括那些未被发现的算法)都是有效的。正因为如此，这个证明在经验上是不能被认可的。虽然这个下界的证明非常简单，但是一般说来证明下界要比证明上界复杂得多。

这个下界告诉我们，为了使一个排序算法以亚二次(subquadratic)或 $o(N^2)$时间运行，必须执行一些比较，特别要对相距较远的元素进行交换。一个排序算法通过删除逆序得以向前进行，而为了有效地运行，它必须每次交换删除不止一个逆序。

7.4　希尔排序

希尔排序(Shellsort)的名称源于它的发明者 Donald Shell，该算法是冲破二次时间屏障的第一批算法之一，不过，从它的发现之日起，又过了若干年后才证明了它的亚二次时间界。正如上节所提到的，它通过比较相距一定间隔的元素来工作，各趟比较所用的距离随着算法的进行而减小，直到只比较相邻元素的最后一趟排序为止。由于这个原因，希尔排序有时也叫作*缩小增量排序*(diminishing increment sort)。

希尔排序使用一个序列 h_1，h_2，…，h_t，叫作*增量序列*(increment sequence)。只要 $h_1=1$，任何增量序列都是可行的，不过，有些增量序列比另外一些增量序列更好(后面我们将讨论这个问题)。在使用增量 h_k 的一趟排序之后，对于每一个 i 我们有 $A[i]\leqslant A[i+h_k]$(这里它是有意义的)，所有相隔 h_k 的元素都被排序。此时称文件是 h_k-排序的(h_k-sorted)。例如，图 7-3 显示了各趟排序后数组的情况。希尔排序的一个重要性质(我们只叙述而不证明)是一个 h_k-排序的文件(此222 后将是 h_{k-1}-排序的)保持它的 h_k-排序性。事实上，假如情况不是这样的话，那么该算法也就没什么意义了，因为前面各趟排序的结果会被后面各趟排序给打乱。

初始	81	94	11	96	12	35	17	95	28	58	41	75	15
在 5-排序后	35	17	11	28	12	41	75	15	96	58	81	94	95
在 3-排序后	28	12	11	35	15	41	58	17	94	75	81	96	95
在 1-排序后	11	12	15	17	28	35	41	58	75	81	94	95	96

图 7-3　希尔排序每趟之后的情况

h_k-排序的一般做法是，对于 h_k，h_k+1，…，$N-1$ 中的每一个位置 i，把其上的元素放到 i，$i-h_k$，$i-2h_k$…中间的正确位置上。虽然这并不影响最终结果，但是仔细的考察指出，一趟 h_k-排序的作用就是对 h_k 个独立的子数组执行一次插入排序。当我们分析希尔排序的运行时间时，这个考察结果将是很重要的。

增量序列的一种流行(但是不好)的选择是使用 Shell 建议的序列：$h_t=\lfloor N/2 \rfloor$和 $h_k=\lfloor h_{k+1}/2 \rfloor$。图 7-4 包含一个使用该序列实现希尔排序的程序。后面我们将看到，存在一些递增的序列，它们对该算法的运行时间做出了重要的改进，即使是一个小的改变都可能剧烈地影响算法的性能(见练习 7.10)。

```
        void
        Shellsort( ElementType A[ ], int N )
        {
            int i, j, Increment;
            ElementType Tmp;

/* 1*/      for( Increment = N / 2; Increment > 0; Increment /= 2 )
/* 2*/          for( i = Increment; i < N; i++ )
                {
/* 3*/              Tmp = A[ i ];
/* 4*/              for( j = i; j >= Increment; j -= Increment )
/* 5*/                  if( Tmp < A[ j - Increment ] )
/* 6*/                      A[ j ] = A[ j - Increment ];
                        else
/* 7*/                      break;
/* 8*/              A[ j ] = Tmp;
                }
        }
```

图 7-4　使用希尔增量的希尔排序例程(可能有更好的增量)

223

图 7-4 中的程序以与我们在插入排序实现方法中相同的方式避免明显地使用交换。

希尔排序的最坏情形分析

虽然希尔排序编程简单，但是，其运行时间的分析则完全是另外一回事。希尔排序的运行时间依赖于增量序列的选择，而证明可能相当复杂。希尔排序的平均情形分析，除最平凡的一些增量序列外，是一个长期未解决的问题。我们将证明在两个特别的增量序列下最坏情形的精确的界。

定理 7.3　使用希尔增量时希尔排序的最坏情形运行时间为 $\Theta(N^2)$。

证明：证明不仅需要指出最坏情形运行时间的上界，而且还需要指出存在某个输入实际上就花费 $\Omega(N^2)$时间运行。首先通过构造一个坏情形来证明下界。我们先选择 N 是 2 的幂。这使得除最后一个增量是 1 外所有的增量都是偶数。现在，我们给出一个数组 Input-

Data作为输入，它的偶数位置上有 $N/2$ 个同为最大的数，而在奇数位置上有 $N/2$ 个同为最小的数(对该证明，第一个位置是位置1)。由于除最后一个增量外所有的增量都是偶数，因此，当我们进行最后一趟排序前，$N/2$ 个最大的元素仍然处在偶数位置上，而 $N/2$ 个最小的元素也还是在奇数位置上。于是，在最后一趟排序开始之前第 i 个最小的数($i \leqslant N/2$)在位置 $2i-1$ 上。将第 i 个元素恢复到其正确位置需要在数组中移动 $i-1$ 个间隔。这样，仅仅将 $N/2$ 个最小的元素放到正确的位置上就至少需要 $\sum_{i=1}^{N/2} i-1=\Omega(N^2)$ 的工作。举一个例子，图7-5显示一个 $N=16$ 时的坏(但不是最坏)的输入。在2-排序后的逆序数一直恰好保持为 $1+2+3+4+5+6+7=28$，因此，最后一趟排序将花费相当多的时间。

现在我们证明上界 $O(N^2)$ 以结束本证明。前面已经观察到，带有增量 h_k 的一趟排序由 h_k 个关于 N/h_k 个元素的插入排序组成。由于插入排序是二次的，因此一趟排序总的开销是 $O(h_k(N/h_k)^2)=O(N^2/h_k)$。对所有各趟排序求和则给出总的界为 $O\left(\sum_{i=1}^{t} N^2/h_i\right)=O\left(N^2\sum_{i=1}^{t} 1/h_i\right)$。因为这些增量形成一个几何级数，其公比为2，而该级数中的最大项是 $h_1=1$，因此，$\sum_{i=1}^{t} 1/h_i<2$。于是，我们得到总的界 $O(N^2)$。

开始	1	9	2	10	3	11	4	12	5	13	6	14	7	15	8	16
在8-排序后	1	9	2	10	3	11	4	12	5	13	6	14	7	15	8	16
在4-排序后	1	9	2	10	3	11	4	12	5	13	6	14	7	15	8	16
在2-排序后	1	9	2	10	3	11	4	12	5	13	6	14	7	15	8	16
在1-排序后	1	2	3	4	5	6	7	8	9	10	11	12	13	14	15	16

图7-5 具有希尔增量的希尔排序的坏情形(位置编号从1到16)

希尔增量的问题在于，这些增量对未必互素，因此较小的增量可能影响很小。Hibbard提出一个稍微不同的增量序列，它在实践中(并且理论上)给出更好的结果。他的增量形如1，3，7，…，2^k-1。虽然这些增量几乎是相同的，但关键的区别是相邻的增量没有公因子。现在我们就来分析使用这个增量序列的希尔排序的最坏情形运行时间，这个证明相当复杂。

定理7.4 使用Hibbard增量的希尔排序的最坏情形运行时间为 $\Theta(N^{3/2})$。

证明：我们只证明上界而将下界的证明留作练习。这个证明需要堆垒数论(additive number theory)中某些众所周知的结果。本章末提供了这些结果的参考资料。

和前面一样，对于上界，我们还是计算每一趟排序的运行时间的界，然后对各趟求和。对于那些 $h_k>N^{1/2}$ 的增量，我们将使用前一定理得到的界 $O(N^2/h_k)$。虽然这个界对于其他增量也是成立的，但是它太大，用不上。直观地看，我们必须利用这个增量序列是特殊的这样一个事实。我们需要证明的是，对于位置 P 上的任意元素 A_P，当要执行 h_k-排序时，只有少数元素在位置 P 的左边且大于 A_P。

当对输入数组进行 h_k-排序时，我们知道它已经是 h_{k+1}-排序和 h_{k+2}-排序的了。在 h_k-排序以前，考虑位置 P 和 $P-i$ 上的两个元素，其中 $i \leqslant P$。如果 i 是 h_{k+1} 或 h_{k+2} 的倍数，那么显然 $A[P-i]<A[P]$。不仅如此，如果 i 可以表示为 h_{k+1} 和 h_{k+2} 的线性组合(以非负整数

的形式)，那么也有 $A[P-i]<A[P]$。例如，当我们进行3-排序时，文件已经是7-排序和15-排序的了。52可以表示为7和15的线性组合：$52=1\times7+3\times15$。因此，$A[100]$不可能大于 $A[152]$，因为 $A[100]\leqslant A[107]\leqslant A[122]\leqslant A[137]\leqslant A[152]$。

现在，$h_{k+2}=2h_{k+1}+1$，因此 h_{k+1} 和 h_{k+2} 没有公因子。在这种情形下，可以证明，至少和 $(h_{k+1}-1)(h_{k+2}-1)=8h_k^2+4h_k$ 一样大的所有整数都可以表示为 h_{k+1} 和 h_{k+2} 的线性组合(见本章末尾的参考文献)。

这就告诉我们，第4行的 for 循环体对于这些 $N-h_k$ 位置上的每一个，最多执行 $8h_k+4=O(h_k)$ 次。于是我们得到每趟的界 $O(Nh_k)$。

利用大约一半的增量满足 $h_k<\sqrt{N}$ 的事实并假设 t 是偶数，那么总的运行时间为

224 ~ 225

$$O\left(\sum_{k+1}^{t/2}Nh_k+\sum_{k=t/2+1}^{t}N^2/h_k\right)=O\left(N\sum_{k=1}^{t/2}h_k+N^2\sum_{k=t/2+1}^{t}1/h_k\right)$$

因为两个和都是几何级数，并且 $h_{t/2}=\Theta(\sqrt{N})$，所以上式简化为

$$=O(Nh_{t/2})+O\left(\frac{N^2}{h_{t/2}}\right)=O(N^{3/2})$$

使用 Hibbard 增量的希尔排序平均情形运行时间基于模拟的结果被认为是 $O(N^{5/4})$，但是没有人能够证明该结果。Pratt 已经证明，$\Theta(N^{3/2})$ 的界适用于广泛的增量序列。

Sedgewick 提出了几种增量序列，其最坏情形运行时间(也是可以达到的)为 $O(N^{4/3})$。对于这些增量序列的平均运行时间猜测为 $O(N^{7/6})$。经验研究指出，在实践中这些序列的运行要比 Hibbard 的好得多，其中最好的是序列{1，5，19，41，109，…}，该序列中的项或者是 $9\cdot4^i-9\cdot2^i+1$，或者是 $4^i-3\cdot2^i+1$。通过将这些值放到一个数组中可以最容易地实现该算法。虽然有可能存在某个增量序列使得能够对希尔排序的运行时间做出重大改进，但是，这个增量在实践中还是最为人们称道的。

关于希尔排序还有几个其他结果，它们需要数论和组合数学中一些艰深的定理而且主要是在理论上有用。希尔排序是算法非常简单又具有极其复杂的分析的一个好例子。

希尔排序的性能在实践中是完全可以接受的，即使是对于数以万计的 N 仍是如此。编程的简单特点使得它成为对较大的输入数据经常选用的算法。

7.5 堆排序

正如第6章提到的，优先队列可以用于花费 $O(N\log N)$ 时间的排序。基于该想法的算法叫作堆排序(heapsort)，它给出我们至今所见到的最佳的大 O 运行时间。然而，在实践中它却慢于使用 Sedgewick 增量序列的希尔排序。

回忆在第6章建立 N 个元素的二叉堆的基本方法，此时花费 $O(N)$ 时间。然后我们执行 N 次 `DeleteMin` 操作。按照顺序，最小的元素先离开该堆。通过将这些元素记录到第二个数组然后再将数组拷贝回来，我们得到 N 个元素的排序。由于每个 `DeleteMin` 花费 $O(\log N)$ 时间，因此总的运行时间是 $O(N\log N)$。

该算法的主要问题在于它使用了一个附加的数组。因此，存储需求增加一倍。在某些

实例中这可能是个问题。注意，将第二个数组拷贝回第一个数组的额外时间消耗只是 $O(N)$，这不可能显著影响运行时间。这个问题是空间的问题。

避免使用第二个数组的聪明做法是利用这样的事实：在每次 DeleteMin 之后，堆缩小了 1。因此，位于堆中最后的单元可以用来存放刚刚删去的元素。例如，设我们有一个堆，它含有 6 个元素。第一次 DeleteMin 产生 A_1。现在该堆只有 5 个元素，因此我们可以把 A_1 放在位置 6 上。下一次 DeleteMin 产生 A_2，由于该堆现在只有 4 个元素，因此我们把 A_2 放在位置 5 上。

使用这种策略，在最后一次 DeleteMin 后，该数组将以递减的顺序包含这些元素。如果想要这些元素排成更典型的递增顺序，那么可以改变序的特性使得父亲的关键字的值大于儿子的关键字的值。这样就得到 max 堆。

226

我们在实现中将使用一个 max 堆，但由于速度的原因避免了实际的 ADT。照通常的习惯，每一件事都是在数组中完成的。第一步以线性时间建立一个堆。然后通过将堆中的最后元素与第一个元素交换，缩减堆的大小并进行下滤，来执行 $N-1$ 次 DeleteMax 操作。当算法终止时，数组则以所排的顺序包含这些元素。例如，考虑输入序列 31，41，59，26，53，58，97。所得到的堆如图 7-6 所示。

图 7-7 显示了第一次 DeleteMax 之后的堆。从图中看出，堆中的最后元素是 31，堆数组中放置 97 的那一部分从技术上说已不再属于该堆。在此后的 5 次 DeleteMax 操作之后，该堆实际上只有一个元素，而在堆数组中留下的元素呈现出的将是排序后的顺序。

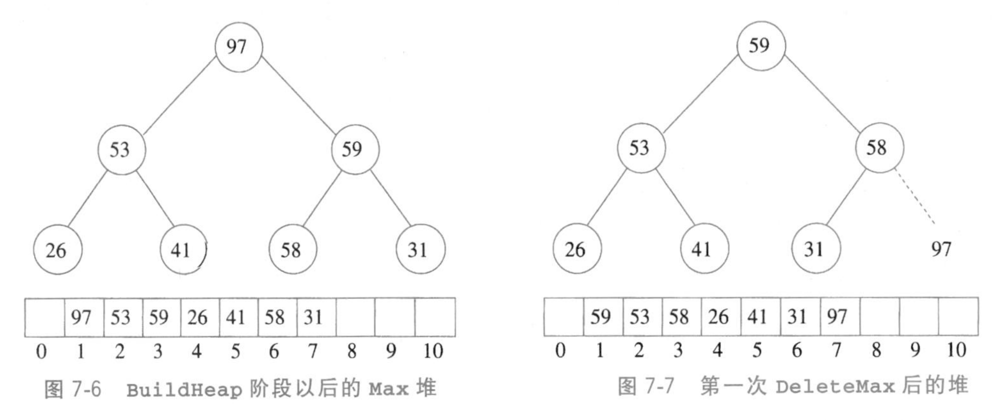

图 7-6 BuildHeap 阶段以后的 Max 堆

图 7-7 第一次 DeleteMax 后的堆

227

执行堆排序的代码在图 7-8 中给出。稍微复杂的是，不像二叉堆，当时数据是在数组下标 1 处开始，而此处堆排序的数组包含位置 0 处的数据。因此，这时的程序与二叉堆的代码有些不同，不过变化很小。

堆排序的分析

我们在第 6 章看到，第一阶段构建堆最多用到 $2N$ 次比较。在第二阶段，第 i 次 DeleteMax 最多用到 $2\lfloor \log i \rfloor$次比较，总数最多为 $2N \log N-O(N)$次比较(设 $N\geqslant 2$)。因此，在最坏的情形下，堆排序最多使用 $2N \log N-O(N)$次比较。练习 7. 12b 让你证明对于所有的 DeleteMax 操作，有可能同时达到它们的最坏情形。

```
        #define LeftChild( i ) ( 2 * ( i ) + 1 )

        void
        PercDown( ElementType A[ ], int i, int N )
        {
            int Child;
            ElementType Tmp;

/* 1*/      for( Tmp = A[ i ]; LeftChild( i ) < N; i = Child )
            {
/* 2*/          Child = LeftChild( i );
/* 3*/          if( Child != N - 1 && A[ Child + 1 ] > A[ Child ] )
/* 4*/              Child++;
/* 5*/          if( Tmp < A[ Child ] )
/* 6*/              A[ i ] = A[ Child ];
                else
/* 7*/              break;
            }
/* 8*/      A[ i ] = Tmp;
        }

        void
        Heapsort( ElementType A[ ], int N )
        {
            int i;

/* 1*/      for( i = N / 2; i >= 0; i-- ) /* BuildHeap */
/* 2*/          PercDown( A, i, N );
/* 3*/      for( i = N - 1; i > 0; i-- )
            {
/* 4*/          Swap( &A[ 0 ], &A[ i ] ); /* DeleteMax */
/* 5*/          PercDown( A, 0, i );
            }
        }
```

图 7-8　堆排序

经验指出，堆排序是一个非常稳定的算法：它平均使用的比较只比最坏情形界指出的略少。然而直到最近，还没有人能够指出堆排序平均运行时间的非平凡界。似乎问题在于连续的 DeleteMax 操作破坏了堆的随机性，使得概率论证非常复杂。最近，另一种处理方法被证明是成功的。

定理 7.5　对 N 个互异项的随机排列进行堆排序，所用的平均比较次数为 $2N\log N-O(N\log\log N)$。

证明： 构建堆的阶段平均使用 $\Theta(N)$ 次比较，因此我们只需要证明第二阶段的界。设一个排列为 $\{1, 2, \cdots, N\}$。

设第 i 次 DeleteMax 将根元素向下推了 d_i 层。此时它使用了 $2d_i$ 次比较。对于含有任意输入数据的堆排序，存在一个开销序列(cost sequence)D：d_1，d_2，…，d_N。它确定了第二阶段的开销，该开销由 $M_D=\sum_{i=1}^{N}d_i$ 给出，因此所使用的比较次数是 $2M_D$。

令 $f(N)$ 是含有 N 项的堆的个数。可以证明(练习 7.42)，$f(N)>(N/(4e))^N$，其中，$e=2.718\,28\cdots$。我们将证明，只有这些堆中指数上很小的部分(特别是 $(N/16)^N$)的开销小于 $M=N(\log N-\log\log N-4)$。当该结论得证时可以推出，M_D 的平均值至少是 M 减去大小为 $o(1)$ 的一项，这样，比较的平均次数至少是 $2M$。因此，我们的基本目标是证明存在很少的具有小的开销序列的堆。

因为第 d_i 层上最多有 2^{d_i} 个节点，所以对于任意的 d_i，存在根元素可能到达的 2^{d_i} 个位置。于是，对任意的序列 D，对应 `DeleteMax` 的互异序列的个数最多是

$$S_D = 2^{d_1} 2^{d_2} \cdots 2^{d_N}$$

简单的代数处理指出，对一个给定的序列 D：

$$S_D = 2^{M_D}$$

因为每个 d_i 可取 1 和 $\lfloor \log N \rfloor$ 之间的任意值，所以最多存在 $(\log N)^N$ 个可能的序列 D。由此可知，需要花费的开销恰好为 M 的互异 `DeleteMax` 序列的个数，最多是总开销为 M 的开销序列的个数乘以每个这种开销序列的 `DeleteMax` 序列的个数。这样就立刻得到界 $(\log N)^N 2^M$。

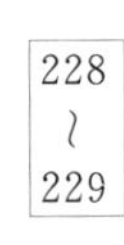
228～229

开销序列小于 M 的堆的总数最多为

$$\sum_{i=1}^{M-1} (\log N)^N 2^i < (\log N)^N 2^M$$

如果我们选择 $M = N(\log N - \log \log N - 4)$，那么开销序列小于 M 的堆的个数最多为 $(N/16)^N$，根据前面的评述，定理得证。

通过更复杂的论述，可以证明，堆排序总是使用至少 $N \log N - O(N)$ 次比较，而且存在输入数据能够达到这个界。似乎平均情形也应该是 $2N \log N - O(N)$ 次比较（而不是定理7.5中更线性化的第二项），这是否能够证明（甚至是否成立）还是个未解决的问题。

7.6 归并排序

现在我们把注意力转到归并排序（mergesort）。归并排序以 $O(N \log N)$ 最坏情形运行时间运行，而所使用的比较次数几乎是最优的。它是递归算法一个很好的实例。

这个算法中基本的操作是合并两个已排序的表。因为这两个表是已排序的，所以若将输出放到第三个表中，则该算法可以通过对输入数据一趟排序来完成。基本的合并算法是取两个输入数组 A 和 B，一个输出数组 C，以及三个计数器 Aptr、Bptr、Cptr，它们初始置于对应数组的开始端。A[Aptr]和 B[Bptr]中的较小者被拷贝到 C 中的下一个位置，相关的计数器向前推进一步。当两个输入表有一个用完的时候，则将另一个表中的剩余部分拷贝到 C 中。合并例程工作的例子见下面各图。

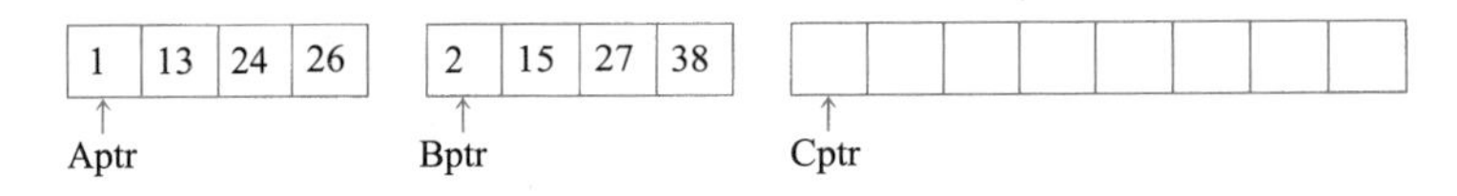

如果数组 A 含有1、13、24、26，数组 B 含有2、15、27、38，那么该算法如下执行：首先，比较在1和2之间进行，将1添加到 C 中，然后比较13和2。

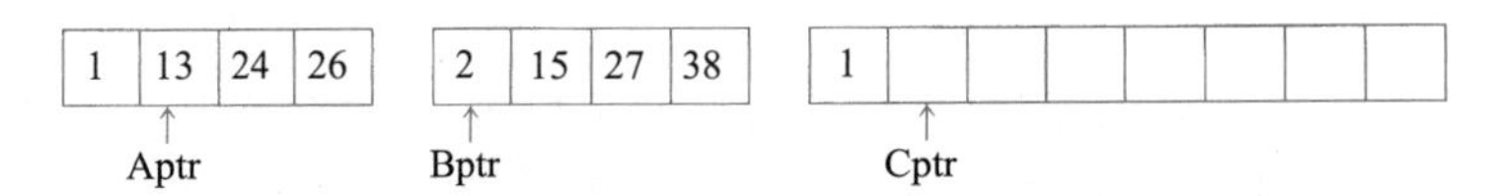

将2添加到 C 中，然后比较13和15。

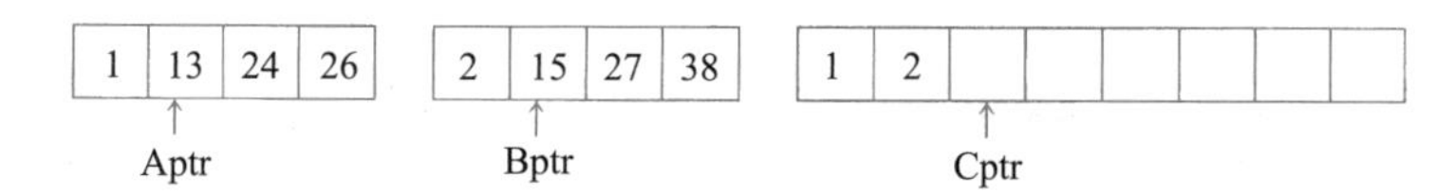

将 13 添加到 C 中，接下来比较 24 和 15，这样一直进行到对 26 和 27 进行比较。

230

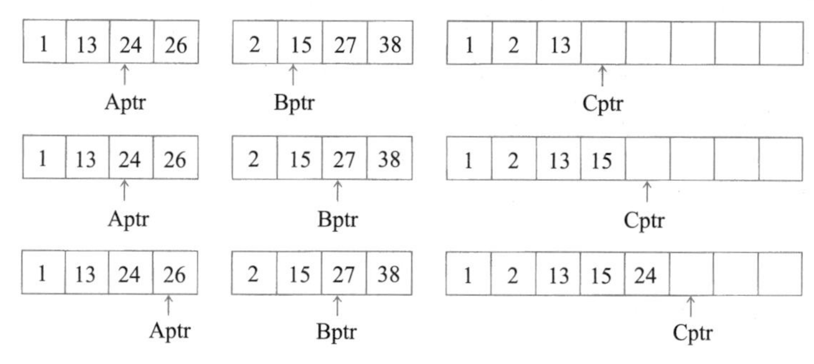

将 26 添加到 C 中，数组 A 已经用完。

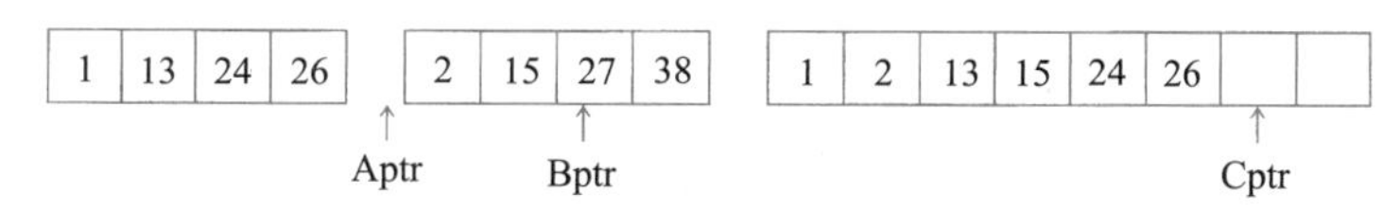

将数组 B 的其余部分拷贝到 C 中。

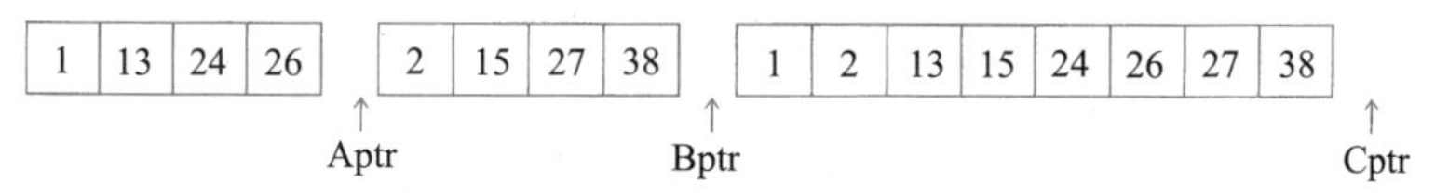

合并两个已排序的表的时间显然是线性的，因为最多进行了 $N-1$ 次比较，其中 N 是元素的总数。为了看清这一点，注意每次比较都是把一个元素加到 C 中，但最后的比较例外(它至少添加两个元素)。

因此，归并排序算法很容易描述。如果 $N=1$，那么只有一个元素需要排序，答案是显然的。否则，递归地将前半部分数据和后半部分数据各自归并排序，得到排序后的两部分数据，然后使用上面描述的合并算法再将这两部分合并到一起。例如，欲将八元素数组 24，13，26，1，2，27，38，15 排序，我们递归地将前四个数据和后四个数据分别排序，得到 1，13，24，26，2，15，27，38。然后，将这两部分合并。最后得到 1，2，13，15，24，26，27，38。该算法是经典的分治(divide-and-conquer)策略，它将问题分成一些小的问题然后递归求解，而治的阶段则将分的阶段解得的各个答案修补到一起。分治是递归非常有力的用法，我们将会多次遇到。

归并排序的一种实现方法在图 7-9 中给出。这个称为 `Mergesort` 的过程正是递归例程 `MSort` 的一个驱动程序。

`Merge` 例程是精妙的。如果对 `Merge` 的每个递归调用均局部声明一个临时数组，那么在任意时刻就可能有 $\log N$ 个临时数组处于活动期，这对于小内存的机器是致命的。另一方面，如果 `Merge` 例程动态分配并释放最小量临时内存，那么由 `malloc` 占用的时间会很多。严密测试指出，由于 `Merge` 位于 `MSort` 的最后一行，因此在任意时刻只需要一个临时数组活动，而且可以使用该临时数组的任意部分。我们将使用与输入数组 A 相同的部分，这就达到本节末尾描述的改进。图 7-10 实现了这个 `Merge` 例程。

```
void
MSort( ElementType A[ ], ElementType TmpArray[ ],
                int Left, int Right )
{
    int Center;

    if( Left < Right )
    {
        Center = ( Left + Right ) / 2;
        MSort( A, TmpArray, Left, Center );
        MSort( A, TmpArray, Center + 1, Right );
        Merge( A, TmpArray, Left, Center + 1, Right );
    }
}

void
Mergesort( ElementType A[ ], int N )
{
    ElementType *TmpArray;

    TmpArray = malloc( N * sizeof( ElementType ) );
    if( TmpArray != NULL )
    {
        MSort( A, TmpArray, 0, N - 1 );
        free( TmpArray );
    }
    else
        FatalError( "No space for tmp array!!!" );
}
```

图 7-9 归并排序例程

```
/* Lpos = start of left half, Rpos = start of right half */

void
Merge( ElementType A[ ], ElementType TmpArray[ ],
                int Lpos, int Rpos, int RightEnd )
{
    int i, LeftEnd, NumElements, TmpPos;

    LeftEnd = Rpos - 1;
    TmpPos = Lpos;
    NumElements = RightEnd - Lpos + 1;

    /* main loop */
    while( Lpos <= LeftEnd && Rpos <= RightEnd )
        if( A[ Lpos ] <= A[ Rpos ] )
            TmpArray[ TmpPos++ ] = A[ Lpos++ ];
        else
            TmpArray[ TmpPos++ ] = A[ Rpos++ ];

    while( Lpos <= LeftEnd )  /* Copy rest of first half */
        TmpArray[ TmpPos++ ] = A[ Lpos++ ];
    while( Rpos <= RightEnd ) /* Copy rest of second half */
        TmpArray[ TmpPos++ ] = A[ Rpos++ ];

    /* Copy TmpArray back */
    for( i = 0; i < NumElements; i++, RightEnd-- )
        A[ RightEnd ] = TmpArray[ RightEnd ];
}
```

图 7-10 Merge 例程

归并排序的分析

归并排序是用于分析递归例程方法的经典实例：必须给运行时间写出一个递归关系。

假设 N 是 2 的幂，从而我们总可以将它分成均为偶数的两部分。对于 $N=1$，归并排序所用时间是常数，我们将记为 1。否则，对 N 个数归并排序的用时等于完成两个大小为 $N/2$ 的递归排序所用的时间再加上合并的时间，它是线性的。下述方程给出准确的表示：

231 ~ 232

$$T(1)=1$$
$$T(N)=2T(N/2)+N$$

这是一个标准的递归关系，它可以用多种方法求解。我们将介绍两种方法。第一种方法是用 N 去除递归关系的两边，你很快就会发现这么做的理由。相除后得到

$$\frac{T(N)}{N}=\frac{T(N/2)}{N/2}+1$$

该方程对任意的 N(其是 2 的幂)都是成立的，我们还可以写成

$$\frac{T(N/2)}{N/2}=\frac{T(N/4)}{N/4}+1$$

和

$$\frac{T(N/4)}{N/4}=\frac{T(N/8)}{N/8}+1$$
$$\vdots$$
$$\frac{T(2)}{2}=\frac{T(1)}{1}+1$$

将所有这些方程相加，也就是说，将等号左边的所有各项相加并使结果等于右边所有各项的和。项 $T(N/2)/(N/2)$ 出现在等号两边，可以消去。事实上，出现在两边的项均被消去，我们称之为叠缩(telescoping)求和。在所有的加法完成之后，最后的结果为

$$\frac{T(N)}{N}=\frac{T(1)}{1}+\log N$$

这是因为所有其余的项都被消去了而方程的个数是 $\log N$ 个，故而将各方程末尾的 1 相加起来得到 $\log N$。再将两边同乘以 N，我们得到最后的答案

$$T(N)=N\log N+N=O(N\log N)$$

注意，假如我们在求解开始时不是通除以 N，那么两边的和也就不可能叠缩。这就是为什么要通除以 N。

另一种方法是在右边连续地代入递归关系。我们得到

$$T(N)=2T(N/2)+N$$

由于可以将 $N/2$ 代入上面的方程中

$$2T(N/2)=2(2(T(N/4))+N/2)=4T(N/4)+N$$

因此得到

$$T(N)=4T(N/4)+2N$$

再将 $N/4$ 代入上面的等式中，我们看到

$$4T(N/4)=4(2T(N/8))+N/4)=8T(N/8)+N$$

因此有

$$T(N)=8T(N/8)+3N$$

按这种方式继续下去，得到

$$T(N) = 2^k T(N/2^k) + k \cdot N$$

利用 $k=\log N$，我们得到

$$T(N) = NT(1) + N \log N = N \log N + N$$

选择使用哪种方法是风格问题。第一种方法偏重于一些琐碎的工作，把它写到一张标准的 $8\frac{1}{2}\times 11$ 的纸上可能更好，这样会少出些数学错误，不过需要用到一定的经验。第二种方法更偏重于使用蛮力进行计算。

233 ~ 234

回忆我们已经假设 $N=2^k$。分析可以更加精细以处理 N 不是 2 的幂的情形(通常出现的就是这样的情形)。事实上，答案几乎是一样的。

虽然归并排序的运行时间是 $O(N \log N)$，但是它很难用于主存排序，主要问题在于合并两个排序的表需要线性附加内存，在整个算法中还要花费将数据拷贝到临时数组再拷贝回来这样一些附加的工作，其结果是严重放慢了排序的速度。这种拷贝可以通过在递归交替层次时审慎地转换 A 和 `TmpArray` 的角色来得到避免。归并排序的一种变形也可以非递归地实现(见练习 7.14)，但即使这样，对于重要的内部排序应用而言，人们还是选择快速排序，我们将在下一节描述这种算法。不过，本章稍后就会看到，合并例程是大多数外部排序算法的基石。

7.7 快速排序

顾名思义，快速排序(quicksort)是在实践中最快的已知排序算法，它的平均运行时间是 $O(N \log N)$。该算法之所以特别快，主要是由于非常精练且高度优化的内部循环。它的最坏情形的性能为 $O(N^2)$，但稍加努力就可避免这种情形。虽然多年来快速排序算法被认为是理论上高度优化而在实践中却不可能正确编程的一种算法，但是如今该算法简单易懂而且不难证明。像归并排序一样，快速排序也是一种分治的递归算法。将数组 S 排序的基本算法由下列简单的四步组成：

1. 如果 S 中元素个数是 0 或 1，则返回。
2. 取 S 中任意元素 v，称之为枢纽元(pivot)。
3. 将 $S-\{v\}$(S 中其余元素)分成两个不相交的集合：$S_1=\{x\in S-\{v\} \mid x\leqslant v\}$和 $S_2=\{x\in S-\{v\} \mid x\geqslant v\}$。
4. 返回{`quicksort`(S_1)后，继而 v，继而 `quicksort`(S_2)}。

由于对那些等于枢纽元的元素的处理，第 3 步分割的描述不是唯一的，因此这就成了一个设计上的决策。一部分好的实现方法是将这种情形尽可能有效地处理。直观地看，我们希望把等于枢纽元的大约一半的关键字分到 S_1 中，而另外的一半分到 S_2 中，很像我们希望二叉查找树保持平衡一样。

图 7-11 解释快速排序对一个数集的做法。这里的枢纽元(随机地)选为 65，集合中其余元素分成两个更小的集合。递归地将较小的数的集合排序得到 0，13，26，31，43，57(递归法则 3)，较大的数的集合类似处理，此时整个集合的排序很容易得到。

应该清楚该算法是成立的，但是不清楚的是为什么它比归并排序快。如同归并排序那样，快速排序递归地解决两个子问题并需要线性的附加工作(第 3 步)，不过，与归并排序不同，这两个子问题并不保证具有相等的大小，这是个潜在的隐患。快速排序更快的原因在于，第 3 步的分割实际上是在适当的位置进行并且非常有效，它的高效大大弥补了大小不等的递归调用的缺憾。

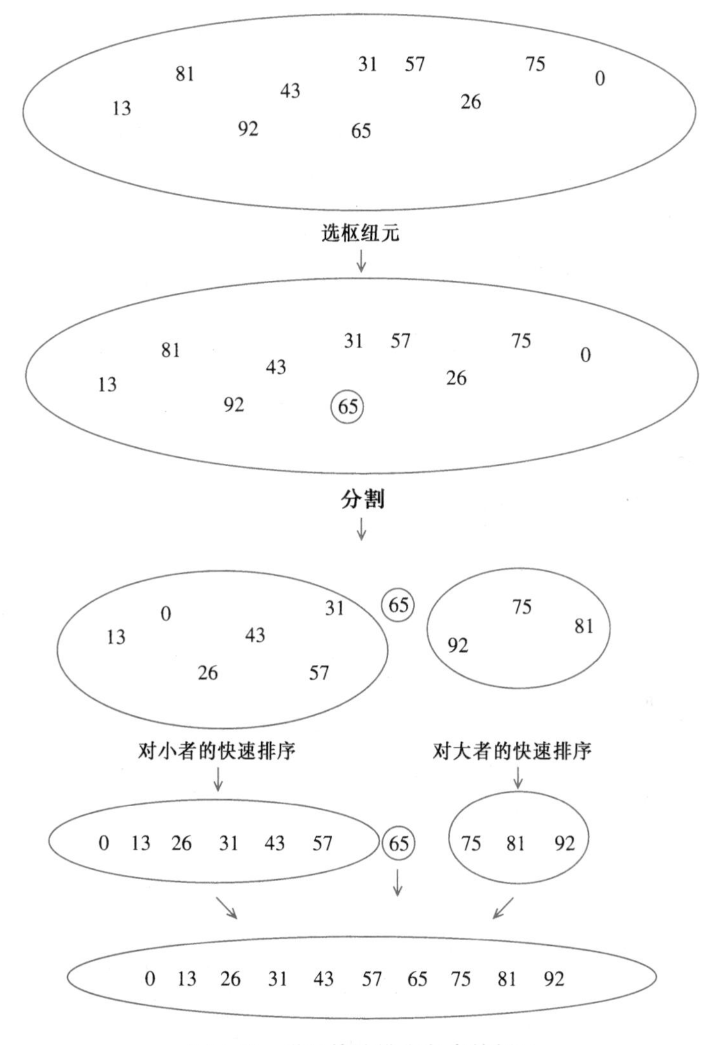

图 7-11　说明快速排序各步的例子

迄今为止，对该算法的描述尚缺少许多细节，我们现在就来补充这些细节。实现第 2 步和第 3 步有许多方法，这里介绍的方法是大量分析和经验研究的结果，它代表实现快速排序的非常有效的方法，哪怕是对该方法最微小的偏差都可能引起意想不到的不良结果。

7.7.1　选取枢纽元

虽然上面描述的算法无论选择哪个元素作为枢纽元都能完成排序工作，但是有些选择显然更优。

235～236

一种错误的方法

没有经过充分考虑的常见选择是将第一个元素用作枢纽元。如果输入是随机的，那么这是可以接受的，但是如果输入是预排序的或是反序的，那么这样的枢纽元就产生一个劣质的分割，因为所有的元素不是都被划入 S_1 就是都被划入 S_2。更有甚者，这种情况可能发生在所有的递归调用中。实际上，如果第一个元素用作枢纽元而且输入是预先排序的，那么快速排序花费的时间将是二次的，可是实际上却根本没干什么事，这是相当尴尬的。然而，预排序的输入(或具有一大段预排序数据的输入)是相当常见的，因此，使用第一个元素作为枢纽元绝对是糟糕的主意，应该立即放弃这种想法。另一种想法是选取前两个互异的关键字中的较大者作为枢纽元，而这和只选取第一个元素作为枢纽元具有相同的害处。不要使用这两种选取枢纽元的策略。

一种安全的做法

一种安全的方针是随机选取枢纽元。一般来说这种策略非常安全，除非随机数生成器有问题(这并不罕见)，因为随机的枢纽元不可能总是接连不断地产生劣质的分割。另一方面，随机数的生成一般是昂贵的，根本减少不了算法其余部分的平均运行时间。

三数中值分割法(**Median-of-Three Partitioning**)

一组 N 个数的中值是第$\lceil N/2 \rceil$个最大的数。枢纽元的最好选择是数组的中值。不幸的是，这很难算出，且会明显减慢快速排序的速度。这样的中值的估计量可以通过随机选取三个元素并用它们的中值作为枢纽元而得到。事实上，随机性并没有多大的帮助，因此一般的做法是使用左端、右端和中心位置上的三个元素的中值作为枢纽元。例如，输入为 8，1，4，9，6，3，5，2，7，0，它的左边元素是 8，右边元素是 0，中心位置($\lfloor$(Left+Right)/2$\rfloor$)上的元素是 6。于是枢纽元是 $v=6$。显然使用三数中值分割法消除了预排序输入的坏情形(在这种情形下，这些分割都是一样的)，并且减少了快速排序大约 5% 的运行时间。

7.7.2 分割策略

有几种分割策略用于实践，但此处描述的分割方法能够给出好的结果。我们将会看到，它很容易做错或效率较低，不过使用一种已知的方法却是安全的做法。该方法的第一步是通过将枢纽元与最后的元素交换使得枢纽元离开要被分割的数据段。i 从第一个元素开始而 j 从倒数第二个元素开始。如果最初的输入与前面一样，那么下面的图表示当前的状态。

237

```
8  1  4  9  0  3  5  2  7  6
↑                       ↑
i                       j
```

我们暂时假设所有的元素互异，后面将着重考虑出现重复元素时应该怎么办。作为一种限制性的情形，如果所有的元素都相同，那么我们的算法必须做相应的工作。可是奇怪的是，此时算法却特别容易出错。

在分割阶段要做的就是把所有小元素移到数组的左边而把所有大元素移到数组的右边。

当然，“小”和“大”是相对于枢纽元而言的。

当 i 在 j 的左边时，我们将 i 右移，移过那些小于枢纽元的元素，并将 j 左移，移过那些大于枢纽元的元素。当 i 和 j 停止时，i 指向一个大元素而 j 指向一个小元素。如果 i 在 j 的左边，那么将这两个元素互换，其效果是把一个大元素移向右边而把一个小元素移向左边。在上面的例子中，i 不移动，而 j 滑过一个位置，情况如下图所示。

8	1	4	9	0	3	5	2	7	6
↑							↑		
i							j		

然后我们交换由 i 和 j 指向的元素，重复该过程直到 i 和 j 彼此交错为止。

第一次交换后

2	1	4	9	0	3	5	8	7	6
↑							↑		
i							j		

第二次交换前

2	1	4	9	0	3	5	8	7	6
			↑			↑			
			i			j			

第二次交换后

2	1	4	5	0	3	9	8	7	6
			↑			↑			
			i			j			

238

第三次交换前

2	1	4	5	0	3	9	8	7	6
					↑	↑			
					j	i			

此时，i 和 j 已经交错，故不再交换。分割的最后一步是将枢纽元与 i 所指向的元素交换。

与枢纽元交换后

2	1	4	5	0	3	6	8	7	9
						↑			↑
						i			pivot

在最后一步，当枢纽元与 i 所指向的元素交换时，我们知道在位置 $P<i$ 的每一个元素都必然是小元素，这是因为或者位置 P 包含一个从它开始移动的小元素，或者位置 P 上原来的大元素在交换期间被置换了。类似的论断指出，在位置 $P>i$ 上的元素必然都是大元素。

我们必须考虑的一个重要细节是如何处理那些等于枢纽元的关键字。问题在于，当 i 遇到一个等于枢纽元的关键字时是否应该停止，以及当 j 遇到一个等于枢纽元的关键字时是否应该停止。直观地看，i 和 j 应该做相同的工作，否则分割将出现偏向一方的倾向。例如，如果 i 停止而 j 不停，那么所有等于枢纽元的关键字都将被分到 S_2 中。

为了搞清楚怎么办更好，我们考虑数组中所有的关键字都相等的情况。如果 i 和 j 都停止，那么在相等的元素间将有很多次交换。虽然这似乎没有什么意义，但是其正面的效果则是 i 和 j 将在中间交错，因此当枢纽元被替代时，这种分割建立了两个几乎相等的子数组。归并排序分析告诉我们，此时总的运行时间为 $O(N \log N)$。

如果 i 和 j 都不停止，那么就应该有相应的程序防止 i 和 j 越出数组的界限，不执行交换操作。虽然这样似乎不错，但是正确的实现方法却是把枢纽元交换到 i 最后到过的位置，这个位置是倒数第二个位置(或最后的位置，这依赖于精确的实现方法)。这样的做法将会产生两个非常不均衡的子数组。如果所有的关键字都是相同的，那么运行时间是 $O(N^2)$的。对于预排序的输入而言，其效果与使用第一个元素作为枢纽元相同。它花费的时间是二次的，可是却什么事也没干！

这样我们就发现，进行不必要的交换建立两个均衡的子数组要比蛮干冒险得到两个不均衡的子数组好。因此，如果 i 和 j 遇到等于枢纽元的关键字，那么我们就让 i 和 j 都停止。对于这种输入，这实际上是不花费二次时间的四种可能性中唯一的一种可能。

239

初看起来，过多考虑具有相同元素的数组似乎有些愚蠢。难道有人偏要对 5 000 个相同的元素排序吗？为什么？我们记得，快速排序是递归的。设有 100 000 个元素，其中有 5 000个是相同的。最后，快速排序将对这 5 000 个元素进行递归调用。此时，真正重要的在于确保这 5 000 个相同的元素能够被有效地排序。

7.7.3 小数组

对于很小的数组($N \leqslant 20$)，快速排序不如插入排序好。不仅如此，因为快速排序是递归的，所以这样的情形还经常发生。通常的解决方法是对于小的数组不是递归地使用快速排序，而是使用诸如插入排序这样对小数组有效的排序算法。使用这种策略实际上可以节省大约 15%(相对于自始至终使用快速排序时)的运行时间。一种好的截止范围(cutoff range)是 $N=10$，虽然在 5 到 20 之间任意截止范围都有可能产生类似的结果。这种做法也避免了一些有害的特殊情形，如取三个元素的中值而实际上却只有一个或两个元素的情况。

7.7.4 实际的快速排序例程

快速排序的驱动程序见图 7-12。

```
void
Quicksort( ElementType A[ ], int N )
{
    Qsort( A, 0, N - 1 );
}
```

图 7-12 快速排序的驱动程序

这种例程的一般形式将是传递数组以及被排序数组的范围 Left(左端)和 Right(右端)。要处理的第一个例程是枢纽元的选取。选取枢纽元最容易的方法是对 A[Left]、A[Right]、A[Center]适当地排序。这种方法还有额外的好处，即该三元素中的最小者被分在 A[Left]，而这正是分割阶段应该将它放到的位置。三元素中的最大者被分在 A[Right]，这也是正确的位置，因为它大于枢纽元。因此，我们可以把枢纽元放到 A[Right－1]并在分割阶段将 i 和 j 初始化到

Left+1 和 Right-2。因为 A[Left]比枢纽元小，所以将它用作 j 的警戒标记，这是另一个好处。因此，我们不必担心 j 越界。由于 i 将停在那些等于枢纽元的关键字处，故将枢纽元存储在 A[Right-1]，将提供一个警戒标记。图 7-13 中的程序进行三数中值分割，它具有所描述的所有附加的作用。似乎使用实际上不对 A[Left]、A[Right]、A[Center]排序的方法计算枢纽元只不过效率稍微降低一些，但是很奇怪，这将产生坏结果(见练习 7.38)。

```
/* Return median of Left, Center, and Right */
/* Order these and hide the pivot */

ElementType
Median3( ElementType A[ ], int Left, int Right )
{
    int Center = ( Left + Right ) / 2;

    if( A[ Left ] > A[ Center ] )
        Swap( &A[ Left ], &A[ Center ] );
    if( A[ Left ] > A[ Right ] )
        Swap( &A[ Left ], &A[ Right ] );
    if( A[ Center ] > A[ Right ] )
        Swap( &A[ Center ], &A[ Right ] );

    /* Invariant: A[ Left ] <= A[ Center ] <= A[ Right ] */

    Swap( &A[ Center ], &A[ Right - 1 ] );  /* Hide pivot */
    return A[ Right - 1 ];                 /* Return pivot */
}
```

图 7-13 实现三数中值分割方法的程序

图 7-14 的程序是快速排序真正的核心。它包括分割和递归调用。这里有几件事值得注意。第 3 行将 i 和 j 初始化为比它们的正确值大 1，使得不存在需要考虑的特殊情况。此处

```
        #define Cutoff ( 3 )

        void
        Qsort( ElementType A[ ], int Left, int Right )
        {
            int i, j;
            ElementType Pivot;

/* 1*/      if( Left + Cutoff <= Right )
            {
/* 2*/          Pivot = Median3( A, Left, Right );
/* 3*/          i = Left; j = Right - 1;
/* 4*/          for( ; ; )
                {
/* 5*/              while( A[ ++i ] < Pivot ){ }
/* 6*/              while( A[ --j ] > Pivot ){ }
/* 7*/              if( i < j )
/* 8*/                  Swap( &A[ i ], &A[ j ] );
                    else
/* 9*/                  break;
                }
/*10*/          Swap( &A[ i ], &A[ Right - 1 ] ); /* Restore pivot */

/*11*/          Qsort( A, Left, i - 1 );
/*12*/          Qsort( A, i + 1, Right );
            }
            else /* Do an insertion sort on the subarray */
/*13*/          InsertionSort( A + Left, Right - Left + 1 );
        }
```

图 7-14 快速排序的主例程

的初始化依赖于三数中值分割法有一些附加作用的事实。如果按照简单的枢纽元策略使用该程序而不进行修正，那么这个程序是不能正确运行的，原因在于 i 和 j 开始于错误的位置而不再存在 j 的警戒标志。

第 8 行的 Swap 为了速度上的考虑有时显式写出。为使算法速度快，需要迫使编译器以直接插入的方式编译这些代码。为此，许多编译器都自动这么做，但对于不这么做的编译器，差别可能很明显。

最后，从第 5 行和第 6 行可看出为什么快速排序这么快。算法的内部循环由一个增 1/减 1 运算(它很快)、一个测试以及一个转移组成。该算法没有像归并排序中那样的额外技巧，不过，这个程序仍然出奇复杂。令人感兴趣的是将第 3～9 行用图 7-15 中列出的语句代替，这是不能正确运行的，因为若 $A[i]=A[j]=$ Pivot，则会产生一个无限循环。

```
/* 3*/    i = Left + 1; j = Right - 2;
/* 4*/    for( ; ; )
          {
/* 5*/        while( A[ i ] < Pivot ) i++;
/* 6*/        while( A[ j ] > Pivot ) j--;
/* 7*/        if( i < j )
/* 8*/            Swap( &A[ i ], &A[ j ] );
              else
/* 9*/            break;
          }
```

图 7-15　对快速排序小的改动，它将中断该算法

7.7.5 快速排序的分析

正如归并排序那样，快速排序也是递归的，因此，它的分析需要求解一个递推公式。我们将对快速排序进行这种分析，假设有一个随机的枢纽元(不用三数中值分割法)，对一些小的文件也不使用截止范围。和归并排序一样，取 $T(0)=T(1)=1$，快速排序的运行时间等于两个递归调用的运行时间加上花费在分割上的线性时间(枢纽元的选取仅花费常数时间)。我们得到基本的快速排序关系：

240
≀
242

$$T(N) = T(i) + T(N-i-1) + cN \tag{7.1}$$

其中，$i=|S_1|$ 是 S_1 中的元素个数。我们将考察三种情况。

最坏情形的分析

枢纽元始终是最小元素。此时 $i=0$，如果我们忽略无关紧要的 $T(0)=1$，那么递推关系为

$$T(N) = T(N-1) + cN, N > 1 \tag{7.2}$$

反复使用式(7.2)，我们得到

$$T(N-1) = T(N-2) + c(N-1) \tag{7.3}$$

$$T(N-2) = T(N-3) + c(N-2) \tag{7.4}$$

$$\vdots$$

$$T(2) = T(1) + c(2) \tag{7.5}$$

将所有这些方程相加，得到

$$T(N) = T(1) + c\sum_{i=2}^{N} i = O(N^2) \tag{7.6}$$

这正是我们前面宣布的结果。

最好情形的分析

在最好的情形下，枢纽元正好位于中间。为了简化数学推导，我们假设两个子数组恰

好各为原数组的一半大小，虽然这会给出稍微过高的估计，但是由于我们只关心大O答案，因此结果还是可以接受的。

$$T(N) = 2T(N/2) + cN \tag{7.7}$$

用N去除式(7.7)的两边，

$$\frac{T(N)}{N} = \frac{T(N/2)}{N/2} + c \tag{7.8}$$

我们反复套用这个方程，得到

$$\frac{T(N/2)}{N/2} = \frac{T(N/4)}{N/4} + c \tag{7.9}$$

$$\frac{T(N/4)}{N/4} = \frac{T(N/8)}{N/8} + c \tag{7.10}$$

$$\vdots$$

$$\frac{T(2)}{2} = \frac{T(1)}{1} + c \tag{7.11}$$

243

将从式(7.7)到式(7.11)的方程加起来，并注意到它们共有$\log N$个，于是

$$\frac{T(N)}{N} = \frac{T(1)}{1} + c\log N \tag{7.12}$$

由此得到

$$T(N) = cN\log N + N = O(N\log N) \tag{7.13}$$

注意，这和归并排序的分析完全相同，因此，我们得到相同的答案。

平均情形的分析

这是最难的部分。对于平均情形，我们假设对于S_1每一个文件大小都是等可能的，因此每个大小均有概率$1/N$。这个假设对于这里的枢纽元选取和分割方法实际上是合理的，不过，对于某些其他情况它并不合理。那些不保持子文件(subfile)随机性的分割方法不能使用这种分析方法。有趣的是，这些方法看来导致程序在实际运行中花费更长的时间。

由该假设可知，$T(i)$(从而$T(N-i-1)$)的平均值为$(1/N)\sum_{j=1}^{N-1}T(j)$。此时式(7.1)变成

$$T(N) = \frac{2}{N}\left[\sum_{j=0}^{N-1}T(j)\right] + cN \tag{7.14}$$

如果用N乘以式(7.14)，则有

$$NT(N) = 2\left[\sum_{j=0}^{N-1}T(j)\right] + cN^2 \tag{7.15}$$

我们需要除去求和符号以简化计算。注意，可以再套用一次式(7.15)，得到

$$(N-1)T(N-1) = 2\left[\sum_{j=0}^{N-2}T(j)\right] + c(N-1)^2 \tag{7.16}$$

若从式(7.15)减去式(7.16)，则得到

$$NT(N) - (N-1)T(N-1) = 2T(N-1) + 2cN - c \tag{7.17}$$

移项、合并并除去右边无关紧要的项$-c$，我们得到

$$NT(N) = (N+1)T(N-1) + 2cN \tag{7.18}$$

现在有了一个只用 $T(N-1)$ 表示 $T(N)$ 的公式。再用叠缩公式的思路，不过式(7.18)的形式不适合。为此，用 $N(N+1)$ 除式(7.18)：

244

$$\frac{T(N)}{N+1}=\frac{T(N-1)}{N}+\frac{2c}{N+1} \tag{7.19}$$

现在可以进行叠缩

$$\frac{T(N-1)}{N}=\frac{T(N-2)}{N-1}+\frac{2c}{N} \tag{7.20}$$

$$\frac{T(N-2)}{N-1}=\frac{T(N-3)}{N-2}+\frac{2c}{N-1} \tag{7.21}$$

$$\vdots$$

$$\frac{T(2)}{3}=\frac{T(1)}{2}+\frac{2c}{3} \tag{7.22}$$

将式(7.19)到式(7.22)相加，得到

$$\frac{T(N)}{N+1}=\frac{T(1)}{2}+2c\sum_{i=3}^{N+1}\frac{1}{i} \tag{7.23}$$

该和大约为 $\log_e(N+1)+\gamma-\frac{3}{2}$，其中 $\gamma\approx0.577$ 叫作欧拉常数(Euler's constant)，于是

$$\frac{T(N)}{N+1}=O(\log N) \tag{7.24}$$

从而

$$T(N)=O(N\log N) \tag{7.25}$$

虽然这里的分析看似复杂，但是实际上并不复杂——一旦你看出某些递推关系，这些步骤就是很自然的。该分析实际上还可以再进一步。上面描述的高度优化的形式也已分析过，结果的获得非常困难，涉及一些复杂的递归和高深的数学。相等关键字的影响也已仔细地进行了分析，实际上所介绍的程序就是这么做的。

7.7.6　选择的线性期望时间算法

可以修改快速排序以解决选择问题(selection problem)，这种问题我们在第1章和第6章已经看到。当时，通过使用优先队列，我们能够以 $O(N+k\log N)$ 时间找到第 k 个最大(最小)元。对于查找中值的特殊情况，它给出一个 $O(N\log N)$ 算法。

由于我们能够以 $O(N\log N)$ 时间给数组排序，因此可以期望为选择问题得到一个更好的时间界。我们介绍的查找集合 S 中第 k 个最小元的算法几乎与快速排序相同。事实上，其前三步是一样的。我们将把这种算法叫作快速选择(quickselect)。令 $|S_i|$ 为 S_i 中元素的个数。快速选择的步骤如下：

1. 如果 $|S|=1$，那么 $k=1$，并将 S 中的元素作为答案返回。如果使用小数组的截止(cutoff)方法且 $|S|\leqslant$ CUTOFF，则将 S 排序并返回第 k 个最小元。

2. 选取一个枢纽元 $v\in S$。

245

3. 将集合 $S-\{v\}$ 分割成 S_1 和 S_2，就像我们在快速排序中所做的那样。

4. 如果 $k\leqslant|S_1|$，那么第 k 个最小元必然在 S_1 中。在这种情况下，返回 quickse-

lect(S_1, k)。如果 $k=1+|S_1|$，那么枢纽元就是第 k 个最小元，我们将它作为答案返回。否则，这第k 个最小元就在 S_2 中，它是 S_2 中的第($k-|S_1|-1$)个最小元。我们进行一次递归调用并返回 quickselect(S_2, $k-|S_1|-1$)。

与快速排序相比，快速选择只做了一次递归调用而不是两次。快速选择的最坏情形和快速排序的相同，也是 $O(N^2)$。直观看来，这是因为快速排序的最坏情形发生在 S_1 和 S_2 有一个是空的时候，于是，快速选择也就不是真的节省一次递归调用。不过，平均运行时间是 $O(N)$。具体分析类似于快速排序的分析，我们将它留作练习题。

快速选择的实现甚至比抽象的描述还要简单，其程序见图 7-16。当算法终止时，第 k 个最小元就在位置 k 上。这破坏了原来的排序，如果不希望这样，那么需要做一份拷贝。

```
        /* Places the kth smallest element in the kth position */
        /* Because arrays start at 0, this will be index k-1 */
        void
        Qselect( ElementType A[ ], int k, int Left, int Right )
        {
            int i, j;
            ElementType Pivot;

/* 1*/      if( Left + Cutoff <= Right )
            {
/* 2*/          Pivot = Median3( A, Left, Right );
/* 3*/          i = Left; j = Right - 1;
/* 4*/          for( ; ; )
                {
/* 5*/              while( A[ ++i ] < Pivot ){ }
/* 6*/              while( A[ --j ] > Pivot ){ }
/* 7*/              if( i < j )
/* 8*/                  Swap( &A[ i ], &A[ j ] );
                    else
/* 9*/                  break;
                }
/*10*/          Swap( &A[ i ], &A[ Right - 1 ] ); /* Restore pivot */

/*11*/          if( k <= i )
/*12*/              Qselect( A, k, Left, i - 1 );
/*13*/          else if( k > i + 1 )
/*14*/              Qselect( A, k, i + 1, Right );
            }
            else  /* Do an insertion sort on the subarray */
/*15*/          InsertionSort( A + Left, Right - Left + 1 );
        }
```

图 7-16 快速选择的主例程

使用三数中值选取枢纽元的方法使得最坏情形发生的机会微乎其微。然而，通过仔细选择枢纽元，我们可以消除二次的最坏情形而保证算法是 $O(N)$的。可是这么做的额外开销是相当大的，因此最终的算法主要在于理论上的意义。在第 10 章我们将考察选择问题的线性时间最坏情形算法，我们还将看到选取枢纽元的一个有趣技巧，它使得选择算法在实践中多少要快一些。

7.8 大型结构的排序

关于之前的排序讨论，我们已经假设要排序的元素是一些简单的整数。常常需要通过某个关键字对大型结构进行排序。例如，我们可能有一些工资名单的记录，每个记录由姓名、地址、电话号码、诸如工资这样的财务信息以及税务信息组成。我们可能想要通过一个特定的域(比如姓名)来对这些信息进行排序。对于所有的算法来说，基本的操作就是交换，不过这里交换两个结构可能是非常昂贵的操作，因为结构实际上很大。在这种情况下，实际的解法是让输入数组包含指向结构的指针。我们通过比较指针指向的关键字，并在必要时交换指针来进行排序。这意味着，所有的数据运动基本上就像我们对整数排序那样进行。我们称之为*间接排序*(indirect sorting)，可以使用这种方法处理我们已经描述过的大部分数据结构。这证明我们关于复杂数据结构处理时不必大量牺牲效率的假设是正确的。

7.9 排序的一般下界

虽然我们得到一些 $O(N \log N)$的排序算法，但是，尚不清楚我们是否还能做得更好。本节证明任何只用到比较的算法在最坏情形下需要 $\Omega(N \log N)$次比较(从而需要 $\Omega(N \log N)$时间)，因此归并排序和堆排序在一个常数因子范围内是最优的。可以进一步证明即使是在平均情形下，只用到比较的任意排序算法都需要进行 $\Omega(N \log N)$次比较。这意味着，快速排序在相差一个常数因子的范围内平均是最优的。

尤其，我们将证明下列结果：只用到比较的任何排序算法在最坏情形下都需要 $\lceil \log(N!) \rceil$次比较并平均需要 $\log(N!)$次比较。我们将假设所有 N 个元素是互异的，因为任何排序算法都必须在这种情况下正常运行。

决策树

决策树(decision tree)是用于证明下界的抽象概念。在这里，决策树是一棵二叉树。每个节点表示在元素之间一组可能的排序，它与已经进行的比较一致。比较的结果是树的边。

246 ~ 247

图 7-17 中的决策树表示将三个元素 a、b 和 c 排序的算法。算法的初始状态在根处。(我们将互换地使用术语*状态*和*节点*。)没有进行比较，因此所有的顺序都是合法的。这个特定的算法进行的第一次比较是比较 a 和 b。两种比较的结果导致两种可能的状态。如果$a<b$,那么只有三种可能性被保留。如果算法到达节点 2，那么它将比较 a 和 c。其他算法可能会做不同的工作，不同的算法可能有不同的决策树。若 $a>c$，则算法进入状态 5。由于只存在一种顺序，因此算法可以终止并报告它已经完成了排序。若 $a<c$，则算法尚不能终止，因为存在两种可能的顺序，它还不能肯定哪种是正确的。在这种情况下，算法还将需要一次比较。

只使用比较进行排序的每一种算法都可以用决策树表示。当然，只有输入数据非常少的情况下画决策树才是可行的。排序算法所使用的比较次数等于最深的树叶的深度。在我们的例子中，该算法在最坏的情形下使用了三次比较。所使用的比较的平均次数等于树叶的平均深度。由于决策树很大，因此必然存在一些长的路径。为了证明下界，需要证明某些基本的树性质。

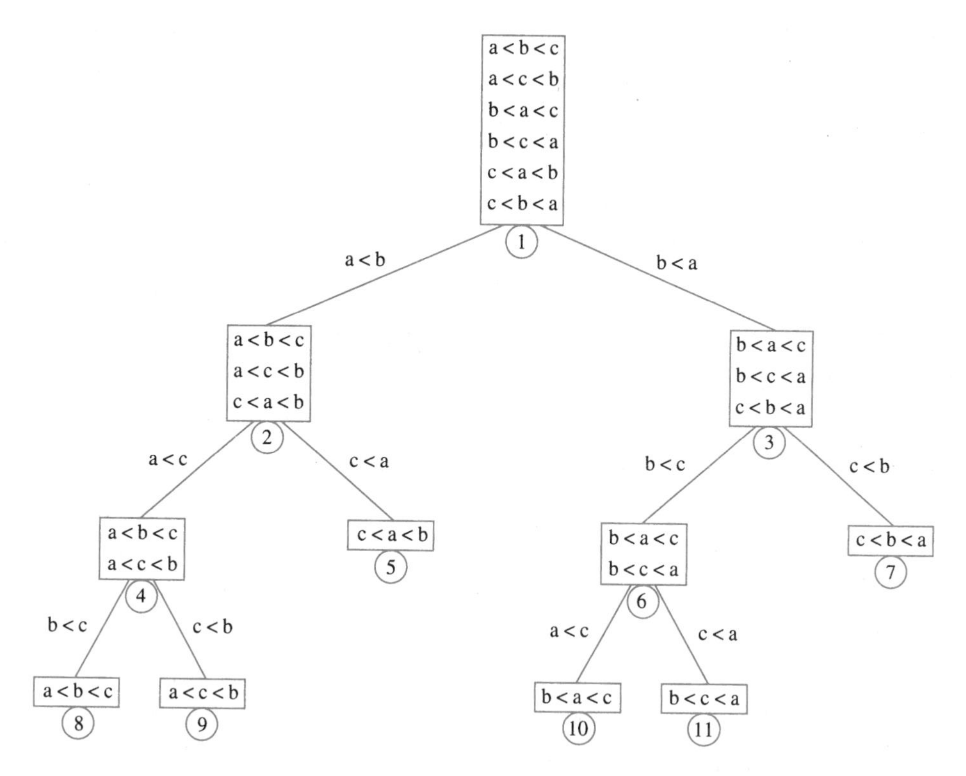

图 7-17 三元素排序的决策树

引理 7.1 令 T 是深度为 d 的二叉树，则 T 最多有 2^d 片树叶。

证明： 用数学归纳法证明。如果 $d=0$，则最多存在一片树叶，因此基准情形为真。否则，存在一个根，它不可能是树叶，其左子树和右子树中每一棵的深度最多是 $d-1$。由归纳假设，每一棵子树最多有 2^{d-1} 片树叶，因此该树最多有 2^d 片树叶。这就证明了该引理。

引理 7.2 具有 L 片树叶的二叉树的深度至少是 $\lceil \log L \rceil$。

证明： 由前面的引理立即推出。

定理 7.6 只使用元素间比较的任何排序算法在最坏情形下至少需要 $\lceil \log(N!) \rceil$ 次比较。

证明： 对 N 个元素排序的决策树必然有 $N!$ 片树叶。从上面的引理即可推出该定理。

定理 7.7 只使用元素间比较的任何排序算法需要进行 $\Omega(N \log N)$ 次比较。

证明： 由前面的定理可知，需要 $\log(N!)$ 次比较。

$$
\begin{aligned}
\log(N!) &= \log(N(N-1)(N-2)\cdots(2)(1)) \\
&= \log N + \log(N-1) + \log(N-2) + \cdots + \log 2 + \log 1 \\
&\geqslant \log N + \log(N-1) + \log(N-2) + \cdots + \log N/2 \geqslant \frac{N}{2}\log\frac{N}{2} \\
&\geqslant \frac{N}{2}\log N - \frac{N}{2} = \Omega(N \log N)
\end{aligned}
$$

248 ~ 249

当用于证明最坏情形结果时，这种类型的下界论断有时叫作信息-理论（information-theoretic）下界。一般定理说的是，如果存在 P 种不同的情况要区分，而问题是 YES/NO 的形式，那么通过任何算法求解该问题在某种情形下总需要 $\lceil \log P \rceil$ 个问题。对于任何基于比较的排序算法的平均运行时间，证明类似的结果是可能的。这个结果由下列引理导出，我们将它留作练习：具有 L 片树叶的任意二叉树的平均深度至少为 $\log L$。

7.10 桶式排序

虽然我们在上一节证明了任何只使用比较的一般排序算法在最坏情形下需要运行时间 $\Omega(N \log N)$，但是我们要记住，在某些特殊情况下以线性时间进行排序仍然是可能的。

一个简单的例子是桶式排序(bucket sort)。为使桶式排序能够正常工作，必须要有一些额外的信息。输入数据 A_1，A_2，…，A_N 必须只由小于 M 的正整数组成。(显然还可以对其进行扩充。)如果是这种情况，那么算法很简单：使用一个大小为 M 称为 `Count` 的数组，它被初始化为全 0。于是，`Count` 有 M 个单元(或称桶)，这些桶初始化为空。当读 A_i 时，`Count`[A_i]增 1。在所有的输入数据读入后，扫描数组 `Count`，打印出排序后的表。该算法用时$O(M+N)$,其证明留作练习。如果 M 为 $O(N)$，那么总量就是 $O(N)$。

虽然这个算法似乎干扰了下界，但事实上并没有，因为它使用了比简单比较更为强大的操作。通过使适当的桶增值，算法在单位时间内实际上执行了一个 M-路比较。这类似于用在可扩散列上的策略(见 5.6 节)。显然这不属于那种下界已证明的模型。

不过，该算法确实提出了用于证明下界的模型的合理性问题。这个模型实际上是一个强模型，因为通用的排序算法不能对它可以预见到的输入类型做假设，但必须基于排序信息做一些决策。很自然地，如果存在额外的可用信息，我们应该有望找到更为有效的算法，否则这额外的信息就被浪费了。

尽管桶式排序看似太平凡，用处不大，但是实际上却存在许多其输入只是一些小的整数的情况，使用像快速排序这样的排序方法真的是小题大做了。

7.11 外部排序

迄今为止，我们考察过的所有算法都需要将输入数据装入内存。然而，存在一些应用程序，它们的输入数据量太大装不进内存。本节将讨论一些外部排序(external sorting)算法，它们是设计用来处理很大的输入的。

250

7.11.1 为什么需要新的算法

大部分内部排序算法都用到内存可直接寻址的事实。希尔排序用一个时间单位比较元素 $A[i]$和 $A[i-h_k]$。堆排序用一个时间单位比较元素 $A[i]$和 $A[i*2+1]$。使用三数中值分割法的快速排序以常数个时间单位比较 A[`Left`]、A[`Center`]和 A[`Right`]。如果输入数据在磁带上，那么所有这些操作就失去了它们的效率，因为磁带上的元素只能被顺序访问。即使数据在一张磁盘上，由于转动磁盘和移动磁头所需的延迟，仍然存在实际上的效率损失。

为了看到外部访问究竟有多慢，可建立一个大的随机文件，但不能太大以致装不进内存。读入该文件并用一种有效的算法对其排序。与将输入数据读入所花费的时间相比，将该输入数据进行排序所花费的时间必然是无足轻重的，尽管排序是$O(N \log N)$操作而读入数据只不过花费$O(N)$时间。

7.11.2　外部排序模型

各种各样的海量存储装置使得外部排序比内部排序对设备的依赖性要严重得多。我们将考虑的一些算法在磁带上工作，而磁带可能是最受限制的存储媒体。由于访问磁带上的一个元素需要把磁带转动到正确的位置，因此磁带必须要有(两个方向上)连续的顺序才能够被有效地访问。

我们将假设至少有三个磁带驱动器进行排序工作。我们需要两个驱动器执行有效的排序，而第三个驱动器进行简化的工作。如果只有一个磁带驱动器可用，那么我们不得不说：任何算法都将需要$\Omega(N^2)$次磁带访问。

7.11.3　简单算法

基本的外部排序算法使用归并排序中的 `Merge` 例程。设我们有四盘磁带T_{a1}、T_{a2}、T_{b1}、T_{b2}，它们是两盘输入磁带和两盘输出磁带。根据算法的特点，磁带a和磁带b要么用作输入磁带，要么用作输出磁带。设数据最初在T_{a1}上，并设内存可以一次容纳(和排序)M个记录。一种自然的做法是第一步从输入磁带一次读入M个记录，在内部将这些记录排序，然后再把这些排过序的记录交替地写到T_{b1}或T_{b2}上。我们将把每组排过序的记录叫作一个顺串(run)。做完这些之后，倒回所有的磁带。设我们的输入与希尔排序例子中的输入数据相同。

T_{a1}	81	94	11	96	12	35	17	99	28	58	41	75	15
T_{a2}													
T_{b1}													
T_{b2}													

如果$M=3$，那么在顺串构造以后，磁带将包含下图所指出的数据。

251

T_{a1}							
T_{a2}							
T_{b1}	11 81 94			17 28 99			15
T_{b2}	12 35 96			41 58 75			

现在T_{b1}和T_{b2}包含一组顺串。我们将每个磁带的第一个顺串取出并将二者合并，把结果写到T_{a1}上，该结果是一个两倍长的顺串。然后，我们再从每盘磁带取出下一个顺串，合并，并将结果写到T_{a2}上。继续这个过程，交替使用T_{a1}和T_{a2}，直到T_{b1}或T_{b2}为空。此时，或者T_{b1}和T_{b2}均为空，或者剩下一个顺串。对于后者，我们把剩下的顺串拷贝到适当的顺串上。将全部四盘磁带倒回，并重复相同的步骤，这一次用两盘a磁带作为输入，两盘b磁带作为输出，结果得到一些$4M$的顺串。我们继续这个过程直到得到长为N的一个顺串。

该算法将需要⌈log(*N*/*M*)⌉趟工作，外加一趟构造初始的顺串。例如，若有 1000 万个记录，每个记录 128 个字节，并有 4 兆字节的内存，则第一趟将建立 320 个顺串。此时我们再需要 9 趟以完成排序。我们的例子再需要⌈log 13/3⌉=3 趟，如下图所示。

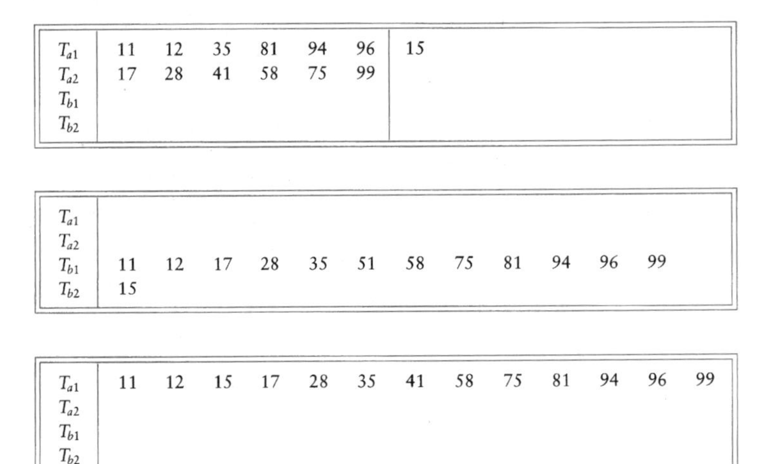

T_{a1}	11 12 35 81 94 96	15
T_{a2}	17 28 41 58 75 99	
T_{b1}		
T_{b2}		

T_{a1}	
T_{a2}	
T_{b1}	11 12 17 28 35 51 58 75 81 94 96 99
T_{b2}	15

T_{a1}	11 12 15 17 28 35 41 58 75 81 94 96 99
T_{a2}	
T_{b1}	
T_{b2}	

7.11.4 多路合并

如果有额外的磁带，那么我们可以减少将输入数据排序所需要的趟数，通过将基本的 2-路合并扩充为 *k*-路合并就能做到这一点。

两个顺串的合并操作通过将每一个输入磁带转到每个顺串的开头来完成。然后，找到较小的元素，把它放到输出磁带上，并将相应的输入磁带向前推进。如果有 *k* 盘输入磁带，那么这种方法以相同的方式工作，唯一的区别在于，它发现 *k* 个元素中最小的元素的过程稍微有些复杂。我们可以通过使用优先队列找出这些元素中的最小元。为了得出下一个写到磁盘上的元素，我们进行一次 `DeleteMin` 操作。将相应的磁带向前推进，如果在输入磁带上的顺串尚未完成，那么我们将新元素插入优先队列中。仍然利用前面的例子，我们将输入数据分配到三盘磁带上。

T_{a1}		
T_{a2}		
T_{a3}		
T_{b1}	11 81 94	41 58 75
T_{b2}	12 35 96	15
T_{b3}	17 28 99	

此时，还需要两趟 3-路合并以完成该排序。

T_{a1}	11 12 17 28 35 81 94 96 99	
T_{a2}	15 41 58 75	
T_{a3}		
T_{b1}		
T_{b2}		
T_{b3}		

T_{a1}	
T_{a2}	
T_{a3}	
T_{b1}	11 12 15 17 28 35 41 58 75 81 94 96 99
T_{b2}	
T_{b3}	

在初始顺串构造阶段之后，使用 k-路合并所需要的趟数为$\lceil \log_k(N/M) \rceil$，因为每趟这些顺串达到 k 倍大小。对于上面的例子，公式成立，因为$\lceil \log_3(13/3) \rceil=2$。如果我们有 10 盘磁带，此时 $k=5$，而前一节的大例子需要的趟数将是$\lceil \log_5 320 \rceil=4$。

252 ~ 253

7.11.5 多相合并

上一节讨论的 k-路合并方法需要使用 $2k$ 盘磁带，这对某些应用极为不便。只使用 $k+1$ 盘磁带也有可能完成排序的工作。举个例子，我们阐述只用三盘磁带如何完成 2-路合并。

设有三盘磁带 T_1、T_2 和 T_3，在 T_1 上有一个输入文件，它将产生 34 个顺串。一种选择是在 T_2 和 T_3 的每一盘磁带中放入 17 个顺串。然后我们可以将结果合并到 T_1 上，得到一盘有 17 个顺串的磁带。由于所有的顺串都在一盘磁带上，因此我们现在必须把其中的一些顺串放到 T_2 上以进行另一次合并。执行合并的逻辑方式是将前 8 个顺串从 T_1 拷贝到 T_2 并进行合并。这样的效果是对于我们所做的每一趟合并又附加了额外的半趟工作。

另一种选择是把原始的 34 个顺串不均衡地分成两份。设我们把 21 个顺串放到 T_2 上而把 13 个顺串放到 T_3 上。然后，在 T_3 用完之前将 13 个顺串合并到 T_1 上。此时，我们可以倒回磁带 T_1 和 T_3，然后将具有 13 个顺串的 T_1 和 8 个顺串的 T_2 合并到 T_3 上。此时，我们合并 8 个顺串直到 T_2 用完为止，这样，在 T_1 上将留下 5 个顺串而在 T_3 上则有 8 个顺串。然后，我们再合并 T_1 和 T_3，以此类推。下面的图显示在每趟合并之后每盘磁带上的顺串的个数。

	初始顺串个数	在T_3+T_2之后	在T_1+T_2之后	在T_1+T_3之后	在T_2+T_3之后	在T_1+T_2之后	在T_1+T_3之后	在T_2+T_3之后
T_1	0	13	5	0	3	1	0	1
T_2	21	8	0	5	2	0	1	0
T_3	13	0	8	3	0	2	1	0

顺串最初的分配有很大的关系。例如，若 22 个顺串放在 T_2 上，12 个在 T_3 上，则第一趟合并后我们得到 T_1 上的 12 个顺串以及 T_2 上的 10 个顺串。在另一趟合并后，T_1 上有 10 个顺串而 T_3 上有 2 个顺串。此时，进展的速度慢了下来，因为在 T_3 用完之前我们只能合并两组顺串。这时 T_1 有 8 个顺串而 T_2 有 2 个顺串。同样，我们只能合并两组顺串，结果 T_1 有 6 个顺串且 T_3 有 2 个顺串。再经过三趟合并之后，T_2 还有 2 个顺串而其余磁带均已没有任何内容。我们必须将一个顺串拷贝到另外一盘磁带上，然后结束合并。

事实上，我们给出的最初分配是最优的。如果顺串的个数是一个斐波那契数 F_N，那么分配这些顺串最好的方式是把它们分成两个斐波那契数 F_{N-1} 和 F_{N-2}。否则，为了将顺串的个数补足成一个斐波那契数就必须用一些哑顺串(dummy run)来填补磁带。我们把如何将一组初始顺串分到磁带上的具体做法留作练习。

可以把上面的做法扩充到 k-路合并，此时我们需要 k 阶斐波那契数用于分配顺串，其中 k 阶斐波那契数定义为 $F^{(k)}(N)=F^{(k)}(N-1)+F^{(k)}(N-2)+\cdots+F^{(k)}(N-k)$，辅以适当的初始条件 $F^{(k)}(N)=0$，$0\leqslant N\leqslant k-2$，$F^{(k)}(k-1)=1$。

254

7.11.6 替换选择

最后我们将要考虑的是顺串的构造。迄今我们已经用到的策略是所谓的最简可能：读入尽可能多的记录并将它们排序，再把结果写到某个磁带上。这看起来像是可能的最佳处理，直到实现只要第一个记录被写到输出磁带上，它所使用的内存就可以被另外的记录使用。如果输入磁带上的下一个记录比我们刚刚输出的记录大，那么它就可以被放入这个顺串中。

利用这种想法，我们可以给出产生顺串的一个算法，该方法通常称为替换选择(replacement selection)。开始，M 个记录被读入内存并被放到一个优先队列中。我们执行一次 DeleteMin，把最小的记录写到输出磁带上，再从输入磁带读入下一个记录。如果它比刚刚写出的记录大，那么可以把它加到优先队列中，否则，不能把它放入当前的顺串。由于优先队列少一个元素，因此，我们可以把这个新元素存入优先队列的死区(dead space)，直到顺串完成构建，而该新元素用于下一个顺串。将一个元素存入死区的做法类似于在堆排序中的做法。我们继续这样的步骤直到优先队列的大小为零，此时该顺串构建完成。我们使用死区中的所有元素通过建立一个新的优先队列开始构建一个新的顺串。图 7-18 解释了这个小例子的顺串构建过程，其中 $M=3$。死元素以星号标示。

	堆数组中的3个元素 H[0]	H[1]	H[2]	输出	读入的下一个元素
顺串1	11	94	81	11	96
	81	94	96	81	12*
	94	96	12*	94	35*
	96	35*	12*	96	17*
	17*	35*	12*	顺串的末端	重构堆
顺串2	12	35	17	12	99
	17	35	99	17	28
	28	99	35	28	58
	35	99	58	35	41
	41	99	58	41	15*
	58	99	15*	58	磁带的末端
	99		15*	99	
			15*	顺串的末端	重构堆
顺串3	15			15	

图 7-18 顺串构建的例

255

在这个例子中，替换选择只产生 3 个顺串，这与通过排序得到 5 个顺串不同。正因为如此，3-路合并经过一趟而非两趟结束。如果输入数据是随机分配的，那么可以证明替换选择产生平均长度为 $2M$ 的顺串。对于我们所举的大例子，预计为 160 个顺串而不是 320 个顺串，因此，5-路合并需要进行 4 趟。在这个例子中，我们没有节省一趟，虽然在幸运的情况下是可以节省的，我们可能有 125 个或更少的顺串。由于外部排序花费的时间太多，因此节省的每一趟都可能对运行时间产生显著的影响。

我们已经看到，有可能替换选择做得并不比标准算法更好。然而，输入数据常常从排序或几乎从排序开始，此时替换选择仅仅产生少数非常长的顺串。这种类型的输入通常要进行外部排序，这就使得替换选择具有特殊的价值。

总结

对于最一般的内部排序应用程序，选用的方法不是插入排序、希尔排序，就是快速排序，它们的选用主要是根据输入的大小来决定的。图 7-19 显示了每个算法(在一台相对较慢的计算机上)处理各种不同大小的文件时的运行时间。

N	插入排序 $O(N^2)$	希尔排序 $O(N^{7/6})$(?)	堆排序 $O(N\log N)$	快速排序 $O(N\log N)$	快速排序(优化) $O(N\log N)$
10	0.000 44	0.000 41	0.000 57	0.000 52	0.000 46
100	0.006 75	0.001 71	0.004 20	0.002 84	0.002 44
1 000	0.595 64	0.029 27	0.055 65	0.031 53	0.025 87
10 000	58.864	0.429 98	0.716 50	0.367 65	0.315 32
100 000	NA	5.729 8	8.859 1	4.229 8	3.588 2
1000 000	NA	71.164	104.68	47.065	41.282

图 7-19　不同的排序算法的比较(所有的时间均以秒计)

选择 N 个整数组成一些随机排列，而表中给出的各项仅仅是排序的实际时间。图 7-2 给出的程序用于插入排序。希尔排序使用 7.4 节中的程序，该程序改为使用 Sedgewick 增量运行。基于数以百万计次排序，大小从 100 到 2 500 0000 不等，使用这种增量的希尔排序的运行时间估计为 $O(N^{7/6})$。堆排序例程与 7.5 节中的相同。表中给出两种快速排序算法。第一种使用简单的枢纽元方法，不进行截止。幸运的是，这些输入文件是随机的。第二种使用三数中值分割法，截止范围为 10。进一步的优化还是有可能的。比如我们可以写一个内嵌的三数中值例程而不是使用函数调用，也可以编写一个非递归的快速排序。还存在其他一些方法对代码进行优化，它们实现起来相当复杂，当然，我们也可使用汇编语言编程。我们已有打算有效地编写所有的例程，不过，性能因机器不同当然多少会有些变化。 256

高度优化的快速排序算法即使对于很少的输入数据也能和希尔排序一样快。快速排序的改进算法仍然有 $O(N^2)$的最坏情形(有一个练习让你构造一个小例子)，但是，这种最坏情形出现的机会微乎其微，以至于不能成为影响算法的因素。如果需要对一些大型的文件排序，快速排序则是应该选用的方法。但是，永远都不要图省事而轻易把第一个元素用作枢纽元。对输入数据随机的假设是不安全的。如果你不想过多地考虑这个问题，那么就使用希尔排序。希尔排序有些小缺陷，不过还是可以接受的，特别是需要简单明了的时候。希尔排序的最坏情形也只不过是 $O(N^{4/3})$，这种最坏情形发生的概率也是微乎其微的。

堆排序要比希尔排序慢，尽管它是一个带有明显紧凑内循环的 $O(N \log N)$算法。对该算法的深入考察揭示，为了移动数据，堆排序要进行两次比较。由 Floyd 提出的改进算法移动数据基本上只需要一次比较，不过实现这种改进算法使得代码多少要长一些。我们把它留给读者来决定这种附加的编程代价用以提高速度是否值得(见练习 7.40)。

插入排序只用在小的或是非常接近排好序的输入数据上。我们没有将归并排序包括进来，因为它的性能对于主存排序不如快速排序那么好，而且它的编程一点也不省事。然而我们已经看到，合并却是外部排序的中心思想。

练习

7.1 使用插入排序将序列 3，1，4，1，5，9，2，6，5 排序。

7.2 如果所有的关键字都相等，那么插入排序的运行时间是多少？

7.3 设我们交换元素 $A[i]$和 $A[i+k]$，它们最初是无序的。证明去掉的逆序最少为 1 个最多为 $2k-1$ 个。

7.4 写出使用增量{1，3，7}对输入数据 9，8，7，6，5，4，3，2，1 运行希尔排序得到的结果。

7.5 a. 使用 2-增量序列{1，2}的希尔排序的运行时间是多少？

b. 证明：对任意的 N，存在一个 3-增量序列，使得希尔排序以 $O(N^{5/3})$时间运行。

c. 证明：对任意的 N，存在一个 6-增量序列，使得希尔排序以 $O(N^{3/2})$时间运行。

7.6 *a. 证明：使用形如 1，c，c^2，…，c^i 的增量，希尔排序的运行时间为 $\Omega(N^2)$，其中，c 为任意整数。

**b. 证明：对于这些增量，平均运行时间为 $\Theta(N^{3/2})$。

*7.7 证明：若一个 k-排序的文件而后被 h-排序，则它仍是 k-排序的。

7.8 证明：使用由 Hibbard 建议的增量序列的希尔排序在最坏情形下的运行时间是 $\Omega(N^{3/2})$。提示**：可以证明当所有的元素不是 0 就是 1 时希尔排序这种特殊情形的时间界。如果 i 可以表示为 h_t，h_{t-1}，…，$h_{\lfloor t/2\rfloor+1}$ 的线性组合，则可置 `InputData[i]`=1，否则置为 0。

257

7.9 确定希尔排序对于下述输入的运行时间：

a. 排过序的输入数据。

*b. 反序排列的输入数据。

7.10 下述两种对图7-4所编写的希尔排序例程的修改影响最坏情形的运行时间吗？

a. 如果 `Increment` 是偶数，则在第 2 行前将 `Increment` 减 1。

b. 如果 `Increment` 是偶数，则在第 2 行前将 `Increment` 加 1。

7.11 指出堆排序如何处理输入数据 142，543，123，65，453，879，572，434，111，242，811，102。

7.12 a. 对于预排序的输入数据，堆排序的运行时间是多少？

*b. 证明：堆排序的最坏情形的界是可以达到的。

7.13 用归并排序将 3，1，4，1，5，9，2，6 排序。

7.14 不使用递归如何实现归并排序？

7.15 确定对下列数据进行归并排序的运行时间：

a. 排过序的输入数据。

b. 反序排列的输入数据。

c. 随机的输入数据。

7.16　在归并排序的分析中是不考虑常数的。证明：归并排序在最坏情形下用于比较的次数为 $N\lceil \log N \rceil - 2^{\lceil \log N \rceil} + 1$。

7.17　用三数中值分割法以及截止为 3 的快速排序对3，1，4，1，5，9，2，6，5，3，5 排序。

7.18　使用本章中的快速排序实现方法确定下列输入数据的快速排序运行时间：

a. 排过序的输入数据。

b. 反序排列的输入数据。

c. 随机的输入数据。

7.19　当将下列元素选作枢纽元时重做练习 7.18：

a. 第一个元素。

b. 前两个互异关键字中的较大者。

c. 一个随机元素。

*d. 在该输入集合中所有关键字的平均值。

7.20　a. 对于本章中快速排序的实现方法，当所有的关键字都相等时它的运行时间是多少？

b. 假设我们改变分割策略使得找到一个与枢纽元相同的关键字时 i 和 j 都不停止。当所有的关键字都相等时，为了保证快速排序正常工作，需要对程序做哪些修改？运行时间是多少？

258

c. 假设我们改变分割策略使得在一个与枢纽元相同的关键字处 i 停止，但是 j 在类似的情形下却不停止。为了保证快速排序正常工作，需要对程序做哪些修改？当所有的关键字都相等时，快速排序的运行时间是多少？

7.21　设我们选择中间的关键字作为枢纽元。这是否使得快速排序将不可能需要二次时间？

7.22　构造 20 个元素的一个排列，使得对于三数中值分割且截止为 3 的快速排序，该排列尽可能差。

7.23　编写一个程序实现选择算法。

7.24　求解下列递推关系：$T(N) = (1/N)[\sum_{i=1}^{N-1} T(i)] + cN, T(0) = 0$。

7.25　如果一切具有相等关键字的元素都保持它们在输入数据时呈现的顺序，那么这种排序算法就是**稳定的**(stable)。本章中的排序算法哪些是稳定的？哪些不是？为什么？

7.26　设给定 N 个排过序的元素，后面跟有 $f(N)$个随机顺序的元素。如果 $f(N)$是下列情况，那么如何将全部数据排序？

a. $f(N)=O(1)$

b. $f(N)=O(\log N)$

c. $f(N)=O(\sqrt{N})$

*d. $f(N)$多大使得全部数据仍然能够以 $O(N)$时间排序？

7.27　证明：在 N 个元素排过序的表中找出一个元素 X 的任何算法都需要 $\Omega(\log N)$次比较。

7.28 利用 Stirling 公式 $N! \approx (N/e)^N \sqrt{2\pi N}$给出 log ($N$!)的精确估计。

7.29 *a. 两个排过序的含有 N 个元素的数组有多少种合并的方法?

*b. 给出合并两个含有 N 个元素的排过序的数组所需要的比较次数的非平凡下界。

7.30 证明：使用桶式排序把具有范围在 $1 \leqslant$ key $\leqslant M$ 内的整数关键字的 N 个元素排序需要时间 $O(M+N)$。

7.31 设有 N 个元素的数组只包含两个不同的关键字 `true` 和 `false`。给出一个$O(N)$算法，重新排列这些元素使得所有 `false` 的元素都排在 `true` 的元素的前面。你只能使用常数附加空间。

7.32 设有 N 个元素的数组包含三个不同的关键字 `true`、`false` 和 `maybe`。给出一个 $O(N)$算法，重新排列这些元素，使得所有 `false` 的元素都排在 `maybe` 的元素的前面，而 `maybe` 的元素都在 `true` 的元素的前面。你只能使用常数附加空间。

7.33 a. 证明：任何基于比较的算法将 4 个元素排序均需 5 次比较。

b. 给出一种算法用 5 次比较将 4 个元素排序。

7.34 a. 证明：使用任何基于比较的算法将 5 个元素排序都需要 7 次比较。

*b. 给出一个算法用 7 次比较将 5 个元素排序。

259

7.35 写出一个有效的希尔排序算法并比较使用下列增量序列时的性能：

a. 希尔的原始序列。

b. Hibbard 的增量。

c. Knuth 的增量：$h_i = \frac{1}{2}(3^i + 1)$。

d. Gonnet 的增量：$h_t = \left\lfloor \frac{N}{2.2} \right\rfloor$，而 $h_k = \left\lfloor \frac{h_{k+1}}{2.2} \right\rfloor$(若 $h_2 = 2$ 则 $h_1 = 1$)。

e. Sedgewick 增量。

7.36 实现优化的快速排序算法并用下列组合进行实验：

a. 枢纽元：第一个元素，中间的元素，随机的元素，三数中值，五数中值。

b. 截止值从 0 到 20。

7.37 编写一个例程读入两个用字母表示的文件并将它们合并到一起，形成第三个也是用字母表示的文件。

7.38 设我们实现三数中值例程如下：找出 A[`Left`]、A[`Center`]和 A[`Right`]的中值，并将它与 A[`Right`]交换。以通常的分割方法进行，开始时 i 在 `Left` 处且 j 在 `Right`-1 处(而不是 `Left`$+1$ 和 `Right`-2)。

a. 设输入为 2，3，4，…，$N-1$，N，1。对于该输入，这种快速排序算法的运行时间是多少?

b. 设输入数据呈反序排列，对于该输入，这种快速排序算法的运行时间又是多少?

7.39 证明：任何基于比较的排序算法都需要平均 $\Omega(N \log N)$次比较。

7.40 考虑下面的 `PercolateDown` 算法。我们在节点 X 处有一个空穴(hole)。普通的例程是比较 X 的儿子然后把比我们将要放置的元素大的儿子上移到 X 处(在 max 堆的情形下)，由此将空穴下推，当把新元素安全放到空穴中时终止算法。另一种方法是将元素上移且空穴尽可能地下移，不用测试是否能够插入新单元。这将使得新单元被放置到一片树叶上并可能破坏堆序。为了修复堆序，以通常的方式将新单元上滤。写出包含该想法的例程，并与标准的堆排序实现方法的运行时间进行比较。

7.41　提出一种算法，只用两盘磁带对一个大型文件进行排序。

7.42　a. 通过建堆(build-heap)最多使用 $2N$ 次比较的事实推出堆个数的下界 $N!/2^{2N}$。

　　　b. 利用 Stirling 公式扩展该界。

7.43　ANSI C 要求例程 qsort 出现在 C 函数库中。qsort 由快速排序典型算法实现(但这不是必需的)。通过各种输入数据进行实验观察是否 qsort 能够出现二次的特性。用一些随机的 0 和 1 测试。

260

参考文献

Knuth 的书[13]虽然多少有些过时，但仍不失为一本排序的综合参考文献。Gonnet 和 Baeza-Yates[5]含有一些更新结果以及大量的文献目录。

处理希尔排序的原始论文是[22]。Hibbard 的论文[6]提出增量 2^k-1 的使用并通过避免交换紧缩了程序。定理 7.4 源自文献[13]。Pratt 的下界可以在文献[15]中找到，他用到的方法比文中提到的方法要复杂。改进的增量序列和上界出现在论文[10，21，24]中，匹配的下界见文献[25]。最近的一个结果指出，没有增量序列能够给出 $O(N\log N)$的最坏情形运行时间[14]。希尔排序的平均情形运行时间仍然没有解决。Yao[27]对 3-增量情形进行了极其复杂的分析。其结果尚需扩展到更多增量。对各种增量序列的试验见论文[23]。

堆排序由 Williams[26]发现，Floyd[2]提供了构建堆的线性时间算法。定理 7.5 取自文献[16]。

归并排序的精确的平均情形分析在文献[4]中发布，处理这些结果的论文唾手可得。不用附加空间且以线性时间执行合并的算法在文献[9]中描述。

快速排序源自 Hoare[7]。这篇论文分析了基本算法，描述了大部分改进方法，并且还包含选择算法。详细的分析和经验性的研究曾是 Sedgewick 的专题论文[20]的主题。许多重要的结果出现在文献[17-19]中。文献[1]提供了详细的 C 实现并包含某些附加的改进，并且指出大部分 qsort 库函数的实现方法容易导致二次的特性。

决策树和排序优化在 Ford 和 Johnson[3]中讨论。这篇论文还提供了一个算法，它几乎符合用比较(而不是其他操作)次数表示的下界。Manacher[12]指出该算法稍逊于最优。

外部排序及其细节详见文献[11]。在练习 7.25 中描述的稳定排序算法已由 Horvath[8]提出。

1. J. L. Bentley and M. D. McElroy, "Engineering a Sort Function," *Software—Practice and Experience*, 23 (1993), 1249–1265.
2. R. W. Floyd, "Algorithm 245: Treesort 3," *Communications of the ACM*, 7 (1964), 701.
3. L. R. Ford and S. M. Johnson, "A Tournament Problem," *American Mathematics Monthly*, 66 (1959), 387–389.

261

4. M. Golin and R. Sedgewick, "Exact Analysis of Mergesort," *Fourth SIAM Conference on Discrete Mathematics,* 1988.
5. G. H. Gonnet and R. Baeza-Yates, *Handbook of Algorithms and Data Structures,* 2nd ed., Addison-Wesley, Reading, Mass., 1991.
6. T. H. Hibbard, "An Empirical Study of Minimal Storage Sorting," *Communications of the ACM,* 6 (1963), 206–213.
7. C. A. R. Hoare, "Quicksort," *Computer Journal,* 5 (1962), 10–15.
8. E. C. Horvath, "Stable Sorting in Asymptotically Optimal Time and Extra Space," *Journal of the ACM,* 25 (1978), 177–199.
9. B. Huang and M. Langston, "Practical In-place Merging," *Communications of the ACM,* 31 (1988), 348–352.
10. J. Incerpi and R. Sedgewick, "Improved Upper Bounds on Shellsort," *Journal of Computer and System Sciences,* 31 (1985), 210–224.
11. D. E. Knuth, *The Art of Computer Programming. Volume 3: Sorting and Searching,* Addison-Wesley, Reading, Mass., 1973.
12. G. K. Manacher, "The Ford-Johnson Sorting Algorithm Is Not Optimal," *Journal of the ACM,* 26 (1979), 441–456.
13. A. A. Papernov and G. V. Stasevich, "A Method of Information Sorting in Computer Memories," *Problems of Information Transmission,* 1 (1965), 63–75.
14. C. G. Plaxton, B. Pooren, and T. Suel, "Improved Lower Bounds for Shellsort," Proceedings of the Thirty-third Annual Symposium on the Foundations of Computer Science (1992), 226–235.
15. V. R. Pratt, *Shellsort and Sorting Networks,* Garland Publishing, New York, 1979. (Originally presented as the author's Ph.D. thesis, Stanford University, 1971.)
16. R. Schaffer and R. Sedgewick, "The Analysis of Heapsort," *Journal of Algorithms,* 14 (1993), 76–100.
17. R. Sedgewick, "Quicksort with Equal Keys," *SIAM Journal on Computing,* 6 (1977), 240–267.
18. R. Sedgewick, "The Analysis of Quicksort Programs," *Acta Informatica,* 7 (1977), 327–355.
19. R. Sedgewick, "Implementing Quicksort Programs," *Communications of the ACM,* 21 (1978), 847–857.
20. R. Sedgewick, *Quicksort,* Garland Publishing, New York, 1978. (Originally presented as the author's Ph.D. thesis, Stanford University, 1975.)
21. R. Sedgewick, "A New Upper Bound for Shellsort," *Journal of Algorithms,* 7 (1986), 159–173.
22. D. L. Shell, "A High-Speed Sorting Procedure," *Communications of the ACM,* 2 (1959), 30–32.
23. M. A. Weiss, "Empirical Results on the Running Time of Shellsort," *Computer Journal,* 34 (1991), 88–91.
24. M. A. Weiss and R. Sedgewick, "More On Shellsort Increment Sequences," *Information Processing Letters,* 34 (1990), 267–270.
25. M. A. Weiss and R. Sedgewick, "Tight Lower Bounds For Shellsort," *Journal of Algorithms,* 11 (1990), 242–251.
26. J. W. J. Williams, "Algorithm 232: Heapsort," *Communications of the ACM,* 7 (1964), 347–348.
27. A. C. Yao, "An Analysis of ($h, k,$ 1) Shellsort," *Journal of Algorithms,* 1 (1980), 14–50.

262

C H A P T E R 8

第 8 章

不相交集 ADT

在这一章，我们描述解决等价问题的一种有效数据结构。这种数据结构实现简单，每个例程只需要几行代码，而且可以使用一个简单的数组。它的实现也非常快，每种操作只需要常数平均时间。从理论上看，这种数据结构还是非常有趣的，因为它的分析极其困难，最坏情况的函数形式不同于我们已经见过的任何形式。对于这种不相交集ADT，我们将：

- 讨论如何能够以最少的编程代价实现。
- 通过两个简单的观察极大地增加它的速度。
- 分析一种快速实现方法的运行时间。
- 介绍一个简单的应用。

8.1　等价关系

若对于每一对元素(a, b)，$a, b \in S$，aRb或者为`true`或者为`false`，则称在集合S上定义关系(relation)R。如果aRb是`true`，那么我们说a与b有关系。

等价关系(equivalence relation)是满足下列三个性质的关系R：

1.(自反性)对于所有的$a \in S$，aRa。

2.(对称性)aRb当且仅当bRa。

3.(传递性)若aRb且bRc则aRc。

我们将考虑几个例子。

关系"$\leqslant$"不是等价关系。虽然它是自反的(即$a \leqslant a$)，可传递的(即由$a \leqslant b$和$b \leqslant c$得出$a \leqslant c$)，但它却不是对称的，因为从$a \leqslant b$并不能得出$b \leqslant a$。

电气连接(electrical connectivity)是一个等价关系，其中所有的连接都是通过金属导线完成的。该关系显然是自反的，因为任何元件都是自身相连的。如果a电气连接到b，那么b必然也电气连接到a。最后，如果a连接到b，而b又连接到c，那么a连接到c。因此，电气连接是一个等价关系。

263

如果两个城市位于同一个国家，那么定义它们是有关系的。容易验证这是一个等价关系。如果能够通过公路从城镇a旅行到b，则设a与b有关系。如果所有的道路都是双向行驶的，那么这种关系也是一个等价关系。

8.2　动态等价性问题

给定一个等价关系"$\sim$"，一个自然的问题是对任意的a和b，确定是否$a \sim b$。如果将等价关系存储为一个二维布尔数组，那么当然这个工作可以以常数时间完成。问题在于，这种关系的定义通常不明显而是相当隐秘的。

作为一个例子，设在5个元素的集合$\{a_1, a_2, a_3, a_4, a_5\}$上定义一个等价关系。此时存在25对元素，其中每一对或者有关系或者没有关系。然而，信息$a_1 \sim a_2$，$a_3 \sim a_4$，$a_5 \sim a_1$，$a_4 \sim a_2$意味着每一对元素都是有关系的。我们希望能够迅速推断出这些关系。

一个元素$a \in S$的等价类(equivalence class)是S的一个子集，它包含所有与a有关系的元素。注意，等价类形成对 S 的一个划分：S 的每一个成员恰好出现在一个等价类中。为确定是否 $a \sim b$，我们只需验证 a 和 b 是否都在同一个等价类中。这给我们提供了解决等价问题的方法。

输入数据最初是 N 个集合的类(collection)，每个集合含有一个元素。初始的描述是所有的关系均为 false(自反的关系除外)。每个集合都有一个不同的元素，从而 $S_i \cap S_j = \varnothing$；这使得这些集合不相交(disjoint)。

此时，有两种运算允许进行。第一种运算是 Find，它返回包含给定元素的集合(即等价类)的名字。第二种运算是添加关系。如果想要添加关系 $a \sim b$，那么我们首先要看是否 a 和 b 已经有关系。这可以通过对 a 和 b 执行 Find 并检验它们是否在同一个等价类中来完成。如果它们不在同一类中，那么我们使用求并运算 Union，这种运算把含有 a 和 b 的两个等价类合并成一个新的等价类。从集合的观点来看，$\cup$的结果是建立一个新集合 $S_k = S_i \cup S_j$，去掉原来两个集合而保持所有的集合的不相交性。由于这个原因，常常把做这项工作的算法叫作不相交集合的 Union/Find 算法。

该算法是动态的(dynamic)，因为在算法执行的过程中，集合可以通过 Union 运算发生改变。这个算法还必然是联机(on-line)操作：当 Find 执行时，它必须给出答案算法才能继续进行。另一种可能是脱机(off-line)算法：该算法需要观察全部的 Union 和 Find 序列。它对每个 Find 给出的答案必须和所有执行到该 Find 的 Union 一致，而该算法在看到所有的问题以后再给出它的所有的答案。这种差别类似于参加一次笔试(它一般是脱机的——你只能在规定的时间用完之前给出答卷)和一次口试(它是联机的，因为你必须回答当前的问题，然后才能继续下一个问题)。

注意，我们不进行任何比较元素相关的值的操作，而是只需要知道它们的位置。由于这个原因，我们假设所有的元素均已从 1 到 N 顺序编号并且编号方法容易由某个散列方案确定。于是，开始时我们有 $S_i = \{i\}$，$i=1$ 到 N。

264

我们的第二个观察是，由 Find 返回的集合的名字实际上是相当任意的。真正重要的关键在于：Find(a)=Find(b)当且仅当 a 和 b 在同一个集合中。

这些运算在许多图论问题中是重要的，在一些处理等价(或类型)声明的编译程序中也很重要。我们将在后面讨论一个应用。

解决动态等价问题的方案有两种。一种方案保证指令 Find 能够以常数最坏情形运行时间执行，而另一种方案则保证指令 Union 能够以常数最坏情形运行时间执行。最近有人指出二者不能同时做到。

我们将简要讨论第一种处理方法。为使 Find 运算快，可以在一个数组中保存每个元素的等价类的名字。此时，Find 就是简单的 $O(1)$查找。设我们想要执行 Union(a, b)，并设 a 在等价类 i 中而 b 在等价类 j 中。然后我们扫描该数组，将所有的 i 变成 j。不过，这次扫描要花费 $\Theta(N)$时间。于是，连续 $N-1$ 次 Union 操作(这是最大值，因为此时每个元素都在一个集合中)就要花费 $\Theta(N^2)$的时间。如果存在 $\Omega(N^2)$次 Find 运算，那么性能会很好，因为在整个算法执行过程中每个 Find 或 Union 运算的总的运行时间为 $O(1)$。如果 Find 运算没有那么多，那么这个界是不可接受的。

一种想法是将所有在同一个等价类中的元素放到一个链表中。这在更新的时候会节省时间，因为我们不必搜索整个数组。但是由于它在算法过程中仍然可能执行 $\Theta(N^2)$次等价类的更新，因此它本身并不能单独减少渐近运行时间。

如果我们还要跟踪每个等价类的大小，并在执行 Union 时将较小的等价类的名字改成较大的等价类的名字，那么对于 $N-1$ 次合并的总的时间开销为 $O(N\log N)$。其原因在于，每个元素可能将它的等价类最多改变 $\log N$ 次，因为每次它的等价类改变时新的等价类至少是原来等价类的两倍大。使用这种方法，任意顺序的 M 次 Find 和最多 $N-1$ 次的 Union 最多花费 $O(M+N\log N)$时间。

在本章的其余部分，我们将考察 Union/Find 问题的一种解法，其中 Union 运算容易但Find 运算要难一些。即使如此，任意顺序的最多 M 次 Find 和最多 $N-1$ 次 Union 的运行时间将只比 $O(M+N)$多一点。

8.3　基本数据结构

记住，我们的问题不要求 Find 操作返回任何特定的名字，而只是要求当且仅当两个元素属于相同的集合时，作用在这两个元素上的 Find 返回相同的名字。一种想法是可以使用树来表示每一个集合，因为树上的每一个元素都有相同的根。这样，该根就可以用来命名所在的集合。我们将用树表示每一个集合。(记住，树的集合叫作森林。)开始时每个集合含有一个元素。我们将要使用的这些树不一定必须是二叉树，但是其表示要容易，因为我们需要的唯一信息就是一个父指针。集合的名字由根处的节点给出。由于只需要父节点的名字，因此我们可以假设树被非显式地存储在一个数组中：数组的每个成员 $P[i]$表示元素 i 的父亲。如果 i 是根，那么 $P[i]=0$。在图 8-1 的森林中，对于 $1\leqslant i\leqslant 8$，$P[i]=0$。正如在堆中那样，我们也将显式地画出这些树，注意，此时正在使用一个数组。图 8-1 表达了这种显式的表示方法，为方便起见，我们将把根的父指针垂直画出。

265

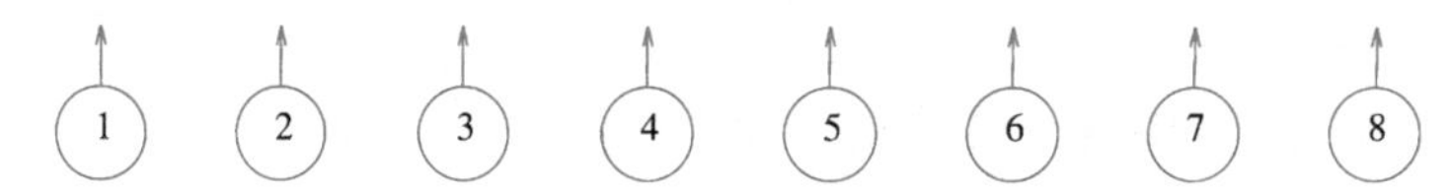

图 8-1　八个元素，最初是在不同的集合上

为了执行两个集合的 Union 运算，我们使一个节点的根指针指向另一棵树的根节点。显然，这种操作花费常数时间。图 8-2、8-3 和 8-4 分别表示在 Union(5，6)、Union(7，8)

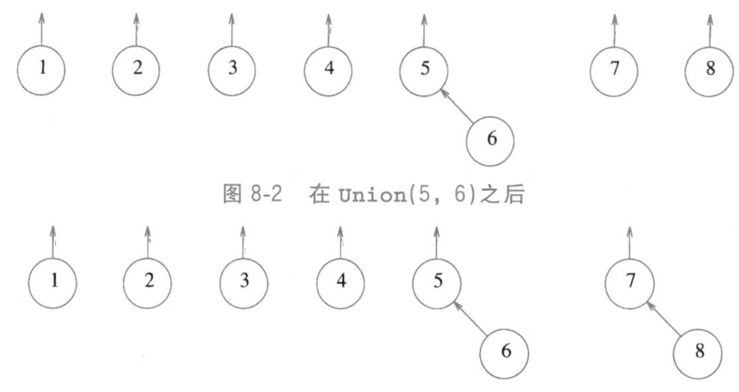

图 8-2　在 Union(5，6)之后

图 8-3　在 Union(7，8)之后

和Union(5，7)后的森林，其中，我们采纳了在 Union(X，Y)后新的根是 X 的约定。最后的森林的非显式表示见图 8-5。

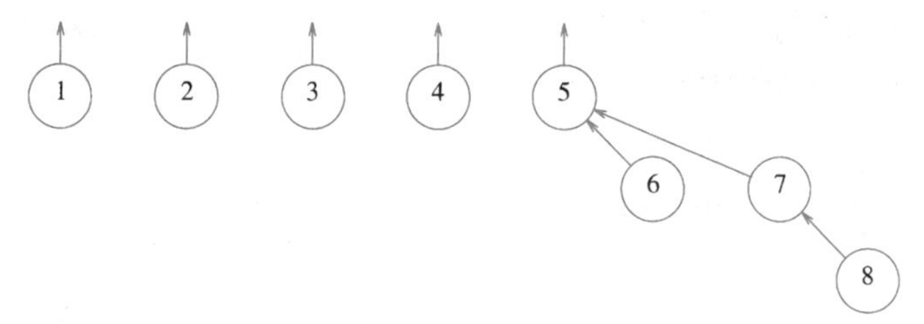

图 8-4　在 Union(5, 7)之后

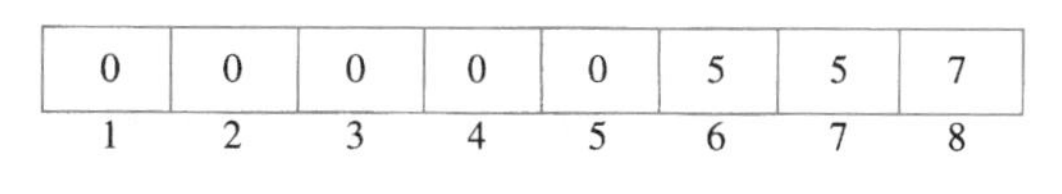

0	0	0	0	0	5	5	7
1	2	3	4	5	6	7	8

图 8-5　上面的树的非显式表示

对元素 X 的一次 Find(X)操作通过返回包含 X 的树的根而完成。执行这次操作花费的时间与表示 X 的节点的深度成正比，当然这要假设我们以常数时间找到表示 X 的节点。使用上面的方法，能够建立一棵深度为 $N-1$ 的树，使得一次 Find 的最坏情形运行时间是 $O(N)$。一般情况下，运行时间是对连续混合使用 M 个指令来计算的。在这种情况下，M 次连续操作在最坏情形下可能花费 $O(MN)$时间。

图 8-6 到图 8-9 中的程序表示基本算法的实现，假设差错检验已经执行。在我们的例程中，这些 Union 是在这些树的根上进行的。有时候通过传递任意两个元素来执行运算，并使得Union执行两次 Find 以确定这些根。

```
#ifndef _DisjSet_H

typedef int DisjSet[ NumSets + 1 ];
typedef int SetType;
typedef int ElementType;

void Initialize( DisjSet S );
void SetUnion( DisjSet S, SetType Root1, SetType Root2 );
SetType Find( ElementType X, DisjSet S );

#endif /* _DisjSet_H */
```

图 8-6　不相交集合的类型声明

平均时间分析是相当困难的。最起码的问题是答案依赖于如何定义(对 Union 操作而言的)平均。例如，在图 8-4 的森林中，我们可以说，由于有 5 棵树，因此下一个 Union 就存在 5 • 4=20 个等可能的结果(因为任意两棵不同的树都可能被 Union)。当然，这个模型的含义在于，只存在$\frac{2}{5}$的机会使得下一次 Union 涉及大树。另一种模型可能会认为，在不同的树上任意两个元素间的所有 Union 都是等可能的，因此大树比小树更有可能在下一次Union 中涉及。在上面的例子中，有$\frac{8}{11}$的机会大树在下一次 Union 中涉及，因为(忽略对称性)存在 6 种方法合并{1，2，3，4}中

```
void
Initialize( DisjSet S)
{
    int i;

    for( i = NumSets; i > 0; i-- )
        S[ i ] = 0;
}
```

图 8-7　不相交集的初始化例程

266 ~ 267

的两个元素以及 16 种方法将{5，6，7，8}中的一个元素与{1，2，3，4}中的一个元素合并。还存在更多的模型，而在何者为最好的问题上没有广泛一致的见解。平均运行时间依赖于模型；对于三种不同的模型，时间界 $\Theta(M)$、$\Theta(M \log N)$以及 $\Theta(MN)$实际上已经证明，不过，最后的那个界更现实些。

```
/* Assumes Root1 and Root2 are roots */
/* union is a C keyword, so this routine */
/* is named SetUnion */

void
SetUnion( DisjSet S, SetType Root1, SetType Root2 )
{
    S[ Root2 ] = Root1;
}
```

图 8-8　**Union**(不是最好的方法)

```
SetType
Find( ElementType X, DisjSet S )
{
    if( S[ X ] <= 0 )
        return X;
    else
        return Find( S[ X ], S );
}
```

图 8-9　一个简单的不相交集的 **Find** 算法

对一系列操作而言，二次(quadratic)运行时间一般是不可接受的。可幸的是，有几种方法容易保证这样的运行时间不会出现。

268

8.4　灵巧求并算法

上面的 Union 的执行是相当任意的，它通过使第二棵树成为第一棵树的子树而完成合并。对其进行简单改进是借助任意的方法打破现有关系，使得总让较小的树成为较大的树的子树；我们把这种方法叫作*按大小求并*(union-by-size)。前面例子中三次 Union 的对象大小都是一样的，因此我们可以认为它们都是按照大小执行的。假如下一次运算是 Union(4，5)，那么结果将形成图 8-10 中的森林。倘若没有对大小进行探测而直接执行 Union，那么结果将会形成更深的树(见图 8-11)。

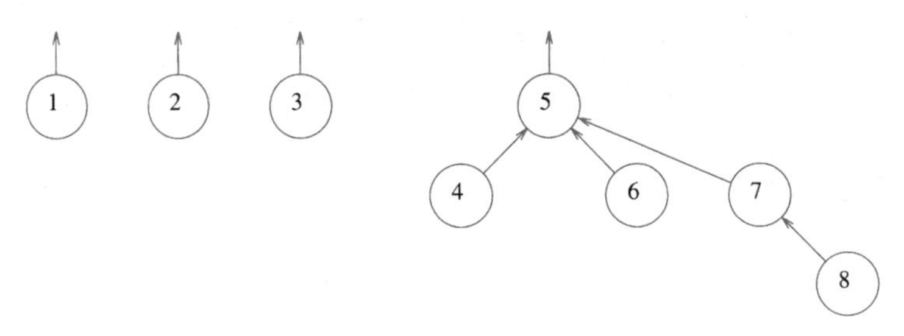

图 8-10　按大小求并的结果

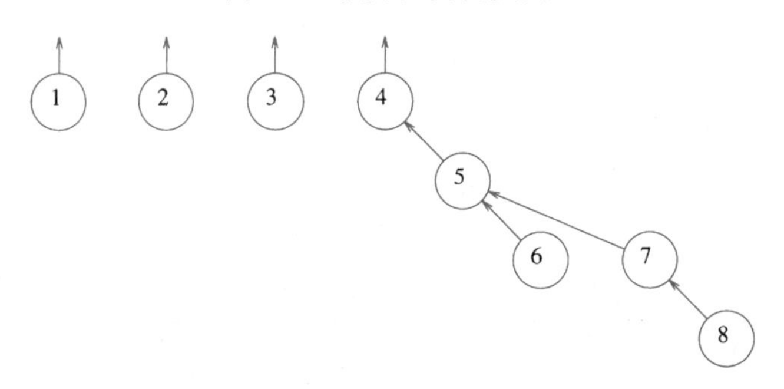

图 8-11　进行一次任意的并的结果

我们可以证明，如果这些 `Union` 都是按照大小进行的，那么任何节点的深度均不会超过log N。为此，首先注意节点初始处于深度 0 的位置。当它的深度随着一次 `Union` 的结果而增加的时候，该节点则被置于至少是它以前所在树两倍大的一棵树上。因此，它的深度最多可以增加 log N。（我们在 8.2 节末尾的快速查找算法中用过这个论断。）这意味着，`Find` 操作的运行时间是 $O(\log N)$，而连续 M 次操作则花费 $O(M \log N)$。图 8-12 中的树指出在 16 次 `Union` 后有可能得到这种最坏的树，而且如果所有的 `Union` 都对相等大小的树进行，那么这样的树是会得到的(最坏情形的树是在第 6 章讨论过的二项树)。

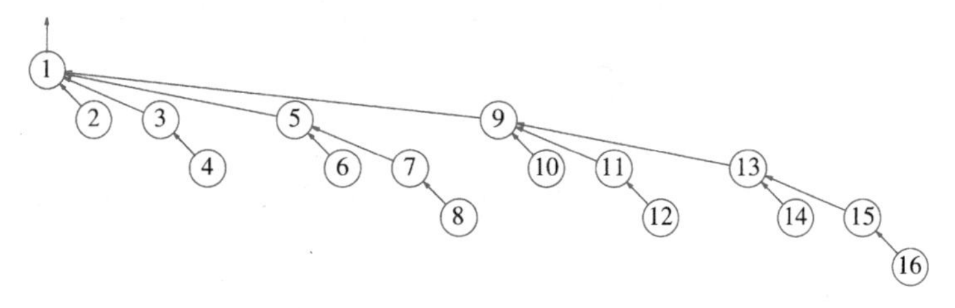

图 8-12　$N=16$ 时最坏情形的树

为了实现这种方法，我们需要记住每一棵树的大小。由于我们实际上只使用一个数组，因此可以让每个根的数组元素包含它的树的大小的负值。这样一来，初始时树的数组表示就都是−1 了(而图 8-7 则需要进行相应的改变)。当执行一次 `Union` 时，要检查树的大小；新的大小是老的大小的和。这样，按大小求并的实现根本不存在困难，并且不需要额外的空间，其速度平均来说也很快。对于几乎所有合理的模型，业已证明若使用按大小求并则连续 M 次运算需要 $O(M)$ 平均时间。这是因为当随机的诸 `Union` 执行时整个算法一般只有一些很小的集合(通常含一个元素)与大集合合并。

另一种实现方法为按高度求并(union-by-height)，它同样保证所有的树的深度最多是 $O(\log N)$。我们跟踪每棵树的高度而不是大小并执行那些 `Union` 使得浅的树成为深的树的子树。这是一种平缓的算法，因为只有当两棵相等深度的树求并时树的高度才增加(此时树的高度增 1)。这样，按高度求并是按大小求并的简单修改。

下列各图显示一棵树以及它对于按大小求并和按高度求并的非显式表示。图 8-13 中的

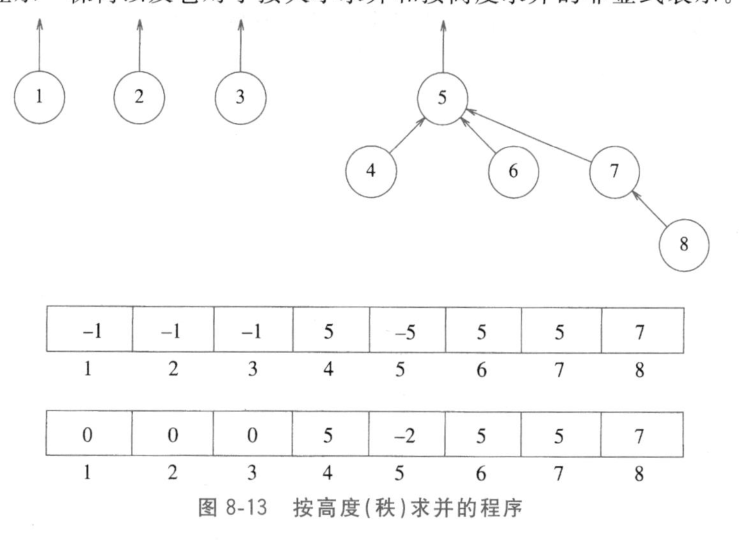

–1	–1	–1	5	–5	5	5	7
1	2	3	4	5	6	7	8

0	0	0	5	–2	5	5	7
1	2	3	4	5	6	7	8

图 8-13　按高度(秩)求并的程序

```
/* Assume Root1 and Root2 are roots */
/* union is a C keyword, so this routine */
/* is named SetUnion */

void
SetUnion( DisjSet S, SetType Root1, SetType Root2 )
{
    if( S[ Root2 ] < S[ Root1 ] ) /* Root2 is deeper set */
        S[ Root1 ] = Root2;       /* Make Root2 new root */
    else
    {
        if( S[ Root1 ] == S[ Root2 ] ) /* Same height, */
            S[ Root1 ]--;              /* so update */
        S[ Root2 ] = Root1;
    }
}
```

图 8-13 (续)

程序实现的是按高度求并的代码。

8.5 路径压缩

迄今所描述的 Union/Find 算法对于大多数情形都是完全可接受的，它是非常简单的，而且对于连续 M 个指令(在所有的模型下)平均是线性的。不过，$O(M \log N)$的最坏情形还是可能相当容易并自然发生的。例如，如果把所有的集合放到一个队列中并重复地让前两个集合出队而让它们的并入队，那么最坏的情形就会发生。如果运算 Find 比 Union 多很多，那么其运行时间就比快速查找算法的运行时间要糟。而且应该清楚，对于 Union 算法恐怕没有更多改进的可能。这是基于这样的观察：执行 Union 操作的任何算法都将产生相同的最坏情形的树，因为它必然会随意打破树间的均衡。因此，无须对整个数据结构重新加工而使算法加速的唯一方法是对 Find 操作做些更聪明的工作。

这种聪明的操作叫作*路径压缩*(path compression)。路径压缩在一次 Find 操作期间执行，而与用来执行 Union 的方法无关。设操作为 Find(X)，此时路径压缩的效果是，从 X 到根的路径上的每一个节点都使它的父节点变成根。图 8-14 指出在对图 8-12 的最坏情形的树执行 Find(15)后压缩路径的效果。

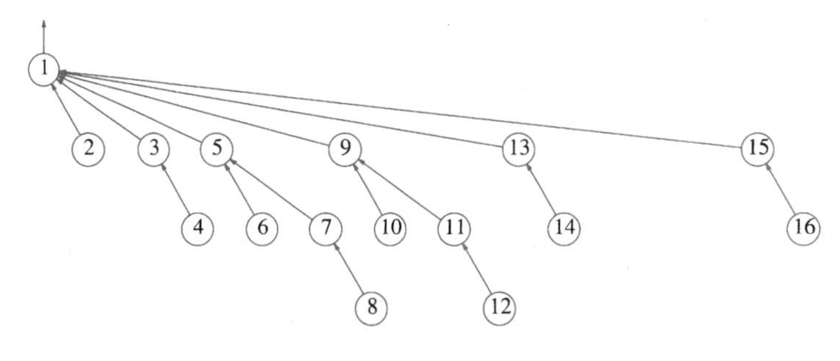

图 8-14 路径压缩的一个例子

路径压缩的实施在于使用额外的两次指针移动，节点 13 和 14 现在离根近了一个位置，而节点 15 和 16 现在离根近了两个位置。因此，对这些节点未来的快速存取将付出额外的工作来进行路径压缩。

如图 8-15 所示，路径压缩对基本的 `Find` 操作改变不大。对 `Find` 例程来说，唯一的变化是使得 $S[X]$等于由 `Find` 返回的值；这样，在集合的根被递归地找到以后，X 就直接指向它。对通向根的路径上的每一个节点这将递归地出现，因此实现了路径压缩。

```
SetType
Find( ElementType X, DisjSet S )
{
    if( S[ X ] <= 0 )
        return X;
    else
        return S[ X ] = Find( S[ X ], S );
}
```

图 8-15　用路径压缩进行不相交集的 `Find` 操作的程序

当任意执行一些 `Union` 操作的时候，路径压缩是一个好的想法，因为存在许多的深层节点可通过路径压缩将它们移近根节点。业已证明，当在这种情况下进行路径压缩时，连续 M 次操作最多需要 $O(M \log N)$的时间。不过，在这种情形下确定平均情况的性能如何仍然是一个尚未解决的问题。

路径压缩与按大小求并完全兼容，这就使得两个例程可以同时实现。由于单独进行按大小求并要以线性时间执行连续 M 次运算，因此还不清楚在路径压缩中涉及的额外一趟工作平均来讲是否值得。这个问题实际上仍然没有解决。不过后面我们将会看到，路径压缩与灵巧求并法则的结合在所有情况下都将产生非常有效的算法。

路径压缩不完全与按高度求并兼容，因为路径压缩可以改变树的高度。我们根本不清楚如何有效地去重新计算它们。答案是不去计算！此时，对于每棵树所存储的高度是估计的高度(有时称为秩(rank))，但实际上按秩求并(演变至今)理论上和按大小求并效率是一样的。不仅如此，高度的更新也不如大小的更新频繁。与按大小求并一样，我们也不清楚路径压缩平均来说是否值得。下一节将证明，使用求并试探法或路径压缩都能够显著地减少最坏情形运行时间。

269～272

8.6　按秩求并和路径压缩的最坏情形

当使用两种探测法时，算法在最坏情形下几乎是线性的。尤其是在最坏情形下需要的时间是 $\Theta(M\alpha(M, N))$(假设 $M \geqslant N$)，其中，$\alpha(M, N)$是 Ackermann 函数的逆，Ackermann 函数如下定义[⊖]：

$$A(1,j) = 2^j, j \geqslant 1$$

$$A(i,1) = A(i-1,2), i \geqslant 2$$

$$A(i,j) = A(i-1, A(i,j-1)), i,j \geqslant 2$$

由此我们定义

$$\alpha(M,N) = \min\{i \geqslant 1 \mid A(i, \lfloor M/N \rfloor) > \log N\}$$

你可能想要计算某些值，不过实用中 $\alpha(M, N) \leqslant 4$，这对我们才是真正重要的。单变量逆 Ackermann 函数有时写成 $\log^* N$，它是 N 的直到 $N \leqslant 1$ 时取对数的次数。于是，

⊖ Ackermann 函数常常用 $A(1, j)=j+1$，$j \geqslant 1$ 定义。书中的形式增长得更快；因此，它的逆增长得就更慢。

$\log^* 65\,536=4$，这是因为 $\log\log\log\log 65\,536=1$。$\log^* 2^{65\,536}=5$，不过要知道，$2^{65\,536}$ 可是一个有 20 000 位数字的大数。$\alpha(M, N)$ 实际上甚至比 $\log^* N$ 增长得还慢。然而，$\alpha(M, N)$ 却不是常数，因此运行时间并不是线性的。

本节的其余部分将证明一个稍微弱一些的结果。我们将证明，任意顺序的 $M=\Omega(N)$ 次 `Union/Find` 操作花费的总运行时间为 $O(M\log^* N)$。如果用按大小求并代替按秩求并，则这个界同样是成立的。对它的分析大概是本书最为复杂的工作，也是对事实上实现起来非常简单的一个算法进行的第一次真正复杂的最坏情形分析。

Union/Find 算法分析

在这一节，我们对连续 $M=\Omega(N)$ 次 `Union/Find` 操作的运行时间建立一个相当严格的界，`Union` 和 `Find` 可以以任何顺序出现，但是 `Union` 是按秩计算而 `Find` 则利用路径压缩完成。

我们通过建立某些涉及秩 r 的节点个数的引理开始。直观地看，由于按秩求并的法则，小秩的节点要比大秩的节点多得多。特别是，最多可能存在一个秩为 $\log N$ 的节点。我们想要得出对任意给定秩 r 的节点个数的一个尽可能精确的界。由于秩仅当 `Union` 执行(从而仅当两棵树具有相同的秩)时变化，因此我们可以通过忽略路径压缩来证明这个界。

273

引理 8.1　当执行一系列 `Union` 指令时，一个秩为 r 的节点必然至少有 2^r 个后裔(包括它自己)。

证明：数学归纳法。对于基准情形 $r=0$ 引理显然成立。令 T 是秩为 r 的具有最少后裔的树，并令 X 是 T 的根。设涉及 X 的最后一次 `Union` 是在 T_1 和 T_2 之间进行的。设 T_1 的根为 X。如果 T_1 的秩是 r，那么 T_1 就是一棵高度为 r 的树且比 T 有更少的后裔，这与 T 是具有最少后裔的树的假设矛盾。因此 T_1 的秩小于等于 $r-1$。T_2 的秩小于等于 T_1 的秩。由于 T 有秩 r 而秩只能因 T_2 增加，因此 T_2 的秩为 $r-1$。于是 T_1 的秩为 $r-1$。根据归纳假设，每棵树至少有 2^{r-1} 个后裔，从而总数为 2^r 个后裔，引理得证。

引理 8.1 告诉我们，如果不进行路径压缩，那么秩为 r 的任意节点必然至少有 2^r 个后裔。当然，路径压缩可以改变这种状况，因为它能够把后裔从节点上除去。不过，当进行 `Union`，甚至用到路径压缩时，我们都是在使用秩，这些秩是高度的估计值。这些秩的行为就像是没有路径压缩一样。因此，当确定秩为 r 的节点个数的界时，路径压缩可以忽略。

于是，下面的引理对于有路径压缩还是没有路径压缩都是成立的。

引理 8.2　秩为 r 的节点的个数最多是 $N/2^r$。

证明：若无路径压缩，每个秩为 r 的节点都是至少有 2^r 个节点的子树的根。在该子树中没有其秩能够是 r 的节点。因此，秩为 r 的那些节点的所有的子树是不相交的。于是，存在至多 $N/2^r$ 个不相交的子树，从而最多有 $N/2^r$ 个秩为 r 的节点。

下一个引理看似多少有些显而易见，不过它在我们的分析中却是至关重要的。

引理 8.3　在 `Union/Find` 算法的任意时刻，从树叶到根的路径上的节点的秩单调增加。

证明：如果不存在路径压缩，那么该引理显然成立(参见例子)。如果在路径压缩后某

个节点 v 是 w 的一个后裔，那么当只考虑 Union 时显然 v 必然已经是 w 的一个后裔了。因此。v 的秩少于 w 的秩。

让我们来总结这些初步的结果。引理 8.2 告诉我们多少节点可以赋予秩 r。因为秩只有通过 Union 赋值，所以引理 8.2 在 Union/Find 算法的任何阶段甚至在路径压缩中间都是成立的。图 8-16 指出，当存在许多秩为 0 和 1 的节点时，随着 r 的增大秩为 r 的节点变少。 274

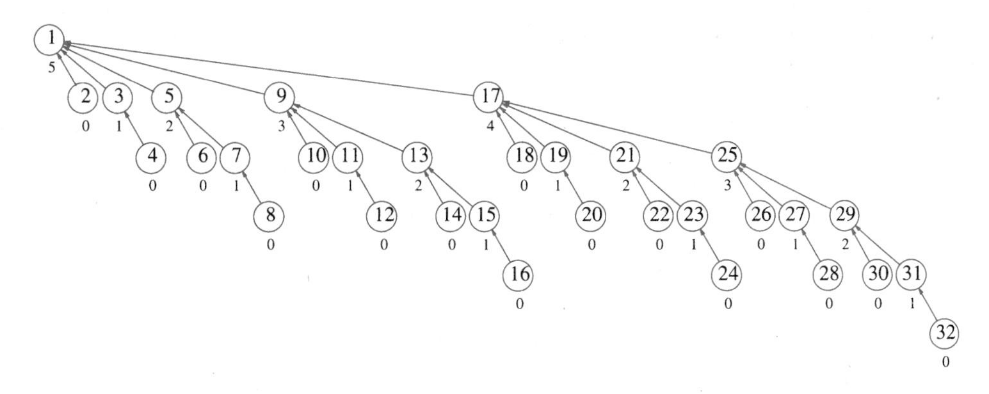

图 8-16　一棵大的不相交集树(节点下面的数是秩)

引理 8.2 在对任意秩 r 都有可能存在 $N/2^r$ 个节点的定义下是严格的。但该引理还是稍微有些宽松，因为不可能对所有的秩 r 这个界同时成立。引理 8.2 描述了秩为 r 的节点的个数，而引理 8.3 则告诉我们它们的分布。正如所期望的，节点的秩沿着从树叶到根的路径严格递增。

现在我们准备证明主要的定理。证明的基本想法如下：对任何节点 v 的 Find 所花费的时间与从 v 到根的路径上的节点的个数成正比。现在让我们对每个 Find 在从 v 到根的路径上的每一个节点收取一个单位的费用。为了帮助我们计算这些费用，我们想像在路径的每一个节点上存入一美分。严格地说，这是一个会计诀窍，它并不是程序的一部分。当算法结束时，我们将已经存入的所有分币敛起来，这就是总的花费。

作为进一步的会计诀窍，我们存入美分和加拿大分两种分币。我们将证明，在算法执行期间，对于每次 Find 我们只能存入一定量的美分。我们还将证明，只能存入一定量的加拿大分到每一个节点上。把这两笔总数加起来就得到能够存入的分币的总数的界。

现在稍微详细地概述我们的计算方案。我们将按照秩来划分节点。把秩分成一些秩组。对每个 Find，我们将把一些美分币存成共同的储金，而把加拿大分币存到一些特定的顶点上。为了计算所存储的加拿大分币的总数，我们将计算每个节点上的储量。通过将秩 r 的每一个节点的储金加起来，我们得到每个秩 r 的总的储量。然后，我们再把秩组 g 中每个秩 r 的所有储量加起来从而得到每个秩组 g 的总的储量。最后，我们把每个秩组 g 的所有储金加到一起就得到在森林中存储的加拿大分币的总数。把这笔储金加到作为共同储金的美分币的数目上则得到最后的答案。

我们将把秩划分成组。秩 r 被分到组 $G(r)$，而 G 将在后面确定。任何秩组 g 中最大的秩为 $F(g)$，其中 $F=G^{-1}$ 是 G 的逆。于是，在任何秩组 $g>0$ 中秩的个数是 $F(g)-F(g-1)$。显然，$G(N)$是最大秩组的一个非常宽松的上界。作为一个例子，假设我们按照 275

图 8-17 将秩分组。在这种情况下，$G(r)=\lceil\sqrt{r}\rceil$。在组 g 中的最大的秩是$F(g)=g^2$，并观察到组 $g>0$ 包含秩 $F(g-1)+1$ 直到$F(g)$。这个公式不适用秩组 0，因此为了方便，我们将保证秩组 0 只包含秩为 0 的元素。注意，这些秩组是由一些连续的秩构成的。

组	秩
0	0
1	1
2	2，3，4
3	5 ～ 9
4	10 ～ 16
i	$(i-1)^2+1$ ～ i^2

图 8-17　将秩分成秩组的可能划分

我们以前提到过，只要每个根记录着它的子树都是多大，则每个 Union 指令仅花费常数时间。因此，就本证明而言，Union 实际上是不花费代价的。

每个 Find(i)花费的时间正比于从代表 i 的顶点到根的路径上的顶点的个数。因此，我们对于路径上的每一个顶点存入一个分币。不过，如果这就是我们所做的全部，那么我们不能对界有更多的要求，因为没有利用到路径压缩。因此，我们需要在分析中利用路径压缩。我们将使用想像算账(fancy accounting)的方法。

对从代表 i 的顶点到根的路径上的每一个顶点 v，我们在两个账户之一存入一个分币：

1. 如果 v 是根，或者 v 的父亲是根，或者 v 的父亲在与 v 不同的秩组中，那么在该法则之下收取一个单位的费用，这就需要将一个美分币存入公共储金中。
2. 否则，将一个加拿大分币存入该顶点中。

引理 8.4　对于任意的 Find(v)，不论存入总储金还是存入顶点，所存分币的总数恰好等于从 v 到根的路径上的节点的个数。

证明： 显然。

如此一来，我们需要做的就是把在法则 1 下存入的所有的美分币和在法则 2 下存入的所有的加拿大分币加起来。

我们进行最多 M 次 Find。我们需要求出在一次 Find 中能够存入公共储金中的分币个数的界。

276

引理 8.5　经过整个算法，在法则 1 下美分币总的存入量总计为 $M(G(N)+2)$。

证明： 证明不难。对于任意的 Find，由于有根和它的儿子，因此存入两个美分币。由引理 8.3，沿路径向上分布的节点按秩单调递增，而由于最多有 $G(N)$个秩组，因此对任意特定的 Find，在路径上只有 $G(N)$个其他节点能够按照法则 1 存入分币。于是，在任意一次查找期间最多有 $G(N)+2$ 个美分币可以放入公共储金中。因此，在法则 1 下，连续 M 次 Find 最多可以存入 $M(G(N)+2)$个美分币。

为了得到在法则 2 下所有加拿大分币存入量的理想的估计值，我们将把按照顶点而不是按照 Find 指令所存入的分币量加起来。如果一枚硬币在法则 2 下存入顶点 v，那么 v 将通过路径压缩移动并得到具有比它原来的父节点更高的秩的新的父亲。(在这里，我们用到了正在进行路径压缩的事实。)于是，秩组 $g>0$ 中的节点 v 在它的父节点被推离秩组 g 之前最多可以移动 $F(g)-F(g-1)$次，因为这是该秩组的大小[⊖]。在这以后，对 v 的所有未来的收费均按照法则 1 进行。

引理 8.6　秩组 $g>0$ 中顶点的个数 $V(g)$ 至多为 $N/2^{F(g-1)}$。

⊖ 该数可以减 1。不过，我们并不刻意简化，此处的界不是经过仔细改进的界。

证明： 由引理8.2，至多存在 $N/2^r$ 个秩为 r 的顶点。对组 g 中的秩求和，我们得到

$$V(g) \leqslant \sum_{r=F(g-1)+1}^{F(g)} \frac{N}{2^r} \leqslant \sum_{r=F(g-1)+1}^{\infty} \frac{N}{2^r} \leqslant N \sum_{r=F(g-1)+1}^{\infty} \frac{1}{2^r}$$

$$\leqslant \frac{N}{2^{F(g-1)+1}} \sum_{s=0}^{\infty} \frac{1}{2^s} \leqslant \frac{2N}{2^{F(g-1)+1}} \leqslant \frac{N}{2^{F(g-1)}}$$

277

引理8.7　*存入秩组 g 的所有顶点的加拿大分币的最大个数至多是 $NF(g)/2^{F(g-1)}$。*

证明： 该秩组的每一个顶点当它的父节点同在该秩组时最多可以接收 $F(g)-F(g-1) \leqslant F(g)$ 个加拿大分币，而引理8.6告诉我们这样的顶点存在的个数。通过简单的乘法可以得到定理的结果。

引理8.8　*在法则2下总的存入分币数最多为 $N\sum_{g=1}^{G(N)} F(g)/2^{F(g-1)}$ 个加拿大分币。*

证明： 因为秩组0只含有秩为0的元素，所以它不能按照法则2接收分币(这样的元素在该秩组中不可能有父节点)。在通过将其他秩组求和则可得到引理指出的界。

这样，我们就得到在法则1和法则2下存入的分币数，该总数为

$$M(G(N)+2) + N\sum_{g=1}^{G(N)} F(g)/2^{F(g-1)} \tag{8.1}$$

我们还没有指定 $G(N)$ 或它的逆 $F(N)$。显然，实际上可以自由选择我们想要的任何函数，但是它应使得选择 $G(N)$ 极小化上面的界有意义。不过，若是 $G(N)$ 太小，则 $F(N)$ 就会很大，这就影响到我们的界。一个明显的理想选择是选取 $F(i)$ 为由 $F(0)=0$ 和 $F(i)=2^{F(i-1)}$ 递归定义的函数。于是得到 $G(N)=1+\lfloor \log^* N \rfloor$。图8-18显示秩是如何由此而划分的。注意，组0只包含秩0，这是我们在前面引理中要求的。F 非常类似于单变量Ackermann函数，它们只在基准情形的定义上有所不同($F(0)=1$)。

组	秩
0	0
1	1
2	2
3	3, 4
4	5 ~ 16
5	17 ~ 2^{16}
6	65 537 ~ $2^{65\,536}$
7	真正巨大的秩

图8-18　在证明中用到的将秩分成秩组的实际划分

定理8.1　*M 次 Union 和 Find 的运行时间为 $O(M \log^* N)$。*

证明： 把 F 和 G 的定义插入式(8.1)中，美分币的总数为 $O(MG(N))=O(M\log^* N)$，加拿大分币的总数为 $N\sum_{g=1}^{G(N)} F(g)/2^{F(g-1)} = N\sum_{g=1}^{G(N)} 1 = NG(N) = O(N\log^* N)$。由于 $M=\Omega(N)$，因此得出定理的界。

我们的分析指出，能够通过路径压缩经常移动的节点很少，从而总的时间花费相对较少。

8.7　一个应用

作为怎样可以使用该数据结构的一个例子，考虑下面的问题。我们有一个计算机网络和一个双向连接表；每一个连接可将文件从一台计算机传送到另一台计算机。那么，能否将一个文件从网络上的任意一台计算机发送到任意的另一台计算机上去呢？一个附加的限制是要求该问题必须联机(on-line)解决。因此，这个连接表要一次一个地给出，而算法则

必须能够在任意时刻给出答案。

解决这个问题的一个算法可以在开始时把每一台计算机放到它自己的集合中。我们要求两台计算机可以传输文件当且仅当它们在同一个集合中。可以看出，传输文件的能力形成一个等价关系。此时我们一次一个地读入连接。当我们读入某个连接(比如(u, v))时，我们测试是否 u 和 v 在同一个集合中，如果它们在同一个集合中则什么也不做。如果它们在不同的集合中，那么我们将它们所在的两个集合合并。在算法的最后，当且仅当恰好存在一个集合，所得到的图连通。如果存在 M 个连接和 N 台计算机，那么空间的需求则是 $O(N)$。使用按大小求并和路径压缩的方法，我们得到最坏情形运行时间为 $O(M\alpha(M, N))$，因为存在 $2M$ 次 `Find` 和至多 $N-1$ 次 `Union`。这个运行时间在实用中是线性的。

在下一章我们将会看到一个好得多的应用。

总结

我们已经看到保持不相交集合的非常简单的数据结构。当 `Union` 操作执行时，就正确性而言，哪个集合保留它的名字是无关紧要的。这里，有必要注意，当某一步尚未完全指定的时候，考虑选择方案可能是非常重要的。`Union` 是灵活的；借助这一点，我们能够得到一个有效得多的算法。

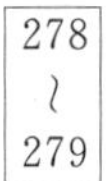

路径压缩是**自调整**(self-adjustment)的最早形式之一，我们已经在别的一些地方(伸展树、斜堆)见到过。它的使用非常有趣，特别是从理论的观点来看，因为它是算法简单但最坏情形分析却并不这么简单的第一批例子之一。

练习

8.1 指出下列一系列指令的结果：`Union(1, 2)`，`Union(3, 4)`，`Union(3, 5)`，`Union(1, 7)`，`Union(3, 6)`，`Union(8, 9)`，`Union(1, 8)`，`Union(3, 10)`，`Union(3, 11)`，`Union(3, 12)`，`Union(3, 13)`，`Union(14, 15)`，`Union(16, 17)`，`Union(14, 16)`，`Union(1, 3)`，`Union(1, 14)`，当 `Union` 是

  a. 任意进行的。

  b. 按高度进行的。

  c. 按大小进行的。

8.2 对于上题中的每一棵树，用对最深节点的路径压缩执行一次 `Find`。

8.3 编写一个程序来确定路径压缩法和各种求并方法的效果。你的程序应该使用所有六种可能的方法处理一系列等价操作。

8.4 证明，如果 `Union` 按照高度进行，那么任意一棵树的深度为 $O(\log N)$。

8.5 a. 证明如果 $M=N^2$，那么 M 次 `Union/Find` 操作的运行时间是 $O(M)$。

  b. 证明，如果 $M=N\log N$，那么 M 次 `Union/Find` 操作的运行时间是 $O(M)$。

  *c. 设 $M=\Theta(N\log\log N)$，则 M 次 `Union/Find` 操作的运行时间是多少？

  *d. 设 $M=\Theta(N\log^* N)$，则 M 次 `Union/Find` 操作的运行时间是多少？

8.6　指出 8.7 节中的程序对下图的操作：(1，2)，(3，4)，(3，6)，(5，7)，(4，6)，(2，4)，(8，9)，(5，8)。连通分支都是什么？

8.7　编写一个程序实现 8.7 节的算法。

*8.8　假设我们想要添加一个附加的操作 `Deunion`，它废除尚未被废除的最后的 `Union` 操作。

a. 证明：如果我们按高度求并以及不用路径压缩进行 `Find`，那么 `Deunion` 操作容易进行并且连续 M 次 `Union`、`Find` 和 `Deunion` 操作花费 $O(M \log N)$时间。

b. 为什么路径压缩使得 `Deunion` 很难进行？

**c. 指出如何实现所有三种操作使得连续 M 次操作花费 $O(M \log N/\log \log N)$时间。

280

*8.9　假设我们想要添加一种额外的操作 `Remove(`X`)`，该操作把 X 从当前的集合中除去并把它放到它自己的集合中。指出如何修改 `Union/Find` 算法使得连续 M 次 `Union`、`Find`、和 `Remove` 操作的运行时间为 $O(M\alpha(M, N))$。

**8.10　给出一个算法以一棵 N 顶点树和 N 对顶点作为输入，对每对顶点(v, w)确定 v 和 w 的最近的公共祖先。你的算法应该以 $O(N \log^* N)$时间运行。

*8.11　证明，如果所有的 `Union` 都在 `Find` 之前，那么使用路径压缩的不相交集算法需要线性时间，即使 `Union` 是任意进行的也是如此。

**8.12　证明，如果诸 `Union` 操作任意进行，但路径压缩是对 `Find` 进行，那么最坏情形运行时间为$\Theta(M \log N)$。

8.13　证明，如果 `Union` 按大小进行且执行路径压缩，那么最坏情形运行时间为 $O(M \log^* N)$。

8.14　设我们通过使在从 i 到根的路径上的每一个其他节点指向它的祖父(当有意义时)以实现对 `Find(`i`)`的**偏路径压缩**(partial path compression)。这叫作**路径平分**(path halving)。

a. 编写一个程序完成上述工作。

b. 证明，如果对诸 `Find` 操作进行路径平分，则不论使用按高度求并还是按大小求并，其最坏情形运行时间皆为 $O(M \log^* N)$。

参考文献

求解 `Union/Find` 问题的各种方案可以在文献[6，9，11]中找到。Hopcroft 和 Ullman 证明了 8.6 节的 $O(M \log^* N)$界。Tarjan[15]则得出界 $O(M\alpha(M, N))$。对于 $M<N$ 的更精确(但渐近恒等)的界见文献[2，18]。对路径压缩和 `Union` 的各种其他方法也达到相同的界，详见文献[18]。

由 Tarjan[16]给出的一个下界指出，在一定的限制下处理 M 次 `Union/Find` 操作需要 $\Omega(M\alpha(M, N))$时间。在一些较少的限制条件下，文献[7，14]得出相同的界。

`Union/Find` 数据结构的应用见文献[1，10]。`Union/Find` 问题的某些特殊情形可以以$O(M)$时间解决，见文献[8]。这使得若干算法的运行时间得以降低一个 $\alpha(M, N)$因子，如文献[1]、图优势(graph dominance)以及可约性(见第 9 章的参考文献)。另外一些像文献[10]和本章中的图连通性等问题并未受到影响。文章列举了 10 个例子。Tarjan[17]还对若干图论问题使用路径压缩得到一些有效的算法。

`Union/Find` 问题平均情形的一些结果见文献[3，5，12，21]。一些为任意单次操作

(相对于整个操作序列)确定运行时间的界的结果可在文献[4, 13]中找到。

练习8.8在文献[20]中解决。一般的 Union/Find 结构在文献[19]中给出，这种结构支持更多的操作。

281

1. A. V. Aho, J. E. Hopcroft, and J. D. Ullman, "On Finding Lowest Common Ancestors in Trees," *SIAM Journal on Computing,* 5 (1976), 115–132.
2. L. Banachowski, "A Complement to Tarjan's Result about the Lower Bound on the Complexity of the Set Union Problem," *Information Processing Letters,* 11 (1980), 59–65.
3. B. Bollobás and I. Simon, "Probabilistic Analysis of Disjoint Set Union Algorithms," *SIAM Journal on Computing,* 22 (1993), 1053–1086.
4. N. Blum, "On the Single-Operation Worst-Case Time Complexity of the Disjoint Set Union Problem," *SIAM Journal on Computing,* 15 (1986), 1021–1024.
5. J. Doyle and R. L. Rivest, "Linear Expected Time of a Simple Union Find Algorithm," *Information Processing Letters,* 5 (1976), 146–148.
6. M. J. Fischer, "Efficiency of Equivalence Algorithms," in *Complexity of Computer Computation* (eds. R. E. Miller and J. W. Thatcher), Plenum Press, New York 1972, 153–168.
7. M. L. Fredman and M. E. Saks, "The Cell Probe Complexity of Dynamic Data Structures," *Proceedings of the Twenty-first Annual Symposium on Theory of Computing* (1989), 345–354.
8. H. N. Gabow and R. E. Tarjan, "A Linear-Time Algorithm for a Special Case of Disjoint Set Union," *Journal of Computer and System Sciences,* 30 (1985), 209–221.
9. B. A. Galler and M. J. Fischer, "An Improved Equivalence Algorithm," *Communications of the ACM,* 7 (1964), 301–303.
10. J. E. Hopcroft and R. M. Karp, "An Algorithm for Testing the Equivalence of Finite Automata," *Technical Report TR-71-114,* Department of Computer Science, Cornell University, Ithaca, N.Y., 1971.
11. J. E. Hopcroft and J. D. Ullman, "Set Merging Algorithms," *SIAM Journal on Computing,* 2 (1973), 294–303.
12. D. E. Knuth and A. Schonhage, "The Expected Linearity of a Simple Equivalence Algorithm," *Theoretical Computer Science,* 6 (1978), 281–315.
13. J. A. LaPoutre, "New Techniques for the Union-Find Problem," *Proceedings of the First Annual ACM–SIAM Symposium on Discrete Algorithms* (1990), 54–63.
14. J. A. LaPoutre, "Lower Bounds for the Union-Find and the Split-Find Problem on Pointer Machines," *Proceedings of the Twenty-Second Annual ACM Symposium on Theory of Computing* (1990), 34–44.
15. R. E. Tarjan, "Efficiency of a Good but Not Linear Set Union Algorithm," *Journal of the ACM,* 22 (1975), 215–225.
16. R. E. Tarjan, "A Class of Algorithms Which Require Nonlinear Time to Maintain Disjoint Sets," *Journal of Computer and System Sciences,* 18 (1979), 110–127.
17. R. E. Tarjan, "Applications of Path Compression on Balanced Trees," *Journal of the ACM,* 26 (1979), 690–715.
18. R. E. Tarjan and J. van Leeuwen, "Worst Case Analysis of Set Union Algorithms," *Journal of the ACM,* 31 (1984), 245–281.
19. M. J. van Kreveld and M. H. Overmars, "Union-Copy Structures and Dynamic Segment Trees," *Journal of the ACM,* 40 (1993), 635–652.
20. J. Westbrook and R. E. Tarjan, "Amortized Analysis of Algorithms for Set Union with Backtracking," *SIAM Journal on Computing,* 18 (1989), 1–11.
21. A. C. Yao, "On the Average Behavior of Set Merging Algorithms," *Proceedings of Eighth Annual ACM Symposium on the Theory of Computation,* (1976), 192–195.

282

C H A P T E R 9

第9章

图论算法

在这一章，我们讨论图论中几个一般的问题。这些算法不仅在实践中有用，而且因为在许多实际生活的应用中若不仔细注意数据结构的选择将导致速度过慢，所以这些算法还是非常有趣的。我们将：

- 介绍几个现实生活中发生的问题，它们可以转化成图论问题。
- 给出一些算法以解决几个普通的图论问题。
- 指出适当选择数据结构可以极大地降低这些算法的运行时间。
- 介绍一个被称为深度优先搜索(depth-first search)的重要技巧，并指出它如何能够以线性时间求解若干表面上非平凡的问题。

9.1 若干定义

一个图(graph)$G=(V, E)$由顶点(vertex)的集V和边(edge)的集E组成。每一条边就是一幅点对(v, w)，其中$v, w\in V$。有时也把边称作弧(arc)。如果点对是有序的，那么图就是有向(directed)的。有向的图有时也叫作有向图(digraph)。顶点v和w邻接(adjacent)当且仅当$(v, w)\in E$。在一个具有边(v, w)从而具有边(w, v)的无向图中，w和v邻接且v也和w邻接。有时候边还具有第三种成分，称作权(weight)或值(cost)。

图中的一条路径(path)是一个顶点序列$w_1, w_2, w_3, \cdots, w_N$使得$(w_i, w_{i+1})\in E$，$1\leqslant i<N$。这样一条路径的长(length)是该路径上的边数，它等于$N-1$。从一个顶点到它自身可以看作一条路径；如果路径不包含顶点，那么路径的长为0。这是定义特殊情形的一种方便的方法。如果图含有一条从一个顶点到它自身的边(v, v)，那么路径v, v有时候也叫作一个环(loop)。我们要讨论的图一般将是无环的。一条简单路径是这样一条路径：其上的所有顶点都是互异的，但第一个顶点和最后一个顶点可能相同。

有向图中的圈(cycle)是满足$w_1=w_N$且长至少为1的一条路径；如果该路径是简单路径，那么这个圈就是简单圈。对于无向图，我们要求边是互异的。这些要求的根据在于无向图中的路径u, v, u不应该视为圈，因为(u, v)和(v, u)是同一条边。但是在有向图中它们是两条不同的边，因此称它们为圈是有意义的。如果一个有向图没有圈，则称其为无圈的(acyclic)。一个有向无圈图有时也简称为DAG。

283

如果在一个无向图中从每一个顶点到每个其他顶点都存在一条路径，则称该无向图是连通的(connected)。具有这样性质的有向图称为强连通的(strongly connected)。如果一个有向图不是强连通的，但是它的基础图(underlying graph)，即其弧上去掉方向所形成的图，是连通的，那么该有向图称为弱连通的(weakly connected)。完全图(complete graph)是其每一对顶点间都存在一条边的图。

现实生活中能够用图进行模拟的一个例子是航空系统。每个机场是一个顶点，在由两个顶点表示的机场间如果存在一条直达航线，那么这两个顶点就用一条边连接。边可以有一个权，表示时间、距离或飞行的费用。有理由假设，这样的一个图是有向图，因为在不同的方向上飞行可能所用时间或所花的费用会不同(例如，依赖于地方税)。可能我们更愿意航空系统是强连接的，这样就总能够从任意一个机场飞到另外的任意一个机场。我们也可能想要迅速确定任意两个机场之间的最佳航线。“最佳”可以是指最少边数的路径，也可以是对一种或所有的权重度量所算出的最佳者。

交通流可以用一个图来模型化。每一条街道交叉口表示一个顶点，而每一条街道就是一条边。边的值可能代表速度限度，或是容量(车道的数目)，等等。此时我们可能需要找出一条最短路，或用该信息找出交通瓶颈最可能的位置。

在本章的其余部分，我们将考察有关图论的更多应用，这些图中许多可能是相当巨大的，因此，我们使用的算法的效率是非常重要的。

图的表示

我们将考虑有向图(无向图可类似表示)。

暂时假设我们可以从 1 开始对顶点编号。图 9-1 表示含有 7 个顶点和 12 条边的图。

表示图的一种简单的方法是使用一个二维数组，称为邻接矩阵(adjacent matrix)表示法。对于每条边(u, v)，我们置$A[u][v]=1$；否则，数组的元素就是 0。如果边有一个权，那么我们可以置$A[u][v]$等于该权，而使用一个很大或者很小的权作为标记表示不存在的边。例如，如果寻找最便宜的航空路线，那么我们可以用值∞(或者也许使用 0)来表示不存在的边。

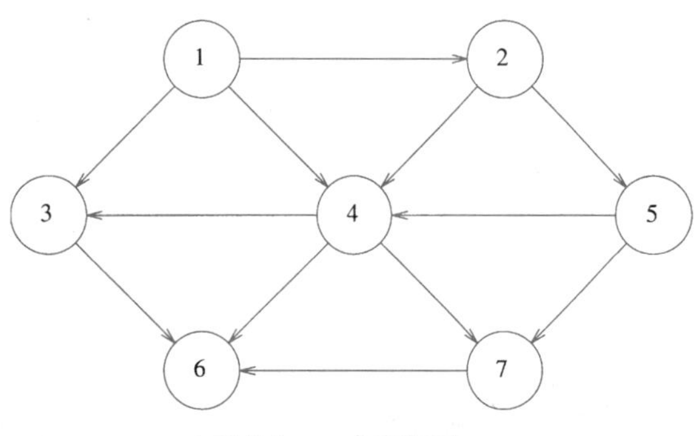

图 9-1 一个有向图

虽然这么表示的优点是非常简单，但是，它的空间需求则为$\Theta(|V|^2)$，如果图的边不是很多，那么这种表示的代价就太大了。若图是稠密(dense)的：$|E|=\Theta(|V|^2)$，则邻接矩阵是合适的表示方法。不过，在我们将要看到的大部分应用中，情况并非如此。例如，设用图表示一个街道地图，街道呈曼哈顿式方向，其中几乎所有的街道或者南北向，或者东西向。因此，任意路口大致都有四条街道，于是，如果图是有向图且所有的街道都是双向的，则$|E|\approx 4|V|$。如果有 3 000 个路口，那么我们就得到一个 3 000 顶点的图，该图有12 000条边，它们需要一个大小为 9 000 000 的数组。该数组的大部分元素将是 0。这直观看来很糟，因为我们想要我们的数据结构表示那些实际存在的数据，而不是去表示不存在的数据。

如果图不是稠密的，换句话说，如果图是稀疏的(sparse)，则更好的解决方法是使用邻接表(adjacency list)表示。对每一个顶点，我们使用一个表存放所有邻接的顶点。此时的空间需求为$O(|E|+|V|)$。图 9-2 最左边的结构只是头单元(header cell)的数组。这种表示方法如图 9-2 所示。如果边有权，那么这个附加的信息也可以存储在单元中。

邻接表是表示图的标准方法。无向图可以类似地表示；每条边(u, v)出现在两个表中，因此空间的使用基本上是双倍的。在图论算法中通常需要找出与某个给定顶点v邻接的所有的顶点。而这可以通过简单地扫描相应的邻接表来完成，所用时间与这些顶点的个数成正比。

在大部分实际应用中顶点都有名字而不是数字，这些名字在编译时是未知的。由于我们不能通过未知名字为一个数组做索引，因此我们必须提供从名字到数字的映射。完成这

项工作最容易的方法是使用散列表，在该散列表中我们对每个顶点存储一个名字以及一个范围在1到$|V|$之间的内部编号。这些编号在读入图的时候指定。指定的第一个数是1。在输入每条边时，我们检查是否它的两个顶点都已经指定了一个数，检查的方法是看是否顶点在散列表中。如果在，那么我们就使用这个内部编号，否则，我们将下一个可用的编号分配给该顶点并把该顶点的名字和对应的编号插入到散列表中。

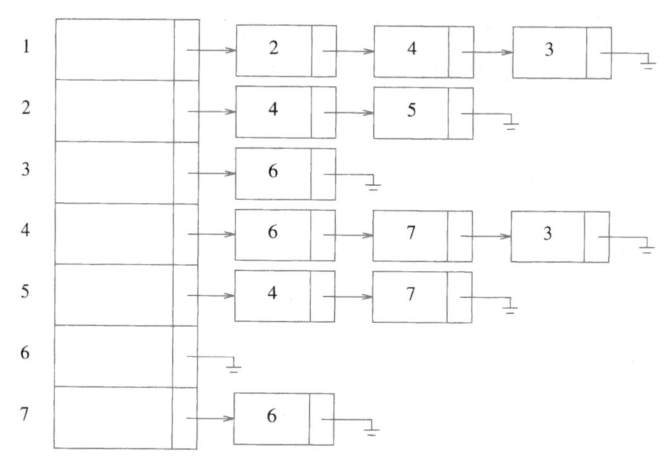

图 9-2 图的邻接表表示法

经过这样的变换，所有的图论算法都将只使用内部编号。由于最终我们还是要输出顶点的名字而不是这些内部编号，因此对于每一个内部编号我们必须记录相应的顶点名字。一种记录方法是使用字符串数组。如果顶点名字长，那就要花费大量的空间，因为顶点的名字要存两次。另一种方法是保留一个指向散列表内的指针数组，这种方法的代价是稍微损失散列表ADT的纯洁性(散列表的元素就不是通过基本的散列表操作来访问了)。

在本章中使用的代码将是尽可能使用ADT的伪代码。这么做将节省空间，当然，也使得算法的运算表达式更清晰。

9.2 拓扑排序

拓扑排序是对有向无圈图的顶点的一种排序，它使得如果存在一条从v_i到v_j的路径，那么在排序中v_j出现在v_i的后面。图9-3表示迈阿密州立大学的课程结构。有向边(v, w)表明课程v必须在课程w选修前修完。这些课程的拓扑排序是不破坏课程结构要求的任意课程序列。

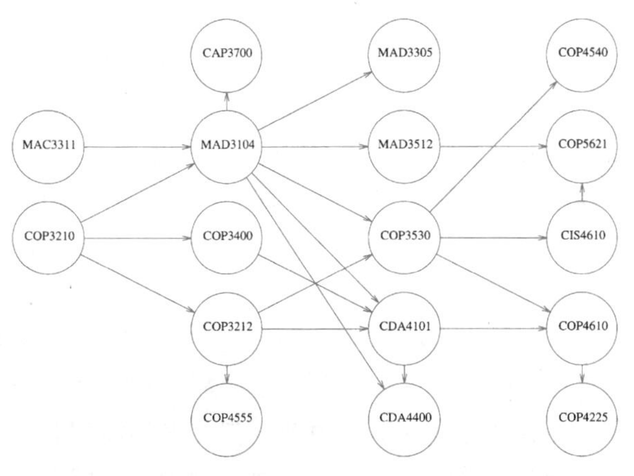

图 9-3 表示课程结构的无圈图

显然，如果图含有圈，那么拓扑排序是不可能的，因为对于圈上的两个顶点v

和w，v先于w同时w又先于v。此外，排序不必是唯一的；任何合理的排序都是可以的。在图 9-4中，v_1，v_2，v_5，v_4，v_3，v_7，v_6和v_1，v_2，v_5，v_4，v_7，v_3，v_6两个都是拓扑排序。

284 ~ 286

一个简单的求拓扑排序的算法是先找出任意一个没有进入边的顶点。然后我们显印出该顶点，并将它和它的边一起从图中删除。然后，我们对图的其余部分同样应用这样的方法处理。

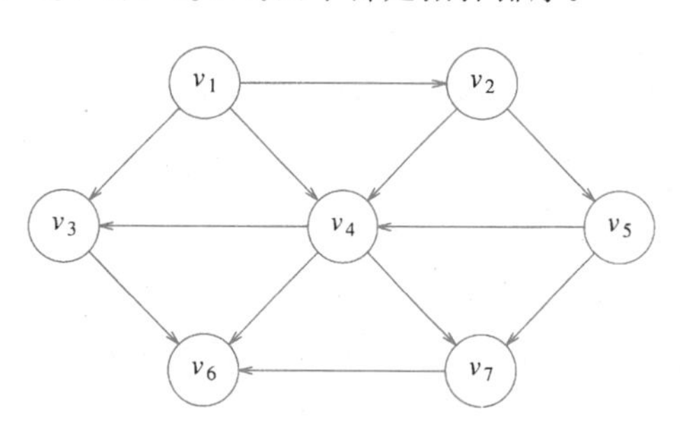

图 9-4　一个无圈图

为了将上述方法形式化，我们把顶点v的入度(indegree)定义为边(u, v)的条数。我们计算图中所有顶点的入度。假设初始化 Indegree 数组且将图读入一个邻接表中，那么此时我们可以应用图 9-5中的算法生成一个拓扑排序。

```
void
Topsort( Graph G )
{
    int Counter;
    Vertex V, W;

    for( Counter = 0; Counter < NumVertex; Counter++ )
    {
        V = FindNewVertexOfIndegreeZero( );
        if ( V == NotAVertex )
        {
            Error( "Graph has a cycle" );
            break;
        }
        TopNum[ V ] = Counter;
        for each W adjacent to V
            Indegree[ W ]--;
    }
}
```

图 9-5　简单的拓扑排序伪代码

函数 FindNewVertexOfIndegreeZero 扫描 Indegree 数组，寻找一个尚未分配拓扑编号的入度为 0 的顶点。如果这样的顶点不存在，那么它返回 NotAVertex；这就指出，该图有圈。

因为 FindNewVertexOfIndegreeZero 是对 Indegree 数组的一个简单的顺序扫描，所以每次对它的调用都花费$O(|V|)$时间。由于有$|V|$次这样的调用，因此该算法的运行时间为$O(|V|^2)$。

通过更仔细地注意该数据结构我们可以做得更好。产生坏的运行时间的原因在于对 Indegree 数组的顺序扫描。如果图是稀疏的，那么我们就可以预知，在每次迭代期间只有一些顶点的入度被更新。然而，虽然只有一小部分发生变化，但在搜索入度为 0 的顶点时我们(潜在地)查看了所有的顶点。

我们可以通过将所有(未分配拓扑编号)的入度为 0 的顶点放在一个特殊的盒子中而消除这种无效的劳动。此时 FindNewVertexOfIndegreeZero 函数返回(并删除)盒子中的任意顶点。当我们降低这些邻接顶点的入度时，检查每一个顶点并在它的入度降为 0 时把它放入盒子中。

为实现这个盒子，我们可以使用一个栈或队列。首先，对每一个顶点计算它的入度。

然后，将所有入度为0的顶点放入一个初始为空的队列中。当队列不空时，删除一个顶点 v，并将与 v 邻接的所有的顶点的入度减1。只要一个顶点的入度降为0，就把该顶点放入队列中。此时，拓扑排序就是顶点出队的顺序。图9-6显示每一阶段之后的状态。

顶点	出队前的入度						
	1	2	3	4	5	6	7
v_1	0	0	0	0	0	0	0
v_2	1	0	0	0	0	0	0
v_3	2	1	1	1	0	0	0
v_4	3	2	1	0	0	0	0
v_5	1	1	0	0	0	0	0
v_6	3	3	3	3	2	1	0
v_7	2	2	2	1	0	0	0
入队	v_1	v_2	v_5	v_4	v_3, v_7		v_6
出队	v_1	v_2	v_5	v_4	v_3	v_7	v_6

图9-6　对图9-4应用拓扑排序的结果

这个算法的伪代码实现在图9-7中给出。和前面一样，假设已经将图读到一个邻接表中且计算入度并放入一个数组内。在实践中做这件工作的方便方法通常是把每一个顶点的入度放入头单元中。我们还假设有一个数组 TopNum，该数组存放的是拓扑编号。

```
        void
        Topsort( Graph G );
        {
            Queue Q;
            int Counter = 0;
            Vertex V, W;

/* 1*/      Q = CreateQueue( NumVertex ); MakeEmpty( Q );
/* 2*/      for each vertex V
/* 3*/          if( Indegree[ V ] == 0 )
/* 4*/              Enqueue( V, Q );

/* 5*/      while( !IsEmpty( Q ) )
            {
/* 6*/          V = Dequeue( Q );
/* 7*/          TopNum[ V ] = ++Counter;  /*Assign next number */

/* 8*/          for each W adjacent to V
/* 9*/              if( --Indegree[ W ] == 0 )
/*10*/                  Enqueue( W, Q );
            }

/*11*/      if ( Counter != NumVertex )
/*12*/          Error( "Graph has a cycle" );

/*13*/      DisposeQueue( Q );  /* Free the memory */
        }
```

图9-7　施行拓扑排序的伪代码

287 ~ 289

如果使用邻接表，那么执行这个算法所用的时间为 $O(|E|+|V|)$。当认识到 for 循环体对每条边最多执行一次时，这个结果是明显的。队列操作对每个顶点最多进行一次，而初始化各步花费的时间也和图的大小成正比。

9.3 最短路径算法

本节考察各种最短路径问题。输入是一个赋权图：与每条边 (v_i, v_j) 相联系的是穿越该弧的代价(或称为值) $c_{i,j}$。一条路径 $v_1v_2\cdots v_N$ 的值是 $\sum_{i=1}^{N-1} c_{i,i+1}$，叫作赋权路径长(weighted path length)。而无权路径长(unweighted path length)只是路径上的边数，即 $N-1$。

单源最短路径问题

给定一个赋权图 $G=(V, E)$和一个特定顶点 s 作为输入，找出从 s 到 G 中每一个其他顶点的最短赋权路径。

例如，在图 9-8 中，从 v_1 到 v_6 的最短赋权路径的值为 6，它是从 v_1 到 v_4 到 v_7 再到 v_6 的路径。在这两个顶点间的最短无权路径长为 2。一般说来，当不指明我们讨论的是赋权路径还是无权路径时，如果图是赋权的，那么路径就是赋权的。还要注意，在图 9-8 中，从 v_6 到 v_1 没有路径。

前面例子中的图没有负值的边。图 9-9 指出负边的问题可能产生。从 v_5 到 v_4 的路径的值为 1，但是，通过下面的循环 v_5，v_4，v_2，v_5，v_4 存在一条最短路径，它的值是 -5。这条路径仍然不是最短的，因为我们可以在循环中滞留任意长。因此，在这两个顶点间的最短路径问题是不确定的。类似地，从 v_1 到 v_6 的最短路径也是不确定的，因为我们可以进入同样的循环。这个循环叫作负值圈(negative-cost cycle)；当它出现在图中时，最短路径问题就是不确定的。有负值的边未必就是坏事，但是它们的出现似乎使问题增加了难度。为方便起见，在没有负值圈时，从 s 到 s 的最短路径为 0。

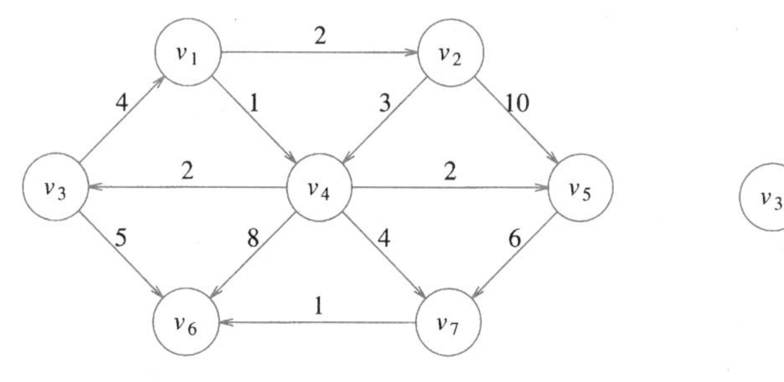

图 9-8 有向图 G

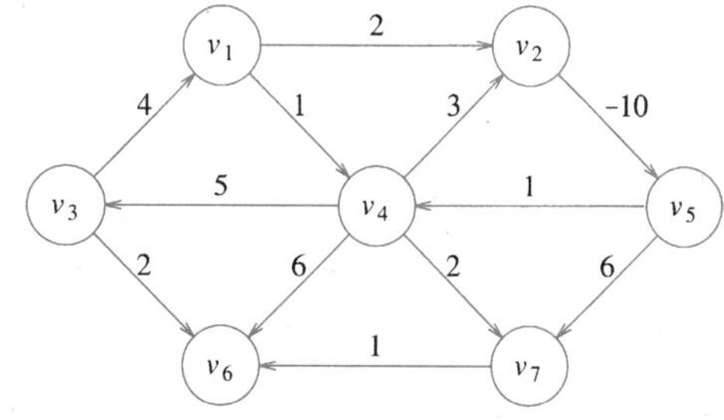

图 9-9 带有负值圈的图

有许多的例子使我们可能要去求解最短路径问题。如果顶点代表计算机；边代表计算机间的链接；值表示通信的花费(每 1000 字节数据的电话费)、延迟成本(传输 1000 字节所需要的秒数)，或它们及其他一些因素的组合，那么我们可能利用最短路问题来找出从一台计算机向一组其他计算机发送电子新闻的最便宜的方法。

我们可能使用图为航线或其他大规模运输路线建立模型并利用最短路径算法计算两点间的最佳路线。在这样的以及许多实际的应用中，我们可能想要找出从一个顶点 s 到另一个顶点 t 的最短路径。当前，还不存在找出从 s 到一个顶点的路径比找出从 s 到所有顶点路径更快(快一个常数因子)的算法。

我们将考察求解该问题四种形态的算法。首先，我们要考虑无权最短路径问题并指出如何以 $O(|E|+|V|)$时间解决它。其次，我们还要介绍，如果假设没有负边，那么如何求解赋权最短路径问题。这个算法在使用合理的数据结构实现时的运行时间为 $O(|E|\log|V|)$。

如果图有负边，我们将提供一个简单的解法，不过它的时间界不理想，为 $O(|E|\cdot|V|)$。最后，我们将以线性时间解决无圈图特殊情形的赋权的问题。

9.3.1 无权最短路径

图 9-10 表示一个无权的图 G。使用某个顶点 s 作为输入参数，我们想要找出从 s 到所有其他顶点的最短路径。我们只对包含在路径中的边数有兴趣，因此在边上不存在权。显然，这是赋权最短路径问题的特殊情形，因为我们可以为所有的边都赋以权 1。

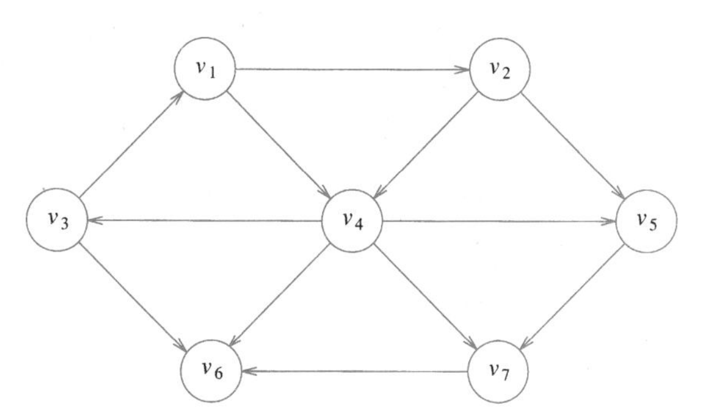

图 9-10 一个无权有向图 G

暂时假设我们只对最短路径的长而不是具体的路径本身有兴趣。记录实际的路径只不过是简单的簿记问题。

设我们选择 s 为 v_3。此时我们立刻可以说出从 s 到 v_3 的最短路径是长为 0 的路径。把这个信息作个标记，得到图 9-11。

现在我们可以开始寻找所有从 s 出发距离为 1 的顶点。这些顶点通过考察与 s 邻接的那些顶点可以找到。此时我们看到，v_1 和 v_6 从 s 出发只一边之遥，如图 9-12 所示。

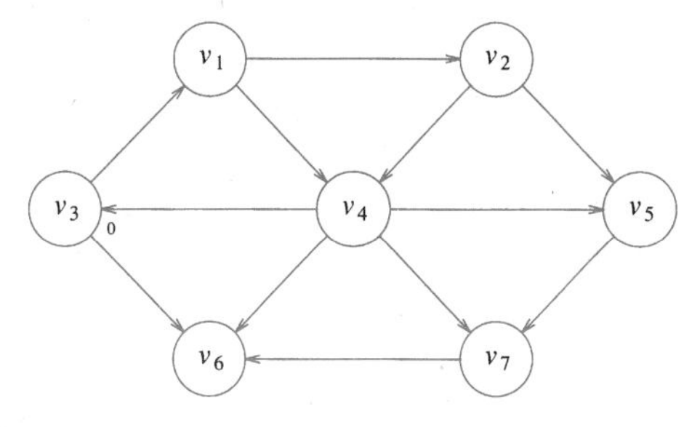

图 9-11 将开始节点标记为通过 0 条边可以到达的节点后的图

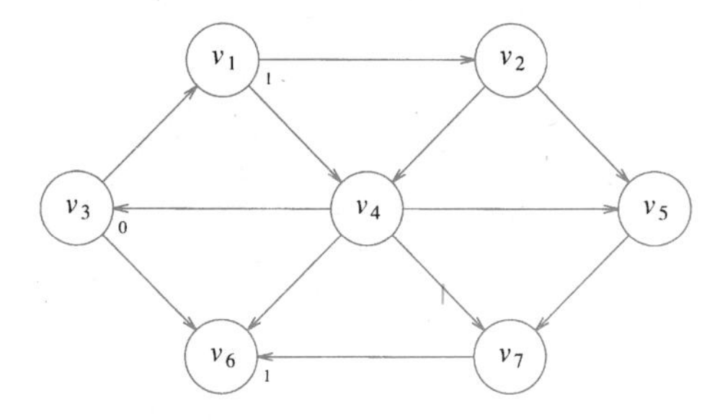

图 9-12 找出所有从 s 出发路径长为 1 的顶点之后的图

290~292

现在可以开始找出那些从 s 出发最短路径恰为 2 的顶点，我们找出所有邻接到 v_1 和 v_6 的顶点(距离为 1 处的顶点)，它们的最短路径还不知道。这次搜索告诉我们，到 v_2 和 v_4 的最短路径长为 2。图 9-13 显示到现在为止已经做出的工作。

最后，通过考察那些邻接到刚被赋值的 v_2 和 v_4 的顶点，我们可以发现 v_5 和 v_7 各有一条三边的最短路径。现在所有的顶点都已经被计算，图 9-14 显示算法的最后结果。

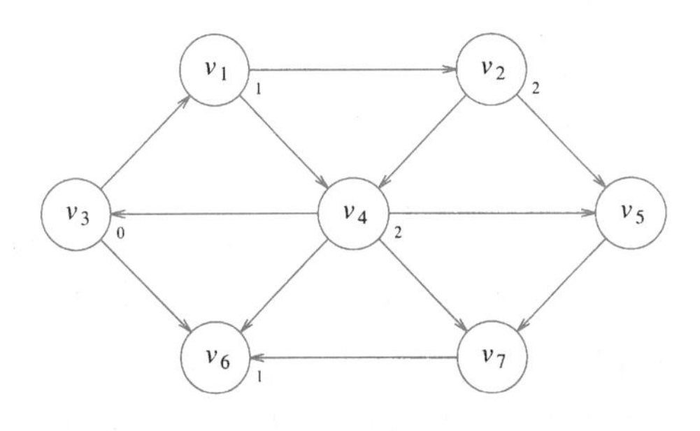

图 9-13 找出所有从 s 出发路径长为 2 的顶点之后的图

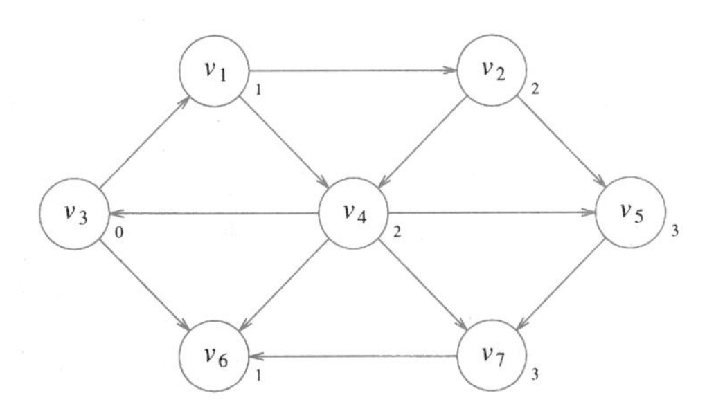

图 9-14 最后的最短路径

这种搜索一个图的方法称为广度优先搜索(breadth-first search)。该方法按层处理顶点：距开始点最近的那些顶点首先被赋值，而最远的那些顶点最后被赋值。这很像对树的层序遍历(level-order traversal)。

有了这种方法，我们必须把它翻译成代码。图 9-15 显示该算法将要用到的记录其过程的表的初始配置。

v	Known	d_v	p_v
v_1	0	∞	0
v_2	0	∞	0
v_3	0	0	0
v_4	0	∞	0
v_5	0	∞	0
v_6	0	∞	0
v_7	0	∞	0

图 9-15　用于无权最短路计算的表的初始配置

293

对于每个顶点，我们将跟踪三个信息。首先，我们把从 s 开始到顶点的距离放到 d_v 栏中。开始的时候，除 s 外所有的顶点都是不可达的，而 s 的路径长为 0。p_v 栏中的项为簿记变量，它将使我们能够显印出实际的路径。Known 中的项在顶点被处理以后置为 1。起初，所有的顶点都不是 Known(已知的)，包括开始顶点。当一个顶点被标记为已知时，我们就有了不会再找到更便宜的路径的保证，因此对该顶点的处理实质上已经完成。

基本的算法在图 9-16 中描述。图 9-16 中的算法模拟这些图表，它把距离 $d=0$ 上的顶点声明为 Known，然后声明 $d=1$ 上的顶点为 Known，再声明 $d=2$ 上的顶点为 Known，等等，并且将仍然是 $d_w=\infty$ 的所有邻接的顶点 w 置为距离 $d_w=d+1$。

```
        void
        Unweighted( Table T )  /* Assume T is initialized */
        {
            int CurrDist;
            Vertex V, W;

/* 1*/      for( CurrDist = 0; CurrDist < NumVertex; CurrDist++ )
/* 2*/          for each vertex V
/* 3*/              if ( !T[ V ].Known && T[ V ].Dist == CurrDist )
                    {
/* 4*/                  T[ V ].Known = True;
/* 5*/                  for each W adjacent to V
/* 6*/                      if( T[ W ].Dist == Infinity )
                            {
/* 7*/                          T[ W ].Dist = CurrDist + 1;
/* 8*/                          T[ W ].Path = V;
                            }
                    }
        }
```

图 9-16　无权最短路算法的伪代码

通过追溯 p_v 变量，可以显印实际的路径。当讨论赋权的情形时我们将会看到如何进行。

由于双层嵌套 for 循环，因此该算法的运行时间为 $O(|V|^2)$。这个明显的低效率在于，尽管所有的顶点早就成为 Known 了，但是外层循环还是要继续，直到 Num Vertex-1 为止。虽然额外的附加测试可以避免这种情形发生，但是它并不能影响最坏情形运行时间，在将从顶点 v_9 开始的图 9-17 作为输入时，通过将所发生的情况一般化即可看到这一点。

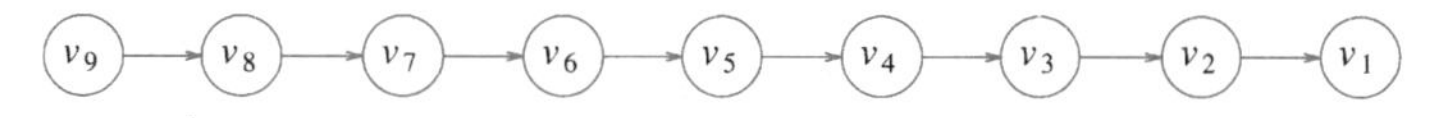

图 9-17　使用图 9-16(伪代码)的无权最短路算法的坏情形

我们可以用非常类似于对拓扑排序所做的那样来排除这种低效性。在任意时刻，只存在两种类型的未知顶点，它们的 $d_v \neq \infty$，一些顶点的 $d_v=$ CurrDist，而其余的则有 $d_v=$ CurrDist+1。由于这种附加的结构，在第 2 行和第 3 行搜索整个表以找出合适的顶点的做法是非常浪费的。

一种非常简单但抽象的解决方案是保留两个盒子。#1 盒将装有 $d_v=$ CurrDist 的未知顶点，而#2 盒则装有 $d_v=$ CurrDist+1 的那些顶点。在第 2 行和第 3 行的测试可以用查找#1 盒内的任意顶点代替。在第 8 行以后(if 语句的内部)，我们可以把 w 加到#2 盒中。在外层 for 循环终止以后，#1 盒是空的，而#2 盒则可转换成#1 盒以进行下一趟 for 循环。

我们甚至可以使用一个队列把这种想法进一步精化。在迭代开始的时候，队列只含有距离 CurrDist 的那些顶点。当我们添加距离 CurrDist+1 的那些邻接顶点时，由于它们自队尾入队，因此这就保证它们直到所有距离为 CurrDist 的顶点都处理之后才处理。在距离 CurrDist 处的最后一个顶点出队并处理之后，队列只含有距离为 CurrDist+1 的顶点，因此该过程将不断进行下去。我们只需要把开始的节点放入队列中以启动这个过程即可。

精练的算法在图 9-18 中示出。在伪代码中，我们已经假设开始顶点 s 是知道的且 T[s].Dist 为 0。C 例程可能把 s 作为参数传递。再有，如果某些顶点从开始节点出发是不可达的，那么有可能队列会过早地变空。在这种情况下，将对这些节点报出 Infinity (无穷)距离，这就完全合理了。最后，Known 域没有使用；一个顶点一旦被处理它就从不再进入队列，因此它不需要重新处理的事实就意味着被做了标记。这样一来，Known 域可以去掉。图 9-19 指出我们一直在使用的图上的值在算法期间是如何变化的。我们保留 Known 域为的是使得表更容易沿用并使得与本节其余部分保持一致。

```
        void
        Unweighted( Table T ) /* Assume T is initialized (Fig 9.30) */
        {
            Queue Q;
            Vertex V, W;

/* 1*/      Q = CreateQueue( NumVertex ); MakeEmpty( Q );

            /* Enqueue the start vertex S, determined elsewhere */
/* 2*/      Enqueue( S, Q );

/* 3*/      while( !IsEmpty( Q ) )
            {
/* 4*/          V = Dequeue( Q );
/* 5*/          T[ V ].Known = True; /* Not really needed anymore */

/* 6*/          for each W adjacent to V
/* 7*/              if( T[ W ].Dist == Infinity )
                    {
/* 8*/                  T[ W ].Dist = T[ V ].Dist + 1;
/* 9*/                  T[ W ].Path = V;
/*10*/                  Enqueue( W, Q );
                    }
            }
/*11*/      DisposeQueue( Q ); /* Free the memory */
        }
```

图 9-18 无权最短路算法的伪代码

v	初始状态			v_3 出队			v_1 出队			v_6 出队		
	Known	d_v	p_v	Known	d_v	p_v	Known	d_v	p_v	Known	d_v	p_v
v_1	0	∞	0	0	1	v_3	1	1	v_3	1	1	v_3
v_2	0	∞	0	0	∞	0	0	2	v_1	0	2	v_1
v_3	0	0	0	1	0	0	1	0	0	1	0	0
v_4	0	∞	0	0	∞	0	0	2	v_1	0	2	v_1
v_5	0	∞	0	0	∞	0	0	∞	0	0	∞	0
v_6	0	∞	0	0	1	v_3	0	1	v_3	1	1	v_3
v_7	0	∞	0	0	∞	0	0	∞	0	0	∞	0
Q:	v_3			v_1, v_6			v_6, v_2, v_4			v_2, v_4		

v	v_2 出队			v_4 出队			v_5 出队			v_7 出队		
	Known	d_v	p_v	Known	d_v	p_v	Known	d_v	p_v	Known	d_v	p_v
v_1	1	1	v_3	1	1	v_3	1	1	v_3	1	1	v_3
v_2	1	2	v_1	1	2	v_1	1	2	v_1	1	2	v_1
v_3	1	0	0	1	0	0	1	0	0	1	0	0
v_4	0	2	v_1	1	2	v_1	1	2	v_1	1	2	v_1
v_5	0	3	v_2	0	3	v_2	1	3	v_2	1	3	v_2
v_6	1	1	v_3	1	1	v_3	1	1	v_3	1	1	v_3
v_7	0	∞	0	0	3	v_4	0	3	v_4	1	3	v_4
Q:	v_4, v_5			v_5, v_7			v_7			空		

图 9-19 无权最短路算法期间数据如何变化

使用与对拓扑排序进行的同样的分析，我们看到，只要使用邻接表，则运行时间就是 $O(|E|+|V|)$。

9.3.2 Dijkstra 算法

如果图是赋权图，那么问题(明显)就变得困难了，不过我们仍然可以使用来自无权情形时的想法。

我们保留所有与前面相同的信息。因此，每个顶点或者标记为 `Known`(已知)的，或者标记为 `unknown`(未知)的。像以前一样，对每一个顶点保留一个临时距离 d_v。这个距离实际上是使用已知顶点作为中间顶点从 s 到 v 的最短路径的长。和以前一样，我们记录 p_v，它是引起 d_v 变化的最后的顶点。

解决单源最短路径问题的一般方法叫作 Dijkstra 算法。这个有 30 年历史的解法是贪婪算法(greedy algorithm)最好的例子。贪婪算法一般分阶段求解一个问题，在每个阶段它都把出现的当作是最好的去处理。例如，为了用美国货币找零钱，大部分人首先点数出若干 25 分一个的硬币阔特(quarter)，然后是若干一角币、五分币和一分币。这种贪婪算法使用最少数目的硬币找零钱。贪婪算法主要的问题在于该算法不总成功。为了找还 15 美分的零钱，如添加 12 美分一个的货币则可破坏这种找零钱算法，因为此时它给出的答案(一个 12 分币和三个一分币)不是最优的(一个角币和一个五分币)。

Dijkstra 算法按阶段进行，正像无权最短路径算法。在每个阶段，Dijkstra 算法选择一个顶点 v，它在所有未知顶点中具有最小的 d_v，同时算法声明从 s 到 v 的最短路径是已知的。阶段的其余部分由 d_w 值的更新工作组成。

在无权的情形下，若 $d_w=\infty$ 则置 $d_w=d_v+1$。因此，若顶点 v 能提供一条最短路径，则我们本质上降低了 d_w 的值。如果我们对赋权的情形应用同样的逻辑，那么当 d_w 的新值 $d_v+c_{v,w}$ 是一个改进的值时我们就置 $d_w=d_v+c_{v,w}$。简言之，使用通向 w 路径上的顶点 v 是不是一个好主意由算法决定。原始的值 d_w 是不用 v 的值，上面所算出的值是使用 v(和仅仅那些已知的顶点)最便宜的路径。

图 9-20 是一个例子。图 9-21 表示初始配置，假设开始节点 s 是 v_1。第一个选择的顶点是 v_1，路径的长为 0。该顶点标记为已知。既然 v_1 已知，那么某些表项就需要调整。邻接到 v_1 的顶点是 v_2 和 v_4。这两个顶点的项得到调整，如图 9-22 所示。

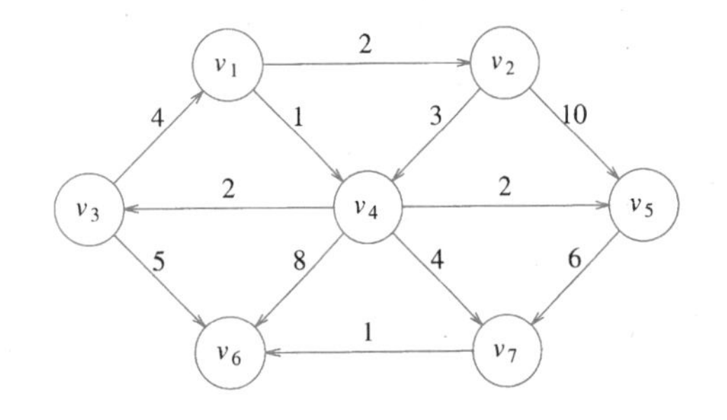

图 9-20　有向图 G

v	Known	d_v	p_v
v_1	0	0	0
v_2	0	∞	0
v_3	0	∞	0
v_4	0	∞	0
v_5	0	∞	0
v_6	0	∞	0
v_7	0	∞	0

图 9-21　用于 Dijkstra 算法的表的初始配置

v	Known	d_v	p_v
v_1	1	0	0
v_2	0	2	v_1
v_3	0	∞	0
v_4	0	1	v_1
v_5	0	∞	0
v_6	0	∞	0
v_7	0	∞	0

图 9-22　在 v_1 被声明为已知后的表

下一步，选取 v_4 并标记为已知。顶点 v_3，v_5，v_6，v_7 是邻接的顶点，而它们实际上都需要调整，如图 9-23 所示。

接下来选择 v_2。v_4 是邻接的点，但已经是已知的，因此对它没有工作要做。v_5 是邻接的点但不做调整，因为经过 v_2 的值为 $2+10=12$ 而长为 3 的路径已经是已知的。图 9-24 指出在这些顶点被选取以后的表。

下一个被选取的顶点是 v_5，其值为 3。V_7 是唯一的邻接顶点，但是它不用调整，因为 $3+6>5$。然后选取 v_3，对 v_6 的距离下调到 $3+5=8$。结果如图 9-25 所示。

v	Known	d_v	p_v
v_1	1	0	0
v_2	0	2	v_1
v_3	0	3	v_4
v_4	1	1	v_1
v_5	0	3	v_4
v_6	0	9	v_4
v_7	0	5	v_4

图 9-23　在 v_4 被声明为已知后

v	Known	d_v	p_v
v_1	1	0	0
v_2	1	2	v_1
v_3	0	3	v_4
v_4	1	1	v_1
v_5	0	3	v_4
v_6	0	9	v_4
v_7	0	5	v_4

图 9-24　在 v_2 被声明为已知后

v	Known	d_v	p_v
v_1	1	0	0
v_2	1	2	v_1
v_3	1	3	v_4
v_4	1	1	v_1
v_5	1	3	v_4
v_6	0	8	v_3
v_7	0	5	v_4

图 9-25　在 v_5 然后 v_3 被声明为已知后

下一个选取的顶点是 v_7，v_6 下调到 $5+1=6$。我们得到图 9-26 所示的表。

最后，我们选择 v_6。最后的表如图 9-27 所示。图 9-28 以图形演示在 Dijkstra 算法期间各边是如何标记为已知的以及顶点是如何更新的。

为了显印出从开始顶点到某个顶点 v 的实际路径，我们可以编写一个递归例程跟踪 p 数组留下的踪迹。

现在我们给出实现 Dijkstra 算法的伪代码。我们将假设，为方便起见这些顶点从 0 标号到 NumVertex-1(见图 9-29)并假设通过例程 ReadGraph 可以将图读入一个邻接表中。

v	Known	d_v	p_v
v_1	1	0	0
v_2	1	2	v_1
v_3	1	3	v_4
v_4	1	1	v_1
v_5	1	3	v_4
v_6	0	6	v_7
v_7	1	5	v_4

图 9-26 在 v_7 被声明为已知后

v	Known	d_v	p_v
v_1	1	0	0
v_2	1	2	v_1
v_3	1	3	v_4
v_4	1	1	v_1
v_5	1	3	v_4
v_6	1	6	v_7
v_7	1	5	v_4

图 9-27 在 v_6 被声明为已知以及算法终止之后

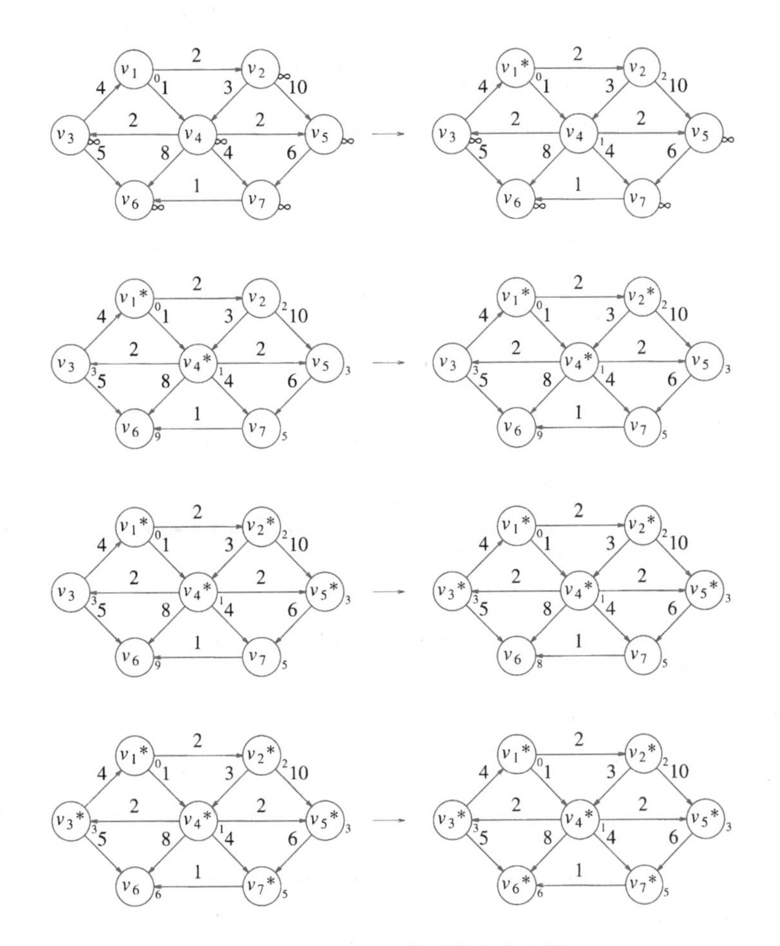

图 9-28 Dijkstra 算法的各个阶段

在图 9-30 的例程中，开始的顶点被传递到初始化例程中。这是代码中需要知道顶点的唯一位置。

利用图 9-31 中的递归例程可以显印出这个路径。该例程递归地显印路径上直到顶点 v 前面的顶点的整个路径，然后再显印顶点 v。这是没有问题的，因为路径是简单的。

图 9-32 列出主要的算法，它就是一个使用贪婪选取法则填表的 for 循环。

利用反证法的证明将指出，只要没有边有负的值，该算法总能够顺利完成。如果任何

一边出现负值，则算法可能得出错误的答案(见练习 9.7a)。运行时间依赖于对表的处理方法，我们必须考虑。如果使用扫描表来找出最小值 d_v 这种明显算法，那么每一步将花费 $O(|V|)$时间找到最小值，从而整个算法过程中查找最小值将花费 $O(|V|^2)$时间。每次更新 d_w的时间是常数，而每条边最多有一次更新，总计为 $O(|E|)$。因此，总的运行时间为 $O(|E|+|V|^2)=O(|V|^2)$。如果图是稠密的，边数$|E|=\Theta(|V|^2)$，则该算法不仅简单而且基本上最优，因为它的运行时间与边数成线性关系。

```
typedef int Vertex;

struct TableEntry
{
    List     Header; /* Adjacency list */
    int      Known;
    DistType Dist;
    Vertex   Path;
};

/* Vertices are numbered from 0 */
#define NotAVertex (-1)
typedef struct TableEntry Table[ NumVertex ];
```

图 9-29 Dijkstra 算法的声明

```
        void
        InitTable( Vertex Start, Graph G, Table T )
        {
            int i;

/* 1*/      ReadGraph( G, T );  /* Read graph somehow */
/* 2*/      for( i = 0; i < NumVertex; i++ )
            {
/* 3*/          T[ i ].Known = False;
/* 4*/          T[ i ].Dist  = Infinity;
/* 5*/          T[ i ].Path  = NotAVertex;
            }
/* 6*/      T[ Start ].dist = 0;
        }
```

图 9-30 表初始化例程

```
/* Print shortest path to V after Dijkstra has run */
/* Assume that the path exists */

void
PrintPath( Vertex V, Table T )
{
    if( T[ V ].Path != NotAVertex )
    {
        PrintPath( T[ V ].Path, T );
        printf( " to" );
    }
    printf( "%v", V );  /* %v is pseudocode */
}
```

图 9-31 显印实际最短路径的例程

```
        void
        Dijkstra( Table T )
        {
            Vertex V, W;

/* 1*/      for( ; ; )
            {
/* 2*/          V = smallest unknown distance vertex;
/* 3*/          if( V == NotAVertex )
/* 4*/              break;

/* 5*/          T[ V ].Known = True;
/* 6*/          for each W adjacent to V
/* 7*/              if( !T[ W ].Known )
/* 8*/                  if( T[ V ].Dist + Cvw < T[ W ].Dist )
                        {   /* Update W */
/* 9*/                      Decrease( T[ W ].Dist to
                                      T[ V ].Dist + Cvw );
/*10*/                      T[ W ].Path = V;
                        }
            }
        }
```

图 9-32 dijkstra 算法的伪代码

如果图是稀疏的，边数$|E|=\Theta(|V|)$，那么这种算法就太慢了。在这种情况下，距离需要存储在优先队列中。有两种方法可以做到这一点，二者是类似的。

第 2 行与第 5 行联合形成一个 `DeleteMin` 操作，因为一旦未知的最小值顶点被找到，那么它就不再是未知的，必须从未来的考虑中除去。在第 9 行的更新可以有两种方法实现。

一种方法是把更新处理成 `DecreaseKey` 操作。此时，查找最小值的时间为 $O(\log|V|)$，就像执行那些更新的时间，它相当于那些 `DecreaseKey` 操作。由此得出运行时间为 $O(|E|\log|V|+|V|\log|V|)=O(|E|\log|V|)$，它是对前面稀疏图的界的改进。由于优先队列不是有效地支持 `Find` 操作，因此 d_i 的每个值在优先队列的位置将需要保留并当 d_i 在优先队列中改变时更新。如果优先队列是用二叉堆实现的，那么这将很难办。如果使用配对堆(pairing heap，见第 12 章)，则程序不会太差。

另一种方法是在每次执行第 9 行时把 w 和新值 d_w 插入优先队列。这样，在优先队列中的每个顶点就可能有多于一个的代表。当 `DeleteMin` 操作把最小的顶点从优先队列中删除时，必须检查以肯定它不是已经知道的。这样，第 2 行变成一个循环，它执行 `DeleteMin` 直到一个未知的顶点合并为止。这种方法虽然从软件的观点看是优越的，而且编程确实容易得多，但是，队列的大小可能达到$|E|$这么大。由于$|E|\leqslant|V|^2$意味着 $\log|E|\leqslant 2\log|V|$，因此这并不影响渐近时间界。这样，我们仍然得到一个 $O(|E|\log|V|)$算法。不过，空间需求的确增加了，在某些应用中这可能是严重的。不仅如此，因为该方法需要$|E|$次而不是仅仅$|V|$次 `DeleteMin`，所以它在实践中很可能较慢。

注意，对于一些诸如计算机邮件和大型公交传输的典型问题，它们的图一般是非常稀疏的，因为大多数顶点只有两条边。因此，在许多应用中使用优先队列来解决这种问题是很重要的。

如果使用不同的数据结构，那么 Dijkstra 算法可能会有更好的时间界。在第 11 章，我

们将看到另外的优先队列数据结构，叫作斐波那契堆(Fibonacci heap)。使用这种数据结构的运行时间是 $O(|E|+|V|\log|V|)$。斐波那契堆具有良好的理论时间界，不过，它需要相当数量的系统开销。因此，尚不清楚在实践中是否使用斐波那契堆比使用具有二叉堆的 Dijkstra 算法更好。不用说，这种问题没有平均情形的时间结果，因为连如何建立随机图的模型甚至都不是明显的。

294 ~ 303

9.3.3 具有负边值的图

如果图具有负的边值，那么 Dijkstra 算法是行不通的。问题在于，一旦一个顶点 u 被声明是已知的，那就可能从某个另外的未知顶点 v 有一条回到 u 的负的路径。在这样的情形下，选取从 s 到 v 再回到 u 的路径要比从 s 到 u 但不过 v 更好。练习 9.7a 要求构造一个明晰的例子。

一个诱人的方案是将一个常数 Δ 加到每一条边的值上，如此除去负的边，再计算新图的最短路径问题，然后把结果用到原来的图上。这种方案的直接实现是行不通的，因为那些具有许多条边的路径变成比那些具有很少边的路径权重更重了。

把赋权的和无权的算法结合起来将会解决这个问题，但是要付出运行时间激烈增长的代价。我们忘记了关于未知的顶点的概念，因为我们的算法需要能够改变它的意向。开始，我们把 s 放到队列中。然后，在每一阶段让一个顶点 v 出队。找出所有与 v 邻接的顶点 w，使得 $d_w > d_v + c_{v,w}$。然后更新 d_w 和 p_w，并在 w 不在队列中的时候把它放到队列中。可以为每个顶点设置一个位(bit)以指示它在队列中出现的情况。我们重复这个过程直到队列空为止。图 9-33(几乎)实现这个算法。

```
        void    /* Assume T is initialized as in Fig 9.18 */
        WeightedNegative( Table T )
        {
            Queue Q;
            Vertex V, W;

/* 1*/      Q = CreateQueue( NumVertex ); MakeEmpty( Q );
/* 2*/      Enqueue( S, Q ); /* Enqueue the start vertex S */

/* 3*/      while( !IsEmpty( Q ) )
            {
/* 4*/          V = Dequeue( Q );
/* 5*/          for each W adjacent to V
/* 6*/              if( T[ V ].Dist + Cvw < T[ W ].Dist )
                    {
                        /* Update W */
/* 7*/                  T[ W ].Dist = T[ V ].Dist + Cvw;
/* 8*/                  T[ W ].Path = V;
/* 9*/                  if( W is not already in Q )
/*10*/                      Enqueue( W, Q );
                    }
            }
/*11*/      DisposeQueue( Q );
        }
```

304

图 9-33 具有负边值的赋权最短路径算法的伪代码

虽然如果没有负值圈该算法能够正常工作，但是，第 6～10 行的代码每边只执行一次

的情况不再成立。每个顶点最多可以出队 $|V|$ 次，因此，如果使用邻接表则运行时间是 $O(|E| \cdot |V|)$（见练习 9.7b）。这比 Dijkstra 算法多很多，幸运的是，实践中边的值是非负的。如果负值圈存在，那么算法正如所写的将无限地循环下去。通过在任意顶点已经出队 $|V|+1$ 次后停止算法运行，我们可以保证它能终止。

9.3.4 无圈图

如果知道图是无圈的，那么我们可以通过改变声明顶点为已知的顺序（或者叫作顶点选取法则）来改进 Dijkstra 算法。新法则是以拓扑顺序选择顶点。由于选择和更新可以在拓扑排序执行的时候进行，因此算法能够一趟完成。

因为当一个顶点 v 被选取以后，按照拓扑排序的法则它没有从未知顶点发出的进入边，因此它的距离 d_v 可以不再被降低，所以这种选择法则是行得通的。

使用这种选择法则不需要优先队列；由于选择花费常数时间，因此运行时间为 $O(|E|+|V|)$。

无圈图可以模拟某种下坡滑雪问题——我们想要从点 a 到点 b，但只能走下坡，显然不可能有圈。另一个可能的应用是（不可逆）化学反应模型。我们可以让每个顶点代表实验的一个特定的状态，让边代表从一种状态到另一种状态的转变，而边的权代表释放的能量。如果只能从高能状态转变到低能状态，那么图就是无圈的。

无圈图的一个更重要的用途是*关键路径分析法*（critical path analysis）。我们将用图 9-34 作为例子。每个节点表示一个必须执行的动作以及完成动作所花费的时间。因此，该图叫作*动作节点图*（activity-node graph）。图中的边代表优先关系：一条边 (v, w) 意味着动作 v 必须在动作 w 开始前完成。当然，这就意味着图必须是无圈的。我们假设任何（直接或间接）互相不依赖的动作可以由不同的服务器并行地执行。

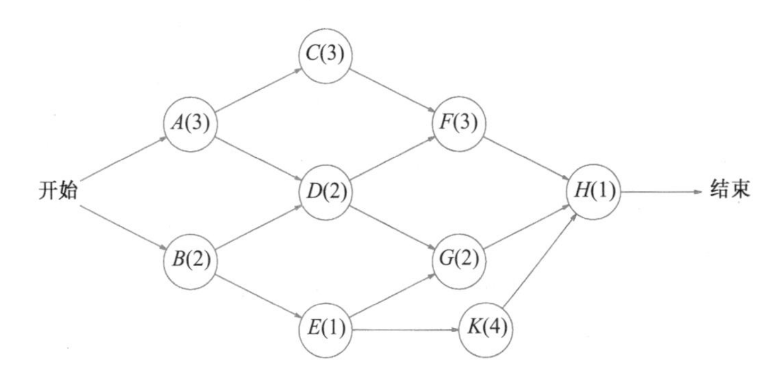

图 9-34　动作节点图

这种类型的图可以（并常常）用来模拟方案的构建。在这种情况下，有几个问题需要回答。首先，方案最早完成时间是何时？从图中我们可以看到，沿路径 A，C，F，H 需要 10 个时间单位。另一个重要的问题是确定哪些动作可以延迟，延迟多长，而不至影响最少完成时间。例如，延迟 A，C，F，H 中的任意一个都将使完成时间推到 10 个时间单位以后。另一方面，动作 B 欠重要，可以被延迟两个时间单位而不至于影响最后完成时间。

为了进行这些运算，我们把动作节点图转化成事件节点图(event-node graph)。每个事件对应一个动作和所有与它无关的动作的完成。从事件节点图中的节点 v 可达到的事件可以在事件 v 完成后开始。这个图可以自动构造，也可以人工构造。哑边和哑节点可能需要被插入到一个动作依赖于几个其他动作的地方。为了避免引进假相关性(或相关性的假的短缺)，这么做是必要的。对应图 9-34 的事件节点图如图 9-35 所示。

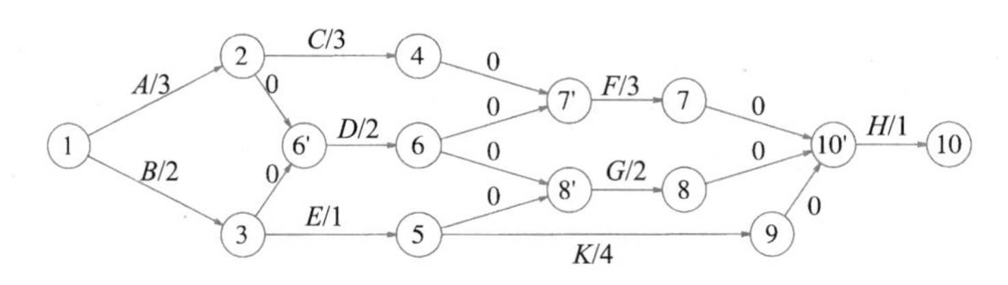

图 9-35 事件节点图

为了找出方案的最早完成时间，我们只要找出从第一个事件到最后一个事件的最长路径的长。对于一般的图，最长路径问题通常没有意义，因为可能有正值的圈(positive-cost cycle)存在。这些正值圈等价于最短路问题中的负值圈。如果出现正值圈，那么我们可以寻找最长的简单路径，不过，对于这个问题没有已知的满意解决方案。由于事件节点图是无圈图，因此我们不必担心圈的问题。在这种情况下，容易采纳最短路径算法计算图中所有节点最早完成时间。如果 EC_i 是节点 i 的最早完成时间，那么可用的法则为

$$EC_1 = 0$$

$$EC_w = \max_{(v,w)\in E}(EC_v + c_{v,w})$$

图 9-36 显示在我们的实例事件节点图中每个事件的最早完成时间。

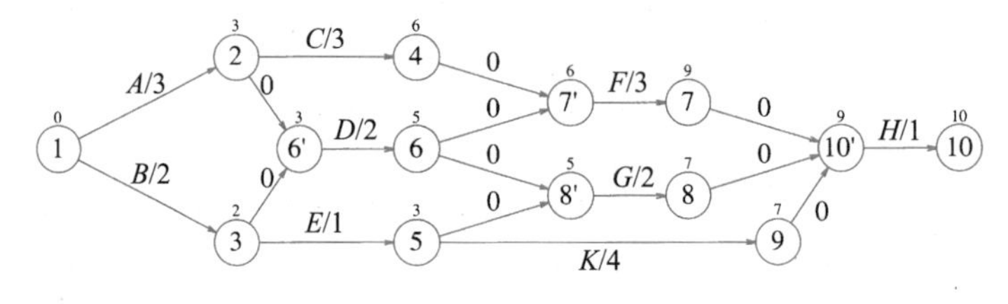

图 9-36 最早完成时间

我们还可以计算每个事件能够完成而不影响最后完成时间的最晚时间 LC_i。进行这项工作的公式为

$$LC_n = EC_n$$

$$LC_v = \min_{(v,w)\in E}(LC_w - c_{v,w})$$

对于每个顶点，通过保存一个所有邻接且在先的顶点的表，这些值就可以以线性时间算出。借助顶点的拓扑顺序计算它们的最早完成时间，而最晚完成时间则通过倒转它们的拓扑顺序来计算。最晚完成时间如图 9-37 所示。

事件节点图中每条边的松弛时间(slack time)代表对应动作可以延迟而不推迟整体的完成的时间量。容易看出

$$\text{Slack}_{(v,w)} = LC_w - EC_v - c_{v,w}$$

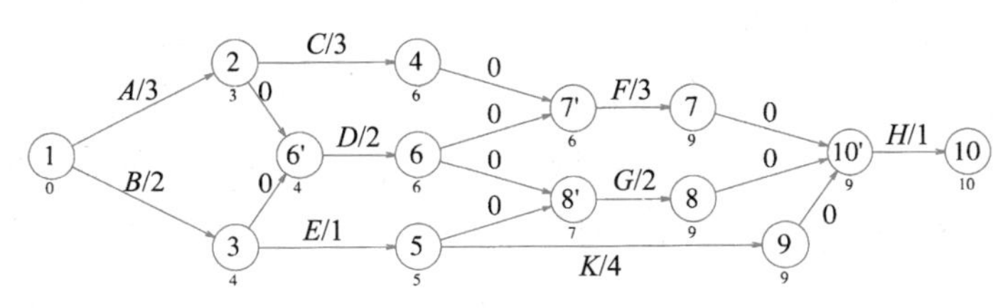

图 9-37　最晚完成时间

图 9-38 指出在事件节点图中每个动作的松弛时间(作为第三项)。对于每个节点，顶上的数是最早完成时间，底下的数是最晚完成时间。

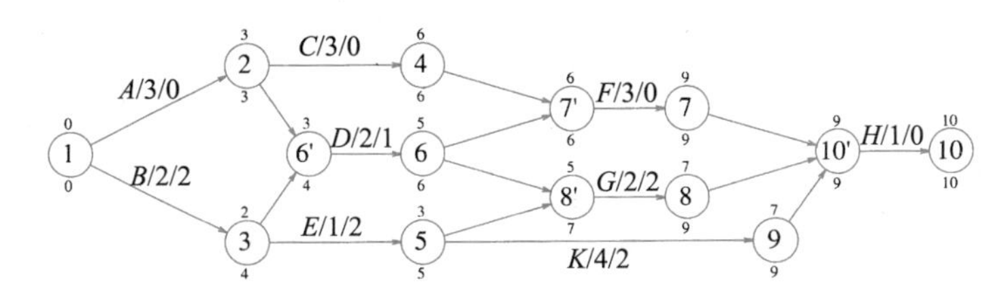

图 9-38　最早完成时间、最晚完成时间和松弛时间

305～307

某些动作的松弛时间为零，这些动作是关键性的动作，它们必须按计划结束。至少存在一条完全由零松弛边组成的路径，这样的路径是关键路径(critical path)。

9.3.5　所有点对最短路径

有时重要的是要找出图中所有顶点对之间的最短路径。虽然我们可以运行$|V|$次适当的单源算法，但是如果要立即计算所有的信息，我们多少还是愿意有更快的解法，尤其是对于稠密的图。

在第 10 章，我们将看到对赋权图求解这种问题的一个$O(|V|^3)$算法。虽然对于稠密图它具有和运行$|V|$次简单(非优先队列)Dijkstra 算法相同的时间界，但是循环是如此紧凑以至专业化的所有点对算法很可能在实践中更快。当然，对于稀疏图更快的是运行$|V|$次用优先队列编写的 Dijkstra 算法。

9.4　网络流问题

设给定边容量为$c_{v,w}$的有向图$G=(V, E)$。这些容量可以代表通过一个管道的水的流量或在两个交叉路口之间马路上的交通流量。有两个顶点，一个是s，称为发点(sorce)，一个是t，称为收点(sink)。对于任意一条边(v, w)，最多有“流”的$c_{v,w}$个单位可以通过。在既不是发点s又不是收点t的任意顶点v，总的进入的流必须等于总的发出的流。最大流问题就是确定从s到t可以通过的最大流量。例如，对于图 9-39 中左边的图，最大流是 5，如右边的图所示。

308

正如问题叙述中所要求的，没有边负载超过它的容量的流。顶点 a 有 3 个单位的流进入，它将这 3 个单位的流分转给 c 和 d。顶点 d 从 a 和 b 得到 3 个单位的流，并把它们结合起来发送到 t。一个顶点可以以它喜欢的任何方式结合和发送流，只要不违反边的容量以及保持流守恒(进入的必须是流出的)。

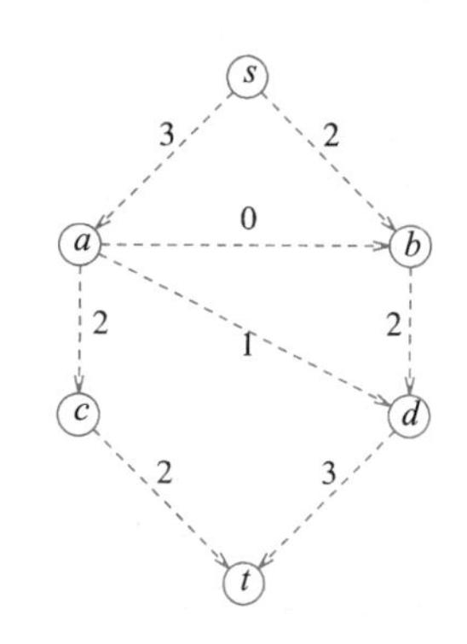

图 9-39 一个图(左边)和它的最大流

一个简单的最大流算法

解决这种问题的首要想法是分阶段进行。我们从图 G 开始并构造一个流图 G_f。G_f表示在算法的任意阶段已经到达的流。开始时 G_f的所有的边都没有流，我们希望当算法终止时 G_f包含最大流。我们还构造一个图 G_r，称为*残余图*(residual graph)，它表示对于每条边还能再添加多少流。对于每一条边，我们可以从容量中减去当前的流而计算出残余的流。G_r的边叫作*残余边*(residual edge)。

在每个阶段，我们寻找图 G_r中从 s 到 t 的一条路径，这条路径叫作*增长通路*(augmenting path)。这条路径上的最小值边就是可以添加到路径每一边上的流的量。我们通过调整 G_f和重新计算 G_r做到这一点。当发现在 G_r中没有从 s 到 t 的路径时算法终止。这个算法是不确定的，因为是随便选择的从 s 到 t 的任意的路径。显然，有些选择会比另外一些选择好，后面我们再处理这个问题。我们将对我们的例子运行这个算法。下面的图分别是 G、G_f和 G_r。要记着这个算法有一个小缺陷。初始的配置见图 9-40。

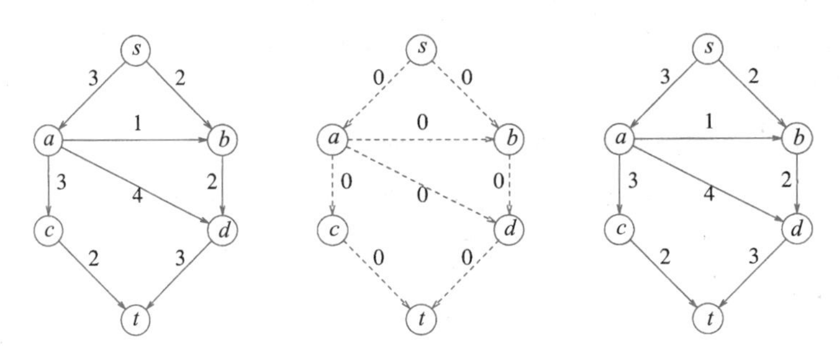

图 9-40 图、流图以及残余图的初始阶段

在残余图中有许多从 s 到 t 的路径。假设我们选择 s，b，t，d。此时我们可以发送 2 个单位的流通过这条路径的每一条边。我们将采取约定：一旦注满(使饱和)一条边，则这条边就要从残余图中除去。这样，我们得到图 9-41。

下面，我们可以选择路径 s，a，c，t，该路径也容许 2 个单位的流通过。进行必要的调整后，我们得到图 9-42。

唯一剩下要选择的路径是 s，a，d，t，这条路径能够容纳一个单位的流通过。结果得到图 9-43。

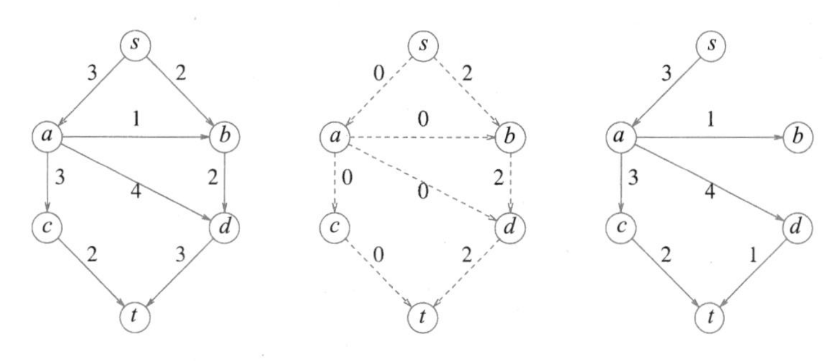

图 9-41 沿 s, b, d, t 加入 2 个单位的流后的 G、G_f、G_r

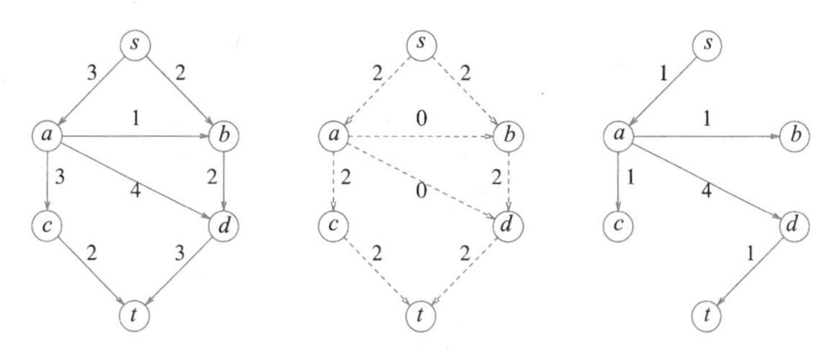

图 9-42 沿 s, a, c, t 加入 2 个单位的流后的 G、G_f、G_r

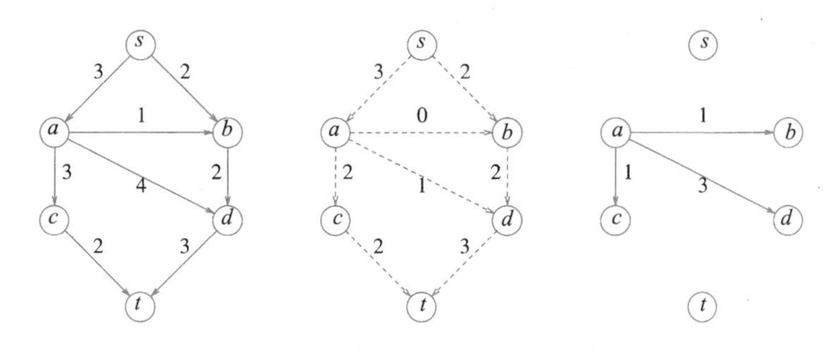

图 9-43 沿 s, a, d, t 加入 1 个单位的流后的 G、G_f、G_r——算法终止

由于 t 从 s 出发是不可达的，因此算法到此终止。结果正好 5 个单位的流是最大值。为了看清问题的所在，设从初始图开始我们选择路径 s，a，d，t，这条路径容纳 3 个单位的流，因而好像是一种好的选择。然而选择的结果却使得在残余图中不再有从 s 到 t 的任何路径，因此，我们的算法不能找到最优解。这是贪婪算法行不通的一个例子。图 9-44 指出为什么算法失败。

为了使得算法有效，我们需要让算法改变它的意向。为此，对于流图中具有流 $f_{v,w}$ 的每一条边(v, w)，我们将在残余图中添加一条容量为 $f_{v,w}$ 的边(w, v)。事实上，我们可以通过以相反的方向发回一个流而使算法解除它的决定。通过例子最能看清这个问题。我们从原始的图开始并选择增长通路 s，a，d，t，得到图 9-45。

注意，在残余图中有些边在 a 和 d 之间有两个方向。或者还有一个单位的流可以从 a 到 d 导向，或者有高达 3 个单位的流导向相反的方向——我们可以撤消流。现在算法找到流为 2 的增长通路 s，b，d，a，c，t。通过从 d 到 a 导入 2 个单位的流算法从边(a, d)取走 2 个单位的流，因此本质上改变了它的意向。图 9-46 显示出新的图。

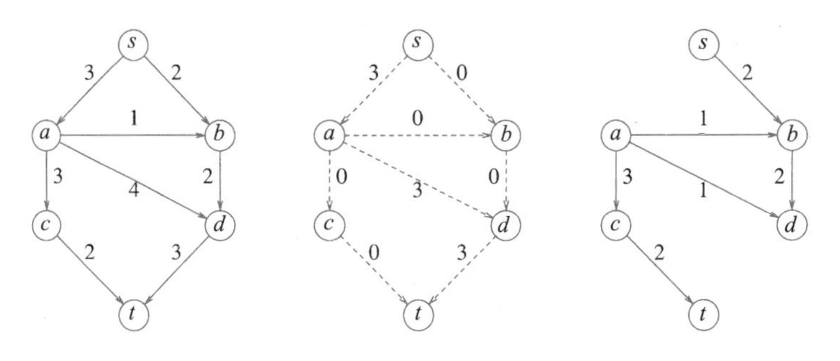

图 9-44 如果初始动作是沿 s，a，d，t 加入 3 个单位的流得到 G、G_f、G_r——算法终止但解不是最优的

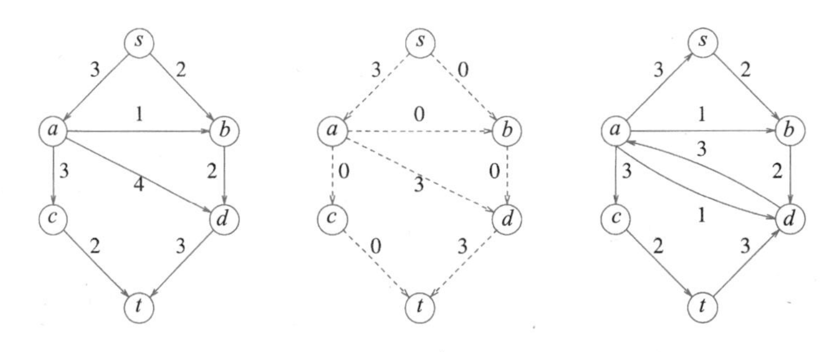

309 ≀ 311

图 9-45 使用正确的算法沿 s，a，d，t 加入 3 个单位的流后的图

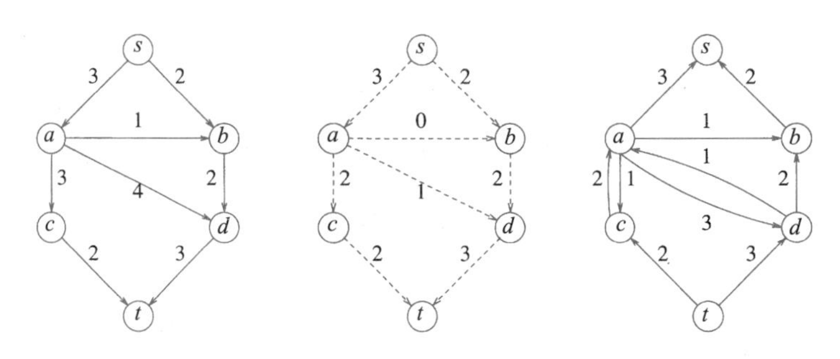

图 9-46 使用正确算法沿 s，b，d，a，c，t 加入 2 个单位的流后的图

在这个图中没有增长通路，因此，算法终止。奇怪的是，可以证明，如果边的容量都是有理数，那么该算法总以最大流终止。证明多少有些困难，也超出了本书的范围。虽然例子正好是无圈的，但这并不是算法有效工作所必需的。我们使用无圈图只是为了简明。

如果容量都是整数且最大流为 f，那么，由于每条增长通路使流的值至少增 1，故 f 个阶段足够，从而总的运行时间为 $O(f \cdot |E|)$，因为通过无权最短路径算法一条增长通路可以以 $O(|E|)$时间找到。说明为什么这个时间是坏的运行时间的经典例子如图 9-47 所示。

最大流通过沿每条边发送 1 000 000 并查验到 2 000 000 而看出。随机的增长通路可以沿包含由 a 和 b 连接的边的路径连续增长。要是这种情况重复发生，那就需要 2 000 000 条增长通路，此时我们仅用2就能通过。

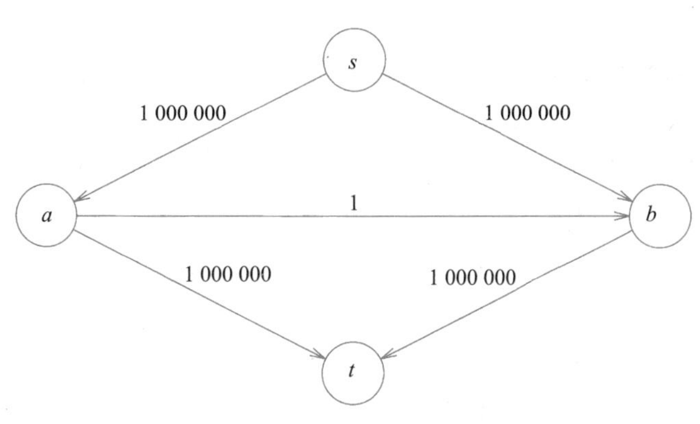

图 9-47 经典的坏的增长情形

避免这个问题的简单方法是总选择容许在流中最大增长的增长通路。寻找这样一条路径类似于求解一个赋权最短路径问题，而对 Dijkstra 算法的单线(single-line)修改将会完成这项工作。如果 cap_{max} 为最大边容量，那么可以证明，$O(|E|\log cap_{max})$条增长通路将足以找到最大流。在这种情况下，由于对于增长通路的每一次计算都需要 $O(|E|\log|V|)$时间，因此总的时间界为 $O(|E|^2\log|V|\log cap_{max})$。如果容量均为小整数，则该界可以减为 $O(|E|^2\log|V|)$。

另一种选择增长通路的方法是总选取具有最少边数的路径，有理由设想，通过以这种方式选择路径不太可能使该路径上出现一条小的、限制了流的边。使用这种法则，可以证明需要 $O(|E||V|)$步增长，每一步花费 $O(|E|)$，再使用无权最短路径算法，产生运行时的界 $O(|E|^2|V|)$。

有可能对这一算法进行进一步的数据结构改进，存在几个更加复杂的算法。长期以来对界的改进降低了该问题当前熟知的界。虽然尚未见到 $O(|E||V|)$算法的报告，但是一些具有界 $O(|E||V|\log(|V|^2/|E|))$和 $O(|E||V|+|V|^{2+\varepsilon})$的算法已经被发现(见参考文献)。还有许多在一些特殊情形下非常好的界。例如，若图除发点和收点外所有的顶点都有一条容量为1的入边或一条容量为1的出边，则该图的最大流可以以 $O(|E||V|^{1/2})$时间找到。这些图出现在许多应用中。

产生这些界的那些分析过程是相当复杂的，并且还不清楚最坏情形的结果是如何与实际当中用到的运行时间发生关系的。一个相关的甚至更困难的问题是最小值流(min-cost flow)问题。每条边不仅有容量，而且还有每个单位的流的(价)值，而问题则是在所有的最大流中找出一个最小(价)值的流来。目前对这两个问题的研究都在积极地进行。

9.5 最小生成树

我们将要考虑的下一个问题是在一个无向图中找出一棵最小生成树(minimum spanning tree)的问题。这个问题对有向图也是有意义的，不过找起来更困难。大体上，一个无向图 G 的最小生成树就是由该图的那些连接 G 的所有顶点的边构成的树，且其总价值最低。当且仅当 G 是连通的存在最小生成树。虽然一个强壮的算法应该指出 G 不连通的情况，但是我们还是假设 G 是连通的，而把算法的健壮性作为练习留给读者。

312 ~ 313

在图 9-48 中第二个图是第一个图的最小生成树(碰巧还是唯一的，但这并不代表一般情况)。注意，在最小生成树中边的条数为 $|V|-1$。最小生成树是一棵树，因为它无圈；因为最小生成树包含每一个顶点，所以它是生成树；此外，它显然是包含图的所有顶点的最小的树。如果我们需要用最少的电线给一所房子安装电路，那就需要解决最小生成树问题。

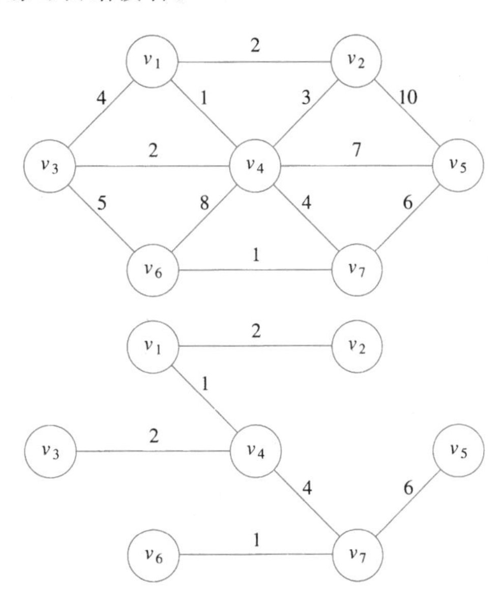

图 9-48　图 G 和它的最小生成树

对于任意生成树 T，如果将一条不属于 T 的边 e 添加进来，则产生一个圈。如果从该圈中除去任意一条边，则又恢复生成树的特性。如果边 e 的值比除去的边的值低，那么新的生成树的值就比原生成树的值低。如果在建立生成树时所添加的边在所有避免成圈的边中值最小，那么最后得到的生成树的值不能再改进，因为任意一条替代的边都将与已经存在于该生成树中的一条边至少具有相同的值。它指出，对于最小生成树这种贪欲是成立的。我们介绍两种算法，它们的区别在于最小(值的)边如何选取上。

9.5.1 Prim 算法

计算最小生成树的一种方法是使其连续地一步步长成。在每一步，都要把一个节点当作根并往上加边，这样也就把相关联的顶点加到增长中的树上。

在算法的任意时刻，我们都可以看到一个已经添加到树上的顶点集，而其余顶点尚未加到这棵树中。此时，算法在每一阶段都可以通过选择边(u, v)使得(u, v)的值是所有 u 在树上但 v 不在树上的边的值中的最小者而找出一个新的顶点并把它添加到这棵树中。图 9-49指出该算法如何从 v_1 开始构建最小生成树。开始时，v_1 在构建中的树上，它作为树的根但是没有边。每一步添加一条边和一个顶点到树上。

314

我们可以看到，Prim 算法基本上和求最短路径的 Dijkstra 算法一样，因此和前面一样，我们对每一个顶点保留值 d_v 和 p_v 以及一个指标，标示该顶点是已知的(known)还是未知的(unknown)。这里，d_v 是连接 v 到已知顶点的最短弧的权，而 p_v 则是导致 d_v 改变的最后的顶点。算法的其余部分完全一样，只有一点不同：由于 d_v 的定义不同，因此它的更新法则也不同。事实上，更新法则比以前更简单：在选取每一个顶点 v 后，对于每一个与 v 邻接的未知的 w，$d_w=\min(d_w, c_{w,v})$。

表的初始状态由图 9-50 指出。选取 v_1，更新 v_2、v_3、v_4。结果如图 9-51 所示。下一个顶点选取 v_4，每一个顶点都与 v_4 邻接。v_1 不考虑，因为它是已知的。v_2 不变，因为 $d_v=2$ 而且从 v_4 到 v_2 的边的值是 3；所有其他的顶点都被更新。图 9-52 显示得到的结果。下一个

要选取的顶点是 v_2。这并不影响任何距离。然后选取 v_3，它影响到 v_6 的距离，见图 9-53。选取 v_7 得到图 9-54，v_7 的选取迫使 v_6 和 v_5 进行调整。然后分别选取 v_6 和 v_5，算法完成。

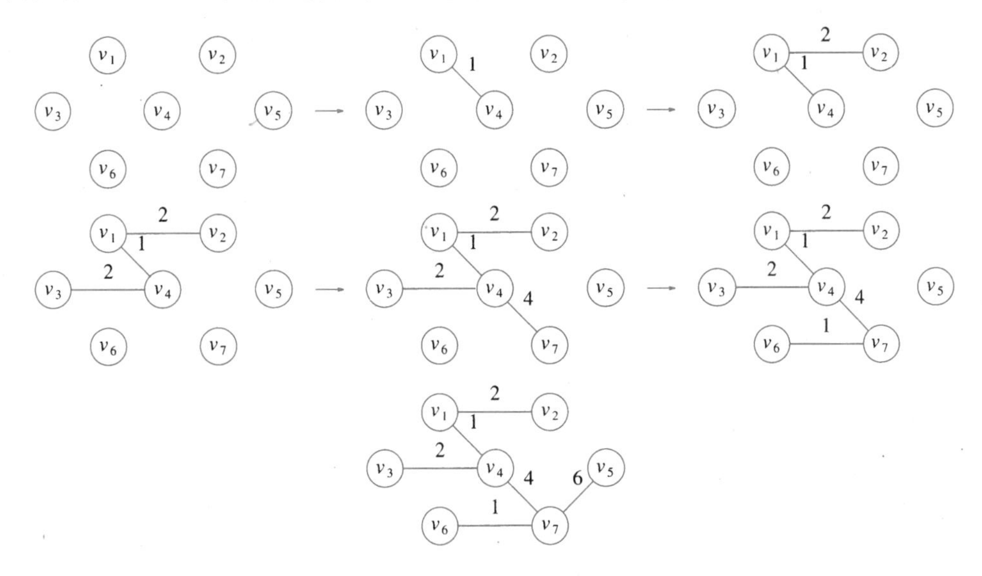

图 9-49 在每一步之后的 Prim 算法

最后的表在图 9-55 中给出。生成树的边可以从该表中读出：(v_2，v_1)，(v_3，v_4)，(v_4，v_1)，(v_5，v_7)，(v_6，v_7)，(v_7，v_4)。生成树总的值是 16。

v	Known	d_v	p_v
v_1	0	0	0
v_2	0	∞	0
v_3	0	∞	0
v_4	0	∞	0
v_5	0	∞	0
v_6	0	∞	0
v_7	0	∞	0

图 9-50 在 Prim 算法中使用的表的初始状态

v	Known	d_v	p_v
v_1	1	0	0
v_2	0	2	v_1
v_3	0	4	v_1
v_4	0	1	v_1
v_5	0	∞	0
v_6	0	∞	0
v_7	0	∞	0

图 9-51 在 v_1 声明为已知后的表

v	Known	d_v	p_v
v_1	1	0	0
v_2	0	2	v_1
v_3	0	2	v_4
v_4	1	1	v_1
v_5	0	7	v_4
v_6	0	8	v_4
v_7	0	4	v_4

图 9-52 在 v_4 声明为已知后的表

v	Known	d_v	p_v
v_1	1	0	0
v_2	1	2	v_1
v_3	1	2	v_4
v_4	1	1	v_1
v_5	0	7	v_4
v_6	0	5	v_3
v_7	0	4	v_4

图 9-53 在 v_2 和 v_3 先后声明为已知后的表

v	Known	d_v	p_v
v_1	1	0	0
v_2	1	2	v_1
v_3	1	2	v_4
v_4	1	1	v_1
v_5	0	6	v_7
v_6	0	1	v_7
v_7	1	4	v_4

图 9-54 在 v_7 声明为已知后的表

v	Known	d_v	p_v
v_1	1	0	0
v_2	1	2	v_1
v_3	1	2	v_4
v_4	1	1	v_1
v_5	1	6	v_7
v_6	1	1	v_7
v_7	1	4	v_4

图 9-55 在 v_6 和 v_5 选取后的表（Prim 算法终止）

该算法整个的实现实际上和 Dijkstra 算法的实现是一样的，对于 Dijkstra 算法分析所做的每一件事都可以用到这里。不过要注意，Prim 算法是在无向图上运行的，因此当编写代码的时候要记住把每一条边都要放到两个邻接表中。不用堆时的运行时间为 $O(|V|^2)$，它

对于稠密的图来说是最优的。使用二叉堆的运行时间是 $O(|E|\log|V|)$，对于稀疏的图它是一个好的界。

9.5.2　Kruskal 算法

第二种贪婪策略是连续地按照最小的权选择边，并且当所选的边不产生圈时就把它作为所取定的边。该算法对于前面例子的实行过程如图 9-56 所示。

边	数	动作
(v_1, v_4)	1	接受
(v_6, v_7)	1	接受
(v_1, v_2)	2	接受
(v_3, v_4)	2	接受
(v_2, v_4)	3	舍弃
(v_1, v_3)	4	舍弃
(v_4, v_7)	4	接受
(v_3, v_6)	5	舍弃
(v_5, v_7)	6	接受

图 9-56　Kruskal 算法施于图 G 的过程

形式上，Kruskal 算法是在处理一个森林——树的集合。开始的时候，存在 $|V|$ 棵单节点树，而添加一边则将两棵树合并成一棵树。当算法终止的时候，就只有一棵树了，这棵树就是最小生成树。图 9-57 显示边被添加到森林中的顺序。

当添加到森林中的边足够多时算法终止。实际上，算法就是要决定边 (u, v) 应该添加还是应该舍弃。前一章中的 Union/Find 算法是适用于这里的数据结构。

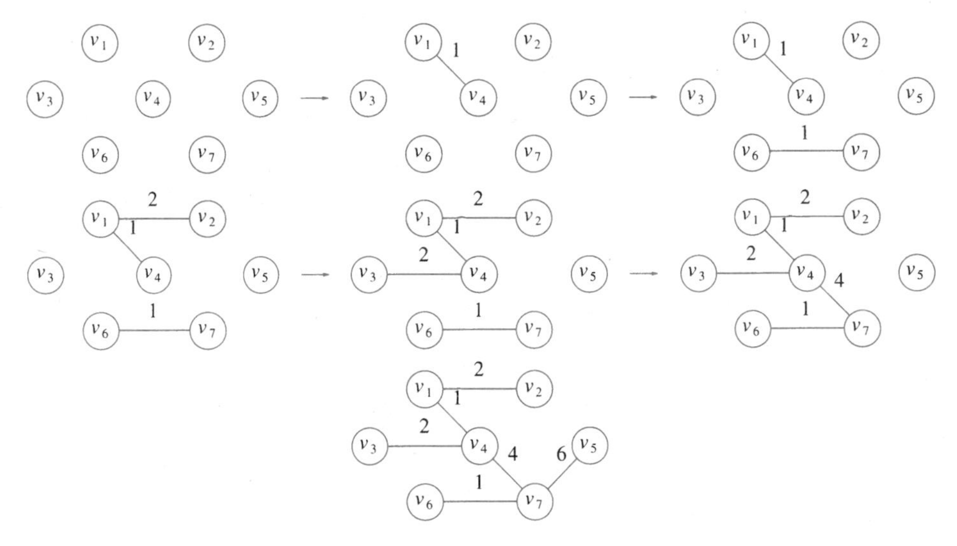

图 9-57　在每一步之后的 Kruskal 算法

我们用到的一个恒定的事实是，在算法实施的任意时刻，两个顶点属于同一个集合当且仅当它们在当前的生成森林(spanning forest)中连通。因此，每个顶点最初是在它自己的集合中。如果 u 和 v 在同一个集合中，那么连接它们的边就要舍弃，因为由于它们已经连通了，因此再添加边 (u, v) 就会形成一个圈。如果这两个顶点不在同一个集合中，则将该边加入，并对包含顶点 u 和 v 的这两个集合实施一次 Union。容易看到，这样将保持集合不变性，因为一旦边 (u, v) 添加到生成森林中，若 w 连通到 u 而 x 连通到 v，则 x 和 w 必然是连通的，因此属于相同的集合。

固然，将边排序可便于选取，不过，用线性时间建立一个堆则是更好的想法。此时，DeleteMin 将使得边依序得到测试。典型情况下，在算法终止前只有一小部分边需要测试，尽管必须尝试所有的边的情况总是有可能的。例如，假设还有一个顶点 v_8 以及值为100的边 (v_5, v_8)，那么所有的边就会都要考察到。图9-58中的函数 Kruskal 可以找出一棵最小生成树。因为一条边由三部分数据组成，所以在某些机器上把优先队列实现成指向边的指针数组比实现成边的数组更为有效。这种实现的效果在于，为重新排列堆，需要移动的只有那些指针，而大量的记录则不必移动。

315 ~ 318

```
        void
        Kruskal( Graph G )
        {
            int EdgesAccepted;
            DisjSet S;
            PriorityQueue H;
            Vertex U, V;
            SetType Uset, Vset;
            Edge E;

/* 1*/      Initialize( S );
/* 2*/      ReadGraphIntoHeapArray( G, H );
/* 3*/      BuildHeap( H );

/* 4*/      EdgesAccepted = 0;
/* 5*/      while( EdgesAccepted < NumVertex - 1 )
            {
/* 6*/          E = DeleteMin( H );  /* E = (U,V) */
/* 7*/          Uset = Find( U, S );
/* 8*/          Vset = Find( V, S );
/* 9*/          if( Uset != Vset )
                {
                    /* Accept the edge */
/*10*/              EdgesAccepted++;
/*11*/              SetUnion( S, USet, VSet );
                }
            }
        }
```

图9-58　Kruskal 算法的伪代码

该算法的最坏情形运行时间为 $O(|E|\log|E|)$，它受堆操作控制。注意，由于 $|E|=O(|V|^2)$，因此这个运行时间实际上是 $O(|E|\log|V|)$。在实践中，该算法要比这个时间界指示的时间快得多。

9.6　深度优先搜索的应用

深度优先搜索(depth-first search)是对先序遍历(preorder traversal)的一般化。我们从某个顶点 v 开始处理 v，然后递归地遍历所有与 v 邻接的顶点。如果这种过程是对一棵树进行，那么，由于 $|E|=\Theta(|V|)$，因此该树的所有的顶点在总时间 $O(|E|)$ 内都将被系统地访问到。如果我们对任意的图进行该过程，那么为了避免圈我们需要小心仔细。为此，当我们访问一个顶点 v 的时候，由于当时已经到了该点处，因此可以标记该点是访问过的，并且对于尚未被标记的所有邻接顶点递归调用深度优先搜索。我们假设，对于无向图，每条边 (v, w) 在邻接表中出现两次：一次是 (v, w)，另一次是 (w, v)。图9-59中的函数执行一次深度优先搜索(此外绝对什么也不做)，从而是一个一般风格的模板。

319

(全局)布尔型数组 Visited[] 初始化成 false。通过只对那些尚未访问的节点递归调

用该函数，我们保证不会陷入无限的循环。如果图是无向的且不连通的，或是有向的但非强连通的，这种方法可能会访问不到某些节点。此时，我们搜索一个未标记的节点，然后应用深度优先遍历，并继续这个过程直到不存在未标记的节点为止[⊖]。因为该方法保证每一条边只访问一次，所以只要使用邻接表，则执行遍历的总时间就是 $O(|E|+|V|)$。

```
void
Dfs( Vertex V )
{
    Visited[ V ] = True;
    for each W adjacent to V
        if( !Visited[ W ] )
            Dfs( W );
}
```

图 9-59　深度优先搜索模板

9.6.1　无向图

当且仅当从任意节点开始的深度优先搜索访问到每一个节点，无向图是连通的。因为这项测试应用起来非常容易，所以假设我们处理的图都是连通的。如果它们不连通，那么我们可以找出所有的连通分支并将我们的算法依次应用于每个分支。

作为深度优先搜索的一个例子，设在图 9-60 中我们从 A 点开始。此时，标记 A 为访问过的并递归调用 Dfs(B)。Dfs(B)标记 B 为访问过的并递归调用 Dfs(C)。Dfs(C)标记 C 为访问过的并递归调用 Dfs(D)。Dfs(D)遇到 A 和 B，但是这两个节点都已标记了，因此没有递归调用可以进行。Dfs(D)也看到 C 是邻接的顶点，但 C 也标记过了，因此在这里也没有递归调用进行，于是 Dfs(D)返回到 Dfs(C)。Dfs(C)看到 B 是邻接点，忽略它，并发现以前没看见的顶点 E 也是邻接点，因此调用 Dfs(E)。Dfs(E)将 E 作标记，忽略 A 和 B，并返回到 Dfs(C)。Dfs(C)返回到 Dfs(B)。Dfs(B)忽略 A 和 D 并返回。Dfs(A)忽略 D 和 E 且返回。（我们实际上已经接触每条边两次，一次是作为边 (v, w)，再一次是作为边 (w, v)，但这实际上是每个邻接表项接触一次。）

320

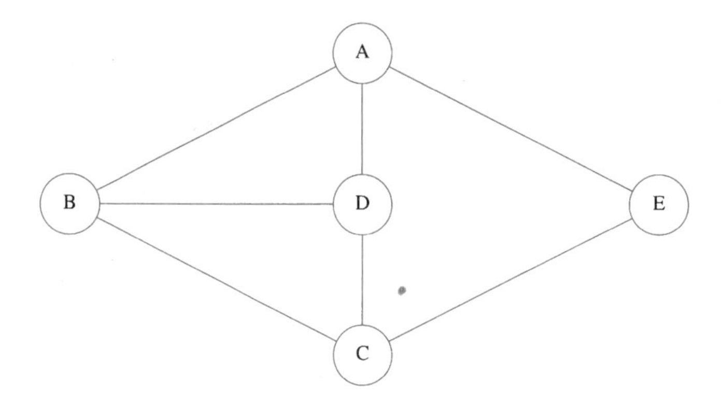

图 9-60　一个无向图

我们以图形来描述深度优先生成树（depth-first spanning tree）的步骤。该树的根是 A，是第一个访问的顶点。图中的每一条边 (v, w) 都出现在树上。如果当我们处理 (v, w) 时发现 w 是未标记的，或当我们处理 (w, v) 时发现 v 是未标记的，那么我们就用树的一条边表

⊖ 其实现的一种有效方法是从 v_1 开始深度优先搜索。如果我们需要重新开始深度优先搜索，则考虑一个未标记的顶点序列 v_k，v_{k+1}，…，其中 v_{k-1} 是最后一次深度优先搜索开始时的顶点。这保证整个算法只花费 $O(|V|)$ 时间查找那些使新的深度优先搜索树开始的顶点。

示它。如果当我们处理(v, w)时发现w已被标记，并且当我们处理(w, v)时发现v也已有标记，那么我们就画一条虚线，并称之为背向边(back edge)，表示这条“边”实际上不是树的一部分。图9-60中的图的深度优先搜索在图9-61中示出。

321

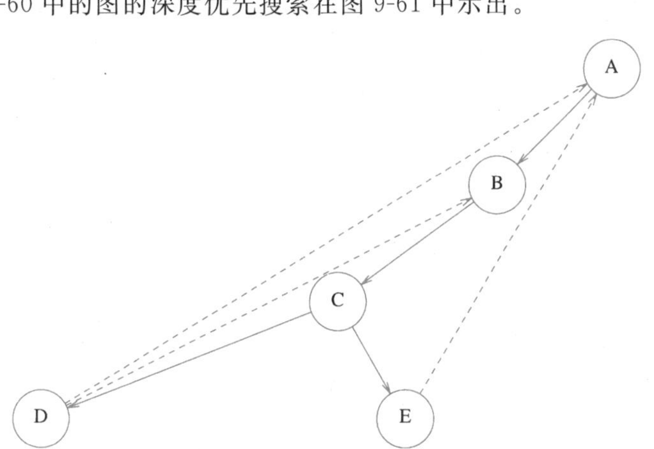

图9-61 上图的深度优先搜索

树将模拟我们执行的遍历。只使用树的边对该树的先序编号告诉我们这些顶点被标记的顺序。如果图不是连通的，那么处理所有的节点(和边)则需要多次调用 `Dfs`，每次都生成一棵树，整个集合就是深度优先生成森林(depth-first spanning forest)。

9.6.2 双连通性

一个连通的无向图如果不存在被删除之后使得剩下的图不再连通的顶点，那么这样的无向连通图就称为双连通(biconnected)的。上例中的图是双连通的。如果例中的节点是计算机，边是链路，那么，若有任意一台计算机出故障而不能运行，则网络邮件并不受影响，当然，与这台坏计算机有关的邮件除外。类似地，如果一个公共运输系统是双连通的，那么，若某个站点被破坏，则用户总可选择另外的旅行路径。

如果一个图不是双连通的，那么，将其删除使图不再连通的那些顶点叫作割点(articulation point)。这些节点在许多应用中是很重要的。图9-62不是双连通的：顶点C和D是割点。删除顶点D使图G不连通，而删除顶点D则使E和F从图G的其余部分断离。

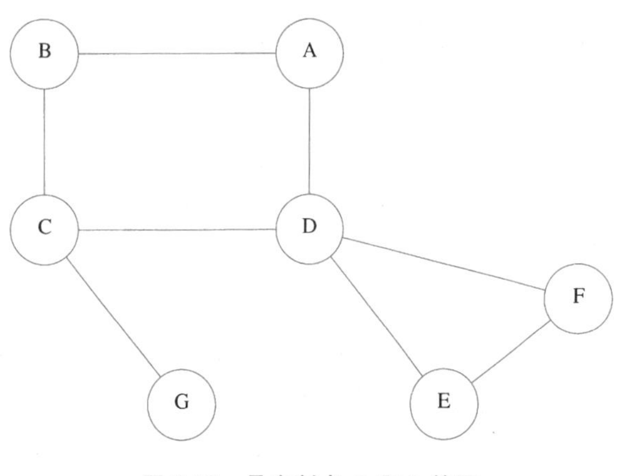

图9-62 具有割点C和D的图

深度优先搜索提供一种找出连通图中的所有割点的线性时间算法。首先，从图中任意顶点开始，执行深度优先搜索并在顶点被访问时给它们编号。对于每一个顶点v我们称其先序编号为$\text{Num}(v)$。然后，对于深度优先搜索生成树上的每一个顶点v，计算编号最低的顶点，我们称之为 Low(v)，该点从 v 开始通过树的零条或多条边且可能还有一条背向边而(以该序)达到。图 9-63 中的深度优先搜索树首先指出先序编号，然后指出在上述法则下可达的最低编号顶点。

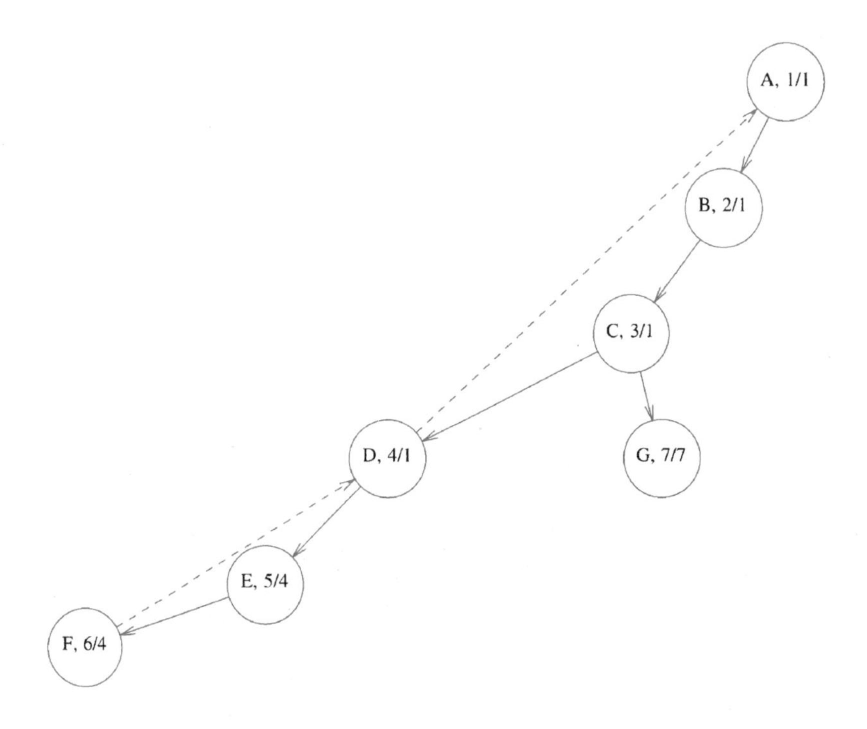

图 9-63　上图的深度优先树，节点标有 Num 和 Low

从 A、B 和 C 开始的可达最低编号顶点为 1(A)，因为它们都能够通过树的边到 D，然后在由一条背向边回到 A。我们可以通过对该深度优先生成树执行一次后续遍历有效地算出 Low。根据 low 的定义可知 Low(v)是

1. Num(v)
2. 所有背向边(v，w)中的最低 Num(w)
3. 树的所有边(v，w)中的最低 Low(w)

的最小者。

第一种方法是不选取边，第二种方法是不选取树的边而是选取一条背向边，第三种方法则是选择树的某些边以及可能还有一条背向边。第三种方法可用一个递归调用简明地描述。由于我们需要对 v 的所有儿子计算出 Low 值后才能计算 Low(v)，因此这是一个后序遍历。对于任意一条边(v，w)，我们只要检查 Num(v)和 Num(w)就可以知道它是树的一条边还是一条背向边。因此，Low(v)容易计算：我们只需扫描 v 的邻接表，应用适当的法则，并记住最小值。所有的计算花费 $O(|E|+|V|)$时间。

322 ~ 323

剩下要做的就是利用这些信息找出所有的割点。根是割点当且仅当它有多于一个的儿子，因为如果它有两个儿子，那么删除根则使得节点不连通而分布在不同的子树上；如果根只有一个儿子，那么除去该根只不过断离该根。对于任何其他顶点 v，它是割点当且仅当

它有某个儿子 w 使得 Low(w)≥Num(v)。注意，这个条件在根处总是满足的；因此，需要进行特别的测试。

当我们考察算法确定的割点(即 C 和 D)时，证明的当部分是明显的。D 有一个儿子 E，且 Low(E)≥Num(D)，二者都是 4。因此，对 E 来说只有一种方法到达 D 上面的任何一点，那就是要通过 D。类似地，C 也是一个割点，因为 Low(G)≥Num(C)。为了证明该算法正确，我们必须证明论断的仅当部分成立(即，它找到所有的割点)。我们把它留作一道练习。作为第二个例子，我们指出(图 9-64)同样在这个图上应用该算法在顶点 C 开始深度优先搜索的结果。

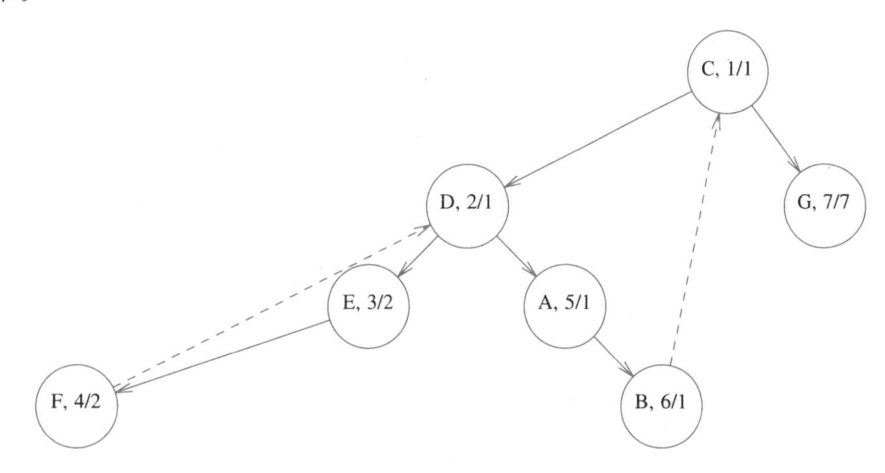

图 9-64 在 C 开始深度优先搜索所得到的深度优先树

最后，我们给出伪代码实现该算法。为使程序简单设数组 Visited[](初始化为 false)、Num[]、Low[]和 Parent[]为全局变量。我们还要有一个全局变量叫作 Counter，为给先序遍历编号 Num[]赋值，将 Counter 初始化为 1。通常这不是一个好的程序设计实践，不过，包含所有的声明和传递那些额外的参数将会模糊程序的逻辑结构。我们还将省略对根的容易实现的测试。

正如我们已经提到的，该算法可以通过执行一趟先序遍历计算 Num 而后一趟后序遍历计算 Low 来实现。第三趟遍历可以用来检验哪些顶点满足割点的标准。然而，执行三趟遍历是一种浪费。第一趟如图 9-65 所示。

```
        /* Assign Num and compute Parents */

        void
        AssignNum( Vertex V )
        {
            Vertex W;

/* 1*/      Num[ V ] = Counter++;
/* 2*/      Visited[ V ] = True;
/* 3*/      for each W adjacent to V
/* 4*/          if( !Visited[ W ] )
                {
/* 5*/              Parent[ W ] = V;
/* 6*/              AssignNum( W );
                }
        }
```

图 9-65 对顶点的 Num 赋值的例程(伪代码)

第二趟和第三趟遍历都是后序遍历，可以通过图 9-66 中的代码来实现。第 8 行处理一个特殊的情况。如果 w 邻接到 v，那么递归调用 w 将发现 v 邻接到 w。这不是一条背向边，而只是一条已经考虑过且需要忽略的边。否则，该过程计算出 Low[]和 Num[]成员的最小值，正如算法指定的那样。

```
        /* Assign Low; also check for articulation points */

        void
        AssignLow( Vertex V )
        {
            Vertex W;

/* 1*/      Low[ V ] = Num[ V ];  /* Rule 1 */
/* 2*/      for each W adjacent to V
            {
/* 3*/          if( Num[ W ] > Num[ V ] )  /* Forward edge */
                {
/* 4*/              AssignLow( W );
/* 5*/              if( Low[ W ] >= Num[ V ] )
/* 6*/                  printf( "%v is an articulation point\n", v );
/* 7*/              Low[ V ] = Min( Low[ V ], Low[ W ] ); /* Rule 3 */
                }
                else
/* 8*/          if( Parent[ V ] != W )  /* Back edge */
/* 9*/              Low[ V ] = Min( Low[ V ], Num[ W ] ); /* Rule 2 */
            }
        }
```

图 9-66 计算 Low 并检验是否割点的伪代码(忽略对根的检验)

324 ~ 325

不存在一个遍历一定是先序遍历或后序遍历的法则。在递归调用前和递归调用后都有可能对两者进行处理。图 9-67 中的过程将两个例程 AssignNum 和 AssignLow 结合成一种直接的方式得到函数 FindArt。

```
        void
        FindArt( Vertex V )
        {
            Vertex W;

/* 1*/      Visited[ V ] = True;
/* 2*/      Low[ V ] = Num[ V ] = Counter++;  /* Rule 1 */
/* 3*/      for each W adjacent to V
            {
/* 4*/          if( !Visited[ W ] )  /* Forward edge */
                {
/* 5*/              Parent[ W ] = V;
/* 6*/              FindArt( W );
/* 7*/              if( Low[ W ] >= Num[ V ] )
/* 8*/                  printf( "%v is an articulation point\n", v );
/* 9*/              Low[ V ] = Min( Low[ V ], Low[ W ] ); /* Rule 3 */
                }
                else
/*10*/          if( Parent[ V ] != W )  /* Back edge */
/*11*/              Low[ V ] = Min( Low[ V ], Num[ W ] ); /* Rule 2 */
            }
        }
```

图 9-67 在一次深度优先搜索(忽略对根的检测)中对割点的检测(伪代码)

9.6.3 欧拉回路

考虑图 9-68 中的三个图。一个流行的游戏是用钢笔重画这些图，每条线恰好画一次。在画图的时候钢笔不要从纸上离开。作为一个附加的问题，要使钢笔结束画图在开始画图时的起点上。该游戏有一个非常简单的解法。如果你想尝试求解该问题，那么现在就可以试一试。

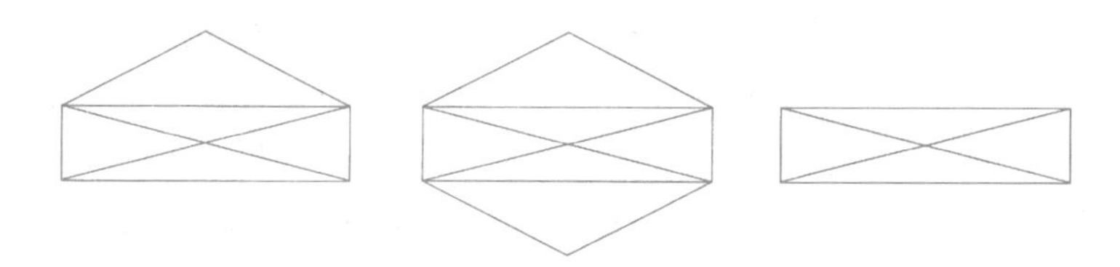

图 9-68 三幅图画

第一个图仅当起点在左下角或右下角时可以画出，而且不可能结束在起点处。第二个图容易画出，它的终止点和起点相同，但是，第三个图在游戏的限制条件下根本画不出来。

我们可以通过给每个交点指定一个顶点而把这个问题转化成图论问题。此时，图的边可以自然的方式规定，如图 9-69 所示。

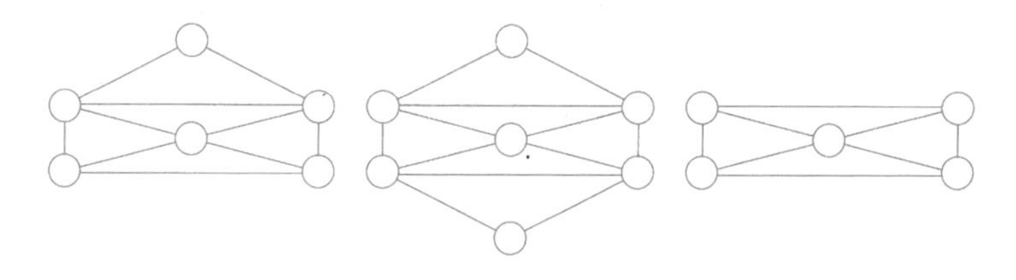

图 9-69 将游戏转化成图

将问题转化之后，我们必须在图中找出一条路径，使得该路径访问图的每条边恰好一次。如果我们要解决“附加的问题”，那么就必须找到一个圈，该圈经过每条边恰好一次。这种图论问题在 1736 年由欧拉解决，它标志着图论的诞生。根据特定问题的叙述不同，这种问题通常叫作*欧拉路径*(有时称*欧拉环游*——Euler tour)或*欧拉回路*(Euler circuit)问题。虽然欧拉环游和欧拉回路问题稍有不同，但是却有相同的基本解。因此，在这一节我们将考虑欧拉回路问题。

能够做的第一个观察是，其终点必须终止在起点上的欧拉回路只有当图是连通的并且每个顶点的度(即，边的条数)是偶数时才有可能存在。这是因为，在欧拉回路中，一个顶点有边进入，则必然有边离开。如果任意顶点 v 的度为奇数，那么实际上我们早晚将会达到这样一种地步，即只有一条进入 v 的边尚未访问到，若沿该边进入 v 点，那么我们只能停在顶点 v，不可能再出来。如果恰好有两个顶点的度是奇数，那么当我们从一个奇数度的顶点出发最后终止在另一个奇数度的顶点时，仍然有可能得到一个欧拉环游。这里，欧拉环游是必须访问图的每一边但最后不一定必须回到起点的路径。如果奇数度的顶点多于两个，那么欧拉环游也是不可能存在的。

上一段的观察给我们提供了欧拉回路存在的一个必要条件。不过，它并未告诉我们满足该性质的所有的连通图必然有一个欧拉回路，也没有给我们如何找出欧拉回路的指导。事实上，这个必要条件也是充分的。就是说，所有顶点的度均为偶数的任何连通图必然有欧拉回路。不仅如此，我们还可以以线性时间找出这样一条回路。

由于我们可以用线性时间检测这个充分必要条件，因此可以假设我们知道存在一条欧拉回路。此时，基本算法就是执行一次深度优先搜索。有大量“明显的”解决方案但是却都行不通，我们罗列了一些在练习中。

326 ~ 327

主要问题在于，我们可能只访问了图的一部分而提前返回到起点。如果从起点出发的所有边均已用完，那么图中就会有部分遍历不到。最容易的补救方法是找出有尚未访问的边的路径上的第一个顶点，并执行另外一次深度优先搜索。这将给出另外一个回路，把它拼接到原来的回路上。继续该过程直到所有的边都遍历到为止。

作为一个例子，考虑图 9-70。容易看出，这个图有一个欧拉回路。设从顶点 5 开始，我们遍历 5，4，10，5，此时我们已无路可走，图的大部分都还未遍历到。情况如图 9-71 所示。

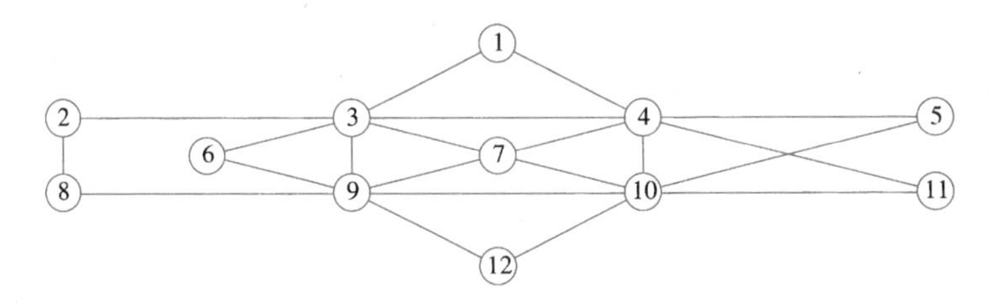

图 9-70 欧拉回路问题的图

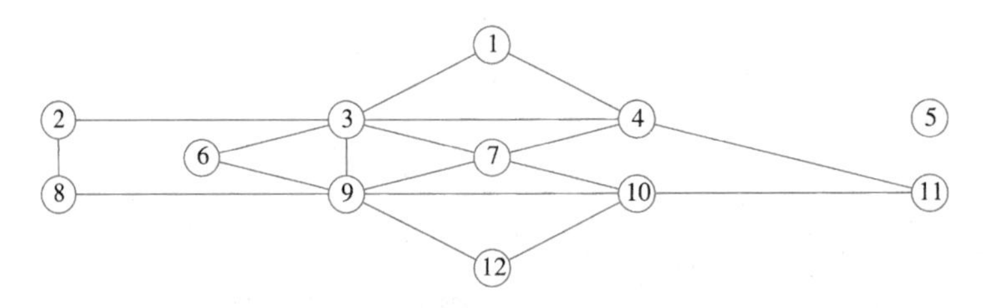

图 9-71 在 5，4，10，5 后剩下的图

此时，我们从顶点 4 继续进行，它仍然还有没用到的边。结果，又得到路径 4，1，3，7，4，11，10，7，9，3，4。如果我们把这条路径拼接到前面的路径 5，4，10，5 上，那么我们就得到一条新的路径 5，4，1，3，7，4，11，10，7，9，3，4，10，5。

此后，剩下的图表示在图 9-72 中。注意，在这个图中，所有的顶点的度必然都是偶数，因此，我们保证能够找到一个圈再拼接上。剩下的图可能不是连通的，但这并不重要。路径上存有未访问的边的下一个顶点是 3。此时可能的回路可以是 3，2，8，9，6，3。当拼接进来之后，我们得到路径 5，4，1，3，2，8，9，6，3，7，4，11，10，7，9，3，4，10，5。

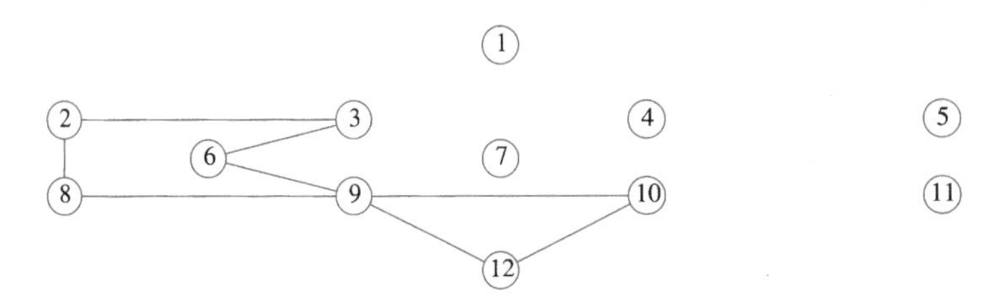

图 9-72 在 5，4，1，3，7，4，11，10，7，9，3，4，10，5 后的图

剩下的图在图 9-73 中。在该路径上，带有未遍历边的下一个顶点是 9，算法找到回路 9，12，10，9。当把它拼接到当前路径中时，我们得到回路 5，4，1，3，2，8，9，12，10，9，6，3，7，4，11，10，7，9，3，4，10，5。当所有的边都被遍历时，算法终止，

我们得到一个欧拉回路。

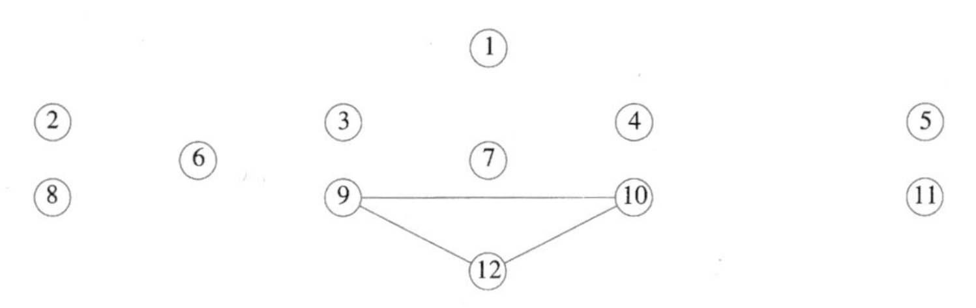

图 9-73　在路径 5，4，1，3，2，8，9，6，3，7，4，11，10，7，9，3，4，10，5 后剩下的图

为使算法更有效，必须使用适当的数据结构。我们将概述想法而把实现方法留作练习。为使拼接简单，应该把路径作为一个链表保留。为避免重复扫描邻接表，对于每一个邻接表我们必须保留一个指向最后扫描到的边的指针。当拼接一个路径时，必须从拼接点开始搜索新顶点，从这个新顶点进行下一轮深度优先搜索。这将保证在整个算法期间对顶点搜索阶段所进行的全部工作量为 $O(|E|)$。使用适当的数据结构，算法的运行时间为 $O(|E|+|V|)$。

一个非常相似的问题是在无向图中寻找一个简单的圈，该圈通过图的每一个顶点。这个问题称为哈密尔顿圈问题(Hamiltonian cycle problem)。虽然看起来这个问题似乎差不多和欧拉回路问题一样，但是，对它却没有已知的有效算法。我们将在 9.7 节中再次看到这个问题。

9.6.4　有向图

利用与无向图相同的思路，也可以通过深度优先搜索以线性时间遍历有向图。如果图不是强连通的，那么从某个节点开始的深度优先搜索可能访问不了所有的节点。在这种情况下我们在某个未作标记的节点处开始，反复执行深度优先搜索，直到所有的节点都被访问到。作为例子，考虑图 9-74 中的有向图。

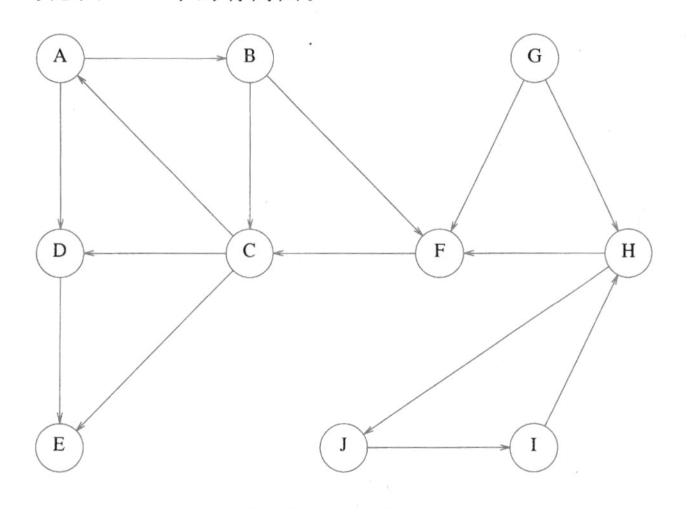

图 9-74　一个有向图

我们在顶点 B 任意开始深度优先搜索。它访问顶点 B，C，A，D，E，F。然后，在某个未访问的顶点再重新开始。我们任意地在 H 开始，访问 I 和 J。最后，在 G 点开始，它

是最后一个需要访问的顶点。对应的深度优先搜索树如图 9-75 所示。

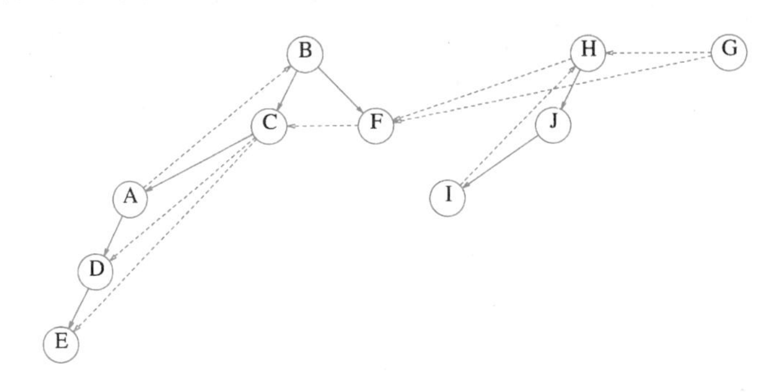

图 9-75 前面的图的深度优先搜索

在深度优先生成森林中，虚线箭头是一些(v, w)边，其中的w在考察时已经作了标记。在无向图中，总有一些背向边，但是我们可以看到，存在三种类型的边并不通向新的顶点。首先是一些背向边，如(A, B)和(I, H)。还有一些前向边(forward edge)，如(C, D)和(C, E)，它们从树的一个节点通向一个后裔。最后就是一些交叉边，如(F, C)和(G, F)，它们把不直接相关的两个树节点连接起来。深度优先搜索森林一般通过把一些子节点和一些新的树从左到右添加到森林中形成。在以这种方式构成的有向图的深度优先搜索中，交叉边总是从左到右行进的。

328 ≀ 330

有些使用深度优先搜索的算法需要区别非树边的三种类型。当进行深度优先搜索时这是容易检验的，我们把它留作一道练习。

深度优先搜索的一种用途是检测一个有向图是否是无圈图，法则如下：一个有向图是无圈图当且仅当它没有背向边。(上面的图有背向边，因此它不是无圈图。)读者可能还记得，拓扑排序也可以用来确定一个图是否是无圈图。进行拓扑排序的另一种方法是通过深度优先生成森林的后序遍历给顶点指定拓扑编号$N, N-1, \cdots, 1$。只要图是无圈的，这种排序就是一致的。

9.6.5 查找强分支

通过执行两次深度优先搜索，我们可以检测一个有向图是否是强连通的，如果它不是强连通的，那么我们实际上可以得到顶点的一些子集，它们到其自身是强连通的。这也可以只用一次深度优先搜索做到，不过，此处所使用的方法理解起来要简单得多。

首先，在一个输入的图G上执行一次深度优先搜索。通过对深度优先生成森林的后序遍历将G的顶点编号，然后再把G的所有的边反向，形成G_r。图 9-76 代表图 9-74 所示的图G的G_r，顶点用它们的编号表示。

该算法通过对G_r执行一次深度优先搜索而完成，总是在编号最高的顶点开始一次新的深度优先搜索。于是，我们在顶点G开始对G_r的深度优先搜索，G的编号为 10。但该顶点不通向任何顶点，因此下一次搜索在H点开始。这次调用访问I和J。下一次调用在B点开始并访问A、C和F。此后的调用是 `Dfs`(D)及最终调用 `Dfs`(E)。结果得到的深度优先生成森林如图 9-77 所示。

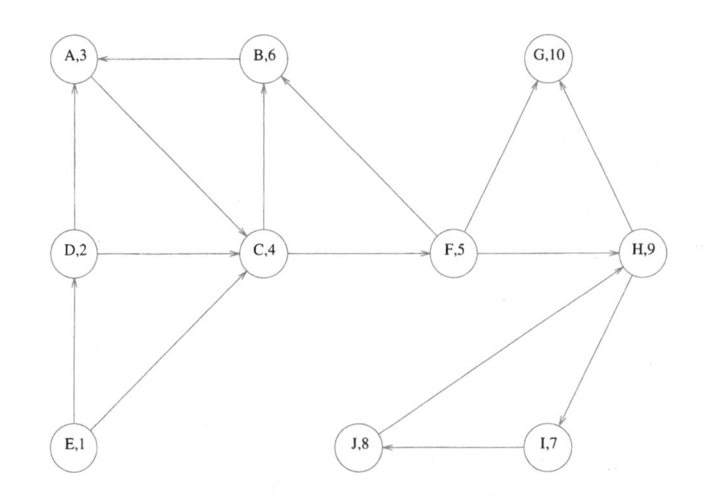

图 9-76 通过对(图 9-74 中的)图 G 的后序遍历所编号的 G_r

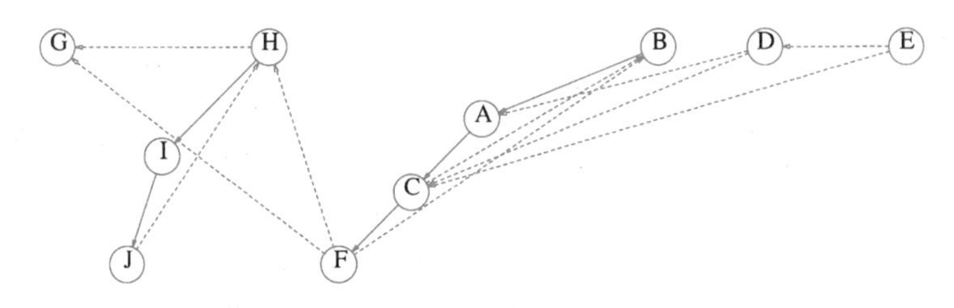

图 9-77 G_r 的深度优先搜索——强分支为 $\{G\}$，$\{H, I, J\}$，$\{B, A, C, F\}$，$\{D\}$，$\{E\}$

在该深度优先生成森林中的每棵树(如果完全忽略所有的非树边，那么这是很容易看出的)形成一个强连通的分支。因此，对于我们的例子，这些强连通分支为$\{G\}$，$\{H，I，J\}$，$\{B，A，C，F\}$，$\{D\}$，$\{E\}$。

为了理解该算法为什么成立，首先注意到，如果两个顶点 v 和 w 都在同一个强连通分支中，那么在原图 G 中就存在从 v 到 w 的路径和从 w 到 v 的路径，因此，在 G_r 中也存在。现在，如果两个顶点 v 和 w 不在 G_r 的同一个深度优先生成树中，那么显然它们也不可能在同一个强连通分支中。

为了证明该算法成立，我们必须指出，如果两个顶点 v 和 w 在 G_r 的同一个深度优先生成树中，那么必然存在从 v 到 w 的路径和从 w 到 v 的路径。等价地，我们可以证明，如果 x 是 G_r 包含 v 的深度优先生成树的根，那么存在一条从 x 到 v 和从 v 到 x 的路径。对 w 应用相同的推理则得到一条从 x 到 w 和从 w 到 x 的路径。这些路径则意味着那些从 v 到 w 和从 w 到 v(经过 x)的路径。

由于 v 是 x 在 G_r 的深度优先生成树中的一个后裔，因此存在 G_r 中一条从 x 到 v 的路径，从而存在 G 中一条从 v 到 x 的路径。此外，由于 x 是根节点，因此 x 从第一次深度优先搜索得到更高的后序编号。于是，在第一次深度优先搜索期间所有处理 v 的工作都在 x 的工作结束前完成。既然存在一条从 v 到 x 的路径，因此 v 必然是 x 在 G 的生成树中的一个后裔——否则 v 将在 x 之后结束。这意味着 G 中从 x 到 v 有一条路径，证明完成。

9.7 NP-完全性介绍

在这一章，我们已经看到各种各样图论问题的解法。所有这些问题都有一个多项式运行时间，除网络流问题外，运行时间或者是线性的，或者稍微比线性多一些($O(|E|\log|E|)$)。顺便指出，我们还提到，对于某些问题，有些变化似乎比原始问题要困难。

331 ~ 332

回忆欧拉回路问题，它要求找出一条路径恰好每条边经过一次，该问题是线性时间可解的。哈密尔顿圈问题要找一个简单圈，该圈包含每一个顶点。对于这个问题，尚不知道有线性算法。

对于有向图的单发点无权最短路径问题也是线性时间可解的。但对应的最长简单路径问题(longest-simple-path)尚不知有线性时间算法。

这些问题的变化，其情况实际上比我们描述的还要糟。对于这些变种问题不仅不知道线性算法，而且不存在保证以多项式时间运行的已知算法。这些问题的一些熟知算法对于某些输入可能要花费指数时间。

在这一节，我们将简要考察这种问题。这种问题是相当复杂的，因此我们将只进行快速和非正式的探讨。这样一来，我们的讨论可能(必然地)处处都或多或少有些不准确的缺憾。

我们将看到，存在大量重要的问题，它们在复杂性上大体是等价的。这些问题形成一个类，叫作 NP-完全(NP-complete)问题。这些 NP-完全问题精确的复杂度仍然需要确定并且在计算机理论科学方面仍然是最重要的开放性问题。或者所有这些问题有多项式时间解法，或者它们都没有多项式时间解法。

9.7.1 难与易

在给问题分类时，第一步要考虑的是分界。我们已经看到，许多问题可以用线性时间求解。我们还看到某些 $O(\log N)$的运行时间，但是它们或者假定已作某些预处理(如输入数据已读入或数据结构已建立)，或者出现在运算实例中。例如，`Gcd`(最高公因数)算法，当用于两个数 M 和 N 时，花费 $O(\log N)$时间。由于这两个数分别由 $\log M$ 和 $\log N$ 个二进制位组成，因此 `Gcd` 算法实际上花费的时间对于输入数据的量或大小而言是线性的。由此可知，当度量运行时间时，我们将把运行时间考虑成输入数据的量的函数。一般说来，我们不能期望运行时间比线性更好。

另一方面，确实存在某些真正难的问题。这些问题是如此的难，以至于它们不可能解出。但这并不意味着通常那种懊恼叹息，叹息意味着求解该问题需要天才。正如实数不足以表示 $x^2<0$ 的解那样，可以证明，计算机不可能解决碰巧发生的每一个问题。这些“不可能”解出的问题叫作不可判定问题(undecidable problem)。

一个特殊的不可判定问题是停机问题(halting problem)。是否能够让你的 C 编译器拥有一个附加的特性，即不仅能够检查语法错误，而且还能够检查所有的无限循环？这似乎是一个难的问题，但是我们或许期望，假如某些非常聪明的程序员花上足够的时间，他们也许能够编制出这种增强型的编译器。

该问题是不可判定的，其直观原因在于这样一个程序可能很难检查它自己。由于这个原因，有时这些问题叫作*递归不可判定的*(recursively undecidable)。 333

如果一个无限循环检查程序能够写出，那么它肯定可以用于自检。此时我们可以得到一个程序叫作 LOOP。LOOP 把一个程序 P 作为输入并使 P 自身运行。如果 P 自身运行时出现循环，则显示短语 YES。如果 P 自身运行时终止了，那么自然要做的事是显示 NO。代替这么做的办法是，我们将让 LOOP 进入一个无限循环。

当 LOOP 将自身作为输入时会发生什么呢？或者 LOOP 停止，或者不停止。问题在于，这两种可能性均导致矛盾，与短语“这句话是一句谎言”产生的矛盾大致相同。

根据我们的定义，如果 $P(P)$终止，则 LOOP(P)进入一个无限循环。设当 P=LOOP 时，$P(P)$终止。此时，按照 LOOP 程序，LOOP(P)应该进入一个无限循环。因此，我们必须让 LOOP(LOOP)终止并进入一个无限循环，显然这是不可能的。另一方面，设当 P= LOOP 时 $P(P)$进入一个无限循环，则 LOOP(P)必须终止，而我们得到同样的一组矛盾。因此，我们看到，程序 LOOP 不可能存在。

9.7.2 NP 类

NP 类是在难度上逊于不可判定问题的类。NP 代表非确定型多项式时间(nondeterministic polynomial-time)。确定型机器在每一时刻都在执行一条指令。根据这条指令，机器再去执行某条接下来的指令，这是唯一确定的。而一台非确定型机器对其后的步骤是有选择的。它可以自由进行它想要的任意的选择，如果这些后面的步骤中有一条导致问题的解，那么它将总是选择这个正确的步骤。因此，非确定型机器具有非常好的猜测(优化)能力。这好像一台奇怪的模型，因为没有人能够构建一台非确定型计算机，还因为这台机器是对标准计算机的令人难以置信的改进(此时每一个问题都变成易解的了)。我们将看到，非确定性是非常有用的理论结构。此外，非确定性也不像人们想象的那么强大。例如，即使使用非确定性，不可判定问题仍然还是不可判定的。

检验一个问题是否属于 NP 的简单方法是将该问题用是/否(yes/no)问题的语言描述。如果我们在多项式时间内能够证明一个问题的任意“是”的实例是正确的，那么该问题属于 NP 类。我们不必担心“否”的实例，因为程序总是进行正确的选择。因此，对于哈密尔顿圈问题，一个“是”的实例就是图中任意一个包含所有顶点的简单的回路。由于给定一条路径，验证它是否真的是哈密尔顿圈是一件简单的事情，因此哈密尔顿圈问题属于 NP。诸如“存在长度$>K$ 的简单路径吗?”这样的适当的问题也可能容易验证从而属于 NP。满足这条性质的任何路径均可容易地检验。

由于解本身显然提供了验证方法，因此，NP 类包括所有具有多项式时间解的问题。人们会想到，既然验证一个答案要比经过计算提出一个答案容易得多，因此在 NP 中就会存在不具有多项式时间解法的问题。这样的问题至今没有发现，于是，完全有可能非确定性并不是如此重要的改进，尽管有些专家很可能不这么认为。问题在于，证明指数下界是一项极其困难的工作。我们曾用来证明排序需要 $\Omega(N \log N)$次比较的信息理论定界方法似乎 334

还不足以完成这样的工作，因为决策树都还不够大。

还要注意，不是所有的可判定问题都属于 NP。考虑确定一个图是否没有哈密尔顿圈的问题。证明一个图有哈密尔顿圈是相对简单的一件事情——我们只需展示一个即可。然而却没有人知道如何以多项式时间证明一个图没有哈密尔顿圈。似乎人们只能枚举所有的圈并且将它们一个一个地验证才行。因此，无哈密尔顿圈的问题不知属于不属于 NP。

9.7.3 NP-完全问题

在已知属于 NP 的所有问题中，存在一个子集，叫作 NP-完全(NP-complete)问题，它包含了 NP 中最难的问题。NP-完全问题有一个性质，即 NP 中的任意问题都能够多项式地归约成 NP-完全问题。

一个问题 P_1 可以如下归约成问题 P_2：设有一个映射，使得 P_1 的任何实例都可以变换成 P_2 的一个实例。求解 P_2，然后将答案映射回原始的解答。作为一个例子，考虑把数以十进制输入到一只计算器。将这些十进制数转化成二进制数，所有的计算都用二进制进行。然后，再把最后答案转变成十进制显示。对于可多项式地归约成 P_2 的 P_1，与变换相联系的所有的工作必然以多项式时间完成。

NP-完全问题是最难的 NP 问题的原因在于，一个 NP-完全的问题基本上可以用作 NP 中任何问题的子程序，其花费只不过是多项式的开销量。因此，如果任意 NP-完全问题有一个多项式时间解，那么 NP 中的每一个问题必然都有一个多项式时间的解。这使得 NP-完全问题是所有 NP 问题中最难的问题。

设我们有一个 NP-完全问题 P_1，并设 P_2 已知属于 NP。再进一步假设 P_1 多项式地归约成 P_2，使得我们可以通过使用 P_2 求解 P_1 只多损耗了多项式时间。由于 P_1 是 NP-完全的，NP 中的每一个问题都可多项式地归约成 P_1。应用多项式的封闭性，我们看到，NP 中的每一个问题均可多项式地归约成 P_2：我们把问题归约成 P_1，然后再把 P_1 归约成 P_2。因此，P_2 是 NP-完全的。

作为一个例子，设我们已经知道哈密尔顿圈问题是 NP-完全问题。巡回售货员(traveling salesman problem)问题如下。

巡回售货员问题

给定一完全图 $G=(V, E)$、它的边的值以及整数 K，是否存在一个访问所有顶点并且总值 $\leqslant K$ 的简单圈?

这个问题不同于哈密尔顿圈问题，因为全部 $|V|(|V|-1)/2$ 条边都存在而且图是赋权图。该问题有很多重要的应用。例如，印刷电路板需要穿一些孔使得芯片、电阻器以及其他的电子元件可以置入。这是可以机械完成的。穿孔是快速的操作，时间耗费在给穿孔器定位上。定位所需要的时间依赖于从孔到孔间行进的距离。由于我们希望给每一个孔位穿孔(然后返回到开始位置以便给下一块电路板穿孔)，并将钻头移动所耗费的总时间限制到最小，因此我们得到的是一个巡回售货员问题。

335

巡回售货员问题是 NP-完全的。容易看到，其解可以用多项式时间检验，当然它属于

NP。为了证明它是 NP-完全的，我们可多项式地将哈密尔顿圈问题归约为巡回售货员问题。为此，构造一个新的图 G'，G' 和 G 有相同的顶点。对于 G' 的每一条边 (v, w)，如果 $(v, w) \in G$，那么它就有权 1，否则，它的权就是 2。我们选取 $K=|V|$，见图 9-78。

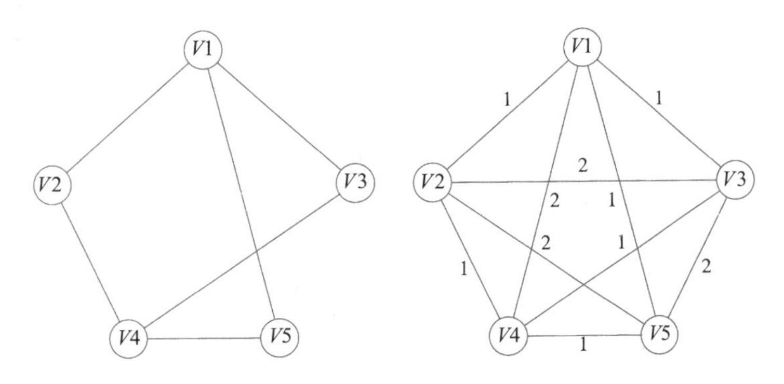

图 9-78　哈密尔顿圈问题变换成巡回售货员问题

容易验证，G 有一个哈密尔顿圈当且仅当 G' 有一个总权为 $|V|$ 的巡回售货员的巡回路线。

现在有许多已知是 NP-完全的问题。为了证明某个新问题是 NP-完全的，必须证明它属于 NP，然后将一个适当的 NP-完全问题变换到该问题。虽然到巡回售货员问题的变换是相当简单的，但是，大部分变换实际上却是相当复杂的，需要某些复杂的构造。一般说，在考虑了多个不同的 NP-完全问题之后才考虑实际提供归约化的问题。由于我们只关注一般的想法，因此也就不再讨论更多的变换；有兴趣的读者可以查阅本章后面的参考文献。

细心的读者可能想知道第一个 NP-完全问题是如何具体地被证明是 NP-完全的。由于证明一个问题是 NP-完全的需要从另外一个 NP-完全问题变换到它，因此必然存在某个 NP-完全问题，对于这个问题上述思路行不通。第一个被证明是 NP-完全的问题是可满足性(satisfiability)问题。这个可满足性问题把一个布尔表达式作为输入并提问是否该表达式对式中各变量的一次赋值取值 1。

336

可满足性当然属于 NP，因为容易计算一个布尔表达式的值并检查结果是否为真(true)。在 1971 年，Cook 通过直接证明 NP 中的所有问题都可以变换成可满足性问题而证明了可满足性问题是 NP-完全的。为此，他用到了对 NP 中每一个问题都已知的事实：NP 中的每一个问题都可以用一台非确定型计算机在多项式时间内求解。计算机的一个形式化的模型称作图灵机(Turing machine)。Cook 指出这台机器的动作如何能够用一个极其复杂但仍然是多项式的冗长的布尔公式来模拟。该布尔公式为真，当且仅当在由图灵机运行的程序对其输入得到一个“是”的答案。

一旦可满足性被证明是 NP-完全的，则一大批新的 NP-完全问题(包括某些最经典的问题)也都被证明是 NP-完全的。

除可满足性问题外，我们已经考察过的哈密尔顿回路问题、巡回售货员问题、最长路径问题都是 NP-完全问题，此外，还有一些我们尚未讨论的问题如装箱(bin packing)问题、背包(knapsack)问题、图的着色(graph coloring)问题以及团(clique)的问题都是著名的 NP-

完全问题。NP-完全问题相当广泛，包括来自操作系统(调度和安全)、数据库系统、运筹学、逻辑学、特别是图论等不同的领域的问题。

总结

在这一章，我们已经看到图如何用来对许多实际生活问题给出模型。实际出现的图常常是非常稀疏的，因此，注意用于实现这些图的数据结构很重要。

我们还看到一类问题，它们似乎没有有效的解法。在第 10 章将讨论处理这些问题的某些方法。

练习

9.1 找出图 9-79 的一个拓扑排序。

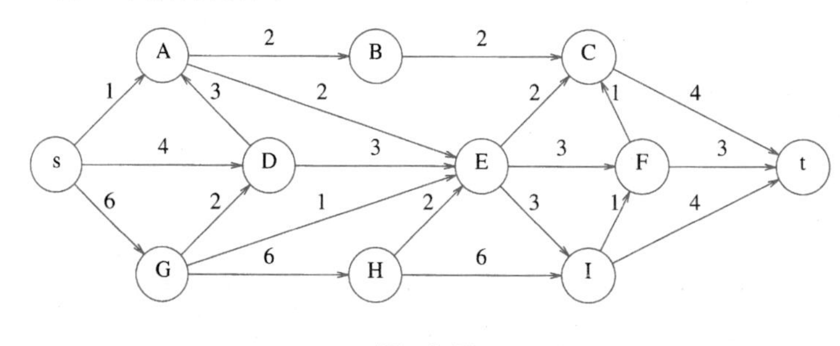

图 9-79

9.2 如果用一个栈代替 9.1 节中拓扑排序算法的队列，是否得到不同的排序？为什么一种数据结构会给出“更好”的答案？

9.3 编写一个程序执行对一个图的拓扑排序。

9.4 使用标准的二重循环，一个邻接矩阵仅仅初始化就需要 $O(|V|^2)$。试提出一种方法将一个图存储在一个邻接矩阵中(使得测试一条边是否存在花费 $O(1)$)但避免二次的运行时间。

9.5 a. 找出图 9-80 中 A 点到所有其他顶点的最短路径。

b. 找出图 9-80 中 B 点到所有其他顶点的最短无权路径。

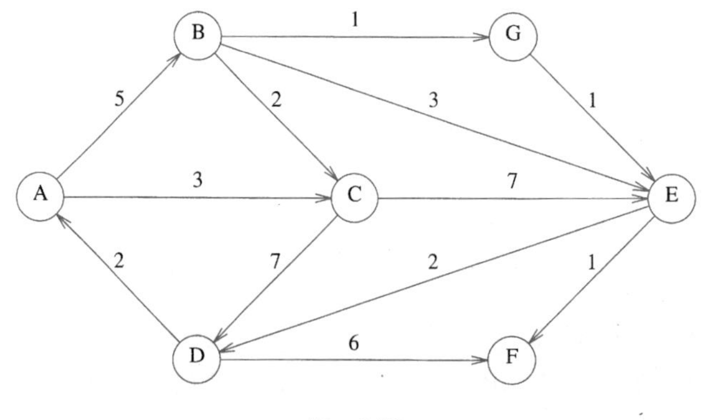

图 9-80

9.6　当用 d-堆实现时(6.5 节)，Dijkstra 算法最坏情形的运行时间是多少？

9.7　a. 给出在有一条负边但无负值圈时 Dijkstra 算法得到错误答案的例子。

**b. 证明，如果存在负权边但无负值圈，则 9.3.3 节中提出的赋权最短路径算法是成立的，并证明该算法的运行时间为 $O(|E| \cdot |V|)$。

*9.8　设一个图的所有边的权都是在 1 和 $|E|$ 之间的整数。Dijkstra 算法可以多快实现？

9.9　写出一个程序来求解单发点最短路径问题。

9.10　a. 解释如何修改 Dijkstra 算法以得到从 v 到 w 的不同的最小路径的个数的计数。

b. 解释如何修改 Dijkstra 算法使得如果存在多于一条从 v 到 w 的最小路径，那么具有最少边数的路径将被选中。

337
~
338

9.11　找出图 9-79 中的网络的最大流。

9.12　设 $G=(V, E)$是一棵树，s 是它的根，并且添加一个顶点 t 以及从 G 中所有树叶到 t 的无穷容量的边。给出一个线性时间算法以找出从 s 到 t 的最大流。

9.13　一个二分图 $G=(V, E)$是把 V 划分成两个子集 V_1 和 V_2 并且其边的两个顶点都不在同一个子集中的图。

a. 给出一个线性算法以确定一个图是否是二分图。

b. 二分匹配问题是找出 E 的最大子集 E' 使得没有顶点含在多于一条的边中。图 9-81 中所示的是四条边的一个匹配(由虚线表示)。存在一个五条边的匹配，它是最大的匹配。

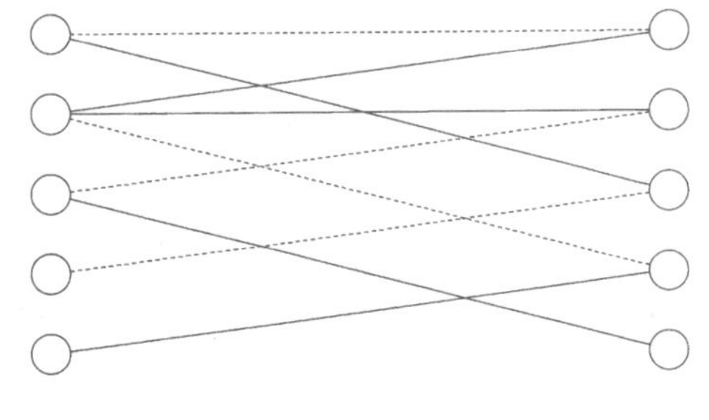

图 9-81　一个二分图

指出二分匹配问题如何能够用于解决下列问题：有一组教师、一组课程，以及每位教师有资格教授的课程表。如果没有教师需要教授多于一门的课程，而且只有一位教师可以教授一门给定的课程，那么可以提供开设的课程的最大门数是多少？

c. 证明网络流问题可以用来解决二分匹配问题。

d. 对问题(b)，你的解法的时间复杂度如何？

9.14　给出一个算法找出容许最大流通过的增长通路。

9.15　a. 使用 Prim 和 Kruskal 两种算法求出图 9-82 中的最小生成树。

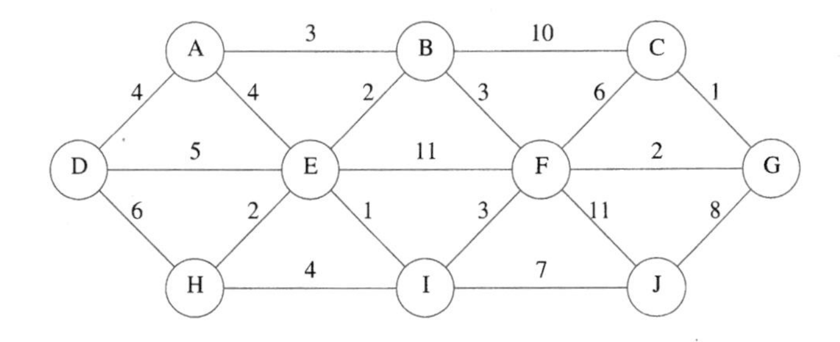

图　9-82

b. 这棵最小生成树是唯一的吗？为什么？

9.16 如果有一些负的边权，那么 Prim 算法或 Kruskal 算法还能行得通吗？

9.17 证明 V 个顶点的图可以有 V^{v-2} 棵最小生成树。

9.18 编写一个程序实现 Kruskal 算法。

9.19 如果一个图的所有边的权都在 1 和 $|E|$ 之间，那么能有多快算出最小生成树？

9.20 给出一个算法求解最大生成树。这比求解最小生成树更难吗？

9.21 求出图 9-83 中的所有的割点。指出深度优先生成树和每个顶点的 Num 和 Low 的值。

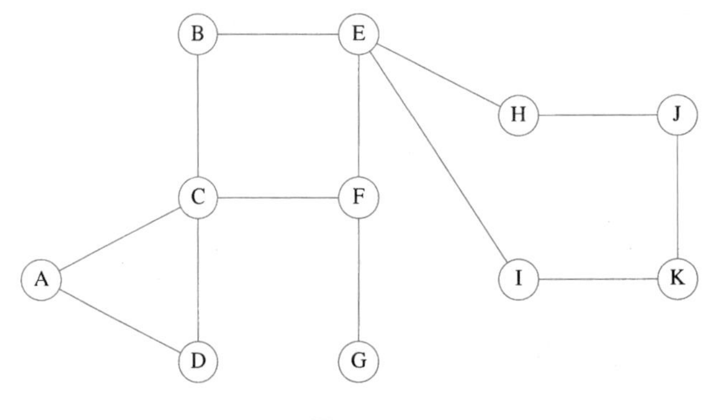

图 9-83

9.22 证明寻找割点的算法的正确性。

9.23 a. 给出一种算法，求出需要从一个无向图中删除后使所得的图是无圈图的最小的边数。

*b. 证明这个问题对有向图是 NP-完全的。

9.24 证明，在一个有向图的深度优先生成森林中所有的交叉边都是从右到左的。

9.25 给出一个算法以决定在一个有向图的深度优先生成森林中的一条边(v, w)是否是树、背向边、交叉边或前向边。

9.26 找出图 9-84 中的强连通分支。

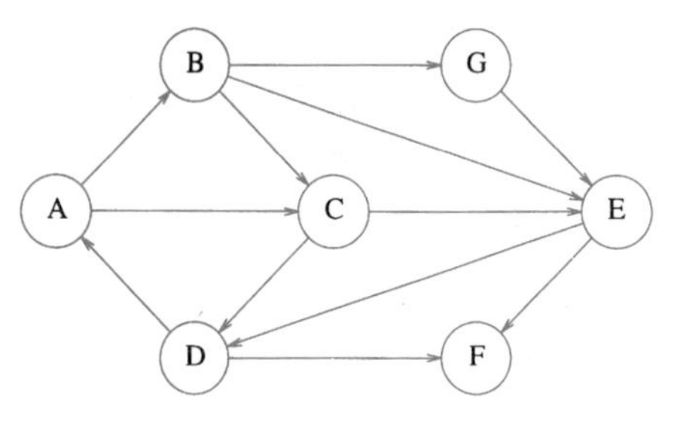

图 9-84

9.27 编写一个程序以找出一个有向图的强连通分支。

*9.28 给出一个算法，在只有一次深度优先搜索内找出强连通分支来。使用类似于双连通性算法的算法。

9.29 一个图 G 的**双连通分支**(biconnected component)是把边分成一些集合的划分，使得每个边集所形成的图是双连通的。修改图 9-67 中的算法使其能找出双连通分支而不是割点。

9.30 设我们对一个无向图进行广度优先搜索并建立一棵广度优先生成树。证明该树所有的边或者是树边或者是交叉边。

9.31 给出一个算法以在一个无向(连通)图中找出一条路径使其在每个方向上通过每条边恰好一次。

9.32　a. 编写一个程序以找出一个图中的一条欧拉回路(如果存在的话)。

b. 编写一个程序以找出一个图中的一条欧拉环游(如果存在的话)。

9.33　有向图中的欧拉回路是一个圈，该圈中的每条边恰好被访问一次。

*a. 证明，有向图有欧拉回路当且仅当它是强连通的并且每个顶点的入度等于出度。

*b. 给出一个算法以在存在欧拉回路的有向图中找出一条欧拉回路。

9.34　a. 考虑欧拉回路问题的下列解法：假设一个图是双连通的。执行一次深度优先搜索，只在万不得已的时候使用背向边。如果图不是双连通的，则对双连通分支递归地应用该算法。这个算法行得通吗？

b. 设当用到背向边时我们取用连接到最近祖先节点的背向边，那么该算法是否行得通？

9.35　平面图(planar graph)是一个可以画在一个平面上而其任何两条边都不相交的图。

*a. 证明图 9-85 中的两个图都不是平面图。

b. 证明，在平面图中必然存在某个顶点与最多不超过五个顶点相连。

**c. 证明在平面图中 $|E|\leqslant 3|V|-6$。

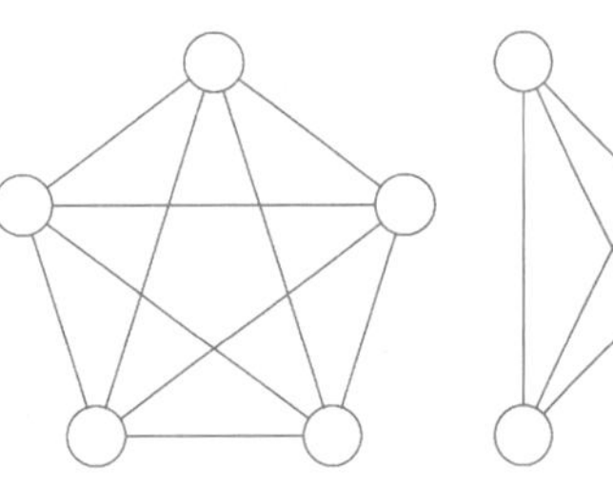

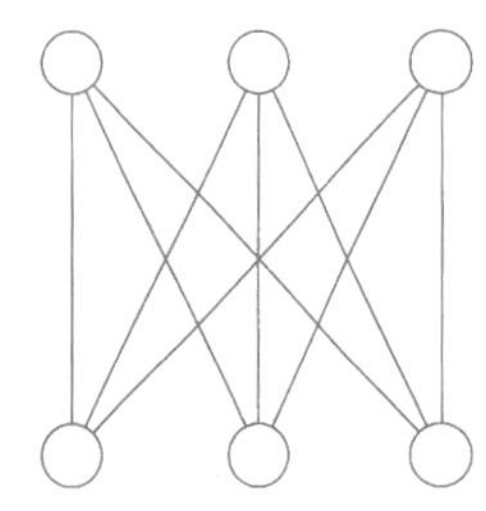

图　9-85

9.36　多重图(multigraph)是在其内的顶点对之间可以有多重边(multiple edge)的图。本章中哪些算法对于多重图不用修改就能正确运行？对其余的算法需要进行哪些修改？

*9.37　令 $G=(V, E)$是一个无向图。使用深度优先搜索设计一个线性算法把 G 的每条边转换成有向边使得所得到的图是强连通的，或者确定这是不可能的。

9.38　给你一套棍(共 N 根)，它们以某种结构相互叠压平放。每根棍由它的两端点确定；每个端点是由 x、y 和 z 坐标确定的有序三元组；没有棍垂直摆放。一根棍仅当其上没有棍放置时可以取走。

a. 解释如何编写一个例程接收两根棍 a 和 b 并报告 a 是否在 b 上面、b 下面，或是与 b 无关。(本问与图论毫无关系。)

b. 给出一个算法确定是否能够取走所有的棍，如果能，那么提供完成这项工作的棍拾取次序。

9.39　**团问题**(clique problem)可以叙述如下：给定无向图 $G=(V, E)$和一个整数 K，G 包含一个最少 K 个顶点的完全子图吗？

顶点覆盖问题(vertex cover problem)可以叙述如下：给定无向图 $G=(V, E)$和一个整数 K，G 是否包含一个子集 $V'\subset V$ 使得 $|V'|\leqslant K$ 并且 G 的每条边都有一个顶点在 V' 中？证明团问题可以多项式地归约成顶点覆盖问题。

9.40　设哈密尔顿圈问题对无向图是 NP-完全的。

a. 证明哈密尔顿圈问题对有向图是 NP-完全的。

b. 证明无权简单最长路径问题对有向图是 NP-完全的。

339 ≀ 342

9.41　**棒球卡收藏家问题**(baseball card collector problem)如下：给定卡片包 P_1，P_2，…，P_M以及一个整数 K，其中每个包包含年度棒球卡的一个子集，问是否可能通过选择 $\leqslant K$ 个包而搜集到所有的棒球卡？证明棒球卡收藏家问题是 NP-完全的。

参考文献

好的图论教科书有文献[8，13，22，37]。更深入的论题，包括对运行时间更为仔细的考虑，见文献[39，41，48]。

邻接表的使用是在文献[24]中倡导的。拓扑排序算法来自文献[29]，其描述见文献[34]。Dijkstra 算法初现于文献[9]，应用 d -堆和菲波那契堆的改进分别在文献[28]和[15]中描述。具有负的边权的最短路径算法归于 Bellman[3]；Tarjan[48]描述了保证终止的更为有效的算法。

Ford 和 Fulkerson[14]介绍关于网络流的开创性工作。沿最短路径增长或在容许最大流增加的路径上增长的想法源自文献[12]。对该问题的其他一些处理方法可在文献[6，10，21，32，33]中找到。关于最小值流问题的一个算法见文献[19]。

早期的最小生成树算法可以在文献[4]中找到。Prim 算法取自文献[42]；Kruskal 算法出于文献[35]。两个 $O(|E|\log\log|V|)$算法是文献[5]和[49]。理论上一些著名算法出现在文献[15，17，30]中。这些算法的经验性研究提出，用 `DecreaseKey` 实现的 Prim 算法在实践中对于大多数图而言是最好的[40]。

关于双连通性的算法来自文献[44]。第一个线性时间强分支算法(练习 9.28)也出现在这篇论文中。课文中出现的算法归于 Kosaraju(未发表)和 Sharir[43]。深度优先搜索的另外一些应用见文献[25，26，45，46](正如第 8 章提到的，文献[45-46]中的结果已被改进，但是基本算法没变)。

NP-完全问题理论的经典的介绍性工作是文献[20](中译本：计算机和难解性，张立昂等译，科学出版社，1987——译者注)。在文献[1]中可以找到另外的材料。可满足性的 NP-完全性在文献[7]中证明。另一篇开创性的论文是文献[31]，它证明了 21 个问题的 NP-完全性。复杂性理论的一个极好的概括性论述是文献[47]。巡回售货员问题的一个近似算法可在文献[38]中找到，它一般给出几近最优的结果。

练习 9.8 的解法可以在文献[2]中找到。对于练习 9.13 中二分匹配问题的解法可见文献[23，36]。该问题可通过给边赋权并除掉图是二分的限制而得以推广。一般图的无权匹配问题的有效解法是相当复杂的，可以从文献[11，16，18]中找到其细节。

练习 9.35 处理平面图，它通常产生于实践。平面图是非常稀疏的，许多困难问题以平面图的方式处理会更容易。有一个例子是图的同构问题，对于平面图它是线性时间可解的[27]。对于一般的图，尚不知有多项式时间算法。

343

1. A. V. Aho, J. E. Hopcroft, and J. D. Ullman, *The Design and Analysis of Computer Algorithms,* Addison-Wesley, Reading, Mass., 1974.
2. R. K. Ahuja, K. Melhorn, J. B. Orlin, and R. E. Tarjan, "Faster Algorithms for the Shortest Path Problem," *Journal of the ACM,* 37 (1990), 213–223.

3. R. E. Bellman, "On a Routing Problem," *Quarterly of Applied Mathematics,* 16 (1958), 87–90.
4. O. Borůvka, "Ojistém problému minimálním (On a Minimal Problem)," *Práca Moravské Přirodovědecké Společnosti,* 3 (1926), 37–58.
5. D. Cheriton and R. E. Tarjan, "Finding Minimum Spanning Trees," *SIAM Journal on Computing,* 5 (1976), 724–742.
6. J. Cheriyan and T. Hagerup, "A Randomized Maximum-Flow Algorithm," *SIAM Journal on Computing,* 24 (1995), 203–226.
7. S. Cook, "The Complexity of Theorem Proving Procedures," *Proceedings of the Third Annual ACM Symposium on Theory of Computing* (1971), 151–158.
8. N. Deo, *Graph Theory with Applications to Engineering and Computer Science,* Prentice Hall, Englewood Cliffs, N.J., 1974.
9. E. W. Dijkstra, "A Note on Two Problems in Connexion with Graphs," *Numerische Mathematik,* 1 (1959), 269–271.
10. E. A. Dinic, "Algorithm for Solution of a Problem of Maximum Flow in Networks with Power Estimation," *Soviet Mathematics Doklady,* 11 (1970), 1277–1280.
11. J. Edmonds, "Paths, Trees, and Flowers," *Canadian Journal of Mathematics,* 17 (1965) 449–467.
12. J. Edmonds and R. M. Karp, "Theoretical Improvements in Algorithmic Efficiency for Network Flow Problems," *Journal of the ACM,* 19 (1972), 248–264.

344

13. S. Even, *Graph Algorithms,* Computer Science Press, Potomac, Md., 1979.
14. L. R. Ford, Jr., and D. R. Fulkerson, *Flows in Networks,* Princeton University Press, Princeton, N.J., 1962.
15. M. L. Fredman and R. E. Tarjan, "Fibonacci Heaps and Their Uses in Improved Network Optimization Algorithms," *Journal of the ACM,* 34 (1987), 596–615.
16. H. N. Gabow, "Data Structures for Weighted Matching and Nearest Common Ancestors with Linking," *Proceedings of First Annual ACM-SIAM Symposium on Discrete Algorithms* (1990), 434–443.
17. H. N. Gabow, Z. Galil, T. H. Spencer, and R. E. Tarjan, "Efficient Algorithms for Finding Minimum Spanning Trees on Directed and Undirected Graphs," *Combinatorica,* 6 (1986), 109–122.
18. Z. Galil, "Efficient Algorithms for Finding Maximum Matchings in Graphs," *ACM Computing Surveys,* 18 (1986), 23–38.
19. Z. Galil and E. Tardos, "An $O(n^2(m + n \log n) \log n)$ Min-Cost Flow Algorithm," *Journal of the ACM,* 35 (1988), 374–386.
20. M. R. Garey and D. S. Johnson, *Computers and Intractability: A Guide to the Theory of NP-Completeness,* Freeman, San Francisco, 1979.
21. A. V. Goldberg and R. E. Tarjan, "A New Approach to the Maximum-Flow Problem," *Journal of the ACM,* 35 (1988), 921–940.
22. F. Harary, *Graph Theory,* Addison-Wesley, Reading, Mass., 1969.
23. J. E. Hopcroft and R. M. Karp, "An $n^{5/2}$ Algorithm for Maximum Matchings in Bipartite Graphs," *SIAM Journal on Computing,* 2 (1973), 225–231.
24. J. E. Hopcroft and R. E. Tarjan, "Algorithm 447: Efficient Algorithms for Graph Manipulation," *Communications of the ACM,* 16 (1973), 372–378.
25. J. E. Hopcroft and R. E. Tarjan, "Dividing a Graph into Triconnected Components," *SIAM Journal on Computing,* 2 (1973), 135–158.
26. J. E. Hopcroft and R. E. Tarjan, "Efficient Planarity Testing," *Journal of the ACM,* 21 (1974), 549–568.
27. J. E. Hopcroft and J. K. Wong, "Linear Time Algorithm for Isomorphism of Planar Graphs," *Proceedings of the Sixth Annual ACM Symposium on Theory of Computing* (1974), 172–184.
28. D. B. Johnson, "Efficient Algorithms for Shortest Paths in Sparse Networks," *Journal of the ACM,* 24 (1977), 1–13.

29. A. B. Kahn, "Topological Sorting of Large Networks," *Communications of the ACM,* 5 (1962), 558–562.
30. D. R. Karger, P. N. Klein, and R. E. Tarjan, "A Randomized Linear-Time Algorithm to Find Minimum Spanning Trees," *Journal of the ACM,* 42 (1995), 321–328.
31. R. M. Karp, "Reducibility among Combinatorial Problems," *Complexity of Computer Computations* (eds. R. E. Miller and J. W. Thatcher), Plenum Press, New York, 1972, 85–103.
32. A. V. Karzanov, "Determining the Maximal Flow in a Network by the Method of Preflows," *Soviet Mathematics Doklady,* 15 (1974), 434–437.
33. V. King, S. Rao, and R. E. Tarjan, "A Faster Deterministic Maximum Flow Algorithm," *Journal of Algorithms,* 17 (1994), 447–474.
34. D. E. Knuth, *The Art of Computer Programming, Vol. 1: Fundamental Algorithms,*
35. J. B. Kruskal, Jr., "On the Shortest Spanning Subtree of a Graph and the Traveling Salesman Problem," *Proceedings of the American Mathematical Society,* 7 (1956), 48–50.
36. H. W. Kuhn, "The Hungarian Method for the Assignment Problem," *Naval Research Logistics Quarterly,* 2 (1955), 83–97.
37. E. L. Lawler, *Combinatorial Optimization: Networks and Matroids,* Holt, Reinhart, and Winston, New York, 1976.
38. S. Lin and B. W. Kernighan, "An Effective Heuristic Algorithm for the Traveling Salesman Problem," *Operations Research,* 21 (1973), 498–516.
39. K. Melhorn, *Data Structures and Algorithms 2: Graph Algorithms and NP-completeness,* Springer-Verlag, Berlin, 1984.
40. B. M. E. Moret and H. D. Shapiro, "An Empirical Analysis of Algorithms for Constructing a Minimum Spanning Tree," *Proceedings of the Second Workshop on Algorithms and Data Structures* (1991), 400–411.
41. C. H. Papadimitriou and K. Steiglitz, *Combinatorial Optimization: Algorithms and Complexity,* Prentice Hall, Englewood Cliffs, N.J., 1982.
42. R. C. Prim, "Shortest Connection Networks and Some Generalizations," *Bell System Technical Journal,* 36 (1957), 1389–1401.
43. M. Sharir, "A Strong-Connectivity Algorithm and Its Application in Data Flow Analysis," *Computers and Mathematics with Applications,* 7 (1981), 67–72.
44. R. E. Tarjan, "Depth First Search and Linear Graph Algorithms," *SIAM Journal on Computing,* 1 (1972), 146–160.
45. R. E. Tarjan, "Testing Flow Graph Reducibility," *Journal of Computer and System Sciences,* 9 (1974), 355–365.
46. R. E. Tarjan, "Finding Dominators in Directed Graphs," *SIAM Journal on Computing,* 3 (1974), 62–89.
47. R. E. Tarjan, "Complexity of Combinatorial Algorithms," *SIAM Review,* 20 (1978), 457–491.
48. R. E. Tarjan, *Data Structures and Network Algorithms,* Society for Industrial and Applied Mathematics, Philadelphia, 1983.
49. A. C. Yao, "An $O(|E| \log\log |V|)$ Algorithm for Finding Minimum Spanning Trees," *Information Processing Letters,* 4 (1975), 21–23.

345
≀
346

C H A P T E R 10

第10章

算法设计技巧

迄今，我们已经涉及一些算法的有效实现。我们看到，当一个算法给定时，实际的数据结构无须指定。为使运行时间尽可能地少，需要由编程人员来选择适当的数据结构。

本章将把注意力从算法的实现转向算法的设计。到现在为止，我们已经看到的大部分算法都是直接的和简单的。第9章包含的一些算法要深奥得多，有些需要(在有些情形下很长的)论证以证明它们确实是正确的。在这一章，我们将集中讨论用于求解问题的五种通常类型的算法。对于许多问题，很可能这些方法中至少有一种方法是可以解决问题的。特别是对于每种类型的算法，我们将：

- 看到一般的处理方法。
- 考察几个例子(本章末尾的练习题提供了更多的例子)。
- 在适当的地方概括地讨论时间和空间复杂性。

10.1 贪婪算法

我们将要考察的第一种类型的算法是贪婪算法(greedy algorithm)。在第9章我们已经看到三类贪婪算法：Dijkstra 算法、Prim 算法和 Kruskal 算法。贪婪算法分阶段地工作。在每一个阶段，可以认为所作决定是好的，而不考虑将来的后果。一般来说，这意味着选择的是某个局部的最优。这种“眼下能够拿到的就拿”的策略即是这类算法名称的来源。347当算法终止时，我们希望局部最优就是全局最优。如果是这样的话，那么算法就是正确的；否则，算法得到的是一个次优解(suboptimal solution)。如果不要求绝对最佳答案，那么有时会用简单的贪婪算法来生成近似答案，而不是使用一般产生准确答案所需要的复杂算法。

有几个现实的贪婪算法的例子。最明显的是找零钱问题。为了使用美国货币找零钱，我们重复地配发最大额货币。于是，为了找出十七美元六十一美分的零钱，我们拿出一张十美元钞、一张五美元钞、两张一美元钞、两个二十五美分币、一个十美分币以及一个一美分币。这么做可以保证使用最少的钞票和硬币。这个算法不是对所有的货币系统都行得通，但幸运的是，我们可以证明它对美国货币系统是正确的。事实上，即使允许使用两美元钞和五十美分币，该算法仍然是可行的。

还有一个关于交通问题的例子，在这个例子中，进行局部最优选择不总是行得通的。例如，在迈阿密的某些交通高峰期间，即使一些主要马路看起来空荡荡的，你最好还是把车停在这些街道以外，因为交通将会沿着马路阻塞一英里长，你也就被堵在那里动弹不得。有时甚至更糟，为了回避所有的交通隘口，最好是朝着你的目的地相反的方向临时绕道行驶。

本节其余部分将考察几个使用贪婪算法的应用。第一个应用是简单的调度问题。实际上，所有的调度问题或者是NP-完全的(或类似的难度)，或者是贪婪算法可解的。第二个应用处理文件压缩，它是计算机科学最早的成果之一。最后，我们将介绍一个贪婪近似算法的例子。

10.1.1 一个简单的调度问题

今有作业 j_1，j_2，…，j_N，已知对应的运行时间分别为 t_1，t_2，…，t_N，而处理器只有一个。为了把作业平均完成的时间最小化，调度这些作业最好的方式是什么？整个这一节我们将假设使用**非预占调度**(nonpreemptive scheduling)：一旦开始一个作业，就必须把该作业运行完。

例如，设我们有四个作业和相关的运行时间，如图 10-1 所示。一个可能的调度在图 10-2 中给出。因为 j_1 用 15 个时间单位，j_2 到 23 完成，j_3 到 26 而 j_4 到 36 完成，所以平均完成时间为 25。一个更好的调度如图 10-3 所示，它产生的平均完成时间为 17.75。

图 10-3 给出的调度是按照最短的作业最先进行来安排的。我们可以证明这将总会产生一个最优的调度。令调度表中的作业是 j_{i_1}，j_{i_2}，…，j_{i_N}。第一个作业以时间 t_{i_1} 完成。第二个作业在 $t_{i_1}+t_{i_2}$ 后完成而第三个作业在 $t_{i_1}+t_{i_2}+t_{i_3}$ 后完成。由此我们看到，该调度总的代价 C 为

348

$$C=\sum_{k=1}^{N}(N-k+1)t_{i_k} \tag{10.1}$$

$$C=(N+1)\sum_{k=1}^{N}t_{i_k}-\sum_{k=1}^{N}k\cdot t_{i_k} \tag{10.2}$$

作业	时间
j_1	15
j_2	8
j_3	3
j_4	10

图 10-1　作业和时间

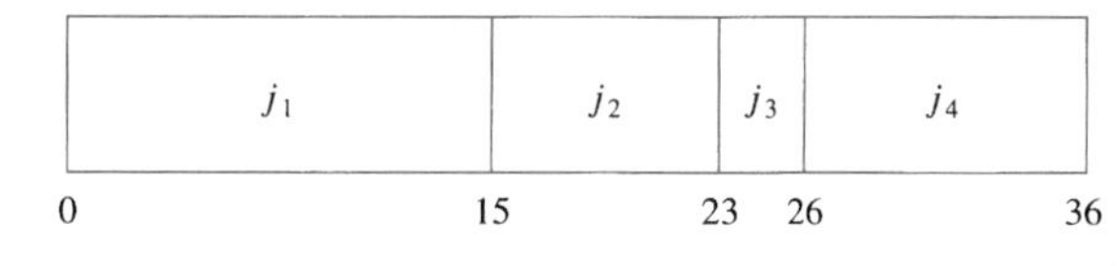

图 10-2　1 号调度

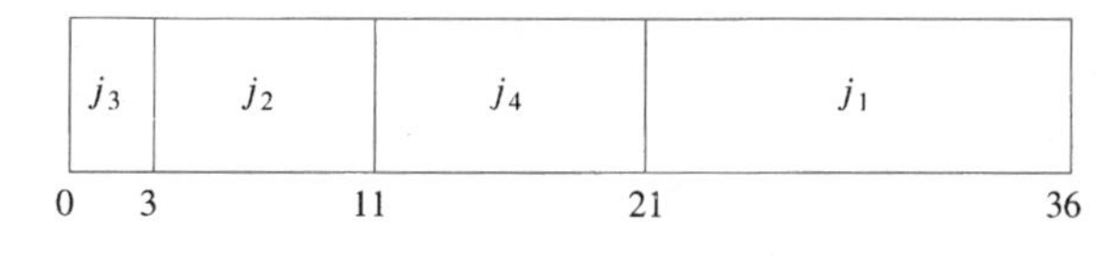

图 10-3　2 号调度(最优)

注意，在方程(10.2)中第一个求和与作业的排序无关，因此只有第二个求和影响到总开销。设在一个排序中存在 $x>y$ 使得 $t_{i_x}<t_{i_y}$。此时，计算表明，交换 j_{i_x} 和 j_{i_y}，第二个和增加，从而降低了总的开销。因此，所用时间不是单调非减的任何的作业调度必然是次优的。剩下的只有那些其作业按照最小运行时间最先安排的调度是所有调度方案中最优的。

这个结果指出为什么操作系统调度程序一般把优先权赋予那些更短的作业。

多处理器的情况

我们可以把这个问题扩展到多个处理器的情形。我们还是有作业 j_1，j_2，…，j_N，对应的运行时间分别为 t_1，t_2，…，t_N，另外处理器的个数为 P。不失一般性，我们将假设作业是有序的，最短的最先运行。作为一个例子，设 $P=3$，而作业则如图 10-4 所示。

图 10-5 显示一个最优的安排，它把平均完成时间优化到最小。作业 j_1、j_4 和 j_7 在处理器 1 上运行，处理器 2 处理作业 j_2、j_5 和 j_8，而处理器 3 运行其余的作业。总的完成时间为 165，平均是 $\frac{165}{9}=18.33$。

作业	时间
j_1	3
j_2	5
j_3	6
j_4	10
j_5	11
j_6	14
j_7	15
j_8	18
j_9	20

图 10-4 作业和时间

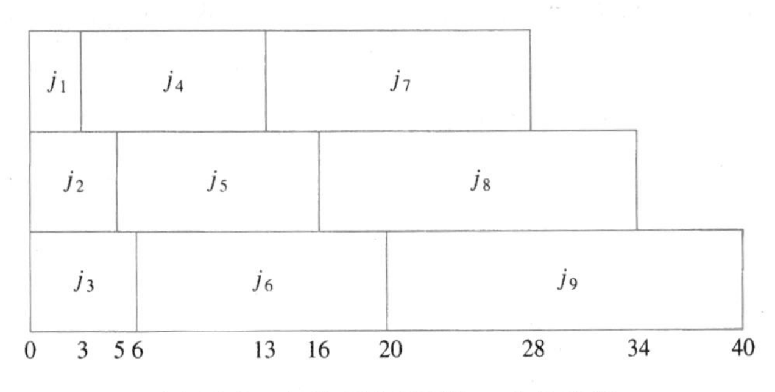

图 10-5 多处理器情形的一个最优解

解决多处理器情形的算法是按顺序开始作业，处理器之间轮换分配作业。不难证明没有哪个其他的顺序能够做得更好，虽然处理器个数 P 能够整除作业数 N 时存在许多最优的顺序。对于每一个 $0 \leqslant i < N/P$，把从 j_{iP+1} 直到 $j_{(i+1)P}$ 的每一个作业放到不同的处理器上，我们可以得到这样的最优顺序。在我们的例子中，图 10-6 指出了第二个最优解。

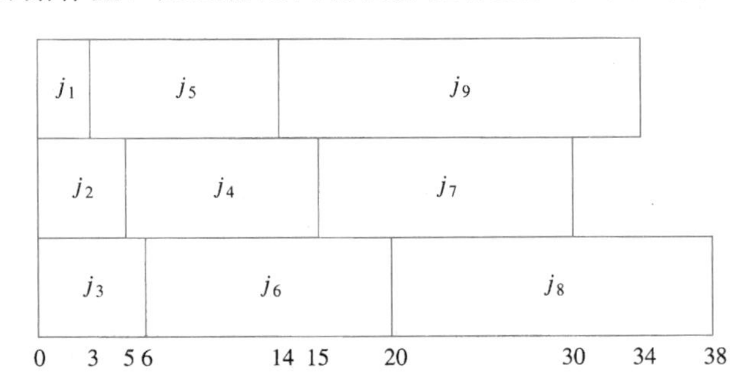

图 10-6 多处理器情形的第二个最优解

即使 P 不恰好整除 N，哪怕所有的作业时间是互异的，也还是有许多最优解。我们把进一步的考察留作练习。

将最后完成时间最小化

在本节最后，考虑一个非常类似的问题。假设我们只关注最后的作业的结束时间。在上面的两个例子中，它们的完成时间分别是 40 和 38。图 10-7 指出最小的最后完成时间是 34，而这个结果显然不能再改进了，因为每一个处理器都在一直忙着。

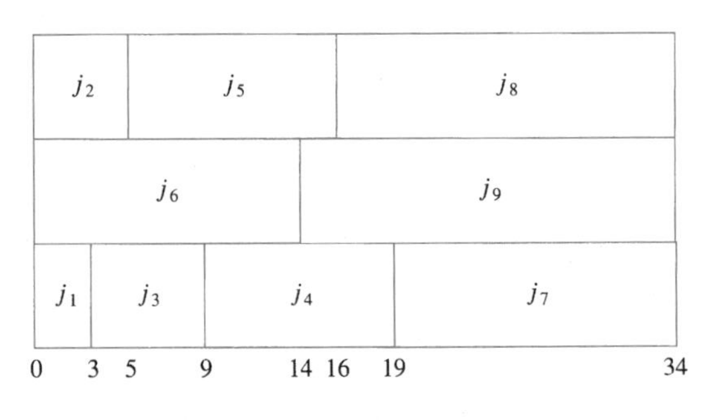

图 10-7 将最后完成时间最小化

虽然这个调度没有最小平均完成时间，但是它有个优点，即整个序列的完成时间更早。如果同一个用户拥有所有这些作业，那么该调度是更可取的调度方法。虽然这些问题非常相似，但是这个新问题实际上是 NP-完全的；它恰是背包问题或装箱问题的另一种表述方式，后面在本章还将遇到它。因此，将最后完成时间最小化显然要比把平均完成时间最小化困难得多。

10.1.2 Huffman 编码

在这一节，我们考虑贪婪算法的第二个应用，称为文件压缩(file compression)。

标准的 ASCII 字符集由大约 100 个“可打印”字符组成。为了把这些字符区分开来，需要$\lceil \log 100 \rceil = 7$ 位(bit——二进制位)。但 7 位可以表示 128 个字符，因此 ASCII 字符还可以再加上一些其他的“非打印”字符。我们加上第 8 个位作为奇偶校验位。不过，重要的问题在于，如果字符集的大小是 C，那么在标准的编码中就需要$\lceil \log C \rceil$位。

设我们有一个文件，它只包含字符 a、e、i、s、t，加上一些空格和换行(newline)。进一步设该文件有 10 个 a、15 个 e、12 个 i、3 个 s、4 个 t、13 个空格以及一个换行。如图 10-8 所示，这个文件需要 174 位来表示，因为有 58 个字符，而每个字符需要 3 位。

在现实当中，文件可能是相当大的。许多非常大的文件是某个程序的输出数据，而在使用频率最大和最小的字符之间通常存在很大的差别。例如，许多巨大的文件都含有很多很多的数字、空格和换行，但是 q 和 x 却很少。如果在慢速的电话线上传输这些信息，那么我们就会希望减少文件的大小。还有，由于实际每一台机器上的磁盘空间都是非常珍贵的，因此人们就会想到是否有可能提供一种更好的编码降低总的所需位数。

字符	代码	频率	总位数
a	000	10	30
e	001	15	45
i	010	12	36
s	011	3	9
t	100	4	12
空格	101	13	39
换行	110	1	3
总和			174

图 10-8 使用一个标准编码方案

答案是肯定的，一种简单的策略可以使一般的大型文件节省 25%，而使许多大型的数据文件节省多达 50%～60%。这种一般的策略就是对于不同字符让代码的长度是变化不等的，同时保证经常出现的字符其代码短。注意，如果所有的字符都以相同的频率出现，那么要节省空间是不可能的。

代表字母的二进制代码可以用二叉树来表示，如图 10-9 所示。

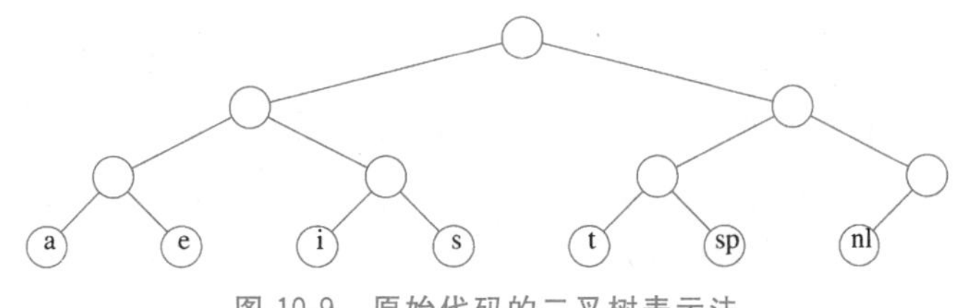

图 10-9 原始代码的二叉树表示法

图 10-9 中的树只在树叶上有数据。每个字符通过从根节点开始用 0 指示左分支用 1 指示右分支以记录路径的方法表示出来。例如，s 通过从根向左走，然后向右，最后再向右而达到，于是它可编码成 011。这种数据结构有时叫作 trie 树。如果字符 c_i 在深度 d_i 处并且出现 f_i 次，那么该字符代码的值(cost)就等于$\sum d_i f_i$。

349～352

可以利用换行(nl)是仅有的一个儿子而得到一种比图 10-9 给出的代码更好的代码。通过把换行符号放到其更高一层的父节点上，我们得到图 10-10 中新的树。这棵新树的值是 173，但该值仍然远没有达到最优。

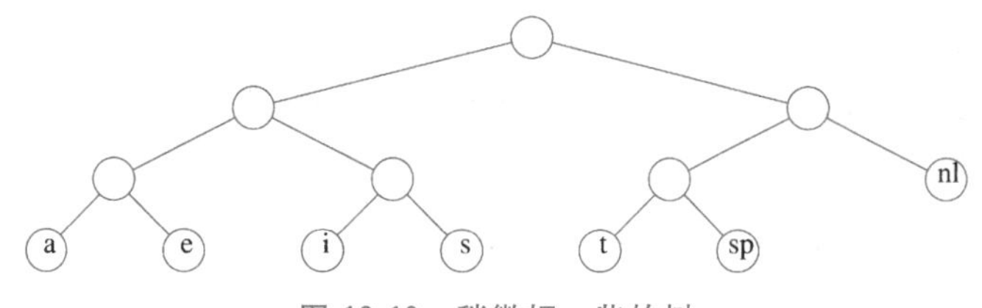

图 10-10 稍微好一些的树

注意，图 10-10 中的树是一棵满树(full tree)：所有的节点或者是树叶，或者有两个儿子。一种最优的编码将总具有这个性质，否则正如我们已经看到的，具有一个儿子的节点可以向上移动一层。

如果字符都只放在树叶上，那么任何位序列总能被毫无歧义地译码。例如，编码串是 0100111100010110001000111。0 不是字符代码，01 也不是字符代码，但 010 是 i，于是第一个字符是 i。然后跟着的是 011，它是字符 s。其后的 11 是换行符。剩下的代码分别是 a、空格、t、i、e 和换行符。因此，这些字符代码的长度是否不同并不要紧，只要没有字符代码是别的字符代码的前缀即可。这样一种编码叫作前缀编码。相反，如果一个字符放在非树叶节点上，那就不再能够保证译码没有二义性。

综上所述，我们看到，基本的问题在于找到(如上定义的)总价值最小的满二叉树，其中所有的字符都位于树叶上。图 10-11 中的树显示该例简单字母表的最优树。如图 10-12 所示，这种编码只用了 146 位。

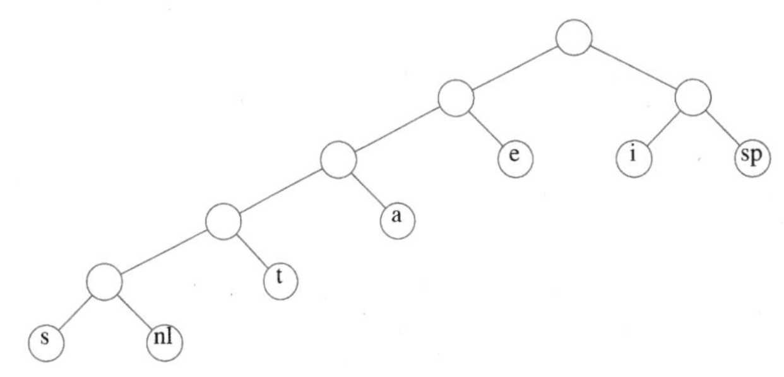

图 10-11 最优前缀编码

字符	代码	频率	总位数
a	001	10	30
e	01	15	30
i	10	12	24
s	00000	3	15
t	0001	4	16
空格	11	13	26
换行	00001	1	5
总和			146

图 10-12 最优前缀编码

注意，存在许多最优的编码。这些编码可以通过交换编码树中的儿子节点得到。此时，主要的未解决的问题是如何构造编码树。1952 年 Huffman 给出了一个算法。因此，这种编码系统通常称为 Huffman 编码(Huffman code)。

Huffman 算法

本小节将假设字符的个数为 C。Huffman 算法可以描述如下：算法针对一个由树组成的森林。一棵树的权等于它的树叶的频率的和。任意选取有最小权的两棵树 T_1 和 T_2，并任意形成以 T_1 和 T_2 为子树的新树，将这样的过程进行 $C-1$ 次。在算法的开始，存在 C 棵单节点树——每个字符一棵。在算法结束时得到一棵树，这棵树就是最优 Huffman 编码树。

我们通过一个具体例子来搞清算法的操作。图 10-13 表示的是初始的森林；每棵树的权在根处以小号数字标出。将两棵权最低的树合并到一起，由此建立了图 10-14 中的森林。我们将新的根命名为 T_1，这样可以确切无误地表述进一步的合并。图中我们令 s 是左儿子，这里，令其为左儿子还是右儿子是任意的；注意可以使用 Huffman 算法描述中的任意性。新树的总权正是那些老树的权的和，当然也就很容易计算。由于建立新树只需得出一个新节点，建立左指针和右指针并把权记录下来，因此创建新树很简单。

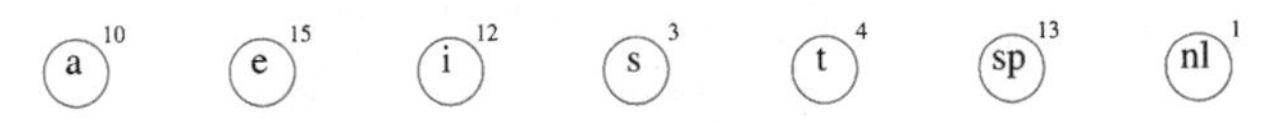

图 10-13 Huffman 算法的初始状态

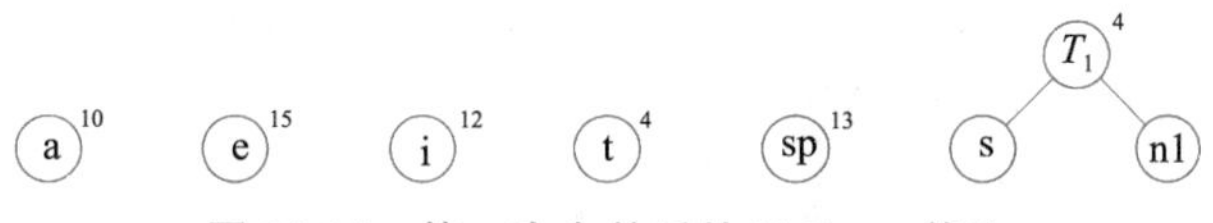

图 10-14　第一次合并后的 Huffman 算法

现在有六棵树，我们再选取两棵权最小的树。这两棵树是 T_1 和 t，然后将它们合并成一棵新树，树根在 T_2，权是 8，见图 10-15。第三步将 T_2 和 a 合并建立 T_3，其权为 10+8=18。图 10-16 显示这次操作的结果。

图 10-15　第二次合并后的 Huffman 算法

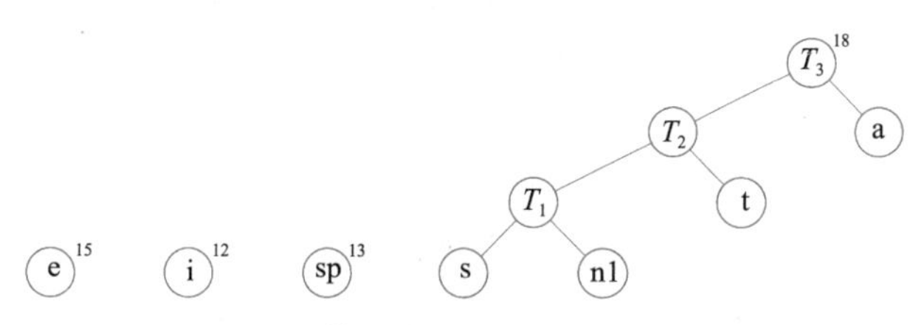

图 10-16　第三次合并后的 Huffman 算法

在第三次合并完成后，最低权的两棵树是代表 i 和空格(sp)的两个单节点树。图 10-17 指出这两棵树如何合并成根在 T_4 的新树。第五步合并根为 e 和 T_3 的树，因为这两棵树的权最小。该步结果如图 10-18 所示。

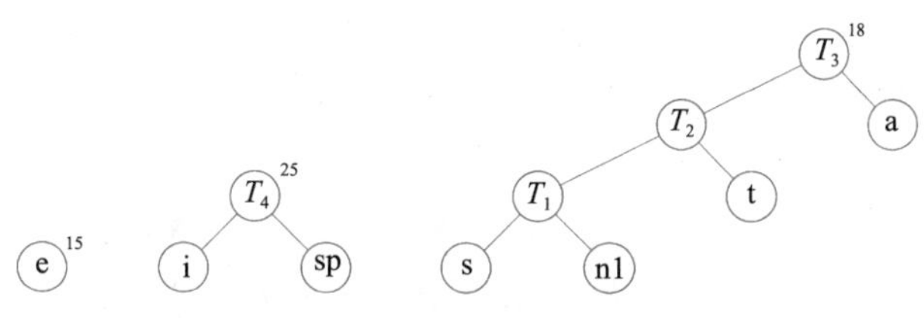

图 10-17　第四次合并后的 Huffman 算法

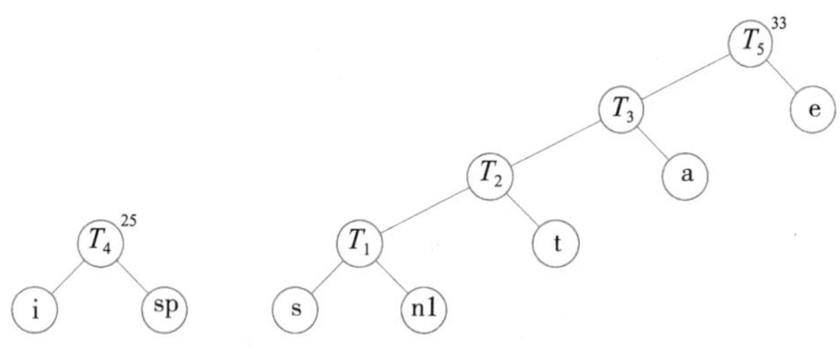

图 10-18　第五次合并后的 Huffman 算法

最后，将两个剩下的树合并得到图 10-11 所示的最优树。图 10-19 画出这棵最优树，其根在 T_6。

我们将概述 Huffman 算法产生最优代码的证明思路，详细的细节将留作练习。首先，由反证法不难证明树必然是满的，因为我们已经看到一棵不满的树是如何改进成满树的。

其次，我们必须证明两个频率最小的字符 α 和 β 必是两个最深的节点(虽然其他节点可以同样地深)。这通过反证法同样容易得证，因为如果 α 或 β 不是最深的节点，那么必然存在某个 γ 是最深的节点(记住树是满的)。如果 α 的频率小于 γ，那么我们可以通过交换它们在树中的位置而改进权的值。

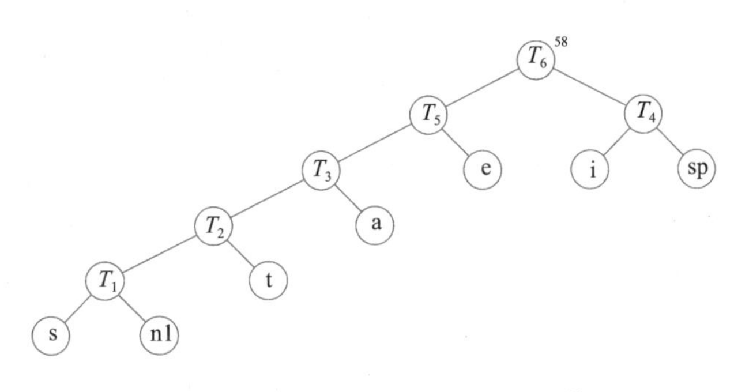

图 10-19　最后一次合并后的 Huffman 算法

然后我们可以论证，在相同深度上任意两个节点处的字符可以交换而不影响最优性。这说明，总可以找到一棵最优树，它含有两个最不经常出现的符号作为兄弟；因此第一步没有错，成立。

证明可以通过归纳法论证完成。当树被合并时，我们认为新的字符集是在根上的那些字符。于是，在我们的例子中，经过四次合并以后，我们可以把字符集看成由 e 与元字符 T_3 和 T_4 组成。这恐怕是证明最微妙的部分，我们要求读者补足所有的细节。

353～356

该算法是贪婪算法的原因在于，在每一阶段我们都进行一次合并而没有进行全局的考虑。我们只是选择两棵最小的树。

如果我们依权排序将这些树保存在一个优先队列中，那么，由于对元素个数不超过 C 的优先队列将进行一次 `BuildHeap`、$2C-2$ 次 `DeleteMin` 和 $C-2$ 次 `Insert`，因此运行时间为 $O(C\log C)$。使用一个链表简单实现该队列将给出一个 $O(C^2)$ 算法。优先队列实现方法的选择取决于 C 有多大。在 ASCII 字符集的典型情况下，C 是足够小的，这使得二次的运行时间是可以接受的。在这样的应用中，实际上几乎所有的运行时间都将花费在读入输入文件和写出压缩文件所需要的磁盘 I/O 上。

有两个细节必须要考虑。首先，在压缩文件的开头必须要传送编码信息，否则将不可能译码。做这件事有几种方法，见练习 10.4。对于一些小文件，传送编码信息表的代价将超过压缩带来的任何可能的节省，最后的结果很可能是文件扩大。当然，这可以检测到且原文件可原样保留。对于大型文件，信息表的大小是无关紧要的。

第二个问题是：该算法是一个两趟扫描算法。第一遍搜集频率数据，第二遍进行编码。显然，对于处理大型文件的程序来说这个性质不是我们所希望的。某些另外的做法在参考文献中做了介绍。

10.1.3　近似装箱问题

在这一节，我们将考虑某些装箱问题(bin packing problem)的算法。这些算法将运行得很快，但未必产生最优解。不过，我们将证明所产生的解距最优解不太远。

设给定 N 件物品，大小为 s_1，s_2，…，s_N，所有的大小都满足 $0<s_i\leqslant 1$。问题是要把这些物品装到最小数目的箱子中，已知每个箱子的容量是 1 个单位。作为例子，图 10-20 显示把大小为 0.2，0.5，0.4，0.7，0.1，0.3，0.8 的一批物品最优装箱的方法。

357

有两种版本的装箱问题。第一种是联机(on-line)装箱问题。在这种问题中，必须将每一件物品放入一个箱子之后才处理下一件物品。第二种是脱机(off-line)装箱问题。在一个脱机装箱算法中，我们做任何事都需要等到所有的输入数据全被读入之后才进行。联机算法和脱机算法之间的区别在8.2节讨论过。

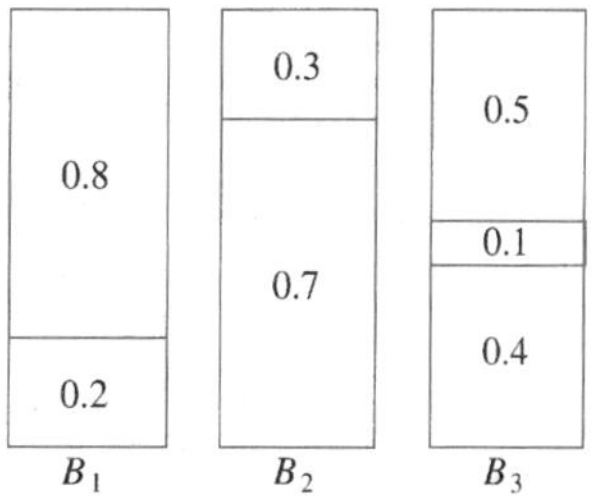

图10-20 对0.2，0.5，0.4，0.7，0.1，0.3，0.8的最优装箱

联机算法

要考虑的第一个问题是，一个联机算法即使在允许无限计算的情况下是否实际上总能给出最优的解答。我们知道，即使允许无限计算，联机算法也必须先放入一件物品然后才能处理下一件物品并且不能改变决定。

为了证明联机算法不总能够给出最优解，我们将给它一组特别难的数据来处理。考虑由重量为$\frac{1}{2}-\varepsilon$的M个小项和其后重量为$\frac{1}{2}+\varepsilon$的M个大项构成的序列I_1，其中$0<\varepsilon<0.01$。显然，如果我们在每个箱子中放一个小项再放一个大项，那么这些物品可以放入M个箱子中。假设存在一个最优联机算法A可以进行这项装箱工作。考虑算法A对序列I_2的操作，该序列只由重量为$\frac{1}{2}-\varepsilon$的M个小项组成。I_2是可以装入$\lceil M/2\rceil$个箱子中的。然而，由于A对序列I_2的处理结果必然和对I_1的前半部分处理结果相同，而I_1前半部分的输入跟I_2的输入完全相同，因此A将把每一件物品放到一个单独的箱子内。这说明A将使用的箱子的个数是使用I_2最优解的两倍。这样我们证明了，对于联机装箱问题不存在最优算法。

上面的论述指出，联机算法从不知道输入何时会结束，因此它提供的任何性能保证必须在整个算法的每一时刻成立。如果遵循前面的策略，那么我们可以证明下列定理。

定理10.1 *存在使得任意联机装箱算法至少使用$\frac{4}{3}$最优箱子数的输入。*

证明： 假设情况相反，为简单起见设M是偶数。考虑任意运行在上面输入序列I_1上的联机算法A。注意，该序列由M个小项后接M个大项组成。让我们考虑该算法在处理第M项后都做了什么。设A已经用了b个箱子。在此刻，箱子的最优个数是$M/2$，因为我们可以在每个箱子里放入两件物品。于是我们知道，根据我们的低于$\frac{4}{3}$的性能保证的假设，$2b/M<\frac{4}{3}$。

现在考虑在所有的物品都被装箱后算法A的性能。在第b个箱子之后开辟的所有箱子每箱恰好包含一件物品，因为所有小物品都被放在了前b个箱子中，而两件大物品又装不进一个箱子中去。由于前b个箱子每箱最多能有两件物品，而其余的箱子每箱都有一件物品，因此我们看到，将$2M$件物品装箱将至少需要$2M-b$个箱子。但$2M$件物品可以用M个箱子最优装箱，因此我们的性能保障保证得到$(2M-b)/M<\frac{4}{3}$。

358

第一个不等式意味着$b/M<\frac{2}{3}$，而第二个不等式意味着$b/M>\frac{2}{3}$，这是矛盾的。因此，没有联机算法能够保证使用小于$\frac{4}{3}$的最优装箱数完成装箱。

有三种简单算法保证所用的箱子数不多于二倍的最优装箱数。也有颇多更为复杂的算法能够得到更好的结果。

下项适合算法

大概最简单的算法就属下项适合(next fit)算法了。当处理任何一件物品时，我们检查看它是否还能装进刚刚装进物品的同一个箱子中。如果能够装进去，那么就把它放入该箱中；否则，就开辟一个新的箱子。这个算法实现起来出奇的简单，而且还以线性时间运行。图 10-21 显示对于与图 10-20 相同的输入所得到的装箱过程。

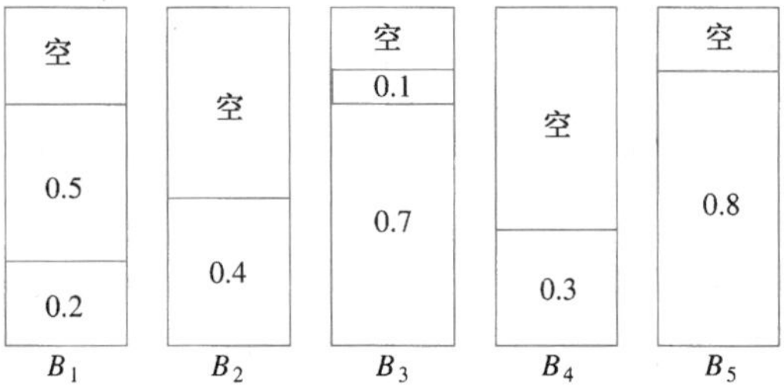

图 10-21 对 0.2，0.5，0.4，0.7，0.1，0.3，0.8 的下项适合算法

下项适合算法不仅编程简单，而且它在最坏情形下的行为也容易分析。

定理 10.2 *令 M 是将一列物品 I 装箱所需的最优装箱数，则下项适合算法所用箱数绝不超过 $2M$ 个箱子。存在一些顺序使得下项适合算法用箱 $2M$-2 个。*

证明： 考虑任何相邻的两个箱子 B_j 和 B_{j+1}。B_j 和 B_{j+1} 中所有物品的大小之和必然大于 1，否则所有这些物品就会全部放入 B_j 中。如果我们将该结果用于所有相邻的两个箱子，那么我们看到，顶多有一半的空间闲置。因此，下项适合算法最多使用二倍的最优箱子数。

为说明这个界是精确的，设 N 项物品，当 i 是奇数时，物品的大小 $s_i=0.5$ 而当 i 是偶数时 $s_i=2/N$。设 N 可被 4 整除。图 10-22 所示的最优装箱由含有 2 件大小为 0.5 的物品的 $N/4$ 个箱子和含有 $N/2$ 件大小为 $2/N$ 物品的一个箱子组成，总数为 $(N/4)+1$。图 10-23表示下项适合算法使用 $N/2$ 个箱子。因此，下项适合算法可以用到几乎二倍于最优装箱数的箱子。

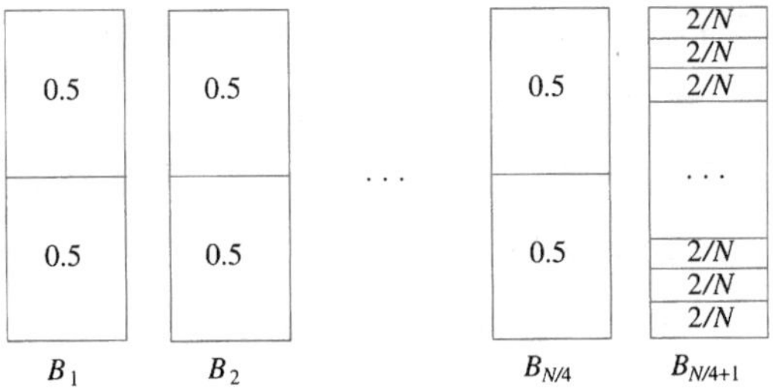

359

图 10-22 对 0.5，$2/N$，0.5，$2/N$，0.5，$2/N$……的最优装箱方法

首次适合算法

虽然下项适合算法有一个合理的性能保证，但是，它的效果在实践中却很差，因为在不需要开辟新箱子的时候它却开辟了新箱子。在前面的样例运行中，本可以把大小 0.3 的物品放入 B_1 或 B_2 而不是开辟一个新箱子。

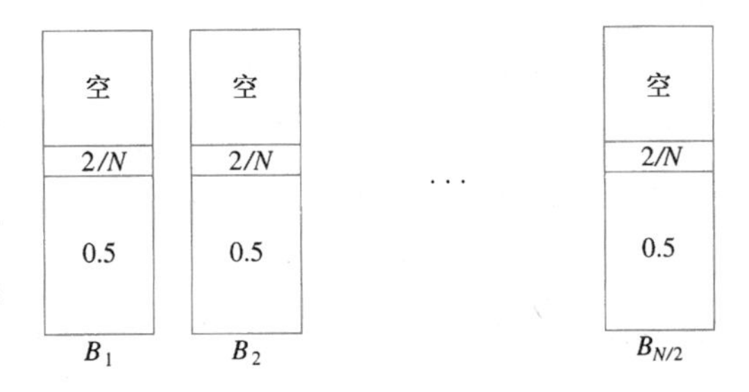

图 10-23 对 0.5，$2/N$，0.5，$2/N$，0.5，$2/N$……的下项适合装箱法

首次适合(first fit)算法的策略是依序扫描这些箱子但把新的一件物品放入足以盛下它的第一个箱子中。因此，只有当先前放置物品的箱子已经没有再容下当前物品余地的时

候，我们才开辟一个新箱子。图 10-24 指出对我们的标准输入进行首次适合算法的装箱结果。

实现首次适合算法的一个简单方法是通过顺序扫描箱子序列处理每一件物品，这将花费 $O(N^2)$。有可能以 $O(N \log N)$ 运行来实现首次适合算法，我们把它留作练习。

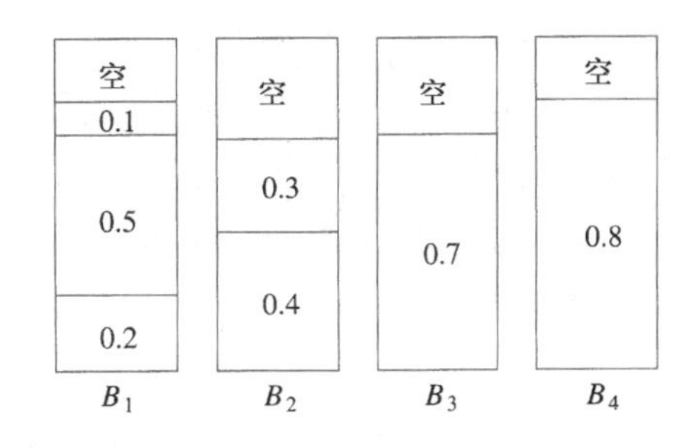

图 10-24　对 0.2，0.5，0.4，0.7，0.1，0.3，0.8 的首次适合装箱法

略加思索读者即可明白，在任意时刻最多有一个箱子其空出的部分大于箱子的一半，因为若有第二个这样的箱子，则它装的物品就会装到第一个这样的箱子中了。因此我们可以立即断言：首次适合算法保证其解最多包含最优装箱数的二倍。

另一方面，我们在证明下项适合算法性能的界时所用到的最坏情况对首次适合算法不适用。因此，人们可能要问：是否能够证明有更好的界吗？答案是肯定的，不过证明要复杂一些。

定理 10.3　令 M 是将一列物品 I 装箱所需要的最优箱子数，则首次适合算法使用的箱子数绝不多于 $\left\lceil \frac{17}{10}M \right\rceil$。存在使得首次适合算法使用 $\frac{17}{10}(M-1)$ 个箱子的顺序。

证明：参阅本章末尾的参考文献。

使用首次适合算法得出的结果和前面定理指出的结果几乎一样差的例子见图 10-25。图中的输入由 $6M$ 个大小为 $\frac{1}{7}+\varepsilon$ 的项后跟 $6M$ 个大小为 $\frac{1}{3}+\varepsilon$ 的项以及接下来 $6M$ 个大小为 $\frac{1}{2}+\varepsilon$ 的项组成。一种简单的装箱办法是将每种大小的各一项物品装到一个箱子中，总共需要 $6M$ 个箱子。如用首次适合算法，则需要 $10M$ 个箱子。

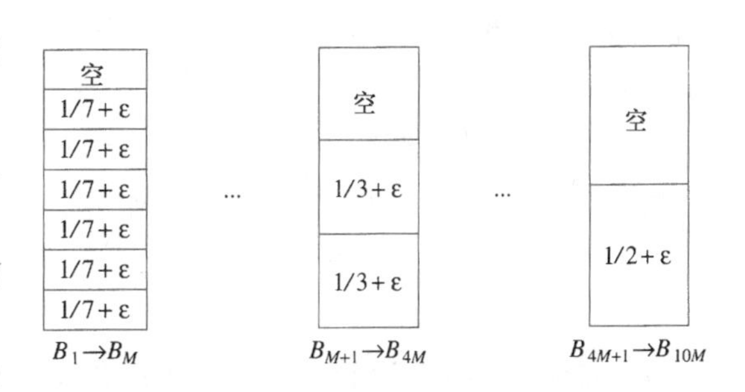

图 10-25　首次适合算法使用 $10M$ 个而不是 $6M$ 个箱子的情形

当首次适合算法对大量其大小均匀分布在 0 和 1 之间的物品进行运算时，经验结果指出，首次适合算法用到大约比最优装箱方法多 2%的箱子。在许多情况下，这是完全可以接受的。

360
~
361

最佳适合算法

我们将要考察的第三种联机策略是最佳适合(best fit)算法。该算法不是把一件新物品放入所发现的第一个能够容纳它的箱子，而是放到所有箱子中能够容纳它的最满的箱子中。典型的装箱方法如图 10-26 所示。

注意，大小为 0.3 的项不是放在 B_2 而是放在了 B_3，此时它正好把 B_3 填满。由于我们现在对箱子进行更细致的选择，因此人们可能认为算法性能保障会有所改善。但是情况并非如此，因为总的说来坏情形是相同的。最佳适合算法比起最优算法，绝不会坏过 1.7 倍左右，而且存在一些输入，对于这些输入该算法(几乎)达到这个界限。不过，最佳适合算法编程还是简单的，特别是当需要 $O(N \log N)$算法的时候，而且该算法对随机的输入确实表现得更好。

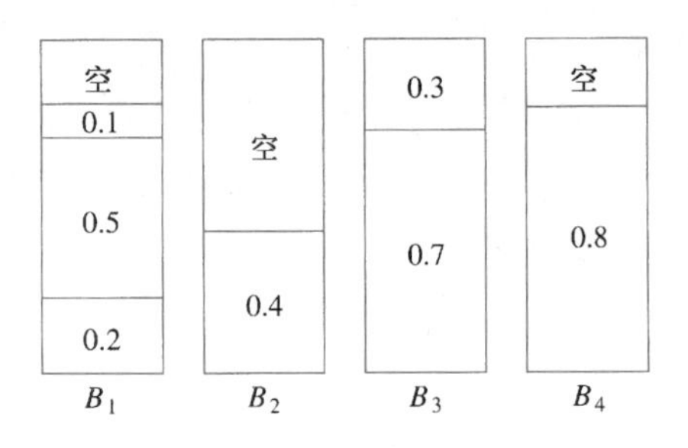

图 10-26 对 0.2，0.5，0.4，0.7，0.1，0.3，0.8 的最佳适合算法

脱机算法

如果能够观察全部物品以后再算出答案，那么我们应该会做得更好。事实确实如此，由于我们通过彻底的搜索能够最终找到最优装箱方法，因此对联机情形就已经有了一个理论上的改进。

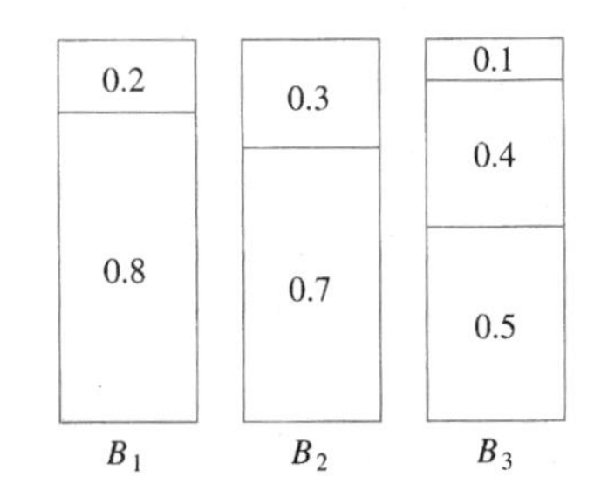

图 10-27 对 0.8，0.7，0.5，0.4，0.3，0.2，0.1 的首次适合算法

所有联机算法的主要问题在于将大件物品装箱困难，特别是当它们在输入的晚期出现的时候。围绕这个问题的自然方法是将各项排序，把最大的物品放在最先。此时我们可以应用首次适合算法或最佳适合算法，分别得到首次适合递减(first fit decreasing)算法和最佳适合递减(best fit decreasing)算法。图 10-27 指出在我们的例子中这会产生最优解(尽管在一般的情形下显然未必会如此)。

本小节将处理首次适合递减算法。对于最佳适合递减算法，结果几乎是一样的。由于存在物品大小不互异的可能，因此有些作者更愿意把首次适合递减算法叫作首次适合非增(first fit nonincreasing)算法。我们将沿用原始的名称。不失一般性，我们还要假设输入数据已经根据大小排序。

我们能够做的第一个评注是，首次适合算法使用 $10M$ 个而不是 $6M$ 个箱子的坏情形在物品已排序的情况下不会再发生。我们将证明，如果一种最优装箱法使用 M 个箱子，那么首次适合递减算法使用的箱子数绝不超过 $(4M+1)/3$ 个。

这个结果依赖于两项观察。首先，所有重量大于 $\frac{1}{3}$ 的项将被放入前 M 个箱子内。这意味着，在外加的箱子中所有各项的重量顶多是 $\frac{1}{3}$。第二个结论是，在外加的箱子中物品的项数最多可以是 $M-1$。把这两个结果结合起来我们发现，外加的箱子最多可能需要 $\lceil (M-1)/3 \rceil$ 个。现在我们证明这两项观察结果。

引理 10.1 令 N 项物品的输入大小(以递减顺序排序)分别为 s_1，s_2，…，s_N，并设最优装箱方法使用 M 个箱子。那么，首次适合递减算法放到外加的箱子中的所有物品的大小最多为 $\frac{1}{3}$。

证明：设第 i 件物品是放入第 $M+1$ 个箱子中的第一件物品。我们需要证明 $s_i \leqslant \frac{1}{3}$。我们将使用反证法证明这个结论。设 $s_i > \frac{1}{3}$。

由于这些物品的大小是以排好序的顺序排列的，因此，s_1，s_2，…，$s_{i-1} > \frac{1}{3}$。由此得知，所有的箱子 B_1，B_2，…，B_M 每个最多只有两件物品。

考虑在第 $i-1$ 件物品放入一个箱子后但第 i 件物品尚未放入时系统的状态。现在我们想要证明$\left(\text{在 } s_i > \frac{1}{3} \text{的假设下}\right)$前 M 个箱子排列如下：首先是有些箱子内恰好有一件物品，然后剩下的箱子内有两件物品。

设有两个箱子 B_x 和 B_y 使得 $1 \leqslant x < y \leqslant M$，$B_x$ 有两项而 B_y 有一项。令 x_1 和 x_2 是 B_x 中的两件物品，并令 y_1 是 B_y 中的那件物品。$x_1 \geqslant y_1$，因为 x_1 被放在较前的箱子中。根据类似的推理 $x_2 \geqslant s_i$。因此，$x_1 + x_2 \geqslant y_1 + s_i$。这意味着 s_i 是应该可以放在 B_y 中的。根据我们的假设，这是不可能的。因此，如果 $s_i > \frac{1}{3}$，那么在我们试图处理 s_i 时，这样安排前 M 个箱子，使得前 j 个箱子各装一件物品，而后 $M-j$ 个箱子各放两件物品。

为了证明该引理，我们将证明不存在将所有物品装入 M 个箱子的方法，这和引理的假设矛盾。

显然，在 s_1，s_2，…，s_j 中使用任何算法都没有两项可以放入一个箱子中，因为如果能放，那么首次适合算法也能放。我们还知道，首次适合算法尚未把大小为 s_{j+1}，s_{j+2}，…，s_i 中的任意一项放入前 j 个箱子中，因此它们都不适合。这样，在任何装箱方法中，特别是最优装箱方法中，必然存在 j 个箱子不包含这些项。由此可知，大小为 s_{j+1}，s_{j+2}，…，s_{i-1} 的项必然包含在 $M-j$ 个箱子的集合中，考虑到前面的讨论，于是这些项的总数为 $2(M-j)$。[⊖]

362～363

注意，如果 $s_i > \frac{1}{3}$，那么只要证明 s_i 没有方法放入这 M 个箱子当中的一个，该引理的证明也就完成了。事实上，显然它不能放入这 j 个箱子中，因为假如能放入，那么首次适合算法也能够这么做。把它放入其余的 $M-j$ 个箱子之一中需要把 $2(M-j)+1$ 件物品分发到这 $M-j$ 个箱子中。因此，某个箱子就不得不装入三件物品，而它们中的每一件都大于 $\frac{1}{3}$，很明显，这是不可能的。

这与所有大小的物品都能够装入 M 个箱子的事实矛盾，因此开始的假设肯定是不正确的，从而 $s_i \leqslant \frac{1}{3}$。

引理 10.2　*放入外加的箱子中的物品的个数最多是 $M-1$。*

证明：假设放入外加的箱子中的物品至少有 M 个。我们知道 $\sum_{i=1}^{N} s_i \leqslant M$，因为所有的

⊖　首次适合算法把这些元素装入 $M-j$ 个箱子并在每个箱子中放入两件物品。因此有 $2(M-j)$项。

物品都可装入 M 个箱子。设对于 $1 \leqslant j \leqslant M$，箱子 B_j 装入后总重 W_j。设前 M 个外加箱子中的物品大小为 x_1，x_2，…，x_M。此时，由于前 M 个箱子中的项加上前 M 个外加箱子中的项是所有物品的一个子集，于是

$$\sum_{i=1}^{N} s_i \geqslant \sum_{j=1}^{M} W_j + \sum_{j=1}^{M} x_j = \sum_{j=1}^{M} (W_j + x_j)$$

现在 $W_j + x_j > 1$，否则对应于 x_j 的项就已经放入 B_j 中。因此

$$\sum_{i=1}^{N} s_i > \sum_{j=1}^{M} 1 = M$$

即这 N 项被装入 M 个箱子中是不可能的。因此，最多只能有 $M-1$ 项外加的物品。

定理 10.4　令 M 是将物品集 I 装箱所需的最优箱子数，则首次适合递减算法所用箱子数绝不超过 $(4M+1)/3$。

证明： 存在 $M-1$ 项外加的箱子中的物品，其大小至多为 $\frac{1}{3}$。因此，最多可能存在 $\lceil (M-1)/3 \rceil$ 个其余的箱子。从而，由首次适合递减算法使用的箱子总数最多为 $\lceil (4M-1)/3 \rceil \leqslant (4M+1)/3$。

364

能够证明，对于首次适合递减算法和下项适合递减算法，都有一个紧得多的界。

定理 10.5　令 M 是将物品集 I 装箱所需的最优箱子数，则首次适合递减算法所用箱子数绝不超过 $\frac{11}{9}M+4$。此外，存在使得首次适合递减算法用到 $\frac{11}{9}M$ 个箱子的序列。

证明： 上界需要非常复杂的分析。下界可以通过下述序列展示：先是大小为 $\frac{1}{2}+\varepsilon$ 的 $6M$ 项，其后是大小为 $\frac{1}{4}+2\varepsilon$ 的 $6M$ 项，接下来是 $\frac{1}{4}+\varepsilon$ 的 $6M$ 项，最后是大小为 $\frac{1}{4}-2\varepsilon$ 的 $12M$ 项物品。图 10-28 指出最优装箱需要 $9M$ 个箱子，而首次适合递减算法需要 $11M$ 个箱子。

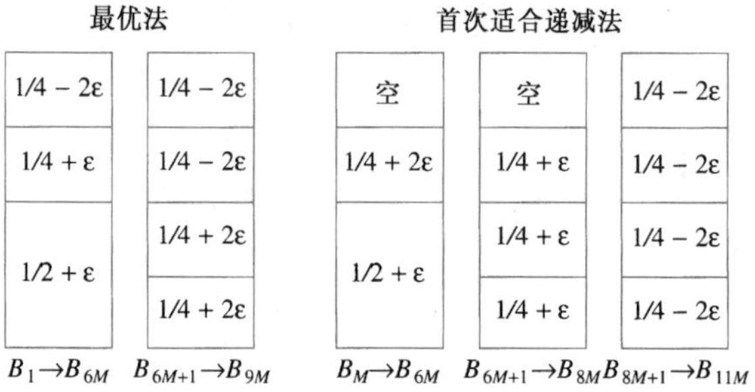

最优法：
- $B_1 \to B_{6M}$：1/4 − 2ε，1/4 + ε，1/2 + ε
- $B_{6M+1} \to B_{9M}$：1/4 − 2ε，1/4 − 2ε，1/4 + 2ε，1/4 + 2ε

首次适合递减法：
- $B_M \to B_{6M}$：空，1/4 + 2ε，1/2 + ε
- $B_{6M+1} \to B_{8M}$：空，1/4 + ε，1/4 + ε，1/4 + ε
- $B_{8M+1} \to B_{11M}$：1/4 − 2ε，1/4 − 2ε，1/4 − 2ε，1/4 − 2ε

图 10-28　首次适合递减算法使用 $11M$ 个箱子，但只有 $9M$ 个箱子就足够完成装箱的例子

在实践中，首次适合递减算法的效果非常好。如果大小在单位区间均匀分布，那么外加的箱子的期望个数为 $\Theta(\sqrt{M})$。装箱算法是简单贪婪试探算法能够给出好结果的一个好例子。

10.2　分治算法

用于设计算法的另一种常用技巧为分治（divide and conquer）算法。分治算法由两部分组成：

- 分（divide）：递归解决较小的问题（当然，基本情况除外）。
- 治（conquer）：然后，从子问题的解构建原问题的解。

传统上，在正文中至少含有两个递归调用的例程叫作分治算法，而正文中只含一个递归调用的例程不是分治算法。我们一般坚持子问题是不相交的(即基本上不重叠)。让我们回顾本书涉及的某些递归算法。 365

我们已经看到几个分治算法。在 2.4.3 节我们见过最大子序列和问题的一个 $O(N \log N)$解。在第 4 章，我们看到过一些线性时间的树遍历方法。在第 7 章，我们见过分治算法的经典例子，即归并排序和快速排序，它们在最坏情形以及平均情形分别有 $O(N \log N)$的时间界。

我们还看到过递归算法的若干例子，在分类上它们很可能不算作分治算法，而只是化简到一个更简单的情况。在 1.3 节，我们看到显示一个数的简单例程。在第 2 章，我们使用递归执行有效的取幂运算。在第 4 章，我们考察了二叉查找树一些简单的搜索例程。在 6.6 节，我们见过用于合并左式堆的简单的递归。在 7.7 节给出了一个花费线性平均时间解决选择问题的算法。第 8 章递归地写出了不相交集的 `Find` 操作。第 9 章指出以 `Dijkstra` 算法重新找出最短路径的一些例程以及对图进行深度优先搜索的其他过程。这些算法实际上都不是分治算法，因为只进行了一次递归调用。

我们在 2.4 节还看到计算斐波那契数的很不好的递归例程。我们可以称其为分治算法，但它的效率太差了，因为问题实际上根本没有被分割。

在这一节，我们将看到分治算法更多的范例。第一个应用是计算几何中的问题。给定平面上的 N 个点，我们将证明最近的一对点可以在 $O(N \log N)$时间找到。本章后面的一些练习描述了计算几何中另外一些问题，它们可以由分治算法求解。本节其余部分证明理论上一些极其有趣的结果。我们提供一个算法以 $O(N)$最坏情形时间解决选择问题。我们还要证明可以用 $o(N^2)$操作将 2 个 N 位的数相乘并以 $o(N^3)$操作将两个矩阵相乘。不幸的是，虽然这些算法最坏情形时间界比传统算法更好，但如果输入并不特别巨大，则它们都并不实用。

10.2.1 分治算法的运行时间

我们将要看到的所有有效的分治算法都是把问题分成一些子问题，每个子问题都是原问题的一部分，然后进行某些附加的工作以算出最后的答案。举一个例子，我们已经看到归并排序对两个问题进行运算，每个问题均为原问题大小的一半，然后使用 $O(N)$附加工作。由此得到运行时间方程(带有适当的初始条件)

$$T(N)=2T(N/2)+O(N)$$

我们在第 7 章看到，该方程的解为 $O(N \log N)$。下面的定理可以用来确定大部分分治算法的运行时间。 366

定理 10.6 *方程 $T(N)=aT(N/b)+\Theta(N^k)$的解为*

$$T(N)=\begin{cases} O(N^{\log_b a}) & 若\ a>b^k \\ O(N^k \log N) & 若\ a=b^k \\ O(N^k) & 若\ a<b^k \end{cases}$$

其中 $a \geqslant 1$，$b>1$。

证明：根据第7章归并排序的分析，我们将假设 N 是 b 的幂；于是，可令 $N=b^m$。此时 $N/b=b^{m-1}$ 及 $N^k=(b^m)^k=b^{mk}=b^{km}=(b^k)^m$。让我们假设 $T(1)=1$，并忽略 $\Theta(N^k)$ 中的常数因子，则有

$$T(b^m) = aT(b^{m-1}) + (b^k)^m$$

如果我们用 a^m 除两边，则得到

$$\frac{T(b^m)}{a^m} = \frac{T(b^{m-1})}{a^{m-1}} + \left\{\frac{(b^k)}{a}\right\}^m \tag{10.3}$$

我们可以对 m 的其他值应用该方程，得到

$$\frac{T(b^{m-1})}{a^{m-1}} = \frac{T(b^{m-2})}{a^{m-2}} + \left\{\frac{b^k}{a}\right\}^{m-1} \tag{10.4}$$

$$\frac{T(b^{m-2})}{a^{m-2}} = \frac{T(b^{m-3})}{a^{m-3}} + \left\{\frac{b^k}{a}\right\}^{m-2} \tag{10.5}$$

$$\cdots$$

$$\frac{T(b^1)}{a^1} = \frac{T(b^0)}{a^0} + \left\{\frac{b^k}{a}\right\}^1 \tag{10.6}$$

我们使用将式(10.3)到式(10.6)叠缩方程两边分别加起来的标准技巧，等号左边的所有项实际上与等号右边的前一项相消，由此得到

$$\frac{T(b^m)}{a^m} = 1 + \sum_{i=1}^{m}\left\{\frac{b^k}{a}\right\}^i \tag{10.7}$$

$$= \sum_{i=0}^{m}\left\{\frac{b^k}{a}\right\}^i \tag{10.8}$$

因此

367

$$T(N) = T(b^m) = a^m\sum_{i=0}^{m}\left\{\frac{b^k}{a}\right\}^i \tag{10.9}$$

如果 $a>b^k$，那么和就是一个公比小于1的几何级数。由于无穷级数的和收敛于一个常数，因此该有穷级数也以一个常数为界，从而式(10.10)成立：

$$T(N) = O(a^m) = O(a^{\log_b N}) = O(N^{\log_b a}) \tag{10.10}$$

如果 $a=b^k$，那么和中的每一项均为1。由于和含有 $1+\log_b N$ 项而 $a=b^k$ 意味着 $\log_b a=k$，于是

$$\begin{aligned}T(N) &= O(a^m \log_b N) = O(N^{\log_b a} \log_b N) = O(N^k \log_b N)\\ &= O(N^k \log N)\end{aligned} \tag{10.11}$$

最后，如果 $a<b^k$，那么该几何级数中的项都大于1，且1.2.3节中的第二个公式成立。我们得到

$$T(N) = a^m\frac{(b^k/a)^{m+1}-1}{(b^k/a)-1} = O(a^m(b^k/a)^m) = O((b^k)^m) = O(N^k) \tag{10.12}$$

定理的最后一种情形得证。

举一个例子，归并排序有 $a=b=2$ 且 $k=1$。第二种情形成立，因此答案为 $O(N\log N)$。如果我们求解三个问题，每个问题都是原始大小的一半，使用 $O(N)$ 的附加工作将解联合起来，则 $a=3$，$b=2$ 而 $k=1$。此处第一种情形成立，于是得到界 $O(N^{\log_2 3})=O(N^{1.59})$。求解

三个一半大小的问题但需要 $O(N^2)$ 工作以合并解的算法将需要 $O(N^2)$ 的运行时间，因为此时第三种情形成立。

有两个重要的情形定理 10.6 没有包括。我们再叙述两个定理，但把证明留作练习。定理 10.7 推广了前面的定理。

定理 10.7　方程 $T(N)=aT(N/b)+\Theta(N^k \log^p N)$ 的解为

$$T(N)=\begin{cases}O(N^{\log_b a}) & 若\ a>b^k\\ O(N^k \log^{p+1} N) & 若\ a=b^k\\ O(N^k \log^p N) & 若\ a<b^k\end{cases}$$

其中 $a\geqslant 1$，$b>1$ 且 $p\geqslant 0$。

定理 10.8　如果 $\sum_{i=1}^{k}\alpha_i<1$，则方程 $T(N)=\sum_{i=1}^{k}T(\alpha_i N)+O(N)$ 的解为 $T(N)=O(N)$。

10.2.2　最近点问题

第一个问题的输入是平面上的点列 P。如果 $p_1=(x_1, y_1)$ 和 $p_2=(x_2, y_2)$，那么 p_1 和 p_2 间的欧几里得距离为 $[(x_1-x_2)^2+(y_1-y_2)^2]^{1/2}$。我们需要找出一对最近的点。有可能两个点位于相同的位置；在这种情形下这两个点就是最近的，它们的距离为零。 368

如果存在 N 个点，那么就存在 $N(N-1)/2$ 对点间的距离。我们可以检查所有这些距离，得到一个很短的程序，不过这是一个花费 $O(N^2)$ 的算法。由于这种方法是一种详尽的搜索，因此我们应该期望做得更好一些。

假设平面上这些点已经按照 x 的坐标排过序，最差也只不过在最后的时间界上仅多加了 $O(N \log N)$ 而已。由于将证明整个算法的 $O(N \log N)$ 界，因此从复杂度的观点来看，该排序基本上没增加时间消耗的级别。

图 10-29 画出一个小的样本点集 P。既然这些点已按 x 坐标排序，那么我们就可以画一条想像的垂线，把点集分成两半：P_L 和 P_R。这做起来当然简单。现在我们得到的情形几乎和在 2.4.3 节的最大子序列和问题中见过的情形完全相同。最近的一对点或者都在 P_L 中，或者都在 P_R 中，或者一个在 P_L 中而另一个在 P_R 中。让我们把这三个距离分别叫作 d_L、d_R 和 d_C。图 10-30 显示出点集的分化和这三个距离。

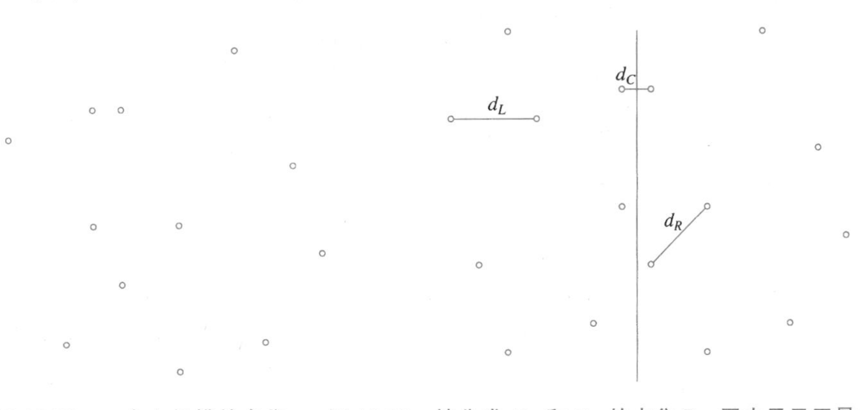

图 10-29　一个小规模的点集　　图 10-30　被分成 P_L 和 P_R 的点集 P，图中显示了最短的距离

我们可以递归地计算 d_L 和 d_R。本问题此时就是计算 d_C。由于我们想要一个 $O(N\log N)$ 的解，因此我们必须能够仅仅多花 $O(N)$ 的附加工作计算出 d_C。我们已经看到，如果一个过程由两个一半大小的递归调用和附加的 $O(N)$ 工作组成，那么总的时间将是 $O(N\log N)$。

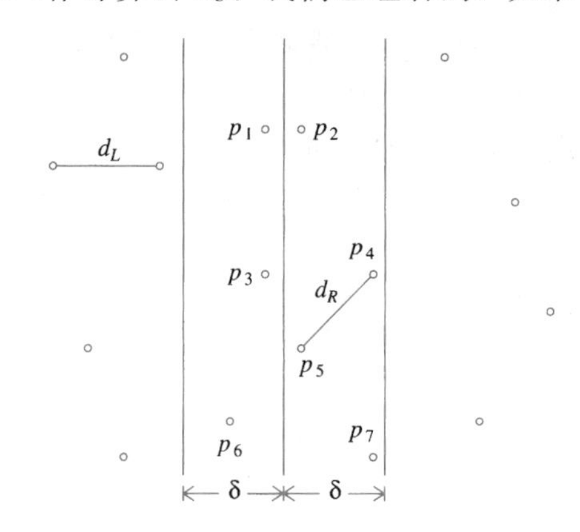

图 10-31 双道带区域，包含对于 d_C 带所考虑的全部点

令 $\delta=\min(d_L, d_R)$。第一个观察结论是，如果 d_C 对 δ 有所改进，那么我们只需计算 d_C。如果 d_C 是这样的距离，则定义 d_C 的两个点必然在分割线的 δ 距离之内；我们将把这个区域叫作一条带(strip)。如图 10-31 所示，这个观察结果限制了需要考虑的点的个数(此例中的 $\delta=d_R$)。

有两种方法可以用来计算 d_C。对于均匀分布的大型点集，预计位于该带中的点的个数是非常少的。事实上，容易论证平均只有 $O(\sqrt{N})$ 个点是在这个带中。因此，我们可以以 $O(N)$ 时间对这些点进行蛮力计算。图 10-32 中的伪代码实现该方法，其中按照 C 语言的约定，点的下标从 0 开始。

369 ≀ 370

```
/* Points are all in the strip */

for( i = 0; i < NumPointsInStrip; i++ )
    for( j = i + 1; j < NumPointsInStrip; j++ )
        if( Dist(Pi, Pj) < δ )
            δ = Dist(Pi, Pj);
```

图 10-32 min(δ, d_C)的蛮力计算

在最坏情形下，所有的点可能都在这条带状区域内，因此这种方法不总能以线性时间运行。我们可以用下列的观察结果改进这个算法：确定 d_C 的两个点的 y 坐标差别最多是 δ。否则，$d_C>\delta$。设带中的点按照它们的 y 坐标排序。因此，如果 p_i 和 p_j 的 y 坐标相差大于 δ，那么我们可以继续处理 p_{i+1}。这个简单的修改在图 10-33 中实现。

```
/* Points are all in the strip and sorted by y coordinate */

for( i = 0; i < NumPointsInStrip; i++ )
    for( j = i + 1; j < NumPointsInStrip; j++ )
        if( Pi and Pj's coordinates differ by more than δ  )
            break;       /* Go to next Pi. */
        else
        if( Dist(Pi, Pj) < δ )
            δ = Dist(Pi, Pj);
```

图 10-33 min(δ, d_C)的精炼计算

这个附加的测试对运行时间有着显著的影响，因为对于每一个 p_i，在 p_i 和 p_j 的 y 坐标相差大于 δ 并被迫退出内层 for 循环以前，只有少数的点 p_j 被考察。例如，图 10-34 显示对于点 p_3 只有两个点 p_4 和 p_5 落在垂直距离在 δ 之内的带状区域中。

对于任意的点 p_i，在最坏的情形下最多考虑 7 个点 p_j。这是因为这些点必定落在该带

状区域左半部分的 $\delta\times\delta$ 方块内或者落在该带状区域右半部分的 $\delta\times\delta$ 方块内。另一方面，在每个 $\delta\times\delta$ 方块内的所有的点至少分离 δ。在最坏的情形下，每个方块包含 4 个点，每个角上一个点。这些点中有一个是 p_i，最多还剩下 7 个点要考虑。最坏的情形见图 10-35。注意，虽然 p_{L2} 和 p_{R1} 有相同的坐标，但它们可以是不同的点。对于实际的分析来说，唯一重要的是 $\lambda\times 2\lambda$ 的矩形区域中的点的个数为 $O(1)$，这当然很清楚。

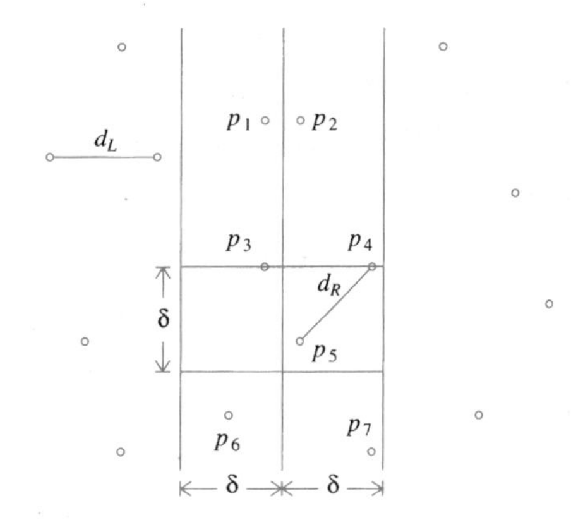

图 10-34　在第二个 for 循环内只考虑了 p_4 和 p_5

因为对于每个 p_i 最多有 7 个点要考虑，所以计算比 δ 好的 d_C 的时间是 $O(N)$。因此，基于两个一半大小的递归调用加上联合两个结果的线性附加工作，看来我们似乎对最近点问题有一个 $O(N \log N)$ 解。然而，我们还没有真正得到 $O(N \log N)$ 的解。

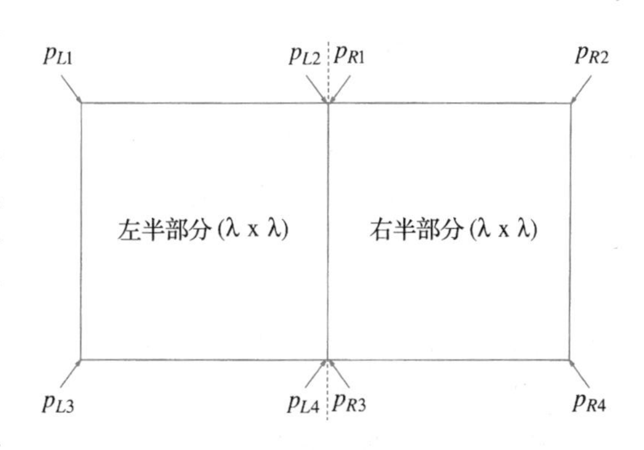

图 10-35　最多有 8 个点在该矩形中；有两个坐标，每个都由两个点分享

问题在于，我们已经假设这些点按照 y 坐标排序是现成的。如果对于每个递归调用都执行这种排序，那么我们又有 $O(N \log N)$ 的附加工作：这就得到一个 $O(N \log^2 N)$ 算法。不过问题还不全这么糟，尤其在和蛮力 $O(N^2)$ 算法比较的时候。然而，不难把对于每个递归调用的工作简化到 $O(N)$，从而保证 $O(N \log N)$ 算法。

我们将保留两个表。一个是按照 x 坐标排序的点的表，而另一个是按照 y 坐标排序的点的表。我们分别称这两个表为 P 和 Q。这两个表可以通过一个预处理排序步骤花费 $O(N \log N)$ 得到，因此并不影响时间界。P_L 和 Q_L 是传递给左半部分递归调用的参数表，P_R 和 Q_R 是传递给右半部分递归调用的参数表。我们已经看到，P 很容易在中间分开。一旦分割线已知，我们依序转到 Q，把每一个元素放入相应的 Q_L 或 Q_R。容易看出，Q_L 和 Q_R 将自动地按照 y 坐标排序。当递归调用返回时，我们扫描 Q 表并删除其 x 坐标不在带内的所有的点。此时 Q 只含有带中的点，而这些点保证是按照它们的 y 坐标排序的。

371 ≀ 372

这种策略保证整个算法是 $O(N \log N)$ 的，因为只执行了 $O(N)$ 的附加工作。

10.2.3　选择问题

选择问题(selection problem)要求我们找出含 N 个元素的表 S 中的第 k 个最小的元素。我们对找出中间元素的特殊情况有着特别的兴趣，这种情况发生在 $k=\lceil N/2\rceil$ 的时候。

在第 1 章、第 6 章和第 7 章我们已经看到过选择问题的几个解法。第 7 章中的解法用到快速排序的变体并以平均时间 $O(N)$运行。事实上，它在 Hoare 论述快速排序的原始论文中已有描述。

虽然这个算法以线性平均时间运行，但是它有一个 $O(N^2)$的最坏情况。通过把元素排序，选择可以容易地以 $O(N \log N)$最坏情形时间解决，不过，长期不知道选择是否能够以 $O(N)$最坏情形时间完成。在 7.7.6 节概述的快速选择算法在实践中是相当有效的，因此这个问题主要还是理论上的问题。

我们知道，基本的算法是简单递归策略。设 N 大于截止点(cutoff point)，在截止点后元素将进行简单的排序，v 是选出的一个元素，叫作枢纽元(pivot)。其余的元素被放在两个集合 S_1 和 S_2 中。S_1 含有那些不大于 v 的元素，而 S_2 则包含那些不小于 v 的元素。最后，如果 $k \leqslant |S_1|$那么 S 中的第 k 个最小的元素可以通过递归地计算 S_1 中第 k 个最小的元素而找到。如果 $k=|S_1|+1$，则枢纽元就是第 k 个最小的元素。否则，在 S 中的第 k 个最小的元素是 S_2 中的第$(k-|S_1|-1)$个最小元素。这个算法和快速排序之间的主要区别在于，这里要求解的只有一个子问题而不是两个子问题。

为了得到一个线性算法，我们必须保证子问题只是原问题的一部分，而不仅仅只是比原问题少几个元素。当然，如果我们愿意花费一些时间查找的话，那么总能找到这样一个元素。困难在于我们不能花费太多的时间寻找枢纽元。

对于快速排序，我们看到枢纽元一种好的选择是选取三个元素并取它们的中项。这就产生某种枢纽元不太坏的期望，但它并不提供一种保证。我们可以随机选取 21 个元素，以常数时间将它们排序，用第 11 个最大的元素作为枢纽元，并得到可能更好的枢纽元。然而，如果这 21 个元素是 21 个最大元，那么枢纽元仍然不好。将这种想法扩展，我们可以使用直到$O(N/\log N)$个元素，用堆排序以 $O(N)$总时间将它们排序，从统计的观点看几乎肯定得到一个好的枢纽元。不过，在最坏情形下，这种方法行不通，因为我们可能选择 $O(N/\log N)$个最大的元素，而此时的枢纽元则是第$[N-O(N/\log N)]$个最大的元素，这不是 N 的一个常数部分。

然而，基本想法还是有用的。的确，我们将看到，可以用它来改进快速选择所进行的比较的期望次数。但是，为得到一个好的最坏情形，关键想法是再用一个间接层。我们不是从随机元素的样本中找出中项，而是从中项的样本中找出中项。

373

基本的枢纽元选择算法如下：

1. 把 N 个元素分成$\lfloor N/5 \rfloor$组，5 个元素一组，忽略(最多 4 个)剩余的元素。
2. 找出每组的中项，得到$\lfloor N/5 \rfloor$个中项的表 M。
3. 求出 M 的中项，将其作为枢纽元 v 返回。

我们将用术语“五分化中项的中项”(median-of-median-of-five partitioning)描述使用上面给出的枢纽元选择法则的快速选择算法。现在我们证明，“五分化中项的中项”保证每个递归子问题的大小最多是原问题的大约 70%。我们还要证明，对于整个选择算法，枢纽元可以足够快地算出，以确保 $O(N)$的运行时间。

现在让我们假设 N 可以被 5 整除，因此不存在多余的元素。再设 $N/5$ 为奇数，这样 M 就包含奇数个元素。我们将要看到，这将提供某种对称性。因此为方便起见，我们假设 N

为 $10k+5$ 的形式。我们还要假设所有的元素都是互异的。实际的算法必须保证能够处理该假设不成立的情况。图 10-36 指出当 $N=45$ 时，枢纽元如何能够选出。

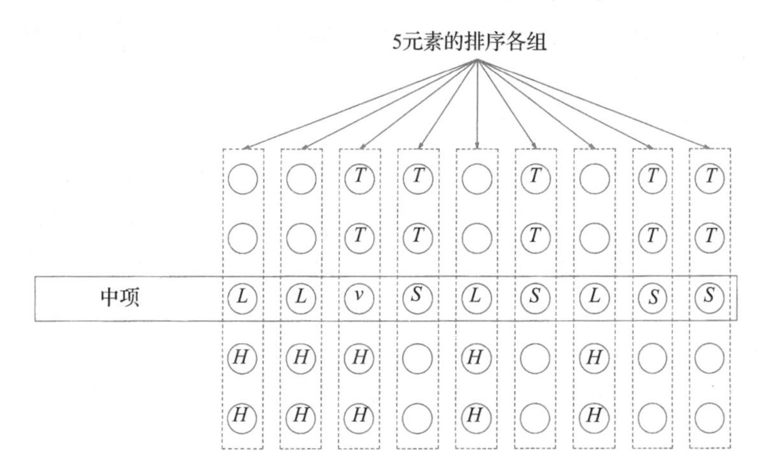

图 10-36　枢纽元的选择

在图 10-36 中，v 代表该算法选出作为枢纽元的元素。由于 v 是 9 个元素的中项，而我们假设所有元素互异，因此必然存在 4 个中项大于 v 以及 4 个小于 v。我们分别用 L 和 S 表示这些中项。考虑具有一个大中项(L 型)的五元素组。该组的中项小于组中的另两个元素且大于组中的另两个元素。我们将令 H 代表那些巨型元素。存在一些已知大于一个大中项的元素。类似地，T 代表那些小于一个小中项的元素。存在 10 个 H 型的元素：具有 L 型中项的每组中有两个，v 所在的组中有两个。类似地，存在 10 个 T 型元素。

L 型元素或 H 型元素保证大于 v，而 S 型元素或 T 型元素保证小于 v。于是，在我们的问题中保证有 14 个大元素和 14 个小元素。因此，递归调用最多可以对 $45-14-1=30$ 个元素进行。

让我们把分析推广到对形如 $10k+5$ 的一般的 N 的情形。在这种情况下，存在 k 个 L 型元素和 k 个 S 型元素。存在 $2k+2$ 个 H 型元素，还有 $2k+2$ 个 T 型元素。因此，有 $3k+2$ 个元素保证大于 v 以及 $3k+2$ 个元素保证小于 v。于是在这种情况下递归调用最多可以包含 $7k+2<0.7N$ 个元素。如果 N 不是 $10k+5$ 的形式，类似的论证仍可进行而不影响基本结果。

剩下的问题是确定得到枢纽元的运行时间的界。有两个基本的步骤。我们可以以常数时间找到 5 元素的中项。例如，不难用 8 次比较将 5 个元素排序。我们必须进行 $\lfloor N/5 \rfloor$ 次这样的运算，因此这一步花费 $O(N)$ 时间。然后我们必须计算 $\lfloor N/5 \rfloor$ 元素组的中项。明显的做法是将该组排序并返回中间的元素。但这需要花费 $O(\lfloor N/5 \rfloor \log \lfloor N/5 \rfloor)=O(N \log N)$ 的时间，因此不能这么做。解决方法是对这 $\lfloor N/5 \rfloor$ 个元素递归调用选择算法。

374

现在对基本算法的描述已经完成。如果想有一个实际的实现方法，那么还有某些细节仍然需要填补。例如，重复元必须要正确地处理，该算法需要截止点足够大以确保递归调用能够进行。由于涉及相当大量的系统开销，而且该算法根本不实用，因此我们将不再描述任何细节。即使如此，该算法从理论的角度来看仍然是一种突破，因为其运行时间在最坏情形下是线性的，正如下面的定理所述。

定理 10.9　使用“五分化中项的中项”的快速选择算法的运行时间为 $O(N)$。

证明：该算法由大小为 $0.7N$ 和 $0.2N$ 的两个递归调用以及线性附加工作组成。根据定理 10.8，其运行时间是线性的。

降低比较的平均次数

375

分治算法还可以用来降低选择算法预计所需要的比较次数。让我们看一个具体的例子。设有 1000 个数的集合 S 并且要寻找其中第 100 个最小的数 X。我们选择 S 的子集 S'，它由 100 个数组成。我们期望 X 的值在大小上类似于 S' 的第 10 个最小的数。尤其是 S' 的第 5 个最小的数几乎肯定小于 X，而 S' 的第 15 个最小的数几乎肯定大于 X。

更一般地，从 N 个元素选取 s 个元素的样本 S'。令 δ 是某个数，后面我们将选择它使得把该过程所用的平均比较次数最小化。我们找出 S' 中第($v_1=ks/N-\delta$)个和第($v_2=ks/N+\delta$)个最小的元素。几乎可以肯定 S 中的第 k 个最小元素将落在 v_1 和 v_2 之间，因此留给我们的是关于 2δ 个元素的选择问题。第 k 个最小元素不落在这个范围内的概率很低，而我们有大量的工作要做。不过，只要 s 和 δ 选择得好，根据概率论的定律我们可以肯定，第二种情形对于整体工作不会有不利的影响。

如果进行分析，那么我们就会发现，若 $s=N^{2/3}\log^{1/3}N$ 和 $\delta=N^{1/3}\log^{2/3}N$，则期望的比较次数为 $N+k+O(N^{2/3}\log^{1/3}N)$，除低次项外它是最优的。(如果 $k>N/2$，那么我们可以考虑查找第($N-k$)个最大元素的对称问题。)

大部分的分析都容易进行。最后一项代表进行两次选择以确定 v_1 和 v_2 的代价。假设采用合理聪明的策略，则划分的平均代价等于 N 加上 v_2 在 S 中的期望阶(expected rank)，即 $N+k+O(N\delta/s)$。如果第 k 个元素在 S' 中出现，那么结束算法的代价等于对 S' 进行选择的代价，即 $O(s)$。如果第 k 个最小元素不在 S' 中出现，那么代价就是 $O(N)$。然而，s 和 δ 已经被选取以保证这种情况以非常低的概率 $o(1/N)$ 发生，因此该可能性的期望代价是 $o(1)$，它当 N 越来越大时趋向于 0。一种精确的计算留作练习 10.21。

这个分析指出，找出中项平均大约需要 $1.5N$ 次比较。当然，该算法为计算 s 需要浮点运算，这在一些机器上可能使该算法减慢速度。不过即使是这样，经验已经证明，若能正确实现，则该算法完全能够比得上第 7 章中快速选择实现方法。

10.2.4　一些运算问题的理论改进

在这一节我们描述一个分治算法，该算法是将两个 N 位数相乘。我们前面的计算模型假设乘法是以常数时间完成，因为乘数很小。对于大的数，这个假设不再有效。如果我们以乘数的大小来衡量乘法，那么自然的乘法算法花费平方时间，而分治算法则以亚二次(subquadratic)时间运行。我们还介绍经典的分治算法，它以亚立方时间将两个 $N\times N$ 矩阵相乘。

整数相乘

376

设我们想要将两个 N 位数 X 和 Y 相乘。如果 X 和 Y 恰好有一个是负的，那么结果就是负的；否则结果为正数。因此，我们可以进行这种检查然后假设 X，Y≥0。几乎每一个人在手算乘法时使用的算法都需要 $\Theta(N^2)$次操作，这是因为 X 中的每一位数字都要被 Y 的每一位数字去乘的缘故。

如果 $X=61\,438\,521$ 而 $Y=94\,736\,407$，那么 $XY=5\,820\,464\,730\,934\,047$。让我们把 X 和 Y 拆成两半，分别由最高几位和最低几位数字组成。此时，$X_L=6\,143$，$X_R=8\,521$，$Y_L=9\,473$，$Y_R=6\,407$。我们还有 $X=X_L10^4+X_R$ 以及 $Y=Y_L10^4+Y_R$。由此得到

$$XY = X_LY_L10^8 + (X_LY_R + X_RY_L)10^4 + X_RY_R$$

注意，这个方程由 4 次乘法组成，即 X_LY_L、X_LY_R、X_RY_L 和 X_RY_R，它们每一个都是原问题大小的一半($N/2$ 数字)。用 10^8 和 10^4 作乘法实际就是添加一些 0，这及其后的几次加法只是添加了 $O(N)$的附加工作。如果我们递归地使用该算法进行这 4 项乘法，在一个适当的基本情形下停止，那么我们得到递归

$$T(N) = 4T(N/2) + O(N)$$

从定理 10.6 看到，$T(N)=O(N^2)$，因此很不幸我们没有改进这个算法。为了得到一个亚二次的算法，我们必须使用少于 4 次的递归调用。关键的观察结果是

$$X_LY_R + X_RY_L = (X_L - X_R)(Y_R - Y_L) + X_LY_L + X_RY_R$$

于是，我们不用两次乘法来计算 10^4 的系数，而可以用一次乘法再加上已经完成的两次乘法的结果。图 10-37 演示如何只需求解 3 次递归子问题。

功能	值	计算复杂度
X_L	6 143	赋值
X_R	8 521	赋值
Y_L	9 473	赋值
Y_R	6 407	赋值
$D_1 = X_L - X_R$	−2 378	$O(N)$
$D_2 = Y_R - Y_L$	−3 066	$O(N)$
X_LY_L	58 192 639	$T(N/2)$
X_RY_R	54 594 047	$T(N/2)$
D_1D_2	7 290 948	$T(N/2)$
$D_3 = D_1D_2 + X_LY_L + X_RY_R$	120 077 634	$O(N)$
X_RY_R	54 594 047	上面已算出
D_310^4	1 200 776 340 000	$O(N)$
$X_LY_L10^8$	5 819 263 900 000 000	$O(N)$
$X_LY_L10^8 + D_310^4 + X_RY_R$	5 820 464 730 934 047	$O(N)$

图 10-37 分治算法的执行情况

377

容易看到现在的递归方程满足

$$T(N) = 3T(N/2) + O(N)$$

从而我们得到 $T(N)=O(N^{\log_2 3})=O(N^{1.59})$。为完成这个算法，我们必须要有一个基准情况，该情况可以无须递归而解决。

当两个数都是一位数字时，我们可以通过查表进行乘法；若有一个乘数为 0，则返回

0。假如在实践中要用这种算法，那么我们将选择对机器最方便的情况作为基本情况。

虽然这种算法比标准的二次算法有更好的渐近性能，但是它却很少使用，因为对于小的 N 开销大，而对大的 N 甚至还存在更好的一些算法。这些算法也广泛利用了分治算法。

矩阵乘法

一个基本的数值问题是两个矩阵的乘法。图 10-38 给出一个简单的 $O(N^3)$ 算法计算 $\boldsymbol{C}=\boldsymbol{AB}$，其中 $\boldsymbol{A}$、$\boldsymbol{B}$ 和 $\boldsymbol{C}$ 均为 $N\times N$ 矩阵。该算法直接来自于矩阵乘法的定义。为了计算 $\boldsymbol{C}_{i,j}$，我们计算 $\boldsymbol{A}$ 的第 i 行和 $\boldsymbol{B}$ 的第 j 列的点乘。按照通常的惯例，数组下标均从 0 开始。

```
/* Standard matrix multiplication */
/* Arrays start at 0 */

void
MatrixMultiply( Matrix A, Matrix B, Matrix C, int N )
{
    int i, j, k;

    for( i = 0; i < N; i++ )  /* Initialization */
        for( j = 0; j < N; j++ )
            C[ i ][ j ] = 0.0;

    for( i = 0; i < N; i++ )
        for( j = 0; j < N; j++ )
            for( k = 0; k < N; k++ )
                C[ i ][ j ] += A[ i ][ k ] * B[ k ][ j ];
}
```

图 10-38 简单的 $O(N^3)$ 矩阵乘法

长期以来曾认为矩阵乘法是需要工作量 $\Omega(N^3)$ 的。然而，在 20 世纪 60 年代末 Strassen 指出了如何打破 $\Omega(N^3)$ 的屏障。Strassen 算法的基本想法是把每一个矩阵都分成 4 块，如图 10-39 所示。此时容易证明

$$\begin{bmatrix}A_{1,1} & A_{1,2}\\ A_{2,1} & A_{2,2}\end{bmatrix}\begin{bmatrix}B_{1,1} & B_{1,2}\\ B_{2,1} & B_{2,2}\end{bmatrix}=\begin{bmatrix}C_{1,1} & C_{1,2}\\ C_{2,1} & C_{2,2}\end{bmatrix}$$

图 10-39 把 $AB=C$ 分解成 4 块乘法

378

$$\boldsymbol{C}_{1,1}=\boldsymbol{A}_{1,1}\boldsymbol{B}_{1,1}+\boldsymbol{A}_{1,2}\boldsymbol{B}_{2,1}$$
$$\boldsymbol{C}_{1,2}=\boldsymbol{A}_{1,1}\boldsymbol{B}_{1,2}+\boldsymbol{A}_{1,2}\boldsymbol{B}_{2,2}$$
$$\boldsymbol{C}_{2,1}=\boldsymbol{A}_{2,1}\boldsymbol{B}_{1,1}+\boldsymbol{A}_{2,2}\boldsymbol{B}_{2,1}$$
$$\boldsymbol{C}_{2,2}=\boldsymbol{A}_{2,1}\boldsymbol{B}_{1,2}+\boldsymbol{A}_{2,2}\boldsymbol{B}_{2,2}$$

作为一个例子，为了进行乘法 $\boldsymbol{AB}$

$$\boldsymbol{AB}=\begin{bmatrix}3&4&1&6\\1&2&5&7\\5&1&2&9\\4&3&5&6\end{bmatrix}\begin{bmatrix}5&6&9&3\\4&5&3&1\\1&1&8&4\\3&1&4&1\end{bmatrix}$$

我们定义下列 8 个 $N/2\times N/2$ 阶矩阵：

$$\boldsymbol{A}_{1,1}=\begin{bmatrix}3&4\\1&2\end{bmatrix}\quad \boldsymbol{A}_{1,2}=\begin{bmatrix}1&6\\5&7\end{bmatrix}\quad \boldsymbol{B}_{1,1}=\begin{bmatrix}5&6\\4&5\end{bmatrix}\quad \boldsymbol{B}_{1,2}=\begin{bmatrix}9&3\\3&1\end{bmatrix}$$

$$\boldsymbol{A}_{2,1}=\begin{bmatrix}5&1\\4&3\end{bmatrix}\quad \boldsymbol{A}_{2,2}=\begin{bmatrix}2&9\\5&6\end{bmatrix}\quad \boldsymbol{B}_{2,1}=\begin{bmatrix}1&1\\3&1\end{bmatrix}\quad \boldsymbol{B}_{2,2}=\begin{bmatrix}8&4\\4&1\end{bmatrix}$$

此时，我们可以进行 8 个 $N/2 \times N/2$ 阶矩阵的乘法和 4 个 $N/2 \times N/2$ 阶矩阵的加法。这些加法花费 $O(N^2)$时间。如果递归地进行矩阵乘法，那么运行时间满足

$$T(N) = 8T(N/2) + O(N^2)$$

从定理 10.6 我们看到 $T(N)=O(N^3)$，因此我们没有作出改进。如同我们在整数乘法看到的，我们必须把子问题的个数简化到 8 个以下。Strassen 使用了类似于整数乘法分治算法的一种策略并指出如何仔细地安排计算而只使用 7 次递归调用。这 7 个乘法是

$$\begin{aligned}
\boldsymbol{M}_1 &= (\boldsymbol{A}_{1,2} - \boldsymbol{A}_{2,2})(\boldsymbol{B}_{2,1} + \boldsymbol{B}_{2,2}) \\
\boldsymbol{M}_2 &= (\boldsymbol{A}_{1,1} + \boldsymbol{A}_{2,2})(\boldsymbol{B}_{1,1} + \boldsymbol{B}_{2,2}) \\
\boldsymbol{M}_3 &= (\boldsymbol{A}_{1,1} - \boldsymbol{A}_{2,1})(\boldsymbol{B}_{1,1} + \boldsymbol{B}_{1,2}) \\
\boldsymbol{M}_4 &= (\boldsymbol{A}_{1,1} + \boldsymbol{A}_{1,2})\boldsymbol{B}_{2,2} \\
\boldsymbol{M}_5 &= \boldsymbol{A}_{1,1}(\boldsymbol{B}_{1,2} - \boldsymbol{B}_{2,2}) \\
\boldsymbol{M}_6 &= \boldsymbol{A}_{2,2}(\boldsymbol{B}_{2,1} - \boldsymbol{B}_{1,1}) \\
\boldsymbol{M}_7 &= (\boldsymbol{A}_{2,1} + \boldsymbol{A}_{2,2})\boldsymbol{B}_{1,1}
\end{aligned}$$

379

一旦执行这些乘法，则最后答案可以通过下列 8 次加法得到

$$\begin{aligned}
\boldsymbol{C}_{1,1} &= \boldsymbol{M}_1 + \boldsymbol{M}_2 - \boldsymbol{M}_4 + \boldsymbol{M}_6 \\
\boldsymbol{C}_{1,2} &= \boldsymbol{M}_4 + \boldsymbol{M}_5 \\
\boldsymbol{C}_{2,1} &= \boldsymbol{M}_6 + \boldsymbol{M}_7 \\
\boldsymbol{C}_{2,2} &= \boldsymbol{M}_2 - \boldsymbol{M}_3 + \boldsymbol{M}_5 - \boldsymbol{M}_7
\end{aligned}$$

直接验证这种机敏的安排得到期望的效果。现在运行时间满足递归关系

$$T(N) = 7T(N/2) + O(N^2)$$

这个递归关系的解为 $T(N)=O(N^{\log_2 7})=O(N^{2.81})$。

如往常一样，有些细节需要考虑，如当 N 不是 2 的幂时的情况，不过还是有些根本性的小缺憾。Strassen 算法在 N 不够大时不如矩阵直接相乘。它也不能推广到矩阵是稀疏(即含有许多的 0 元素)的情况，而且它还不容易并行化。当用浮点数运算时，在数值上它不如经典的算法稳定。因此，它只有有限的适用性。然而，它象征着重要理论的里程碑并证明了，在计算机科学像在许多其他领域一样，即使一个问题看似具有固有的复杂性，但在被证明以前却始终不可定论。

10.3　动态规划

在前一节，我们看到一个可以被数学上递归表示的问题也可以表示成一个递归算法，在许多情形下对朴素的穷举搜索得到显著的性能改进。

任何数学递归公式都可以直接翻译成递归算法，但是基本现实是编译器常常不能正确对待递归算法，结果导致低效的算法。当我们怀疑很可能是这种情况时，我们必须再给编译器提供一些帮助，将递归算法重新写成非递归算法，让后者把那些子问题的答案系统地记录在一个表内。利用这种方法的一种技巧叫作动态规划(dynamic programming)。

10.3.1 用一个表代替递归

在第2章我们看到，计算斐波那契数的自然递归程序是非常低效的。回忆图10-40所示的程序的运行时间$T(N)$满足$T(N) \geqslant T(N-1)+T(N-2)$。由于$T(N)$作为斐波那契数满足同样的递归关系并具有同样的初始条件，因此，事实上$T(N)$是以与斐波那契数相同的速度在增长从而是指数级的。

```
/* Compute Fibonacci numbers as discussed in Chapter 1 */

int
Fib( int N )
{
    if( N <= 1 )
        return 1;
    else
        return Fib( N - 1 ) + Fib( N - 2 );
}
```

图 10-40 计算斐波那契数的低效算法

另一方面，由于计算F_N所需要的只是F_{N-1}和F_{N-2}，因此我们只需要记录最近算出的两个斐波那契数。这导致图10-41中的$O(N)$算法。

380

```
int
Fibonacci( int N )
{
    int i, Last, NextToLast, Answer;

    if( N <= 1 )
        return 1;

    Last = NextToLast = 1;
    for( i = 2; i <= N; i++ )
    {
        Answer = Last + NextToLast;
        NextToLast = Last;
        Last = Answer;
    }

    return Answer;
}
```

图 10-41 计算斐波那契数的线性算法

递归算法如此慢的原因在于算法模仿了递归。为了计算F_N，存在一个对F_{N-1}和F_{N-2}的调用。然而，由于F_{N-1}递归地对F_{N-2}和F_{N-3}进行调用，因此存在两个单独的计算F_{N-2}的调用。如果探试整个算法，那么我们可以发现F_{N-3}计算了3次，F_{N-4}计算了5次，而F_{N-5}则是8次，等等。如图10-42所示，冗余计算的增长是爆炸性的。如果编译器的递归模拟算法要是能够保留一个预先算出的值的表而对已经解过的子问题不再进行递归调用，那么这种指数式的爆炸增长就可以避免。这就是为什么图10-41中的程序如此有效的原因。

381

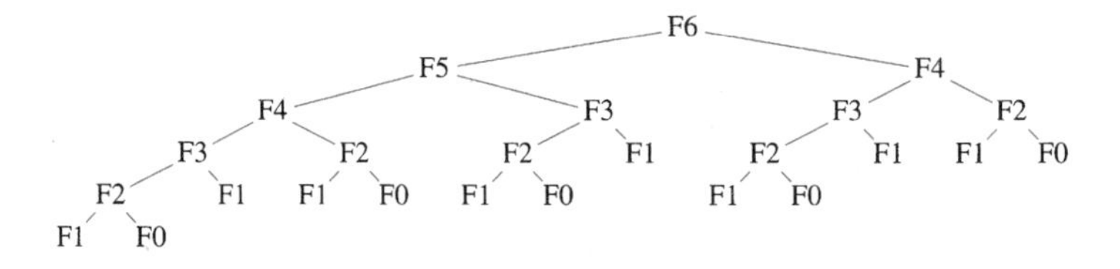

图 10-42 跟踪斐波那契数的递归计算

作为第二个例子，我们看到第7章中如何求解递归关系$C(N)=(2/N)\sum_{i=0}^{N-1}C(i)+N$，其中$C(0)=1$。假设我们想要检查所得到的解是否在数值上是正确的，此时我们可以编写

图 10-43 中的简单程序来计算这个递归问题。

这里，递归调用又做了重复性的工作。在这种情况下，运行时间 $T(N)$ 满足 $T(N)=\sum_{i=0}^{N-1}T(i)+N$，因为如图 10-44 所示，对于从 0 到 $N-1$ 的每一个值都有一个(直接的)递归调用，外加 $O(N)$ 的附加工作(除了图 10-44 所示的树，我们还在哪里看到?)。对 $T(N)$ 求解后发现，它的增长是指数式的。通过使用一个表，我们得到图 10-45 中的程序。这个程序避免了冗余的递归调用而以 $O(N^2)$ 运行。它并不是一个完美的程序，作为练习，你要对它做些简单修改，把它的运行时间简化到 $O(N)$。

```
double
Eval( int N )
{
    int i;
    double Sum;

    if( N == 0 )
        return 1.0;
    else
    {
        Sum = 0.0;
        for( i = 0; i < N; i++ )
            Sum += Eval( i );
        return 2.0 * Sum / N + N;
    }
}
```

图 10-43　计算 $C(N)=(2/N)\sum_{i=0}^{N-1}C(i)+N$ 的值的递归程序

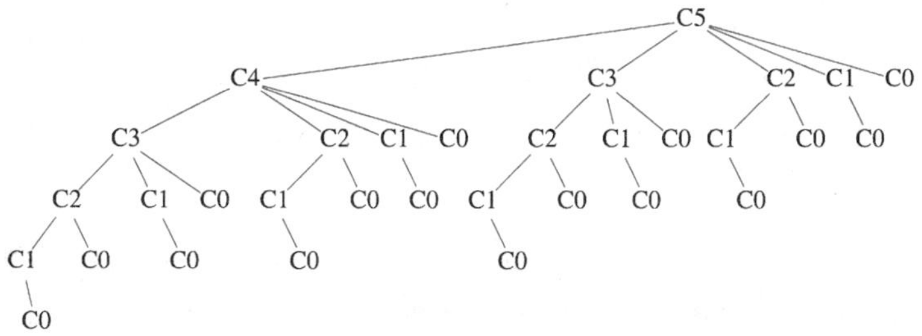

图 10-44　跟踪函数 Eval 中的递归计算

```
double
Eval( int N )
{
    int i, j;
    double Sum, Answer;
    double *C;

    C = malloc( sizeof( double ) * ( N + 1 ) );
    if( C == NULL )
        FatalError( "Out of space!!!" );

    C[ 0 ] = 1.0;
    for( i = 1; i <= N; i++ )
    {
        Sum = 0.0;
        for( j = 0; j < i; j++ )
            Sum += C[ j ];
        C[ i ] = 2.0 * Sum / i + i;
    }

    Answer = C[ N ];
    free( C );

    return Answer;
}
```

图 10-45　使用一个表来计算 $C(N)=2/N\sum_{i=0}^{N-1}C(i)+N$ 的值

10.3.2　矩阵乘法的顺序安排

设给定四个矩阵 **A**、**B**、**C** 和 **D**，**A** 的维数＝50×10，**B** 的维数＝10×40，**C** 的维数＝40×30，**D** 的维数＝30×5。虽然矩阵乘法运算是不可交换的，但是它是可结合的，这就意味着矩阵的乘积 **ABCD** 可以以任意顺序添加括号然后再计算其值。将两个阶数分别为 $p\times q$ 和 $q\times r$ 的矩阵显性相乘，使用 pqr 次标量乘法。（由于使用诸如 Strassen 算法这样的理论上优越的算法并没有明显地改变我们要考虑的问题，因此我们将假设这个性能的界。）那么，计算 **ABCD** 需要执行的三个矩阵乘法的最好方式是什么？

在四个矩阵的情况下，通过穷举搜索求解这个问题是简单的，因为只有五种方式来给乘法排顺序。我们对每种情况计算如下：

- (**A**((**BC**)**D**))：计算 **BC** 需要 10×40×30＝12 000 次乘法。计算(**BC**)**D** 的值需要 12 000次乘法计算 **BC**，外加 10×30×5＝1 500 次乘法，合计 13 500 次乘法。求(**A**((**BC**)**D**))的值需要 13 500 次乘法计算(**BC**)**D**，外加 50×10×5＝2 500 次乘法，总计 16 000 次乘法。
- (**A**(**B**(**CD**)))：计算 **CD** 需要 40×30×5＝6 000 次乘法。计算 **B**(**CD**)的值需要6 000次乘法计算 **CD**，外加 10×40×5＝2 000 次乘法，合计 8 000 次乘法。求(**A**(**B**(**CD**)))的值需要 8 000 次乘法计算 **B**(**CD**)，外加 50×10×5＝2 500 次乘法，总计 10 500次乘法。
- ((**AB**)(**CD**))：计算 **CD** 需要 40×30×5＝6 000 次乘法。计算 **AB** 需要 50×10×40＝20 000 次乘法。求((**AB**)(**CD**))的值需要 6 000 次乘法计算 **CD**，20 000 次乘法计算 **AB**，外加 50×40×5＝10 000 次乘法，总计 36 000 次乘法。
- (((**AB**)**C**)**D**)：计算 **AB** 需要 50×10×40＝20 000 次乘法。计算(**AB**)**C** 的值需要 20 000次乘法计算 **AB**，外加 50×40×30＝60 000 次乘法，合计 80 000 次乘法。求(((**AB**)**C**)**D**)的值需要 80 000 次乘法计算(**AB**)**C**，外加 50×30×5＝7 500 次乘法，总计 87 500 次乘法。
- ((**A**(**BC**))**D**)：计算 **BC** 需要 10×40×30＝12 000 次乘法。计算 **A**(**BC**)的值需要 12 000次乘法计算 **BC**，外加 50×10×30＝15 000 次乘法，合计 27 000 次乘法。求((**A**(**BC**))**D**)的值需要 27 000 次乘法计算 **A**(**BC**)，外加 50×30×5＝7 500 次乘法，总计 34 500 次乘法。

上面的计算表明，最好的排列顺序方法大约只用了最坏的排列顺序方法的九分之一的乘法次数。因此，进行一些计算来确定最优顺序还是值得的。不幸的是，一些明显的贪婪算法似乎都用不上，而且可能的顺序的个数增长很快。设我们定义 $T(N)$是顺序的个数。此时，$T(1)=T(2)=1$，$T(3)=2$，而 $T(4)=5$，正如我们刚刚看到的。一般地，

382
～
384

$$T(N)=\sum_{i=1}^{N-1}T(i)T(N-i)$$

为此，设矩阵为 $\boldsymbol{A}_1$，$\boldsymbol{A}_2$，…，$\boldsymbol{A}_N$，且最后进行的乘法是$(\boldsymbol{A}_1\boldsymbol{A}_2\cdots\boldsymbol{A}_i)(\boldsymbol{A}_{i+1}\boldsymbol{A}_{i+2}\cdots\boldsymbol{A}_N)$。此时，有 $T(i)$种方法计算$(\boldsymbol{A}_1\boldsymbol{A}_2\cdots\boldsymbol{A}_i)$且有 $T(N-i)$种方法计算$(\boldsymbol{A}_{i+1}\boldsymbol{A}_{i+2}\cdots\boldsymbol{A}_N)$。因此，对于

每个可能的i，存在 $T(i)T(N-i)$种方法计算$(\boldsymbol{A}_1\boldsymbol{A}_2\cdots\boldsymbol{A}_i)(\boldsymbol{A}_{i+1}\boldsymbol{A}_{i+2}\cdots\boldsymbol{A}_N)$。

这个递归式的解是著名的 Catalan 数，该数呈指数增长。因此，对于大的 N，穷举搜索所有可能的排列顺序的方法是不可行的。然而，这种计数方法为一种解法提供了基础，该解法基本上是优于指数的。对于 $1\leqslant i\leqslant N$，令 c_i 是矩阵 $\boldsymbol{A}_i$ 的列数。于是 $\boldsymbol{A}_i$ 有 c_{i-1}行，否则矩阵乘法是无法进行的。我们将定义 c_0 为第一个矩阵 $\boldsymbol{A}_1$ 的行数。

设 $m_{\text{Left},\text{Right}}$是进行矩阵乘法 $\boldsymbol{A}_{\text{Left}}\boldsymbol{A}_{\text{Left}+1}\cdots\boldsymbol{A}_{\text{Right}-1}\boldsymbol{A}_{\text{Right}}$所需要的乘法次数。为方便起见，$m_{\text{Left},\text{Left}}=0$。设最后的乘法是$(\boldsymbol{A}_{\text{Left}}\cdots\boldsymbol{A}_i)(\boldsymbol{A}_{i+1}\cdots\boldsymbol{A}_{\text{Right}})$，其中 $\text{Left}\leqslant i<\text{Right}$。此时所用的乘法次数为 $m_{\text{Left},i}+m_{i+1,\text{Right}}+c_{\text{Left}-1}c_ic_{\text{Right}}$。这三项分别代表计算$(\boldsymbol{A}_{\text{Left}}\cdots\boldsymbol{A}_i)$、$(\boldsymbol{A}_{i+1}\cdots\boldsymbol{A}_{\text{Right}})$以及它们的乘积所需要的乘法。

如果我们定义 $\boldsymbol{M}_{\text{Left},\text{Right}}$ 为在最优排列顺序下所需要的乘法次数，那么，若 $\text{Left}<\text{Right}$，则

$$M_{\text{Left},\text{Right}}=\min_{\text{Left}\leqslant i<\text{Right}}\{M_{\text{Left},i}+M_{i+1,\text{Right}}+c_{\text{Left}-1}c_ic_{\text{Right}}\}$$

这个方程意味着，如果我们有乘法 $\boldsymbol{A}_{\text{Left}}\cdots\boldsymbol{A}_{\text{Right}}$的最优的乘法排列顺序，那么子问题 $\boldsymbol{A}_{\text{Left}}\cdots\boldsymbol{A}_i$ 和 $\boldsymbol{A}_{i+1}\cdots\boldsymbol{A}_{\text{Right}}$就不能次优地执行。这是很清楚的，否则我们可以通过用最优的计算代替次优计算而改进整个结果。

这个公式可以直接翻译成递归程序，不过，正如我们在最后一节看到的，这样的程序将是明显低效的。然而，由于大约只有 $M_{\text{Left},\text{Right}}$的 $N^2/2$ 个值需要计算，因此显然可以用一个表来存放这些值。进一步的考察表明，如果 $\text{Right}-\text{Left}=k$，那么只有在 $M_{\text{Left},\text{Right}}$的计算中所需要的那些值 $M_{x,y}$满足 $y-x<k$。这告诉我们计算这个表所需要使用的顺序。

如果除最后答案 $M_{1,N}$外我们还想要显示实际的乘法顺序，那么可以使用第 9 章中最短路径算法的思路。无论何时改变 $M_{\text{Left},\text{Right}}$，我们都要记录 i 的值，这个值是重要的。由此得到图 10-46 所示的简单程序。

虽然本章重点不是编程，但是，我们还是要说，许多编程人员倾向于把变量名称减缩成一个字母，这并没有什么好处。可是这里 c、i 和 k 却是作为单字母变量使用的，这是因为它们与我们描述算法所使用的名字是一致的，是非常数学化的。不过，一般最好避免字母 l 作为变量名，因为“l”非常像“1"(阿拉伯数字)，如果你犯了一个转换错误，那么可能会陷入非常困难的调试麻烦中。

385

回到算法问题上来。这个程序包含三重嵌套循环，容易看出它以 $O(N^3)$时间运行。参考文献描述了一个更快的算法，但由于执行具体矩阵乘法的时间仍然很可能会比计算最优顺序的乘法的时间多得多，因此这个算法还是相当实用的。

10.3.3　最优二叉查找树

第二个动态规划的例子考虑下列输入：给定一列单词 w_1，w_2，…，w_N 和它们出现的固定的概率 p_1，p_2，…，p_N。问题是要以一种方法在一棵二叉查找树中安放这些单词使得总的期望存取时间最小。在一棵二叉查找树中，访问深度 d 处的一个元素所需要的比较次数是$d+1$,因此如果 w_i 被放在深度 d_i 上，那么我们就要将 $\sum_{i=1}^{N}p_i(1+d_i)$ 极小化。

```
/* Compute optimal ordering of matrix multiplication */
/* C contains number of columns for each of the N matrices */
/* C[ 0 ] is the number of rows in matrix 1 */
/* Minimum number of multiplications is left in M[ 1 ][ N ] */
/* Actual ordering is computed via */
/* another procedure using LastChange */
/* M and LastChange are indexed starting at 1, instead of 0 */
/* Note: Entries below main diagonals of M and LastChange */
/* are meaningless and uninitialized */

void
OptMatrix( const long C[ ], int N,
           TwoDimArray M, TwoDimArray LastChange )
{
    int i, k, Left, Right;
    long ThisM;

    for( Left = 1; Left <= N; Left++ )
        M[ Left ][ Left ] = 0;
    for( k = 1; k < N; k++ )    /* k is Right - Left */
        for( Left = 1; Left <= N - k; Left++ )
        {
            /* For each position */
            Right = Left + k;
            M[ Left ][ Right ] = Infinity;
            for( i = Left; i < Right; i++ )
            {
                ThisM = M[ Left ][ i ] + M[ i + 1 ][ Right ]
                        + C[ Left - 1 ] * C[ i ] * C[ Right ];
                if( ThisM < M[ Left ][ Right ] )
                {
                    /* Update min */
                    M[ Left ][ Right ] = ThisM;
                    LastChange[ Left ][ Right ] = i;
                }
            }
        }
}
```

图 10-46 找出矩阵乘法最优顺序的程序

作为一个例子，图 10-47 表示在某段课文中的七个单词以及它们出现的概率。图 10-48 显示三棵可能的二叉查找树。它们的查找代价如图 10-49 所示。

单词	概率
a	0.22
am	0.18
and	0.20
egg	0.05
if	0.25
the	0.02
two	0.08

图 10-47 最优二叉查找树问题的样本输入

第一棵树是使用贪婪方法形成的。存取概率最高的单词被放在根节点处。然后左右子树递归形成。第二棵树是理想平衡查找树。这两棵树都不是最优的，由第三棵树的存在可以证实。我们由此看到明显的解法都是行不通的。

乍看有些奇怪，因为问题看起来很像是构造 Huffman 编码树，正如我们已经看到的，它能够用贪婪算法求解。构造一棵最优二叉查找树更困难，因为数据不只限于出现在树叶上，树还必须满足二叉查找树的性质。

动态规划解由两个观察结论得到。再次假设我们想要把(排序的)一些单词 w_{Left}，$w_{\text{Left}+1}$，…，$w_{\text{Right}-1}$，w_{Right}放到一棵二叉查找树中。设最优二叉查找树以 w_i 作为根，其中 $\text{Left} \leqslant i \leqslant \text{Right}$。此时左子树必须包含 w_{Left}，…，w_{i-1}，而右子树必须包含 w_{i+1}，…，w_{Right}(根据二叉查找树的性质)。再有，这两棵子树还必须是最优的，因为否则它们可以用最优子树代替，这将给出关于 w_{Left}，…，w_{Right}更好的解。因此，我们可以为最优二叉查找树的

开销 $C_{\text{Left},\text{Right}}$ 编写一个公式。图 10-50 可能是有帮助的。

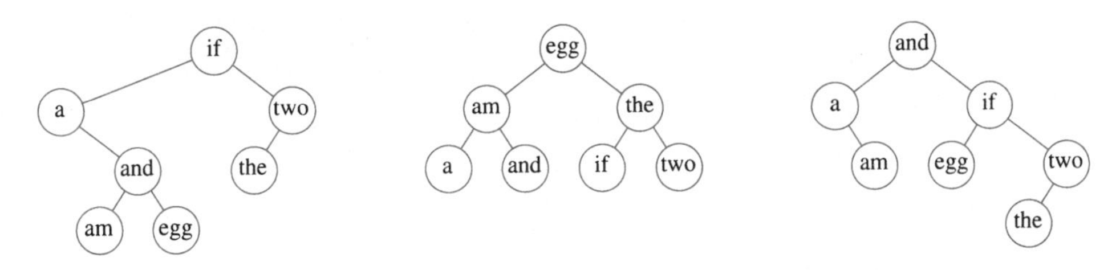

图 10-48　对于上表中数据的三个可能的二叉查找树

输入		树#1		树#2		树#3	
单词 w_i	概率 p_i	访问代价 Once	Sequence	访问代价 Once	Sequence	访问代价 Once	Sequence
a	0.22	2	0.44	3	0.66	2	0.44
am	0.18	4	0.72	2	0.36	3	0.54
and	0.20	3	0.60	3	0.60	1	0.20
egg	0.05	4	0.20	1	0.05	3	0.15
if	0.25	1	0.25	3	0.75	2	0.50
the	0.02	3	0.06	2	0.04	4	0.08
two	0.08	2	0.16	3	0.24	3	0.24
总计	1.00		2.43		2.70		2.15

图 10-49　三棵二叉查找树的比较

如果 Left＞Right，那么树的开销是 0；这就是 NULL 情形，对于二叉查找树我们总有这种情形。否则，根花费 p_i。左子树的代价相对于它的根为 $C_{\text{Left},i-1}$，右子树相对于它的根的代价为 $C_{i+1,\text{Right}}$。如图 10-50 所示，这两棵树的每个节点从 w_i 开始都比从它们对应的根开始深一层，因此，

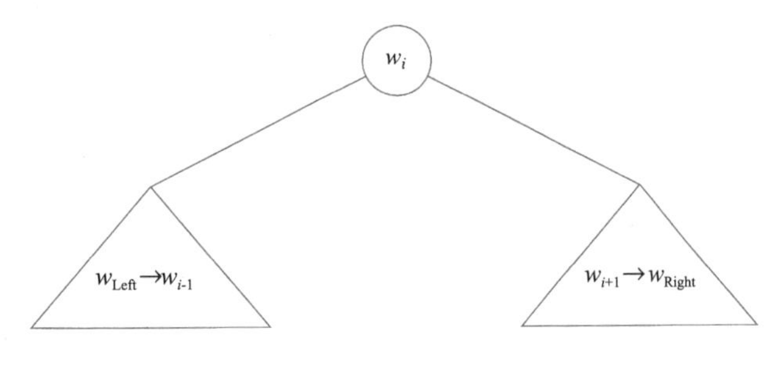

图 10-50　最优二叉查找树的构造

我们必须加 $\sum_{j=\text{Left}}^{i-1} p_j$ 和 $\sum_{j=i+1}^{\text{Right}} p_j$ 。于是得到如下公式

$$C_{\text{Left},\text{Right}} = \min_{\text{Left} \leqslant i \leqslant \text{Right}} \left\{ p_i + C_{\text{Left},i-1} + C_{i+1,\text{Right}} + \sum_{j=\text{Left}}^{i-1} p_j + \sum_{j=i+1}^{\text{Right}} p_j \right\}$$

$$= \min_{\text{Left} \leqslant i \leqslant \text{Right}} \left\{ C_{\text{Left},i-1} + C_{i+1,\text{Right}} + \sum_{j=\text{Left}}^{\text{Right}} p_j \right\}$$

从这个方程可以直接编写一个程序来计算最优二叉查找树的价值。像通常一样，具体的查找树可以通过存储使 $C_{\text{Left},\text{Right}}$ 最小化的 i 值而保留下来。标准的递归例程可以用来显示具体的树。

图 10-51 显示将由算法产生的表。对于单词的每个子区域，最优二叉查找树的价值和根都被保留。最底部的项计算输入的全部单词集合的最优二叉查找树。最优树是图 10-48 中所示的第三棵树。

	Left=1	Left=2	Left=3	Left=4	Left=5	Left=6	Left=7
迭代 =1	a..a	am..am	and..and	egg..egg	if..if	the..the	two..two
	.22 a	.18 am	.20 and	.05 egg	.25 if	.02 the	.08 two
迭代 =2	a..am	am..and	and..egg	egg..if	if..the	the..two	
	.58 a	.56 and	.30 and	.35 if	.29 if	.12 two	
迭代 =3	a..and	am..egg	and..if	egg..the	if..two		
	1.02 am	.66 and	.80 if	.39 if	.47 if		
迭代 =4	a..egg	am..if	and..the	egg..two			
	1.17 am	1.21 and	.84 if	.57 if			
迭代 =5	a..if	am..the	and..two				
	1.83 and	1.27 and	1.02 if				
迭代 =6	a..the	am..two					
	1.89 and	1.53 and					
迭代 =7	a..two						
	2.15 and						

图 10-51 对于样本输入的最优二叉查找树的计算

对于一个特定的子区域即 am. . if 的最优二叉查找树的精确的计算如图 10-52 所示。它是计算通过在根处放置 am、and、egg 和 if 所得的最小(价)值树而得到的。例如，当 and 放在根处的时候，左子树包含 am. . am(通过前面的计算，值为 0. 18)，右子树包含 egg. . if(值 0. 35)，而 $p_{am}+p_{and}+p_{egg}+p_{if}=0.68$，总价值为 1. 21。

386 ~ 389

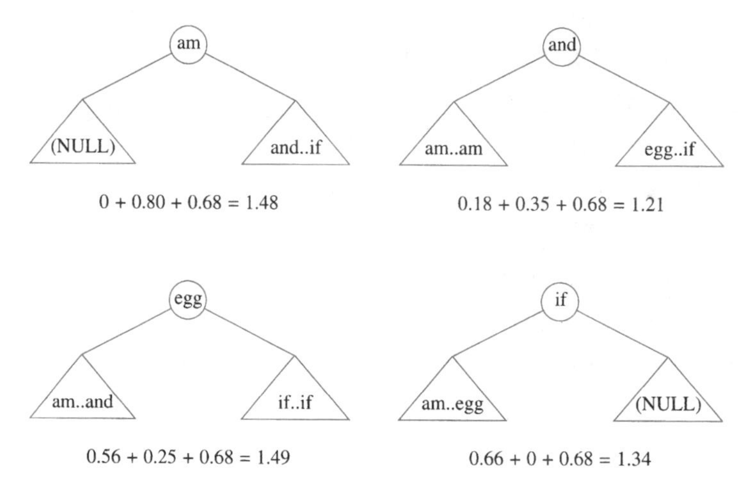

图 10-52 对 am. . if 的表项(1. 21，and)的计算

这个算法的运行时间是 $O(N^3)$，因为当它实现时，我们得到一个三重循环。对于这个问题的一种 $O(N^2)$算法在一些练习中进行了概述。

10. 3. 4 所有点对最短路径

我们的第三个也是最后一个动态规划应用是计算有向图 $G=(V, E)$中每一点对间赋权最短路径的一个算法。在第 9 章我们看到单发点最短路径问题的一个算法，该算法找出从任意一点 s 到所有其他顶点的最短路径。这个算法(Dijkstra)对稠密的图以 $O(|V|^2)$时间运行，但是实际上对稀疏的图更快。我们将给出一个短小的算法解决对稠密图的所有点对的

问题。这个算法的运行时间为 $O(|V|^3)$，它不是对 Dijkstra 算法 $|V|$ 次迭代的一种渐近改进但对非常稠密的图可能更快，原因是它的循环更紧凑。如果存在一些负的边值但没有负值圈，那么这个算法也能正确运行；而 Dijkstra 算法此时是失败的。

让我们回忆 Dijkstra 算法的一些重要细节(读者可以复习 9.3 节)。Dijkstra 算法在顶点 s 开始并分阶段工作。图中的每个顶点最终都要被选作中间顶点。如果当前所选的顶点是 v，那么对于每个 $w \in V$，置 $d_w = \min(d_w, d_v + c_{v,w})$。这个公式是说，(从 s)到 w 的最佳距离或者是前面知道的从 s 到 w 的距离，或者是从 s(最优地)到 v 然后再直接从 v 到 w 的结果。

390

Dijkstra 算法提供了动态规划算法的想法：我们依序选择这些顶点。我们将 $D_{k,i,j}$ 定义为从 v_i 到 v_j 只使用 v_1，v_2，…，v_k 作为中间顶点的最短路径的权。根据这个定义，$D_{0,i,j} = c_{i,j}$，其中若(v_i, v_j)不是该图的边则 $c_{i,j}$ 是∞。再有，根据定义，$D_{|V|,i,j}$是图中从 v_i 到 v_j 的最短路径。

如图 10-53 所示，当 $k>0$ 时我们可以给 $D_{k,i,j}$ 写出一个简单公式。从 v_i 到 v_j 只使用 v_1，v_2，…，v_k 作为中间顶点的最短路径或者是根本不使用 v_k 作为中间顶点的最短路径，或者是由两条路径 $v_i \to v_k$ 和 $v_k \to v_j$ 合并而成的最短路径，其中的每条路径只使用前 $k-1$ 个顶点作为中间顶点。这导致下面的公式

$$D_{k,i,j} = \min\{D_{k-1,i,j}, D_{k-1,i,k} + D_{k-1,k,j}\}$$

```
        /* Compute All-Shortest Paths */
        /* A[ ] contains the adjacency matrix */
        /* with A[ i ][ i ] presumed to be zero */
        /* D[ ] contains the values of the shortest path */
        /* N is the number of vertices */
        /* A negative cycle exists iff */
        /* D[ i ][ i ] is set to a negative value */
        /* Actual path can be computed using Path[ ] */
        /* All arrays are indexed starting at 0 */
        /* NotAVertex is -1 */

        void
        AllPairs( TwoDimArray A, TwoDimArray D,
                  TwoDimArray Path, int N )
        {
            int i, j, k;

            /* Initialize D and Path */
/* 1*/      for( i = 0; i < N; i++ )
/* 2*/          for( j = 0; j < N; j++ )
                {
/* 3*/              D[ i ][ j ] = A[ i ][ j ];
/* 4*/              Path[ i ][ j ] = NotAVertex;
                }

/* 5*/      for( k = 0; k < N; k++ )
                /* Consider each vertex as an intermediate */
/* 6*/          for( i = 0; i < N; i++ )
/* 7*/              for( j = 0; j < N; j++ )
/* 8*/                  if( D[ i ][ k ] + D[ k ][ j ] < D[ i ][ j ] )
                        {
                            /* Update shortest path */
/* 9*/                      D[ i ][ j ] = D[ i ][ k ] + D[ k ][ j ];
/*10*/                      Path[ i ][ k ] = k;
                        }
        }
```

391

图 10-53 所有点对最短路径

时间需求还是 $O(|V|^3)$。跟前面的两个动态规划例子不同，这个时间界实际上尚未用另外的方法降低。

因为第 k 阶段只依赖于第$(k-1)$阶段，所以看来只有两个$|V|\times|V|$矩阵需要保存。然而，在用 k 开始或结束的路径上以 k 作为中间顶点对结果没有改进，除非存在一个负的圈。因此只有一个矩阵是必需的，因为 $D_{k-1,i,k}=D_{k,i,k}$ 和 $D_{k-1,k,j}=D_{k,k,j}$，这意味着右边的项都不改变值且都不需要存储。这个观察结果导致图 10-53 中的简单程序，为与 C 的约定一致，该程序将顶点从 0 开始编号。

在一个完全图中，每一对顶点(在两个方向上)都是连通的，该算法几乎肯定要比 Dijkstra 算法的$|V|$次迭代快，因为这里的循环非常紧凑。第 1～4 行可以并行执行，第 6～10 行也可并行执行。因此，这个算法看来很适合并行计算。

动态规划是强大的算法设计技巧，它给解提供一个起点。它基本上是首先求解一些更简单问题的分治算法的范例，重要的区别在于这些更简单的问题不是原问题的明确的分割。因为反复求解子问题，所以重要的是将它们的解记录在一个表中而不是重新计算它们。在某些情况下，解可以被改进(虽然这确实不总是明显的且常常是困难的)，而在另一些情况下，动态规划方法则是所知道的最好的处理方法。

在某种意义上，如果你看出一个动态规划问题，那么你就看出所有的问题。动态规划更多的例子在一些练习和参考文献中可以找到。

10.4 随机化算法

假设你是一位教授，正在布置每周的程序设计作业。你想确保学生在完成自己的程序，或至少理解他们提交上来的程序。一种解决方案是在每个程序呈交的当天进行一次测验(面试)。另一方面，这些测验花费课外时间，因此实际上只能对大约半数的程序可以这么做。你的问题是决定什么时候进行这些测验。

当然，如果事先宣布这些测验，那么这可以解释为对得不到测验的 50%程序的默许作弊。你可能采取不宣布的策略对备选的程序进行测验，不过学生们很快就会搞清楚这种做法。另一种可能是对看似重要的程序进行测验，而这又会泄露从学期到学期类似的测验风格。学生传播都考些什么样的题，这种策略很可能经过一个学期以后就没有什么价值了。

392

消除这些弊端的一种方法是使用一个硬币。测验对每一个程序进行(举行测验远不如给他们评分消耗时间)，在开始上课时教授将掷硬币来决定是否要举行测验。采用这种方式，在上课前不可能知道测验是否要进行，而测验的模式从学期到学期之间也不重复。这样，不管前面的测验都是什么规律，学生只能预计测验发生的概率将是 50%。这种方法的缺点是有可能整个学期都没有测验，不过这不太可能发生，除非硬币有问题。每个学期测验的期望次数是程序数目的一半，并且测验的次数将以高概率不会太偏离这个数目。

这个例子叙述了我们称之为随机化算法(randomized algorithm)的方法。在算法期间，随机数至少有一次用于决策。该算法的运行时间不只依赖于特定的输入，而且依赖于所发生的随机数。

一个随机化算法的最坏情形运行时间几乎总是和非随机化算法的最坏情形运行时间相同。重要的区别在于，好的随机化算法没有不好的输入，而只有坏的随机数(相对于特定的输入)。这看起来似乎只是哲学上的差别，但是实际上它是相当重要的，正如下面的例子所示。

考虑快速排序的两种变形。方法 A 用第一个元素作为枢纽元，而方法 B 使用随机选出的元素作为枢纽元。在这两种情形下，最坏情形运行时间都是 $\Theta(N^2)$，因为在每一步都有可能选取最大的元素作为枢纽元。两种最坏情形之间的区别在于，存在特定的输入总能够出现在 A 中并产生不好的运行时间。当每一次给定已排序数据时，方法 A 都将以 $\Theta(N^2)$ 时间运行。如果方法 B 以相同的输入运行两次，那么它将有两个不同的运行时间，这依赖于什么样的随机数发生。

在运行时间的计算中我们通篇假设所有的输入都是等可能的。实际上这并不成立，例如几乎排序的输入常常要比统计上期望的出现得多得多，而这会产生一些问题，特别是对快速排序和二叉查找树。通过使用随机化算法，特定的输入不再是重要的。重要的是随机数，我们可以得到一个期望的运行时间，此时我们是对所有可能的随机数取平均而不是对所有可能的输入求平均。使用随机枢纽元的快速排序算法是一个 $O(N \log N)$ 期望时间算法。这就是说，对任意的输入，包括已经排序的输入，根据随机数统计学理论，运行时间的期望值为 $O(N \log N)$。期望运行时间界多少要强于平均时间界，但是，当然要比对应的最坏情形界弱。另一方面，正如我们在选择问题中所看到的，得到最坏情形时间界的那些解决方案常常不如它们的平均情形那样在实际中常见。但是，随机化算法却通常是一致的。

在这一节，我们将考察随机化的两个用途。首先，我们将介绍以 $O(\log N)$ 期望时间支持二叉查找树操作的新颖的方案。这意味着不存在坏的输入，只有坏的随机数。从理论的观点看，这并没有那么令人振奋，因为平衡查找树在最坏情形下达到了这个界。然而，随机化的使用导致了对查找、插入、特别是删除的相对简单的算法。

393

第二个应用是测试大数是否是素数的随机化算法。对于这个问题，没有已知的有效的多项式时间非随机化算法。我们介绍的这种算法运行很快但偶尔会有错。不过，发生错误的概率可以小到忽略不计。

10.4.1　随机数发生器

由于我们的算法需要随机数，因此我们必须要有一种方法去生成它。实际上，真正的随机性在计算机上是不可能的，因为这些数将依赖于算法，从而不可能是随机的。一般说来，产生伪随机数(pseudorandom number)就足够了，伪随机数是看起来像是随机的数。随机数有许多已知的统计性质，伪随机数满足这些性质的大部分。令人惊奇的是，这说起来容易，做起来可就难多了。

设我们只需要抛一枚硬币。这样，我们必然随机地生成 0 或 1。一种做法是考察系统时钟。这个时钟可以把时间记录成整数，而这个整数是从某个起始时刻开始计数的秒数。此时我们可以使用它的最低二进制位。问题在于，如果需要随机数序列，那么方法就不理想了。一秒是一个长的时间段，在程序运行时这个时钟可能根本没变化。即使时间用微妙为单位记录，如果程序自身正在运行，那么所生成的数的序列也远不是随机的，因为在对发生器的多次调用之间的时间在每次程序调用时可能都是一样的。此时我们看到，真正需要的是随机数的序列(sequence)。[⊖]这些数应该独立地出现。如果一枚硬币抛出后出现的是正面，那么下一次再抛出时出现正面或反面应该还是等可能的。

产生随机数的最简单的方法是线性同余发生器，它于1951年由Lehmer首先描述。数x_1，x_2，……的生成满足

$$x_{i+1}=Ax_i \bmod M$$

为了开始这个序列，必须给出x_0的某个值。这个值叫作种子(seed)。如果$x_0=0$，那么这个序列远不是随机的，但是如果A和M选择正确，那么任何其他的$1\leqslant x_0<M$都是同等有效的。如果M是素数，那么x_i就绝不会是0。作为一个例子，如果$M=11$，$A=7$，而$x_0=1$，那么所生成的数为

7，5，2，3，10，4，6，9，8，1，7，5，2，……

注意，在$M-1=10$个数以后，序列将重复。因此，这个序列的周期为$M-1$，它是尽可能地大(根据鸽巢原理)。如果M是素数，那么总存在对A的一些选择能够给出整周期(full period)$M-1$。对A的有些选择则得不到这样的周期；如果$A=5$而$x_0=1$，那么序列有一个短周期$\leqslant 5$。

394

5，3，4，9，1，5，3，4，……

如果M选择得很大，比如31位的素数，那么对于大部分的应用来说周期应该是非常长的。Lehmer建议使用31位的素数$M=2^{31}-1=2\ 147\ 483\ 647$。对于这个素数，$A=48\ 271$是给出整周期发生器的许多值中的一个。它的用途已经被深入研究并被这个领域的专家推荐。后面我们将看到，对于随机数发生器，贸然修改通常意味着失败，因此我们奉劝还是继续坚持使用这个公式直到有新的成果发布。

这像是一个实现起来很简单的例程。一般，全局变量用来存放x序列的当前值。这是全局变量发挥作用的罕见情况。这个全局变量由某个例程初始化。当调试一个使用随机数的程序的时候，大概最好是置$x_0=1$，这使得总是出现相同的随机序列。当程序工作时，可以使用系统时钟，也可以要求用户输入一个值作为种子。

返回一个位于开区间(0，1)的随机实数(0和1是不可能取的值)也是常见的情况；这可以通过除以M得到。由此可知，在任意闭区间[α，β]的随机数可以通过规范化来计算。这将产生图10-54中“明显的”例程，不过，该例程只在很少的机器上能够正常运行。

```
static unsigned long Seed = 1;

#define A 48271L
#define M 2147483647L

double
Random( void )
{
    Seed = ( A * Seed ) % M;
    return ( double ) Seed / M;
}

void
Initialize( unsigned long InitVal )
{
    Seed = InitVal;
}
```

图10-54　不能正常工作的随机数发生器

⊖　在本节的其余部分我们将使用随机代替伪随机。

这个例程的问题是乘法可能溢出；虽然这不是一个错误，但是它影响计算的结果，从而影响伪随机性。Schrage 给出一个过程，在这个过程中所有的计算均可在 32 位机上进行而不会溢出。我们计算 M/A 的商和余数并把它们分别定义为 Q 和 R。在上述情况下，$Q=44\,488$，$R=3399$，$R<Q$。我们有

395

$$x_{i+1}=Ax_i \bmod M=Ax_i-M\left\lfloor\frac{Ax_i}{M}\right\rfloor=Ax_i-M\left\lfloor\frac{x_i}{Q}\right\rfloor+M\left\lfloor\frac{x_i}{Q}\right\rfloor-M\left\lfloor\frac{Ax_i}{M}\right\rfloor$$
$$=Ax_i-M\left\lfloor\frac{x_i}{Q}\right\rfloor+M\left(\left\lfloor\frac{x_i}{Q}\right\rfloor-\left\lfloor\frac{Ax_i}{M}\right\rfloor\right)$$

由于 $x_i=Q\left\lfloor\frac{x_i}{Q}\right\rfloor+x_i \bmod Q$，我们可以代入到右边的第一项 Ax_i 并得到

$$x_{i+1}=A\left(Q\left\lfloor\frac{x_i}{Q}\right\rfloor+x_i \bmod Q\right)-M\left\lfloor\frac{x_i}{Q}\right\rfloor+M\left(\left\lfloor\frac{x_i}{Q}\right\rfloor-\left\lfloor\frac{Ax_i}{M}\right\rfloor\right)$$
$$=(AQ-M)\left\lfloor\frac{x_i}{Q}\right\rfloor+A(x_i \bmod Q)+M\left(\left\lfloor\frac{x_i}{Q}\right\rfloor-\left\lfloor\frac{Ax_i}{M}\right\rfloor\right)$$

但 $M=AQ+R$，因此 $AQ-M=-R$。于是我们得到

$$x_{i+1}=A(x_i \bmod Q)-R\left\lfloor\frac{x_i}{Q}\right\rfloor+M\left(\left\lfloor\frac{x_i}{Q}\right\rfloor-\left\lfloor\frac{Ax_i}{M}\right\rfloor\right)$$

项 $\delta(x_i)=\left\lfloor\frac{x_i}{Q}\right\rfloor-\left\lfloor\frac{Ax_i}{M}\right\rfloor$或者是 0，或者是 1，因为两项都是整数而它们的差非 0 即 1。因此，我们有

$$x_{i+1}=A(x_i \bmod Q)-R\left\lfloor\frac{x_i}{Q}\right\rfloor+M\delta(x_i)$$

快速验证表明，因为 $R<Q$，故所有的余项均可计算而没有溢出(这就是选择 $A=48\,271$ 的原因之一)。此外，仅当余项的值小于 0 时，$\delta(x_i)=1$。因此$\delta(x_i)$不需要显式地计算而是可以通过简单的测试来确定。这导致图 10-55 中的程序。

只要 INT_MAX$\geqslant 2^{31}-1$，这个程序就能正常工作。人们可能会想到要假设所有的机器在它们标准库中都有一个至少像图 10-55 中的程序那么好的随机数发生器，但糟糕的是，情况不是这样。许多库中的发生器基于函数

$$x_{i+1}=(Ax_i+C) \bmod 2^B$$

其中 B 的选取要匹配机器整数的位数，而 C 是奇数。这些库也返回 x_i，而不是 0 和 1 之间的一个值。不幸的是，这些发生器总是产生在奇偶之间交错的 x_i 的值——很难具有理想的性质。事实

```
static unsigned long Seed = 1;

#define A 48271L
#define M 2147483647L
#define Q ( M / A )
#define R ( M % A )

double
Random( void )
{
    long TmpSeed;

    TmpSeed = A * ( Seed % Q ) - R * ( Seed / Q );
    if( TmpSeed >= 0 )
        Seed = TmpSeed;
    else
        Seed = TmpSeed + M;

    return ( double ) Seed / M;
}

void
Initialize( unsigned long InitVal )
{
    Seed = InitVal;
}
```

图 10-55　工作于 32 位机上的随机数发生器

上，(充其量)是低 k 位以周期 2^k 循环。许多其他随机数发生器要比图 10-55 所提供的随机数发生器的循环小得多。这些发生器对于需要长的随机数序列的情况是不合适的。最后，我们通过在方程中添加一个常数可能会得到更好的随机数发生器。例如，

$$x_{i+1} = (48\,271x_i + 1)\bmod(2^{31} - 1)$$

多少会更加随机一些。这个例子说明这些随机数发生器是多么的脆弱。

$$[48\,271(179\,424\,105) + 1]\bmod(2^{31} - 1) = 179\,424\,105$$

因此，如果种子是 179 424 105，那么发生器将陷入周期为 1 的循环。

10.4.2 跳跃表

随机化的第一个用途是以 $O(\log N)$期望时间支持查找和插入的数据结构。正如在本节介绍中所提到的，这意味着对于任意输入序列的每一次操作的运行时间都有期望值 $O(\log N)$，其中的期望是基于随机数发生器的。能够添加删除和所有涉及排序的操作并得到与二叉查找树的平均时间界匹配的期望时间界。

最简单的支持查找的可能的数据结构是链表。图 10-56 是一个简单的链表。执行一次查找的时间正比于必须考察的节点个数，这个个数最多是 N。

396 ~ 397

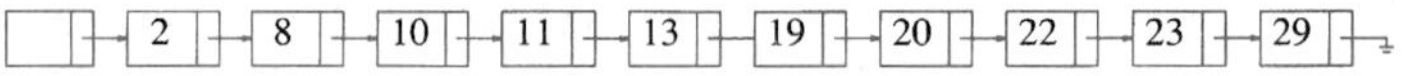

2 8 10 11 13 19 20 22 23 29

图 10-56 简单链表

图 10-57 表示一个链表，在该链表中，每隔一个节点有一个附加的指针指向它在表中前两个位置上的节点。因此，在最坏情形下，最多考察$\lceil N/2 \rceil+1$ 个节点。

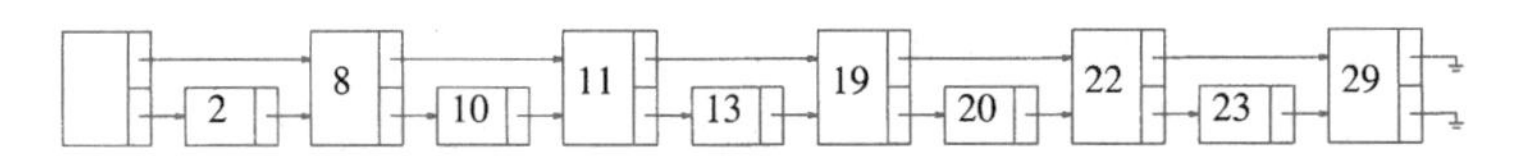

图 10-57 带有指向前面第 2 个表元素的指针的链表

将这种想法扩展，我们得到图 10-58。这里，每个序数是 4 的倍数的节点都有一个指针指向下一个序数是 4 的倍数的节点。只有$\lceil N/4 \rceil+2$ 个节点被考察。

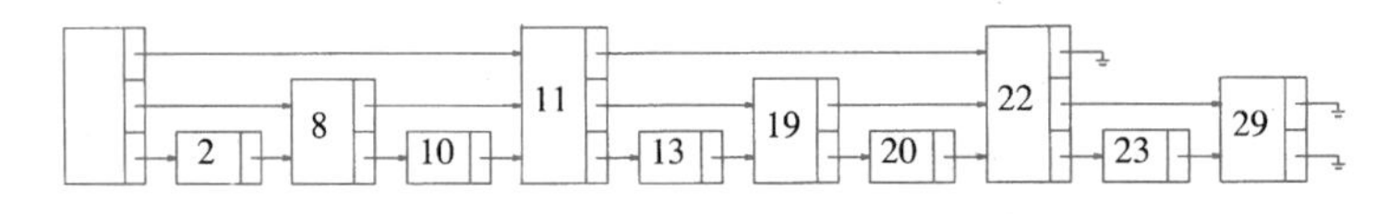

图 10-58 带有指向前面第 4 个表元素的指针的链表

这种跳跃幅度的一般情形如图 10-59 所示。每个 2^i 节点就有一个指针指向下一个 2^i 节点。总的指针个数仅仅是加倍，但现在在一次查找中最多考察$\lceil \log N \rceil$个节点。不难看到，一次查找总的时间消耗为 $O(\log N)$，这是因为查找由向前到一个新的节点或者在同一节点下降到低一级的指针组成。在一次查找期间每一步总的时间消耗最多为 $O(\log N)$。注意，在这种数据结构中的查找基本上是折半查找(binary search)。

这种数据结构的问题是有效的插入太过于呆板。使用这种数据结构的关键是稍微放松

结构条件。我们将带有k个指针的节点定义为k阶节点(level k node)。如图 10-59 所示，任意k阶节点上的第i阶($k \geqslant i$)指针指向的下一个节点至少具有i阶。这是一个容易保留的性质，不过，图 10-59 指出比它更有限制性的性质。这样，我们把第i个指针指向前面第2^i个节点的这个限制去掉，而用上面稍松一些的限制条件替代。

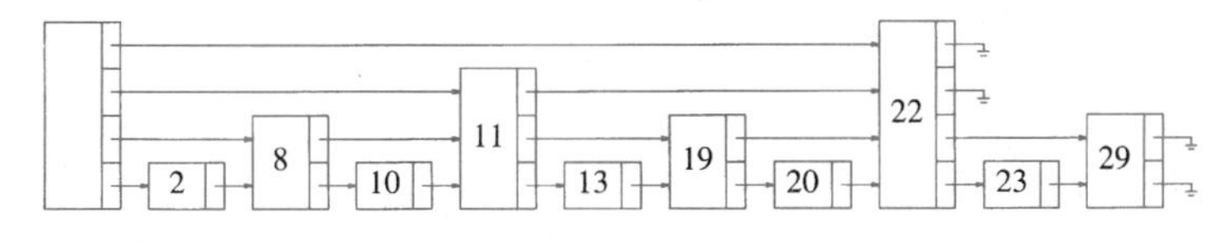

图 10-59　带有指向前面第2^i个表元素的指针的链表

当需要插入新元素的时候，我们为它分配一个新的节点。此时，我们必须决定该节点是多少阶的。考察图 10-59 后发现，大约一半的节点是 1 阶节点，大约 1/4 的节点是 2 阶节点，一般地，大约$1/2^i$的节点是i阶节点。我们按照这个概率分布随机选择节点的阶数。最容易的方法是抛一枚硬币直到正面出现并把抛硬币的总次数作为该节点的阶数。图 10-60 显示一个典型的跳跃表(skip list)。

398

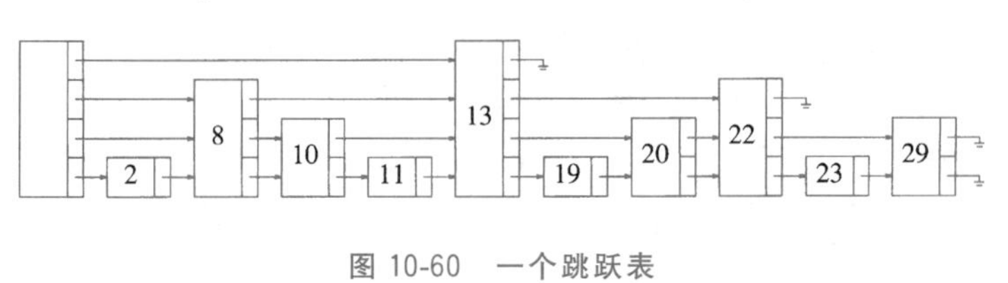

图 10-60　一个跳跃表

给出上面的分析以后，跳跃表算法的描述就简单了。为执行一次 `Find`，我们在头节点从最高阶的指针开始，沿着这个阶一直走，直至找到大于我们正在寻找的节点的下一个节点(或者是 `NULL`)前停下。这个时候，我们转到低一阶的阶并继续这种方法。当进行到一阶停止时，或者我们位于正在寻找的节点的前面，或者它不在这个表中。为了执行一次 `Insert`，我们像在执行 `Find` 时那样，始终监视每一个使我们转到下一阶的节点。最后，将新节点(它的阶是随机确定的)拼接到表中。操作见图 10-61。

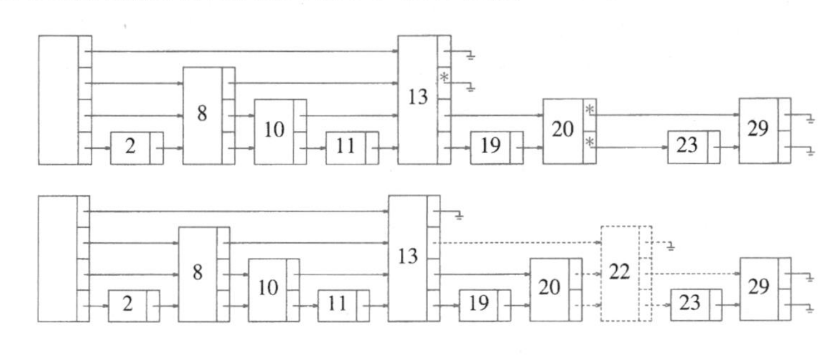

图 10-61　插入前和插入后的跳跃表

粗略分析指出，由于没有在原(非随机化的)算法上改变每一阶的节点的期望个数，因此预计穿越该同阶的节点的总的工作量是不变的。这告诉我们，这些操作具有期望(价)值$O(\log N)$。当然，更形式化的证明是需要的，但它与这里没有太大的区别。

跳跃表类似于散列表，它们都需要估计表中的元素个数(从而阶的个数可以确定)。如果得不到这种估计，那么我们可以假设一个大的数或者使用一种类似于再散列(rehash)的方法。经验表明，跳跃表如许多平衡查找树实现方法一样有效，当然，用许多种语言实现都会简单得多。

10.4.3 素性测试

在这一节，我们考察确定一个大数是否是素数的问题。正如在第2章末尾谈到的，某399些密码方案依赖于大数分解的困难性，比如将一个200位数分解成两个100位的素数相乘。为了实现这种方案，我们需要一种生成两个大素数的方法。因为现在没有人知道如何以 d 的多项式时间测试一个 d 位数字的数 N 是否是素数，所以分解大素数的问题主要还是理论上的问题。例如，测试能否被从3到 $\sqrt{N}$ 的奇数整除的常用方法大约需要 $\frac{1}{2}\sqrt{N}$ 次除法，它大约为 $2^{d/2}$。另一方面，这个问题不被认为是NP-完全的；因此，它是处在边缘上的少数几个问题之一——它的复杂性在编写本书时尚不知道。

在这一章，我们将给出一个可以测试素性的多项式时间算法。如果这个算法宣称一个数不是素数，那么我们可以肯定这个数不是素数。如果该算法宣称一个数是素数，那么，这个数将以高的概率而不是100%肯定是素数。错误的概率不依赖于被测试的特定的数，而是依赖于由算法做出的随机选择。因此，这个算法偶尔会出错，不过将会看到，我们可以让出错的比率任意小。

算法的关键是著名的费马(Fermat)定理。

定理 10.10 *费马小定理：如果 P 是素数，且 $0<A<P$，那么 $A^{P-1}\equiv 1(\bmod P)$。*

证明： 这个定理的证明可以在任意一本数论教科书中找到。

例如，由于67是素数，因此 $2^{66}\equiv 1(\bmod 67)$。这提出了测试一个数 N 是否是素数的算法：只要检验一下是否 $2^{N-1}\equiv 1(\bmod N)$。如果 $2^{N-1}\not\equiv 1(\bmod N)$ 成立，那么我们可以肯定 N 不是素数。另一方面，如果等式成立，那么 N 很可能是素数。例如，满足 $2^{N-1}\equiv 1(\bmod N)$ 但不是素数的最小的 N 是 $N=341$。

这个算法偶尔会出错，但问题是它总出一些相同的错误。换句话说，存在 N 的一个固定的集合，对于这个集合该方法行不通。我们可以尝试将该算法如下随机化：随机取 $1<A<N-1$。如果 $A^{N-1}\equiv 1(\bmod N)$，则宣布 N 可能是素数，否则宣布 N 肯定不是素数。如果 $N=341$ 而 $A=3$，那么我们发现 $3^{340}\equiv 56(\bmod 341)$。因此，如果算法碰巧选择 $A=3$，那么它将对 $N=341$ 得到正确的答案。

虽然这看起来没有问题，但是却存在一些数，对于 A 的某些选择它们甚至可以骗过该算法。一种这样的数集叫作Carmichael数，这些数不是素数，可是对所有与 N 互素的 $0<A<N$ 却满足 $A^{N-1}\equiv 1(\bmod N)$。最小的这样的数是561。因此，我们还需要一个附加的测试来改进不出错的概率。

在第7章，我们证明过一个关于平方探测(quadratic probing)的定理。这个定理的特殊情况如下：

定理 10.11　如果 P 是素数且 $0<X<P$，那么 $X^2 \equiv 1 (\bmod P)$ 仅有的两个解为 $X=1$，$P-1$。

证明： $X^2 \equiv 1 (\bmod P)$ 意味着 $X^2 - 1 \equiv 0 (\bmod P)$。这就是说，$(X-1)(X+1) \equiv 0 (\bmod P)$。由于 P 是素数，$0<X<P$，因此 P 必然是或者整除$(X-1)$，或者整除$(X+1)$，由此推出定理。

因此，如果在计算 $A^{N-1} (\bmod N)$ 的任意时刻我们发现违背了该定理，那么可以断言 A 不是素数。如果使用 2.4.4 节的幂运算，那么我们看到将有几种机会来实现这种测试。我们修改执行对 N 的求余运算的例程并应用定理 10.11 的测试。这种方法在图 10-62 中实现。

```
/* If Witness does not return 1, N is definitely */
/* composite. Do this by computing ( A ^ i ) mod N and */
/* looking for non-trivial square roots of 1 along the */
/* way. We are assuming very large numbers, so this */
/* is pseudocode */

HugeInt
Witness( HugeInt A, HugeInt i, HugeInt N )
{
    HugeInt X, Y;

    if( i == 0 )
        return 1;

    X = Witness( A, i / 2, N );
    if( X == 0 )  /* If N is recursively composite, stop */
        return 0;

    /* N is not prime if we find a non-trivial root of 1 */
    Y = ( X * X ) % N;
    if( Y == 1 && X != 1 && X != N - 1 )
        return 0;

    if( i % 2 != 0 )
        Y = ( A * Y ) % N;

    return Y;
}

/* IsPrime: Test if N >= 3 is prime using one value */
/* of A. Repeat this procedure as many times as needed */
/* for desired error rate */

int
IsPrime( HugeInt N )
{
    return Witness( RandInt( 2, N - 2 ), N - 1, N ) == 1;
}
```

图 10-62　一种概率素性测试算法

我们知道，如果函数 `Witness` 返回任何不是 1 的数，那么它就已经证明了 N 不是素数，其证明是非构造性的，因为它并没有具体给出找到因子的方法。业已证明，对于任何(充分大的)N，至多有 A 的$(N-9)/4$ 个值会使该算法得出错误的结论。因此，如果 A 是随机选取的，而且算法的结论是 N(很可能)为素数，那么至少有 75%的时机算法是正确的。设函数 `Witness` 运行 50 次，则算法得出错误结论的概率是$\frac{1}{4}$。因此，50 次独立的随机试验使算法出错的概率绝不会超过 $1/4^{50}=2^{-100}$。实际上这是非常保守的估计，它只对 N 的某些选择成立。即使如此，人们更可能看到的是硬件的错误，而不是对于数的素性的不正确的宣布结果。

10.5 回溯算法

我们将要考察的最后一个算法设计技巧是*回溯*(backtracking)算法。在许多情况下，回溯算法相当于穷举搜索的巧妙实现，但性能一般不理想。不过，情况并不总是如此，即使如此，在某些情形下它相比蛮力(brute force)穷举搜索，工作量也有显著的节省。当然，性能是相对的：对于排序而言，$O(N^2)$的算法是相当差的，但对旅行售货员(或任何NP-完全)问题，$O(N^5)$算法则是里程碑式结果。

回溯算法的一个具体例子是在一套新房子内摆放家具的问题。存在许多可能的尝试，但一般只有一些是具体要考虑的。开始什么也不摆放，然后是每件家具被摆放在室内的某个部分。如果所有的家具都已摆好而且户主很满意，那么算法终止。如果摆到某一步，该步之后的所有家具摆放方法都不理想，那么我们必须撤销这一步并尝试该步另外的摆放方法。当然，这也可能导致另外的撤销，等等。如果我们发现我们撤销了所有可能的第一步摆放位置，那么就不存在满意的家具摆放方法。否则，我们最终将终止在满意的摆放位置上。注意，虽然这个算法基本上是蛮力的，但是它并不直接尝试所有的可能。例如，考虑把沙发放进厨房的各种摆法是绝不会尝试的。许多其他坏的摆放方法早就取消了，因为令人讨厌的摆放的子集是知道的。在一步内删除一大组可能性的做法叫作*裁剪*(pruning)。

401 ~ 402

我们将看到回溯算法的两个例子。第一个是计算几何中的问题，第二个例子阐述在诸如国际象棋和西洋跳棋的对弈中如何计算选取行棋步骤的问题。

10.5.1 收费公路重建问题

设给定N个点p_1，p_2，…，p_N，它们位于x轴上。x_i是p_i点的x坐标。进一步假设$x_1=0$以及这些点从左到右给出。这N个点确定在每一对点间的$N(N-1)/2$个(不必是唯一的)形如$|x_i-x_j|(i\neq j)$的距离。显然，如果给定点集，那么容易以$O(N^2)$时间构造距离的集合。这个集合将不是排序的，但是，如果我们愿意花$O(N^2 \log N)$时间界整理，那么这些距离也可以被排序。*收费公路重建问题*(turnpike reconstruction problem)是从这些距离重新构造一个点集。它在物理学和分子生物学(参见为更专门的信息提供线索的参考文献)中都有应用。这个名称得自于对美国西海岸公路上那些收税公路出口的模拟。正像大数分解比乘法困难一样，重建问题也比建造问题困难。没有人能够给出一个算法以保证在多项式时间内完成计算。我们将要介绍的算法一般以$O(N^2 \log N)$运行，但在最坏情形下可能要花费指数时间。

当然，若给定该问题的一个解，则可以通过对所有的点加上一个偏移量而构建无穷多其他的解。这就是为什么我们一定要将第一个点置于0处以及构建解的点集以非降顺序输出的原因。

令 D 是距离的集合，并设 $|D|=M=N(N-1)/2$。作为例子，设

$$D=\{1,2,2,2,3,3,3,4,5,5,5,6,7,8,10\}$$

由于 $|D|=15$，因此我们知道 $N=6$。算法以置 $x_1=0$ 开始。显然，$x_6=10$，因为 10 是 D 中最大的元素。将 10 从 D 中删除，我们得到的点和剩下的距离如下图所示。

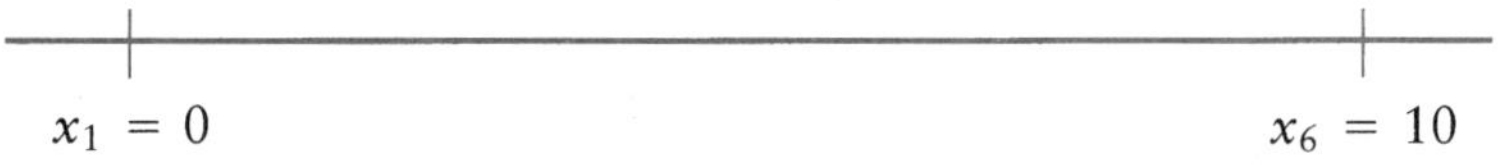

$x_1=0$　　　　$x_6=10$

$$D=\{1, 2, 2, 2, 3, 3, 3, 4, 5, 5, 5, 6, 7, 8\}$$

剩下的距离中最大的是 8，这就是说，要么 $x_2=2$，要么 $x_5=8$。由对称性，我们可以断定这种选择是不重要的，因为要么两个选择都引向解(它们互为镜像)，要么都不会引向最终的解，所以我们可置 $x_5=8$ 而不至于影响问题的解。然后从 D 中删除距离 $x_6-x_5=2$ 和 $x_5-x_1=8$，得到

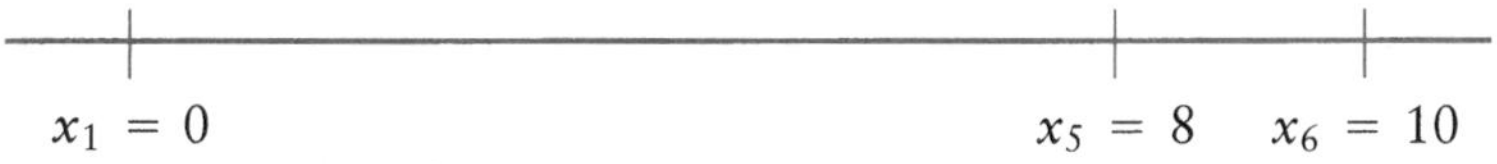

$x_1=0$　　　　$x_5=8$　$x_6=10$

$$D=\{1, 2, 2, 3, 3, 3, 4, 5, 5, 5, 6, 7\}$$

下一步是不明显的。由于 7 是 D 中最大的数，因此要么 $x_4=7$，要么 $x_2=3$。如果 $x_4=7$，那么距离 $x_6-7=3$ 和 $x_5-7=1$ 也必须出现在 D 中。我们一看便知它们确实在 D 中。另一方面，如果我们置 $x_2=3$，那么 $3-x_1=3$ 和 $x_5-3=5$ 就必须在 D 中。这些距离也的确在 D 中。因此，我们不对哪种选择做强求。这样，我们尝试其中的一种看看是否它导致问题的解。如果它不行，那么我们退回来再尝试另外的那个选择。尝试第一个选择我们置 $x_4=7$，得到

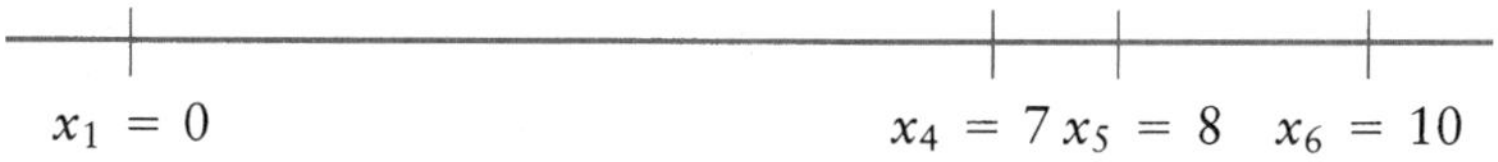

403

$x_1=0$　　　　$x_4=7$ $x_5=8$　$x_6=10$

$$D=\{2, 2, 3, 3, 4, 5, 5, 5, 6\}$$

此时，我们得到 $x_1=0$，$x_4=7$，$x_5=8$ 和 $x_6=10$。现在最大的距离是 6，因此要么 $x_3=6$，要么 $x_2=4$。但是，如果 $x_3=6$，那么 $x_4-x_3=1$，这是不可能的，因为 1 不再属于 D。另一方面，如果 $x_2=4$，那么 $x_2-x_0=4$ 和 $x_5-x_2=4$，这也是不可能的，因为 4 只在 D 中出现一次。因此，这个推导思路得不到解，我们需要回溯。

由于 $x_4=7$ 不能产生解，因此我们尝试 $x_2=3$。如果这也不行，那么我们停止计算并报告无解。现在，我们有

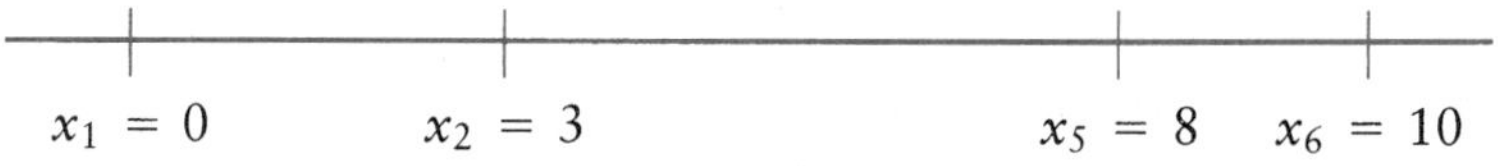

$x_1=0$　$x_2=3$　　　　$x_5=8$　$x_6=10$

$$D=\{1, 2, 2, 3, 3, 4, 5, 5, 6\}$$

我们必须再一次在 $x_4=6$ 和 $x_3=4$ 之间选择。$x_3=4$ 是不可能的，因为 D 只出现一个 4，而该选择意味着要有两个。$x_4=6$ 是可能的，于是我们得到

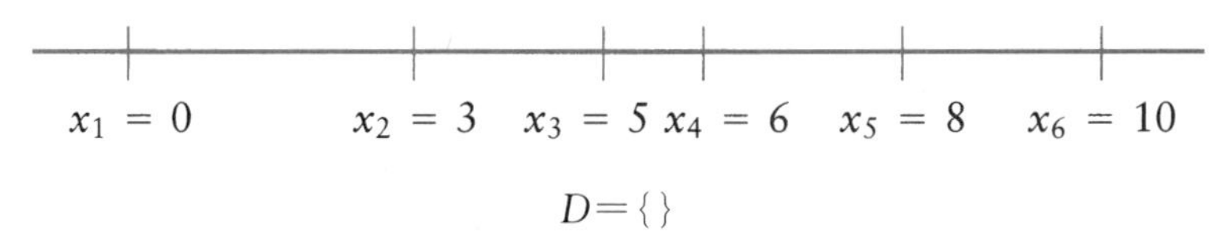

$D=\{1, 2, 3, 5, 5\}$

唯一剩下的选择是 $x_3=5$，这是可以的，因为它使得 D 成为空集，因此我们得到问题的一个解。

$x_1=0$　　$x_2=3$　　$x_3=5$　$x_4=6$　　$x_5=8$　　$x_6=10$

$D=\{\}$

图 10-63 是一棵决策树，代表为得到解而采取的行动。这里，我们没有对分支作标记，而是把标记放在了分支的目的节点上。带有一个星号的节点表示这些所选的点与给定的距离不一致；带有两个星号的节点只有将不可能的节点作为儿子节点，因此表示一条不正确的路径。

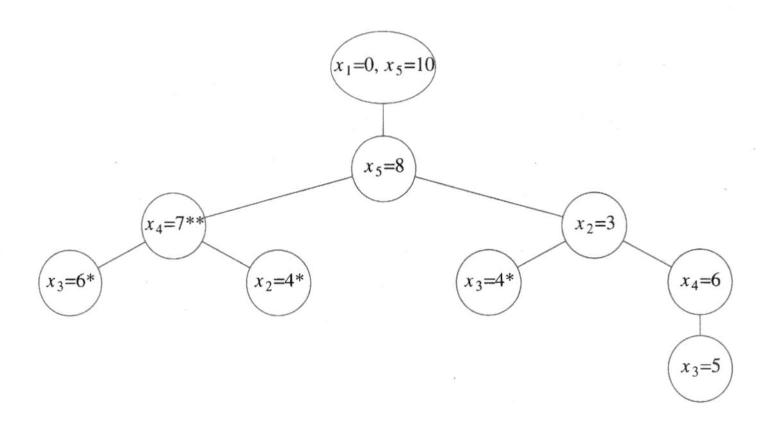

图 10-63　收费公路重建问题的决策树

实现这个算法的伪代码大部分都很简单。驱动例程 Turnpike 如图 10-64 所示。它接收点的数组 X(不需要初始化)、距离的数组 D 和 N[⊖]。如果找到一个解，则返回 true，答案将被放到 X 中，而 D 将是空集。否则，返回 false，X 将是未定义的，距离数组将是未触及的。该例程如上所述给 x_1、x_{N-1} 和 x_N 赋了值，修改了 D，并且调用了回溯算法 Place 以

```
        int
        Turnpike( int X[ ], DistSet D, int N )
        {
/* 1*/      X[ 1 ] = 0;
/* 2*/      X[ N ] = DeleteMax( D );
/* 3*/      X[ N - 1 ] = DeleteMax( D );
/* 4*/      if( X[ N ] - X[ N - 1 ] ∈ D )
            {
/* 5*/          Remove( X[ N ] - X[ N - 1 ], D );
/* 6*/          return Place( X, D, N, 2, N - 2 );
            }
            else
/* 7*/          return False;
        }
```

图 10-64　收费公路重建算法：驱动例程(伪代码)

⊖ 为了方便起见，所举的例子使用了单字母变量名，一般说来这不是好习惯。为了简单，我们也不给出变量的类型。

放置其余的点。我们假设为保证 $|D|=N(N-1)/2$ 已经进行了检验。

更困难的部分是回溯算法，如图 10-65 所示。与大多数回溯算法一样，最方便的实现方法是递归。我们传递同样的参数以及界 Left 和 Right；x_{Left}，…，x_{Right} 是我们试图放置的点的 x 坐标。如果 D 是空集(或 Left>Right)，那么解已经找到，我们可以返回。否则，我们首先尝试使 $x_{Right}=D_{max}$。如果所有适当的距离都(以正确的值)出现，那么尝试性地放上这一点，删除这些距离，并尝试从 Left 到 Right−1 填入。如果这些距离不出现，或者从 Left 到 Right−1 填入尝试失败，那么我们尝试置 $x_{Left}=x_N-d_{max}$，使用类似的方法。如果这样不行，则问题无解；否则，一个解已经找到，而这个信息最终通过 return 语句和 X 数组传递回 Turnpike。

404
~
405

```
        /* Backtracking algorithm to place the points */
        /* X[ Left ... Right ] */
        /* X[ 1 ... Left - 1 ] and X[ Right + 1 ... N ] */
        /* are already tentatively placed */
        /* If Place returns True, */
        /* then X[ Left ... Right ] will have values */

        int
        Place( int X[ ], DistSet D, int N, int Left, int Right )
        {
            int DMax, Found = False;

/* 1*/      if( D is empty )
/* 2*/          return True;
/* 3*/      DMax = FindMax( D );

            /* Check if setting X[ Right ] = DMax is feasible */
/* 4*/      if(| X[ j ] - DMax | ∈ D
                        for all 1 ≤ j < Left and Right < j ≤ N )
            {
/* 5*/          X[ Right ] = DMax;  /* Try X[ Right ] = DMax */
/* 6*/          for( 1 ≤ j < Left, Right < j ≤ N )
/* 7*/              Delete( | X[ j ] - DMax |, D );
/* 8*/          Found = Place( X, D, N, Left, Right - 1 );

/* 9*/          if( !Found )  /* Backtrack */
/*10*/          for( 1 ≤ j < Left, Right < j ≤ N )  /* Undo deletion */
/*11*/              Insert( | X[ j ] - DMax |, D );
            }

            /* If first attempt failed, try to see if setting */
            /* X[ Left ] = X[ N ] - DMax is feasible */
/*12*/      if( !Found && ( | X[ N ] - DMax - X[ j ] | ∈ D
/*13*/                  for all 1 ≤ j < Left and Right < j ≤ N ) )
            {
/*14*/          X[ Left ] = X[ N ] - DMax;  /* Same logic as before */
/*15*/          for( 1 ≤ j < Left, Right < j ≤ N )
/*16*/              Delete( | X[ N ] - DMax - X[ j ] |, D );
/*17*/          Found = Place( X, D, N, Left + 1, Right );

/*18*/          if( !Found )  /* Backtrack */
/*19*/              for( 1 ≤ j < Left, Right < j ≤ N )  /* Undo */
/*20*/                  Insert( | X[ N ] - DMax - X[ j ] |, D );
            }
/*21*/      return Found;
        }
```

图 10-65　收费公路重建算法：回溯的步骤(伪代码)

算法的分析涉及两个因素。设第 9～11 行以及第 18～20 行从未执行。我们可以把 D 作为平衡二叉查找(或伸展)树保存(当然，这需要对代码做些修改)。如果我们从未回溯，那么最多有 $O(N^2)$ 次操作涉及 D，如在第4行、第12～13行中蕴含的删除和 `Find`。显然这是对删除提出的，因为 D 有 $O(N^2)$ 个元素而没有元素被重新插入。每次对 `Place` 的调用最多用到 $2N$ 次 `Find`，而由于 `Place` 在该分析中从未回溯，因此最多可以有 $2N^2$ 次 `Find`。于是，如果没有回溯，那么运行时间为 $O(N^2 \log N)$。

当然，回溯是要发生的。如果回溯反复发生，那么算法的性能就要受到影响。我们可以通过构建病态的情形迫使它发生。经验证明，如果点的整数坐标在 $[0, D_{max}]$ 均匀地和随机地分布，其中 $D_{max}=\Theta(N^2)$，那么在整个算法期间几乎肯定最多执行一次回溯。

10.5.2 博弈

作为最后一个应用，我们将考虑计算机用来进行战略游戏的策略，如西洋跳棋或国际象棋。作为一个例子，我们将使用简单得多的三连游戏棋(tic-tac-toe)游戏，因为它使得想法更容易表述。

如果双方都玩到最优，那么三连游戏棋就是平局。通过进行仔细的逐个情况的分析，构造一个从不输棋而且当机会出现时总能赢棋的算法并不是困难的事。这之所以能够做到是因为一些位置是已知的陷阱，可以通过查表来处理。另外一些方法(如当中央的方格可用时占据该方格)可以使得分析更简单。如果完成了分析，那么通过使用一个表我们总可以只根据当前位置选择一步棋。当然，这种方法需要程序员而不是计算机来进行大部分的思考。

极小极大策略

更一般的策略是使用一个赋值函数来给一个位置的“好坏”定值。能使计算机获胜的位置可以得到值+1；平局可得到0；使计算机输棋的位置得到值−1。通过考察盘面能够确定这局棋输赢的位置叫作*终端位置*(terminal position)。

如果一个位置不是终端位置，那么该位置的值通过递归地假设双方最优棋步而确定。这叫作*极小极大*(minimax)策略，因为下棋的一方(人)试图使这个位置的值极小化，而另一方(计算机)却要使它的值极大。

406～407

位置 P 的*后继位置*(successor position)是通过从 P 走一步棋可以达到的任何位置 P_s。如果当在某个位置 P 计算机要走棋，那么它递归地求出所有的后继位置的值。计算机选择具有最大值的一步行棋，这就是 P 的值。为了得到任意后继位置 P_s 的值，要递归地算出 P_s 的所有后继位置的值，然后选取其中最小的值。这个最小值代表行棋人一方最赞成的应招。

图10-66中的程序使得计算机的策略更清楚。第1～4行直接给赢棋或平局赋值。如果这两个情况都不适用，那么这个位置就是非终端位置。注意到 `Value` 应该包括所有可能后继位置的最大值，第5行把它初始化为最小的可能值，第6～13行的循环则为了改进而进行搜索。每一个后继位置递归地依次由第8～10行算出值来。因为我们将看到过程 `FindHumanMove` 调用 `FindCompMove`，所以这是递归的。如果下棋人对一步棋的应招给计算机留下比计算机在前面最佳棋步所得到的位置更好的位置，那么 `Value` 和 `BestMove` 将被更

新。图 10-67 显示的是下棋人选择棋步的过程。除了下棋人选择的棋步导致最低值的位置外，所有的逻辑实际上都是相同的。事实上，通过传递一个额外的变量不难把这两个过程合并成一个，这个额外变量指出该谁走棋。这样一来确实使得程序多少有些难于读懂了，因此我们就停留在两个分开的例程的阶段。

```
        /* Recursive procedure to find best move for computer */
        /* BestMove points to a number from 1 to 9 indicating square */
        /* Possible evaluations satisfy CompLoss < Draw < CompWin */
        /* Complementary procedure FindHumanMove is Figure 10.67 */
        /* Board is an array and thus can be changed by Place */

        void
        FindCompMove( BoardType Board, int *BestMove, int *Value )
        {
            int Dc, i, Response;  /* Dc means don't care */

/* 1*/      if( FullBoard( Board ) )
/* 2*/          *Value = Draw;
            else
/* 3*/      if( ImmediateCompWin( Board, BestMove ) )
/* 4*/          *Value = CompWin;
            else
            {
/* 5*/          *Value = CompLoss;
/* 6*/          for( i = 1; i <= 9; i++ )  /* Try each square */
                {
/* 7*/              if( IsEmpty( Board, i ) )
                    {
/* 8*/                  Place( Board, i, Comp );
/* 9*/                  FindHumanMove( Board, &Dc, &Response );
/*10*/                  Unplace( Board, i );  /* Restore Board */

/*11*/                  if( Response > *Value )
                        {
                            /* Update best move */
/*12*/                      *Value = Response;
/*13*/                      *BestMove = i;
                        }
                    }
                }
            }
        }
```

图 10-66　极小极大三连游戏棋算法：计算机的选择

由于这两个例程必须要传回位置的值和最佳的棋步，因此我们通过使用指针来传递将得到这些信息的两个变量的地址。现在，最后的两个参数回答的就不是“是什么”而是“在哪里”了。

作为一个例子，在图 10-66 中 BestMove 包含可以放置最佳棋步的地址。FindCompMove 通过访问 *BestMove 可以考察或修改这个地址中的数据。第 9 行指出主调例程应该怎样运行。由于调用程序有两个准备存放数据的整数，而 FindHumanMove 只要这两个整数的地址，因此这里用到了地址操作符 &。

如果在第 9 行不用操作符 &，并且 Dc 和 Response 均为零(这是典型的未初始化数据)，那么 FindHumanMove 将试图把最佳棋步和位置值放到内存位置零处。当然，这不是我们想要的，并将几乎肯定导致程序崩溃(试一试!)。这是在使用库函数中的 scanf 族函数时最常见的错误。

```
        void
        FindHumanMove( BoardType Board, int *BestMove, int *Value )
        {
            int Dc, i, Response; /* Dc means don't care */

/* 1*/      if( FullBoard( Board ) )
/* 2*/          *Value = Draw;
            else
/* 3*/      if( ImmediateHumanWin( Board, BestMove ) )
/* 4*/          *Value = CompLoss;
            else
            {
/* 5*/          *Value = CompWin;
/* 6*/          for( i = 1; i <= 9; i++ ) /* Try each square */
                {
/* 7*/              if( IsEmpty( Board, i ) )
                    {
/* 8*/                  Place( Board, i, Human );
/* 9*/                  FindCompMove( Board, &Dc, &Response );
/*10*/                  Unplace( Board, i ); /* Restore board */

/*11*/                  if( Response < *Value )
                        {
                            /* Update best move */
/*12*/                      *Value = Response;
/*13*/                      *BestMove = i;
                        }
                    }
                }
            }
        }
```

图 10-67　极小极大三连游戏棋算法：人的选择

我们把一些支持例程留作练习题。代价最高的计算是需要计算机开局的情形。由于在这个阶段棋局处于平局的形势，因此计算机选择方格 1㊀。需要考察的位置总共有 97 162 个，计算要花费几秒。没有优化程序的打算。如果下棋人选择中央方格，那么当计算机走第二步棋的时候，所要考察的位置的个数是 5 185 个，当下棋人选择一个角上的方格时，计算机所要考察的位置是 9 761 个，而当下棋人选择非角的边上的方格时计算机要考察13 233 个位置。

对于更复杂的游戏，如西洋跳棋和国际象棋，搜索到终端节点的全部棋步显然是不可行的㊁。在这种情况下，我们在达到递归的某个深度之后只能停止搜索。递归停止处的节点则成为终端节点。这些终端节点的值由一个估计位置的值的函数计算得出。例如，在一个下棋程序中，求值函数计量诸如棋子和位置因素的相对量和强度这样一些变量。求值函数对于成功是至关重要的，因为计算机的行棋选步是基于将这个函数极大化的。最好的计算机下棋程序的求值函数惊人的复杂。

408 ~ 410

然而，对于计算机下棋，一个最重要的因素看来是程序能够向前看的棋步的数目。有时我们称之为层(ply)，它等于递归的深度。为了实现这个功能，需要给予搜索例程一个额外的参数。

在对弈程序中增加向前看步因素的基本方法是提出一些方法，这些方法对更少的节点

㊀ 我们将方格从棋盘左上角开始向右编号。不过，这只对支持例程是重要的。

㊁ 据估计，假如对下棋进行这种搜索，那么对于第一步棋至少有 10^{100} 个位置需要考察。即使将本节稍后描述的改进方法结合使用，这个数字也不能降低到实用的水平。

求值但却不丢失任何信息。我们已经看到的一种方法是使用一个表来记录所有已经被计算过值的位置。例如，在搜索第一步棋的过程中，程序将考察图 10-68 中的一些位置。如果这些位置的值被存储了，那么一个位置在第二次出现时就不必再重新计算；它基本上变成了一个终端位置。记录这些信息的数据结构叫作置换表（transposition table），它几乎总可通过散列来实现。在许多情况下，这可以节省大量的计算。例如，在一盘棋的最后阶段，此时相对来说只有很少的棋子，时间的节省使得一步搜索可以进行到更深的若干层。

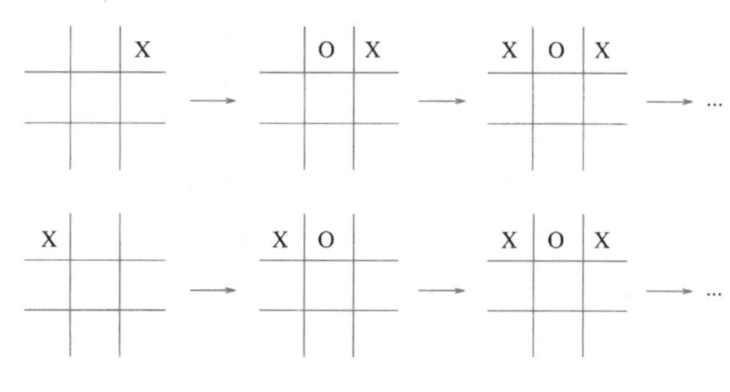

图 10-68　到达相同位置的两种搜索

α-β 裁剪

人们一般能够取得的最重要的改进称为 α-β 裁剪（α-β pruning）。图 10-69 显示在一盘假想的棋局中用来给某个假设的位置求值的一些递归调用的迹。通常这叫作一棵博弈树（game tree）。（到现在为止我们一直回避使用这个术语，因为它多少有些令人误解：没有树是由该算法具体构造的。博弈树只是一个抽象的概念。）这棵博弈树的值为 44。

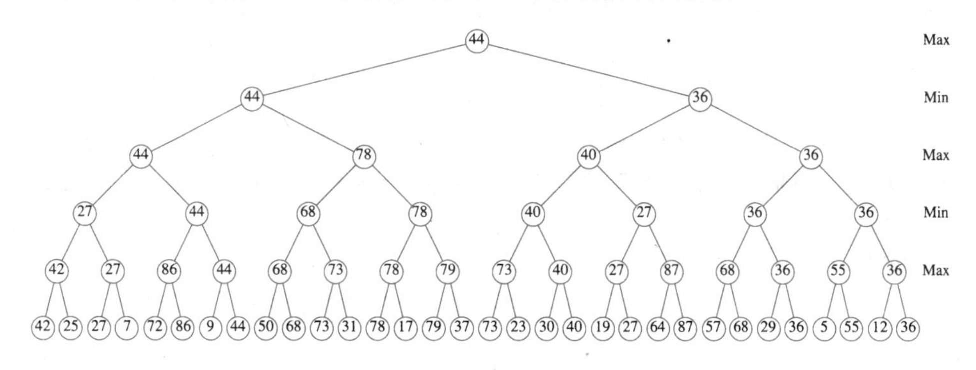

图 10-69　一棵假想的博弈树

图 10-70 显示同一棵博弈树的求值，它有一些尚未求值的节点。几乎有一半的终端节点没有检验。我们证明计算它们的值将不改变树根的值。

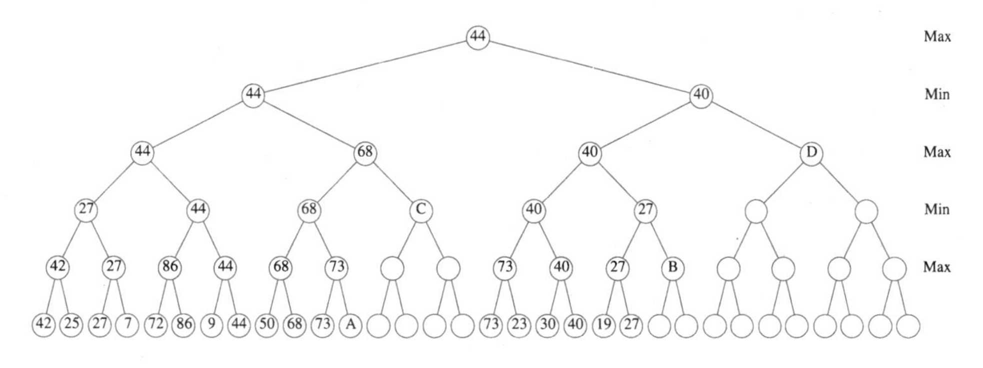

图 10-70　一棵被裁减的博弈树

首先，考虑节点 D。图 10-71 显示在给 D 求值时已经搜集到的信息。此时，我们仍然处在 FindHumanMove 中并正在打算对 D 调用 FindCompMove。然而，我们已经知道 FindHumanMove 最多将返回 40，因为它是一个 Min 节点。另一方面，它的 Max 节点父节点已经找到一个保证 44 的顺序。注意，D 无论如何也不可能增加这个值。因此，D 不需要求值。该树的这个裁减叫作 α 裁减。同样的情况出现在节点 B。为了实现 α 裁减，FindCompMove 将它的尝试性的极大值(α)传递给 FindHumanMove。如果 FindHumanMove 的尝试性的极小值低于这个值，那么 FindHumanMove 立即返回。

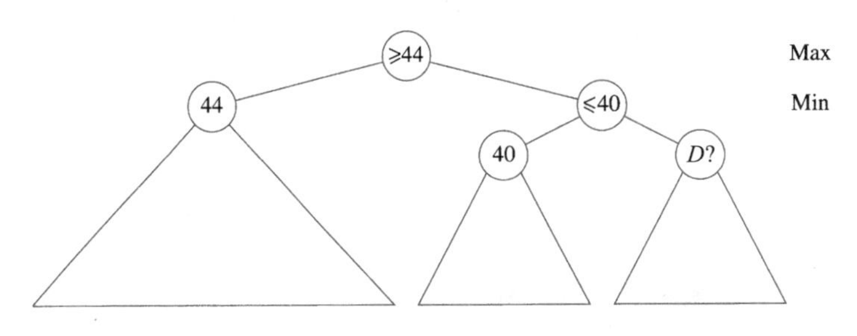

图 10-71　标记“?”的节点是不重要的

411～412

类似的情况也发生在节点 A 和 C。这一次，我们在 FindCompMove 的中间，并且正要调用 FindHumanMove 以计算 C 的值。图 10-72 显示在节点 C 遇到的这种情况。不过，调用了 FindCompMove 的 FindHumanMove 在 Min 层上，已经确定它能够迫使一个值最高到 44(注意，对于下棋人这一方低的值是好的)。由于 FindCompMove 有一个尝试性的最大值 68，因此 C 在 Min 层上怎么做也不会影响到这个结果。因此，C 不应该求值。这种类型的裁减叫作 β 裁减，它是 α 裁减的对称形式。当两种方法结合起来时我们得到 α-β 裁减。

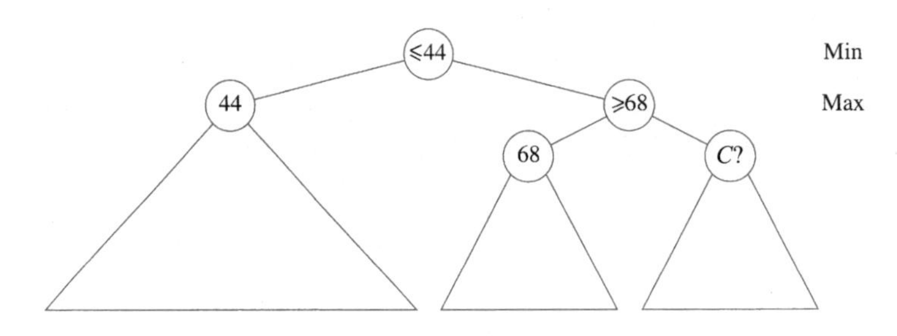

图 10-72　标记“?”的节点是不重要的

实现 α-β 裁减所需代码少得惊人。图 10-73 显示的是 α-β 裁减方案的一半(减去类型说明)。你应该能够写出另一半代码而不会遇到任何麻烦。

为了充分利用 α-β 裁减，对弈程序通常尽量对非终端节点应用求值函数，力图把最好的棋步早一些放到搜索范围内。这样的结果甚至比随机裁减方案还要裁减得多。像以积极的方式进行更深入的搜索等其他方法也在使用。

在实践中，α-β 裁减把搜索限制在只有 $O(\sqrt{N})$ 个节点上，这里 N 是整个博弈树的大小。这是巨大的节约，它意味着使用 α-β 裁减的搜索与非裁减树相比能够进行到两倍的深度。我们的三连游戏棋例子是不理想的，因为存在太多相同的值，但即使是这样，最初对

97 162 个节点的搜索还是被减到了 4493 个节点(这些计数包括非终端节点)。

```
        /* Same as before, but perform alpha-beta pruning */
        /* The main routine should make the call with */
        /* Alpha = CompLoss and Beta = CompWin */

        void
        FindCompMove( BoardType Board, int *BestMove, int *Value,
                        int Alpha, int Beta )
        {
            int Dc, i, Response; /* Dc means don't care */

/* 1*/      if( FullBoard( Board ) )
/* 2*/          *Value = Draw;
            else
/* 3*/      if( ImmediateCompWin( Board, BestMove ) )
/* 4*/          *Value = CompWin;
            else
            {
/* 5*/          *Value = Alpha;
/* 6*/          for( i = 1; i <= 9 && *Value < Beta; i++ )
                {
/* 7*/              if( IsEmpty( Board, i ) )
                    {
/* 8*/                  Place( Board, i, Comp );
/* 9*/                  FindHumanMove( Board, &Dc, &Response,
                                        *Value, Beta );
/*10*/                  Unplace( Board, i ); /* Restore board */

/*11*/                  if( Response > *Value )
                        {
                            /* Update best move */
/*12*/                      *Value = Response;
/*13*/                      *BestMove = i;
                        }
                    }
                }
            }
        }
```

图 10-73　带有 α-β 裁减的极小极大三连游戏棋算法：计算机棋步的选择

在许多对弈领域，计算机跻身于世界最优秀弈者之列。所使用的方法是非常有趣的，而且可以应用到一些更严肃的问题上。更多的细节可见参考文献。

总结

这一章阐述了在算法设计中发现的五个最普通的方法。当面临一个问题的时候，花些时间考察一下这些方法能否适用是值得的。算法的适当选择，结合数据结构的审慎使用，常常能够迅速导致问题的高效解决。

413 ~ 414

练习

10.1　证明贪婪算法可以将多处理器作业调度工作的平均完成时间最小化。

10.2　设作业 j_1，j_2，…，j_N 为输入，其中的每一个作业都要花一个时间单位来完成。如果每个作业 j_i 在时间限度 t_i 内完成，那么将挣得 d_i 美元，但若在时间限度以后完成则挣不到钱。

a. 给出一个 $O(N^2)$ 贪婪算法求解该问题。

b. 修改你的算法以得到 $O(N \log N)$ 的时间界。提示：**时间界完全归因于将作业按照金额排序。算法的其余部分可以使用不相交集数据结构以 $o(N \log N)$ 实现。

10.3 一个文件以下列频率包含冒号、空格、换行(newline)、逗号和数字：冒号(100)，空格(605)，换行(100)，逗号(705)，0(431)，1(242)，2(176)，3(59)，4(185)，5(250)，6(174)，7(199)，8(205)，9(217)。构造其 Huffman 编码。

10.4 编码文件有一部分必须是指示 Huffman 编码的文件头。给出一种方法构建大小最多为 $O(N)$ 的文件头(除符号外)，其中 N 是符号的个数。

10.5 证明 Huffman 编码生成最优的前缀码。

10.6 证明：如果符号是按照频率排序的，那么 Huffman 算法可以以线性时间实现。

10.7 用 Huffman 算法写出一个程序实现文件压缩(和解压缩)。

*10.8 证明：通过考虑下述项的序列可以迫使任意联机装箱算法至少使用 $\frac{3}{2}$ 最优箱子数：

N 项大小为 $\frac{1}{6}-2\varepsilon$，N 项大小为 $\frac{1}{3}+\varepsilon$，N 项大小为 $\frac{1}{2}+\varepsilon$。

10.9 解释如何以时间 $O(N \log N)$ 实现首次适合算法和最佳适合算法。

10.10 指出在 10.1.3 节讨论的所有装箱方法对输入 0.42，0.25，0.27，0.07，0.72，0.86，0.09，0.44，0.50，0.68，0.73，0.31，0.78，0.17，0.79，0.37，0.73，0.23，0.30 的操作。

10.11 编写一个程序比较各种装箱试探方法(在时间上和所用箱子的数量上)的性能。

10.12 证明定理 10.7。

10.13 证明定理 10.8。

*10.14 将 N 个点放入一个单位方格中。证明最近一对点之间的距离为 $O(N^{-1/2})$。

*10.15 论证对于最近点算法，在带内的平均点数是 $O(\sqrt{N})$。**提示：**利用前一道练习的结果。

415 10.16 编写一个程序实现最近点对算法。

10.17 使用三分化中项的中项方法，快速选择算法的渐近运行时间是多少？

10.18 证明七分化中项的中项的快速选择算法是线性的。为什么证明中不用七分化中项的中项方法？

10.19 实现第 7 章中的快速选择算法，快速选择使用五分化中项的中项方法，并实现 10.2.3 节末尾的抽样算法。比较它们的运行时间。

10.20 许多用于计算五分化中项的中项的信息都被丢弃了。指出怎样通过更仔细地使用这些信息减少比较的次数。

*10.21 完成在 10.2.3 节末尾描述的抽样算法的分析，并解释 δ 和 s 的值如何选择。

10.22 指出如何用递归乘算法计算 XY，其中 $X=1\ 234$，$Y=4\ 321$。要包括所有的递归计算。

10.23　指出如何只使用三次乘法将两个复数 $X=a+bi$ 和 $Y=c+di$ 相乘。

10.24　a. 证明

$$X_LY_R + X_RY_L = (X_L + X_R)(Y_L + Y_R) - X_LY_L - X_RY_R$$

b. 它给出进行 N 位的数的乘法的 $O(N^{1.59})$ 算法。将该方法与课文中的解法进行比较。

10.25 *a. 指出如何通过求解大约为原问题三分之一大小的五个问题来完成两个数的乘法。

**b. 将该问题推广得出一个 $O(N^{1+\varepsilon})$ 的算法，其中 $\varepsilon>0$ 为任意参数。

c. 在 b 问中的算法比 $O(N \log N)$ 好吗？

10.26　为什么 Strassen 算法在 2×2 矩阵的乘法中不使用可交换性是重要的。

10.27　两个 70×70 矩阵可以使用 143 640 次乘法相乘。指出这如何能够用于改进由 Strassen 算法给出的界。

10.28　计算 $\boldsymbol{A}_1\boldsymbol{A}_2\boldsymbol{A}_3\boldsymbol{A}_4\boldsymbol{A}_5\boldsymbol{A}_6$ 的最优方法是什么？其中，这些矩阵的阶数为 $\boldsymbol{A}_1$：10×20，$\boldsymbol{A}_2$：20×1，$\boldsymbol{A}_3$：1×40，$\boldsymbol{A}_4$：40×5，$\boldsymbol{A}_5$：5×30，$\boldsymbol{A}_6$：30×15。

10.29　证明下列贪婪算法均不能进行链式矩阵乘法。在每一步

a. 计算最节省的乘法。

b. 计算最昂贵的乘法。

c. 计算两个矩阵 $\boldsymbol{M}_i$ 和 $\boldsymbol{M}_{i+1}$ 之间的乘法使得在 $\boldsymbol{M}_i$ 中的列数最小(使用上面法则之一)。　416

10.30　编写一个程序计算矩阵乘法的最佳顺序。注意，程序要显示具体的顺序。

10.31　指出下列单词的最优二叉查找树，其中括号内是单词出现的频率：a(0.18)，and(0.19)，I(0.23)，it(0.21)，or(0.19)。

*10.32　将最优二叉查找树算法扩展到可以对不成功的搜索进行。在这种情况下，q_j 是对任意满足 $w_j<W<w_{j+1}$ 的单词 W 执行一次查找的概率，其中 $1\leqslant j<N$。q_0 是对 $W<w_1$ 的单词 W 执行一次查找的概率，而 q_N 是对 $W>w_N$ 执行一次查找的概率。注意，$\sum_{i=1}^{N} p_i + \sum_{j=0}^{N} q_j = 1$。

*10.33　设 $\boldsymbol{C}_{i,i}=0$，否则

$$\boldsymbol{C}_{i,j} = \boldsymbol{W}_{i,j} + \min_{i<k\leqslant j}(\boldsymbol{C}_{i,k-1} + \boldsymbol{C}_{k,j})$$

设 W 满足**四边形不等式**(quadrangle inequality)，即对所有的 $i\leqslant i'\leqslant j\leqslant j'$，

$$\boldsymbol{W}_{i,j} + \boldsymbol{W}_{i',j'} \leqslant \boldsymbol{W}_{i',j} + \boldsymbol{W}_{i,j'}$$

进一步假设 $\boldsymbol{W}$ 是单调的：如果 $i\leqslant i'$ 且 $j\leqslant j'$，那么 $\boldsymbol{W}_{i,j}\leqslant\boldsymbol{W}_{i',j'}$。

a. 证明 $\boldsymbol{C}$ 满足四边形不等式。

b. 令 $\boldsymbol{R}_{i,j}$ 是使 $\boldsymbol{C}_{i,k-1}+\boldsymbol{C}_{k,j}$ 达到最小值的最大的 k(也就是说，在相等的情形下选择最大的 k)。证明：

$$\boldsymbol{R}_{i,j} \leqslant \boldsymbol{R}_{i,j+1} \leqslant \boldsymbol{R}_{i+1,j+1}$$

c. 证明 $\boldsymbol{R}$ 沿着每一行和列是非减的。

d. 用它证明 $\boldsymbol{C}$ 中所有的项可以以 $O(N^2)$ 计算。

e. 使用这些技巧可以以 $O(N^2)$ 解决哪个动态规划算法？

10.34 编写一个例程从 10.3.4 节中的算法重新构造那些最短路径。

10.35 在你的计算机系统上考察随机数发生器。其随机性如何？

10.36 编写在跳跃表中执行插入、删除以及查找的例程。

10.37 给出跳跃表操作的期望时间为 $O(\log N)$的正式证明。

10.38 图 10-74 显示抛一枚硬币的例程，假设 rand 返回一个整数(这在许多系统中常见)。如果随机数发生器使用形如 $M=2^B$ 的模(遗憾的是这在许多系统上流行)，那么那些跳跃表算法预期的性能如何？

```
enum CoinSide { Heads, Tails };
typedef enum CoinSide CoinSide;

CoinSide
Flip( void )
{
    if( ( rand( ) % 2 ) == 0 )
        return Heads;
    else
        return Tails;
}
```

图 10-74 有问题的抛币器(程序)

10.39 a. 用取幂算法证明 $2^{340} \equiv 1 \pmod{341}$。

b. 指出随机化素性测试对于 $N=561$ 并伴有 A 的多个选择是如何工作的。

10.40 实现收费公路重建算法。

10.41 如果两个点集产生相同的距离集合而不彼此转换，那么称这两个点集是**同度的**(homometric)。下列距离集合给出两个不同的点集：{1, 2, 3, 4, 5, 6, 7, 8, 9, 10, 11, 12, 13, 16, 17}。求出这两个点集。

10.42 扩展重建算法使给定一个距离集合找出所有的同度点集。

10.43 指出图 10-75 中的树的 α-β 裁减的结果。

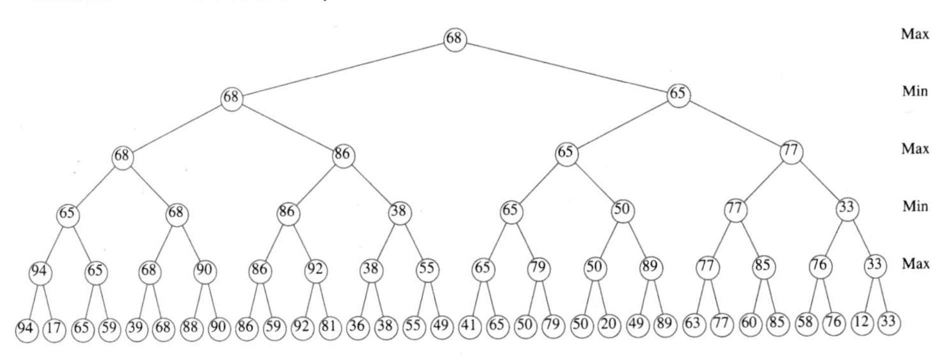

图 10-75 博弈树，该树可以裁减

10.44 a. 图 10-73 中的程序实现 α 裁减还是 β 裁减？

b. 实现与其互补的例程。

10.45 写出三连游戏棋剩下的过程。

10.46 **一维装圆问题**(one-dimensional circle packing problem)如下：有 N 个半径分别是 $r_1, r_2, \cdots, r_N$ 的圆。将这些圆装到一个盒子中，使得每个圆都与盒子的底边相切，圆的排列按原来的顺序。该问题是找出最小尺寸的盒子的宽度。图 10-76 显示一个例子，圆的半径分别为 2, 1, 2。最小尺寸盒子的宽度为 $4+4\sqrt{2}$。

417 ~ 418

*10.47 设无向图 G 的边满足三角形不等式：$c_{u,v}+c_{v,w} \geqslant c_{u,w}$。指出如何计算价值最多为最优路径两倍的旅行售货员游程。**提示：**构造最小生成树。

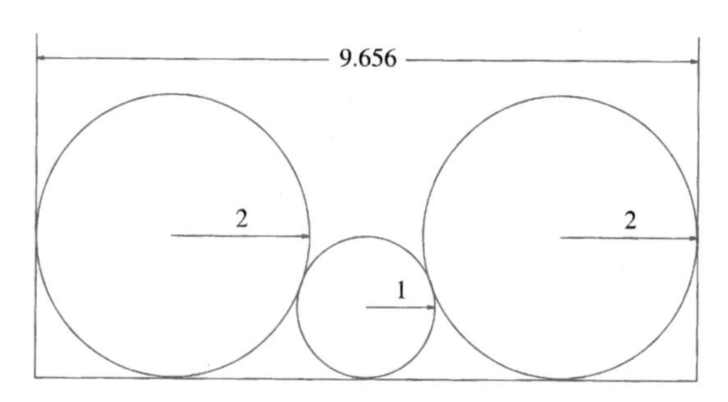

图 10-76 装圆问题实例

*10.48 假设你是邀请赛的经理，需要安排 $N=2^k$ 个运动员间一轮罗宾邀请赛(robin tournament)。在这次邀请赛上，每人每天恰好打一场比赛；$N-1$ 天后，每对选手间均已进行了比赛。给出一个递归算法安排比赛。

10.49 *a. 证明在一轮罗宾邀请赛中总能够以顺序 p_{i_1}，p_{i_2}，…，p_{i_N} 安排运动员使得对所有 $1 \leqslant j < N$，p_{i_j} 赢得对 $p_{i_{j+1}}$ 的比赛。

b. 给出一个 $O(N \log N)$ 算法来找出这样的安排。你的算法可以作为上一问(a)的证明。

*10.50 给定平面上 N 个点的集合 $P=p_1$，p_2，…，p_N。一个 Voronoi 图是将平面分成 N 个区域 R_i 的一个划分，使得 R_i 中所有的点都比 P 中任何其他的点都更接近 p_i。图 10-77 显示七个(细心安排的)点的 Voronoi 图。给出一个 $O(N \log N)$算法构造 Voronoi 图。

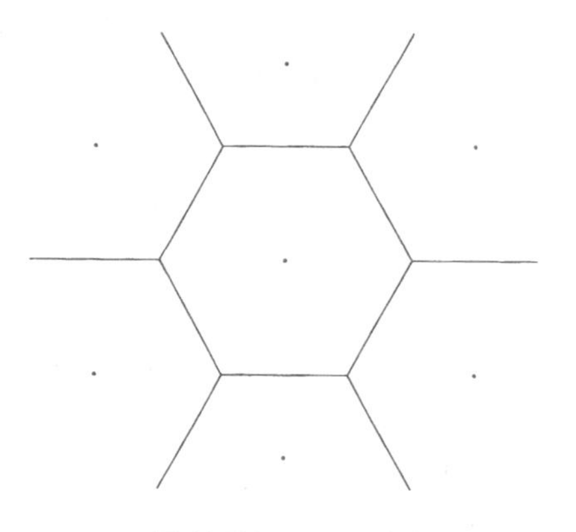

图 10-77 Voronoi 图

*10.51 **凸多边形**(convex polygon)是具有如下性质的多边形：端点位于多边形上的任意线段全部落在该多边形中。**凸包**(convex hull)问题是找出一个将平面上的点集围住的(面积)最小的凸多边形。图 10-78 显示 40 个点的点集的凸包。给出找出凸包的一个 $O(N \log N)$ 算法。

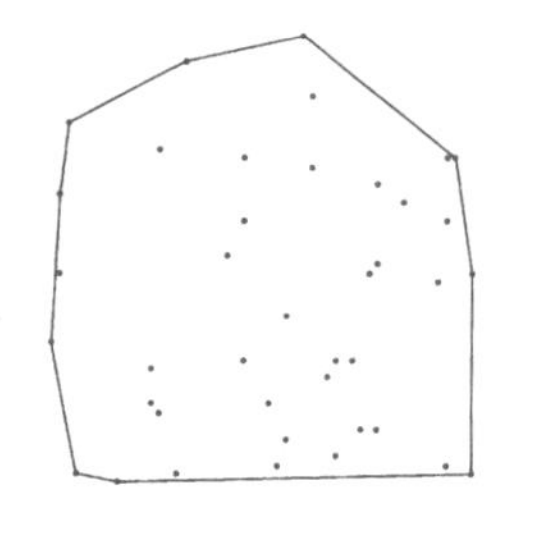

图 10-78 一个凸包的例子

*10.52 考虑正确调整一个段落的问题。段落由一系列长度分别为 a_1，a_2，…，a_N 的单词 w_1，w_2，…，w_N 组成，我们希望把它破成长度为 L 的一些行。单词间由空白分隔，空白的理想长度是 b(毫米)，但是空白在必要的时候可以伸长或收缩(不过必须大于 0)，使得一行 $w_i w_{i+1} \cdots w_j$ 的长度恰好是 L。然而，对于每一处空白 b' 我们要装填 $|b'-b|$ 个**丑点**(ugliness point)。不过，最后一行是例外，我们只在 $b'<b$ 的时候装填(换句话说，装填只在收缩的时候进行)，因为最后一行不需要调整。这样，如果 b_i 是在 a_i 和 a_{i+1} 之间的空白的长度，那么任何一

419

行(最后一行除外)$w_i w_{i+1} \cdots w_j (j>i)$的丑点设置为 $\sum_{k=i}^{j-1} |b_k - b| = (j-i)|b'-b|$，其中 b'是该行上空白的平均大小。这只在 $b'<b$ 时对最后一行适用，否则，最后一行根本不必装填丑点。

a. 给出一个动态规划算法来找出将 w_1，w_2，…，w_N 排成长度为 L 的一些行的最小的丑点设置。**提示**：对于 $i=N$，$N-1$，…，1，计算 w_i，w_{i+1}，…，w_N 的最好的排版方式。

b. 给出你的算法的时间和空间复杂度(作为单词个数 N 的函数)。

c. 考虑我们使用行式打印机而不是激光打印机的特殊情况，假设 b 的最优值为 1(空格)。在这种情况下，不允许空白收缩，因为下一个最小的空白空间是 0。给出一个线性时间算法在一台行式打印机上生成最小的丑点设置。

*10.53 最长递增子序列(longest increasing subsequence)问题如下：给定数 a_1，a_2，…，a_N，找出使得 $a_{i_1}<a_{i_2}<\cdots<a_{i_k}$ 且 $i_1<i_2<\cdots<i_k$ 的最大的 k 值。作为一个例子，如果输入为 3，1，4，1，5，9，2，6，5，那么最大递增子列的长度为 4(该子列为 1，4，5，9)。给出一个 $O(N^2)$算法求解最大递增子序列问题。

420

*10.54 最长公共子序列(longest common subsequence)问题如下：给定两个序列 $A=a_1$，a_2，…，a_M 和 $B=b_1$，b_2，…，b_N，找出 A 和 B 二者共有的最长子序列 $C=c_1$，c_2，…，c_k 的长度 k。例如，若

$$A = \mathrm{d,y,n,a,m,i,c}$$

和

$$B = \mathrm{p,r,o,g,r,a,m,m,i,n,g,}$$

则最长公共子序列为 a，m，其长度为 2。给出一个算法求解最长公共子序列问题。你的算法应该以 $O(MN)$时间运行。

*10.55 字型匹配问题(pattern matching problem)如下：给定一个文本串 S 和一种字型 P，找出 P 在 S 中的首次出现。**近似字型匹配**(approximate pattern matching)允许三种类型

1. 一个字符在 S 中但不在 P 中。
2. 一个字符在 P 中但不在 S 中。
3. P 和 S 可以在一个位置上不同。

的 k 次误匹配。例如，若我们在串“data structures txtborpk”中搜索“textbook”允许最多三次误匹配，在我们找到一个匹配(插入一个 e，将一个 r 改变成 o，删除一个 p)。给出一个 $O(MN)$算法求解近似串匹配问题，其中 $M=|P|$以及 $N=|S|$。

*10.56 背包问题(knapsack problem)的一种形式如下：给定整数集合 $A=a_1$，a_2，…，a_N 和一个整数 K。存在 A 的一个其和恰好为 K 的子集吗？

a. 给出一个算法以时间 $O(NK)$求解背包问题。

b. 为什么它不证明 P=NP？

*10.57 给你一个货币系统，它的硬币值 c_1，c_2，…，c_N 分以递减顺序排列。

a. 给出一个算法计算找 K 分零钱所需最小的硬币数。

b. 给出一个算法计算找 K 分零钱的不同的方法数。

*10.58 考虑将 8 个皇后放到一张(8 行 8 列的)棋盘上的问题。如果两后处在同一行，或同一列，或同一条(不必是主)对角线上，则称两后是互相对攻的。

a. 给出一个随机化算法把 8 个非攻击皇后放到棋盘上。

b. 给出一个回溯算法解决同一个问题。

c. 实现这两个算法并比较它们的运行时间。

421

*10.59 在国际象棋中，在 R 行 C 列上的国王可以走到 $1 \leqslant R' \leqslant B$ 行和 $1 \leqslant C' \leqslant B$ 列(其中 B 是棋盘的大小)处，假设要么

$$|R-R'|=2 \quad 且 \quad |C-C'|=1$$

要么

$$|R-R'|=1 \quad 且 \quad |C-C'|=2$$

马的一次环游是马在棋盘上的一系列跳行，它恰好访问所有的方格一次最后又回到开始的位置。

a. 如果 B 是奇数，证明马的环游不存在。

b. 给出一个回溯算法找出马的一次环游。

10.60 考虑图 10-79 中的递归算法，该算法在一个无圈图中寻找从 S 到 T 的最短赋权路径。

a. 这个算法对于一般的图为什么行不通？

b. 证明该算法对无圈图能够终止。

c. 该算法的最坏情形运行时间是多少？

```
Distance
Shortest( S, T, G )
{
    Distance d_T, Tmp;

    if( S == T )
        return 0;

    d_T = ∞;
    for each Vertex V adjacent to S
    {
        Tmp = Shortest( V, T, G );
        if( c_S,V  + Tmp < D_T )
            d_T = c_S,V  + Tmp;
    }
    return d_T
}
```

图 10-79　递归的最短路径算法

参考文献

422

Huffman 编码的原始论文为[22]。该算法的各种变形在文献[31, 34, 35]中讨论。另一种流行的压缩方案是 Ziv-Lempel 编码[60,61]。这里的编码具有固定的长度，它们代表串而不是字符。文献[8, 36]是对普通压缩方案的优秀的综述。

装箱问题探测法分析最初出现在 Johnson 的博士论文并在文献[23]中发表。在练习 10.8 中给出的联机装箱问题改进的下界来自论文[57]；这个结果在文献[37, 55]中得到进一步的改进。文献[49]则描述了对联机装箱问题的另一种处理方法。

定理 10.7 取自文献[7]。最近点算法出于文献[50]。文献[52]描述了收费公路重建问题和它的应用。指数最坏情形的输入由文献[59]给出。在计算几何相对新的领域中的两本老书是文献[14, 45]。文献[41, 42]则包含一些更新的成果。文献[2]包含了在麻省理工学院所教计算几何课程的讲稿，它包括一个广泛的文献目录。

线性时间选择算法出自论文[9]。文献[17]讨论以 1.5N 次期望比较找出中位数的取样

方法。$O(N^{1.59})$的乘法来自文献[24]。在文献[10, 26]中讨论了若干推广。Strassen算法出自文献[53]，这篇论文叙述一些结果，此外没有太多的内容。Pan[43]给出了若干分治算法，包括练习10.27中的算法。已知最好的界是$O(N^{2.376})$，该结果归因于Coppersmith和Winograd[13]。

动态规划的经典文献是著作[5, 6]。矩阵排序问题最初在文献[19]中研究。论文[21]证明该问题可以以$O(N \log N)$时间求解。

Knuth[27]提供一个$O(N^2)$算法构建最优二叉查找树。所有点对的最短路径算法出自Floyd[16]。理论上更好的$O(N^3(\log\log N/\log N)^{1/3})$算法由Fredman[18]给出，不过它并不实用，这倒没有什么奇怪。稍微改进的界(指数为1/2而不是1/3)由文献[54]给出，相关的结果也见文献[3]。在某些条件下，动态规划的运行时间可以自动地改进N的一个因子或更多，这在练习10.33、论文[15, 58]中都有讨论。

随机数发生器的讨论基于文献[44]。Park和Miller轻便的实现方法归因于Schrage[51]。跳跃表由Pugh在文献[46]中讨论。另一种类似的结构即treap树在第12章讨论。随机化素性测试算法属于Miller[38]和Rabin[48]。A的最多$(N-9)/4$个值将会使算法失误的定理源于Monier[39]。另外一些随机化算法在文献[47]中讨论。随机化技巧的更多的例子可在文献[21, 25, 40]中找到。

关于α-β裁减更多的信息可以查阅文献[1, 28, 29]。一些下国际象棋、西洋跳棋、奥赛罗棋以及十五子棋的顶尖级的程序均已达到世界等级的状态。文献[35]描述一个奥赛罗棋的程序。这篇论文出自计算机游戏(大部分是下棋)专刊，这个专刊是思想的金矿。其中有一篇论文描述当棋盘上只有少数棋子的时候使用动态规划彻底解决残局的下法。相关的研究已经导致在某些情况下50步规则的改变。

423 练习10.41在文献[8]中解决。确定没有重复距离的同度(homometric)点集对于$N>6$是否存在是一个尚未解决的问题。Christofides[12]给出了练习10.47的一种解法，此外还给出一个最多以$\frac{3}{2}$倍的最优时间生成一个游程的算法。练习10.52在文献[30]中讨论。练习10.55在文献[56]中解决。在文献[32]中给出一个$O(kN)$算法。练习10.57在文献[11]中讨论，但不要被论文的标题所误导。

1. B. Abramson, "Control Strategies for Two-Player Games," *ACM Computing Surveys,* 21 (1989), 137–161.
2. A. Aggarwal and J. Wein, *Computational Geometry: Lecture Notes for 18.409,* MIT Laboratory for Computer Science, 1988.
3. N. Alon, Z. Galil, and O. Margalit, "On the Exponent of the All-Pairs Shortest Path Problem," *Proceedings of the Thirty-Second Annual Symposium on the Foundations of Computer Science,* (1991), 569–575.
4. T. Bell, I. H. Witten, and J. G. Cleary, "Modeling for Text Compression," *ACM Computing Surveys,* 21 (1989), 557–591.
5. R. E. Bellman, *Dynamic Programming,* Princeton University Press, Princeton, N.J., 1957.
6. R. E. Bellman and S. E. Dreyfus, *Applied Dynamic Programming,* Princeton University Press, Princeton, N.J., 1962.
7. J. L. Bentley, D. Haken, and J. B. Saxe, "A General Method for Solving Divide-and-Conquer Recurrences," *SIGACT News,* 12 (1980), 36–44.
8. G. S. Bloom, "A Counterexample to the Theorem of Piccard," *Journal of Combinatorial Theory A* (1977), 378–379.

9. M. Blum, R. W. Floyd, V. R. Pratt, R. L. Rivest, and R. E. Tarjan, "Time Bounds for Selection," *Journal of Computer and System Sciences,* 7 (1973), 448–461.
10. A. Borodin and J. I. Munro, *The Computational Complexity of Algebraic and Numerical Problems,* American Elsevier, New York, 1975.
11. L. Chang and J. Korsh, "Canonical Coin Changing and Greedy Solutions," *Journal of the ACM,* 23 (1976), 418–422.
12. N. Christofides, "Worst-case Analysis of a New Heuristic for the Traveling Salesman Problem," *Management Science Research Report #388,* Carnegie-Mellon University, Pittsburgh, PA, 1976.
13. D. Coppersmith and S. Winograd, "Matrix Multiplication via Arithmetic Progressions," *Proceedings of the Nineteenth Annual ACM Symposium on the Theory of Computing* (1987), 1–6.
14. H. Edelsbrunner, *Algorithms in Combinatorial Geometry,* Springer-Verlag, Berlin, 1987.
15. D. Eppstein, Z. Galil, and R. Giancarlo, "Speeding up Dynamic Programming," *Proceedings of the Twenty-ninth Annual IEEE Symposium on the Foundations of Computer Science,* (1988), 488–495.
16. R. W. Floyd, "Algorithm 97: Shortest Path," *Communications of the ACM,* 5 (1962), 345.
17. R. W. Floyd and R. L. Rivest, "Expected Time Bounds for Selection," *Communications of the ACM,* 18 (1975), 165–172.
18. M. L. Fredman, "New Bounds on the Complexity of the Shortest Path Problem," *SIAM Journal on Computing,* 5 (1976), 83–89.
19. S. Godbole, "On Efficient Computation of Matrix Chain Products," *IEEE Transactions on Computers,* 9 (1973), 864–866.
20. R. Gupta, S. A. Smolka, and S. Bhaskar, "On Randomization in Sequential and Distributed Algorithms," *ACM Computing Surveys,* 26 (1994), 7–86.
21. T. C. Hu and M. R. Shing, "Computations of Matrix Chain Products, Part I," *SIAM Journal on Computing,* 11 (1982), 362–373.
22. D. A. Huffman, "A Method for the Construction of Minimum Redundancy Codes," *Proceedings of the IRE,* 40 (1952), 1098–1101.
23. D. S. Johnson, A. Demers, J. D. Ullman, M. R. Garey, and R. L. Graham, "Worst-case Performance Bounds for Simple One-Dimensional Packing Algorithms," *SIAM Journal on Computing,* 3 (1974), 299–325.
24. A. Karatsuba and Y. Ofman, "Multiplication of Multi-digit Numbers on Automata," *Doklady Akademii Nauk SSSR,* 145 (1962), 293–294.
25. D. R. Karger, "Random Sampling in Graph Optimization Problems," Ph. D. thesis, Stanford University, 1995.
26. D. E. Knuth, *The Art of Computer Programming, Vol 2: Seminumerical Algorithms,* second edition, Addison-Wesley, Reading, Mass., 1981.
27. D. E. Knuth, "Optimum Binary Search Trees," *Acta Informatica,* 1 (1971), 14–25.
28. D. E. Knuth and R. W. Moore, "Estimating the Efficiency of Backtrack Programs," *Mathematics of Computation,* 29 (1975), 121–136.
29. D. E. Knuth, "An Analysis of Alpha-Beta Cutoffs," *Artificial Intelligence,* 6 (1975), 293–326.
30. D. E. Knuth, *TEX and Metafont, New Directions in Typesetting,* Digital Press, Bedford, Mass., 1981.
31. D. E. Knuth, "Dynamic Huffman Coding," *Journal of Algorithms,* 6 (1985), 163–180.
32. G. M. Landau and U. Vishkin, "Introducing Efficient Parallelism into Approximate String Matching and a New Serial Algorithm," *Proceedings of the Eighteenth Annual ACM Symposium on Theory of Computing* (1986), 220–230.
33. L. L. Larmore, "Height-Restricted Optimal Binary Trees," *SIAM Journal on Computing,* 16 (1987), 1115–1123.
34. L. L. Larmore and D. S. Hirschberg, "A Fast Algorithm for Optimal Length-Limited Huffman Codes," *Journal of the ACM,* 37 (1990), 464–473.

35. K. Lee and S. Mahajan, "The Development of a World Class Othello Program," *Artificial Intelligence,* 43 (1990), 21–36.
36. D. A. Lelewer and D. S. Hirschberg, "Data Compression," *ACM Computing Surveys,* 19 (1987), 261–296.
37. F. M. Liang, "A Lower Bound for On-line Bin Packing," *Information Processing Letters,* 10 (1980), 76–79.
38. G. L. Miller, "Riemann's Hypothesis and Tests for Primality," *Journal of Computer and System Sciences,* 13 (1976), 300–317.
39. L. Monier, "Evaluation and Comparison of Two Efficient Probabilistic Primality Testing Algorithms," *Theoretical Computer Science,* 12 (1980), 97–108.
40. R. Motwani and P. Raghavan, *Randomized Algorithms,* Cambridge University Press, New York (1995).
41. K. Mulmuley, *Computational Geometry: An Introduction Through Randomized Algorithms,* Prentice–Hall, Englewood Cliffs, N.J. (1994).
42. J. O'Rourke, *Computational Geometry in C,* Cambridge University Press, New York (1994).
43. V. Pan, "Strassen's Algorithm is Not Optimal," *Proceedings of the Nineteenth Annual IEEE Symposium on the Foundations of Computer Science* (1978), 166–176.
44. S. K. Park and K. W. Miller, "Random Number Generators: Good Ones are Hard To Find," *Communications of the ACM,* 31 (1988), 1192–1201. (See also *Technical Correspondence,* in 36 (1993) 105–110.)
45. F. P. Preparata and M. I. Shamos, *Computational Geometry: An Introduction,* Springer-Verlag, New York, 1985.
46. W. Pugh, "Skip Lists: A Probabilistic Alternative to Balanced Trees," *Communications of the ACM,* 33 (1990), 668–676.
47. M. O. Rabin, "Probabilistic Algorithms," in *Algorithms and Complexity, Recent Results and New Directions* (J. F. Traub, ed.), Academic Press, New York, 1976, 21–39.
48. M. O. Rabin, "Probabilistic Algorithms for Testing Primality," *Journal of Number Theory,* 12 (1980), 128–138.
49. P. Ramanan, D. J. Brown, C. C. Lee, and D. T. Lee, "On-line Bin Packing in Linear Time," *Journal of Algorithms,* 10 (1989), 305–326.
50. M. I. Shamos and D. Hoey, "Closest-Point Problems," *Proceedings of the Sixteenth Annual IEEE Symposium on the Foundations of Computer Science* (1975), 151–162.
51. L. Schrage, "A More Portable FORTRAN Random Number Generator," *ACM Transactions on Mathematics Software,* 5 (1979), 132–138.
52. S. S. Skiena, W. D. Smith, and P. Lemke, "Reconstructing Sets From Interpoint Distances," *Proceedings of the Sixth Annual ACM Symposium on Computational Geometry* (1990), 332–339.
53. V. Strassen, "Gaussian Elimination is Not Optimal," *Numerische Mathematik,* 13 (1969), 354–356.
54. T. Takaoka, "A New Upper Bound on the Complexity of the All-Pairs Shortest Path Problem," *Information Processing Letters,* 43 (1992), 195–199.
55. A. van Vleit, "An Improved Lower Bound for On-Line Bin Packing Algorithms," *Information Processing Letters,* 43 (1992), 277–284.
56. R. A. Wagner and M. J. Fischer, "The String-to-String Correction Problem," *Journal of the ACM,* 21 (1974), 168–173.
57. A. C. Yao, "New Algorithms for Bin Packing," *Journal of the ACM,* 27 (1980), 207–227.
58. F. F. Yao, "Efficient Dynamic Programming Using Quadrangle Inequalities," *Proceedings of the Twelfth Annual ACM Symposium on the Theory of Computing* (1980), 429–435.
59. Z. Zhang, "An Exponential Example for a Partial Digest Mapping Algorithm," *Journal of Computational Molecular Biology,* 1 (1994), 235–239.
60. J. Ziv and A. Lempel, "A Universal Algorithm for Sequential Data Compression," *IEEE Transactions on Information Theory* IT23 (1977), 337–343.
61. J. Ziv and A. Lempel, "Compression of Individual Sequences via Variable-rate Coding," *IEEE Transactions on Information Theory* IT24 (1978), 530–536.

424 ~ 426

C H A P T E R 11

第11章

摊还分析

在这一章，我们将对在第 4 章和第 6 章出现的几种高级数据结构的运行时间进行分析，特别是我们将考虑任意顺序的 M 次操作的最坏情形运行时间。这与更一般的分析有所不同，后者是对单次的操作给出最坏情形的时间界。

例如，我们已经看到 AVL 树以每次操作 $O(\log N)$ 最坏情形时间支持标准的树操作。AVL 树在实现上多少有些复杂，这不仅是因为存在许多的情况，而且还因为高度平衡信息必须保存和正确地更新。使用 AVL 树的原因在于，对非平衡查找树的一系列 $\Theta(N)$ 操作可能需要 $\Theta(N^2)$ 时间，这样一来花费就昂贵了。对于查找树来说，一次操作的 $O(N)$ 最坏情形运行时间并不是真正的问题，主要的问题是这种情形可能反复发生。伸展树(splay tree)提供一种可喜的方法，虽然任意操作仍然需要 $\Theta(N)$ 时间，但是这种退化行为不可能反复发生，而且我们可以证明，任意顺序的 M 次操作(总共)花费 $O(M \log N)$ 最坏情形时间。因此，在长期运行中这种数据结构的行为就像是每次操作花费 $O(\log N)$ 时间一样。我们把它称为摊还时间界(amortized time bound)。

摊还界比对应的最坏情形界弱，因为它对任意单次操作提供不了保障。由于这个问题一般来说并不重要，因此如果能够对一系列操作保持相同的界同时又简化数据结构，那么我们愿意牺牲单次操作的界。摊还界比等值的平均情形界要强。例如，二叉查找树每次操作的平均时间为 $O(\log N)$，但是对于连续 M 次操作仍然可能花费 $O(MN)$ 时间。

因为得到摊还界需要我们查看整个操作序列而不是仅仅一次操作，所以我们希望我们的分析更具技巧性。我们将看到这种期望一般会实现。

在这一章中，我们将：

- 分析二项队列操作。
- 分析斜堆。
- 介绍并分析斐波那契堆。
- 分析伸展树。

427

11.1 一个无关的智力问题

考虑下列问题：将两个小猫放在足球场的对面，相距 100 码。它们以每分钟 10 码的速度相向行走。同时，这两个小猫的母亲在足球场的一端，它可以以每分钟 100 码的速度跑步。猫妈妈从一个小猫跑到另一只小猫，来回轮流跑而速度不减，一直跑到两个小猫(以及它们的猫妈妈)在中场相遇。问猫妈妈跑了多远？

使用蛮力计算不难解决这个问题。我们把细节留给读者，不过，预计这个计算将涉及计算无穷几何级数的和。虽然这种直接计算能够得到答案，但是实际上通过引入一个附加变量(即时间)可以得到简单得多的解法。

因为两个小猫相距 100 码远而且以每分钟 20 码的合速度互相接近，所以它们花 5 分钟即可到达中场。由于猫妈妈每分钟跑 100 码，因此她跑的总距离是 500 码。

这个问题阐述了一个思路，即有时候间接求解一个问题要比直接求解容易。我们将这个思路用于将要进行的摊还分析。我们将引入一个附加变量，叫作位势(potential)，有了它，我们能够证明以前很难证明的一些结果。

11.2　二项队列

我们将要考察的第一个数据结构是第 6 章中的二项队列，现在进行简要的复习。我们知道，二项树 B_0 是一棵单节点树，且对于 $k>0$，二项树 B_k 通过将两棵二项树 B_{k-1} 合并到一起而得到。二项树 B_0 到 B_4 如图 11-1 所示。

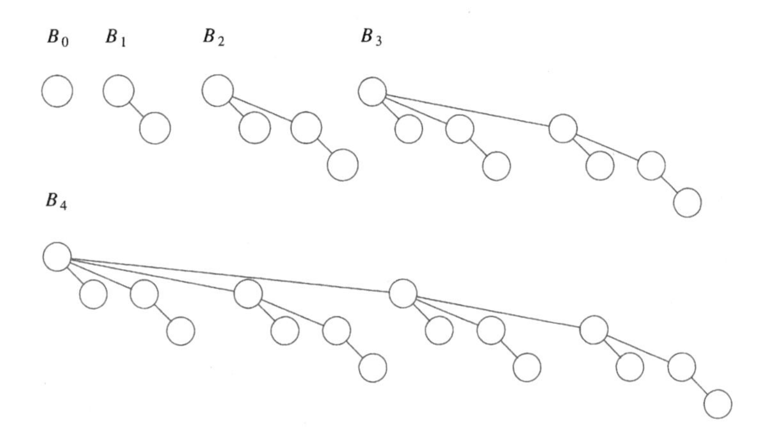

图 11-1　二项树 B_0，B_1，B_2，B_3，B_4

428

一棵二项树的节点的秩(rank)等于它的儿子节点的个数，特别地，B_k 的根节点的秩为 k。二项队列是堆序的二项树的集合，在这个集合中对于任意的 k 最多可以存在一棵二项树 B_k。图 11-2 显示两个二项队列 H_1 和 H_2。

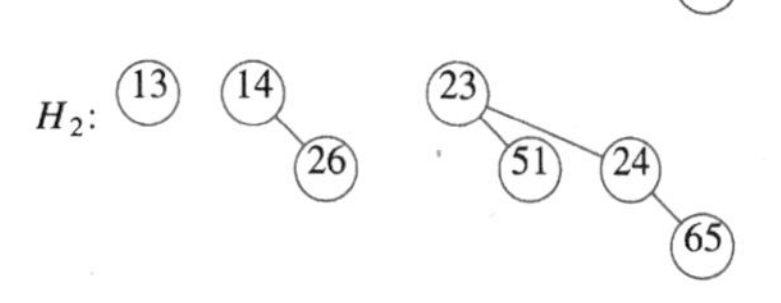

图 11-2　两个二项队列 H_1 和 H_2

最重要的操作是 Merge(合并)。为了合并两个二项队列，需要执行类似于二进制整数加法的操作：在任意时刻，我们可以有零、一、二或可能三棵 B_k 树，它依赖于这两个优先队列是否包含一棵 B_k 树以及是否有一棵 B_k 树从前一步转入。如果存在零棵或一棵 B_k 树，那么它作为一棵树放到合并后的二项队列中；如果有两棵 B_k 树，那么它们被合并成一棵 B_{k+1} 树并且并入结果中；如果有三棵 B_k 树，那么将一棵作为树放入二项队列中而另两棵则合并成一棵且并入结果中。H_1 和 H_2 合并的结果如图 11-3 所示。

插入操作通过创建一个单节点二项队列并执行一次 Merge 来完成。做这项工作所用的时间为 $M+1$，其中 M 代表不在该二项队列中的二项树 B_M 的最小型号。因此，向一个有一棵 B_0 树但没有 B_1 树的二项队列进行的插入操作需要两步。删除最小元通过把最小元除去并将原二项队列分裂成两个二项队列，然后再将它们合并来完成。第 6 章给出了对这些操作的比较详细的解释。

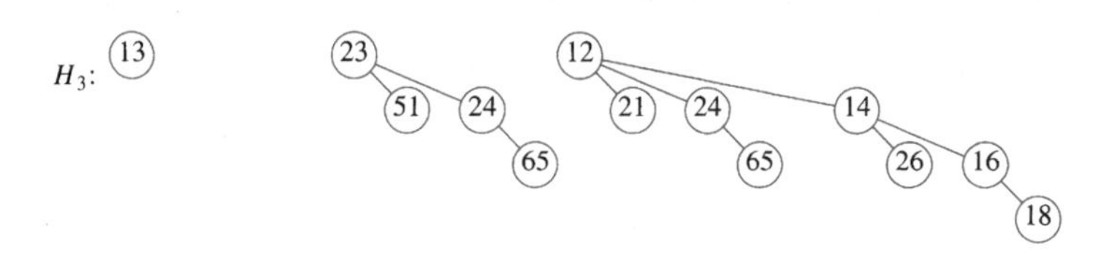

图 11-3 二项队列 H_3：合并 H_1 和 H_2 的结果

我们首先考虑一个非常简单的问题。假设我们想要建立一个含有 N 个元素的二项队列。我们知道，建立一个含有 N 个元素的二叉堆可以以 $O(N)$时间完成，因此我们希望对于二项队列也有一个类似的界。

429

声明：

N 个元素的二项队列可以通过 N 次相继插入而以 $O(N)$时间建成。

这个声明如果成立，那么它就给出一个极其简单的算法。由于每次插入的最坏情形时间是 $O(\log N)$，因此，这个声明是否成立并不是显然的。考虑到如果将该算法应用到二叉堆，则运行时间将是 $O(N \log N)$。

要想证明这个声明，我们可以直接进行计算。为了测出运行时间，我们将每次插入的代价定义为一个时间单位加上每一步链接的一个附加单位。将所有插入的时间代价求和就得到总的运行时间。这个总的时间为 N 个单位加上总的链接步数。第一、第三、第五以及所有编号为奇数的步不需要链接，因为在插入时 B_0 不出现。因此，有一半的插入不需要链接，四分之一的插入只需要一次链接(第二、第六、第十次插入等等)，八分之一的插入需要两次链接，等等。我们可以把所有这些加起来并确定用 N 作为链接步数的界，从而证明该声明。不过，当我们试图分析一系列不仅仅是插入的操作的时候，这种蛮力计算将无助于其后的进一步分析，因此我们将使用另外一种方法来证明这个结果。

考虑一次插入的结果。如果在插入时不出现 B_0 树，那么使用与上面相同的计数方法可知这次插入的总代价是一个时间单位。现在，插入的结果有了一棵 B_0 树，这样，我们已经把一棵树添加到二项树的森林中。如果存在一棵 B_0 树但是没有 B_1 树，那么插入花费两个单元的时间。新的森林将有一棵 B_1 树但不再有 B_0 树，因此在森林中树的数目并没有变化。花费三个单元时间的一次插入将创建一棵 B_2 树但消除一棵 B_0 和 B_1 树，这导致在森林中净减少一棵树。事实上，容易看到，一般说来花费 c 个单元时间的一次插入导致在森林中净增加 $2-c$ 棵树，这是因为创建了一棵 B_{c-1} 树而消除了所有的 B_i 树，$0 \leqslant i < c-1$。因此，代价昂贵的插入操作删除一些树，而低廉的插入却创建一些树。

令 C_i 是第 i 次插入的代价。令 T_i 为第 i 次插入后的树的棵数。$T_0=0$ 为树的初始棵数。此时我们得到不变式

$$C_i + (T_i - T_{i-1}) = 2 \tag{11.1}$$

于是

$$C_1 + (T_1 - T_0) = 2$$

$$C_2 + (T_2 - T_1) = 2$$
$$\vdots$$
$$C_{N-1} + (T_{N-1} - T_{N-2}) = 2$$
$$C_N + (T_N - T_{N-1}) = 2$$

把这些方程都加起来，则大部分的 T_i 项被消去，最后剩下

430

$$\sum_{i=1}^{N} C_i + T_N - T_0 = 2N$$

或等价地，

$$\sum_{i=1}^{N} C_i = 2N - (T_N - T_0)$$

考虑到 $T_0=0$ 以及 N 次插入后的树的棵数 T_N 确实非负，因此$(T_N - T_0)$非负。于是

$$\sum_{i=1}^{N} C_i \leqslant 2N$$

这就证明了我们的声明。

在 BuildBinomialQueue 例程运行期间，每一次插入有一个最坏情形运行时间 $O(\log N)$，但是由于整个例程最多用到 $2N$ 个单位的时间，因此这些插入的行为就像是每次使用不多于两个单位的时间。

这个例子阐明了我们将要使用的一般技巧。数据结构在任意时刻的状态由一个称为位势的函数给出。这个位势函数不由程序保存，而是一个计数装置，该装置将帮助进行分析。当一些操作花费少于我们允许它们使用的时间时，则没有用到的时间就以一个更高位势的形式“存储”起来。在我们的例子中，数据结构的位势就是树的棵数。在上面的分析中，当我们有一些插入只用到一个单位而不是规定的两个单位的时候，则这个额外的单位通过增加位势而被存储起来以备其后使用。当操作出现超出规定的时间时，则超出的时间通过位势的减少来计算。可以把位势看作一个储蓄账户。如果一次操作使用了少于指定的时间，那么这个差额就被存储起来以备后面更昂贵的操作使用。图 11-4 显示由 BuildBinomialQueue 对一系列插入操作所使用的累积的运行时间。可以看到，运行时间从不超过 $2N$，而且在任意一次插入后二项队列中的位势计量着存储量。

一旦位势函数被选定，我们就可写出主要的方程：

$$T_{\text{actual}} + \Delta\text{Potential} = T_{\text{amortized}} \tag{11.2}$$

T_{actual} 是一次操作的实际时间，代表需要执行一次特定操作需要的精确(遵守的)时间量。例如在二叉查找树中，执行一次 Find(X)的实际时间是 1 加上包含 X 的节点的深度。如果我们对整个序列把基本方程加起来，并且最后的位势至少像初始位势一样大，那么摊还时间就是在操作序列执行期间所用到的实际时间的一个上界。注意，当 T_{actual} 在从一个操作到另一操作变化时，$T_{\text{amortized}}$ 却是稳定的。

选择一个位势函数以确保一个有意义的界是一项艰难的工作，不存在一种实用的方法。一般来说，在尝试过许多位势函数以后才能够找到一个合适的函数。不过，上面的讨论提出一些法则，这些法则告诉我们好的位势函数所具有的一些性质。位势函数应该：

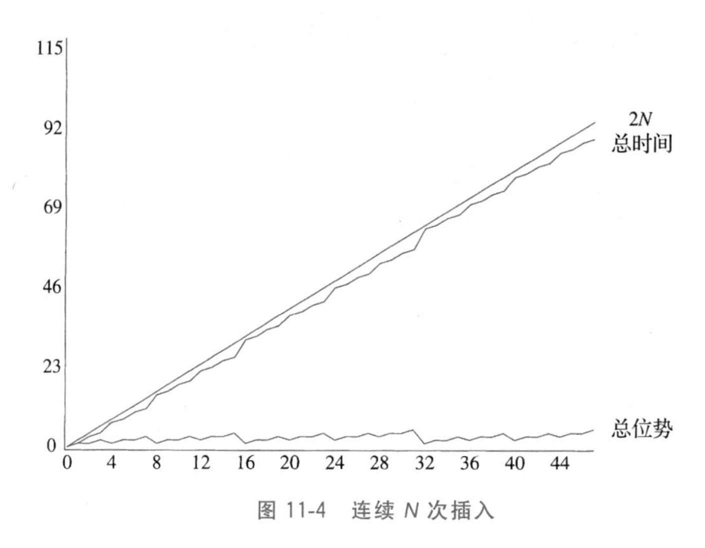

图 11-4 连续 N 次插入

- 总假设它的最小元位于操作序列的开始处。选择位势函数的一种常用方法是保证位势函数初始值为 0，而且总是非负的。我们将要遇到的所有例子都使用这种方法。
- 消去实际时间中的一项。在我们的例子中，如果实际的花费是 c，那么位势改变为 $2-c$。当把这些加起来就得到摊还花费是 2，如图 11-5 所示。

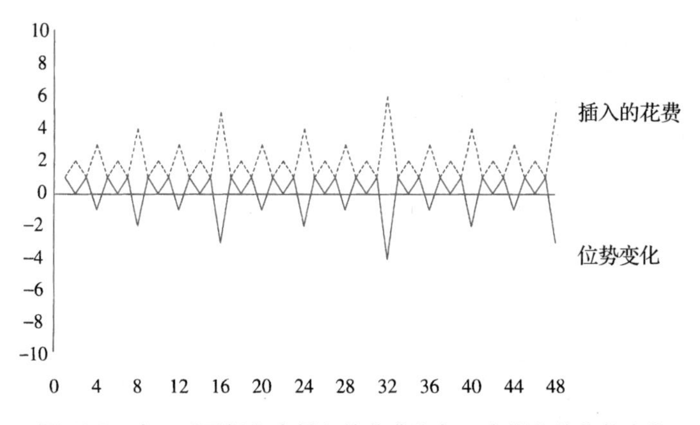

图 11-5 在一系列操作中插入的花费和每一次操作的位势变化

431～432

现在我们可以对二项队列操作进行完整的分析。

定理 11.1 Insert、DeleteMin 以及 Merge 对于二项队列的摊还运行时间分别是 $O(1)$、$O(\log N)$和 $O(\log N)$。

证明：位势函数是树的棵数。初始的位势函数为 0，且位势总是非负的，因此摊还时间是实际时间的一个上界。对 Insert 的分析从上面的论证可以得到。对于 Merge，假设两棵树分别有 N_1 和 N_2 个节点以及对应的 T_1 和 T_2 棵树。令 $N=N_1+N_2$。执行合并的实际时间为 $O(\log(N_1)+\log(N_2))=O(\log N)$。在合并之后，最多可能存在 $\log N$ 棵树，因此位势最多可以增加 $O(\log N)$。这就给出一个摊还的界 $O(\log N)$。DeleteMin 的界可用类似的方法得到。

11.3　斜堆

二项队列的分析可以算是一个容易的摊还分析实例。现在我们来考察斜堆。像许多的例子一样，一旦找到正确的位势函数，分析起来就容易了。困难的问题是选择一个合适的位势函数。

对于斜堆，我们知道关键的操作是合并。为了合并两个斜堆，我们把它们的右路径合并并使之成为新的左路径。对于新路径上的每一个节点，除去最后一个，老的左子树作为右子树而附于其上。在新的左路径上的最后节点已知没有右子树，因此给它一棵右子树就不明智了。我们所要考虑的界不依赖于这个例外，如果例程是递归地编写的，那么这又是自然要发生的情况。图 11-6 显示合并两个斜堆后的结果。

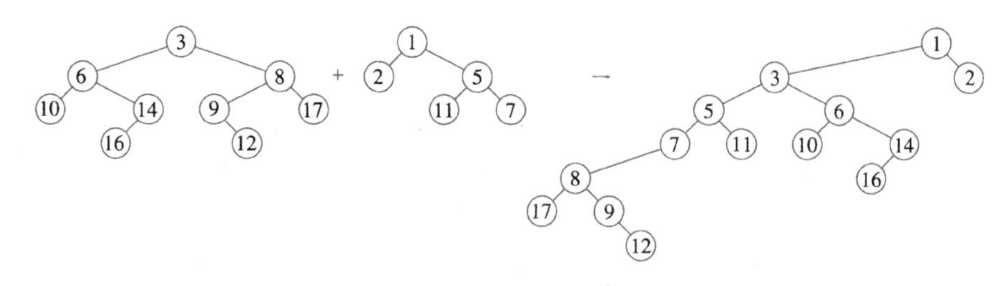

图 11-6　合并两个斜堆

设我们有两个斜堆 H_1 和 H_2 并在各自的右路径上分别有 r_1 和 r_2 个节点。此时，执行合并的实际时间与 r_1+r_2 成正比，因此我们将省去大 O 记号而对右路径上的每一个节点取一个单位的时间。由于这些堆没有固定的结构模式，因此两个堆的所有节点都位于右路径上的情况是可能发生的，而这将给出合并两个堆的最坏情形的界 $\Theta(N)$（练习 11.3 要求构造一个例子）。我们将证明合并两个斜堆的摊还时间为 $O(\log N)$。

433

我们需要的是能够获得斜堆操作效果的某种类型的位势函数。我们知道，一次合并的效果是处在右路径上的每一个节点都被移到左路径上，而其原左儿子变成新的右儿子。一种想法是把每一个节点算入为右节点或左节点来分类，这要看节点是右儿子还是不是右儿子来定，这时我们把右节点的个数作为位势函数。虽然位势初始时为 0 并且总是非负的，但是问题在于这种位势在一次合并后并不减少从而不能恰当地反映在数据结构中的储备量。这样的结果使该位势函数不能够用来证明所要求的界。

一个类似的想法是把节点分成重节点或轻节点，这要看任意节点的右子树上的节点是否比左子树上的节点多来确定。

定义：一个节点 p 如果其右子树的后裔数至少是该 p 的后裔总数的一半，则称节点 p 是重的，否则称之为轻的。注意，一个节点的后裔个数包括该节点本身。

例如，图 11-7 表示一个斜堆。关键字为 15、3、6、12 和 7 的节点是重节点，而所有其他的节点都是轻节点。

我们将要使用的位势函数是这些堆（的集合）中的重节点的个数。看起来这可能是一种好的选择，因为一条长的右路径将包含非常多的重节点。由于这条路径上的节点将要交换它们的子节点，因此这些节点将被转变成合并结果中的轻节点。

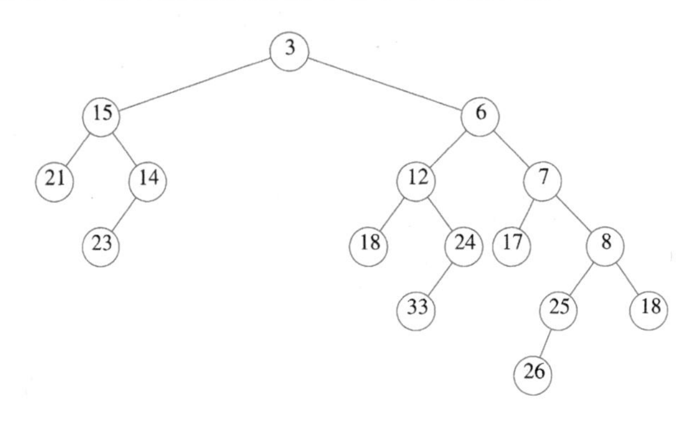

图 11-7 斜堆——其中的重节点是 3、6、7、12 和 15

定理 11.2 合并两个斜堆的摊还时间为 $O(\log N)$。

证明： 令 H_1 和 H_2 为两个堆，分别具有 N_1 和 N_2 个节点。设 H_1 的右路径有 l_1 个轻节点和 h_1 个重节点，共有 l_1+h_1 个节点。同样，H_2 在其右路径上有 l_2 个轻节点和 h_2 个重节点，共有 l_2+h_2 个节点。

434

如果我们采用约定：合并两个斜堆的花费是它们右路径上节点的总数，那么执行合并的实际时间就是 $l_1+l_2+h_1+h_2$。现在，其重/轻状态能够改变的节点只是那些最初位于右路径上(并最后出现在左路径上)的节点，因为再没有别的节点的子树被交换，见图 11-8。

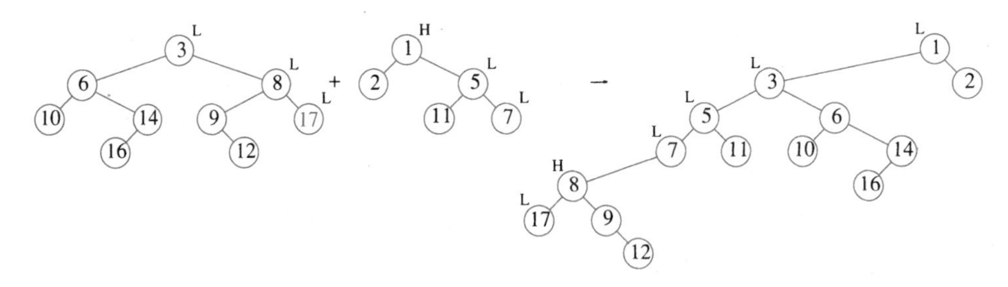

图 11-8 合并后重/轻状态的变化

如果一个重节点最初是在右路径上，那么在合并后它必然成为一个轻节点。位于右路径上的其余那些节点是轻节点，它们可能变成也可能不变成重节点，但是由于我们要证明一个上界，因此必须假设最坏的情况，即它们都变成了重节点并使得位势增加。此时，重节点个数的净变化最多为 $l_1+l_2-h_1-h_2$。把实际时间和位势的变化(式(11.2))加起来则得到一个摊还界 $2(l_1+l_2)$。

现在我们必须证明 $l_1+l_2=O(\log N)$。由于 l_1 和 l_2 是原右路径上轻节点的个数，而一个轻节点的右子树小于以该轻节点为根的树的大小的一半，由此直接推出右路径上轻节点的个数最多为 $\log N_1+\log N_2$，这就是 $O(\log N)$。

注意，初始的位势为 0 而且位势总是非负的，我们的证明也就完成了。验证这一点很重要，否则摊还时间就不能成为实际时间的界而且也就没有意义了。

由于 Insert 和 DeleteMin 操作基本上就是一些 Merge，它们的摊还界也是 $O(\log N)$。

11.4 斐波那契堆

在 9.3.2 节我们指出如何使用优先队列改进 Dijkstra 最短路径算法的粗略运行时间 $O(|V|^2)$。重要的现象是运行时间被 $|E|$ 次 DecreaseKey 操作和 $|V|$ 次 Insert 和 DeleteMin 操作所控制。这些操作发生在大小最多为 $|V|$ 的集合上。通过使用二叉堆，所有这些操作花费 $O(\log|V|)$ 时间，因此 Dijkstra 算法最后的界可以减到 $O(|E|\log|V|)$。

435

为了降低这个时间界，必须改进执行 DecreaseKey 操作所需要的时间。我们在 6.5 节所描述的 d-堆给出对于 DecreaseKey 以及 Insert 操作的 $O(\log_d|V|)$ 时间界，但对 DeleteMin 的界却是 $O(d\log_d|V|)$。通过选择 d 来平衡带有 $|V|$ 次 DeleteMin 操作的 $|E|$ 次 DecreaseKey 操作的花费，并考虑到 d 必须总是至少为 2，那么我们看到 d 的一个好的选择是

$$d = \max(2, \lfloor |E|/|V| \rfloor)$$

它把 Dijkstra 算法的时间界改进到

$$O(|E|\log_{(2+\lfloor |E|/|V| \rfloor)}|V|)$$

斐波那契堆是以 $O(1)$ 摊还时间支持所有基本的堆操作的一种数据结构，但 DeleteMin 和 Delete 除外，它们花费 $O(\log N)$ 的摊还时间。我们立即得出，在 Dijkstra 算法中的那些堆操作将总共需要 $O(|E|+|V|\log|V|)$ 的时间。

斐波那契堆(Fibonacci heap)[⊖] 通过添加两个新的观念推广了二叉堆：

- DecreaseKey 的一种不同的实现方法：我们以前看到的那种方法是把元素朝向根节点上滤。对于这种方法似乎没有理由期望 $O(1)$ 的摊还时间界，因此需要一种新的方法。
- 懒惰合并(lazy merging)：只有当两个堆需要合并时才进行合并。这类似于懒惰删除。对于懒惰合并，Merge 是低廉的，但是因为懒惰合并并不实际把树结合在一起，所以 DeleteMin 操作可能会遇到许多的树，从而使这种操作的代价高昂。任何一次 DeleteMin 都可能花费线性时间，但是总能够把时间归咎到前面的一些 Merge 操作中去。特别地，一次昂贵的 DeleteMin 必须在其前面要有大量的非常低廉的 Merge 操作，它们能够储存额外的位势。

11.4.1 切除左式堆中的节点

在二叉堆中，DecreaseKey 操作是通过降低节点的值然后将其朝着根上滤直到建成堆序来实现的。在最坏的情形下，它花费 $O(\log N)$ 时间，这是平衡树中通向根的最长路径的长。

如果代表优先队列的树不具有 $O(\log N)$ 的深度，那么这种方法不适用。例如，若将这

⊖ 这个名字来自于这种数据结构的一个性质，后面我们要在本节证明它。

种方法用于左式堆，则 DecreaseKey 操作可能花费 $\Theta(N)$时间，如图 11-9 所示。

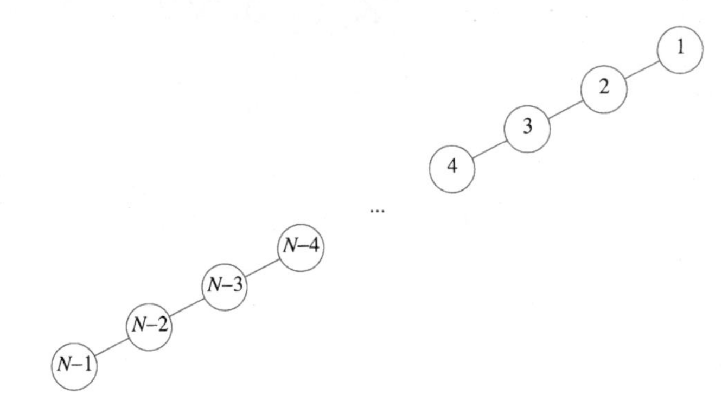

图 11-9 通过上滤将 $N-1$ 递减到 0 花费 $\Theta(N)$时间

我们看到，对于左式堆来说DecreaseKey操作需要另外的方法，见图 11-10 中的左式堆。假设我们想要将值为 9 的关键字减低到 0。若对该堆变动，则必将引起堆序的破坏，这种破坏在图 11-11 中用虚线标示。

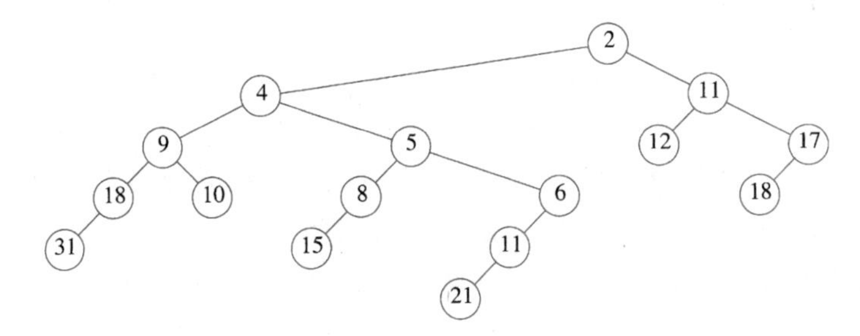

图 11-10 左式堆范例——左式堆 H

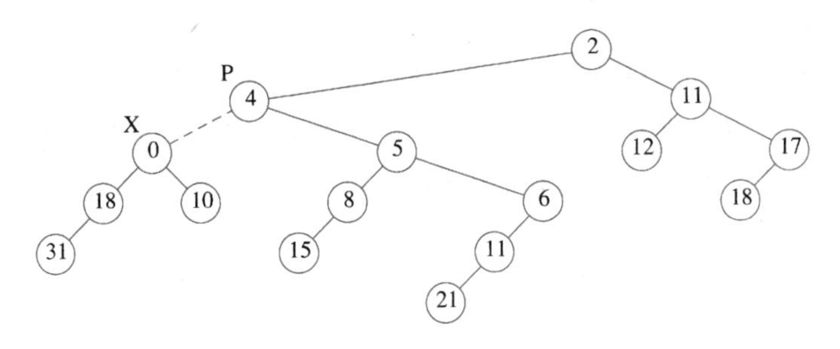

图 11-11 将 9 降到 0 引起堆序的破坏

我们不想把 0 上滤到根，因为正如我们已经看到的，存在一些情况使得这样做代价太大。解决的办法是把堆沿着虚线切开，如此得到两棵树，然后再把这两棵树合并成一棵。令 X 为要执行 DecreaseKey 操作的节点，令 P 为它的父节点。在切断以后我们得到两棵树，即根为 X 的 H_1 和 T_2，T_2 是原来的树除去 H_1 后得到的树。具体情况如图 11-12 所示。

如果这两棵树都是左式堆，那么它们可以以时间 $O(\log N)$合并，整个操作也就完成了。容易看出，H_1 是左式堆，因为没有节点的后裔发生变化。由于它的所有节点原本就满足左式堆的性质，因此现在仍将必然满足。

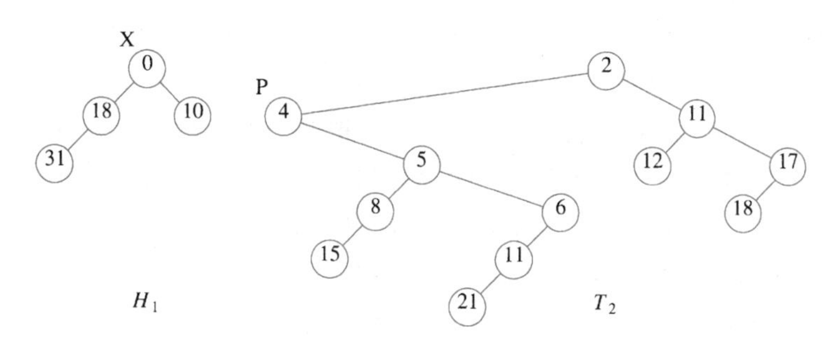

图 11-12 切断之后得到的两棵树

然而，这种方案似乎还是行不通，因为 T_2 未必是左式堆。不过，容易恢复左式堆的性质，这要用到下列两个观察到的结论：

- 只有从 P 到 T_2 的根的路径上的节点可能破坏左式堆的性质，它们可以通过交换子节点来调整。
- 由于最大右路径长最多有 $\lfloor \log(N+1) \rfloor$ 个节点，因此我们只需检查从 P 到 T_2 的根的路径上的前 $\lfloor \log(N+1) \rfloor$ 个节点。图 11-13 显示了 H_1 和将 T_2 转变成左式堆后的 H_2。

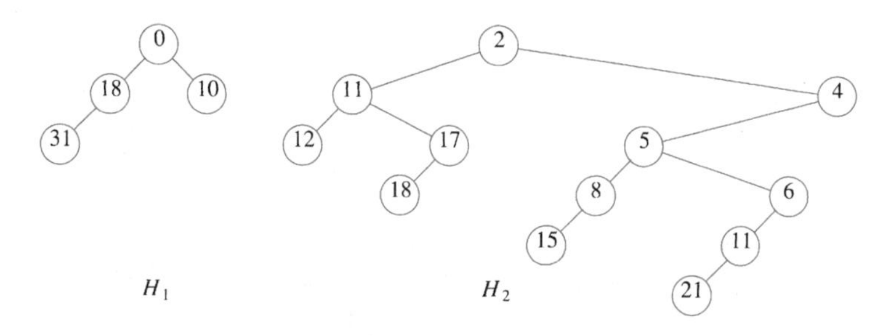

图 11-13 将 T_2 转变成左式堆 H_2 后的情形

因为我们能够以 $O(\log N)$ 步将 T_2 转变成左式堆 H_2，然后合并 H_1 和 H_2，所以我们得到一个在左式堆中执行 `DecreaseKey` 的 $O(\log N)$ 算法。图 11-14 显示的堆是该例的最后结果。

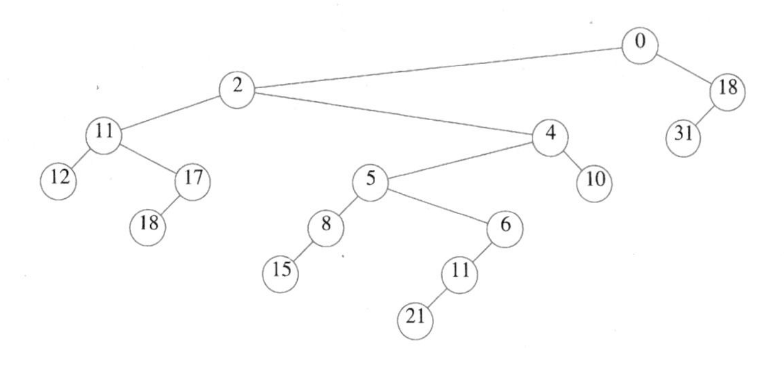

图 11-14 通过合并 H_1 和 H_2 而完成操作 `DecreaseKey(H, X, 9)`

11.4.2 二项队列的懒惰合并

由斐波那契堆所使用的第二个想法是懒惰合并(lazy merging)。我们将把这个想法用于二项队列并证明执行一次 Merge 操作（还有插入操作，它是一种特殊情形）的摊还时间为 $O(1)$。对于 DeleteMin，其摊还时间仍然是 $O(\log N)$。

这个想法如下：为了合并两个二项队列，只要把两个二项树的表连在一起，结果得到一个新的二项队列。这个新的二项队列可能含有相同大小的多棵树，因此破坏二项队列的性质。为了保持一致性，我们将把它叫作懒惰二项队列(lazy binomial queue)。这是一种快速操作，该操作总是花费常数（最坏情形）时间。和前面一样，一次插入通过创建一个单节点二项队列并将其合并而完成。区别在于合并是懒惰的。

DeleteMin 操作要麻烦得多，因为此处需要我们最终把懒惰二项队列转变回到标准的二项队列，不过，正如我们将要证明的，它仍然花费 $O(\log N)$ 的摊还时间——而不像以前是 $O(\log N)$ 最坏情形时间。为了执行 DeleteMin，我们找出（并最终返回）最小元素。如前所述，我们将它从队列中删除，使得它的每一个子节点都成为一棵新的树。此时我们通过合并两棵相等大小的树直至不再可能合并为止而把所有的树合并成一个二项队列。

例如，图 11-15 表示一个懒惰二项队列。在一个懒惰二项队列中，可能有多于一棵的树有相同的大小。为了执行 DeleteMin，我们照以前那样把最小的元素删除，并得到图 11-16 中的树。

436 ~ 439

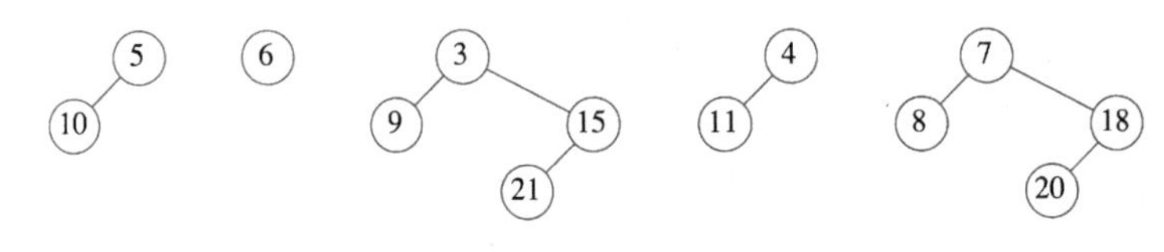

图 11-15 懒惰二项队列

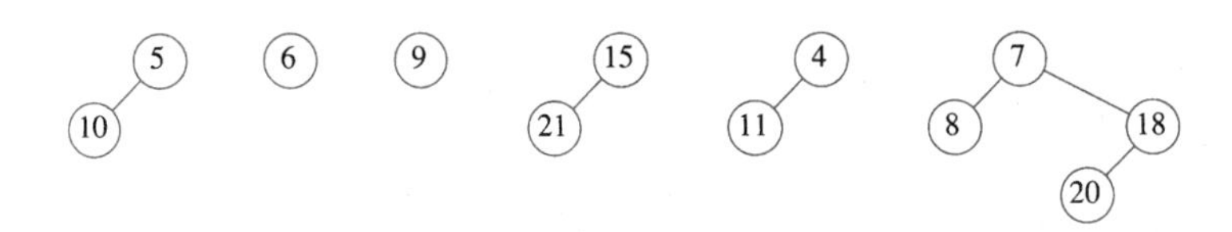

图 11-16 在删除最小元素(3)后的懒惰二项队列

现在我们必须将所有的树合并而得到一个标准的二项队列。一个标准的二项队列每个秩上最多有一棵树。为了有效地进行这项工作，我们必须能够以正比于出现在 T 中树的棵数的时间（或 $\log N$，哪个大用哪个）完成 Merge。为此，我们构造表的一个数组：L_0，L_1，…，$L_{R_{max}+1}$，其中 R_{max} 是最大的树的秩。每个表 L_R 包含秩为 R 的所有的树。然后应用图 11-17 中的过程。

每执行一次过程中从第 3～5 行的循环，树的总棵数都要减少 1。这意味着，这部分每次执行都花费常数时间的代码只能够执行 $T-1$ 次，其中 T 是树的棵数。这里的 for 循环计数和 while 循环末尾的检测花费 $O(\log N)$ 时间，这使得运行时间成为所要求的 $O(T+\log N)$。图 11-18 显示该算法对前面二项队列的集合的执行情况。

```
/* 1*/   for( R = 0; R <= ⌊log N⌋; R++ )
/* 2*/        while |L_R| ≥ 2 do
              {
/* 3*/            Remove two trees from L_R;
/* 4*/            Merge the two trees into a new tree;
/* 5*/            Add the new tree to L_{R+1};
              }
```

图 11-17 恢复二项队列的过程

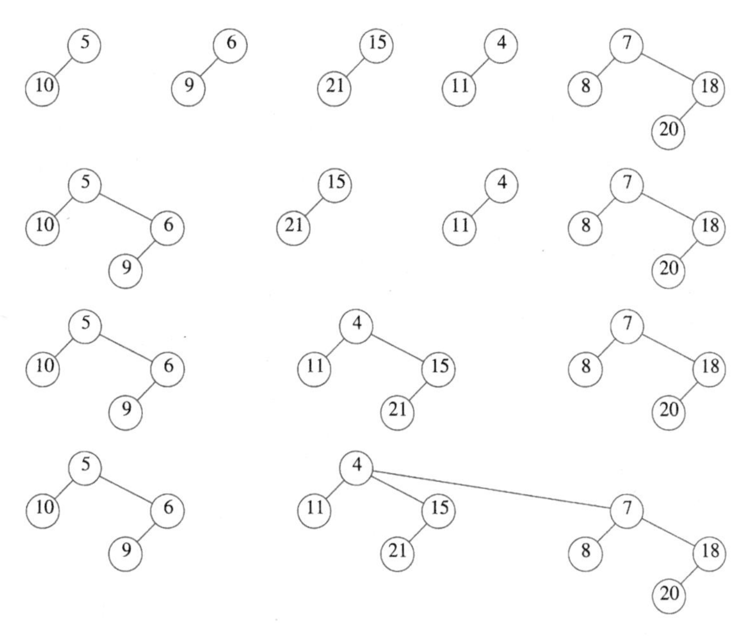

图 11-18 把一些二项树合并成一个二项队列

懒惰二项队列的摊还分析

为了进行懒惰二项队列的摊还分析，我们将用到对标准二项队列所使用的相同的位势函数。因此，懒惰二项队列的位势是树的棵数。

定理 11.3 Merge 和 Insert 的摊还运行时间对于懒惰二项队列均为 $O(1)$。DeleteMin 的摊还运行时间为 $O(\log N)$。

证明： 这里的位势函数为二项队列集合中树的棵数。初始的位势为 0，而且位势总是非负的。因此，经过一系列的操作之后，总的摊还时间是总的运行时间的一个上界。

对于 Merge 操作，实际时间为常数，而二项队列的集合中树的棵数是不变的，因此，由式(11.2)可知摊还时间为$O(1)$。

对于 Insert 操作，其实际时间是常数，而树的棵数最多增加 1，因此摊还时间为 $O(1)$。操作 DeleteMin 比较复杂。令 R 为包含最小元素的树的秩，而令 T 是树的棵数。于是，在 DeleteMin 操作开始时的位势为 T。为执行一次 DeleteMin，最小节点的各子节点被分离开而成为一棵一棵的树。这就产生了 $T+R$ 棵树，这些树必须要合并成一个标准的二项队列。如果忽略大 O 记号中的常数，那么根据上面的论述可知，执行该操作的实际时间为 $T+R+\log N$ [⊖]。另一方面，一旦做完这些，剩下的最多可能还有 $\log N$ 棵树，因此位势函数最多可能增加$(\log N)-T$。把实际时间和位势的变化加起来得到摊还时间界为 $2\log N+R$。由于所有的树都是二项树，因此我们知道 $R\leqslant\log N$。这样，我们得到 DeleteMin 操作的摊还时间界$O(\log N)$。

⊖ 我们能够这么做是因为我们可以把大 O 记号所蕴含的常数置入位势函数并仍可消去这些项，这在该证明中是需要的。

11.4.3 斐波那契堆操作

正如我们前面提到的，斐波那契堆将左式堆 DecreaseKey 操作与懒惰二项队列 Merge 操作结合起来。不过，我们不能一点修改也不做而使用这两种操作。问题在于，如果在这些二项树中进行任意切割，那么结果得到的森林将不再是二项树的集合。因此，每一棵树的秩最多为$\lfloor \log N \rfloor$将不再成立。由于已证明在懒惰二项队列中 DeleteMin 的摊还时间是 $2\log N+R$，因此，对于 DeleteMin 的界我们需要 $R=O(\log N)$成立。

为了保证 $R=O(\log N)$，我们对所有的非根节点应用下述法则：

- 将第一次(因为切除而)失去一个子节点的(非根)节点做上标记。
- 如果被标记的节点又失去另外一个儿子节点，那么将其从它的父节点切除。这个节点现在变成了一棵分离的树的根并且不再被标记。这叫作一次*级联切除*(cascading cut)，因为在一次 DecreaseKey 操作中可能出现多次这种切除。

图 11-19 显示在 DecreaseKey 操作之前斐波那契堆中的一棵树。当关键字为 39 的节点变成 12 的时候，堆序被破坏。因此，该节点从它的父节点中切除，变成了一棵新树的根。由于包含 33 的节点被标记，这是它第二个失去的子节点，从而也从它的父节点(10)中切除。现在，10 也失去了它的第二个儿子，于是它又从 5 中切除。这个过程到这里结束，因为 5 是未做标记的。现在把节点 5 做上标记，如图 11-20 所示。

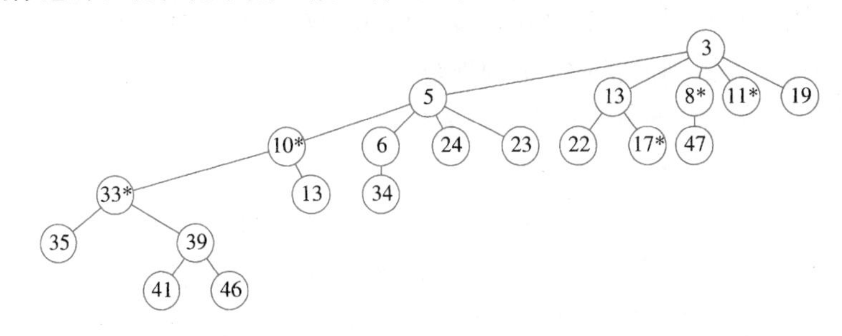

图 11-19 将 39 减成 12 之前斐波那契堆中的一棵树

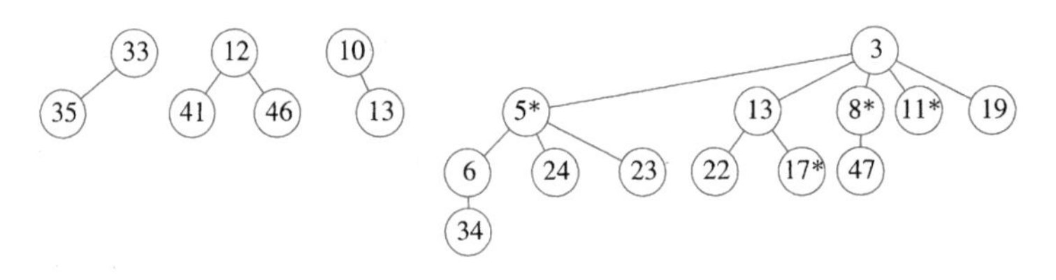

图 11-20 在 DecreaseKey 操作之后斐波那契堆中的片段

注意，过去做过标记的节点 10 和 33 不再被标记，因为现在它们都是根节点。这在时间界的证明中是极其重要的。

11.4.4 时间界的证明

注意，标记节点的原因是我们需要给任意节点的秩 R(子节点的个数)确定一个界。现在我们证明具有 N 个后裔的任意节点的秩为 $O(\log N)$。

引理 11.1 令 X 是斐波那契堆中的任意节点。令 c_i 为 X 的第 i 个最年轻的儿子。则 c_i 的秩至少是 $i-2$。

证明： 在 c_i 被链接到 X 上的时候，X 已经有(年长的)儿子 c_1，c_2，…，c_{i-1}。于是，当链接到 c_i 时 X 至少有 $i-1$ 个儿子。由于节点只有当它们有相同的秩的时候才链接，由此可知在 c_i 被链接到 X 上的时候 c_i 至少也有 $i-1$ 个儿子。从这个时候起，它已经至多失去一个子节点，不然的话就已经从 X 中切除。因此，c_i 至少有 $i-2$ 个儿子。

从引理 11.1 容易证明，秩为 R 的任意节点必然有许多的后裔。

引理 11.2 令 F_k 是由 $F_0=1$，$F_1=1$，以及 $F_k=F_{k-1}+F_{k-2}$ 定义(见 1.2 节)的斐波那契数。秩为 $R\geqslant 1$ 的任意节点至少有 F_{R+1} 个后裔(包括它自己)。

442 ~ 443

证明： 令 S_R 是秩为 R 最小的树。显然，$S_0=1$ 和 $S_1=2$。根据引理 11.1，秩为 R 的一棵树含有秩至少为 $R-2$，$R-3$，…，1，0 的子树，再加上另一棵至少有一个节点的子树。连同 S_R 的根本身一起，这就给出 $S_R = 2 + \sum_{i=0}^{R-2} S_i$ 的 $S_{R>1}$ 的一个最小值。容易证明，$S_R=F_{R+1}$(练习 1.9a)。

因为众所周知斐波那契数是以指数增长，所以直接推出具有 s 个后裔的任意节点的秩最多为 $O(\log s)$。于是，我们有：

引理 11.3 斐波那契堆中任意节点的秩为 $O(\log N)$。

证明： 直接从上面的讨论得出。

假如我们所关心的只是 `Merge`、`Insert` 以及 `DeleteMin` 等操作的时间界，那么现在就可以停止并证明所要的摊还时间界了。当然，斐波那契堆的全部意义在于还要得到一个对于 `DecreaseKey` 的 $O(1)$ 时间界。

对于一次 `DecreaseKey` 操作所需要的实际时间是 1 加上在该操作期间所执行的级联切除的次数。由于级联切除的次数可能会比 $O(1)$ 多很多，为此我们需要用位势的损失来作为补偿。从图 11-20 中看到，树的棵数实际上是随着每次级联切除而增加的，因此我们必须增强位势函数，使它包含某种在级联切除期间能够递减的成分。注意，我们不能从位势函数中抛开树的棵数，因为这样就不能证明 `Merge` 操作的时间界了。再次观察图 11-20，发现级联切除引起被标记的节点的个数的减少，因为每个被级联切除分出的节点都变成了未标记的根。由于级联切除花费 1 个单元的实际时间并将树的位势增加 1，因此我们将每个标记的节点算作 2 个位势单位。利用这种方法，我们就获得一种消除级联切除次数的机会。

定理 11.4 斐波那契堆对于 `Insert`、`Merge` 和 `DecreaseKey` 的摊还时间界均为 $O(1)$，而对于 `DeleteMin` 则是 $O(\log N)$。

证明： 位势是斐波那契堆的集合中树的棵数加上两倍的标记节点数。像通常一样，初始的位势为 0 并且总是非负的。于是，经过一系列操作之后，总的摊还时间则是总的实际时间的一个上界。

对于 `Merge` 操作，实际时间为常数，而树和标记节点的数目是不变的，因此根据式(11.2)，摊还时间为 $O(1)$。

对于 Insert 操作，实际时间是常数，树的棵数增加 1，而标记节点的个数不变。因此，位势最多增加 1，所以摊还时间也是 $O(1)$。

444

对于 DeleteMin 操作，令 R 为包含最小元素的树的秩，并令 T 是操作前树的棵数。为执行一次 DeleteMin，我们再一次将树的儿子分离，得到另外 R 棵新的树。注意，虽然这(通过使它们成为未标记的根)可以除去一些标记的节点，但却不能创建另外的标记节点。这 R 棵新树(和其余 T 棵树一起)现在必须合并，根据引理 11.3 其花费为 $T+R+\log N=T+O(\log N)$。由于最多可能有 $O(\log N)$ 棵树，而标记节点的个数又不可能增加，因此位势的变化最多是 $O(\log N)-T$。将实际时间和位势的变化加起来则得到 DeleteMin 的 $O(\log N)$ 摊还时间界。

最后考虑 DecreaseKey 操作。令 C 为级联切除的次数。DecreaseKey 的实际花费为 $C+1$，它是所执行的切除的总数。第一次(非级联)切除创建一棵新树从而使位势增 1。每次级联切除都建立一棵新树，但却把一个标记节点转变成未标记的(根)节点，合计每次级联切除有一个单位的净损失。最后一次切除也可能把一个未标记节点(在图 11-20 中这个节点为 5)转变成标记节点，这就使得位势增加 2。因此，位势总的变化最多是 $3-C$。把实际时间和位势变化加起来则得到总和为 4，即 $O(1)$。

11.5 伸展树

作为最后一个例子，我们来分析伸展树的运行时间。由第 4 章得知，在对某项 X 进行访问之后，一步展开通过下述三种一系列的树操作将 X 移至根处：单旋转(zig)、之字形(zig-zag)旋转和一字形(zig-zig)旋转。树的这些旋转如图 11-21 所示。我们约定：如果在节点 X 执行一次树的旋转，那么旋转前 P 是它的父节点，G 是它的祖父节点(若 X 不是根的儿子的话)。

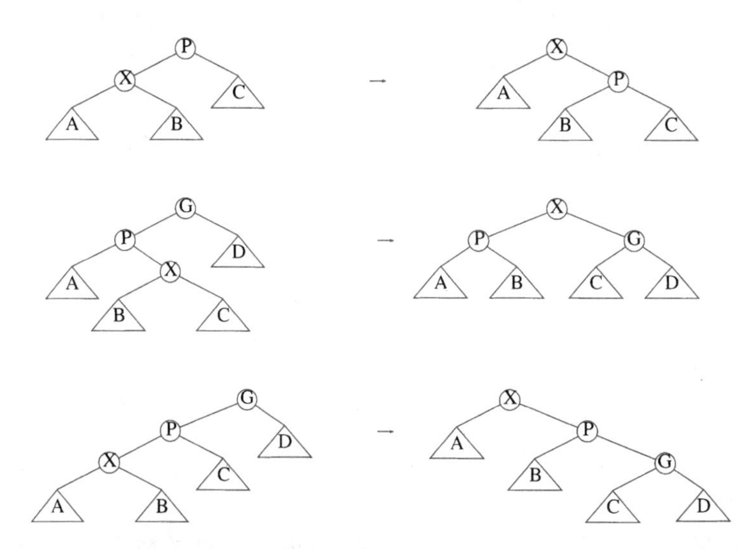

图 11-21 单旋转、之字形和一字形旋转操作，每个都有一个对称的情形(未示出)

我们知道，对节点 X 任意的树操作所需的时间正比于从根到 X 的路径上的节点的个数。如果我们把每个单旋转操作计为一次旋转，把每个之字形操作或一字形操作计为两次旋转，那么任何访问的花费等于 1 加上旋转的次数。

为了证明展开操作的 $O(\log N)$摊还时间界，我们需要一个位势函数，该函数对整个展开操作最多能够增加 $O(\log N)$而且在操作期间也消除所执行的旋转的次数。找出满足这些原则的位势函数根本不是一件容易的事情。首先容易猜到的位势函数或许就是树上所有节点的深度的和。这个猜测行不通，因为位势在一次访问期间可能增加 $\Theta(N)$。当一些元素以连贯顺序插入时会有这样的典型例子发生。

一个确实有效的位势函数 Φ 定义为

$$\Phi(T) = \sum_{i \in T} \log S(i)$$

其中 $S(i)$代表 i 的后裔的个数(包括 i 自身)。这个位势函数是对树 T 所有节点 i 所取的 $S(i)$的对数和。

为简化记号，我们定义：

$$R(i) = \log S(i)$$

这使得

$$\Phi(T) = \sum_{i \in T} R(i)$$

$R(i)$代表节点 i 的秩。这个术语类似于我们在不相交集算法分析、二项队列和斐波那契堆中所使用的术语。在所有这些数据结构中，秩的意义多少有些不同，不过，秩一般是指树的大小的对数的阶(幅度，magnitude)。对于具有 N 个节点的一棵树 T，根的秩就是 $R(T)=\log N$。用秩的和作为位势函数类似于使用高度的和作为位势函数。重要的差别在于，当一次旋转可以改变树中许多节点的高度时，却只有 X、P 和 G 的秩发生变化。

在证明主要的定理之前，我们需要下列的引理。

引理 11.4 如果 $a+b \leqslant c$，且 a 和 b 均为正整数，那么

$$\log a + \log b \leqslant 2 \log c - 2$$

证明： 根据算术-几何平均不等式，

$$\sqrt{ab} \leqslant (a+b)/2$$

445 ~ 446

于是

$$\sqrt{ab} \leqslant c/2$$

两边平方得到

$$ab \leqslant c^2/4$$

两边再取对数则定理得证。

我们现在就来证明主要定理，证明过程中要注意所用到的一些预备知识。

定理 11.5 在节点 X 展开一棵根为 T 的树的摊还时间最多为 $3(R(T)-R(X))+1=O(\log N)$。

证明： 位势函数取 T 中节点的秩的和。

如果 X 是 T 的根，那么不存在旋转，因此位势没有变化。访问该节点的时间是 1；于

是，摊还时间为1，定理成立。因此，我们可以假设至少有一次旋转。

对于任意一步展开操作，令 $R_i(X)$ 和 $S_i(X)$ 是在这步操作前 X 的秩和大小，并令 $R_f(X)$ 和 $S_f(X)$ 是在这步展开操作后 X 的秩和大小。我们将证明对一次单旋转所需要的摊还时间最多为 $3(R_f(X)-R_i(X))+1$，而对一次之字形旋转或一字形旋转的摊还时间最多为 $3(R_f(X)-R_i(X))$。我们将证明，当我们对所有各步展开求和时，所得到的和就是想要的时间界。

一步单旋转：对于单旋转，实际时间为1，而位势变化为 $R_f(X)+R_f(P)-R_i(X)-R_i(P)$。注意，位势变化容易计算，因为只有 X 的和 P 的树大小有变化。于是，

$$AT_{zig}=1+R_f(X)+R_f(P)-R_i(X)-R_i(P)$$

从图11-21中看到 $S_i(P)\geqslant S_f(P)$，因此得到 $R_i(P)\geqslant R_f(P)$。这样，

$$AT_{zig}\leqslant 1+R_f(X)-R_i(X)$$

由于 $S_f(X)\geqslant S_i(X)$，于是 $R_f(X)-R_i(X)\geqslant 0$，因此我们可以增加右边，得到

$$AT_{zig}\leqslant 1+3(R_f(X)-R_i(X))$$

一步之字形旋转：对于这种情况，实际的花费是2，而位势变化为 $R_f(X)+R_f(P)+R_f(G)-R_i(X)-R_i(P)-R_i(G)$。这就给出一个摊还时间界

447

$$AT_{zig\text{-}zag}=2+R_f(X)+R_f(P)+R_f(G)-R_i(X)-R_i(P)-R_i(G)$$

从图11-21中看到，$S_f(X)=S_i(G)$，于是它们的秩必然相等。因此我们得到

$$AT_{zig\text{-}zag}=2+R_f(P)+R_f(G)-R_i(X)-R_i(P)$$

我们还看到 $S_i(P)\geqslant S_i(X)$。因而 $R_i(X)\leqslant R_i(P)$。代入右边得到

$$AT_{zig\text{-}zag}\leqslant 2+R_f(P)+R_f(G)-2R_i(X)$$

从图11-21中看到 $S_f(P)+S_f(G)\leqslant S_f(X)$。如果应用引理11.4，那么得到

$$\log S_f(P)+\log S_f(G)\leqslant 2\log S_f(X)-2$$

由秩的定义可知，它变成

$$R_f(P)+R_f(G)\leqslant 2R_f(X)-2$$

我们将其代入则得

$$\begin{aligned}AT_{zig\text{-}zag}&\leqslant 2R_f(X)-2R_i(X)\\&\leqslant 2(R_f(X)-R_i(X))\end{aligned}$$

由于 $R_f(X)\geqslant R_i(X)$，因此我们得到

$$AT_{zig\text{-}zag}\leqslant 3(R_f(X)-R_i(X))$$

一步一字形旋转：第三种情况是一字形旋转。这种情形的证明非常类似于之字形的情形。重要的不等式是 $R_f(X)=R_i(G)$，$R_f(X)\geqslant R_f(P)$，$R_i(X)\leqslant R_i(P)$，以及 $S_i(X)+S_f(G)\leqslant S_f(X)$。我们把具体细节留作练习11.8。

整个展开的摊还花费是各步展开的摊还花费的和。图11-22显示在节点2的一次展开中所执行的各步展开的过程。令 $R_1(2)$、$R_2(2)$、$R_3(2)$ 和 $R_4(2)$ 是这4棵树每棵在节点2的秩。第一步是之字形旋转，其花费最多为 $3(R_2(2)-R_1(2))$。第二步是一字形旋转，其花费为 $3(R_3(2)-R_2(2))$。最后一步是单旋转，花费不超过 $3(R_4(2)-R_3(2))+1$。因此总的花费是 $3(R_4(2)-R_1(2))+1$。

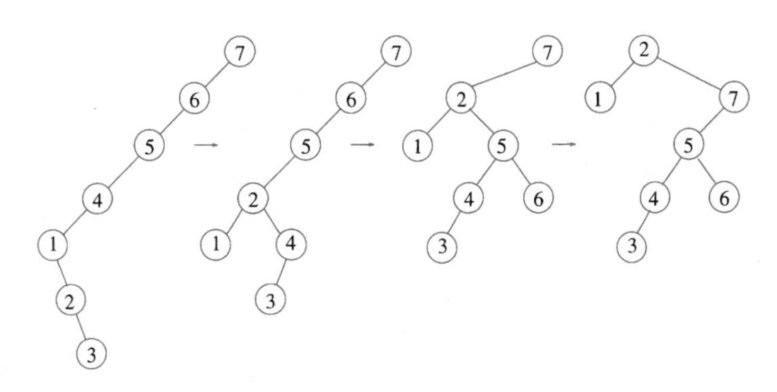

图 11-22　在节点 2 展开中涉及的展开各步

一般地，通过把所有旋转(其中最多有一个旋转可能是一次单旋转)的摊还时间加起来，我们看到，在节点 X 展开的总的时间最多为 $3(R_f(X)-R_i(X))+1$，其中 $R_i(X)$是 X 在第一步展开前的秩，而 $R_f(X)$是 X 在最后一步展开后的秩。由于最后一次展开把 X 留在根处，因此我们得到 $3(R_f(T)-R_i(X))+1$ 的摊还界，这个界为 $O(\log N)$。

因为对一棵伸展树的每一次操作都需要一次展开，因此任意操作的摊还时间是在一次展开的摊还时间的一个常数倍数之内。因此，所有伸展树操作花费 $O(\log N)$摊还时间。通过使用更一般的位势函数，能够证明伸展树具有若干显著的性质。更多的细节在练习中讨论。

总结

我们在这一章看到摊还分析是如何用于在一些操作间分配负荷。为了进行分析，我们构造一个虚构的位势函数，这个位势函数度量系统的状态。高位势的数据结构是易变的，它建立在相对低廉的操作之上。当昂贵的花费来自一次操作的时候，它会由前面一些操作节省下的积蓄来支付。可以把位势看成对付灾难的潜能，因为非常昂贵的操作只有在数据结构具有一个高位势以及已经使用的时间比规定的时间少很多时才可能发生。

数据结构中的低位势意味着每次操作的花费大致等于指定给它的消耗量。负位势意味着欠债；花费的时间多于规定的时间，因此分配(或摊还)的时间不是一个有意义的界。

正如式(11.2)所表达的，一次操作的摊还时间等于实际时间和位势变化的和。整个操作序列的摊还时间等于总的序列操作时间加上位势的净变化。只要这个净变化是正的，那么摊还界就提供实际时间花费的一个上界并且是有意义的。

选择位势函数的关键在于保证最小的位势要产生在算法的开始，并使得位势对低廉的操作增加而对高昂的操作减少。重要的是过剩或节省的时间要由位势中相反的变化来度量。不幸的是，有时候这说着容易做起来难。

448 ~ 449

练习

11.1　什么时候向一个二项队列进行连续 M 次插入的花费少于 $2M$ 个时间单位的时间？

11.2 设建立一个有 $N=2^k-1$ 个元素的二项队列，交替进行 M 对 `Insert` 和 `DeleteMin` 操作。显然，每次操作花费 $O(\log N)$时间。为什么这与插入的 $O(1)$摊还时间界不矛盾？

*11.3 通过给出一系列导致一次合并需要 $\Theta(N)$时间的操作，证明对于课文中描述的斜堆操作的 $O(\log N)$摊还界不能转换成最坏情形界。

*11.4 指出如何进行一趟自顶向下地合并两个斜堆并将合并的花费减到 $O(1)$摊还时间。

11.5 扩展斜堆以支持具有 $O(\log N)$摊还时间的 `DecreaseKey` 操作。

11.6 实现斐波那契堆并比较其与二叉堆在用于 Dijkstra 算法时的性能。

11.7 斐波那契堆的标准实现方法需要每个节点四个指针(父亲、儿子以及两个兄弟)。指出如何减少指针的数量而运行时间花费最多是一个常数因子。

11.8 证明一次一字形展开的摊还时间多为 $3(R_f(X)-R_i(X))$。

11.9 通过改变位势函数能够证明展开的不同的界。令权函数(weight function)$W(i)$为指定给树中每个节点的某个函数，令 $S(i)$为以 i 为根的子树上所有节点(包括节点 i 本身)的权的和。对于与用在展开界的证明中的该函数相对应的所有的节点，特殊情况为 $W(i)=1$。令 N 为树中节点的个数，并令 M 为访问的次数。证明下列两个定理：

a. 总的访问时间是 $O(M+(M+N)\log N)$。

*b. 如果 q_i 为项 i 被访问的次数，而对所有的 i，$q_i>0$，那么总的访问时间为

$$O\Big(M+\sum_{i=1}^{N} q_i \log(M/qi)\Big)$$

11.10 a. 指出如何实现对伸展树的 `Merge` 操作使得从 N 个单元素树开始的任意 N-1 次 `Merge` 操作序列花费 $O(N\log^2 N)$时间。

*b. 将这个界改进为 $O(N\log N)$。

11.11 我们在第 5 章描述了再散列(rehashing)：当一个表的表元素超过容量一半的时候，则构造一个两倍大的新表，且整个老表要重新被散列。使用位势函数给出一个正式的摊还分析来证明一次插入操作的摊还时间为 $O(1)$。

11.12 证明，如果不允许删除，那么到一棵 N-节点 2-3 树的任意顺序的 M 次插入操作产生 $O(M+N)$次节点分裂。

450

11.13 具有堆序的双端队列(deque)是由一些项的表组成的数据结构，可以对其进行下列操作：

`Push`(X, D)：将项 X 插入到双端队列 D 的前端。

`Pop`(D)：从双端队列 D 中除去前端项并将它返回。

`Inject`(X, D)：把项 X 插入到双端队列 D 的尾端。

`Eject`(D)：从双端队列 D 中除去尾端项并将它返回。

`FindMin`(D)：返回双端队列 D 的最小项。

a. 描述如何以每个操作常数摊还时间支持这些操作。

**b. 描述如何以每个操作常数最坏情形时间支持这些操作。

11.14 证明二项队列实际上以 $O(1)$摊还时间支持合并操作。定义二项队列的位势为树的棵数加上最大的树的秩。

参考文献

论文[10]提供了对摊还分析的极好的综述。

下面的参考文献中有许多和前几章中的相同，我们再次引用它们是为了方便和完善。二项队列首先在文献[11]中阐述并在文献[1]中分析。练习 11.3 和 11.4 的解法见于论文[9]。斐波那契堆在文献[3]中论述。练习 11.9a 指出，在最佳静态查找树的一个常数因子之内伸展树是最优的。练习 11.9b 则指出，伸展树在最佳最优查找树的一个常数因子之内是最优的。这些以及另外两个强结果在原始的伸展树论文[7]中得以证明。

伸展树的合并操作在文献[6]中描述。练习 11.12 在文献[2]中解决，其中隐含用到摊还概念。该论文还指出如何更有效地合并 2-3 树。练习 11.13 的一种解法可在文献[4]中找到。练习 11.14 取自文献[5]。

在文献[8]中使用摊还分析设计一种联机算法，该算法处理一系列查询，其所花费的时间比同类问题的脱机算法只多一个常数因子。

1. M. R. Brown, "Implementation and Analysis of Binomial Queue Algorithms," *SIAM Journal on Computing,* 7 (1978), 298–319.
2. M. R. Brown and R. E. Tarjan, "Design and Analysis of a Data Structure for Representing Sorted Lists," *SIAM Journal on Computing,* 9 (1980), 594–614.
3. M. L. Fredman and R. E. Tarjan, "Fibonacci Heaps and Their Uses in Improved Network Optimization Algorithms," *Journal of the ACM,* 34 (1987), 596–615.
4. H. Gajewska and R. E. Tarjan, "Deques with Heap Order," *Information Processing Letters,* 22 (1986), 197–200.
5. C. M. Khoong and H. W. Leong, "Double-Ended Binomial Queues," *Proceedings of the Fourth Annual International Symposium on Algorithms and Computation* (1993), 128–137.

451

6. G. Port and A. Moffat, "A Fast Algorithm for Melding Splay Trees," *Proceedings of First Workshop on Algorithms and Data Structures* (1989), 450–459.
7. D. D. Sleator and R. E. Tarjan, "Self-adjusting Binary Search Trees," *Journal of the ACM,* 32 (1985), 652–686.
8. D. D. Sleator and R. E. Tarjan, "Amortized Efficiency of List Update and Paging Rules," *Communications of the ACM,* 28 (1985), 202–208.
9. D. D. Sleator and R. E. Tarjan, "Self-adjusting Heaps," *SIAM Journal on Computing,* 15 (1986), 52–69.
10. R. E. Tarjan, "Amortized Computational Complexity," *SIAM Journal on Algebraic and Discrete Methods,* 6 (1985), 306–318.
11. J. Vuillemin, "A Data Structure for Manipulating Priority Queues," *Communications of the ACM,* 21 (1978), 309–314.

452

C H A P T E R 12

第 12 章

高级数据结构及其实现

我们在这一章讨论七种侧重于实用的数据结构。首先考察第4章讨论过的AVL树的变种，包括优化的伸展树、红黑树、(在前面第10章讨论过的)跳跃表的确定性的形式、AA树以及treap树。

然后我们考察一种可以用于多维数据的数据结构。在这种情况下，每一项均可有若干关键字。k-d树对任何关键字都能进行相关的查找。

最后，我们考察配对堆(pairing heap)，虽然缺乏分析结果，但是它似乎是斐波那契堆最实用的变种。

复议的论题包括：

- 在适当的时候非递归的自顶向下(而不是从底向上)的查找树的各种实现方法。
- 详细、优化的尤其是利用标记节点的实现方法。

12.1 自顶向下伸展树

在第4章，我们讨论了基本的伸展树操作。当一项 X 作为一片树叶插入时，称为展开(splay)的一系列树的旋转使得 X 成为树的新的根。展开操作也在查找期间执行，而且如果一项也没有找到，那么就要对访问路径上的最后的节点施行一次展开。在第11章，我们指出一次展开树操作的摊还时间为 $O(\log N)$。

这种展开操作的直接实现需要从根沿树往下的一次遍历，以及而后的从底向上的一次遍历。这或者可以通过保存一些父指针来完成，或者通过将访问路径存储到一个栈中来完成。但遗憾的是，这两种方法均需大量的开销，而且二者都必须处理许多特殊的情况。在这一节，我们指出如何在初始访问路径上施行一些旋转。结果得到在实践中更快的过程，只用到 $O(1)$ 的额外空间，但却保持了 $O(\log N)$ 的摊还时间界。

453

图12-1指出单旋转、一字形和之字形旋转。(照惯例，忽略三种对称的旋转。)在访问的任意时刻，我们都有一个当前节点 X，它是其子树的根；在图中将它表示成“中间”树[一]。树 L 把节点都存放在小于 X 的树 T 中，但不在 X 的子树中；类似地，树 R 把节点存在大于 X 的子树中，但不在 X 的子树中。初始时 X 为 T 的根，而 L 和 R 是空树。

如果旋转是一次单旋转，那么根在 Y 的树变成中间树的新根。X 和子树 B 连接而成为 R 中最小项的左儿子；X 的左儿子逻辑上成为 `NULL`[二]。结果，X 成为 R 的新的最小项。特别要注意，为使单旋转情形适用，Y 不一定必须是一片树叶。如果我们查找小于 Y 的一项，而 Y 没有左儿子(但确有一个右儿子)，那么这种单旋转情形将是适用的。

454

对于一字形旋转，我们有类似的剖析。关键是在 X 和 Y 之间施行一次旋转。之字形旋转把底部节点 Z 带到中间树的顶部，并把子树 X 和 Y 分别附接到 R 和 L 上。注意，Y 被附接从而成为 L 中的最大项。

之字形旋转这一步多少可以得到简化，因为没有旋转要执行，Z 不再是中间树的根，Y

㊀ 为简单起见，我们不区分一个“节点”和该节点中的项。

㊁ 在程序中 R 的最小节点没有 `NULL` 左指针，因为没有必要。这意味着，`PrintTree(R)`将包含某些项，这些项逻辑上不在 R 中。

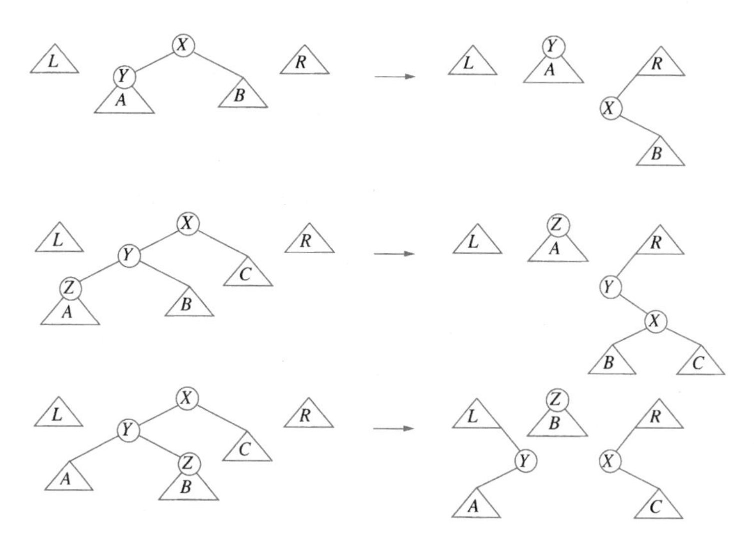

图 12-1　自顶向下展开旋转：单旋转、一字形旋转及之字形旋转

取而代之，如图 12-2 所示。因为之字形旋转的动作变成与单旋转情形相同，所以编程得到简化。看起来这是有利的，因为对大量情形的测试是要费时的。其缺点是，仅仅为了降低一层，我们在展开过程中却要进行更多的迭代。

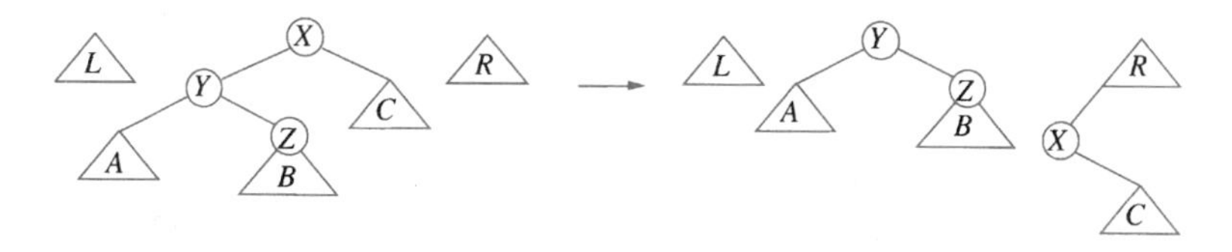

图 12-2　简化的自顶向下的之字形旋转

图 12-3 指出一旦执行完最后一步展开我们将如何处理 L、R 和中间树以形成一棵树。特别要注意，这里的结果不同于从底部向上的展开。关键的问题在于这里保持了 $O(\log N)$ 的摊还界(练习 12.1)。

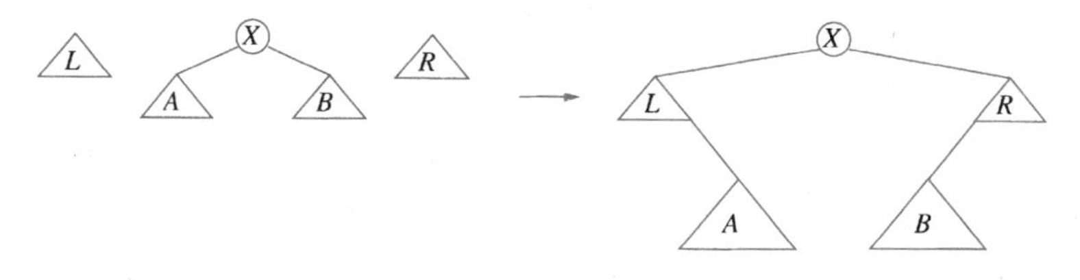

图 12-3　自顶向下展开的最后整理

顶部向下展开算法的一个例子如图 12-4 所示。我们想要访问树中的 19。第一步是一个之字形旋转。根据图 12-2(的对称形式)，我们把根在 25 的子树带到中间树的根处，并把 12 和它的左子树接到 L 上。

下一步是一个一字形旋转：15 被提高到中间树的根处，并在 20 和 25 之间进行一次旋转，所得到的子树被连接到 R 上。此时查找 19 导致终止单旋转。中间树的新根为 18，而 15 和它的左子树作为 L 的最大节点的右儿子被接上。根据图 12-3 重新组装并结束该步展开。

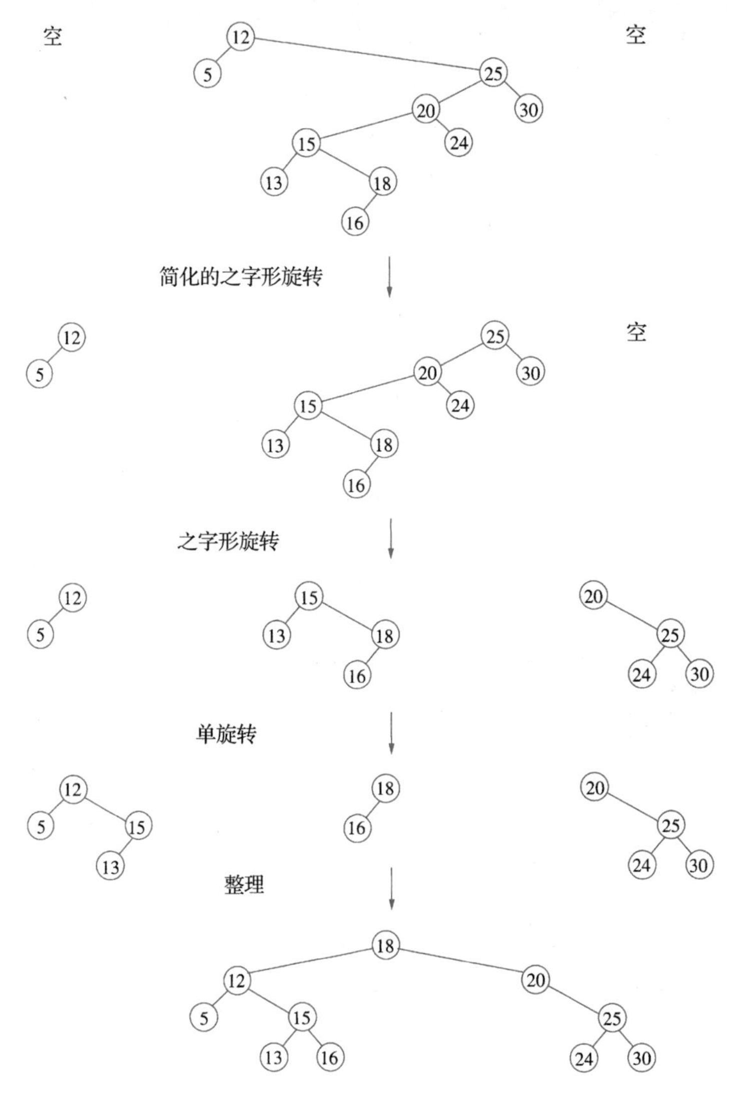

图 12-4 (访问上面树中的 19)自顶向下展开的各步

我们使用带有左指针和右指针的一个头节点最终包含左树的根和右树的根。由于这两棵树初始为空，因此使用一个头分别对应初始状态右树或左树的最小或最大节点。这种方法可以使得程序避免检测空树。第一次左树变成非空时，右指针将被初始化并在以后保持不变。这样，在自顶向下查找的最后，它将包含右树的根。类似地，左指针最终将包含左树的根。

图 12-5 所示的过程 `Initialize` 用来分配 `NullNode` 标记。我们使用标记 `NullNode` 表示一个 `NULL` 指针。我们将反复使用这种技术来简化程序(因而使得程序多少要快一些)。图 12-6 给出展开过程的程序。这里的 `Header` 节点使我们肯定能够把 X 接到 R 的最大节点上而不必担心 R 可能是空的(对于处理 L 的对称的情形类似地进行)。

```
#ifndef _Splay_H

struct SplayNode;
typedef struct SplayNode *SplayTree;

SplayTree MakeEmpty( SplayTree T );
SplayTree Find( ElementType X, SplayTree T );
SplayTree FindMin( SplayTree T );
SplayTree FindMax( SplayTree T );
SplayTree Initialize( void );
SplayTree Insert( ElementType X, SplayTree T );
SplayTree Remove( ElementType X, SplayTree T );
ElementType Retrieve( SplayTree T ); /* Gets root item */

#endif /* _Splay_H */


/* Place in the implementation file */
struct SplayNode
{
    ElementType Element;
    SplayTree   Left;
    SplayTree   Right;
};

typedef struct SplayNode *Position;
static Position NullNode = NULL; /* Needs initialization */

SplayTree
Initialize( void )
{
    if( NullNode == NULL )
    {
        NullNode = malloc( sizeof( struct SplayNode ) );
        if( NullNode == NULL )
            FatalError( "Out of space!!!" );
        NullNode->Left = NullNode->Right = NullNode;
    }
    return NullNode;
}
```

图 12-5　伸展树：声明和初始化

```
/* Top-down splay procedure, */
/* not requiring Item to be in the tree */

SplayTree
Splay( ElementType Item, Position X )
{
    static struct SplayNode Header;
    Position LeftTreeMax, RightTreeMin;

    Header.Left = Header.Right = NullNode;
    LeftTreeMax = RightTreeMin = &Header;
    NullNode->Element = Item;

    while( Item != X->Element )
    {
        if( Item < X->Element )
        {
            if( Item < X->Left->Element )
                X = SingleRotateWithLeft( X );
            if( X->Left == NullNode )
                break;
            /* Link right */
            RightTreeMin->Left = X;
            RightTreeMin = X;
            X = X->Left;
```

图 12-6　自顶向下的展开过程

```
            }
            else
            {
                if( Item > X->Right->Element )
                    X = SingleRotateWithRight( X );
                if( X->Right == NullNode )
                    break;
                /* Link Left */
                LeftTreeMax->Right = X;
                LeftTreeMax = X;
                X = X->Right;
            }
        }   /* while Item != X->Element */

        /* Reassemble */
        LeftTreeMax->Right = X->Left;
        RightTreeMin->Left = X->Right;
        X->Left = Header.Right;
        X->Right = Header.Left;

        return X;
    }
```

图 12-6 （续）

正如我们上面提到的，在展开末尾重新组装之前，Header.Left 和 Header.Right 分别指着 R 和 L（这不是一个排印错误——遵从指针的指向）。除了这个细节之外，该程序是相对简单的。

图 12-7 显示将一项插入到树 T 中的过程。一个新的指针（如果需要）被分配，且如果 T 是空的，那么建立一棵单节点树。否则，我们围绕 Item 展开 T。若 T 的新根的数据等于 Item，则我们有一个复制拷贝；我们不是再次插入 Item，而是为将来的插入保留 NewNode 并立即返回。如果 T 的新根含有大于 Item 的值，那么 T 的新根和它的右子树变成 NewNode 的一棵右子树，而 T 的左子树则成为 NewNode 的左子树。如果 T 的新根含有小于 Item 的值，那么类似的逻辑仍然适用。在这两种情况下，NewNode 均成为新的根。

```
SplayTree
Insert( ElementType Item, SplayTree T )
{
    static Position NewNode = NULL;

    if( NewNode == NULL )
    {
        NewNode = malloc( sizeof( struct SplayNode ) );
        if( NewNode == NULL )
            FatalError( "Out of space!!!" );
    }
    NewNode->Element = Item;

    if( T == NullNode )
    {
        NewNode->Left = NewNode->Right = NullNode;
        T = NewNode;
    }
    else
    {
        T = Splay( Item, T );
        if( Item < T->Element )
        {
```

图 12-7 自顶向下伸展树的插入

```
                NewNode->Left = T->Left;
                NewNode->Right = T;
                T->Left = NullNode;
                T = NewNode;
            }
            else
            if( T->Element < Item )
            {
                NewNode->Right = T->Right;
                NewNode->Left = T;
                T->Right = NullNode;
                T = NewNode;
            }
            else
                return T; /* Already in the tree */
        }

        NewNode = NULL; /* So next insert will call malloc */
        return T;
    }
```

图 12-7　(续)

在第 4 章，我们证明了伸展树中的删除是容易的，因为一次展开将把删除目标放在根处。最后展示图 12-8 中的删除例程。删除过程比对应的插入过程还要短，确实罕见。

```
SplayTree
Remove( ElementType Item, SplayTree T )
{
    Position NewTree

    if( T != NullNode )
    {
        T = Splay( Item, T );
        if( Item == T->Element )
        {
            /* Found it! */
            if( T->Left == NullNode )
                NewTree = T->Right;
            else
            {
                NewTree = T->Left
                NewTree = Splay( Item, NewTree );
                NewTree->Right = T->Right;
            }
            free( T );
            T = NewTree;
        }
    }

    return T;
}
```

图 12-8　自顶向下的删除过程

12.2　红黑树

历史上 AVL 树流行的另一变种是红黑树(red black tree)。对红黑树的操作在最坏情形下花费 $O(\log N)$时间，而且我们将看到，(对于插入操作的)一种慎重的非递归实现可以相对容易地完成(与AVL树相比)。

红黑树是具有下列着色性质的二叉查找树:

1. 每一个节点或者着红色,或者着黑色。

2. 根是黑色的。

3. 如果一个节点是红色的,那么它的子节点必须是黑色的。

4. 从一个节点到一个NULL指针的每一条路径必须包含相同数目的黑色节点。

着色法则的一个推论是,红黑树的高度最多是 $2\log(N+1)$。因此,查找保证是一种对数的操作。图12-9显示一棵红黑树,其中的红色节点用双圆圈表示。

455~461

一般,困难在于将一个新项插入到树中。通常把新项作为树叶放到树中。如果我们把该项涂成黑色,那么我们肯定违反条件4,因为将会建立一条更长的黑节点的路径。因此,这一项必须涂成红色。如果它的父节点是黑的,插入完成。如果它的父节点已经是红色的,那么我们得到连续红色节点,这就违反了条件3。在这种情况下,我们必须调整该树以确保条件3满足(且又不引起条件4被破坏)。用于完成这项任务的基本操作是颜色的改变和树的旋转。

12.2.1 自底向上插入

我们已经提到,如果新插入的项的父节点是黑色的,那么插入完成。因此,将25插入到图12-9的树中是简单的操作。

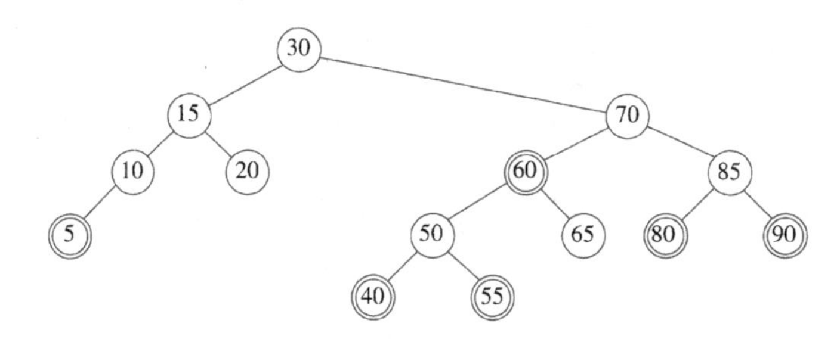

图12-9 红黑树的例子(插入序列为:10,85,15,70,20,60,30,50,65,80,90,40,5,55)

如果父节点是红色的,那么有几种情形(每种都有一个镜像对称)需要考虑。首先,假设这个父节点的兄弟是黑的(我们采纳约定:NULL节点都是黑色的)。这对于插入3或8是适用的,但对插入99不适用。令 X 是新加的树叶,P 是它的父节点,S 是该父节点的兄弟(若存在),G 是祖父节点。在这种情形只有 X 和 P 是红的,G 是黑的,否则就会在插入前有两个相连的红色节点,违反了红黑树的法则。采用伸展树的术语,X、P 和 G 可以形成一个一字形链或之字形链(两个方向中的任意一个方向)。图12-10指出当 P 是一个左儿子时(注意有一个对称情形)我们如何旋转该树。即使 X 是一片树叶,我们还是画出更一般的情形,使得 X 在树的中间。后面我们将用到这个更一般的旋转。

462

第一种情形对应 P 和 G 之间的单旋转,而第二种情形对应双旋转,该双旋转首先在 X

和 P 间进行，然后在 X 和 G 之间进行。当编写程序的时候，我们必须记录父节点、祖父节点，以及为了重新连接还要记录曾祖节点。

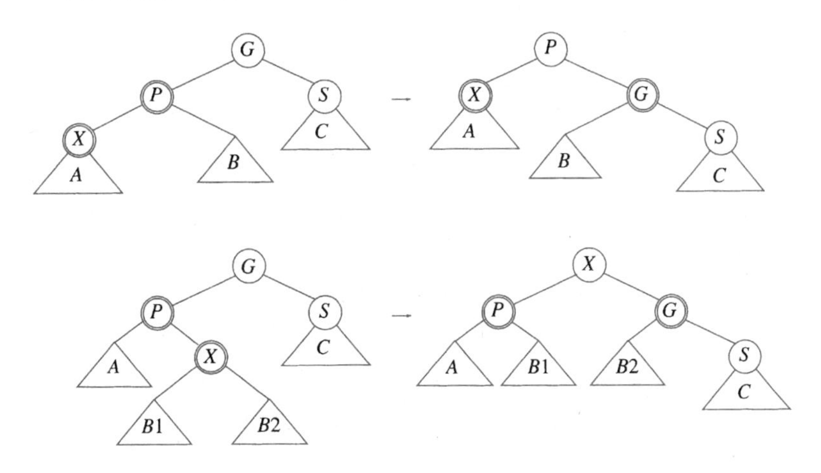

图 12-10　如果 S 是黑的，则单旋转和之字形旋转有效

在两种情形下，子树的新根均被涂成黑色，因此，即使原来的曾祖是红的，我们也排除了两个相邻红节点的可能性。同样重要的是，这些旋转的结果是通向 A、B 和 C 诸路径上的黑节点个数保持不变。

到现在为止一切顺利。但是，正如我们企图将 79 插入到图 12-9 树中的情况一样，如果 S 是红色的，那么会发生什么情况呢？在这种情况下，初始时从子树的根到 C 的路径上有一个黑色节点。在旋转之后，一定仍然还是只有一个黑色节点。但在两种情况下，在通向 C 的路径上都有三个节点(新的根、G 和 S)。由于只有一个可能是黑的，又由于我们不能有连续的红色节点，于是我们必须把 S 和子树的新根都涂成红色，而把 G(以及第四个节点)涂成黑色。这很好，可是，如果曾祖也是红色的那么又会怎样呢？此时，我们可以将这个过程朝着根的方向上滤，就像对 B 树和二叉堆所做的那样，直到我们不再有两个相连的红色节点或者到达根(将它重新涂成黑色)处为止。

12.2.2　自顶向下红黑树

上滤的实现需要用一个栈或用一些父指针保存路径。我们看到，如果我们使用一个自顶向下的过程，实际上是对红黑树应用从顶向下保证 S 不会是红的过程，则伸展树会更有效。

这个过程在概念上是容易的。在向下的过程中当我们看到一个节点 X 有两个红儿子的时候，我们让 X 成为红的而让它的两个儿子是黑的。图 12-11 显示这种颜色翻转的现象，只有当 X 的父节点 P 也是红的时候这种翻转将破坏红黑的法则。但是此时我们可以应用图 12-10 中适当的旋转。如果 X 的父节点的兄弟是红的会如何？这种可能已经被从顶向下过程中的行动所排除，因此 X 的父节点的兄弟不可能是红的！特别地，如果在沿树向下的过程中我们看到一个节点 Y 有两个红儿子，那么我们知道 Y 的孙子必然是黑的，由于 Y 的儿子也要变成黑的，甚至在可能发生的旋转之后，因此我们将不会看到两层上另外的红节点。这样，当我们看到 X，若 X 的父节点是红的，则 X 的父节点的兄弟不可能也是红的。

图 12-11 颜色翻转：只有当 X 的父节点是红的时候我们才能继续旋转

例如，假设我们要将 45 插入到图 12-9 中的树上。在沿树向下的过程中，我们看到 50 有两个红儿子。因此，我们执行一次颜色翻转，使 50 为红的，40 和 55 是黑的。现在 50 和 60 都是红的。我们在 60 和 70 之间执行单旋转，使得 60 是 30 的右子树的黑根，而 70 和 50 都是红的。如果我们看到在含有两个红儿子的路径上有另外一些节点，那么我们继续，执行同样的操作。当我们到达树叶时，把 45 作为红节点插入，由于父节点是黑的，因此插入完成。最后得到的树如图 12-12 所示。

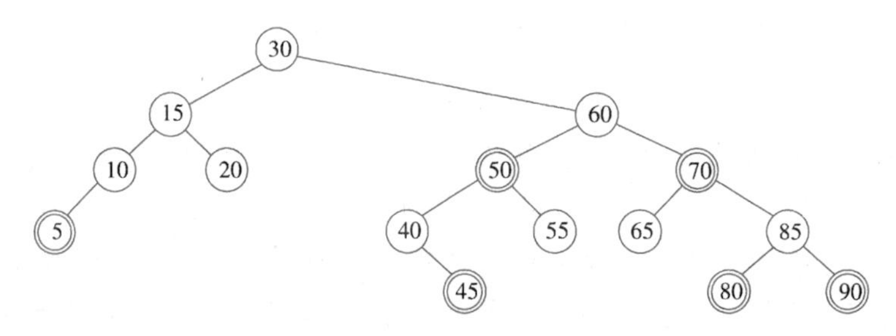

图 12-12 将 45 插入到图 12-9 中

如图 12-12 所示，所得到的红黑树常常平衡得很好。经验指出，平均红黑树大约和平均 AVL 树一样深，从而查找时间一般接近最优。红黑树的优点是执行插入所需要的开销相对较低，再有就是实践中发生的旋转相对较少。

红黑树的具体实现是复杂的，这不仅因为有大量可能的旋转，而且还因为一些子树可能是空的(如 10 的右子树)，以及处理根的特殊的情况(尤其是根没有父亲)。因此，我们使用两个标记节点：一个是为根，一个是 `NullNode`，它的作用像在伸展树中那样是指示一个 `NULL` 指针。根标记将存储关键字 $-\infty$ 和一个指向真正的根的右指针。为此，查找和打印过程需要调整。递归的例程都很巧妙。我们使用一个隐藏的递归过程，而并不强迫用户传递 `T→Right`。因此用户不必关心头节点。图 12-13 指出如何重新编写中序遍历。

我们还需要使用户调用例程 `Initialize` 来指定头节点。如果构造的是第一棵树，那么 `Initialize` 应该再为 `NullNode` 分配内存(其后的树可以分享 `NullNode`)。这和类型声明一起如图 12-14 所示。

接下来，图 12-15 显示执行一次单旋转的例程。因为得到的树必须连接到父节点上，所以 `Rotate` 把该父节点作为一个参数。在沿着树下行的时候，我们把 `Item` 作为参数传递，而不是跟踪旋转的类型。由于我们希望插入过程中旋转很少，因此这么做实际上不仅更简单，而且还更快。`Rotate` 直接返回执行相应单旋转的结果。

```
/* Print the tree, watch out for NullNode, */
/* and skip header */

static void
DoPrint( RedBlackTree T )
{
    if( T != NullNode )
    {
        DoPrint( T->Left );
        Output( T->Element );
        DoPrint( T->Right );
    }
}

void
PrintTree( RedBlackTree T )
{
    DoPrint( T->Right );
}
```

图 12-13 使用两个标记对树的中序遍历

```
typedef enum ColorType { Red, Black } ColorType;

struct RedBlackNode
{
    ElementType  Element
    RedBlackTree Left;
    RedBlackTree Right;
    ColorType    Color;
};

Position NullNode = NULL; /* Needs initialization */

/* Initialization procedure */
RedBlackTree
Initialize( void )
{
    RedBlackTree T;

    if( NullNode = NULL )
    {
        NullNode == malloc( sizeof( struct RedBlackNode ) );
        if( NullNode == NULL )
            FatalError( "Out of space!!!" );
        NullNode->Left = NullNode->Right = NullNode;
        NullNode->Color = Black;
        NullNode->Element = Infinity;
    }

    /* Create the header node */
    T = malloc( sizeof( struct RedBlackNode ) );
    if( T == NULL )
        FatalError( "Out of space!!!" );
    T->Element = NegInfinity;
    T->Left = T->Right = NullNode;
    T->Color = Black;

    return T;
}
```

图 12-14 类型声明和初始化

最后，我们在图 12-16 中给出插入过程。当我们遇到带有两个红儿子的节点时调用例程 HandleReorient，在我们插入一片树叶时也调用它。唯一复杂的部分是，一个双旋转实际上是两个单旋转，而且只有当通向 X 的分支取相反方向时才进行。正如我们在较早的讨论中提到的，当沿树向下进行的时候，Insert 必须记录父亲、祖父和曾祖。注意，在一次旋转之后，存储在祖父和曾祖中的值将不再正确。不过，可以肯定到下一次再需要它们的时候它们将被重新存储。

```
/* Perform a rotation at node X */
/* (whose parent is passed as a parameter) */
/* The child is deduced by examining Item */

static Position
Rotate( ElementType Item, Position Parent )
{
    if( Item < Parent->Element )
        return Parent->Left = Item < Parent->Left->Element ?
            SingleRotateWithLeft( Parent->Left ) :
            SingleRotateWithRight( Parent->Left );
    else
        return Parent->Right = Item < Parent->Right->Element ?
            SingleRotateWithLeft( Parent->Right ) :
            SingleRotateWithRight( Parent->Right );
}
```

图 12-15　旋转过程

```
static Position X, P, GP, GGP;

static
void HandleReorient( ElementType Item, RedBlackTree T )
{
    X->Color = Red; /* Do the color flip */
    X->Left->Color = Black;
    X->Right->Color = Black;

    if( P->Color == Red ) /* Have to rotate */
    {
        GP->Color = Red;
        if( (Item < GP->Element) != (Item < P->Element) )
            P = Rotate( Item, GP ); /* Start double rotation */
        X = Rotate( Item, GGP );
        X->Color = Black;
    }
    T->Right->Color = Black; /* Make root black */
}

RedBlackTree
Insert( ElementType Item, RedBlackTree T )
{
    X = P = GP = T;
    NullNode->Element = Item;
    while( X->Element != Item ) /* Descend down the tree */
    {
        GGP = GP; GP = P; P = X;
        if( Item < X->Element )
            X = X->Left;
        else
            X = X->Right;
        if( X->Left->Color == Red && X->Right->Color == Red )
            HandleReorient( Item, T );
```

图 12-16　插入过程

```
    }

    if( X != NullNode )
        return NullNode; /* Duplicate */

    X = malloc( sizeof( struct RedBlackNode ) );
    if( X == NULL )
        FatalError( "Out of space!!!" );
    X->Element = Item;
    X->Left = X->Right = NullNode;

    if( Item < P->Element ) /* Attach to its parent */
        P->Left = X;
    else
        P->Right = X;
    HandleReorient( Item, T ); /* Color red; maybe rotate */

    return T;
}
```

图 12-16　(续)

12.2.3　自顶向下删除

红黑树中的删除也可以自顶向下进行。每一件工作都归结于能够删除一片树叶。这是因为，要删除一个带有两个儿子的节点，我们用右子树上的最小节点代替它；该节点必然最多有一个儿子，然后将该节点删除。只有一个右儿子的节点可以用相同的方式删除，而只有一个左儿子的节点通过用其左子树上最大节点替换，然后可将该节点删除。注意，对于红黑树，我们使用的方法绕过带有一个儿子的节点的情形，因为这可能在树的中部连接两个红色节点，为红黑条件的实现增加困难。

当然，红色树叶的删除很简单。然而，如果一片树叶是黑的，那么删除操作会复杂得多，因为黑色节点的删除将破坏条件 4。解决方法是保证从上到下删除期间树叶是红的。

在整个讨论中，令 X 为当前节点，T 是它的兄弟，而 P 是它们的父亲。开始时我们把树的根涂成红色。当沿树向下遍历时，我们设法保证 X 是红色的。当我们到达一个新的节点时，我们要确信 P 是红的(归纳而言，按照我们试图保持的这种不变性)并且 X 和 T 是黑的(因为我们不能有两个相连的红色节点)。存在两种主要的情形。

首先，设 X 有两个黑儿子。此时有三种子情况，它们由图 12-17 所示。如果 T 也有两个黑儿子，那么我们可以翻转 X、T 和 P 的颜色来保持这种不变性。否则，T 的儿子之一是红的。根据这个儿子节点是哪一个[1]，我们可以应用图 12-17 所示的第二和第三种情形表示的旋转。特别要注意，这种情形对于树叶将是适用的，因为 NullNode 被认为是黑的。

463
～
467

设 X 的儿子之一是红的。在这种情形下，我们落到下一层上，得到新的 X、T 和 P。

[1] 如果两个儿子都是红的，那么我们可以应用两种旋转中的任意一种。通常，在 X 是一个右儿子的情形下存在对称的旋转。

如果幸运，X 落在红儿子上，则我们可以继续向前进行。如果不是这样，那么我们知道 T 将是红的，而 X 和 P 将是黑的。我们可以旋转 T 和 P，使得 X 的新父亲是红的；当然 X 和它的祖父将是黑的。此时我们可以回到第一种主情况。

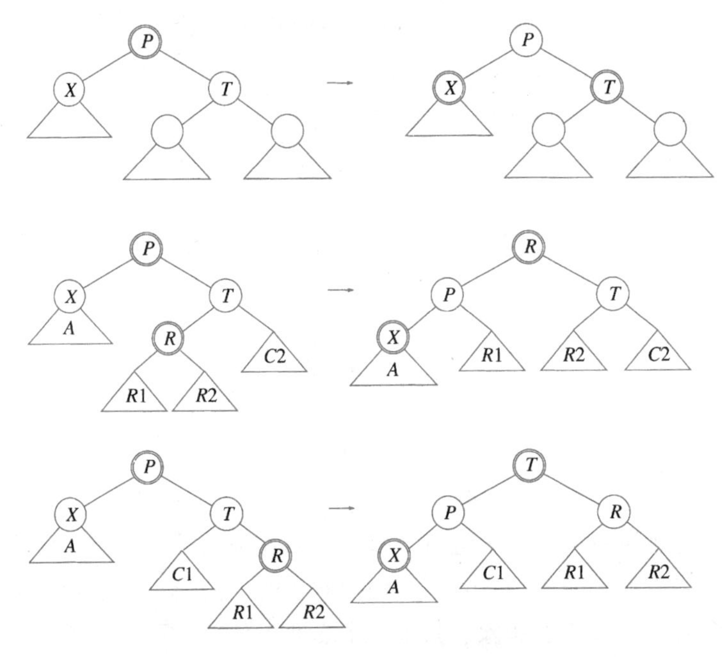

图 12-17 当 X 是一个左儿子并有两个黑儿子的三种情形

12.3 确定性跳跃表

我们看到的用于红黑树的一些想法可以应用到跳跃表以保证对数最坏情形操作。在这一节，我们描述产生数据结构的最简单的实现方法——1-2-3 确定性跳跃表(deterministic skip list)。

回忆第 10 章讲到，一个跳跃表中的节点随机指定了高度。高度为 h 的节点包含 h 个前向指针 p_1，p_2，…，p_h；p_i 指向高度为 i 或更大的下一个节点。一个节点具有高度 h 的概率为 0.5^h(为了实现时/空交换，0.5 可以用 0 和 1.0 之间的任何数来代替)。因此，我们期望只处理一些前向指针直到下降一层；由于有大约 $\log N$ 层，因此我们得到每次操作 $O(\log N)$ 的期望运行时间。

468～469

为使这个界成为最坏情形的界，我们需要保证只有常数个前向指针需要考察直到下降到更低的一层。为此，我们添加一个平衡条件。首先需要两个定义。

定义：如果至少存在一个指针从一个元素指向另一个元素，称两个元素是链接的(linked)。

定义：两个在高度为 h 链接的元素间的间隙容量(gap size)等于它们之间高度为 $h-1$ 的元素的个数。

1-2-3 确定性跳跃表满足这样的性质：每一个间隙(除在头和尾之间可能的零间隙外)的容量为 1、2 或 3。例如，图 12-18 显示一个 1-2-3 确定性跳跃表。有两个容量为 3 的间隙：第一个是在 25 和 45 之间高度为 1 的三个元素，第二个是在表头和尾之间高度为 2 的三个元素。尾节点包含∞，它的出现简化了算法并使得定义表终端间隙的概念更容易。

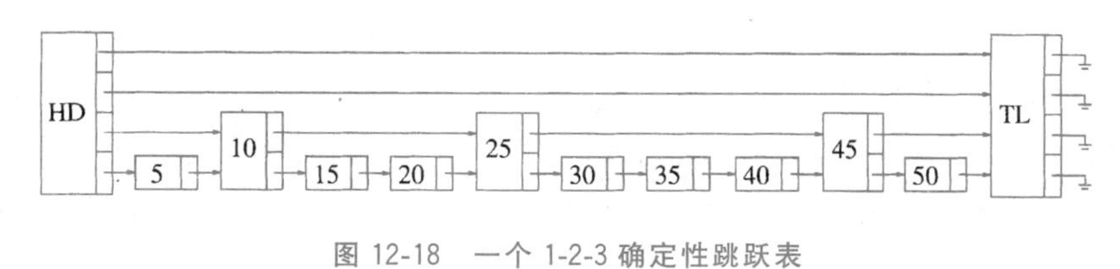

图 12-18　一个 1-2-3 确定性跳跃表

显然，当我们沿任意一层行进仅仅通过常数个指针然后就可下降到低一层。因此，在最坏的情形下查找的时间是 $O(\log N)$。

为了执行插入，我们必须保证当一个高度为 h 的新节点加入进来时不会产生具有四个高度为 h 的节点的间隙。实际上这很简单，采用类似于在红黑树中所做的自顶向下的方法即可。

设我们在第 L 层上，并正要降到下一层去。如果要降到的间隙容量是 3，那么我们提高该间隙的中间项使其高度为 L，从而形成两个容量为 1 的间隙。由于这使得朝向删除的道路上消除了容量为 3 的间隙，因此插入是安全的。

例如，图 12-19 显示项 27 到图 12-18 的确定性跳跃表中的插入操作。在头节点，我们将要从第 3 层降到第 2 层。由于下降将落到容量为 3 的间隙，因此这里的中项(25)将上升到高度 3 并在表中拼接好。在第 2 层的查找将我们带到 25，我们需要在此处下降到第 1 层。在这里又见到容量为 3 的间隙，因此把 35 提升到高度 2。结果如图 12-20 所示。当插入 27 的时候，将它接到表中，如图 12-21 所示。

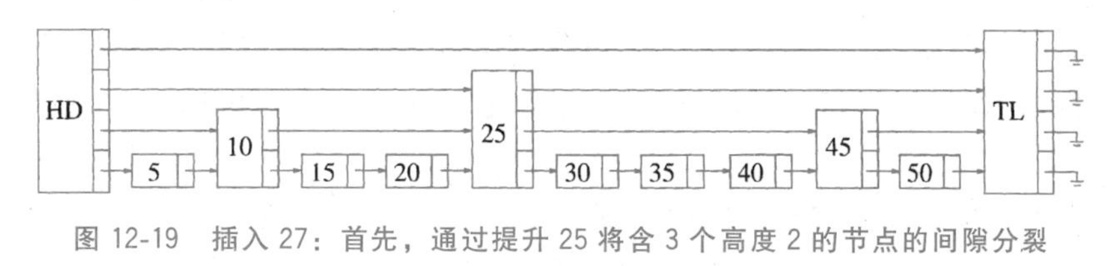

图 12-19　插入 27：首先，通过提升 25 将含 3 个高度 2 的节点的间隙分裂

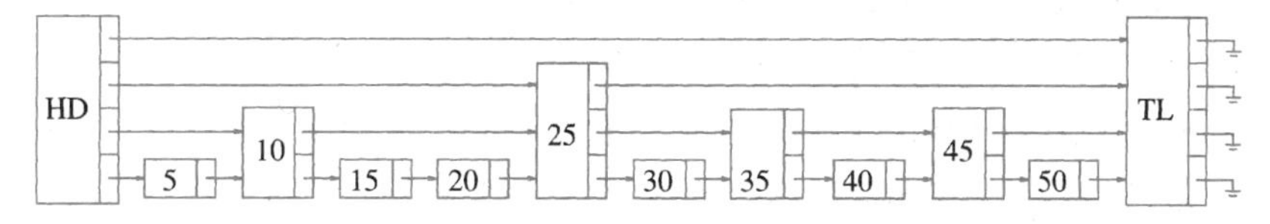

图 12-20　插入 27：其次，通过提升 35 将含 3 个高度 1 的节点的间隙分裂

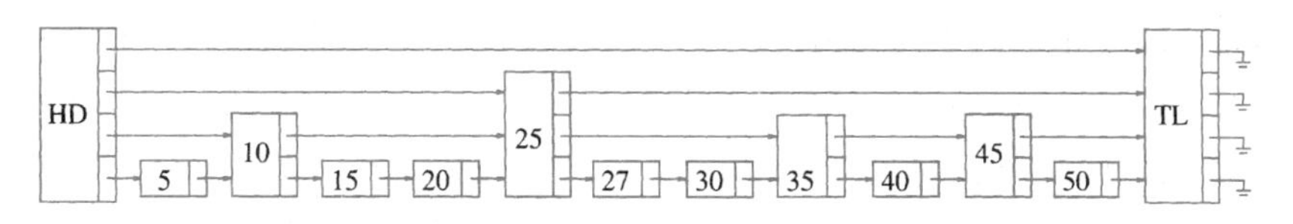

图 12-21　插入 27：最后，将 27 作为高度为 1 的节点插入

删除的困难出现在间隙容量为 1 的情况。当我们看到将要下降到一个容量为 1 的间隙时，我们把这个间隙放大：或者是通过从相邻间隙(如果容量不为 1)借来的方式，或者通过降低该间隙与邻间隙分开的节点的高度的方式。由于这两个都是容量为 1 的间隙，因此结果变成容量为 3 的间隙。由于有几种情形要处理，因此程序比我们的描述稍微复杂一些。

整个过程是如何实现的呢？在描述了所有的细节之后，我们将看到程序代码的量实际上是相当小的。

第一个重要的细节是，当我们将一个高 h 的节点提升到高 $h+1$ 的时候，我们不能花费时间 $O(h)$ 用于将 h 个指针拷贝到一个新数组。否则，插入的时间界就要成为 $O(\log^2 N)$ 了。一种合理的方法是用一个链表表示高度为 h 的节点中的 h 个前向指针。由于我们是沿着各层向下行进，因此一个节点的链表是以第 h 层前向指针开始并以第 1 层前向指针结束。

第二是优化更复杂而且可能占用一些空间。我们不是把节点作为一项和前向指针的链表来存储，而是存储前向指针和前向项对的链表。理解其含义的最容易的方法是参考图 12-22，它是图 12-21 的另一种表示方法。我们将使用术语*抽象表示*或*逻辑表示*来描述图 12-21 并把图 12-22 当作是(实际的)实现方法。

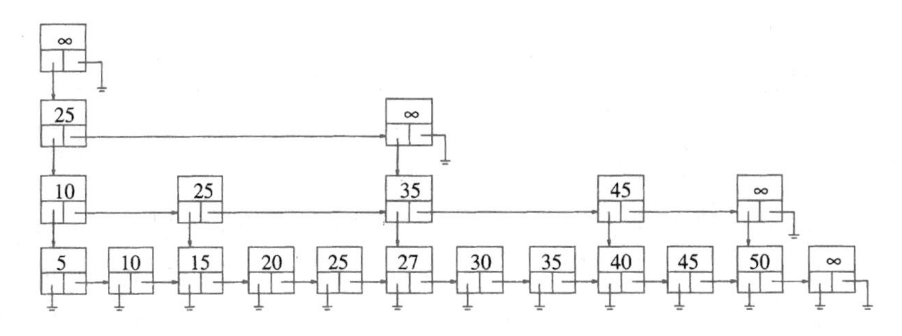

图 12-22　图 12-21 中 1-2-3 确定性跳跃表的链表实现

首先注意，除了尾节点被删除外，抽象表示和实际实现二者的地平线(skyline——即我们从左到右扫描的高度)是一样的。在我们的实现中，每一个节点都留有使我们下降一层的指针、指向同层上的下一个节点的指针以及逻辑上存储在下一项中的项(如原始抽象描述所述)。

注意，有些项的出现是多于一次的：例如，25 出现在三个地方。事实上，如果一个节点在抽象表示中的高度为 h，那么它的项在实际实现中就会出现在 h 个地方。有一些重要的结论和惊人的结果将在给出实现方法后进行解释。

基本节点由一个关键字和两个指针组成。为了使编程更快更简单，我们使用了一个尾节点；如果不能够或不希望赋值∞，那么就必须用到别的技巧。我们对头节点和底层节点都有一个标记以代替 NULL 指针。声明和初始化的例程如图 12-23 所示。

查找函数与随机化跳跃表中的相同。图 12-24 指出，如果我们得不到匹配的项，那么或者向下进行，或者向右进行，这依赖于比较的结果。如图 12-25 所示，插入操作由于标记的引入而大大简化。利用某些烦琐的指针跟踪我们可以看到，如果不得不对每一个指针是否是 NULL 进行测试，那么我们就会很容易地将程序代码增加三倍。

```
struct SkipNode
{
    ElementType Element;
    SkipList    Right;
    SkipList    Down;
};

static Position Bottom  = NULL; /* Needs initialization */
static Position Tail    = NULL; /* Needs initialization */

/* Initialization procedure */

SkipList
Initialize( void )
{
    SkipList L;

    if( Bottom == NULL )
    {
        Bottom = malloc( sizeof( struct SkipNode ) );
        if( Bottom == NULL )
            FatalError( "Out of space!!!" );
        Bottom->Right = Bottom->Down = Bottom;

        Tail = malloc( sizeof( struct SkipNode ) );
        if( Tail == NULL )
            FatalError( "Out of space!!!" );
        Tail->Element = Infinity;
        Tail->Right = Tail;
    }

    /* Create the header node */
    L = malloc( sizeof( struct SkipNode ) );
    if( L == NULL )
        FatalError( "Out of space!!!" );
    L->Element = Infinity;
    L->Right = Tail;
    L->Down = Bottom;

    return L;
}
```

图 12-23　确定性跳跃表：类型和初始化(均不在头文件中)

图 12-25 指出，确定性跳跃表插入过程的程序多多少少短一些，考虑的情况比红黑树少得多。我们所付出的代价似乎是空间：在最坏情况下我们有 $2N$ 个节点，每个节点包含两个指针和一项。对于红黑树，我们有 N 个节点，每个节点包含两个指针、一项以及一个颜色位。因此，我们可能要用到两倍多的空间。可是，事情没有糟到这一步。首先，经验指出，确定性跳跃表平均使用大约 $1.57N$ 个节点。其次，在某些情况下，确定性跳跃表实际使用的空间少于红黑树。

```
/* Return position of node containing Item, */
/* or Bottom if not found */

Position
Find( ElementType Item, SkipList L )
{
    Position Current = L;

    Bottom->Element = Item;
    while( Item != Current->Element )
        if( Item < Current->Element )
            Current = Current->Down;
        else
            Current = Current->Right;

    return Current;
}
```

图 12-24　确定性跳跃表：Find 例程

这里有一个实际的例子。在 32 位机上，指针和整数是 4 字节。对于某些系统，包括某些版本的 UNIX，内存是按块(chunk)来配置的，它们通常是 2 的幂，但存储管理程序使用 4 字节的块。于是，对于 12 字节的请求将得到一个 16 字节块：12 字节由用户使用而 4 字节作为系统开销。但是，对于 13 字节的需求则必须提供一个 32 字节块。因此，在这种情况下，确定性跳跃表每个节点使用 16 字节，而平均有 1.57N 个节点，故总数一般约为 25N 字节。可是，红黑树却使用 32N 字节！这说明在某些机器上一个附加位是非常昂贵的，这是自组织结构的吸引力之一。

470
~
472

```
SkipList
Insert( ElementType Item, SkipList L )
{
    Position Current = L;
    Position NewNode;

    Bottom->Element = Item;
    while( Current != Bottom )
    {
        while( Item > Current->Element )
            Current = Current->Right;

        /* If gap size is 3 or at bottom level */
        /* and must insert, then promote the middle element */
        if( Current->Element >
                Current->Down->Right->Right->Element )
        {
            NewNode = malloc( sizeof( struct SkipNode ) );
            if( NewNode == NULL )
                FatalError( "Out of space!!!" );
            NewNode->Right = Current->Right;
            NewNode->Down = Current->Down->Right->Right;
            Current->Right = NewNode;
            NewNode->Element = Current->Element;
            Current->Element = Current->Down->Right->Element;
        }
        else
            Current = Current->Down;
    }

        /* Raise height of DSL if necessary */
        if( L->Right != Tail )
        {
            NewNode = malloc( sizeof( struct SkipNode ) );
            if( NewNode == NULL )
                FatalError( "Out of space!!!" );
            NewNode->Down = L;
            NewNode->Right = Tail;
            NewNode->Element = Infinity;
            L = NewNode;
        }

        return L;
}
```

473

图 12-25　确定性跳跃表：插入过程

确定性跳跃表的性能似乎比红黑树要强。当寻找插入时间的改进时，下面这行代码：

```
if(Current->Element>Current->Down->Right->Right->Element)
```

很好[⊖]，如果我们把一些项存储在三个元素的一个数组中，那么对于第三项的访问可以直接

⊖ 事实上，更“明显”的测试

```
Current->Element == Current->Down->Right->Right->Right->Element
```

对某些系统多花费 20%的时间！

进行，而不用再通过两个 `Right` 指针。图 12-26 表示的是所得到的结构，这个结构很像第 4 章讨论的 B 树。我们称之为 1-2-3 确定性跳跃表的水平数组实现(horizontal array implementation)。正如存在链表形式和水平数组形式的高阶 B 树一样，我们也有这两种形式的高阶确定性跳跃表。哪种方法最好还有待研究，可能紧密依赖于特定的系统和应用。

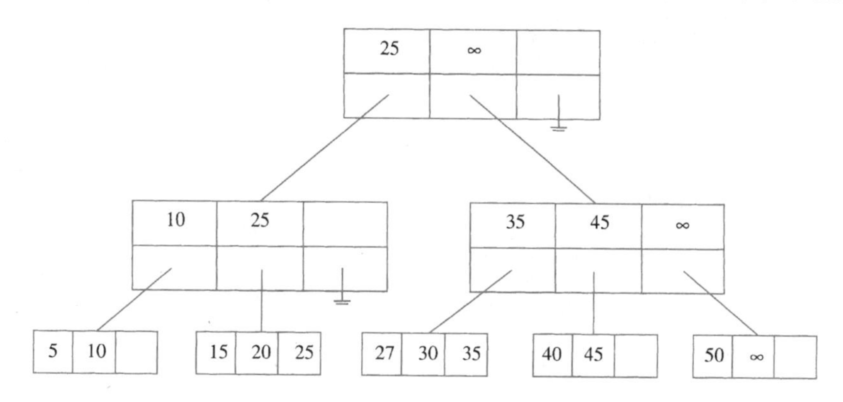

图 12-26 图 12-22 的水平数组实现

12.4 AA 树

因为大量可能的旋转，红黑树的编程相当复杂，特别是删除操作。确定性跳跃表的编程虽在一定程度上要少一些，但仍然是相当复杂的，这由所需的三个标记可以看出。当然，确定性跳跃表中的删除是一项非平凡的工作。在这一节，我们描述二叉 B 树(binary B-tree)一种简单但却颇具竞争力的实现方法，这种树叫作 BB 树。BB 树是带有一个附加条件的红黑树：一个节点最多可以有一个红儿子。为使编程容易，我们采纳一些法则。

1. 首先，我们加入只有右儿子可以是红的的条件，这就消除了约一半的可能重新构建的情形。它也消除在删除算法中一个恼人的情形：如果一个内部节点只有一个儿子，那么这个儿子一定是右儿子(它刚好是红色的)，因为黑色左儿子将会违反红黑树的条件 4。因此，我们总可以用一个内部节点的右子树中的最小节点代替该内部节点。
2. 我们递归地编写这些过程。
3. 我们把信息存在一个短整(`short`)型数(例如 8 位)中，而不是把一个颜色位和每个节点一起存储。这个信息就是节点的*层次*(level)。节点的层次：
   - 是 1(若该节点是树叶)。
   - 是它的父节点的层次(若该节点是红的)。
   - 比它的父节点的层次少 1(若该节点是黑的)。

如此得到的结果是一棵 AA 树。图 12-27 显示用于 AA 树的类型声明。我们再一次使用标记来代表 `NULL`。

如果我们将 AA 结构要求从颜色转换成层次，那么我们看到，左儿子必然比它的父节点恰好低一个层次，而右儿子可能比父节点低 0 或 1 个层次(但不会再多)。

```
    /* Returned for failures */
Position NullNode = NULL;   /* Needs more initialization */

struct AANode
{
    ElementType Element;
    AATree      Left;
    AATree      Right;
    int         Level;
};

AATree
Initialize( void )
{
    if( NullNode == NULL )
    {
        NullNode = malloc( sizeof( struct AANode ) );
        if( NullNode == NULL )
            FatalError( "Out of space!!!" );
        NullNode->Left = NullNode->Right = NullNode;
        NullNode->Level = 0;
    }
    return NullNode;
}
```

图 12-27　AA 树：某些类型声明及初始化

水平链接(horizontal link)是一个节点与同层次上的儿子之间的连接。这种结构需求使得水平链接是向右的指针，并且不能有两个连续的水平链接。图 12-28 显示一棵 AA 树的示例。查找使用通常的算法完成。一个新项的插入总是在底层进行。不过，有两个问题产生：2 的插入将产生一个左水平链接，而 45 的插入将产生两个连续的右水平链接。

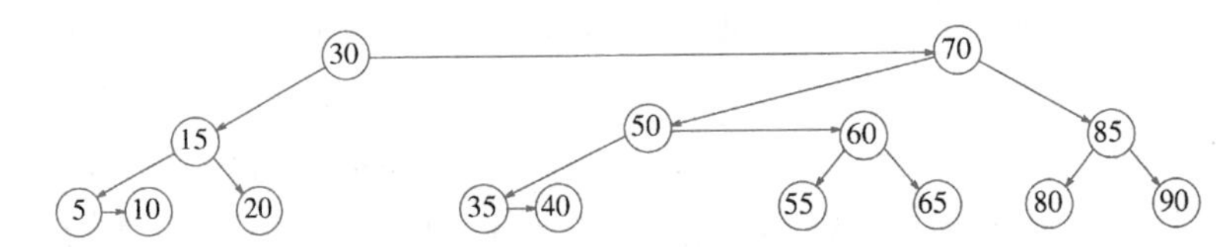

图 12-28　插入 10，85，15，70，20，60，30，50，65，80，90，40，5，55，35 得到的一棵 AA 树

在这两种情况下一次单旋转都可以使问题得到解决：通过右旋转消除左水平链接，通过左旋转消除连续的右水平链接。这些过程分别叫作 `Skew` 和 `Split`。图 12-29 是这些原语的代码。一次 `Skew` 除去一个左水平链接，但可能会创建连续的右水平链接，因此我们首先执行 `Skew`，然后再 `Split`。在一次 `Split` 之后，中间节点 R 的层次增加。由于新建一个左水平节点或连续的右水平节点，因而引起 X 的原来父节点的一些问题，这两个问题都可以通过上滤 `Skew/Split` 的方法解决。如果我们使用递归算法，那么这可以自动地完成。图 12-30 描述了这两个过程。

将 45 插入到图 12-28 中的 AA 树的动作在图 12-31 到图 12-35 中表示。此时的插入过程只比非平衡实现多两行，如图 12-36 所示。

474
~
477

当然，删除操作是更复杂的，不过，由于我们除去了许多的特殊情况，程序代码实际上是相当合理的。首先，我们记得，如果一个节点不是树叶，那么它必然有一个右儿子，这意味着，当删除一个节点的时候，我们总可以用其右子树上最小的儿子代替这个节点，这保证它是在第一层上。

```
/* If T's left child is on the same level as T, */
/* perform a rotation */

AATree
Skew( AATree T )
{
    if( T->Left->Level == T->Level )
        T = SingleRotateWithLeft( T );
    return T;
}

/* If T's rightmost grandchild is on the same level, */
/* rotate right child up */

AATree
Split( AATree T )
{
    if( T->Right->Right->Level == T->Level )
    {
        T = SingleRotateWithRight( T );
        T->Level++;
    }
    return T;
}
```

图 12-29　AA 树：Skew 过程和 Split 过程

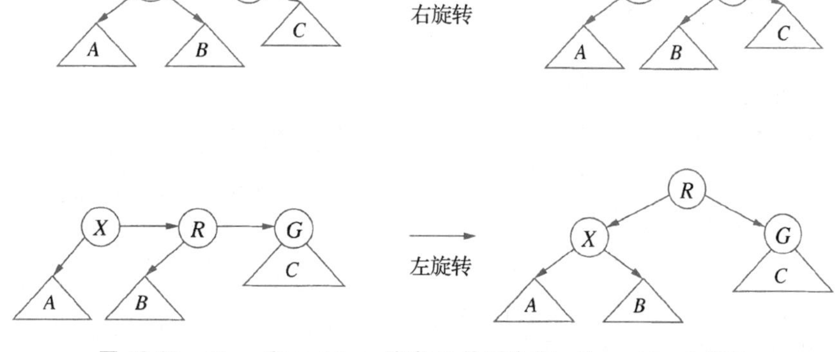

图 12-30　Skew 和 Split。注意 R 的层次在一次 Split 中增加

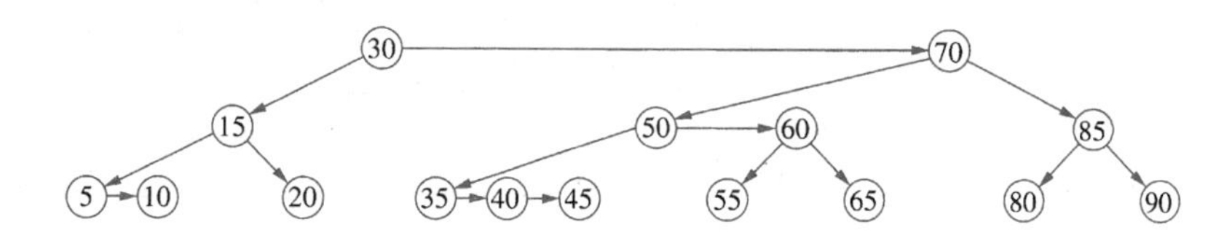

图 12-31　在将 45 插入到示例树中以后

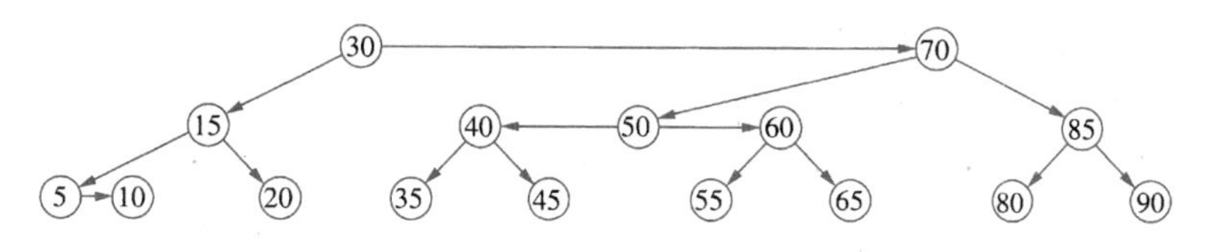

图 12-32　在 35 处进行 Split 之后

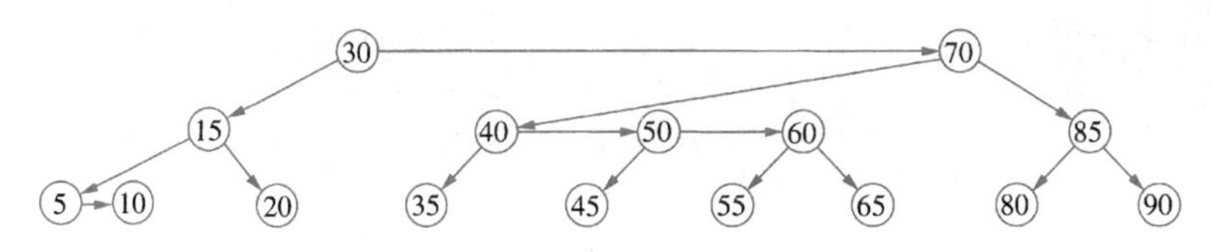

图 12-33 在 50 处 Skew 之后

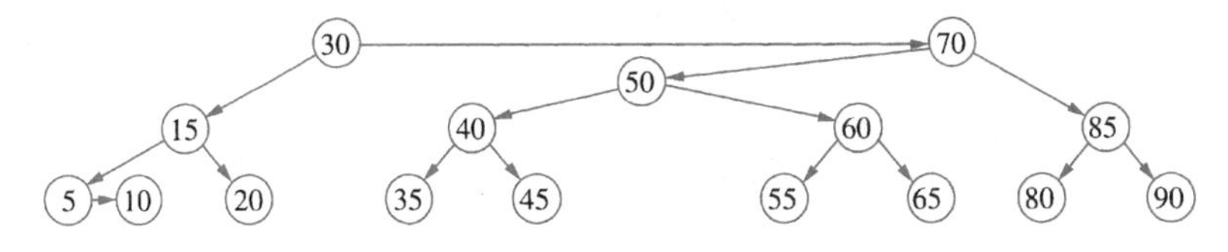

图 12-34 在 40 处 Split 之后

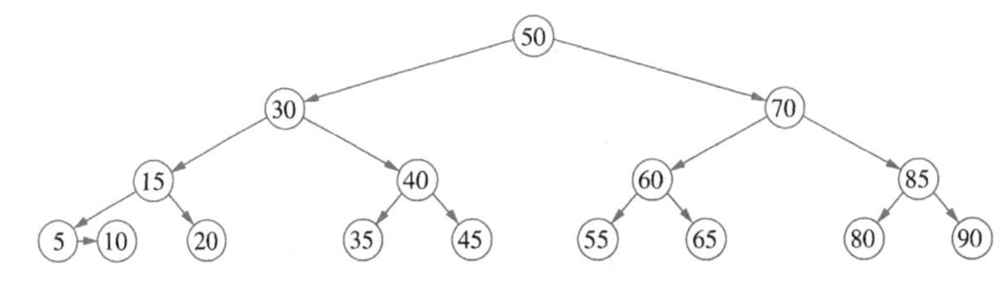

图 12-35 在 Skew70 和 Split30 后最后得到的树

为了有助于解决问题，我们使用了两个 static 型的局部变量 DeletePtr 和 LastPtr。因为 Remove 是递归过程，所以这两个变量必须是 static 型。当我们遍历一个右指针时，我们调整 DeletePtr，因为我们递归地调用 Remove 直到到达底部为止(在沿树下行的过程中我们不对相等进行测试)，这保证如果要删除的项在树上，那么 DeletePtr 将指向包含它的节点[⊖]。LastPtr 指向查找终止处的树叶。因为我们只有到达底部才停止，所以如果该项在树上，那么 LastPtr 将指向层次为 1 的包含替换值的节点，且必然从该树中删除。

当到达树的底部，我们执行第二步，将第 1 层节点值拷贝到内部节点上

```
AATree
Insert( ElementType Item, AATree T )
{
    if( T == NullNode )
    {
        /* Create and return a one-node tree */
        T = malloc( sizeof( struct AANode ) );
        If( T == NULL )
            FatalError( "Out of space!!!" );
        else
        {
            T->Element = Item; T->Level = 1;
            T->Left = T->Right = NullNode;
        }
        return T;
    }
    else
    if( Item < T->Element )
        T->Left = Insert( Item, T->Left );
    else
    if( Item > T->Element )
        T->Right = Insert( Item, T->Right );

    /* Otherwise it's a duplicate; do nothing */

    T = Skew( T );
    T = Split( T );
    return T;
}
```

图 12-36 AA 树：插入过程

⊖ 这个技巧可以用于 Find 过程，用每个节点的两路比较代替在每个节点所做的三路比较，外加在底部进行的相等性测试。

然后调用 free 删除层次 1 上的节点。

为了查看是否那些非叶节点的层次被一次递归调用所破坏，需要检查这些非叶节点。令 T 为当前节点。如果删除将 T 的一个儿子的层次(实际上只有一个由递归调用所输入的儿子可能受影响，但为简单起见我们不跟踪它)降低到比 T 的层次低 2，那么 T 的层次也需要降低。此外，如果 T 有一个右红儿子，那么 T 的右儿子也必须将它的层次降低。此时，我们可能在同一层次上有 6 个节点：T，T 的右红儿子 R，R 的两个儿子，以及这些儿子的右红儿子。图 12-37 表达了最简单的可能情况。

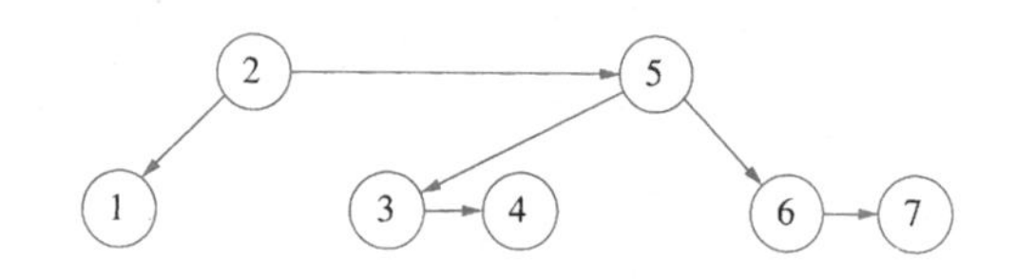

图 12-37　当 1 被删除时，引入水平左链接，所有节点的层次变成 1。通过调用三次 Skew 使得右指向的链接完成，调用两次 Split 除去连续的水平链接

在节点 1 删除以后，节点 2 从而节点 5 变成了层次为 1 的节点。首先，我们必须调整在节点 5 和 3 之间引入的左水平链接。这基本上需要两次旋转(一次是在节点 5 和 3 之间，而后是在节点 5 和 4 之间)。在这种情况下不涉及当前节点 T。另一方面，如果删除来自右边，那么 T 的左节点忽然之间就可能变成水平的了；这也需要一次类似的双旋转(在 T 开始)。为了避免测试所有这些情形，我们只要调用三次 Skew 即可。一旦调用完成，则再调用两次 Split 就足以重新安排这些水平的边。整个删除例程如图 12-38 所示。从各方面来看，这对编程来说都是相对简单的数据结构。

```
AATree
Remove( ElementType Item, AATree T )
{
    static Position DeletePtr, LastPtr;

    if( T != NullNode )
    {
        /* Step 1: Search down tree */
        /*         set LastPtr and DeletePtr */
        LastPtr = T;
        if( Item < T->Element )
            T->Left = Remove( Item, T->Left );
        else
        {
            DeletePtr = T;
            T->Right = Remove( Item, T->Right );
        }

        /* Step 2: If at the bottom of the tree and */
        /*         item is present, we remove it */
        if( T == LastPtr )
        {
            if( DeletePtr != NullNode &&
                    Item == DeletePtr->Element )
            {
                DeletePtr->Element = T->Element;
                DeletePtr = NullNode;
                T = T->Right;
                free( LastPtr );
            }
        }
```

图 12-38　AA 树：删除过程

```
        /* Step 3: Otherwise, we are not at the bottom; */
        /*         rebalance */
        else
            if( T->Left->Level < T->Level - 1 ||
                T->Right->Level < T->Level - 1 )
            {
                if( T->Right->Level > --T->Level )
                    T->Right->Level = T->Level;
                T = Skew( T );
                T->Right = Skew( T->Right );
                T->Right->Right = Skew( T->Right->Right );
                T = Split( T );
                T->Right = Split( T->Right );
            }
    }
    return T;
}
```

图 12-38 （续）

12.5 treap 树

最后一种二叉查找树可能是最简单的一种，叫作 treap 树。它像跳跃表一样使用随机数并且对任意的输入都能给出 $O(\log N)$的期望时间的性能。查找时间等同于非平衡二叉查找树(从而比平衡查找树要慢)，而插入时间只比递归非平衡二叉查找树的实现方法稍慢。虽然删除操作要慢得多，但仍然是 $O(\log N)$期望时间。

treap 树是如此简单，以致我们不用画图就可描述它。树中的每个节点存储一项、一个左指针和右指针，以及一个优先级，该优先级是建立节点时自动指定的。一个 treap 树就是一棵二叉查找树，但其节点优先级满足堆序性质：任意节点的优先级必须至少和它父亲的优先级一样大。

478 ~ 482

其每一项都有不同优先级的不同项的集合只能由一个 treap 树表示。这很容易由归纳法推导，因为具有最低优先级的节点必然是根。因此，树是根据优先级的 N! 种可能的排列而不是根据项的 N! 种排序形成的。类型声明很简单，只要求 `Priority` 域的加法。标记 `NullNode` 的优先级为∞，如图 12-39 所示。

```
Treap
Initialize( void )
{
    if( NullNode == NULL )
    {
        NullNode = malloc( sizeof( struct TreapNode ) );
        if( NullNode == NULL )
            FatalError( "Out of space!!!" );
        NullNode->Left = NullNode->Right = NullNode;
        NullNode->Priority = Infinity;
    }
    return NullNode;
}
```

图 12-39 treap 树的初始化

到 treap 树的插入操作也简单：在一项作为树叶加入之后，我们将它沿着该 treap 树向上旋转直到它的优先级满足堆序为止。可以证明旋转的期望次数小于 2。在要删除的项找到以后，通过把它的优先级增加到∞并沿着低优先级诸儿子的路径向下旋转而可将其删除。一旦它是树叶，就可以把它除去。图 12-40 和图 12-41 中的例程利用递归实现这些方法。一种非递归的实现方法留给读者去练习(练习 12.17)。对于删除，注意当节点逻辑上是树叶时，它仍然有 NullNode 作为它的左儿子和右儿子。因此，它与右儿子旋转，在旋转后，T 为 NullNode，而右儿子可以被释放。还要注意我们的实现是假设没有重复元；如果这个假设不成立，那么 Remove 可能失败。(为什么?)

```
Treap
Insert( ElementType Item, Treap T )
{
    if( T == NullNode )
    {
        /* Create and return a one-node tree */
        T = malloc( sizeof( struct TreapNode ) );
        if( T == NULL )
            FatalError( "Out of space!!!" );
        else
        {
            T->Element = Item; T->Priority = Random( );
            T->Left = T->Right = NullNode;
        }
    }
    else
    if( Item < T->Element )
    {
        T->Left = Insert( Item, T->Left );
        if( T->Left->Priority < T->Priority )
            T = SingleRotateWithLeft( T );
    }
    else
    if( Item > T->Element )
    {
        T->Right = Insert( Item, T->Right );
        if( T->Right->Priority < T->Priority )
            T = SingleRotateWithRight( T );
    }

    /* Otherwise it's a duplicate; do nothing */

    return T;
}
```

图 12-40　treap 树：插入例程

treap 树特别容易实现是因为我们绝对不必担心调整优先级域。平衡树处理方法的困难之一是追查由于未能更新一次操作过程中的信息而导致的错误。从那些合理的插入和删除程序包中的所有程序行来看，treap 树(特别是以非递归方法实现的)似乎才是不费力的赢家。

12.6　k-d 树

设一家广告公司拥有一个数据库并需要为某些客户生成邮寄标签。典型的要求可能是需要散发邮件给那些年龄在 34 到 49 岁之间且年收入在 100 000 美元和 150 000 美元之间的人们。这个问题叫作二维范围查询(two-dimensional range query)。在一维情况下，该问题可以借助于简单的递归算法通过遍历预先构造的二叉查找树以 $O(M+\log N)$ 平均时间解决。这里，M 是由查询所报告的匹配的个数。我们希望对二维或更高维的情况得到类似的界。

```
Treap
Remove( ElementType Item, Treap T )
{
    if( T != NullNode )
    {
        if( Item < T->Element )
            T->Left = Remove( Item, T->Left );
        else
        if( Item > T->Element )
            T->Right = Remove( Item, T->Right );
        else
        {
            /* Match found */
            if( T->Left->Priority < T->Right->Priority )
                T = SingleRotateWithLeft( T );
            else
                T = SingleRotateWithRight( T );

            if( T != NullNode )    /* Continue on down */
                T = Remove( Item, T );
            else
            {
                /* At a leaf */
                free( T->Left );
                T->Left = NullNode;
            }
        }
    }
    return T;
}
```

图 12-41　treap 树：删除过程

二维查找树具有简单的性质：在奇数层上的分支按照第一个关键字进行，而在偶数层上的分支按照第二个关键字进行。根是任意选取的奇数层，图 12-42 表示一棵 2-d 树。向一棵 2-d 树进行的插入操作是向一棵二叉查找树插入操作的平凡的扩展：在沿树下行时，我们需要保留当前的层。为保持程序代码简单，我们假设基本的项是两个元素的数组。此时我们需要把层限制在 0 和 1 之间。图 12-43 显示的是执行插入的程序。在这一节我们使用递归，用于实践中的非递归实现方法是简单的，我们把它留作练习 12.23。特别是由于若干项在一个域中可能相同，因此困难之一是重复元。我们的程序允许重复元，且总是把它们放在右分支上，显然，如果有太多的重复元，那么这可能就是一个问题。

483
~
485

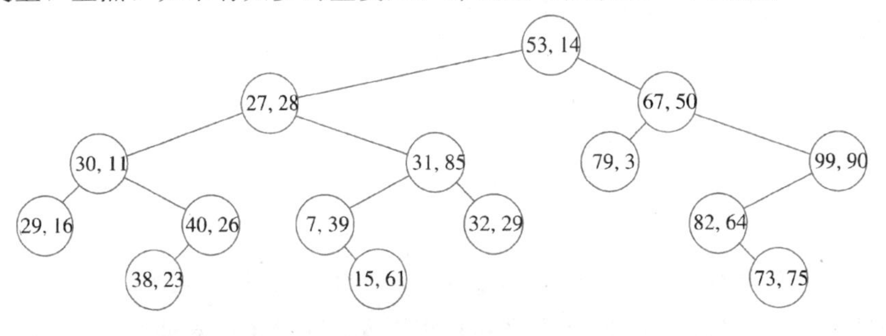

图 12-42　2-d 树示例

```
static KdTree
RecursiveInsert( ItemType Item, KdTree T, int Level )
{
    if( T == NULL )
    {
        T = malloc( sizeof( struct KdNode ) );
        if( T == NULL )
            FatalError( "Out of space!!!" );
        T->Left = T->Right = NULL;
        T->Data[ 0 ] = Item[ 0 ];
        T->Data[ 1 ] = Item[ 1 ];
    }
    else
    if( Item[ Level ] < T->Data[ Level ] )
        T->Left = RecursiveInsert( Item, T->Left, !Level );
    else
        T->Right = RecursiveInsert( Item, T->Right, !Level );
    return T;
}

KdTree
Insert( ItemType Item, KdTree T )
{
    return RecursiveInsert( Item, T, 0 );
}
```

图 12-43　向 2-*d* 树进行的插入

稍加思索便可确信，一棵随机构造的 2-*d* 树与一棵随机二叉查找树具有相同的结构性质：高度平均为 $O(\log N)$，但最坏情形则是 $O(N)$。

不像二叉查找树有精巧的 $O(\log N)$最坏情形的变种存在，没有已知的方案能够保证一棵平衡的 2-*d* 树。问题在于，这样一种方案很可能基于树的旋转，而树旋转在 2-*d* 树中是行不通的。我们能够做的最好的办法是通过重新构造子树来定期地对树进行平衡，具体描述可见练习。类似地，也不存在超越明显的懒惰删除方法的删除算法。如果在需要处理查询之前所有的项都已得到，那么我们就能够以 $O(N \log N)$时间构造一棵理想平衡 2-*d* 树，这就是练习 12.21c。

有几种查询可以在 2-*d* 树上进行。我们可以要求精确的匹配，或者基于两个关键字中一个关键字的匹配；后者称为**部分匹配查询**(partial match query)。这两种都是(正交)**范围查询**(range query)的特殊情形。

正交范围查询给出其第一个关键字在一个特殊的值集合之间且第二个关键字在另一个特殊的值集合之间的所有的项。这正是我们在本节介绍中所描述的问题。如图 12-44 所示，范围查询通过一次递归的树遍历容易解出。通过在递归调用之前进行测试，我们可以避免对所有节点的不必要的访问。

为找到特定的项，可以令 `Low` 和 `High` 等于我们要查找的项。为了执行一次部分匹配查询，我们让在这次匹配中涉及不到的关键字的范围为 $-\infty$到∞。其余范围设置为低点和高点等于匹配中所涉及的关键字的值。

在 2-*d* 树中插入或精确匹配查找花费的时间平均正比于树的深度，即 $O(\log N)$，而在最坏情形下为 $O(N)$。一次范围查找的运行时间依赖于如何将树平衡，是否要求部分匹配，以及实际上有多少项被找到。我们提出三个结果，它们已经得到证明。

```
/* Print items satisfying */
/* Low[ 0 ] <= Item[ 0 ] <= High[ 0 ] and */
/* Low[ 1 ] <= Item[ 1 ] <= High[ 1 ] */

static void
RecPrintRange( ItemType Low, ItemType High,
               KdTree T, int Level )
{
    if( T != NULL )
    {
        if( Low[ 0 ] <= T->Data[ 0 ] &&
                    T->Data[ 0 ] <= High[ 0 ] &&
                    Low[ 1 ] <= T->Data[ 1 ] &&
                    T->Data[ 1 ] <= High[ 1 ] )
            PrintItem( T->Data );

        if( Low[ Level ] <= T->Data[ Level ] )
            RecPrintRange( Low, High, T->Left, !Level );
        if( High[ Level ] >= T->Data[ Level ] )
            RecPrintRange( Low, High, T->Right, !Level );
    }
}

void
PrintRange( ItemType Low, ItemType High, KdTree T )
{
    RecPrintRange( Low, High, T, 0 );
}
```

图 12-44　2-d 树：范围查找

对于理想平衡树，一次范围查询要报告 M 次匹配可能花费最坏情形时间 $O(M+\sqrt{N})$。在任意节点，我们可能必须访问 4 个孙子中的两个，于是成立方程 $T(N)=2T(N/4)+O(1)$。然而在实践中，这些查找趋向于非常有效，甚至最坏情形都不是那么差，因为对于典型的 N，在 $\sqrt{N}$ 和 $\log N$ 之间的差被隐藏于大 O 记号中的更小的常数所补偿。

对于随机构造的树，部分匹配查询的平均运行时间为 $O(M+N^{\alpha})$，其中 $\alpha=(-3+\sqrt{17})/2$（见下面）。最近，令人震惊的结果是它基本上描述了随机 2-d 树的一次范围查找的平均运行时间。

对于 k 维的情况，同样的算法仍然成立，我们通过每层上的那些关键字进行循环。不过，在实践中平衡开始变得越来越差，因为重复元和非随机输入的影响一般变得更为明显。我们把编程的细节留给读者作为练习而只叙述解析结果：对于理想平衡树，一次范围查询的最坏情形运行时间为 $O(M+kN^{1-1/k})$。在随机构造的 k-d 树中，涉及 k 个关键字中的 p 个关键字的部分匹配查询花费 $O(M+N^{\alpha})$，其中 α 是方程

$$(2+\alpha)^{p}(1+\alpha)^{k-p}=2^{k}$$

（唯一）的正根。对各种 p 和 k，α 的计算留作练习，$k=2$ 和 $p=1$ 的值反映在上面对于随机 2-d 树的部分匹配所叙述的结果中。

虽然有几种新奇的结构支持范围查找，但是 k-d 树恐怕是达到可接受的运行时间的最简单的结构了。

12.7　配对堆

我们考察的最后一个数据结构是配对堆(pairing heap)。配对堆的分析问题仍然未解决，不过，当需要 DecreaseKey 操作的时候，它似乎胜过其他的堆结构。使其高效最可能的原因是它的简单性。配对堆可表示成堆序树。图 12-45 显示一个配对堆示例。

486
～
488

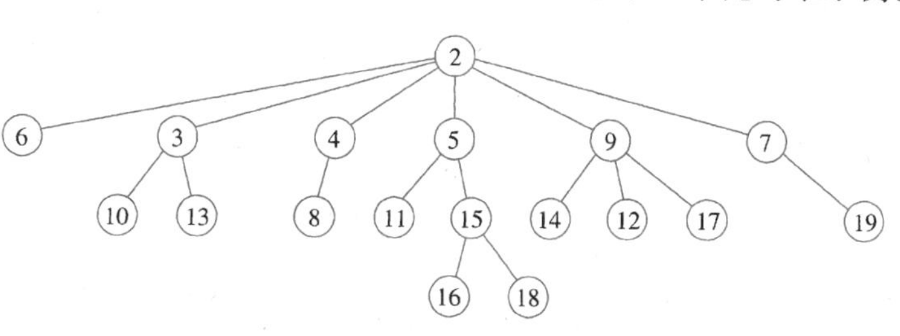

图 12-45　示例配对堆：抽象表示法

配对堆的具体实现用到第 4 章中所讨论的左儿子、右兄弟表示方法。我们将看到，DecreaseKey 操作要求每个节点包含一个额外的指针。作为最左儿子的节点含有一个指向其父亲的指针；否则这个节点就是一个右兄弟并含有一个指向它的左兄弟的指针。我们将把这个域叫作 Prev 域。为了简洁，我们省去类型声明，这些类型声明是完全直观的。图 12-46 指出图 12-45 中的配对堆的实际表示。

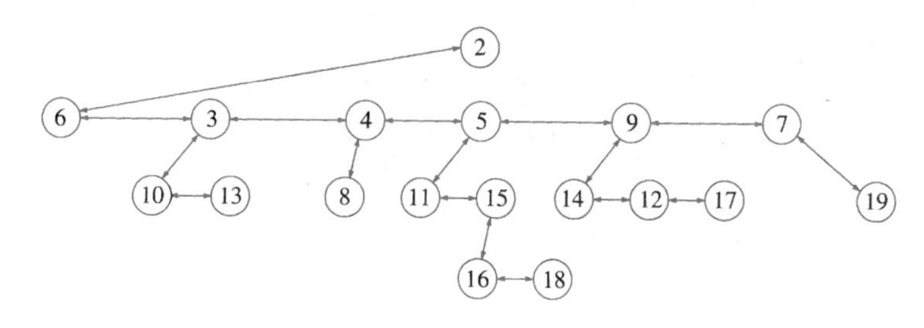

图 12-46　前面的配对堆的实际表示

我们以概述基本操作开始。为了合并两个配对堆，我们使具有较大根的堆成为具有较小根的堆的左儿子。当然，插入是合并的特殊情形。为执行一次 DecreaseKey，我们降低所需要的节点的值。因为对于所有的节点都不保存父指针，所以我们不知道这是否会破坏堆序。如此，我们将调整后的节点从它的父节点切除，通过合并所得到的两个堆而完成 DecreaseKey 操作。为了执行 DeleteMin，我们将根除去，得到堆的一个集合。如果根有 c 个儿子，那么对合并过程进行 $c-1$ 次调用将该堆重建。这里，最重要的细节就是用于执行合并的方法以及如何应用 $c-1$ 次合并。

图 12-47 显示如何将两个子堆合并。这个过程可被推广到允许第二个子堆有兄弟的情形。我们早先提到过，可以让具有较大根的子堆成为另一个子堆的最左的儿子。程序很简单，如图 12-48 所示。注意，我们有几个例子，在这些例子中，在给指针赋予 Prev 域之前要测试它是否是 NULL。这使我们想到，有一个 NullNode 标记或许是有用的，它习惯上放

489

在这一章的查找树的实现中。

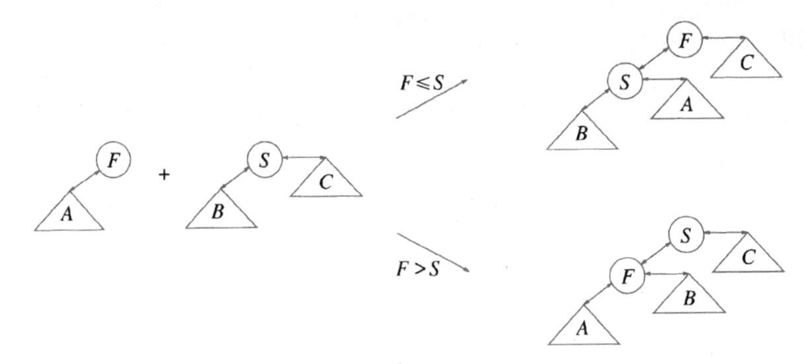

图 12-47　CompareAndLink 合并两个子堆

```
/* This is the basic operation to maintain order */
/* Links First and Second together to satisfy heap order */
/* Returns the resulting tree */
/* First is assumed NOT NULL */
/* First->NextSibling MUST be NULL on entry */

Position
CompareAndLink( Position First, Position Second )
{
    if( Second == NULL )
        return First;
    else
    if( First->Element <= Second->Element )
    {
        /* Attach Second as the leftmost child of First */
        Second->Prev = First;
        First->NextSibling = Second->NextSibling;
        if( First->NextSibling != NULL )
            First->NextSibling->Prev = First;
        Second->NextSibling = First->LeftChild;
        if( Second->NextSibling != NULL )
            Second->NextSibling->Prev = Second;
        First->LeftChild = Second;
        return First;
    }
    else
    {
        /* Attach First as the leftmost child of Second */
        Second->Prev = First->Prev;
        First->Prev = Second;
        First->NextSibling = Second->LeftChild;
        if( First->NextSibling != NULL )
            First->NextSibling->Prev = First;
        Second->LeftChild = First;
        return Second;
    }
}
```

图 12-48　配对堆：合并两个子堆的例程

Insert 和 DecreaseKey 操作是抽象描述的简单实现。DecreaseKey 需要一个 Position 对象。由于一项的 Position 在它第一次插入时被确定(不可改变)，因此 Insert 通过第三个参数 Loc 把 Position 送回给调用者，Loc 由参考值传递。程序如图 12-49 所示。如果新的关键字值不小于老的，那么 DecreaseKey 的例程显示警告信息。在这种情况下，最后得到的结构可能不遵守堆序。基本的 DeleteMin 过程由抽象描述直接得到，如图 12-50 所示。

```
/* Insert Item into pairing heap H */
/* Return resulting pairing heap */
/* A pointer to the newly allocated node */
/* is passed back by reference and accessed as *Loc */

PairHeap
Insert( ElementType Item, PairHeap H, Position *Loc )
{
    Position NewNode;

    NewNode = malloc( sizeof( struct PairNode ) );
    if( NewNode == NULL )
        FatalError( "Out of space!!!" );
    NewNode->Element = Item;
    NewNode->LeftChild = NewNode->NextSibling = NULL;
    NewNode->Prev = NULL;

    *Loc = NewNode;
    if( H == NULL )
        return NewNode;
    else
        return CompareAndLink( H, NewNode );
}


/* Lower item in Position P by Delta */

PairHeap
DecreaseKey( Position P, ElementType Delta, PairHeap H )
{
    if( Delta < 0 )
        Error( "DecreaseKey called with negative Delta" );

    P->Element -= Delta;
    if( P == H )
        return H;

    if( P->NextSibling != NULL )
        P->NextSibling->Prev = P->Prev;
    if( P->Prev->LeftChild == P )
        P->Prev->LeftChild = P->NextSibling;
    else
        P->Prev->NextSibling = P->NextSibling;

    P->NextSibling = NULL;
    return CompareAndLink( H, P );
}
```

图 12-49　配对堆：Insert 和 DecreaseKey

```
PairHeap
DeleteMin( ElementType *MinItem, PairHeap H )
{
    Position NewRoot = NULL;

    if( IsEmpty( H ) )
        Error( "Pairing heap is empty!" );
    else
    {
        *MinItem = H->Element;
        if( H->LeftChild != NULL )
            NewRoot = CombineSiblings( H->LeftChild );
        free( H );
    }
    return NewRoot;
}
```

图 12-50　配对堆：DeleteMin

当然，麻烦在于一些细节上：CombineSiblings 如何实现？已经提出几种变体，但是都不能证明它们能够提供如斐波那契堆那样相同的摊还界。即使这样，对于涉及大量 DecreaseKey 操作的一般图论应用来说，图 12-51 中的方法似乎总是和其他堆结构一样运行，甚至比它们(包括二叉堆)还好。

```
/* Assumes FirstSibling is NOT NULL */

PairHeap
CombineSiblings( Position FirstSibling )
{
    static Position TreeArray[ MaxSiblings ];
    int i, j, NumSiblings;

    /* If only one tree, return it */
    if( FirstSibling->NextSibling == NULL )
        return FirstSibling;

    /* Place each subtree in TreeArray */
    for( NumSiblings = 0; FirstSibling != NULL; NumSiblings++ )
    {
        TreeArray[ NumSiblings ] = FirstSibling;
        FirstSibling->Prev->NextSibling = NULL; /* Break links */
        FirstSibling = FirstSibling->NextSibling;
    }
    TreeArray[ NumSiblings ] = NULL;

    /* Combine the subtrees two at a time, */
    /* going left to right */
    for( i = 0; i + 1 < NumSiblings; i += 2 )
        TreeArray[ i ] = CompareAndLink(
                TreeArray[ i ], TreeArray[ i + 1 ] );
    /* j has the result of the last CompareAndLink */
    /* If an odd number of trees, get the last one */
    j = i - 2;
    if( j == NumSiblings - 3 )
        TreeArray[ j ] = CompareAndLink(
                TreeArray[ j ], TreeArray[ j + 2 ] );

    /* Now go right to left, merging last tree with */
    /* next to last. The result becomes the new last */
    for( ; j >= 2; j -= 2 )
        TreeArray[ j - 2 ] = CompareAndLink(
                TreeArray[ j - 2 ], TreeArray[ j ] );

    return TreeArray[ 0 ];
}
```

图 12-51 配对堆：两趟合并法

这种方法是已经提出的许多变形方法中最简单和最实际的方法，我们称之为两趟合并法(two-pass merging)。首先，我们从左到右扫描，合并诸儿子对[⊖]。在第一次扫描之后，我们有一半数量的树要合并。然后执行第二趟扫描，从右到左。在每一步，我们将第一次扫描剩下的最右边的树和当前合并的结果合并。例如，如果有 8 个儿子 c_1 到 c_8，那么第一次扫描进行 c_1 和 c_2、c_3 和 c_4、c_5 和 c_6、c_7 和 c_8 的合并。结果得到 d_1，d_2，d_3，d_4。我们通过合并 d_3 和 d_4 执行第二趟扫描，然后 d_2 和这个结果合并，最后 d_1 再和刚得到的结果合并。

这里的实现方法要求一个数组存储诸子树。在最坏情形下，可能有 $N-1$ 项都是根的

⊖ 如果有奇数个儿子我们必须仔细。此时，将最后一个儿子与最右合并的结果合并以完成第一次扫描。

儿子，因此这个数组必然很大。

其他一些合并方法在练习中讨论。唯一简单的而且容易发现缺欠的合并方法是从左到右单趟合并(练习 12.35)。配对堆是“简单即更好”的一个很好的例子，并且似乎是要求 DecreaseKey 或 Merge 操作的一些重要应用所选择的方法。

总结

在这一章，我们看到二叉查找树几种有效的变种。自顶向下伸展树提供 $O(\log N)$摊还性能，treap 树给出 $O(\log N)$随机化的性能，而红黑树、确定性跳跃表和 AA 树则均给出对基本操作的 $O(\log N)$最坏情形性能。在各种结构之间的交换涉及代码复杂性、删除的简易性以及不同的查找和插入的开销。很难说哪种结构是明显的赢家。复现的论题包括树的旋转以及标记节点的使用以避免对 NULL 指针许多恼人的测试，若不标记节点则这些测试原本是必不可少的。即使理论的界不是最优的，k-d 树还是给出了执行范围查找的实际方法。

最后，我们描述配对堆并将配对堆编程，它似乎是最实际的可合并的优先队列，特别是当需要 DecreaseKey 操作的时候。不过，经验的结果尚未得到解析方法的分析证实。

490～494

练习

12.1　证明自顶向下展开的摊还时间为 $O(\log N)$。

**12.2　证明对于从底向上展开存在每次访问需要 $2\log N$ 次旋转的访问序列。

12.3　修改伸展树以支持对第 k 个最小项的查询。在确定性跳跃表中如何处理？

12.4　从经验上比较简化的从顶向下展开和原始描述的从顶向下展开。

12.5　编写关于红黑树的删除过程。

12.6　证明红黑树的高度最多为 $2\log N$，并证明这个界实质上不能再降低。

12.7　证明每一棵 AVL 树都可以被涂成红黑树。所有的红黑树都是 AVL 树吗？

12.8　证明 1-2-3 确定性跳跃表可以表示成 2-3-4 树，它的项在内部节点以及树叶上。

12.9　如果我们试图插入已经在确定性跳跃表中存在的项，那么会发生什么情况？

12.10　证明在 1-2-3 确定性跳跃表中最多能够用到 $2N$ 个节点。

*12.11　我们可以用 C 语言把每一个抽象节点表示成动态分配的前向指针数组以代替指针链表。指出如何用这种方法实现 1-2-3 确定性跳跃表并保持每个操作的 $O(\log N)$时间界。

12.12　写出关于 1-2-3 确定性跳跃表的删除过程。

12.13　证明 AA 树中关于删除的算法是正确的。

12.14　给出 AA 树的一种非递归的自顶向下实现方法。将其与课文中的实现方法在简单性和效率方面进行比较。

12.15　递归地编写出 Skew 过程和 Split 过程，使得对删除操作每个过程只需调用一次。

12.16　AA 树使用的程序代码比 BB 树少多少行？这能使 AA 树更快吗？

12.17　通过使用一个栈来非递归地实现 treap 树的插入例程。这种努力值得吗？

12.18 通过使用访问次数作为优先级并在每次访问后需要时执行旋转我们可以使 treap 树成为自调整的结构。将这种方法和随机化方法进行比较。或者，在每次访问一项 X 时生成一个随机数。如果这个数小于 X 当前的优先级，那么就用它作为 X 的新的优先级(执行相应的旋转)。

495 **12.19 证明，如果把项排序，那么即使优先级并未排序，treap 树也可以以线性时间构造。

12.20 不用 `NullNode` 标记实现某些树结构。使用标记可以节省多少编程工作？

12.21 假设对于每个节点我们把 `NULL` 指针的个数存储在它的子树中，称之为节点的**权**(weight)。采用下列方法：如果左子树和右子树的权相差超出因子 2，那么彻底重建根在该节点的子树。证明下列结论：

a. 我们能够以 $O(S)$重建一个节点，其中 S 是该节点的权。

b. 该算法每次插入操作的摊还时间为 $O(\log N)$。

c. 我们能够以 $O(S \log S)$时间在 k-d 树中重建一个节点，其中 S 是该节点的权。

d. 我们可以将该算法用于 k-d 树，其每次插入的代价为 $O(\log^2 N)$。

12.22 假设我们对任意一棵 2-d 树调用 `SingleRotateWithLeft`。详细解释其结果不再是一棵可用的 2-d 树的全部原因。

12.23 实现对于 k-d 树的插入和范围查询。不要使用递归。

12.24 对于对应于 $k=3$，4，5 的 P 的值，确定部分匹配查询的时间。

12.25 对于一棵理想平衡 k-d 树，求出课文中引用的一次范围查询(见 12.6 节)的最坏情形运行时间。

12.26 2-d 堆(2-d heap)是允许每一项拥有两个单个关键字的一种数据结构。`DeleteMin` 操作可以对于这两个关键字中的任意一个执行。2-d 堆是具有下述性质的完全二叉树：对于偶数深度上的任意节点 X，存储在 X 上的项具有它的子树上最小的#1 关键字，而对于奇数深度上的任意节点 X，存储在 X 上的项具有它的子树上最小的#2 关键字。

a. 画出关于(1，10)，(2，9)，(3，8)，(4，7)，(5，6)诸项的一个可能的 2-d 堆。

b. 如何找出具有最小#1 关键字的项？

c. 如何找出具有最小#2 关键字的项？

d. 给出一个将一新的项插入到 2-d 堆中的算法。

e. 给出一个对于任意关键字执行 `DeleteMin` 操作的算法。

f. 给出一个以线性时间实施 `FixHeap` 的算法。

12.27 将前面的练习推广以得出一个 k-d 堆，在这个堆中每一项都可有 k 个单个关键字。你应该能够得到下列的界：以 O(log N)实施 `Insert`，以 $O(2^k \log N)$实施 `DeleteMin`，以及以 $O(kN)$执行 `FixHeap`。

12.28 证明 k-d 堆可以用于实现双端优先队列。

12.29 抽象地推广 k-d 堆使得只有那些根据关键字 1 分支的层有两个儿子(所有其他层都有一个儿子)。

a. 我们需要指针吗？

b. 显然，那些基本算法仍然有效，它们的新的时间界是多少？

12.30 使用 k-d 树实现 DeleteMin。对于随机树，你期望其平均运行时间是多少？ 496

12.31 使用 k-d 堆实现双端队列(练习 3.26)，该队列也支持 DeleteMin。

12.32 使用一个 NullNode 标记实现配对堆。

**12.33 证明，对于课文中的配对堆算法，每次操作的摊还时间为 $O(\log N)$。

12.34 CombineSiblings 的另一种方法是把所有的兄弟都放到一个队列中，并反复 Dequeue 及合并队列中的前两项，把结果放到队尾。实现这种方法。

12.35 在前面的练习中不用队列而使用栈是个坏主意，通过给出一个序列导致每次操作花费 $\Omega(N)$来加以说明。这就是从左到右单趟合并。

12.36 不用 DecreaseKey 我们可以除去父指针。使用斜堆结果会如何？

参考文献

自顶向下伸展树在原始伸展树论文[27]中作了描述。类似的但不用旋转的方法在文献[29]中描述。自顶向下红黑树算法取自文献[16]，更易于理解的描述可见于文献[26]。自顶向下红黑树不用标记节点的实现在文献[14]给出，它提供了 NullNode 实用性的令人信服的论证。确定性跳跃表及其变种在文献[22, 25]中讨论。对称二叉 B 树来源于文献[6]，课文中讨论的 AA 树的实现采用文献[1, 3]中的描述。treap 树[4]是基于文献[30]中描述的**笛卡儿树**(Cartesian tree)。相关的数据结构是**优先查找树**(priority search tree)[20]。

k-d 树首先在文献[7]中介绍。其他的范围查找算法在文献[8]中描述。在平衡 k-d 树上范围查找的最坏情形在文献[18]中得到，而课文中引用的平均情形结果来自文献[13, 10]。

配对堆及在练习中提出的变种在文献[15]中描述。论文[17]提出伸展树是在不需要 DecreaseKey 操作时选择的优先队列。另外一篇论文[28]提出配对堆达到与斐波那契堆相同的渐近界但在实践中性能更好。然而，一篇使用优先队列实现最小生成树算法的相关论文[21]提出 DecreaseKey 的摊还时间不是 $O(1)$。

大部分练习的解可以在原始参考文献中找到。练习 12.21 代表多少有些流行的一种“懒惰”平衡方法。文献[5, 9, 11, 19]描述一些特殊的方法；文献[2]指出在一种框架内如何实现所有这些方法。满足练习 12.21 中的性质的树是加权平衡(weight-balanced)的。这些树也可通过旋转保持其特性[23]。练习 12.21d 取自文献[24]。练习 12.26 到 12.28 的解可以在文献[12]中找到。 497

1. A. Andersson, “A Note on Searching a Binary Search Tree,” *Software—Practice and Experience*, 21 (1991), 1125–1128.
2. A. Andersson, “General Balanced Trees,” *Journal of Algorithms*, to appear.
3. A. Andersson, “Balanced Search Trees Made Simple,” *Proceedings on the Third Workshop on Algorithms and Data Structures* (1993), 61–71.
4. C. Aragon and R. Seidel, “Randomized Search Trees,” *Proceedings of the Thirtieth Annual Symposium on Foundations of Computer Science* (1989), 540–545.
5. J. L. Baer and B. Schwab, “A Comparison of Tree-Balancing Algorithms,” *Communications of the ACM*, 20 (1977), 322–330.

6. R. Bayer, "Symmetric Binary B-Trees: Data Structure and Maintenance Algorithms," *Acta Informatica*, 1 (1972), 290–306.
7. J. L. Bentley, "Multidimensional Binary Search Trees Used for Associative Searching," *Communications of the ACM*, 18 (1975), 509–517.
8. J. L. Bentley and J. H. Friedman, "Data Structures for Range Searching," *Computing Surveys*, 11 (1979), 397–409.
9. H. Chang and S. S. Iyengar, "Efficient Algorithms to Globally Balance a Binary Search Tree," *Communications of the ACM*, 27 (1984), 695–702.
10. P. Chanzy, "Range Search and Nearest Neighbor Search," *Master's Thesis*, McGill University (1993).
11. A. C. Day, "Balancing a Binary Tree," *Computer Journal*, 19 (1976), 360–361.
12. Y. Ding and M. A. Weiss, "The k-d Heap: An Efficient Multi-Dimensional Priority Queue," *Proceedings of the Third Workshop on Algorithms and Data Structures* (1993), 302–313.
13. P. Flajolet and C. Puech, "Partial Match Retrieval of Multidimensional Data," *Journal of the ACM*, 33 (1986), 371–407.
14. B. Flamig, *Practical Data Structures in C++*, John Wiley, New York (1994).
15. M. L Fredman, R. Sedgewick, D. D. Sleator, and R. E. Tarjan, "The Pairing Heap: A New Form of Self-Adjusting Heap," *Algorithmica*, 1 (1986), 111–129.
16. L. J. Guibas and R. Sedgewick, "A Dichromatic Framework for Balanced Trees," *Proceedings of the Nineteenth Annual Symposium on Foundations of Computer Science* (1978), 8–21.
17. D. W. Jones, "An Empirical Comparison of Priority-Queue and Event-Set Implementations," *Communications of the ACM*, 29 (1986), 300–311.
18. D. T. Lee and C. K. Wong, "Worst-Case Analysis for Region and Partial Region Searches in Multidimensional Binary Search Trees and Balanced Quad Trees," *Acta Informatica*, 9 (1977), 23–29.
19. W. A. Martin and D. N. Ness, "Optimizing Binary Trees Grown with a Sorting Algorithm," *Communications of the ACM*, 15 (1972), 88–93.
20. E. McCreight, "Priority Search Trees," *SIAM Journal of Computing*, 14 (1985), 257–276.
21. B. M. E. Moret and H. D. Shapiro, "An Empirical Analysis of Algorithms for Constructing a Minimum Spanning Tree," *Proceedings of the Second Workshop on Algorithms and Data Structures*, (1991), 400–411.
22. J. I. Munro, T. Papadakis, and R. Sedgewick, "Deterministic Skip Lists," *Proceedings of the Third Annual Symposium of Discrete Algorithms* (1992), 367–375.
23. J. Nievergelt and E. M. Reingold, "Binary Search Trees of Bounded Balance," *SIAM Journal on Computing*, 2 (1973), 33–43.
24. M. H. Overmars and J. van Leeuwen, "Dynamic Multidimensional Data Structures Based on Quad and K-D Trees," *Acta Informatica*, 17 (1982), 267–285.
25. T. Papadakis, *Skip Lists and Probabilistic Analysis of Algorithms*, Ph.D. Dissertation, University of Waterloo (1993).
26. R. Sedgewick, *Algorithms in C*, Addison-Wesley, Reading, Mass. (1990).
27. D. D. Sleator and R. E. Tarjan, "Self Adjusting Binary Search Trees," *Journal of the ACM*, 32 (1985), 652–686.
28. J. T. Stasko and J. S. Vitter, "Pairing Heaps: Experiments and Analysis," *Communications of the ACM*, 30 (1987), 234–249.
29. C. J. Stephenson, "A Method for Constructing Binary Search Trees by Making Insertions at the Root," *International Journal of Computer and Information Science*, 9 (1980), 15–29.
30. J. Vuillemin, "A Unifying Look at Data Structures," *Communications of the ACM*, 23 (1980), 229–239.

498 ~ 500

索　引

索引中的页码为英文原版书的页码，与书中页边标注的页码一致。

C

D

E

F

G

H

M